PLC 与电气控制

（第二版）

主　编　罗　伟　陶　艳
副主编　彭德奇　李华柏
参　编　黄　杰　段树华　李秋梅
　　　　聂　蓉　黄　俊

内 容 提 要

本书侧重实际应用，从具体实例出发，系统介绍了传统电气控制技术的基础知识，重点介绍了现代PLC基本原理及在电气控制技术方面的应用并加强了工程实际电路的分析。

全书主要内容包括变压器、电动机、低压电器、电气控制线路、常用机床的控制线路、可编程控制器概述、FX_{2N}指令系统、三菱FX系列的功能模块、手持编程器的功能及使用、可编程控制系统设计与应用、变频器等。

本书可作为高等工科院校电气工程及其自动化、机械工程及其自动化、电气技术、机电一体化以及其相关专业的教材，也可作为高职高专、成人教育机电类专业培训教材和供从事工业自动化领域的技术人员参考。

图书在版编目（CIP）数据

PLC与电气控制 / 罗伟，陶艳主编. — 2版. —北京：中国电力出版社，2013.3（2024.8重印）

ISBN 978-7-5123-3683-4

Ⅰ.①P… Ⅱ.①罗… ②陶… Ⅲ.①plc技术 ②电气控制
Ⅳ.①TM571.61 ②TM571.2

中国版本图书馆CIP数据核字（2012）第259626号

中国电力出版社出版、发行
（北京市东城区北京站西街19号 100005 http://www.cepp.sgcc.com.cn）
北京天泽润科贸有限公司印刷
各地新华书店经售
*
2009年3月第一版
2013年3月第二版 2024年8月北京第十二次印刷
787毫米×1092毫米 16开本 24.5印张 599千字
定价45.00元

前　言

自20世纪60年代美国推出可编程逻辑控制器（Programmable Logic Controller，PLC）取代传统继电器控制装置以来，PLC得到了快速发展，在世界各地得到了广泛应用。同时，PLC的功能也在不断完善。随着计算机技术、信号处理技术、控制技术、网络技术的不断发展和用户需求的不断提高，PLC在开关量处理的基础上增加了模拟量处理和运动控制等功能。今天的PLC不再局限于逻辑控制，在运动控制、过程控制等领域也发挥着十分重要的作用，电气控制与PLC应用技术在各个领域也得到越来越广泛的应用，掌握电气控制与PLC应用技术对提高我国工业自动化水平和生产效率具有重要的意义。

作者以目前市场上使用较多的三菱FX_{2N}机型，结合可编程控制器技术快速发展的实际，在作者高等职业教育多年教学改革与实践的基础上，参照相关行业的职业技能鉴定规范和高、中级技术工人等级考核标准编写了本书。

本书在第一版内容的基础上增加了变压器、电动机、变频器等知识，使该书更实用。在编写时，大部分的指令都附有针对性的程序实例，最后给出多个典型的工程实例，目的是使读者消化前面的知识并启发读者对系统编程的认识。书中各部分均采用实例进行讲解，并辅以大量图形，通俗易懂，初学者可快速入门。

本书具有以下特点：

1．本书在内容的选取上，按照专业技术的发展趋势和应用普及的状况，再结合维修电工工种中、高级技能鉴定考核标准，力求能体现出"四新"（新知识、新技术、新工艺、新设备）的要求。如对PLC通信功能模块、人机界面模块等进行了介绍，并对PLC今后的发展方向进行了介绍。

2．本书结合了高职高专课程体系的改革，强调技术应用能力培养为主旨来构建课程内容体系，注重对本专业对应岗位"关键能力"的培养，如PLC程序编制、修改和调试的能力、编程工具使用与操作的能力、基本控制系统的设计能力等。

3．本书在介绍指令时，以实例为中心，基础知识与技能训练交叉互动的一体化模式，能更好地激发读者的学习兴趣，增强了读者的实践动手能力。

4．遵循"从特殊到一般"的认知规律，力求在把一个机型讲透的基础上，让读者掌握PLC应用中带有普遍性、规律性的知识，培养读者对PLC的工程实践能力。

本书图文并茂，力求通俗易懂。书中内容以实例为引导，从简单到复杂，让读者一读就会，并能达到举一反三的效果。本书内容简洁，选材合理，结构严谨，工程实例较多，可以满足高职高专教学目标的需要和工程技术人员提高专业技能水平的需求。

本书由罗伟、陶艳主编，彭德奇、李华柏担任副主编，黄杰、段树华、李秋梅、聂蓉、黄俊、王玺珍参与了编写，全书由李秋梅负责统稿。

本书由张琳副教授担任主审，得到了湖南铁道职业技术学院罗钟祁技师的大力帮助，同时，作者也参考了其他书籍以及相关厂家的技术资料，在此一并向他们表示感谢。

限于作者水平，书中错误和不足之处在所难免，恳请广大读者批评指正。

作　者

2012 年 11 月

第一版前言

自20世纪60年代美国推出可编程逻辑控制器（Programmable Logic Controller，PLC）取代传统继电器控制装置以来，PLC得到了快速发展，在世界各地得到了广泛应用。同时，PLC的功能也在不断完善。随着计算机技术、信号处理技术、控制技术、网络技术的不断发展和用户需求的不断提高，PLC在开关量处理的基础上增加了模拟量处理和运动控制等功能。今天的PLC不再局限于逻辑控制，在运动控制、过程控制等领域也发挥着十分重要的作用，电气控制与PLC应用技术在各个领域也得到越来越广泛的应用，掌握电气控制与PLC应用技术对提高我国工业自动化水平和生产效率具有重要的意义。

作者以目前市场上使用较多的三菱FX_{2N}机型，结合可编程控制器技术快速发展的实际，在作者高等职业教育多年教学改革与实践的基础上，参照相关行业的职业技能鉴定规范和高、中级技术工人等级考核标准编写了本书。

全书主要内容包括：低压电器、继电器—接触器控制电路、常用机床的控制线路、可编程控制器概述、FX_{2N}指令系统、三菱FX系列的功能模块、手持编程器的功能及使用，以及可编程控制系统设计与应用。在编写时，大部分的指令都附有针对性的程序实例，最后给出多个典型的工程实例，目的是使读者消化前面的知识并启发读者对系统编程的认识。书中各部分均采用实例进行讲解，并辅以大量图形，通俗易懂，初学者可快速入门。

本书具有以下特点：

1．本书在内容的选取上，按照专业技术的发展趋势和应用普及的状况，再结合维修电工工种中、高级技能鉴定考核标准，力求能体现出“四新”（新知识、新技术、新工艺、新设备）的要求。如对PLC通信功能模块、人机界面模块等进行了介绍，并对PLC今后的发展方向进行了介绍。

2．本书结合了高职高专课程体系的改革，强调技术应用能力培养为主旨来构建课程内容体系，注重对本专业对应岗位“关键能力”的培养，如PLC程序编制、修改和调试的能力、编程工具使用与操作的能力、基本控制系统的设计能力等。

3．本书在介绍指令时，以实例为中心，基础知识与技能训练交叉互动的一体化模式，能更好地激发读者的学习兴趣，增强了读者的实践动手能力。

4．遵循“从特殊到一般”的认知规律，力求在把一个机型讲透的基础上，让读者掌握PLC应用中带有普遍性、规律性的知识，培养读者对PLC的工程实践能力。

本书图文并茂，力求通俗易懂。书中内容以实例为引导，从简单到复杂，让读者一读就会，并能达到举一反三的效果。本书内容简洁，选材合理，结构严谨，工程实例较多，可以满足高职高专教学目标的需要和工程技术人员提高专业技能水平的需求。

本书由罗伟、邓木生主编，具体编写分工是：张彦宇、彭德奇编写了第一章，黄俊编写了第二章，陈庆编写了第三章，邓木生编写了第四章，张琳、唐春林共同编写了第六章，罗伟编写了第五和第八章，严俊、段树华共同编写了第七章。

本书由张莹副教授主审，并得到了湖南铁道职业技术学院赵承荻教授、罗钟祁技师和肖扬庆技师的大力帮助，同时，作者也参考了其他书籍以及相关厂家的技术资料，在此一并向他们表示感谢。

限于作者水平，书中错误和不足之处在所难免，恳请广大读者批评指正。

作　者

2008年11月

目　录

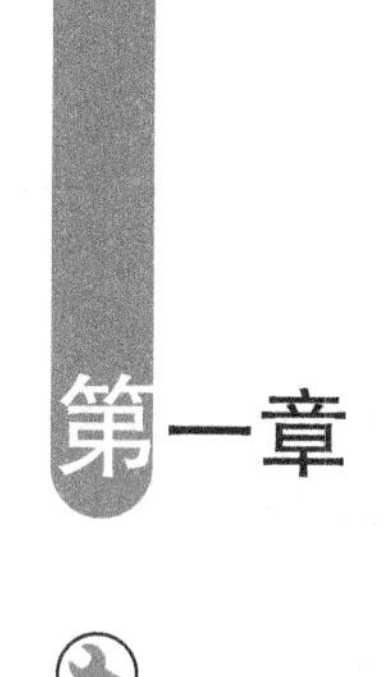

第一章

变 压 器

变压器是一种常见的静止电气设备，它利用电磁感应原理来改变交流电压的大小。变压器不仅用于电力系统中电能的传输、分配，而且广泛用于电气控制、电子技术及焊接技术等领域。

发电机输出的电压，由于受发电机绝缘水平的限制，通常为 6.3kV、10.5kV，最高不超过 27kV。当输送一定功率的电能时，电压越低，则电流越大，低电压远距离输电可导致电能很大部分消耗在输电线的电阻上，因此需要采用高压输电，即用升压变压器把电压升高到输电电压，例如，110、220kV 或 500kV 等，以降低输送电流。当采取高压输电时，线路上的电压降和功率损耗明显减小，输电线路的线径也可减小，节省投资费用。一般来说，输电距离越远，输送功率越大，则要求的输电电压越高。

输电线路将高压电能输送到用户后，必须经过降压变压器将高电压降低到适合用电设备使用的低电压。为此，在供用电系统中需要降压变压器，将输电线路输送的高电压变换成各种不同等级的电压，以满足各类负荷的需要。

第一节　变压器的基本工作原理及分类

一、工作原理

两个互相绝缘且匝数不同的绕组分别套装在铁心上，两绕组间只有磁的耦合而没有电的联系，其中接电源 u_1 的绕组称为一次绕组，用于接负载的绕组称为二次绕组。

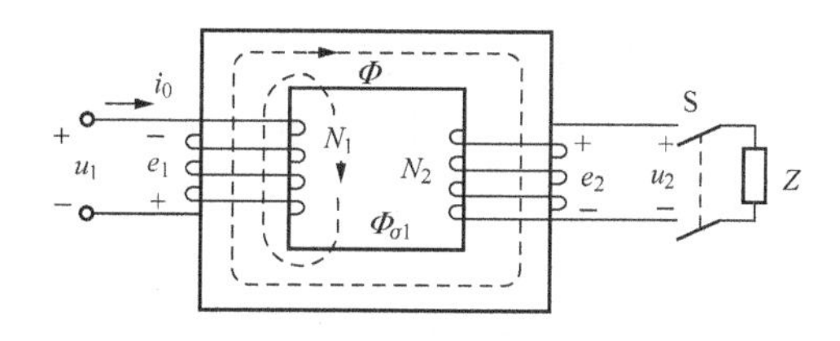

图 1-1　变压器工作原理图

如图 1-1 所示，在一次绕组加上交流电压 u_1 后，绕组中便有电流 i_1 通过，在铁心中产生与 u_1 同频率的交变磁通 Φ，根据电磁感应原理，将分别在两个绕组中感应出电动势 e_1 和 e_2，有

$$e_1 = -N_1 \frac{\Delta\Phi}{\Delta t}, \quad e_2 = -N_2 \frac{\Delta\Phi}{\Delta t} \tag{1-1}$$

式中，负号表示感应电动势总是阻碍磁通的变化。若把负载接在二次绕组上，则在电动势 e_2 的作用下，有电流 i_2 流过负载，实现了电能的传递。由式（1-1）可知，一、二次绕组感应电动势的大小与绕组匝数成正比，故只要改变一、二次绕组的匝数，就可达到改变电压的目的，这就是变压器的基本工作原理。

二、分类

变压器种类很多，通常可按其用途、绕组结构、铁心结构、相数、冷却方式等进行分类。

1. 按用途分类

（1）电力变压器，用于电能的输送与分配，这是生产数量最多、使用最广泛的变压器。按其功能不同又可分为升压变压器、降压变压器、配电变压器等。电力变压器的容量从几十千伏安到几十万千伏安，电压等级从几百伏到几百千伏。

（2）特种变压器，在特殊场合使用的变压器，如作为焊接电源的电焊变压器；专供大功率电炉使用的电炉变压器；将交流电整流成直流电时使用的整流变压器等。

（3）仪用互感器，用于电工测量中，如电流互感器、电压互感器等。

（4）控制变压器，容量一般比较小，用于小功率电源系统和自动控制系统。如电源变压器、输入变压器、输出变压器、脉冲变压器等。

（5）其他变压器，如试验用的高压变压器；输出电压可调的调压变压器；产生脉冲信号的脉冲变压器；压力传感器中的差动变压器等。

2. 按绕组构成分类

按绕组构成可分为双绕组变压器、三绕组变压器、多绕组变压器和自耦变压器等。

3. 按铁心结构分类

按铁心结构分有叠片式铁心、卷制式铁心和非晶合金铁心。

4. 按相数分类

按相数分有单相变压器、三相变压器和多相变压器。

5. 按冷却方式分类

按冷却方式可分为干式变压器、油浸自冷变压器、油浸风冷变压器、强迫油循环变压器、箱式变压器、树脂浇注变压器及充气式变压器等。

第二节 变压器的结构

一、单相变压器的结构

不论是单相变压器、三相变压器还是其他变压器，它主要由铁心和绕组（又称线圈）两大部分组成。

1. 铁心的作用及材料

铁心构成变压器磁路系统，并作为变压器的机械骨架。铁心由铁心柱和铁轭两部分组成，铁心柱上套装变压器绕组，铁轭起连接铁心柱使磁路闭合的作用。对铁心的要求是导磁性能要好，磁滞损耗及涡流损耗要尽量小，因此大多采用0.35mm以下的硅钢片制作。按变压器铁心的结构形式可分为心式变压器与壳式变压器两大类，心式变压器在两侧的铁心上放置绕组，形成绕组包围铁心的形式；壳式变压器则是在中间的铁心柱上放置绕组，形成铁心包围绕组的形式，如图1-2和图1-3所示。

2. 绕组的作用及材料

变压器的线圈通常称为绕组，它是变压器中的电路部分，小变压器一般用具有绝缘的漆包圆铜线绕制而成，对容量稍大的变压器则用扁铜线或扁铝线绕制。

在变压器中，接到高压电网的绕组称高压绕组，接到低压电网的绕组称为低压绕组。按高压绕组和低压绕组的相互位置和形状不同，绕组可分为同心式和交叠式两种。

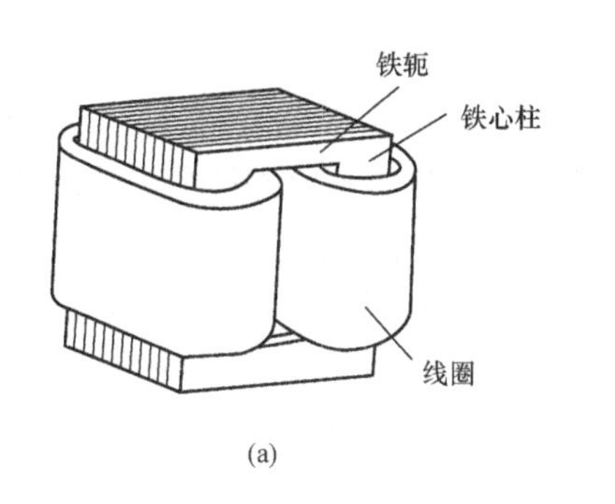

(a)

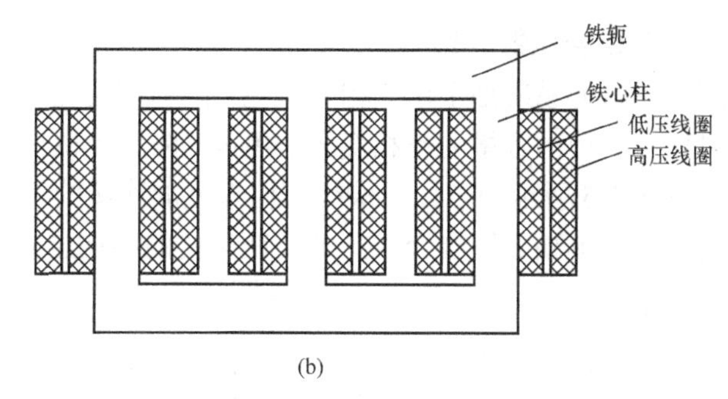

(b)

图 1-2 心式变压器

（a）单相心式变压器的结构；（b）三相心式变压器高、低压绕组在铁心上位置

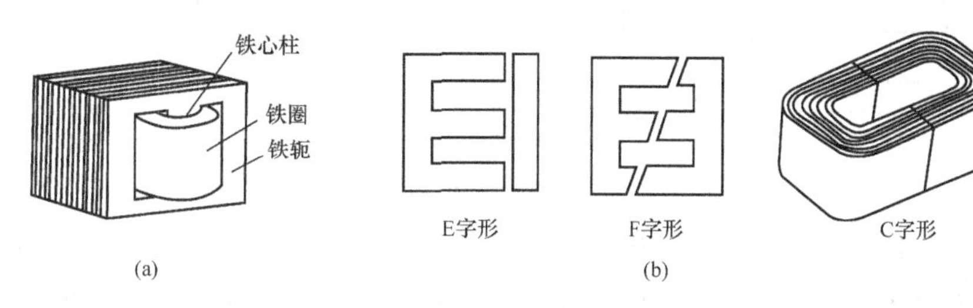

(a) (b)

图 1-3 壳式变压器

（a）壳式变压器外形；（b）壳式变压器铁心

同心式绕组是将高、低压绕组同心套装在一个铁心柱上，如图 1-4（a）所示，为了便于与铁心绝缘，把低压绕组套装在里面，高压绕组套装在外面，高、低压绕组之间留有空隙，可作为油浸式变压器的油道，既利于散热，也作为高低压绕组间的绝缘。同心绕组按其绕制方法的不同又可分为圆筒式、螺旋式和连续式等多种。同心式绕组的结构简单、制造容易，小型电源变压器、控制变压器、低压照明变压器等均采用这种结构。

交叠式绕组又称饼式绕组，是将高压绕组与低压绕组分成若干个“线饼”，沿着铁心柱的高度交替排列，为了便于绝缘，一般最上层和最下层安放低压绕组，如图 1-4（b）所示。交叠式绕组的主要优点是漏抗小、机械强度好、引线方便。这种绕组形式主要使用在低电压、大电流的变压器，如容量较大的电炉变压器及电阻电焊机（如点焊、滚焊、对焊电焊机）变压器等。

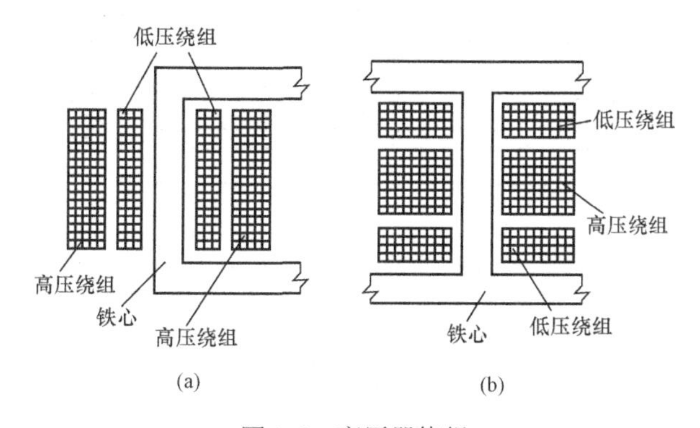

(a) (b)

图 1-4 变压器绕组

（a）同心式绕组；（b）交叠式绕组

二、三相变压器的结构

现代的电力系统都采用三相制供电，因而广泛采用三相变压器来实现电压的转换。三相变压器可以由三台同容量的单相变压器组成，按需要将一次绕组及二次绕组分别接成星形或三角形连接。图 1-5 所示为一、二次绕组均为星形连接的三相变压器组。三相变压器的另一种结构型式是把三个单相变压器合成一个三铁心柱的结构型式，称为三相心式变压器，如图 1-6 所示。

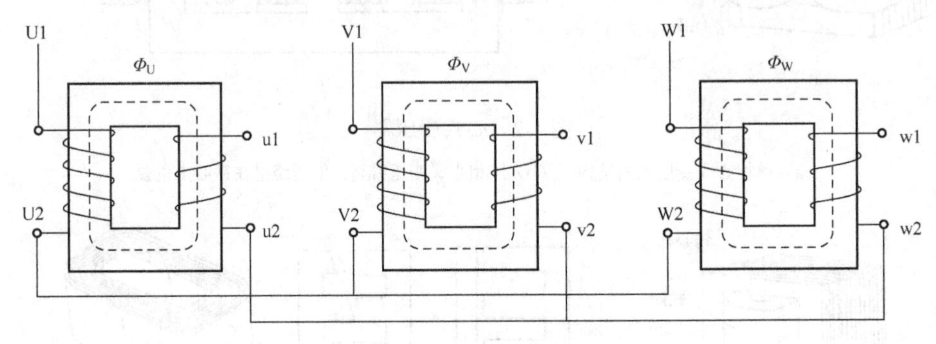

图 1-5　三相变压器组

由于三相绕组接至对称的三相交流电源时，三相绕组中产生的主磁通也是对称的，故有由 $\dot{\Phi}_U+\dot{\Phi}_V+\dot{\Phi}_W=0$，即中间铁心柱的磁通为零，因此中间铁心柱可以省略，成为图 1-6（b）的形式，实际上为了简化变压器铁心的剪裁及叠装工艺，均采用将 U、V、W 三个铁心柱置于同一个平面上的结构型式，如图 1-6（c）所示。

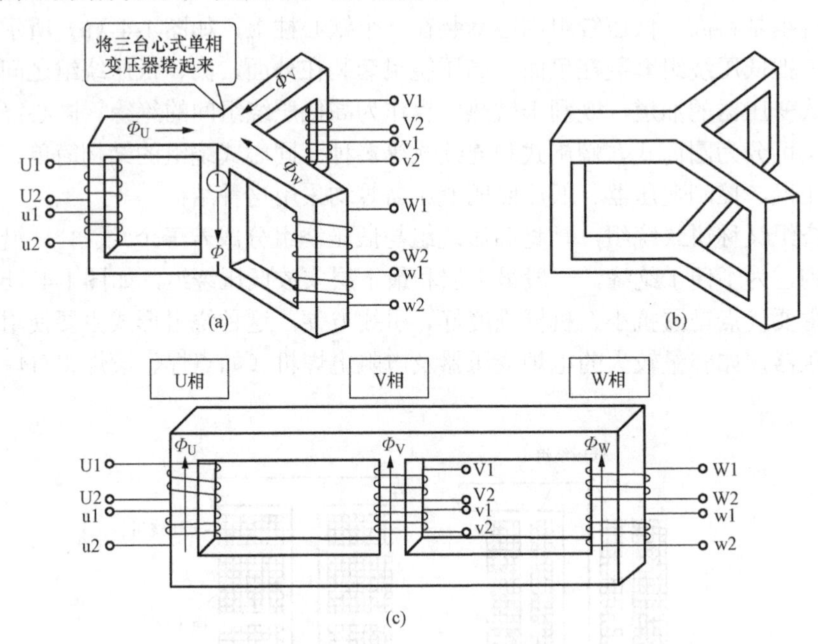

图 1-6　三相心式变压器

（a）三铁心柱的结构型式；（b）省略中间铁心柱的三铁心柱结构型式；（c）三铁心柱位于同一平面结构型式

在三相电力变压器中，使用最广的是油浸式电力变压器，其外形如图 1-7 所示。主要由铁心、线圈、油箱和冷却装置、保护装置等部件组成。图 1-7（b）所示是 S 系列变压器的外形图，其铁心与绕组的装配工艺较复杂，但铁心的功率损耗小，在国产电力变压器中得到广泛应用。

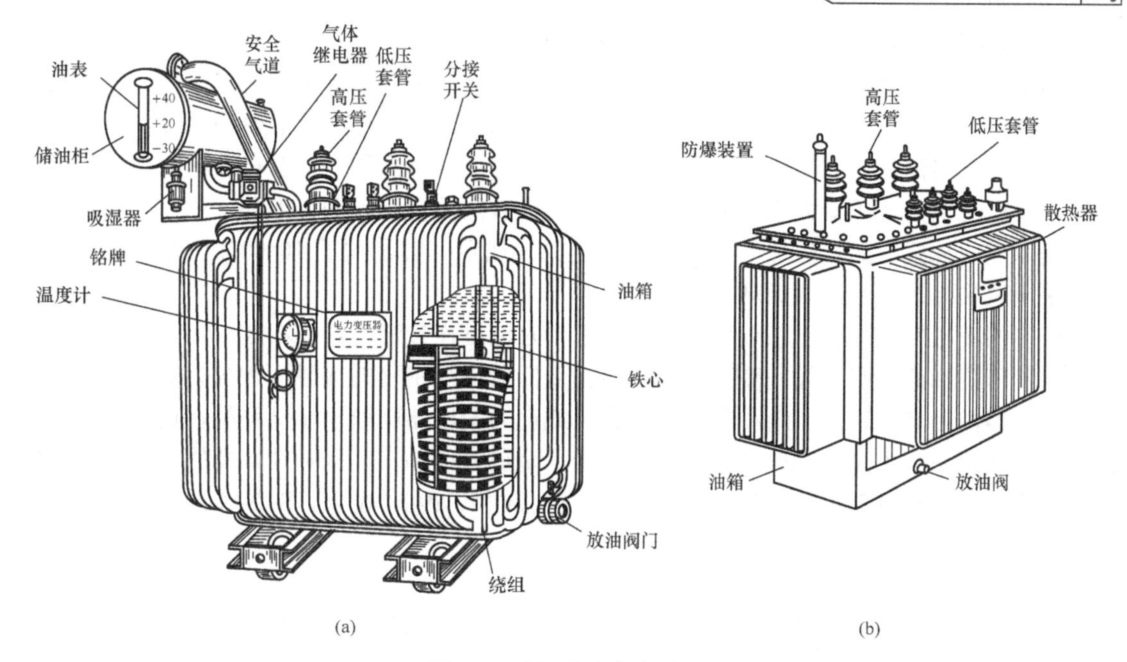

图 1-7 油浸式电力变压器

（a）SJI 系列变压器；（b）S 系列变压器

1. 铁心

三相电力变压器的铁心是由 0.35mm 厚的硅钢片叠压（基卷制）而成的，采用心式结构，外形结构如图 1-8 所示。

2. 绕组

三相变压器的绕组一般采用绝缘纸包的扁铜线或扁铝线绕成，结构形式与单相变压器一样有同心式绕组与交叠式绕组，电力变压器的器身如图 1-9 所示。

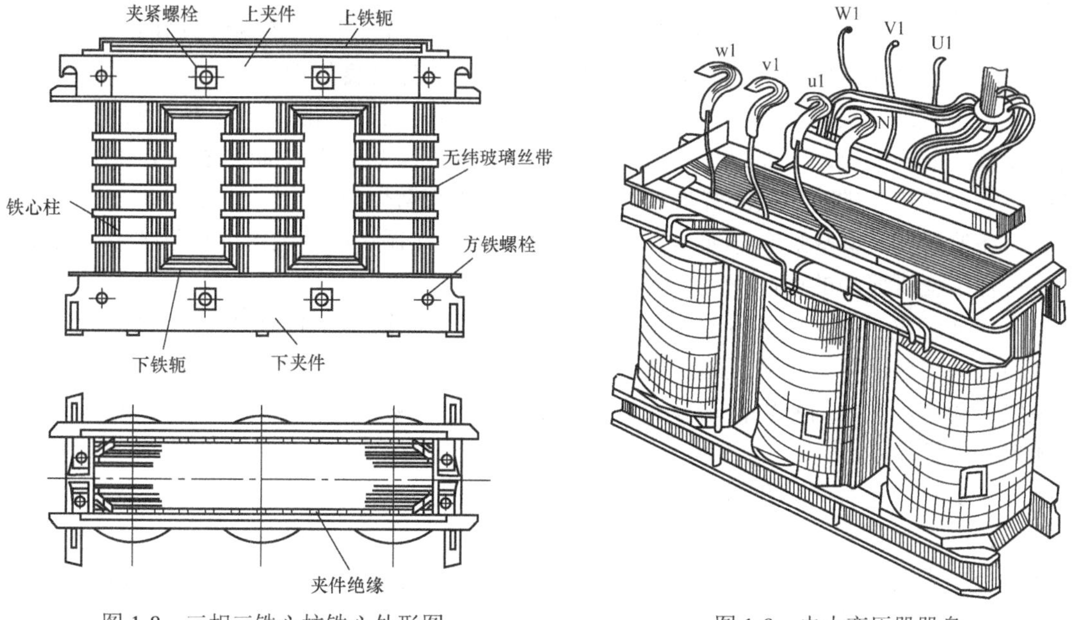

图 1-8 三相三铁心柱铁心外形图

图 1-9 电力变压器器身

3. 油箱和冷却装置

由于三相变压器主要用于电力系统进行电能的传输，因此其容量都比较大，电压也比较高，目前国产的高电压、大容量三相电力变压器。为了铁心和绕组的散热和绝缘，均将其置于绝缘的变压器油内，而油则盛放在油箱内。为了增加散热面积，一般在油箱四周加装散热装置，老型号电力变压器采用在油箱四周加焊扁形散热油管，如图 1-7（a）所示。新型电力变压器以采用片式散热器散热为多，如图 1-7（b）所示。容量大于 10 000kV·A 的电力变压器，采用风吹冷却或强迫油循环冷却装置。

较多的变压器在油箱上部还安装有储油柜，它通过连接管与油箱相通。储油柜内的油面高度随变压器油的热胀冷缩而变动。储油柜使变压器油与空气的接触面积大为减小，从而减缓了变压器油的老化速度。新型的全充油密封式电力变压器则取消了储油柜，运行时变压器油的体积变化完全由设在侧壁的膨胀式散热器（金属波纹油箱）来补偿，变压器端盖与箱体之间焊为一体，设备免维护，运行安全可靠，在我国以 S9-M 系列、S10-M 系列全密封波纹油箱电力变压器为代表，现已开始批量生产。

4. 分接开关

分接开关用以改变高压绕组的匝数，从而调整电压比的装置。双绕组变压器的一次绕组及三绕组变压器的一、二次绕组一般都有 3～5 个分接头位置，相邻分接头相差 5%，多分接头的变压器相邻分接头相差 2.5%。

分接开关的操作部分装于变压器顶部，经传杆伸入变压器油箱内。分接开关分为两种：一种是无载分接开关，另一种是有载分接开关。后者可以在带负荷的情况下进行切换、调整电压。

5. 保护装置

（1）储油柜（又称油枕），它是一种油保护装置，水平地安装在变压器油箱盖上，用弯曲联管与油箱连通，柜内油面高度随变压器油的热胀冷缩而变动。储油柜的作用是保证变压器油箱内充满油，减小油和空气的接触面积，从而降低变压器油受潮和老化的速度。

（2）吸湿器（又称呼吸器），通过它使大气与油枕内连通。吸湿器内装有硅胶或活性氧化铝，用以吸收进入油枕中空气的水分，以防止油受潮而保持良好性能。

（3）安全气道（又称防爆筒），它装于油箱顶部，是一个长钢圆筒，上端口装有一定厚度的玻璃板或酚醛纸板，下端口与油箱连通。它的作用是当变压器内部因发生故障引起压力骤增时，让油气流冲破玻璃或酚醛纸板喷出，以免造成箱壁爆裂。

（4）净油器（又称热虹吸净油器），它是利用油的自然循环，使油通过吸附剂进行过滤，以改善运行中变压器油的性能。

（5）气体继电器（又称瓦斯继电器），它装在油枕和油箱的连通管中间。当变压器内部发生故障（如绝缘击穿、匝间短路、铁心事故等）产生气体时，或油箱漏油使油面降低时，气体继电器动作，发出信号以便运行人员及时处理；若事故严重，则可使断路器自动跳闸，对变压器起保护作用。

此外，变压器还有测温及温度监控装置等。

6. 铭牌

在每台电力变压器的油箱上都有一块铭牌，标志其型号和主要参数，作为正确使用变压器时的依据，图 1-10 所示的变压器是配电站用的降压变压器，将 10kV 的高压降为 400V 的低压，供三相负载使用。铭牌中的主要参数说明如下：

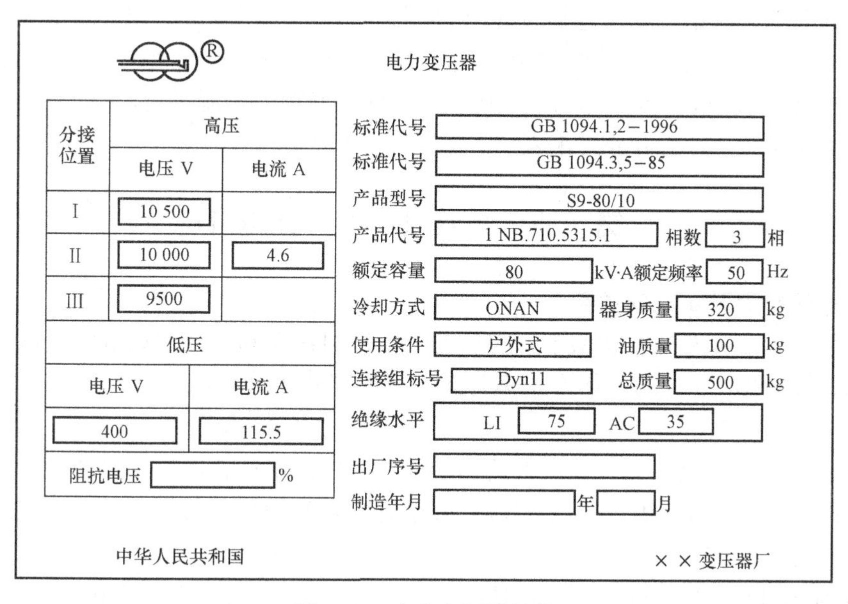

电力变压器

分接位置	高压	
	电压 V	电流 A
I	10 500	
II	10 000	4.6
III	9500	

低压	
电压 V	电流 A
400	115.5
阻抗电压	%

标准代号 GB 1094.1,2−1996

标准代号 GB 1094.3,5−85

产品型号 S9-80/10

产品代号 1 NB.710.5315.1 相数 3 相

额定容量 80 kV·A 额定频率 50 Hz

冷却方式 ONAN 器身质量 320 kg

使用条件 户外式 油质量 100 kg

连接组标号 Dyn11 总质量 500 kg

绝缘水平 LI 75 AC 35

出厂序号

制造年月 年 月

中华人民共和国 ×× 变压器厂

图 1-10 电力变压器铭牌

（1）型号。

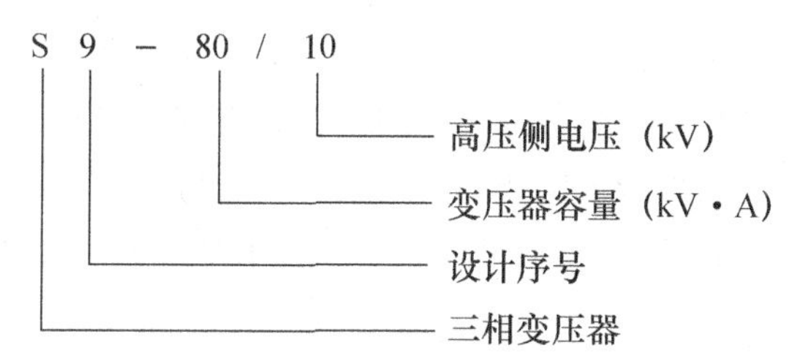

（2）额定电压 U_{1N} 和 U_{2N}。高压侧（一次绕组）额定电压 U_{1N} 是指加在一次绕组上的正常工作电压值。它是根据变压器的绝缘强度和允许发热等条件规定的。高压侧标出的三个电压值，可以根据高压侧供电电压的实际情况，在额定值的±5%范围内加以选择，当供电电压偏高时可调至 10 500V，偏低时则调至 9500V，以保证低压侧的额定电压为 400V 左右。

低压侧（二次绕组）额定电压 U_{2N} 是指变压器在空载时，高压侧加上额定电压后，二次绕组两端的电压值。变压器接上负载后，二次绕组的输出电压 U_2 将随负载电流的增加而下降，为保证在额定负载时能输出 380V 的电压，考虑到电压调整率为 5%，故该变压器空载时二次绕组的额定电压 U_{2N} 为 400V。在三相变压器中，额定电压均指线电压。

（3）额定电流 I_{1N} 和 I_{2N}。额定电流是指根据变压器容许发热的条件而规定的满载电流值。在三相变压器中额定电流是指线电流。

（4）额定容量 S_N。额定容量是指变压器在额定工作状态下，二次绕组的视在功率，其单位为 kVA。

单相变压器的额定容量为
$$S_N = \frac{U_{1N} I_{1N}}{1000} = \frac{U_{2N} I_{2N}}{1000} \text{kVA} \tag{1-2}$$

三相变压器的额定容量为
$$S_N = \frac{\sqrt{3} U_{1N} I_{1N}}{1000} = \frac{\sqrt{3} U_{2N} I_{2N}}{1000} \text{kVA} \tag{1-3}$$

（5）连接组标号。连接组编号指三相变压器一、二次绕组的连接方式。Y（高压绕组作星形连接）、y（低压绕组作星形连接）；D（高压绕组作三角形连接）、d（低压绕组作三角形连接）；N（高压绕组作星形连接时的中性线）、n（低压绕组作星形连接时的中性线）。

（6）阻抗电压。阻抗电压又称为短路电压。它标志在额定电流时变压器阻抗压降的大小。通常用它与额定电压 U_{1N} 的百分比来表示。

第三节 变压器的空载运行

一、空载运行时基本电磁关系

图 1-1 中，在开关 S 断开状态下，变压器一次绕组接在额定频率和额定电压的电网上，而二次绕组开路，即 $I_2 = 0$ 的工作方式称为变压器的空载运行。

1. 正方向的规定

由于变压器在交流电源上工作，因此通过变压器中的电压、电流、磁通及电动势的大小及方向均随时间在不断地变化，为了正确地表示它们之间的相位关系，必须首先规定它们的参考方向，或称为正方向。

参考方向在原则上可以任意规定，但是参考方向的规定方法不同，由楞次定律可以知道，同一电磁过程所列出的方程式，其正、负号也将不同。为了统一起见，习惯上都按照“电工惯例”来规定参考方向：

（1）在同一支路中，电压的参考方向与电流的参考方向一致。

（2）磁通的参考方向与电流的参考方向之间符合右手螺旋定则。

（3）由交变磁通 Φ 产生的感应电动势 e，其参考方向与产生该磁通的电流参考方向一致（即感应电动势 e 与产生它的磁通 Φ 之间符合右手螺旋定则时为正方向）。图 1-1 中各电压、电流、磁通、感应电动势的参考方向即按此惯例标出。

2. 空载运行

变压器空载运行如图 1-1 所示，在外加交流电压 u_1 作用下，一次绕组中通过的电流称空载电流 i_0。在电流 i_0 的作用下，铁心中产生与一、二次绕组共同交链交变的磁通 Φ 称为主磁通，主磁通 Φ 同时穿过一、二次绕组，分别在其中产生感应电动势 e_1 和 e_2，大小与 $\mathrm{d}\Phi/\mathrm{d}t$ 成正比。还有很小一部分通过空气等非磁性物质构成的一次侧的漏磁通 $\Phi_{\sigma1}$，因这部分的磁路磁阻很大，故 $\Phi_{\sigma1}$ 只占总磁通的很小一部分。

由于路径不同，主磁通和漏磁通有很大差异：①在性质上，主磁通磁路由铁磁材料组成，具有饱和特性，Φ 与 I_0 呈非线性关系；而漏磁通磁路不饱和，$\Phi_{\sigma1}$ 与 I_0 呈线性关系。②在数量上，因为铁心的磁导率比空气（或变压器油）的磁导率大很多，铁心磁阻小，所以磁通的绝大部分通过铁心而闭合，故主磁通远大于漏磁通，一般主磁通可占总磁通的99%以上，而漏磁通仅占 1%以下。③在作用上，主磁通在二次绕组中感应电动势，若接负载，就有电功率输出，故起了传递能量的媒介作用；而漏磁通只在一次绕组中感应漏磁电动势，仅起漏抗压降的作用。

（1）忽略漏磁通和绕组电阻时的电磁关系。

略去一次绕组中的阻抗不计，则外加电源电压 U_1 与一次绕组中的感应电动势 E_1 可近似看做相等，即 $U_1 \approx E_1$，而 U_1 与 E_1 的参考方向正好相反，即电动势 E_1 与外加电压 U_1 相平衡。

当 $\Phi_1 = \Phi_m \sin\omega t$ 时，则

$$e_1 = -N_1 \frac{d\Phi}{dt} = -2\pi f N \Phi_m \sin(90^\circ - \omega t) = E_{1m} \sin(\omega t - 90^\circ)$$

$$e_2 = -N_2 \frac{d\Phi}{dt} = -N_2 \omega \Phi_m \cos\omega t = E_{2m} \sin(\omega t - 90^\circ) \tag{1-4}$$

感生电动势 e 在相位上滞后磁通 Φ 90°，有效值为

$$E = \frac{E_m}{\sqrt{2}} = \frac{2\pi f N \Phi_m}{\sqrt{2}} = 4.44 f N \Phi_m \tag{1-5}$$

因此 $E_1 = 4.44 f N_1 \Phi_m$， $E_2 = 4.44 f N_2 \Phi_m$，则

$$\frac{E_1}{E_2} = \frac{N_1}{N_2} \tag{1-6}$$

在空载情况下，空载电流 i_0 很小，在一次绕组中产生的电压降忽略不计，则 $U_1 \approx E_1$，方向相反，即电动势 E_1 与外加电压 U_1 相平衡。由于二次侧开路，则 $U_2 = E_2$。因此

$$U_1 = E_1 = 4.44 f N_1 \Phi_m \tag{1-7}$$

$$U_2 = E_2 = 4.44 f N_2 \Phi_m \tag{1-8}$$

$$\frac{U_1}{U_2} \approx \frac{E_1}{E_2} = \frac{N_1}{N_2} = K$$

式中，K 为变压器的变比。

由以上分析可知：

1）变压器一次、二次绕组的电压与一次、二次匝数成正比，即变压器有变换电压的作用。

2）当频率 f 与匝数 N 为常数时，加在变压器上的交流电压 U_1 为恒定值，则变压器铁心中的磁通 Φ_m 基本上保持不变，这就是恒磁通概念。

通常把 $K>1$，（即 $U_1>U_2$，$U_1>U_2$）的变压器称为降压变压器；$K<1$ 的变压器称为升压变压器。

（2）考虑漏磁通和一次绕组电阻时的电磁关系。

一次侧漏磁通在一次绕组产生的感应电动势为

$$\dot{E}_{\sigma1} = -j\frac{2\pi f_1}{\sqrt{2}} N_1 \Phi_{\sigma1} = -j4.44 f_1 N_1 \dot{\Phi}_{\sigma1} \tag{1-9}$$

$$L_1 = \frac{N_1 \Phi_{\sigma1}}{\sqrt{2} I_0} \tag{1-10}$$

$$\dot{E}_{\sigma1} = -j\dot{I}_0 2\pi f_1 L_1 = -j\dot{I}_0 X_1 \tag{1-11}$$

根据基尔霍夫第二定律，由图 1-1 得

$$\begin{aligned} \dot{U}_1 &= -\dot{E} - \dot{E}_{\sigma1} + \dot{I} R_1 \\ &= -\dot{E}_1 + \dot{I}_0 R_1 + j\dot{I}_0 X_1 = -\dot{E}_1 + \dot{I}_0 Z_1 \end{aligned} \tag{1-12}$$

式中，Z_1 为一次绕组的漏阻抗 $Z_1 = r_1 + jx_1$。

由于空载电流和 Z_1 均很小，故漏阻抗压降 $Z_1 I_0$ 更小（$<0.5\% U_{1N}$），分析时常忽略不计，式（1-12）可变成

$$U_1 \approx E_1 \tag{1-13}$$

二、空载时的等效电路和相量图

1．空载时的等效电路

在变压器运行时，既有电路、磁路问题，又有电和磁之间的相互耦合问题，尤其当磁路存在饱和现象时，将给分析和计算变压器带来很大困难。若能将变压器运行中的电和磁之间的相互关系用一个模拟电路的形式来等效，就可以使分析与计算大为简化。所谓等效电路就是基于这一概念而建立起来的。

前已述及，空载电流$\dot{I}_0$在一次绕组产生的漏磁通$\varPhi_{\sigma1}$感应出一次漏磁电动势$\dot{E}_{\sigma1}$，其在数值上可用空载电流$\dot{I}_0$在漏抗x_1上的压降$x_1\dot{I}_0$表示。同样，空载电流产生主磁通在一次绕组感应出主电动势$\dot{E}_1$，它也可用某一参数的压降来表示，但交变主磁通在铁心中还产生铁损耗，还需引入一个电阻r_m参数，用$r_m I_0^2$来反映变压器的铁损耗，因此可引入一个阻抗参数Z_m，把$\dot{E}_1$与$\dot{I}_0$联系起来，此时，$-\dot{E}_1$可看作空载电流$\dot{I}_0$在Z_m上的阻抗压降，即

$$-\dot{E}_1 = Z_m\dot{I}_0 = (r_m + jx_m)\dot{I}_0 \tag{1-14}$$

式中，Z_m为励磁阻抗，$Z_m = r_m + jx_m$；r_m为励磁电阻，对应于铁损耗的等效电阻；x_m为励磁电抗，对应于主磁通的电抗。

把式（1-14）代入式（1-11），可得

$$\begin{aligned}\dot{U}_1 &= \dot{I}_0 Z_1 + \dot{I}_0 Z_m \\ &= \dot{I}_0(R_1 + jX_{\sigma1}) + \dot{I}_0(R_m + jX_m)\end{aligned} \tag{1-15}$$

式（1-15）对应的电路即为变压器空载时的等效电路，如图1-11所示。

由前面分析可知，一次漏阻抗$Z_1 = r_1 + jx_1$为定值。由于铁心磁路具有饱和特性，励磁阻抗$Z_m = r_m + jx_m$随着外加电压$\dot{U}_1$增大而变小。在变压器正常运行时，外施电压$\dot{U}_1$波动幅度不大，基本上为恒定值，故Z_m可近似认为是个常数。

对于电力变压器，由于$r_1 \ll r_m$，$x_1 \ll x_m$，$Z_1 \ll Z_m$，例如：一台容量为1000kVA的三相变压器其Z_1=2.75Ω，Z_m=2000Ω，故有时可把一次漏阻抗$Z_1 = r_1 + jx_1$忽略不计，则变压器空载等效电路就成为只有一个励磁阻抗Z_m元件的电路了。所以在外施电压一定时，变压器空载电流的大小主要取决于励磁阻抗的大小。从变压器运行的角度看，希望空载电流越小越好，因而变压器采用高磁导率的铁磁材料，以增大Z_m，减小I_0，提高其运行效率和功率因数。

2．空载时的相量图

（1）空载时的基本方程式。

归纳本节所学过的方程式，有

$$\begin{aligned}\dot{U}_1 &= -\dot{E}_1 - jx_1\dot{I}_0 + \dot{I}_0 r_1 \\ \dot{E}_1 &= -j4.44fN_1\dot{\varPhi}_m \\ \dot{E}_{21} &= -j4.44fN_2\dot{\varPhi}_m \\ -\dot{E}_1 &= Z_m\dot{I}_0 = (r_m + jx_m)\dot{I}_0 \\ \dot{I}_0 &= \dot{I}_{0a} + \dot{I}_{0r}\end{aligned} \tag{1-16}$$

（2）空载相量图。

为了直观地看出变压器空载运行时各电磁量的大小和相位关系，由式（1-16）可画出变压器空载时的相量图，如图 1-12 所示。

$\dot{U}_1$ 与 $\dot{I}_0$ 之间的夹角 φ_0 即为变压器空载运行时的功率因数角，由图 1-12 可见，$\varphi_0 \approx 90^\circ$，即变压器空载运行时的功率因数很低，一般 $\cos\varphi$ 在 0.1～0.2。

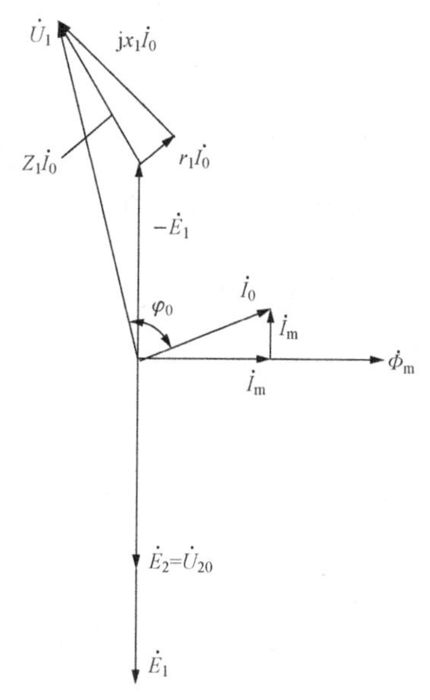

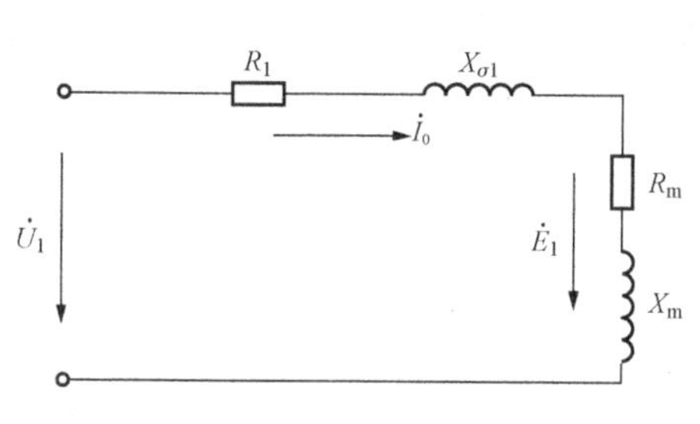

图 1-11 变压器空载等效电路

图 1-12 变压器空载相量图

第四节 变压器的负载运行

如图 1-13 所示，变压器一次绕组接额定电压，二次绕组与负载相连的运行状态称为变压器的负载运行。当变压器二次绕组接上负载后，二次绕组流过负载电流 I_2，并产生去磁磁势 N_2I_2，为保持铁心中的磁通 Φ 基本不变，一次绕组中的电流由 I_0 增加为 I_1，磁通势变为 N_1I_1 以抵消二次绕组电流产生的磁通势的影响。

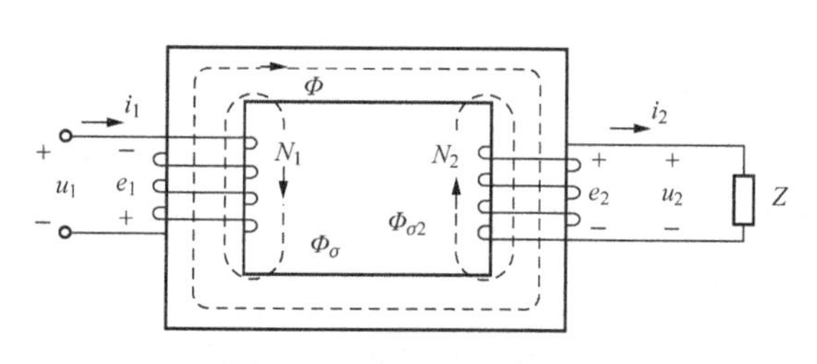

图 1-13 变压器负载运行

一、磁动势平衡方程式

$$N_1\dot{I}_0 = N_1\dot{I}_1 + N_2\dot{I}_2 \tag{1-17}$$

$$\dot{I}_1 = \dot{I}_0 + \left(-\frac{N_2}{N_1}\dot{I}_2\right) = \dot{I}_0 + \left(-\frac{1}{K}\dot{I}_2\right) = \dot{I}_0 + \dot{I}_1' \tag{1-18}$$

由上可知，负载时一次侧电流 $\dot{I}_1$ 由建立主磁通 Φ 的励磁电流 $\dot{I}_0$ 和供给负载的负载电流分量 $\dot{I}_1'$ 组成，$\dot{I}_1'$ 用以抵消二次绕组磁通势磁作用，使主磁通保持不变。当二次绕组的输出功率增加，二次绕组的电流 $\dot{I}_2$ 增加，则使一次绕组中的电流 $\dot{I}_1'$ 增加，一次侧输入功率也随之增加，从而实现了能量从一次侧到二次侧的传递。由于变压器的效率都很高，通常可近似将变压器

的输出功率 P_2 与输入功率 P_1 看做相等，即

$$U_1 I_1 \approx U_2 I_2 \tag{1-19}$$

也由于空载励磁电流 $\dot{I}_0$ 很小，因此 $\dot{I}_1$ 可表示为

$$\dot{I}_1 = -\frac{N_2}{N_1}\dot{I}_2 \tag{1-20}$$

“−”号表示 $\dot{I}_1$ 与 $\dot{I}_2$ 在相位上相差 180°。由式（1-20）可得出：变压器的高压绕组匝数多，而通过的电流小，因此绕组所用的导线细；反之，低压绕组匝数少，通过的电流大，所用的导线较粗。

由此可知，变压器一次、二次绕组中的电流与其绕组的匝数成反比，即变压器有变换电流的作用。

$$\frac{U_1}{U_2} \approx \frac{E_1}{E_2} = \frac{N_1}{N_2} \approx \frac{I_2}{I_1} = K \tag{1-21}$$

由式（1-21）可知变压器的高压绕组匝数多、电流小，所需导线细；低压绕组匝数少、电流大，所需导线粗。

二、电动势平衡方程式

一次绕组的电动势平衡方程式为

$$\dot{U}_1 = -\dot{E}_1 + z_{\sigma 1}\dot{I}_0 \tag{1-22}$$

二次绕组的电动势平衡方程式为

$$\begin{aligned}\dot{U}_2 &= -\dot{E}_2 - \dot{E}_{\sigma 2} + r_2 I_0 \\ &= -\dot{E}_2 - \mathrm{j}x_{\sigma 2}\dot{I}_0 + r_2\dot{I}_0 \\ &= -\dot{E}_2 + Z_{\sigma 2}\dot{I}_0 \\ &= Z\dot{I}_2 = (r + \mathrm{j}X_2)\dot{I}_2\end{aligned} \tag{1-23}$$

式中，$Z_{\sigma 1}$ 为二次绕组漏阻抗，Z 为二次绕组的负载阻抗，r_2 为二次绕组的负载电阻，X_2 为二次绕组的负载电抗。

三、变压器的阻抗变换

变压器不但具有电压变换和电流变换的作用，还具有阻抗变换的作用。

如图 1-14 所示，当变压器二次绕组接上阻抗为 Z 的负载后，则

$$Z = \frac{U_2}{I_2} = \frac{\frac{N_2}{N_1}U_1}{\frac{N_1}{N_2}I_1} = \left(\frac{N_2}{N_1}\right)^2 Z', \quad Z' = \frac{U_1}{I_1} \tag{1-24}$$

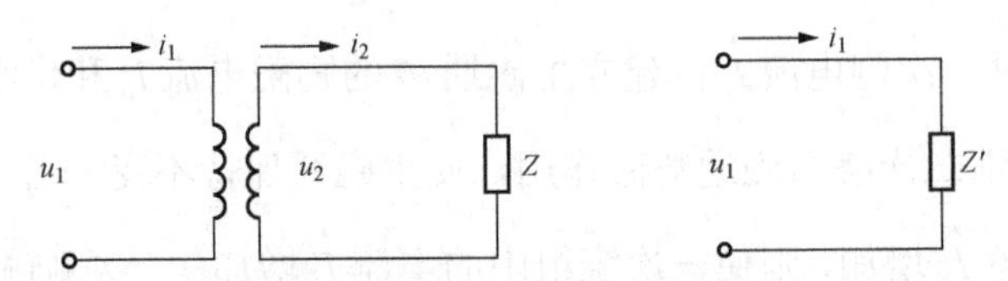

图 1-14　变压器的阻抗变换

Z' 相当于直接接在一次绕组上等效阻抗，故 $Z' = K^2 Z$ 。可见接在变压器二次绕组上负载 Z 与不经过变压器直接接在电源上等效负载 Z' 相减小了 K^2 倍，即负载阻抗通过变压器接在电源上时，相当于把阻抗增加了 K^2 倍。

在电路应用中，为了获得最大的功率输出，输出电路的输出阻抗与所接的负载阻抗要相匹配。例如，为了在扬声器中获得最好的音响效果（最大的功率输出），要求音响设备输出的阻抗与扬声器的阻抗尽量相等。但实际上扬声器的阻抗很小，而音响设备等信号的输出阻抗却很大，因此，通常在两者之间加变压器来达到阻抗匹配的目的。

第五节 变压器运行特性

一、变压器的外特性与电压变化率

当变压器一次绕组电压和负载的功率因数 $\cos\varphi$ 一定时，二次绕组电压 U_2 与负载电流 I_2 的关系，称为变压器的外特性。变压器的外特性是用来描述输出电压随负载电流 I_2 变化而变化的情况。

从变压器外特性图 1-15 可以看出，当 $\cos\varphi_2 = 1$ 时，U_2 随 I_2 下降得并不多；当在感性负载，$\cos\varphi_2$ 降低时，U_2 随 I_2 增加而下降的程度加大，主要是因为滞后无功电流对变压器磁路中的主磁通的去磁作用更为显著，而使 E_1 和 E_2 有所下降的原因；当在容性负载，$\cos\varphi_2$ 为负值时，超前的无功电流有助磁作用，主磁通会有所增加，使得 U_2 会随 I_2 的增加而提高。这些现象表明，负载的功率因数对变压器外特性的影响是很大的。

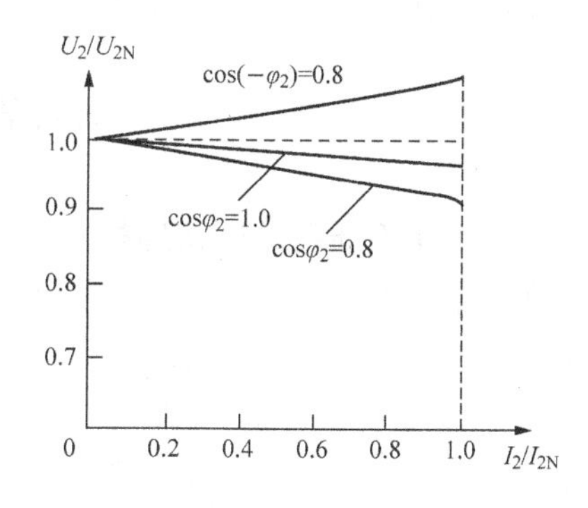

图 1-15 变压器的外特性

一般情况下，变压器的负载大多数是感性负载，当负载增加时，输出电压 U_2 总是下降的。当变压器从空载到额定负载运行时，二次绕组输出电压的变化值 ΔU 与空载电压 U_{2N} 之比的百分数称为变压器的电压变化率，用 ΔU %来表示。

$$\Delta U\% = \frac{U_{2N}}{U_2} \times 100\% \tag{1-25}$$

电压变化率反映了供电电压的稳定性，ΔU %越小，则变压器二次绕组输出的电压越稳定。

二、变压器的损耗与效率

变压器从电源输入的有功功率 P_1 与向负载输出的有功功率 P_2 之差为变压器的损耗功率 ΔP ，它包括铜损耗 P_{Cu} 和铁损耗 P_{Fe} 两部分。

1. 铁损耗 P_{Fe}

- 铁损耗
  - 基本铁损耗
    - 磁滞损耗
    - 涡流损耗
  - 附加铁损耗
    - 铁心叠片间加绝缘损伤面产生的局部涡流损耗
    - 主磁通在铁心以外的结构部件引起的涡流损耗

附加损耗约为基本损耗的 15%～20%。变压器的铁损耗与一次绕组上所加的电源电压大小有关，而与负载的大小无关。当电源电压一定时，铁心中的磁通基本不变，则铁损耗也基本不变，因此铁损耗又称“不变损耗”。

2．铜损耗 P_{Cu}

铜损耗包括基本铜损耗和附加铜损耗。基本铜损耗是由电流在一次、二次绕组电阻上产生的损耗；附加损耗是由漏磁通产生的集肤效应使电流在导体内分布不均匀而产生的额外损耗。附加铜损耗约为基本铜损耗的 2%～3%。在变压器中铜损耗与负载电流的平方成正比，所以铜损耗又称为“可变损耗”。

3．效率 η

变压器的输出功率 P_2 与输入功率 P_1 之比称为变压器的效率，即

$$\eta=\frac{P_1}{P_2}\times 100\%=\frac{P_1}{P_2+\Delta P}\times 100\% \tag{1-26}$$

变压器在不同的负载电流时，输出功率与铜损都不同，因此变压器的效率，随负载电流的变化而变化。当铁损耗等于铜损耗时，变压器的效率最高。

第六节　三相变压器连接组别

一、三相变压器的磁路结构

现代电力系统均采用三相制，因而三相变压器的应用极为广泛。从运行原理来看，三相变压器在对称负载下运行时，各相电压、电流大小相等，相位上彼此相差 120°，就其一相来说，和单相变压器没有什么区别。因此单相变压器的基本方程式、等效电路、相量图，以及运行特性的分析方法及其结论等完全适用于三相变压器。本节主要讨论三相变压器的磁路系统、电路系统等几个特殊问题。

1．组式（磁路）变压器

由三台单相变压器组成的三相变压器称为三相变压器组，其相应的磁路称为组式磁路。由于每相的主磁通各沿自己的磁路闭合，彼此不相关联。三相组式变压器的磁路系统见图 1-5。

2．心式（磁路）变压器

用铁轭把三个铁心柱连在一起的变压器称为三相心式变压器，三相心式变压器每相有一个铁芯柱，三个铁心柱用铁轭连接起来，构成三相铁心，如图 1-16 所示。从图 1-16 上可以看出，任何一相的主磁通都要通过其他两相的磁路作为自己的闭合磁路。这种磁路的特点是三相磁路彼此相关。

三相心式变压器可以看成是由三相组式变压器演变而来的，如果把三台单相变压器的铁心合并成图 1-16（a）的形式，则在外施对称三相电压时，三相主磁通是对称的，中间铁心柱的磁通为 $\dot{\Phi}_U+\dot{\Phi}_V+\dot{\Phi}_W=0$，即中间铁心柱无磁通通过，因此可将中间铁心柱省去，如图 1-16（b）所示。为制造方便和降低成本，把 V 相铁轭缩短，并把三个铁心柱置于同一平面，便得到三相心式变压器铁心结构，如图 1-16（c）所示。

与三相组式变压器相比，三相心式变压器省材料，效率高，占地少，成本低，运行维护方便，故应用广泛。只在超高压、大容量巨型变压器中由于受运输条件限制或为减少备用容

量才采用三相组式变压器。

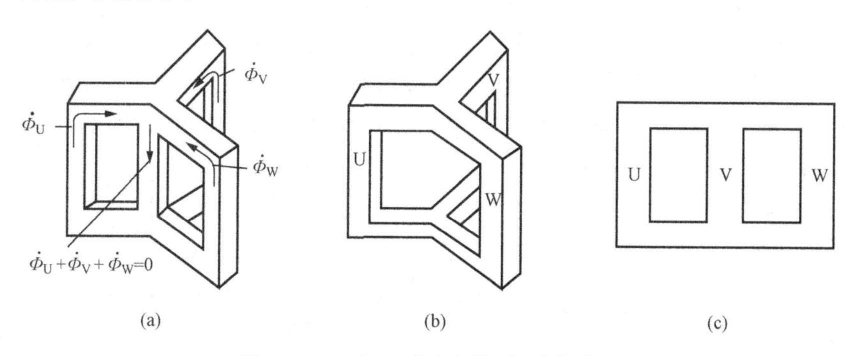

图 1-16 三相心式变压器的磁路系统

二、三相变压器的电路系统——连接组别

1. 单相变压器的连接组别

单相变压器连接组别反映变压器一、二次侧电动势（电压）之间的相位关系。

单相变压器（或三相变压器任一相）的主磁通及一、二次绕组的感应电动势都是交变的，无固定的极性。这里所讲的极性是指瞬间极性，即任一瞬间，高压绕组的某一端点的电位为正（高电位）时，低压绕组必有一个端点的电位也为正（高电位），这两个具有正极性或另两个具有负极性的端点，称为同极性端，用符号“·”表示。同极性端可能在绕组的对应端，如图 1-17（a）所示，也可能在绕组的非对应端，如图 1-17（b）所示，这取决于绕组的绕向。当一、二次绕组的绕向相同时，同极性端在两个绕组的对应端；当一、二次绕组的绕向相反时，同极性端在两个绕组的非对应端。

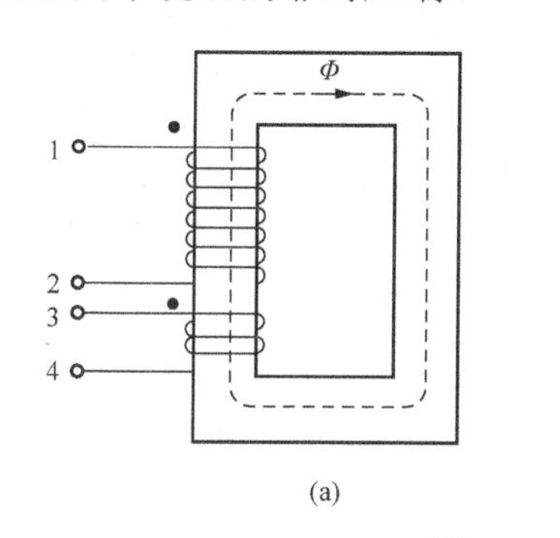

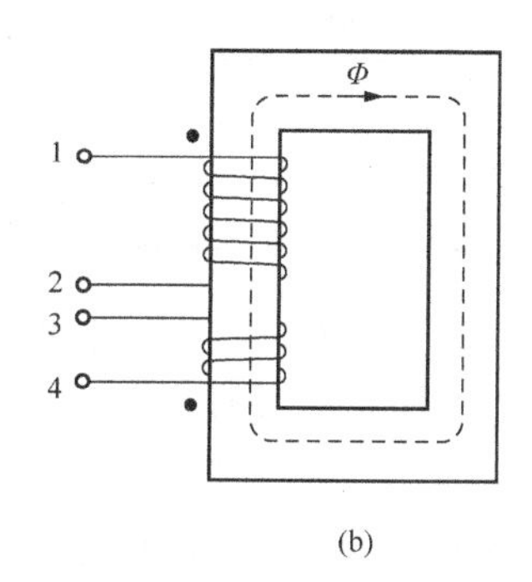

图 1-17 线圈同极性端

（a）同名端位于绕组的对应端；（b）同名端位于绕组的非对应端

单相变压器的首端和末端有两种不同的标法。一种是将一、二次绕组的同极性端都标为首端（或末端），如图 1-18（a）所示，这时一、二次绕组电动势 $\dot{E}_u$ 与 $\dot{E}_w$ 同相位（感应电动势的参考方向均规定从末端指向首端）。另一种标法是把一、二次绕组的异极性端标为首端（或末端），如图 1-18（b）所示，这时 $\dot{E}_u$ 与 $\dot{E}_w$ 反相位。

综上分析可知，在单相变压器中，一、二次绕组感应电动势之间的相位关系要么同相位要么反相位，它取决于绕组的绕向和首末端标记，即同极性端子同样标号时电动势同相位。

为了形象地表示高、低压绕组电动势之间的相位关系，采用所谓“时钟表示法”。即把高压绕组电动势相量 $\dot{E}_u$ 作为时钟的长针，并固定指在“12”上，低压绕组电动势相量 $\dot{E}_u$ 作为时钟的短针，其所指的数字即为单相变压器连接组的组别号，图 1-18（a）可写成 I，I0，图 1-18（b）可写成 I，I6，其中 I 表示高、低压线圈均为单相线圈，0 表示两线圈的电动势（电压）同相，6 表示反相。我国国家标准规定，单相变压器以 I，I0 作为标准连接组。

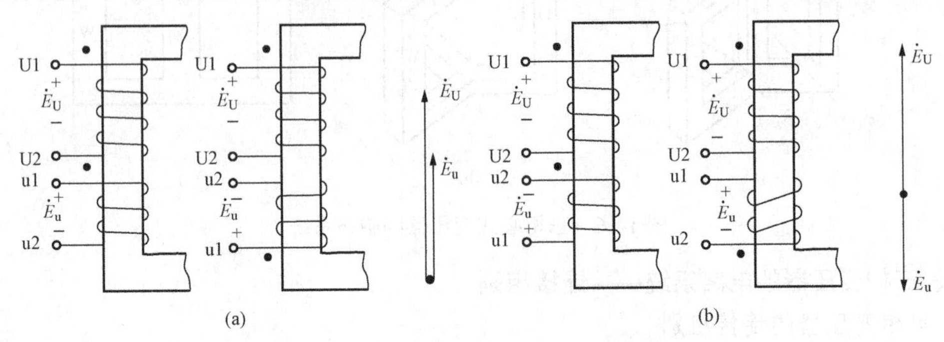

图 1-18　一、二次绕组感应电动势之间相位关系

（a）一、二次绕组同极性端标为首端；（b）一、二次绕组异极性端标为首端

2. 三相绕组的连接方法

为了在使用变压器时能正确连接而不致发生错误，变压器绕组的每个出线端都有一个标志，电力变压器绕组首、末端的标志如表 1-1 所示。

表 1-1　　绕组的首端和末端的标志

绕组名称	单相变压器		三相变压器		中性点
	首端	末端	首端	末端	
高压绕组	U1	U2	U1、V1、Wl	U2、V2、W2	N
低压绕组	ul	u2	ul、vl、wl	u2、v2、w2	n
中压绕组	$U1_m$	$U2_m$	$U1_m$、$V1_m$、$W1_m$	$U2_m$、$V2_m$、$W2_m$	N_m

在三相变压器中，不论一次绕组或二次绕组，主要采用星形和三角形两种连接方法。把三相绕组的三个末端 U2、V2、W2（或 u2、v2、w2）连接在一起，而把它们的首端 U1、V1、Wl（或 ul、vl、wl）引出，便是星形连接，用字母 Y 或 y 表示，如图 1-19（a）所示。把一相绕组的末端和另一相绕组的首端连在一起，顺次连接成一闭合回路，然后从首端 U1、Vl、Wl（或 ul、vl、wl）引出，如图 1-19（b）、（c）所示，便是三角形连接，用字母 D 或 d 表示。其中，在图 1-19（b）中，三相绕组按 U1-U2W1-W2V1-V2U1 的顺序连接，称为逆序（逆时针）三角形连接；在图 1-19（c）中，三相绕组按 U1-U2V1-V2Wl-W2U1 的顺序连接，称为顺序（顺时针）三角形连接。

国家标准规定：高压绕组星形连接用 Y 表示，三角形连接用 D 表示，中性线用 N 表示；低压绕组星形连接用 y 表示，三角形连接用 d 表示，中性线用 n 表示。

三相变压器一、二次绕组不同接法的组合形式有：Y,y；Y_N,d；Y,y_n；D,y；D,d 等。不同形式的组合，各有优缺点，高压绕组接成星形可使绕组的对地绝缘要求降低，因为它的相电压只有线电压的 $1/\sqrt{3}$，当中性点引出接地时，绕组对地的绝缘要求降低了。大电流的低压绕组采用三角形连接，可使导线截面积比星形连接时减小到原来的 $1/\sqrt{3}$ 倍，其线径小也便于绕制。所以大容量的变压器通常采用 Y_N,d 或 Y,d 连接，容量不太大且需要中性线的变压器广泛采用 Y,y_n 连接，以适应照明与动力混合负载两种电压。

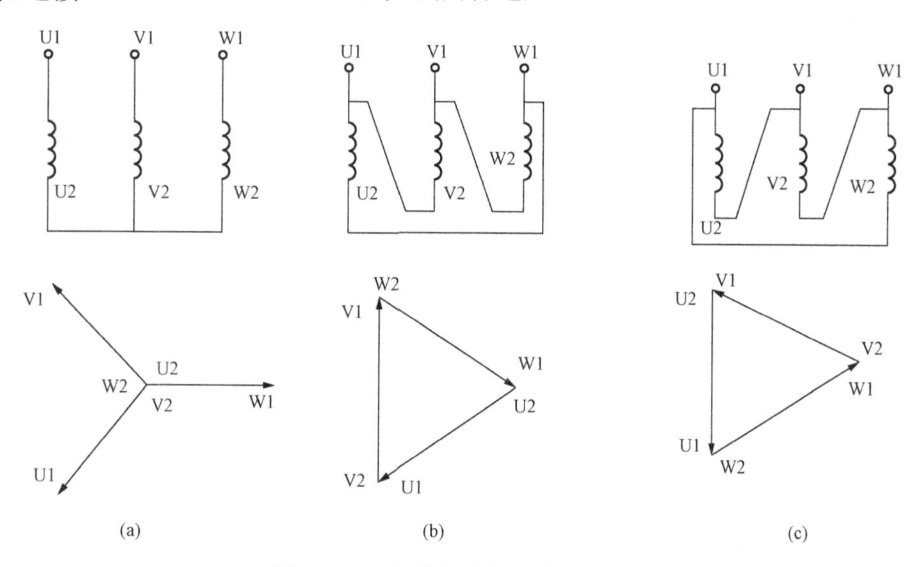

图 1-19 三相绕组连接方法及相量图

（a）星形连接；（b）逆序三角形连接；（c）顺序三角形连接

3. 连接组别的判定

一、二次绕组线电压之间的相位关系是不同，且一、二次绕组线电动势的相位差总是 30° 的整数倍。因此，国际上用时钟法规定：一次绕组线电压为时钟的长针，永远指向钟面上的“12”，二次绕组线电压的短针，它指向哪个数字，该数字则为该三相变压器连接组别的标号。

（1）Y,y 连接组。

图 1-20（a）所示是变压器一、二次绕组的接线图，“＊”表示在同一个铁心柱上，一、二次绕组为同极性端，图 1-20（a）中，在同一个铁心柱上的一次绕组 U1 与二次绕组 W1 为同极性端，一次绕组作为 U 相，二次绕组作为 w 相。图 1-20（b）是按右边接线的三相变压器一、二次绕组的电压相量图，各相电压在相位上相差 120°。一次边的 $\dot{U}_U$ 与二次边的 $\dot{U}_W$ 同相位，一次边 $\dot{U}_V$ 与二次边的 $\dot{U}_U$ 同相位，一次边 $\dot{U}_W$ 与二次边的 $\dot{U}_V$ 同相位，则一次边的线电压 $\dot{U}_{UV}$ 与二次边的线电压 $\dot{U}_{UV}$ 在相位上相差 120°。

因此，按图 1-20（a）所示的方式进行接线，一次边的线电压 $\dot{U}_{UV}$ 相量如时钟的分针指在 12 的位置，二次边的线电压 $\dot{U}_{UV}$ 相量如时钟的时针指在 4 的位置，该三相变压器的连接组别为 Y,y4。

用同样的分析方法可知图 1-21 为 Y，y0 连接组别。

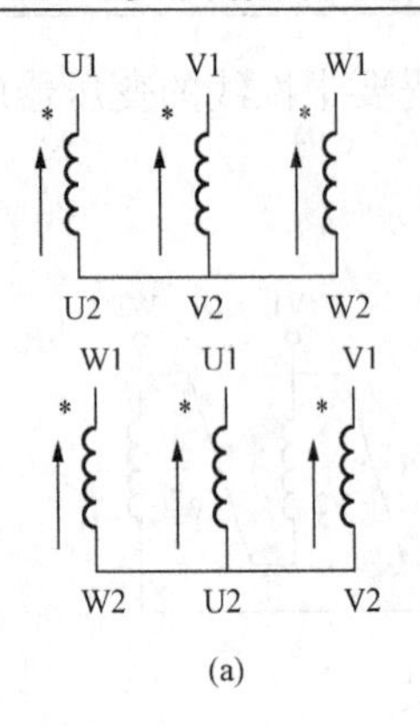

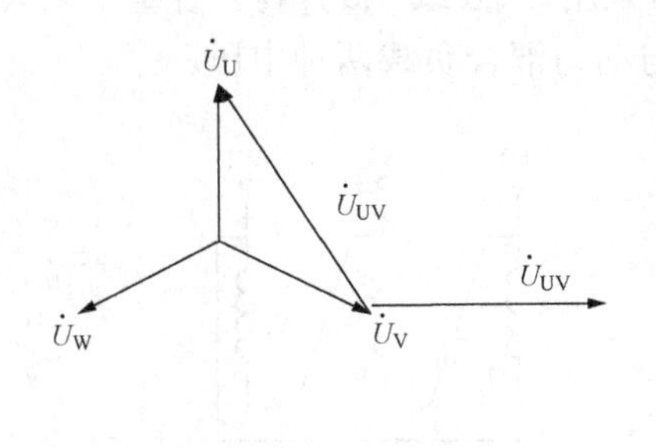

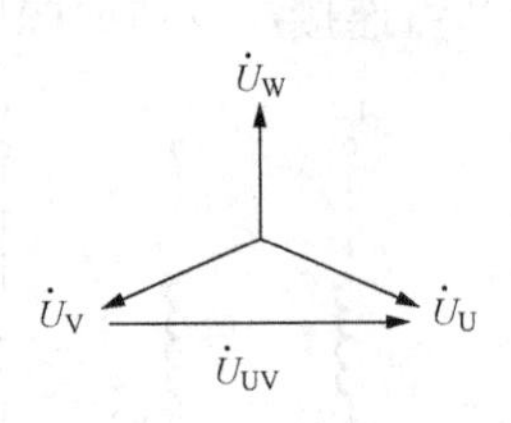

图 1-20　Y,y4 连接组

（a）接线图；（b）相量图

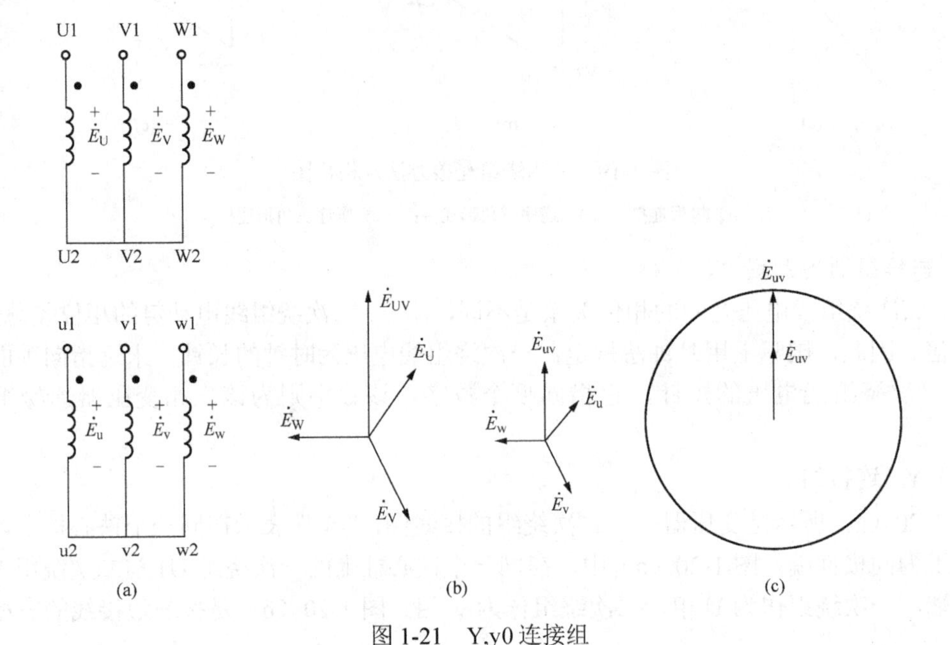

图 1-21　Y,y0 连接组

（a）接线图；（b）相量图；（c）时钟表示图

（2）Y,d 连接组。

一次边 $\dot{U}_{V}$ 与二次边的 $\dot{U}_{UV}$ 同相位，一次边 $\dot{U}_{W}$ 与二次边的 $\dot{U}_{VW}$ 同相位，则一次边的线电压 $\dot{U}_{UV}$ 与二次边的线电压 $\dot{U}_{UV}$ 在相位上相差 150°。

因此，按图 1-22（a）方式进行接线，一次边的线电压 $\dot{U}_{UV}$ 相量如时钟的分针指在 12 的位置，二次边的线电压 $\dot{U}_{UV}$ 相量如时钟的时针指在 5 的位置，该三相变压器的连接组别为 Y,d5。

三相电力变压器的连接组别有很多，为了制造与运行方便的需要，国家标准规定了三相电力变压器只采用五种标准连接组：Y,yn0；Y_N,d11；Y_N,y0；Y,y0；Y_N,d11；其中 Y,y0 不能用于三相变压器组，只能用于三铁心的三相变压器。

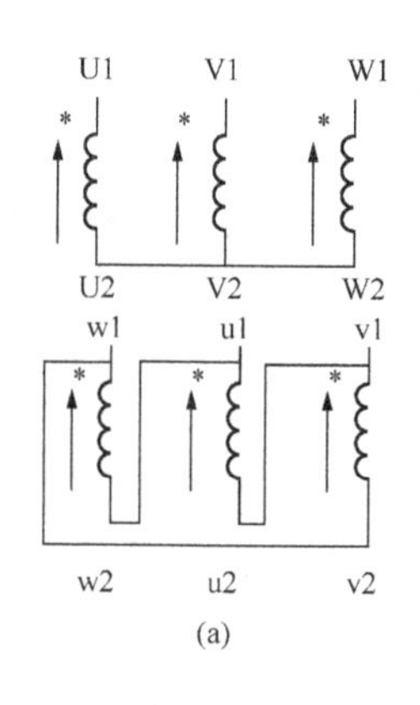

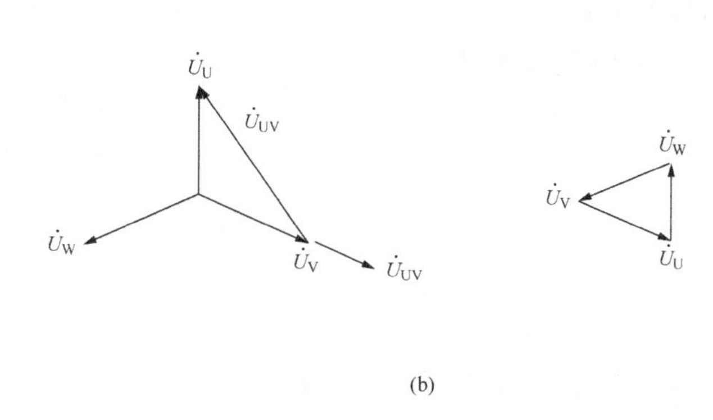

图 1-22 Y,d5 连接组

（a）接线图；（b）相量图

第七节 三相变压器的并联运行

一、三相变压器并联运行的条件

几台三相变压器的高压绕组及低压绕组分别接到高压电源及低压电源母线上，共同向负载供电的运行方式称变压器的并联运行。

为了使变压器能正常地投入并联运行，各并联运行的变压器必须满足以下条件：

（1）一、二次绕组电压应相等，即变比相等。

（2）连接组别必须相同。

（3）短路阻抗（短路电压）应相等。

实际并联运行的变压器，变比、短路电压不可能绝对相等，允许有极小的差别，但变压器的连接组别必须要相等。

二、变比不等时的并联运行

如图 1-23 所示，当两台变压比有微小的差别时，在同一电源电压 U_1 下，两个二次绕组产生的电动势就有差别，设 $E_1>E_2$，则电动势差值$\Delta E = E_1-E_2$ 会在二次绕组之间形成环流 I_c，这个电流称为平衡电流，$I_c = \Delta E/（Z_1+Z_2）$。

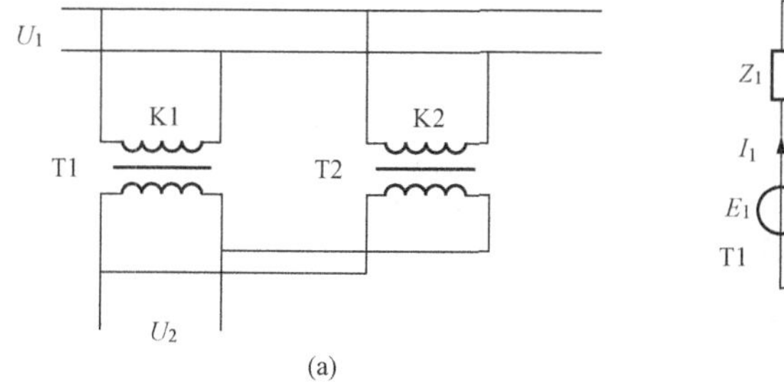

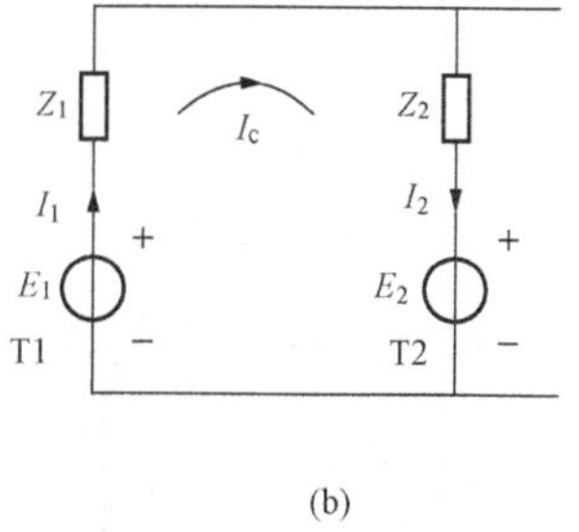

图 1-23 变压比不等时的并联运行

（a）变压器并联运行接线图；（b）变压器并联运行等效原理图

变压器变比不等时的并联运行，在空载时，平衡电流流过二次绕组，会增大空载损耗；变压器负载时，二次侧电动势高的一台电流增大，电动势低的一侧电流减小，会使前者过载，而使后者低于额定运行。并联运行的变压器，变压比误差不允许超过±0.5%。

三、连接组别不同时变压器的并联运行

当两台变压器连接组别不同时并联运行，两台变压器二次绕组电压的相位差就不同，它们线电压表的相位差至少为 30°，会产生很大的电压ΔU_2，有

$$\Delta U_2 = 2U_{2N}\sin\frac{30^\circ}{2} = 0.518\,U_{2N}$$

这样在电压差ΔU_2的作用下，将在两台并联变压器二次绕组中产生比额定电流大得多的空载环流，导致变压器损坏，所以连接组别不同的变压器绝对不允许并联运行。

四、短路阻抗不等时变压器的并联运行

如图 1-23 所示，设两台容量相同、变比相等、连接组别相同运行、负载对称的三相变压器并联，如果短路阻抗不等，设 $Z_1 > Z_2$，则二次绕组的感应电动势及输出电压均相等，但由于短路阻抗不相等，由欧姆定律得

$$Z_1I_1 = Z_2I_2$$

可知，并联运行时，负载电流的分配与各台变压器的短路阻抗成反比，短路阻抗小的变压器输出的电流要大，短路阻抗原输出电流较小，则其容量得不到利用。所以，国家标准规定：并联运行的变压器的短路电压比不应超过 10%。

变压器的并联运行，还存在负载分配的问题。两台同容量的变压器并联，由于短路阻抗的差别很小，可以做到接近均匀的分配负载。当容量差别较大时，合理分配负载是困难的，特别要考虑到变压器是否过载，而使在容量的变压器得不到充分利用。因此，要求投入并联运行的各变压器中，最大的容量与最小容量之比不宜超过三比一。

第八节　其他用途变压器

一、自耦变压器

自耦变压器的一、二次绕组之间除了有磁的耦合，还有电压的直接联系。在高压输电系统中，自耦变压器主要用来连接两个电压等级相近的电力网，用做联络变压器。在实验室常用具有滑动触点的自耦调压器获得任意可调的交流电压。图 1-24 是实验室用自耦调压器的外形图与原理示意图，这种自耦变压器的铁心做成圆环形，其上均匀分布绕组，滑动触点由碳刷构成，移到滑动触点，输出电压可调。

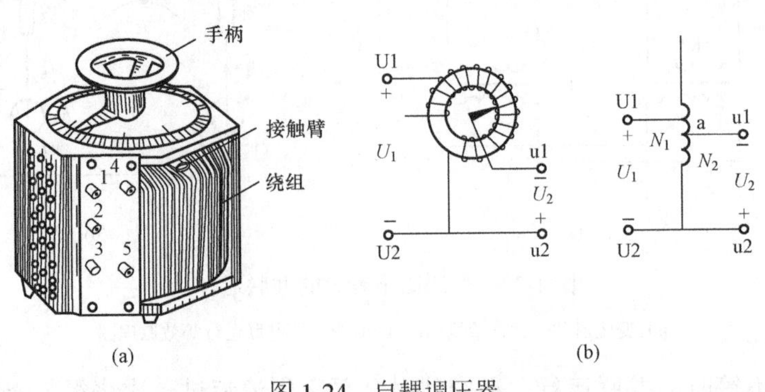

图 1-24　自耦调压器

（a）外形图；（b）原理电路图

自耦变压器的一次绕组匝数 N_1 固定不变，并与电源相连，一次绕组的另一端点 U_2 和滑动触点 a 之间的绕组 N_2 就作为二次绕组。当滑动触点 a 移动时，输出电压 U_2 随之改变，这种调压器的输出电压 U_2 可低于一次绕组电压 U_1，也可稍高于一次绕组电压。如实验室中常用的单相调压器，一次绕组输入电压 U_1=220V，二次绕组输出电压 U_2=0～250V。

在使用时要注意：一、二次绕组的公共端 U_2 或 u_2 接中性线，U_1 端接电源相线（火线），u_1 端和公共端作为输出。此外，还必须注意自耦调压器在接电源之前，必须把手柄转到零位，使输出电压为零，以后再慢慢顺时针转动手柄，使输出电压逐步上升。

1. 电压关系

自耦变压器也是利用电磁感应原理工作的。当一次绕组 U_1、U_2 两端加交变电压 U_1 时，铁心中产生交变磁通，并分别在一、二次绕组中产生感应电动势，若忽略漏阻抗压降，则有自耦变压器的变比为

$$K=\frac{E_1}{E_2}=\frac{N_1}{N_2}\approx\frac{U_1}{U_2} \tag{1-27}$$

2. 电流关系

负载运行时，外加电压为额定电压，主磁通近似为常数，总的励磁磁动势仍等于空载磁动势。即

$$N_1\dot{I}_1+N_2\dot{I}_2=N_1\dot{I}_0 \tag{1-28}$$

若忽略励磁电流，得

$$N_1\dot{I}_1+N_2\dot{I}_2=0$$

则

$$\dot{I}_1=-\frac{N_2}{N_1}\dot{I}_2=-\dot{I}_2/k \tag{1-29}$$

可见，一、二次绕组电流的大小与匝数成反比，在相位上互差 180°。因此，流经公共绕组中的电流为

$$\dot{I}=\dot{I}_1+\dot{I}_2=-\frac{\dot{I}_2}{k}+\dot{I}_2=\left(1-\frac{1}{k}\right)\dot{I}_2 \tag{1-30}$$

式（1-30）说明，自耦变压器的输出电流为公共绕组中电流与一次绕组电流之和，由此可知，流经公共绕组中的电流总是小于输出电流的。

二、电流互感器

1. 电流互感器的结构与原理

仪用互感器是作为测量用的专用设备，分电流互感器和电压互感器两种，它们的工作原理与变压器相同。

使用仪用互感器的目的：一是为了测量人员的安全，使测量回路与高压电网相互隔离；二是扩大测量仪表（电流表及电压表）的测量范围。

仪用互感器除用于交流电流及交流电压的测量外，还用于各种继电保护装置的测量系统，因此仪用互感器的应用很广。

电流互感器是用来按比例变换交流电流的仪器。图 1-25 所示是电流互感器的外形结构与原理图。

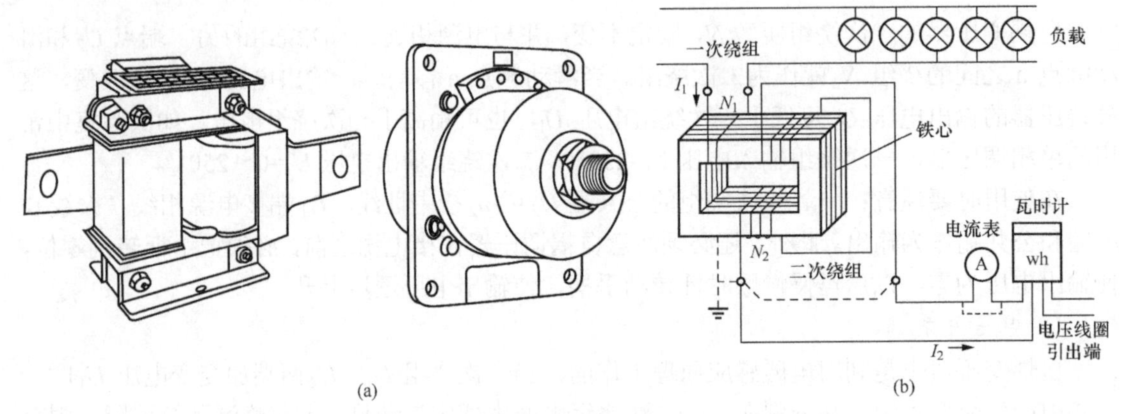

图 1-25　电流互感器

（a）外形结构；（b）原理电路图

如果忽略励磁电流，则由变压器的磁动势平衡关系可得

$$I_1 / I_2 = N_2 / N_1 = k_i$$

k_i 为电流互感器的电流变比。电流互感器二次侧的额定电流为 5A。用电流互感器进行电流实际测量时存在一定的误差，根据误差的大小，电流互感器分为下列各级：0.2、0.5、1.0、3.0、10.0。

如 0.5 级的电流互感器表示在额定电流时，测量误差最大不超过±0.5%。

使用电流互感器时，须注意以下三点：

（1）二次侧绝对不许开路。因为二次侧开路时，电流互感器处于空载运行状态，此时一次侧被测线路电流全部为励磁电流，使铁心中磁通密度明显增大。这一方面使铁损耗急剧增加，铁心过热甚至烧坏绕组；另一方面将使二次侧感应出很高的电压，不但使绝缘击穿，而且危及工作人员和其他设备的安全。因此在一次电路工作时如需检修和拆换电流表或功率表的电流线圈，必须先将互感器二次侧短路。

（2）为了使用安全，电流互感器的二次绕组必须可靠接地，以防止绝缘击穿后，电力系统的高电压传到低压侧，危及二次设备及操作人员的安全。

（3）电流互感器有一定的额定容量，使用时二次侧不宜接过多的仪表，以免影响互感器的准确度。

2. 钳形电流表

为了可在现场不切断电路的情况下测量电流和便于携带使用，把电流表和电流互感器合起来制造成了钳形电流表。钳形电流表是电流互感器的一种，测量线路电流时不必断开电路，可直接读出被测电流的数值。互感器的铁心成钳形，可以张开，使用时只要张开钳口，将待测电流的一根导线放入钳中，然后将铁心闭合，钳形电流表就会显示出被测导线电流的大小，可直接读数。

钳形电流表有多种分类方式。从读数显示分，钳形电流表可分为数字式与指针式两大类；从测量电压分，可分为低压钳形电流表与高压钳形电流表；从功能分，可分为普通交流钳形表、交直两用钳形表、漏电流钳形表及带万用表的钳形表。图 1-26 所示是几种不同类型的钳形电流表。

(a) (b)

图 1-26 钳形电流表的外形

(a) 指针式钳形表；(b) 数字式钳形表

图 1-27 所示是交流钳形电流表工作原理示意图。钳形电流表是由电流互感器和电流表组合而成的。电流互感器的铁心在捏紧扳手时可以张开，被测电流所通过的导线可以不必切断就可穿过铁心张开的缺口，当放开扳手后铁心闭合。穿过铁心的被测电路导线就成为电流互感器的一次线圈，当被测电路的导线中通过电流时，便在二次线圈中感应出电流，从而使与二次绕组相连接的电流表有指示，测出被测线路的电流。为了使用方便，表内还有不同量程的转换开关供测量不同等级电流以及测量电压的功能。钳形表可以通过转换开关的拨挡，改换不同的量程，但拨挡时不允许带电进行操作。

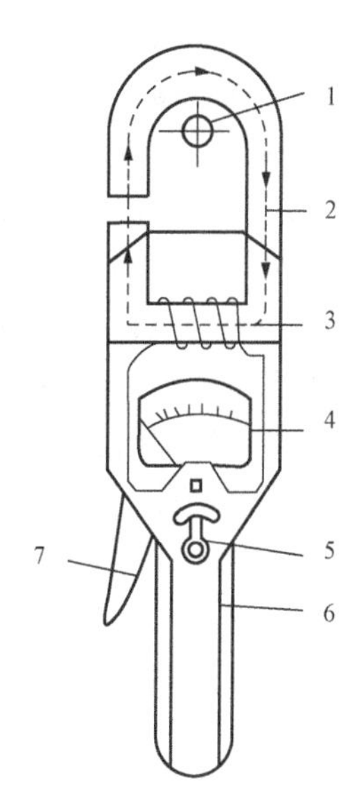

图 1-27 钳形电流表工作原理示意图

1—被测导线；2—铁心；3—二次绕组；4—表头；5—量程调节开关；6—胶木手柄；7—铁心开关

在平时工作中使用钳形电流表应注意以下问题。

（1）测量前的检查与选型。

首先，根据被测电流的种类与电压等级正确选择钳形电流表，被测线路的电压要低于钳形表的额定电压。测量高压线路的电流时，应选用与其电压等级相符的高压钳形电流表。低电压等级的钳形电流表只能测低压系统中的电流，不能测量高压系统中的电流。

其次，在使用前要正确检查钳形电流表的外观情况，一定要检查表的绝缘性能是否良好，外壳应无破损，手柄应清洁干燥。若指针没在零位，则应进行机械调零。钳形电流表的钳口应紧密接合，若指针抖晃，可重新开闭一次钳口，如果抖晃仍然存在，则应仔细检查，注意清除钳口杂物、污垢，然后进行测量。

（2）测量方法。

首先，在使用时应按紧扳手，使钳口张开，将被测导线放入钳口中央，然后松开扳手并使钳口闭合紧密。钳口的结合面如有杂声，应重新开合一次，仍有杂声，应处理结合面，以使读数准确。用钳形电流表检测电流时，只能夹住电路中的一根被测导线（电线），如果在单相电路中夹住两根（平行线）或者在三相电路中夹住三相导线，则检测不出电流。

在检查家电产品的耗电量时，使用线路分离器比较方便，有的线路分离器可将检测电流放大 10 倍，因此 1A 以下的电流可放大后再检测。用直流钳形电流表检测直流电流（DCA）

时，如果电流的流向相反，则显示出负数，可使用该功能检测汽车的蓄电池是充电状态还是放电状态。

其次，根据被测电流大小来选择合适的钳型电流表的量程。选择的量程应稍大于被测电流数值，若无法估计，则为防止损坏钳形电流表，应从最大量程开始测量，逐步变换挡位直至量程合适。严禁在测量进行过程中切换钳形电流表的挡位，换挡时应先将被测导线从钳口退出再更换挡位。

当测量小于 5A 以下的电流时，为使读数更准确，在条件允许时，可将被测载流导线绕数圈后放入钳口进行测量。此时被测导线实际电流值应等于仪表读数值除以放入钳口的导线圈数。

漏电检测与通常的电流检测不同，两根（单相 2 线式）或三根（单相 3 线式、三相 3 线式）要全部夹住，也可夹住接地线进行检测。在低压电路上检测漏电电流的绝缘管理方法已成为首要的判断手段。

三、电压互感器

电压互感器的基本结构形式及工作原理与单相变压器很相似，用来按比例变换交流电压的仪器，如图 1-28（a）所示。只要读出二次电压的数值，一次电压可根据变压比得出。

一般二次电压表均用量程为 100V 的仪表。只要改变接入的电压互感器的变压比，就可测量高低不同的电压。在实际应用中，与电压互感器配套使用的电压表已换算成一次电压，其标度尺即按一次电压分度，这样可以直接读数，不必再进行换算。

使用电压互感器时，二次绕组不允许短路，如二次绕组短路，将产生很大的短路电流，导致电压互感器烧坏。电流互感器的铁心及二次绕组一端必须可靠接地，以保证工作人员及设备的安全，如图 1-28（b）所示。电压互感器有一定的额定容量，使用时二次绕组回路不宜接入过多的仪表，以免影响电压互感器的测量精度。

如果忽略漏阻抗压降，则有

$$U_1 / U_2 = N_1 / N_2 = k_u$$

式中，k_u 为变压变比。电压互感器一般二次侧额定电压为 100V。实际中已换算成一次电压，其标度尺即按一次电压分度，可以直接读数，不需换算。

实际的电压互感器，一、二次漏阻抗上都有压降，因此，一、二次绕组电压比只是近似一个常数，必然存在误差。根据误差的大小分为 0.2、0.5、1.0、3.0 几个等级。

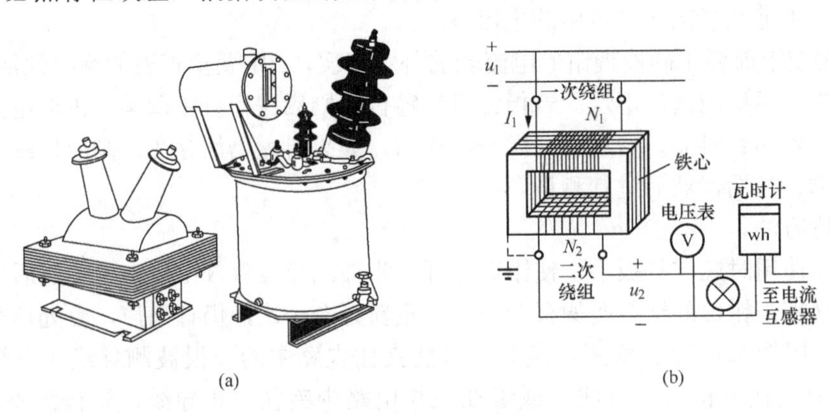

图 1-28　电压互感器

（a）外形图；（b）原理电路图

使用电压互感器时，须注意以下三点：

（1）使用时电压互感器的二次侧不允许短路。电压互感器正常运行时接近空载，如二次侧短路，则会产生很大的短路电流，绕组将因过热而烧毁。

（2）为安全起见，电压互感器的二次绕组连同铁心一起，必须可靠接地。

（3）电压互感器有一定的额定容量，使用时二次侧不宜接过多的仪表，以免影响互感器的准确度。

第九节 技 能 训 练

技能训练一 单相变压器空载和短路实验

一、训练目的

1．熟悉和掌握单相变压器的实验方法。

2．根据单相变压器的空载和短路实验数据，计算变压器的等值参数和运行性能。

3．了解参数对变压器性能的影响。

4．了解仪表的选用及不同的接法对实验准确度的影响。

二、训练内容

1．测定变压器线电压的变比。

2．测定变压器绕组的极性。

3．空载实验：测取空载损耗（铁损）。

4．短路实验：测取短路损耗（铜损）及短路阻抗。

三、训练器材

单相变压器 1 套、电流表 2 只、电压表 2 只、调压器 1 个、功率表 2 个，以及电工工具若干。

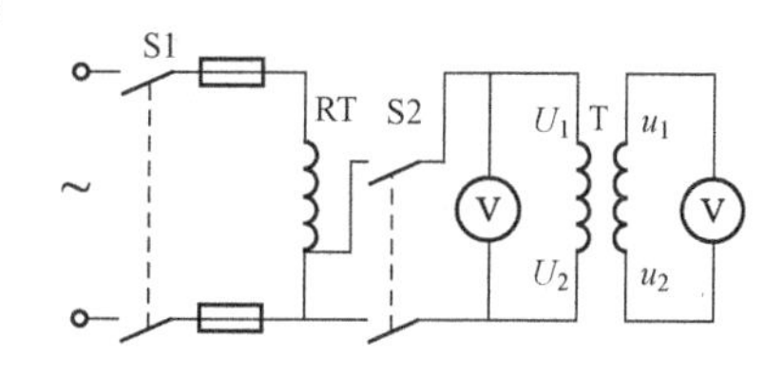

图 1-29 变压器双电压表测变比

四、原理

1. 变压表接法

变压比的测定可选用双电压表法按图 1-29 接线，在变压器的高压侧施加一个适合电压表量限的电压，一般可在高压侧额定电压的 1%～25%范围内选择，并尽量使两个电压表指针偏转均能在刻度的一半以上，以提高测量的准确度。

2. 变压器绕组极性的测定可采用下列方法

（1）采用直流感应法时，按图 1-30 接线。将变压器高压侧 U_1 端接电池的正极，U_2 端接到电池负极，低压侧接检流计。当按下开关后，若检流计指针正向偏转，则与检流计正端相连接线柱为 u_1，另一端为 u_2；若检流针反向偏转，则与检流计正端相连的接线柱为 u_2，与负端相连的接线柱为 u_1。

（2）采用交流感应法时，可按图 1-31 接线，在变压器高压侧施加交流电压，u_2 端与高压侧的 U_2 端相连接，读取电压表数值。如果 $U=U_1+U_2$，则表示接于高压端 U_2 的低压端为 u_1，另一端则为尾端 u_2；如果 $U=U_1-U_2$，则表示接于高压端 U_2 的低压端为尾端 u_2，另一端则为

u_1，如图 1-31 所示。

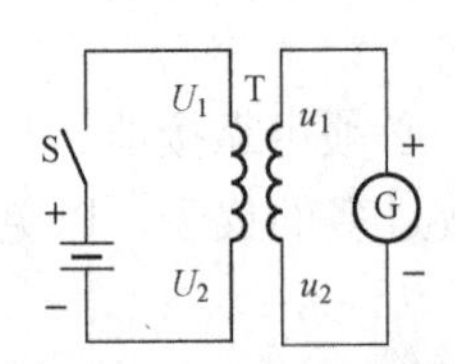

图 1-30　直流感应法测极性

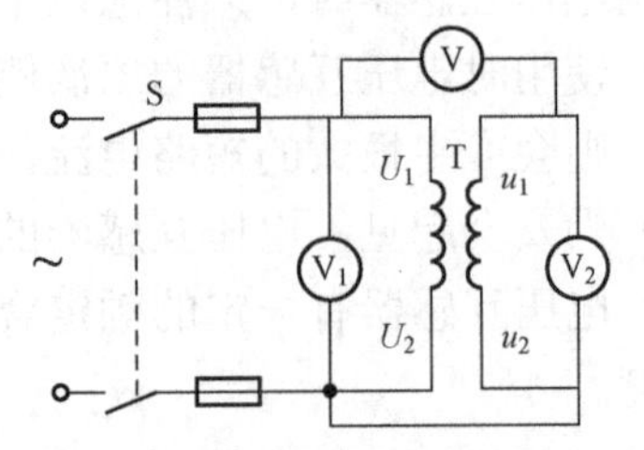

图 1-31　交流感应法测极性

3．空载试验

空载试验通常是将高压侧开路，低压侧通电进行测量，由于空载时功率因数较低，所以测量功率最好采用低功率因数瓦特表。因为变压器空载电流小，故电压表应该接在电流表的外侧，以免分流而引起误差，如图 1-32 所示。

4．短路实验

短路实验是将低压侧短路，高压侧通电进行测量。调压器的输出电压应从低值逐步上调，以免电压过高，电流过大而损坏仪表。由于短路阻抗较小，所以电流表应接在电压表的外侧，如图 1-33 所示。

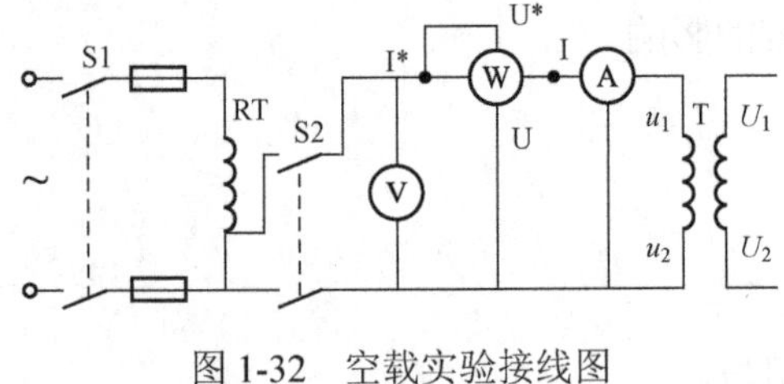

图 1-32　空载实验接线图

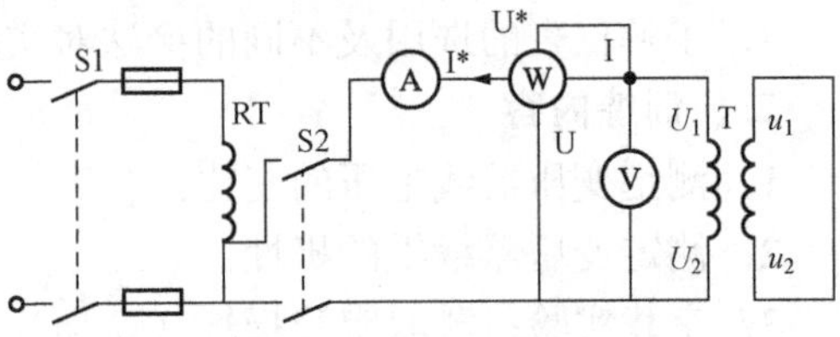

图 1-33　短路实验接线图

五、实验步骤和方法

1．用双电压表法测定实验室单相变压器的变比。

2．极性的测定，按内容说明方法进行。

3．空载实验

（1）按图 1-32 接线，要认真检查接线。

（2）将自耦调压器调零，低压侧合闸通电，逐步将电压调至低压侧额定值（即 $U_0=U_{2N}$）时,读取空载电压 U_0，空载电流 I_0，空载功率 P_0 值 5～7 组，记入表 1-2 中。额定电压值附近多测两点。

表 1-2　　　　空载特性数据

序号	实验数据			计算数据
	U_0（V）	I_0（A）	P_0（W）	$\cos\varphi_0$
1				
2				
3				
4				
5				
6				
7				

（3）读取数据后，降低电压到最低值，然后切断电源。

4．短路实验

（1）按图1-33进行接线，然后认真检查。

（2）低压侧短接，自耦调压器调零，从高压侧合闸送电，逐渐升高电压使短路电流I_K等于额定值（即$I_K=I_{1N}$）时，读取短路电压U_K，短路电流I_K、短路功率P_K值5～7组，记入表1-3中，额定电流附近多记两点，同时记录周围介质温度t，实验后降低电压到最低值，再切断电源。

表1-3　　短路特性数据

实验数据			计算数据
U_K（V）	I_K（A）	P_K（W）	$\cos\varphi_K$

六、实验注意事项

1．试验中按图接好试验线路后，一定要认真检查，确保无误后方可动手操作。

2．合上开关通电前，一定要注意将调压器的手柄置于输出电压为零的位置，注意高阻抗与低阻抗仪表的布置。

3．短路试验时，操作、读数应尽量快，以免温升对电阻产生的影响。

技能训练二　变压器质量检测

一、训练目的

1．熟悉和掌握单相变压器的质量检测方法。

2．了解参数对变压器性能的影响。

3．掌握变压器检查和试验的项目与方法。

二、训练内容

1．变压器绕组的检查。

2．变压器绝缘电阻的测量。

3．空载损耗（铁损）的测量。

4．短路实验：测取短路损耗（铜损）及短路阻抗。

三、训练器材

单相变压器1台、电流表2只、电压表2只、调压器1个、功率表2个、电工工具若干。

四、训练步骤

小型变压器经制作或重绕修理后，为了保证制作或修理质量，必须对变压器进行检查和试验。为此，要求掌握小型变压器的测试技术、常见故障的分析与处理方法。

1．外观质量检查

（1）绕组绝缘是否良好、可靠。

（2）引出线的焊接是否可靠、标志是否正确。

（3）铁心是否整齐、紧密。

（4）铁心的固紧是否均匀、可靠。

2. 绕组的检查

一般可用万用表和电桥检查各绕组的直流电阻，确认变压器绕组的通断情况。当变压器绕组的直流电阻较小时，尤其是导线较粗的绕组，用万用表很难测出是否有短路故障，必须用电桥检测，并可根据同一批次的好的变压器进行比较，来判断绕组有无匝间短路现象。

3. 绝缘电阻的测量

用绝缘电阻表测量各绕组间、绕组与铁心间、绕组与屏蔽层间的绝缘电阻. 对于 400V 以下的变压器，绝缘电阻不低于 50MΩ。

4. 空载电压的测量

测试线路如图 1-34 所示。将待测变压器接入线路，将试验变压器调压手柄放在零位，合上开关 S1，断开 S2，接通试验电源使变压器空载运行。一边观察电压表 V_1，一边逐渐升高试验电压至被试变压器的额定电压，此时电压表 V_2 的读数为变压器的空载电压。各绕组的空载电压允许误差为：二次高压绕组不超过±5%，二次低压绕组误差不超过±5%，中间抽头绕组不超过±2%。

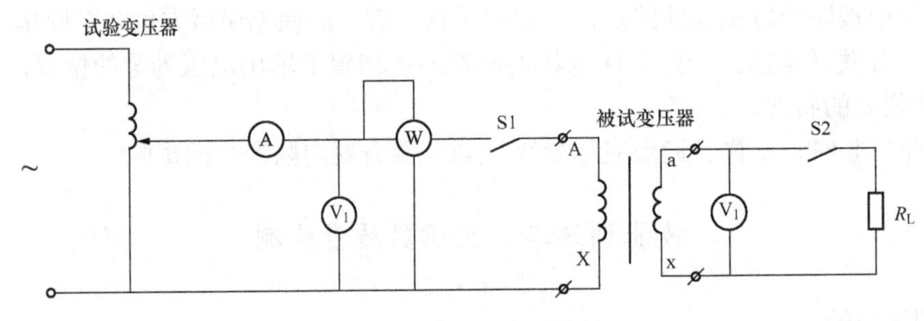

图 1-34 变压器测试线路

5. 空载电流的测量

在空载试验时，电流表 A 的读数为空载电流，一般小容量变压器的空载电流约为额定电流的 5%～8%，当空载电流大于的 10%时，损耗较大；当空载电流超过额定电流的时，变压器的温升会超过允许值而不能使用。

6. 空载损耗的测量

测试其损耗功率与温升时，仍按图 1-34 测试线路进行。在被测变压器未接入线路前，断开 S1 与 S2，调节调压试验变压器使它的输入电压为额定电压，此时功率表的读数为电压表、电流表的功率损耗 P_1。

再合上 S1 与 S2，将被测变压器接入试验线路，重新调节调压变压器，直至 V_1 的读数为额定电压，这时功率表的读数为 P_2。则空载损耗功率$\Delta P=P_2-P_1$。

先用万用表或电桥测量一次绕组的冷态直流电阻 R_1（因一次绕组常在变压器绕组内层，散热差、温升高，以它为测试对象较为适宜）；然后，加上额定负载，接通电源，通电数小时后，切断电源，再测量一次绕组热态直流电阻值 R_2。这样连续测量几次，在几次热态直流电阻值近似相等时，即可认为所测温度是终端温度，并用下列经验公式求出温升ΔT 的数值：

$$\Delta T = \frac{R_2 - R_1}{3.9 \times 10^{-3} R_1}$$

要求变压器的温升ΔT不得超过 50K。

7. 变压器常见故障的分析与处理

小型变压器的故障主要是铁心故障和绕组故障，此外还有装配或绝缘不良等故障。这里只介绍小型变压器的常见故障、原因与处理方法，如表 1-4 所示。

表 1-4 小型变压器的常见故障与处理方法

故障现象	造成原因	处理方法
电源接通后无电输出	1. 一次绕组断路或引出线脱焊； 2. 二次绕组断路或引出线脱焊	1.拆换修理一次绕组或焊牢引出线接头； 2. 拆换修理二次绕组或焊牢引出线接头
温升过高或冒烟	1. 绕组匝间短路或一、二次绕组间短路； 2. 绕组匝间或层间绝缘老化； 3. 铁心硅钢片间绝缘太差； 4. 铁心叠厚不足； 5. 负载过重	1. 拆换绕组或修理短路部分； 2. 重新绝缘或更换导线重绕； 3. 拆下铁心，对硅钢片重新涂绝缘； 4. 加厚铁心或重做骨架、重绕绕组； 5. 减轻负载
空载电流偏大	1. 一、二次绕组匝数不足； 2. 一、二次绕组局部匝间短路； 3. 铁心叠厚不足； 4. 铁心质量大	1. 增加一、二次绕组匝数； 2. 拆开绕组；修理局部短路部分； 3. 加厚铁心或重做骨架、重绕绕组； 4. 更换或加厚铁心
运行中噪声过大	1. 铁心硅钢片未插紧或未压紧； 2. 铁心硅钢片不符设计要求； 3. 负载过重或电源电压过高； 4. 绕组短路	1. 插紧铁心硅钢片或固紧铁心； 2. 更换质量较高的同规格硅钢片； 3. 减轻负载或降低电源电压； 4. 查找短路部位，进行修复
二次电压下降	1. 电源电压过低或负载过重； 2. 二次绕组匝间短路或对地短路； 3. 绕组对地绝缘老化； 4. 绕组受潮	1. 增加电源电压，使其达到额定值或降低负载； 2. 查找短路部位，进行修复； 3. 重新绝缘或更换绕组； 4. 对绕组进行干燥处理
铁心或底板带	1. 一次或二次绕组对地短路或绕组间短路； 2. 绕组对地绝缘老化； 3. 引出线头碰触铁心或底座； 4. 绕组受潮或底板感应带	1. 加强对地绝缘或拆换修理绕组； 2. 重新绝缘或更换绕组； 3. 排除引出线头与铁心或底板的短路点； 4. 对绕组进行干燥处理或将变压器置于环境干燥场合使用

习 题

一、填空题

1．电压互感器在使用时，二次侧不允许________。电流互感器在使用时，二次侧不允许________。

2．变压器短路试验一般在___________侧测量，空载试验一般在__________侧测量。变压器短路试验可以测得___________阻抗，空载试验可以测得___________阻抗。

3．变压器带负载运行时，若负载增大，其铁损耗将_______，铜损耗将_______（忽略漏阻抗压降的影响）。

4. 一台单相变压器额定电压为380V/220V，额定频率为50Hz，如果误将低压侧接到380V上，则此时Φ_m____，I_0____，Z_m____，p_{Fe}____。

5. 一台额定频率为50Hz的电力变压器接于60Hz，电压为此变压器的6/5倍额定电压的电网上运行，此时变压器磁路饱和程度____，励磁电流_____，励磁电抗_____，漏电抗_____。

6. 三相变压器理想并联运行的条件是（1）________________，（2）________________，（3）___________________。

7. 如将变压器误接到等电压的直流电源上时，由于E=_____，U=_____，空载电流将_____，空载损耗将_____。

8. 变压器的二次侧是通过________对一次侧进行作用的。

9. 如将额定电压为220/110V的变压器的低压边误接到220V电压，则激磁电流将_____，变压器将_____。

10. 变压器的结构参数包括_____、_____、_____、_____、_____。

11. 既和一次侧绕组交链又和二次侧绕组交链的磁通为______，仅和一侧绕组交链的磁通为_____。

12. 变压器的一次绕组和二次绕组中有一部分是公共绕组的变压器是_____。

13. 变压器运行时基本铜耗可视为_____，基本铁耗可视为_____。

14. 变压器由空载到负载，其主磁通Φ_m的大小________________________。变压器负载时主磁通Φ_m的作用是__________________________________。

15. 变压器等值电路中R_m代表___________________________，变压器等值电路中X_m代表__________________________________。

16. 一台接到电源频率固定的变压器，在忽略漏阻抗压降条件下，其主磁通的大小决定于______的大小，而与磁路的______基本无关，其主磁通与励磁电流成_______关系。

17. 变压器铁心导磁性能越好，其励磁电抗越_______，励磁电流越_______。

二、选择题

1. 变压器无论带什么性质的负载，随负载电流的增加，其输出电压（　　）。

A. 肯定下降　　B. 肯定上升

C. 上升或下降由负载来决定　　D. 肯定不变

2. 变压器的额定功率，是指在铭牌上所规定的额定状态下变压器的（　　）。

A. 输入有功功率　　B. 输出有功功率

C. 输入视在功率　　D. 输出视在功率

3. 变压器用单字母文字符号（　　）表示。

A. S　　B. T　　C. M　　D. L

4. 变压器的结构有心式和壳式，其中心式变压器的特点是（　　）。

A. 铁心包着绕组　　B. 绕组包着铁心

C. 一、二次绕组在同一铁心柱上　　D. 以上均不对

5. 三相电力变压器带电阻电感性负载运行时，负载电流相同的条件下，$\cos\varphi$越高，则（　　）。

A．二次侧电压变化率 Δu 越大，效率 η 越高
B．二次侧电压变化率 Δu 越大，效率 η 越低
C．二次侧电压变化率 Δu 越大，效率 η 越低
D．二次侧电压变化率 Δu 越小，效率 η 越高

6．一台三相电力变压器 S_N=560kVA，U_{1N}/U_{2N} =10 000/400（V），D,y 接法，负载时忽略励磁电流，低压边相电流为 808.3A 时，则高压边的相电流为（　　）。

A．808.3A　　B．56A　　C．18.67A　　D．32.33A

7．变压器的其他条件不变，外加电压增加 10%，则一次侧漏抗 X_1，二次侧漏抗 X_2 和励磁电抗 X_m 将（　　）。（分析时假设磁路不饱和）

A．不变　　B．增加 10%　　C．减少 10%

8．变压器并联时，必须满足一些条件，但首先必须绝对满足的条件是（　　）。

A．变比相等　　B．频率相等
B．连接组相同　　D．阻抗电压的相对值相等

9．电压与频率都增加 5%时，穿过铁心线圈的主磁通（　　）。

A．增加　　B．减少　　C．基本不变

10．升压变压器，一次绕组的每匝电势（　　）二次绕组的每匝电势。

A．等于　　B．大于　　C．小于

11．变压器空载电流小的原因是（　　）。

A．一次绕组匝数多、电阻大　　B．一次绕组漏抗大
C．变压器励磁阻抗大　　D．变压器的损耗小

12．连接组号不同的变压器不能并联运行，是因为（　　）。

A．电压变化率太大　　B．空载环流太大
C．负载时激磁电流太大　　D．不同连接组号的变压器变比不同

13．三相变压器的变比是指（　　）之比。

A．一、二次侧相电势　　B．一、二次侧线电势
C．一、二次侧线电压

14．变压器铁耗与铜耗相等时效率最大，设计电力变压器时应使铁耗（　　）铜耗。

A．大于　　B．小于　　C．等于

15．变压从空载到负载主磁通 Φ_m 的大小（　　）。

A．变大　　B．变小　　C．基本不变　　D．不确定

16．50Hz 的变压器接到 60Hz 电源上时，如外加电压不变，则变压器的铁耗（　　）；空载电流（　　）；接电感性负载设计，额定电压变化率（　　）。

A．变大　　B．变小　　C．不变

17．一台变比 K=3 的三相变压器，在低压侧加额定电压，测出空载功率 P_0=3000W，若在高压侧加额定电压，测得功率为（　　）。

A．1000W　　B．9000W　　C．3000W　　D．300W

18．一台 Y/y_0-12 和一台 Y/y_0-8 的三相变压器，变比相等，能否经过改接后作并联运行（　　）。

A．能　　B．不能　　C．不一定　　D．不改接也能

19．一台 50Hz 的变压器接到 60Hz 的电网上，此时电压的大小不变，激磁电流将（　　）。

A．增加　　B．减小　　C．不变

20．变压器负载呈容性，负载增加时，二次侧电压（　　）。

A．呈上升趋势　B．不变　　C．可能上升或下降

21．单相变压器铁心叠片接缝增大，其他条件不变，则空载电流（　　）。

A．增大　　B．减小　　C．不变

22．主磁通在一、二次绕组中感应电势的大小与频率 f 成（　　）。

A．反比　　B．正比　　C．非线性　　D．无关

23．变压器铁心在叠装时由于装配工艺不良，铁心间隙较大，空载电流将（　　）。

A．减小　　B.增大　　C.不变　　D.没关系

24．一台单相变压器进行空载试验，在高压侧加额定电压测得损耗和在低压侧加额定电压测得损耗（　　）。

A．不相等　　B．视具体情况　　C．折算后相等　　D．基本相等

25．变压器做短路实验所测得的短路功率可以认为（　　）。

A．主要为铜损耗　　B．主要为铁损耗

C．全部为铁损耗　　D．全部为铜损耗

26．变压器正常工作时，其功率因数取决于（　　）。

A．变压器参数　　B．电源电压

C．负载性质　　D．变压器负载率

三、判断题

1．变压器负载运行时二次侧电压变化率随着负载电流增加而增加。（　　）

2．电源电压和频率不变时，制成的变压器的主磁通基本为常数，因此负载和空载时感应电势 E_1 为常数。（　　）

3．变压器空载运行时，电源输入的功率只是无功功率。（　　）

4．变压器频率增加，激磁电抗增加，漏电抗不变。（　　）

5．变压器负载运行时，一次侧和二次侧电流标幺值相等。（　　）

6．变压器空载运行时一次侧加额定电压，由于绕组电阻 r_1 很小，因此电流很大。（　　）

7．变压器空载和负载时的损耗是一样的。（　　）

8．变压器的变比可看做是额定线电压之比。（　　）

9．只要使变压器的一、二次绕组匝数不同，就可达到变压的目的。（　　）

10．不管变压器饱和与否，其参数都是保持不变的。（　　）

11．一台 Y/y_0-12 和一台 Y/y_0-8 的三相变压器，变比相等，能经过改接后作并联运行。（　　）

12．一台 50Hz 的变压器接到 60Hz 的电网上，此时电压的大小不变，激磁电流减小。（　　）

13．变压器负载成容性，负载增加时，二次侧电压将降低。（　　）

14．变压器一次侧每匝数增加 5%，二次侧匝数下降 5%，激磁电抗将不变。（　　）

15．连接组号不同的变压器不能并联运行，是因为电压变化率太大。 （ ）

四、简答题

1．试从物理意义上分析，若减少变压器一次侧绕组匝数（二次绕组匝数不变），二次绕组的电压将如何变化？

2．变压器铁心的作用是什么？为什么它要用0.35mm厚、表面涂有绝缘漆的硅钢片叠成？

3．变压器有哪些主要部件，它们的主要作用是什么？

4．变压器一、二次侧额定电压的含义是什么？

5．变压器空载电流的性质和作用如何？它与哪些因素有关？变压器空载运行时，是否要从电网取得功率？这些功率属于什么性质？起什么作用？为什么可以把变压器的空载损耗近似看成是铁耗，而把短路损耗看成是铜耗？

6．变压器空载时，一方加额定电压，虽然线圈（铜耗）电阻很小，电流仍然很小，为什么？

7．一台50Hz的单相变压器，如接在直流电源上，其电压大小和铭牌电压一样，试问此时会出现什么现象？二次侧开路或短路对一次侧电流的大小有无影响？（均考虑暂态过程）

8．变压器的额定电压为220/110V，若不慎将低压方误接到220V电源上，试问激磁电流将会发生什么变化？变压器将会出现什么现象？

五、计算

1．如图1-35所示，单相变压器电压为220/110V，设高压边加220V电压，空载励磁电流为I_0，主磁通为Φ_0，若U_2与u_1连在一起，在U_2 u_1端加330V电压，此时励磁电流，主磁通各为多少？若U_2与u_2连在一起，在U_1u_1端加110V电压，则励磁电流、主磁通又各为多少？

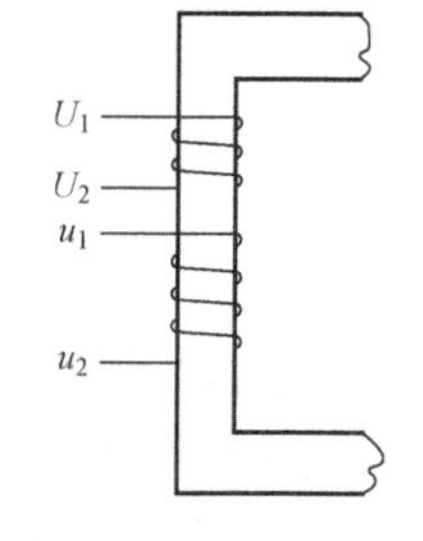

图1-35 计算题1的图

2．有一台单相变压器，额定容量S_N = 500kVA，额定电压U_{1N}/U_{2N}=10/0.4kV，求一次侧和二次侧的额定电流。

3．有一台三相变压器，额定容量S_N=2500kVA，额定电压U_{1N}/U_{2N}=10/6.3kV，Y/Δ连接。Y形连接时，求一次侧和二次侧的额定电流；Δ连接时，求一次侧和二次侧的额定电流。

4．某晶体管扩音机的输出阻抗为250Ω，接负载为8Ω的扬声器，要求能输出最大功率，求线间变压器的变比。

5．三相变压器额定容量为20kVA，额定电压为10/0.4 kV，额定频率为50Hz，Y，y0连接，高压绕组匝数为3300。试求：（1）变压器高压侧和低压侧的额定电流；（2）高压和低压绕组的额定电压；（3）绘出变压器Y，y0的接线图。

6．分别画出图1-36（a）和图（b）所示变压器的相量图并判定组别。

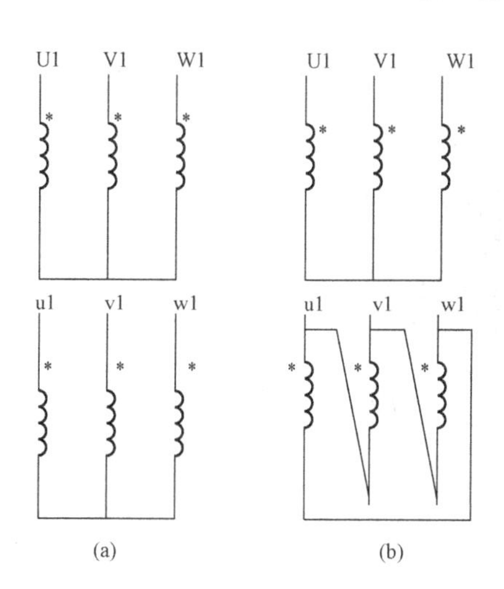

图1-36 计算题6的图

电 动 机

第一节 直流电动机的结构

直流电动机是将直流电能转换为机械能的电动机，因其良好的调速性能而在电力拖动中得到广泛应用。直流电动机按励磁方式分为永磁、他励和自励三类，其中自励又分为并励、串励和复励3种。图2-1所示是直流电动机定子与转子外形图。

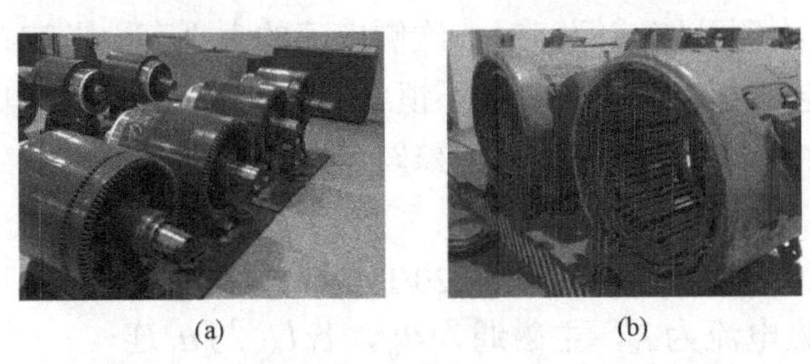

(a) (b)

图2-1 直流电动机定子与转子实物图

（a）转子；（b）定子

一、直流电动机的结构

直流电动机由定子与转子两大部分构成，如图2-2所示。通常，把产生磁场的部分做成静止的，称为定子；把产生感应电势或电磁转矩的部分做成旋转的，称为转子（又叫电枢）。

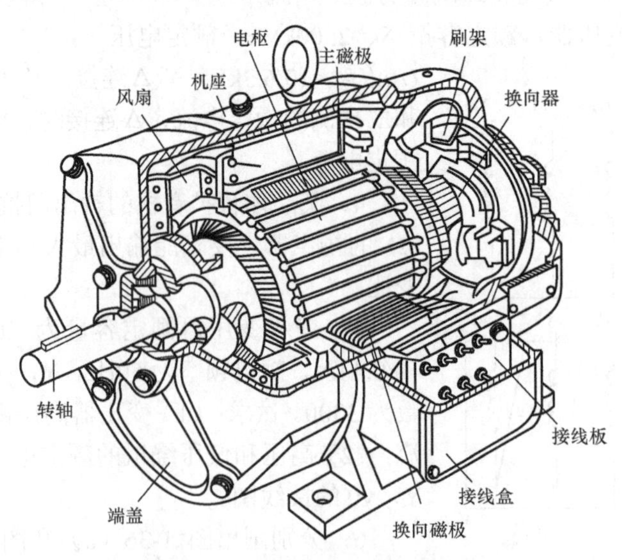

图2-2 直流电动机结构示意图

1. 定子

定子由机座、主磁极、换向磁极、电刷装置、端盖和出线盒等部件组成，小功率直流电动机定子磁极铁心上分布有励磁绕组，较大功率的直流电动机定子上还有补偿绕组与换向极绕组。机座一方面用来固定主磁极、换向极、端盖和出线盒等定子部件，并借助底脚将电动机固定在地基上；另一方面它也是电动机磁路的一部分。主磁极的作用是产生主磁通，由铁心和励磁绕组组成。换向磁极的作用是产生附加磁场，用来改善换向。电刷的作用是通过固定不动的电刷和旋转的控制器之间的滑动接触，将外部电源与直流电动机的电枢绕组连接起来。

（1）主磁极。主磁极的作用是产生主磁通。主磁极由铁心和励磁绕组组成，如图 2-3 所示。铁心包括极身和极靴两部分，极靴的作用是支撑励磁绕组和改善气隙磁通密度的波形。铁心通常由 0.5～1.5mm 厚的硅钢片或低碳钢板叠装而成，以减小电动机旋转时因极靴表面磁通密度变化产生的涡流损耗。励磁绕组选用绝缘的圆铜或扁铜线绕制而成，并励绕组多用圆铜线绕制，串励绕组多用扁铜线绕制。各主磁极的励磁绕组串联相接，但要使其产生的磁场沿圆周交替呈现 N 极和 S 极。绕组和铁心之间用绝缘材料制成的框架相隔，铁心通过螺栓固定在磁轭上。

对某些大容量电动机，为改善换向条件，常在极靴处装设补偿绕组。

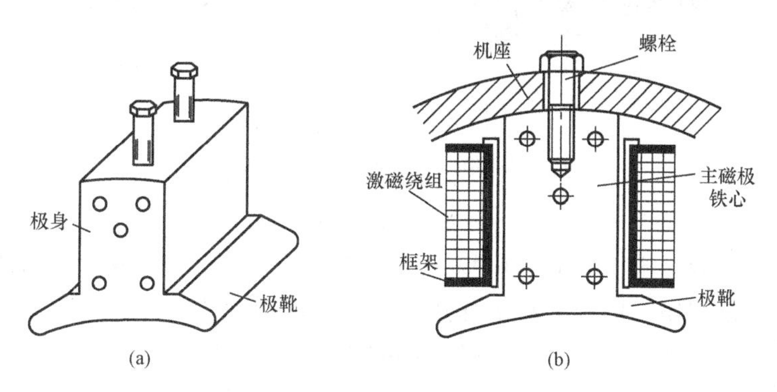

图 2-3 直流电动机主磁极

（a）主磁极铁心；（b）主磁极装配图

（2）换向磁极。换向磁极又叫附加磁极，用于改善直流电动机的换向，位于相邻主磁极间的几何中心线上，其几何尺寸明显比主磁极小。换向磁极由铁心和套在铁心上的换向极绕组组成，如图 2-4 所示。铁心常用整块钢或厚钢板制成，其绕组一般用扁铜线绕成，为防止磁路饱和，换向磁极与转子间的气隙都较大。换向极绕组匝数不多，与电枢绕组串联。换向极的极数一般与主磁极的极数相同。换向极与电枢之间的气隙可以调整。

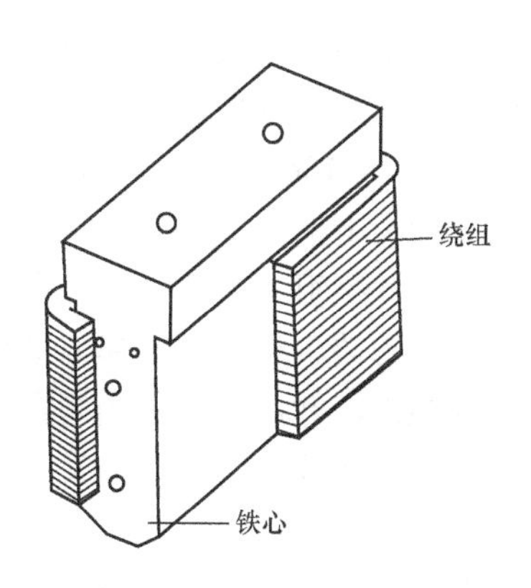

图 2-4 直流电动机换向磁极

（3）机座和端盖。机座的作用是支撑电动机、构成相邻磁极间磁的通路，故机座又称为磁轭。机座一般用铸钢或厚钢板焊成。

机座的两端各有一个端盖，用于保护电动机和防止触电。在中小型电动机中，端盖还通过轴承担负支持电枢的作用。对于大型电动机，考虑到端盖的强度，则采用单独的轴承座。

（4）电刷装置。电刷装置的作用是使转动部分的电枢绕组与外电路连通，将直流电压、电流引出或引入电枢绕组。电刷装置由电刷、刷握、刷杆、刷杆座和汇流条等零件组成，如图 2-5 所示。电刷一般采用石墨和铜粉压制烧焙而成，它放置在刷握中，由弹簧将其压在换向器的表面上，刷握固定在与刷杆座相连的刷杆上，每个刷杆装有若干个刷握和相同数目的电刷，并把这些电刷并联形成电刷组，电刷组个数一般与主磁极的个数相同。

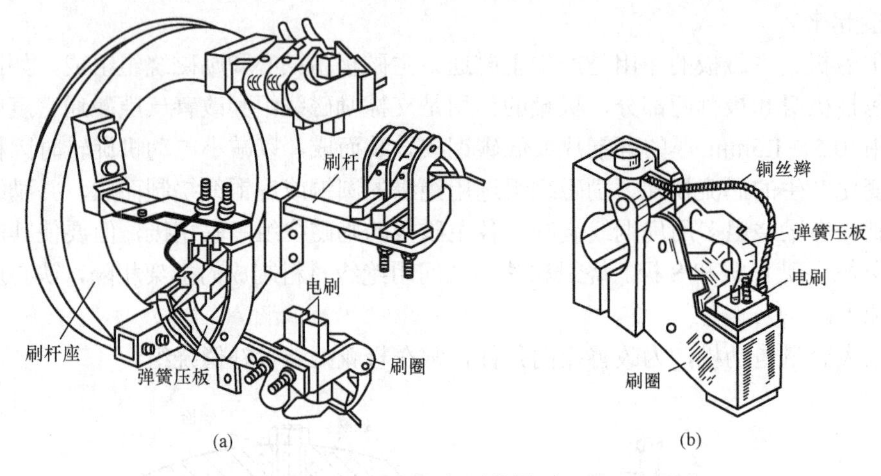

图 2-5　电刷装置

（a）电刷装置；（b）电刷与刷握的装配

2. 转子

转子（电枢）主要由电枢铁心、电枢绕组、换向器、转轴等组成。电枢铁心的作用是通过主磁通和安放电枢绕组。电枢绕组的作用是产生感应电动势，并在主磁场的作用下，产生电磁转矩，使电动机实现能量的转换。换向器的作用是与电刷将外部的直流电流变成电动机内部的交变电流，以产生恒定方向的转矩。由换向器与云母片组成。前后端盖用来安装轴承和支撑整个转子的重量。转轴用来传递转矩的。风扇降低电动机在运行中的温升。

（1）电枢铁心。电枢铁心的作用是构成电动机磁路和安放电枢绕组。通过电枢铁心的磁通是交变的，为减小磁滞和涡流损耗，电枢铁心常用 0.35mm 或 0.5mm 厚冲有齿和槽的硅钢片叠压而成，为加强散热能力，在铁心的轴向留有通风孔，较大容量的电动机沿轴向将铁心分成长 4～10cm 的若干段，相邻段间留有 8～10mm 的径向通风沟。

（2）电枢绕组。电枢绕组的作用是产生感应电动势和电磁转矩，从而实现机电能量的转换。电枢绕组是用绝缘铜线在专用的模具上制成一个个单独元件，然后嵌入铁心槽中，每一个元件的端头按一定规律分别焊接到换向片上。元件在槽内部分的上下层之间及与铁心之间垫以绝缘，并用绝缘的槽楔把元件压紧在槽中。元件的槽外部分用绝缘带绑扎和固定。

（3）换向器，换向器又叫整流子。对于发电机，它将电枢元件中的交流电变为电刷间的直流电输出，对于电动机，它将电刷间的直流电变为电枢元件中的交流电输入。换向器的结构如图 2-6 所示。换向器是由换向片组合而成的，是直流电动机的关键部件，也是最薄弱的部分。

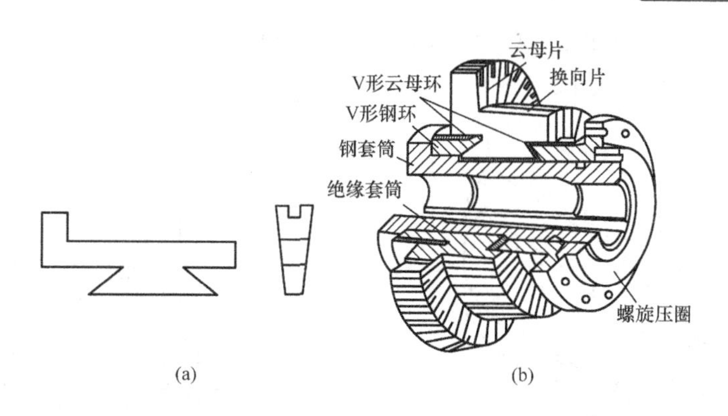

图 2-6 换向器结构

（a）换向片；（b）换向器

换向片采用导电性能好、硬度大、耐磨性能好的紫铜或铜合金制成。换向片的底部做成燕尾形状，各换向片拼成圆筒形套入钢套筒上，相邻换向片间垫以 0.6～1.2mm 的云母片作为绝缘，换向片下部的燕尾嵌在两端的V型钢环内，换向片与 V 型钢环之间用 V 型云母片绝缘，最后用螺旋压圈压紧。换向器固定在转轴的一端。

二、直流电动机的铭牌

为正确地使用电动机，使电动机在既安全又经济的情况下运行，电动机在外壳上都装有一个铭牌，上面标有电动机的型号和有关物理量的额定值。

1. 型号

型号表示的是电动机的用途和主要的结构尺寸。如 Z2—42 的含义是普通用途的直流电动机，第二次改型设计，4 号机座，2 号铁心长。

2. 额定值

铭牌中的额定值有额定功率、额定电压、额定电流和额定转速等。额定值是指按规定的运行方式，在该数值情况下运行的电动机既安全又经济。

对于发电机，额定功率是指电刷间输出的电功率，它等于额定电压 U_N 与额定电流 I_N 的乘积，即

$$P_N = U_N I_N \tag{2-1}$$

对于电动机，额定功率是指转轴输出的机械功率，它等于额定电压 U_N 乘以额定电流 I_N 再乘以额定效率 η_N，即

$$P_N = U_N I_N \eta_N \tag{2-2}$$

电机运行时，当各物理量均处在额定值时，电机处在额定状态运行，若电流超过额定值叫过载运行；电流小于额定值叫欠载运行。电机长期过载或欠载运行都是不好的，应尽可能使电机靠近额定状态运行。

第二节 直流电机的工作原理

一、直流发电机的基本工作原理

直流发电机是根据导体在磁场中做切割磁力线运动，从而在导体中产生感应电动势的电

磁感应原理制成的。为获得直流电动势输出，就要把电枢绕组先连接到换向器上，再通过电刷输给负载，其工作原理如图 2-7 所示。

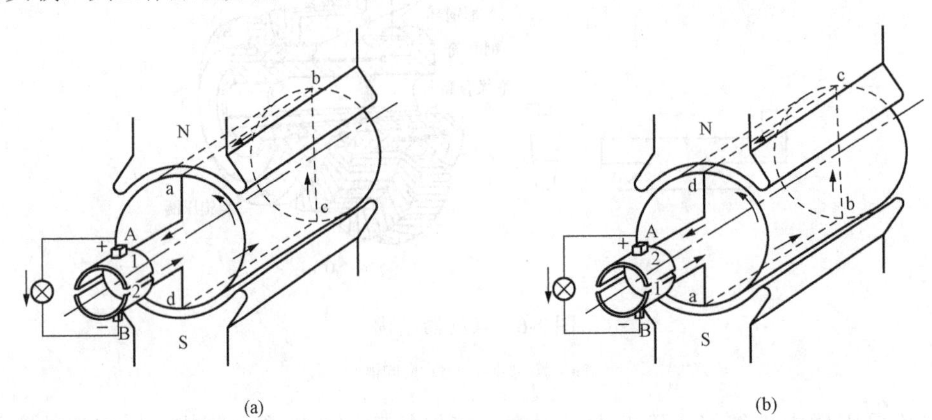

图 2-7　直流发电机的工作原理

（a）导体 ab 和 cd 分别处在 N 极和 S 极下；（b）导体 cd 和 ab 分别处在 N 极和 S 极下

定子上的主磁极 N 和 S 可以是永久磁铁，也可以是电磁铁。嵌在转子铁心槽中的某一个元件 abcd 位于一对主磁极之间，元件的两个端点 a 和 d 分别接到换向片 1 和 2 上，换向片表面分别放置固定不动的电刷 A 和 B，而换向片随同元件同步旋转，由电刷、换向片把元件 abcd 与外负载连接成电路。

当转子在原动机的拖动下按逆时针方向恒速旋转时，元件 abcd 中将有感应电势产生。在图 2-7（a）所示时刻，导体 ab 处在 N 极下面，根据右手定则判断其感应电势方向由 b 到 a；导体 cd 处在 S 极下面，其感应电动势方向由 d 到 c；元件中的电动势方向为 d-c-b-a，此刻 a 点通过换向片 1 与电刷 A 接触，d 点通过换向片 2 与电刷 B 接触，则电刷 A 呈正电位，电刷 B 呈负电位，流向负载的电流是由电刷 A 指向电刷 B。

当转子旋转 180°后到图 2-7（b）所示时刻时，导体 cd 处在 N 极下面，根据右手定则判断其感应电动势方向由 c 到 d；导体 ab 处在 S 极下面，其感应电动势方向由 a 到 b；元件中的电动势方向为 a-b-c-d，与图 2-7（a）所示的时刻恰好相反，但此刻 d 点通过换向片 2 与电刷 A 相接触，a 点通过换向片 1 与电刷 B 相接触，从两电刷间看电刷 A 仍呈正电位，电刷 B 仍呈负电位，流向负载的电流仍是由电刷 A 指向电刷 B。可以看出，当转子旋转 360°经过一对磁极后，元件中电动势将变化一个周期，转子连续旋转时，元件中产生的是交变电动势，而电刷 A 和电刷 B 之间的电动势方向却保持不变。

由以上分析看出，由于换向器的作用，使处在 N 极下面的导体永远与电刷 A 相接触，处在 S 极下面的导体永远与电刷 B 相接触，使电刷 A 总是呈正电位，电刷 B 总是呈负电位，从而获得直流输出电动势。

一个线圈产生的电动势波形如图 2-8（a）所示，这是一个脉动的直流，不适于做直流电源使用。实际应用的直流发电机是由很多个元件和相同个数的换向片组成的电枢绕组，这样可以在很大程度上减小其脉动幅值，可以看做是稳恒电流电源，如图 2-8（b）所示。

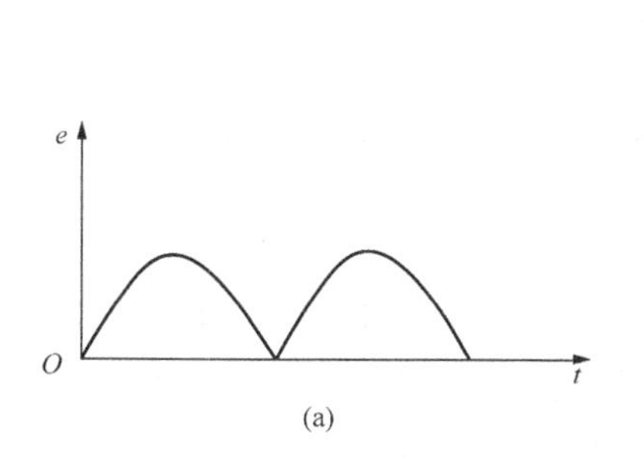

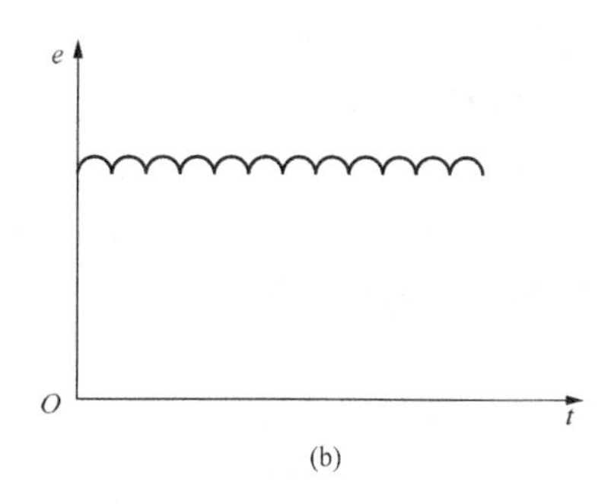

图 2-8 直流发电机输出的电势波形

（a）单匝线圈电动势；（b）电刷间输出电动势

二、直流电动机的基本工作原理

直流电动机是根据通电导体在磁场中会受到磁场力作用这一基本原理制成的，其工作原理如图 2-9 所示。在励磁绕组中通入直流电后，在磁极上产生了恒定磁场。

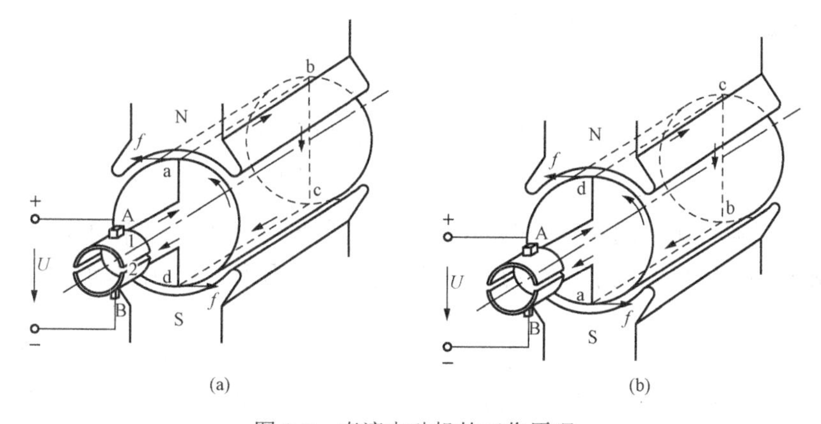

图 2-9 直流电动机的工作原理

（a）起始位置；（b）转过 180° 位置

通过电刷将外加给电枢绕组的极性不变的直流电压变换成电枢绕组中的交变电流，从而得到一种在相同磁极下的导体内的电流方向不变的结果，得到一个稳定的旋转力矩。在电枢绕组中的电流是交变的，电流方向发生改变的过程，称为换向。

在电刷 A 和 B 之间加上一个直流电压时，便在元件中流过一个电流，若起始时元件处在图 2-9（a）所示位置，则电流由电刷 A 经元件按 a-b-c-d 的方向从电刷 B 流出。根据左手定则可判定，处在 N 极下的导体 ab 受到一个向左的电磁力；处在 S 极下的导体 cd 受到一个向右的电磁力。两个电磁力形成一个使转子按逆时针方向旋转的电磁转矩。当这一电磁转矩足够大时，电动机就按逆时针方向开始旋转。当转子转过 180°如图 2-9（b）所示位置时，电流由电刷 A 经元件按 d-c-b-a 的方向从电刷 B 流出，此时元件中电流的方向改变了，但是导体 ab 处在 S 极下受到一个向右的电磁力，导体 cd 处在 N 极下受到一个向左的电磁力，两个电磁转矩仍形成一个使转子按逆时针方向旋转的电磁转矩。可以看出，转子在旋转过程中，元件中电流方向是交变的，但处在同一磁极下面导体中电流的方向却是恒定的，这是由于换向器的作用，从而使得直流电动机的电磁转矩方向不变。

为使电动机产生一个恒定的电磁转矩，同发电机一样，电枢上不止安放一个元件，而是安放若干个元件和换向片。

由直流电动机的工作原理可以看出，直流发电机是将机械能转变成电能，电动机是将电能转变成机械能，因此说直流电机具有可逆性。

三、直流电动机的励磁方式

电动机主磁极产生的磁场叫主磁场。一般在小容量电动机中可采用永久磁铁作为主磁极，绝大多数的直流电动机是用电磁铁来建立主磁场的。主磁极上励磁绕组获得电源的方式叫做励磁方式。直流电动机的励磁方式分为他励和自励两大类，其中自励又分为并励、串励和复励三种形式。直流电动机各种励磁方式接线如图 2-10 所示。

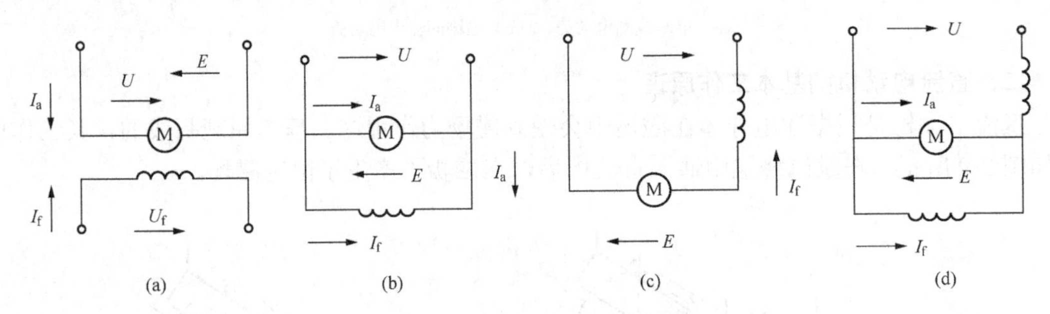

图 2-10　直流电动机的励磁方式

（a）他励直流电动机；（b）并励直流电动机；（c）串励直流电动机；（d）复励直流电动机

在主磁极的励磁绕组内通入直流电，产生直流电动机主磁通，这个电流称为励磁电流。励磁电流由独立的直流电源供给，称为他励直流电动机。励磁电流由电动机自身供给，称为自励直流电动机。

根据主磁极绕组与电枢绕组的连接方式不同，直流电动机分为：他励电动机、并励电动机、串励电动机、复励电动机。励磁绕组与电枢绕组的不同连接方式如图 2-10 所示。

四、直流电动机的基本电磁关系

1. 电枢电势

直流电动机的电枢电势是指正、负电刷间的电势。直流电动机稳定运行时，高电枢两端外加电压为U，电枢电流为I_a，电枢绕组旋转时，在主磁通的作用下产生电动势E_a，方向与电源电压方向相反，因此E_a称为直流电动机的反电动势。设每极下的平均磁通密度为B_{avg}。这样每根导体感应电势的平均值为

$$e_{avg}=B_{avg}lv \tag{2-3}$$

式中　e_{avg}——每根导体的平均电势，V；

B_{avg}——气隙磁密平均值，Wb；

l——导体的有效长度，m；

v——导体的线速度，m/s。

式（2-3）中的v可由电枢的转速和电枢表面周长求得，即

$$v=\pi D\frac{n}{60}=2p\tau\frac{n}{60} \tag{2-4}$$

式中　n——电枢转速，r/min；

p——磁极对数；

τ——极距。

将式（2-4）代入式（2-3），得

$$e_{avg}=B_{avg}2p\tau\frac{n}{60}=2p\Phi\frac{n}{60} \tag{2-5}$$

式中 Φ——每极磁通，$\Phi=B_{avg}l\tau$，Wb/m^2。

当电刷放置在主磁极轴线上，电枢导体总数为 N，电枢支路数为 $2a$ 时，则直流电动机的电枢电势为

$$E_a=\frac{N}{2a}e_{avg}=\frac{N}{2a}\times 2p\Phi\frac{n}{60}=C_e\Phi n \tag{2-6}$$

式中 E_a——电枢电势，V；

C_e——由电机结构决定的电势常数，$C_e=\frac{PN}{60a}$。

2. 直流电动机的电磁转矩

电动机运行时，电枢绕组有电流流过，载流导体在磁场中将受到电磁力的作用，该电磁力对转轴产生的转矩叫做电磁转矩，用 T_{em} 表示。电枢绕组在磁场中所受电磁力的方向由左手定则确定。在发电机中，电磁转矩的方向与电枢转向相反，对电枢起制动作用；在电动机中，电磁转矩的方向与电枢转向相同，对电枢起推动作用。直流电机的电磁转矩与转向如图2-11所示。直流电机的电磁转矩使得电机实现机电能量的转换。

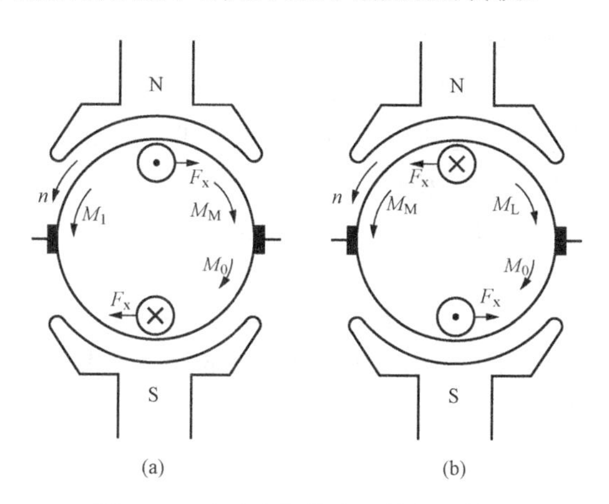

图2-11 直流电机的电磁转矩与转向

（a）发电机；（b）电动机

电磁转矩的计算，仍从单根导体入手，并取每极下的平均磁密为 B_{avg}，故每根导体所受的平均电磁力 F_{av} 为

$$F_{av}=B_{avg}li_a \tag{2-7}$$

式中 i_a——电枢支路电流。

单根导体产生的平均电磁转矩 T_{av} 为

$$T_{av}=F_{av}\frac{D}{2}=B_{avg}li_a\frac{D}{2} \tag{2-8}$$

式中　D——电枢直径。

总的电磁转矩 T 等于每根导体产生的平均转矩之和，即

$$T_{em}=NT_{av}=NB_{avg}li_a\frac{D}{2} \tag{2-9}$$

因为

$$B_{avg}=\frac{\Phi}{\tau l}=\frac{\Phi}{\frac{\pi D}{2p}l}=\frac{2p\Phi}{\pi Dl}$$

将以上两式代入式（2-9），则有 $i_a=\frac{I_a}{2\pi}$

$$T_{em}=\frac{pN}{2a\pi}\Phi I_a=C_T\Phi I_a \tag{2-10}$$

式中　T_{em}——电磁转矩，N・m；

I_a——电枢电流，A；

C_T——由电动机结构决定的转矩常数，$C_T=\frac{pN}{2a\pi}$。

式（2-10）表明，电磁转矩的大小取决于电枢电流和每极磁通的大小。当电枢电流 I_a 恒定时，电磁转矩 T 和每极磁通 Φ 成正比；当每极磁通 Φ 值恒定时，电磁转矩 T_{em} 和电枢电流 I_a 成正比。

3. 直流电动机的电动势平衡方程

直流电动机运行时，电枢两端接入电源电压 U，若电枢绕组的电流 I_a 方向以及主磁极的极性如图 2-12 所示。可由左手定则决定电动机产生的电磁转矩 T 将驱动电枢以转速 n 旋转，旋转的电枢绕组又将切割主磁极磁场感应电动势 E_a，可由右手定则决定电动势 E_a 与电枢电流 I_a 的方向是相反的。各物理量的方向按图 2-12（b）所示，可得电枢回路的电动势方程式为

$$U=E_a+I_aR_a \tag{2-11}$$

式中　R_a——电枢回路的总电阻，包括电枢绕组、换向器、补偿绕组的电阻，以及电刷与换向器间的接触电阻等。

并励电动机的电枢电流为

$$I_a=I-I_f \tag{2-12}$$

式中　I——输入电动机的电流；

I_f——励磁电流，$I_f=U/R_f$，其中 R_f 是励磁回路的电阻。

由于电动势 E_a 与电枢电流 I_a 方向相反，故称 E_a 为反电动势，反电动势 E_a 的计算公式与发电机相同。

由式（2-11）表明，加在电动机的电源电压 U 是用来克服反电动势 E_a 及电枢回路的总电阻压降 I_aR_a 的。可见 $U>E_a$，电源电压 U 决定了电枢电流 I_a 的方向。

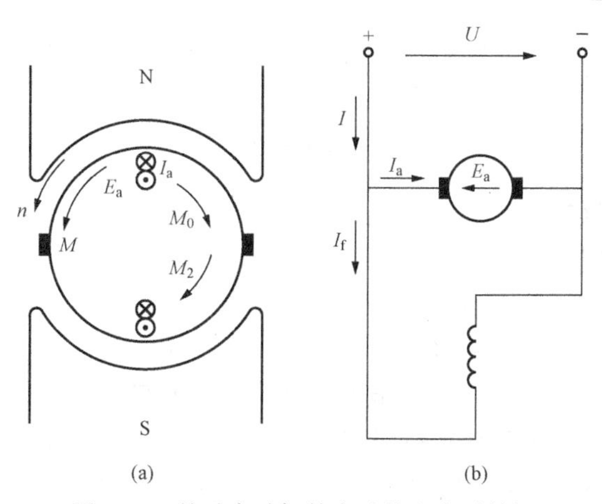

图 2-12 并励电动机的电动势和电磁转矩

（a）电动机作用原理；（b）电动势和电流方向

4．直流电动机的功率平衡方程式

并励电动机的功率流程图如图 2-13 所示。图 2-13 中 P_1 为电动机从电源输入的电功率，$P_1=UI$，输入的电功率 P_1 扣除小部分在励磁回路的铜损耗 p_{Cuf} 和电枢回路铜损耗 p_{Cua} 便得到电磁功率 P_M，$P_M=E_aI_a$。电磁功率 E_aI_a 全部转换为机械功率，此机械功率扣除机械损耗 p_Ω、铁损耗 p_{Fe} 和附加损耗 p_{ad} 后，即为电动机转轴上输出的机械功率 P_2，故功率方程式为

$$P_M = P_1 - (p_{Cua} + p_{Cuf}) \tag{2-13}$$

$$P_2 = P_M - (p_\Omega + p_{Fe} + p_{ad}) = P_M - p_0 \tag{2-14}$$

$$P_2 = P_1 - \Sigma p = p_1 - (p_{Cua} + p_{Cuf} + p_\Omega + p_{Fe} + p_{ad}) \tag{2-15}$$

式中 p_0 ——空载损耗，$P_0 = p_\Omega + p_{Fe} + p_{ad}$；

Σp ——电动机的总损耗，$\Sigma p = p_{Cua} + p_{Cuf} + p_\Omega + p_{Fe} + p_{ad}$。

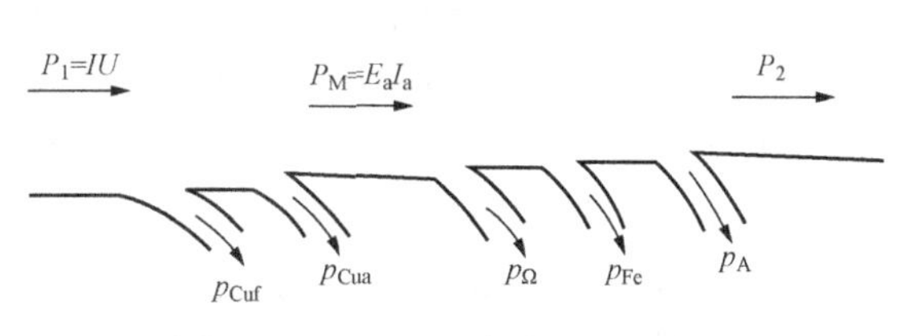

图 2-13 并励电动机的功率流程图

5．直流电动机的转矩平衡方程式

将式（2-14）除以电动机的角速度 ω，可得转矩方程式为

$$\frac{P_2}{\omega} = \frac{P_M}{\omega} - \frac{P_0}{\omega} \tag{2-16}$$

即

$$T_2 = T_{em} - T_0 \tag{2-17}$$

电动机的电磁转矩 T 为驱动转矩，其值由式（2-10）决定。转轴上机械负载转矩 T_2 和空载转矩 T_0 是制动转矩。式（2-17）表明，电动机在转速恒定时，驱动性质的电磁转矩 T 与负载制动性质的转矩 T_2 和空载转矩 T_0 相平衡。

对于电动机，电磁转矩为拖动转矩；对于发电机来，电磁转矩为制动转矩。

直流电动机的电磁转矩与功率的关系为

$$T_{em} = 9550\frac{P}{n} \tag{2-18}$$

五、直流电动机的换向

1. 直流电动机的电枢反应

电枢电流磁场对主磁通的影响称为电枢反应。电动机电枢绕组电流所产生的磁场使主磁场在磁极的一边有去磁作用，在磁级的另一边有增磁作用，使几何中性线与物理中性线不重合，电动机的物理中性线逆着旋转方向偏移 α 角，发电机的物理中性线顺着旋转方向偏移 α 角。考虑磁路的饱和，去磁量将比增磁量多，最终使主极磁通发生畸变。这样，会使在几何中性线下处于换的绕组的感应电动势不为零，使电动机产生换向火花。为了消除因此产生的换向火花，需加装换向极。

2. 产生火花的原因

直流电动机电刷与换向器的接触在运转过程中产生火花，与换向过程电流变化的性质有着密切的关系，造成换向电流发生变化的原因很能很多，主要原因有：

（1）电磁原因。在电流换向过程中，电枢是电感线圈总是会阻碍电流的变化，使电枢绕组在换向时电动势不为零；电动机的电枢反映磁势对换向的影响等。

（2）机械原因。运行中的振动，换向器偏心，电刷接触面研磨不光滑，换向器表面不清洁，电刷压力大小不合适等。

（3）化学原因。换向器表面的氧化薄膜可加大电枢换向电阻，以减小换向火花，薄膜受环境温度、湿度等方面的影响。

3. 改善换向火花的方法

（1）装置换向磁极。对发电机，顺电枢转向，换向磁极应与下一个主磁极极性相同。对电动机，顺电枢转向，换向磁极应与下一个主磁极极性相反。

为了使负载变化时，换向磁极磁通，势也能作相应变动，使在任何负载时换向元件中合成电动势始终为零，换向磁极绕组必须与电枢串联，并保证换向磁极磁路不饱和。

（2）移动电刷位置。对于直流发电机，应顺着电枢转向将电刷移动到某个角度的物理中性线上。对于直流电动机，应逆着电枢转向移动电刷到某个角度的物理中性线上。

（3）正确选用电刷。从改善换向的角度来选择，增加电刷接触电阻以减小换向火花，但接触电阻大会增加电动机的能耗，使换向器发热，对换向也不利，因此，应合理选用电刷。常用的电刷有石墨电刷、电化石墨电刷、金属石墨电刷等。石墨电刷的接触电阻大，金属石墨电刷的接触电阻小，电化石墨电刷的接触电阻介于两者之间。当换向并不困难，负载均匀，电压在 80～120V 的中小型民机可采用石墨电刷；电压在 220V 以上或换向困难的电动机，可采用电化石墨；对于低压大电流的电动机宜采用金属石墨电刷。

六、直流电动机工作特性

直流电动机的工作特性主要是：转速特性、转矩特性与效率特性。

当$U = U_N$，$I_f = I_{fN}$时，转速n与负载电流I_a的关系$n = f(I_a)$为转速特性。直流电动机的转速特性方程为

$$n = \frac{U_N}{C_e \Phi} - \frac{R_a}{C_e \Phi} I_a \tag{2-19}$$

当 $I_a = 0$ 时，得理想空载转速 $n_0 = \frac{U_N}{C_e \Phi_N}$。

当 $U = U_N$， $I_f = I_{fN}$ 时，电磁转矩 T 与负载电流 I_a 的关系 $T = f(I_a)$ 为转矩特性。直流电机的转矩特性方程为

$$T_{em} = C_T \Phi_N I_a$$

1. 并励电动机（他励电动机）的工作特性

（1）转速特性 $n = f(I_a)$ 或 $n = f(P_a)$

$$n = \frac{U_N - I_a R_a}{C_e \Phi_N}$$

当负载增大时，电枢电流 I_a 增大，电枢压降 $I_a R_a$ 也增大，使转速 n 下降；而电枢反映的去磁作用又使 ϕ 减小，n 又上升，作用结果使电动机的转速变化很小。并励电动机的转速调整率很小，基本上可以认为是一种恒速电动机。图 2-14 所示是他励电动机的工作特性曲线。

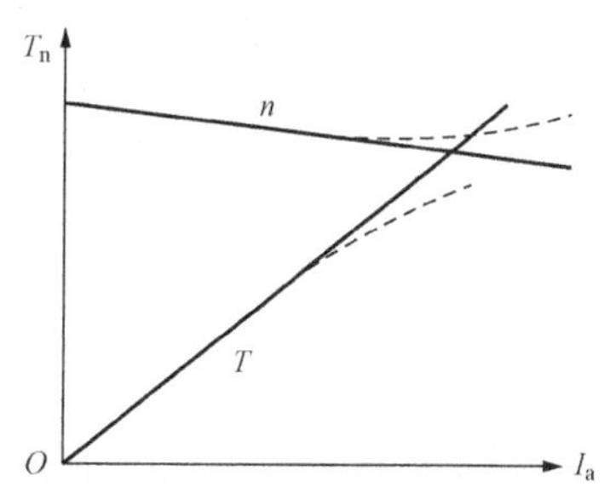

图 2-14 他励电动机的工作特性曲线

（2）转矩特性 $T = f(I_a)$ 或 $T = f(P_2)$。

$$T = \frac{P_2}{\omega} = \frac{P_2}{2n\pi / 60} = 9550 \frac{P_2}{n} \tag{2-20}$$

当 P_2 增加时，转速 n 略有下降，因此关系曲线不是直线，而是稍向上弯曲。

（3）效率特性。

$$\eta = \frac{P_2}{P_1} = \frac{P_1 - \Sigma p}{P_1} = 1 - \frac{\Sigma p}{P_1} = 1 - \frac{p_{Fe} + p_m + I_a^2 r + 2\Delta U_b I_a}{U I_a} \tag{2-21}$$

令 $d\eta/dI_a=0$ 得到当 $p_{Fe} + p_m = I_a{}^2 r_a$ 时， $\eta = \eta_{max}$。

2. 串励电动机的工作特性

因为串励电动机的励磁绕组与电枢绕组串联，故有电动机电流 $I = I_a = I_f$，并与负载大小有关，励磁电流的磁通也随负载的变化而变化。

（1）转速特性 $n = f(I_a)$ 或 $n = f(P_a)$

$$n = \frac{U_N - I_a R_a}{C_e \Phi_N} \tag{2-22}$$

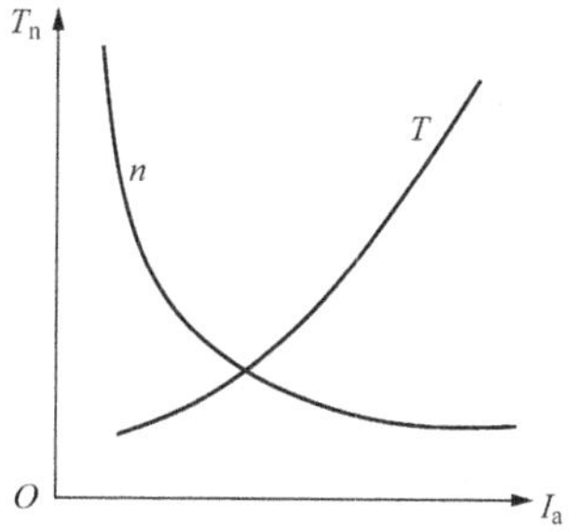

当串励电动机输出功率 P_2 增加时，电枢电流 I_a 随之增大，电枢回路的电阻压降也增大，使转速下降；同时磁通 Φ 增大，也使转速下降。当负载很轻时，I_a 很小，磁通 Φ 也很小，转速很高，这样才能产生足够的电动势与电源电压相平衡。因此，串励电动机绝对不允许在空载或负载很小的情况下起动，否则会发生“飞车”现象。图 2-15 所示是串励电动机的工作特性曲线。

图 2-15 串励电动机的工作特性曲线

（2）转矩特性。串励电动机的转速 n 随负载电流 I_a 的增加而迅速下降，轴上输出转矩 T 将随 I_a 的增加而增

加。当磁路未饱和时，$\Phi \propto I_a$，$T \propto I_a$，所以$T \propto I_a^2$，当负载较大时，磁路饱和，Φ近似不变，$T \propto I_a$。

七、直流电动机的机械特性

电动机处于稳定运行状态时，电动机的电磁转矩 T_{em} 与转速 n 的关系曲线称为电动机的机械特性。当负载转矩变化时，电动机的输出转矩也应随之变化，并在另一转速下稳定运行，因此电动机的转速与转矩关系，体现了电动机与拖动的负载能否匹配。

1. 并励电动机（他励电动机）的机械特性

由公式$n=\dfrac{U_N - I_a R_a}{C_e \Phi_N}$，$T_{em}=C_T \Phi I_a$ 得，电动机的机械特性曲线方程为

$$n=\frac{U-I_a(R_a+R)}{C_e\Phi}=\frac{U}{C_e\Phi}-\frac{R_a+R}{C_e C_T \Phi^2}T=n_0-\beta T \tag{2-23}$$

$n_0=\dfrac{U}{C_e\Phi}$称为理想空载转速，$\dfrac{R_a}{C_e C_T \Phi^2}$为机械特性斜率。

当电动机$U=U_N, \Phi=\Phi_N, R=R_a$时的机械特性称为固有机械特性，如图 2-16 中的曲线 1。由于电动机的内阻R_a很小，故并励电动机的机械特性是一条微向下垂的直线，基本上是“硬”特性。

人为地改变电动机的参数或电枢电压而得到的机械特性称人为机械特性，当电枢人为串接电阻R'_a后的机械特性曲线如图 2-16 所示，串入电阻越大，曲线下垂得越厉害，机械特性变“软”了。

如果改变他励电动机电枢电压时的人为机械特性曲线如图 2-17 所示，电枢电压下降时，理想窗框转速n_0也下降了。

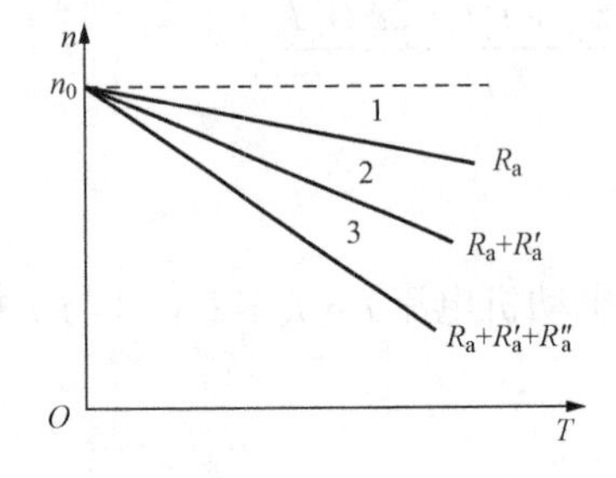

图 2-16　他励电动机固有机械特性与串入电阻时人为机械特性

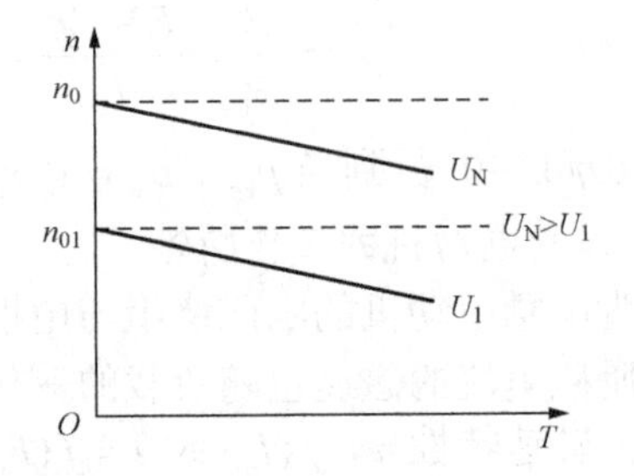

图 2-17　他励电动机改变电枢电压时人为机械特性

2. 串励电动机的机械特性

当串励电动机磁路不饱和时的转矩—转速特性方程为

$$n=C_1\frac{U}{\sqrt{T}}-C_2(R_a+R_f) \tag{2-24}$$

式中，C_1、C_2为系数。

当串励电动机磁路不饱和时的转矩—转速特性曲线如图 2-18 所示，转速随转矩增加而显著下降，机械特性很“软”，机械曲线方程为

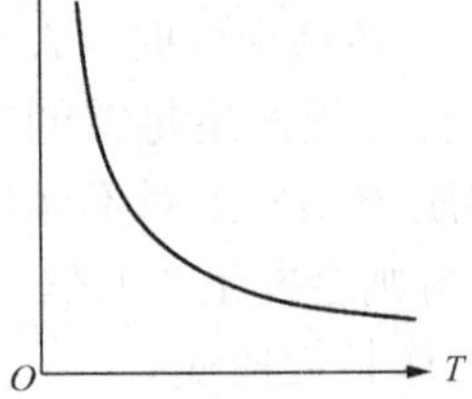

图 2-18　串励电动机的机械特性曲线

$$n = \frac{U - I_a(R_a + R_f)}{C_e\Phi} \tag{2-25}$$

第三节 直流电动机的起动、调速、反转与制动

一、直流电动机的起动

直流电动机起动时，若直接加额定电压，$n=0$，$E_a = C_e\Phi_n = 0$，则起动电流为

$$I_{st} = (U_N - E_a)/R_a = U_N/R_a$$

式中，R_a 为电枢绕组的电阻，一般来说，R_a 阻值较小，为几欧姆到十几欧姆，使得起动电流很大，可达到额定电流的 7～10 倍。

而起动转矩 $T_{st} = C_T\Phi I_{st}$，使得起动转矩很大。

这样，起动电流大，使得电动机换向困难，绕组发热，起动转矩大，会造成机械冲击大，因此，除微型直流电动机因 R_a 较大可以直接起动，一般直流电动机都不允许直接起动。直流电动机的起动方法有电枢回路串电阻起动、 降低电枢电压起动。

直流电动机的串电阻起动如图 2-19 所示。串电阻起动后，起动电流 $I_{st} = \dfrac{U - C_e\Phi_n}{R_a + R'_a}$，从而有效地限制起动电流与起动转矩，其人为机械特性如图 2-20 所示。

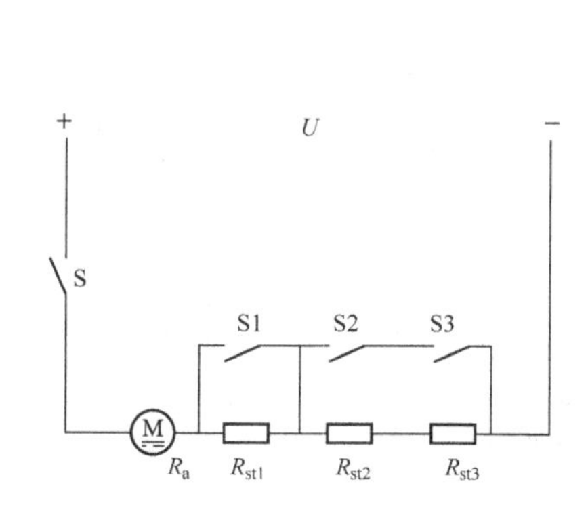

图 2-19 直流电动机串电阻起动

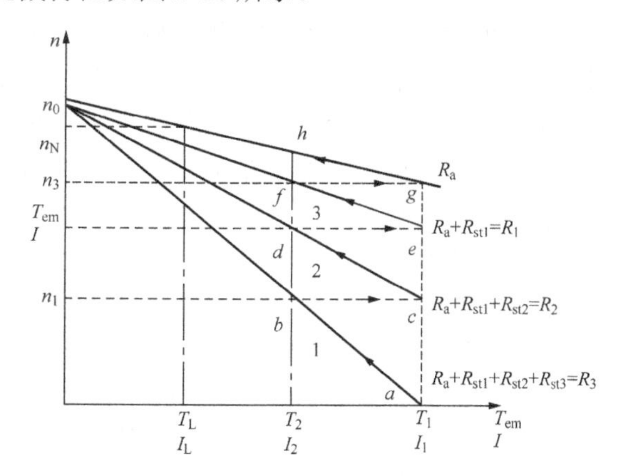

图 2-20 直流电动机串电阻起动时人为机械特性

在已知起动电流比和电枢电阻前提下，经推导可得各级串联电阻为

$$R_{st1} = (\beta - 1)R_a$$
$$R_{st2} = (\beta - 1)\beta R_a = \beta R_{st1}$$
$$R_{st3} = (\beta - 1)\beta^2 R_a = \beta R_{st2}$$
$$\vdots$$
$$R_{stm} = (\beta - 1)\beta^{m-1} R_a = \beta R_{stm-1}$$

二、直流电动机的调速

根据式（2-11）可得

$$n = E_a / C_e\Phi = (U - I_a R_a)/C_e\Phi \tag{2-26}$$

由式（2-26）可知直流电动机的调速方法有：改变电源电压 U 调速、减小主磁通 Φ 调速、电枢回路串入可调电阻调速。受电动机绝缘的限制，改变电源电压 U 调速，只能降低电源电

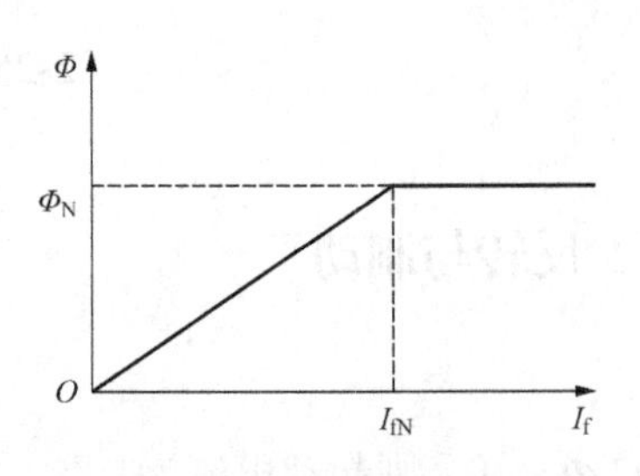

图 2-21　磁通 Φ 与励磁电流的关系

压调速，而不能大于电动机的额定电压。

由图 2-21 可知，磁通 Φ 在一定范围内与励磁电流 I_f 成正比例关系，当励磁电流达到一定值后，铁心进入饱和状态，这时即使励磁电流继续增加，磁通 Φ 也将保持不变。电动机在额定状态下运行时，$\Phi = \Phi_N$，$n = n_N$。所以根据式（2-19），改变磁通调速时，只能减弱磁通 Φ 调速，也就是从 Φ_N 往下减弱磁通，这时 $n > n_N$，即减弱磁通会使转速高于额定转速，在额定转速以上进行调速。

三、直流电动机的反转

根据直流电动机的工作原理可知，只要使电动机的磁场方向或使流过电枢的电流方向改变就可以使电动机的旋转方向反向。由式（2-26）可知，使直流电动机反向的方法有：对于串励电动机，可以使励磁绕组反接；对于并励电动机，可以使电枢绕组或者励磁绕组反接。

四、直流电动机的制动

电动机带负载工作时，有时需要快速停车，如机车进站的刹车。有时电动机需限速在一定转速下，如机车在下长坡时，起重机在下放重物时，因限速需要而进行制动。电动机的制动是在电动机旋转方向上加上一个相反的转矩来实现的。用制动闸的方向进行制动称为机械制动，用电气方法使电动机转子产生制动力进行制动的方法为电气制动。机械制动有机械磨损，而电气制动的制动转矩大，无机械磨损。机车制动往往采用电气制动与机械制动相配合使用，在高速时，使用电气制动，在低速时使用空气管路制动。

直流电动机在电动状态时，电磁转矩 T_{em} 的方向与转速 n 的方向相同。而在制动状态时，电磁转矩 T_{em} 的方向与转速 n 的方向相反。直流电动机的电气制动有三种方式：能耗制动、电枢反接制动和回馈制动。

1. 能耗制动

如图 2-22 所示，当切除电枢电源后，保持励磁电流，电枢回路通过制动电阻 R_B 闭合。根据 $E_a = C_e\Phi n$，切除电枢电源后，电动机因惯性仍切割磁场产生电动势 E_a。这时由于电枢电流 I_a 变为由 E_a 产生，与原来方向相反，电磁转矩 T_{em} 随之反向，T_{em} 与 n 反向，进入制动状态，使转子减速直至停止。制动过程中，电动机靠系统的动能发电，消耗在电枢回路的电阻上，故称为能耗制动。直流电动机能耗制动机械特性如图 2-23 所示。

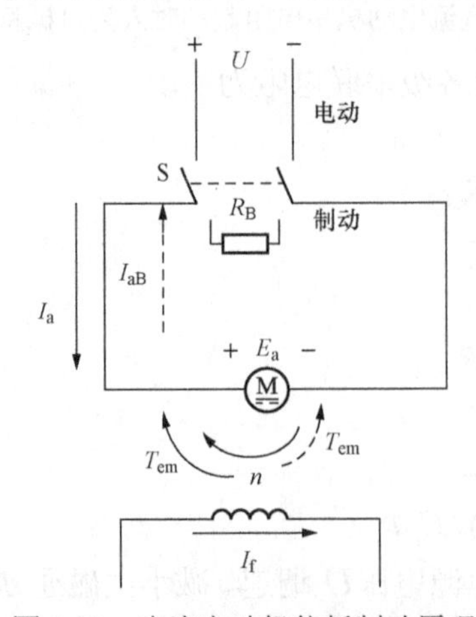

图 2-22　直流电动机能耗制动原理

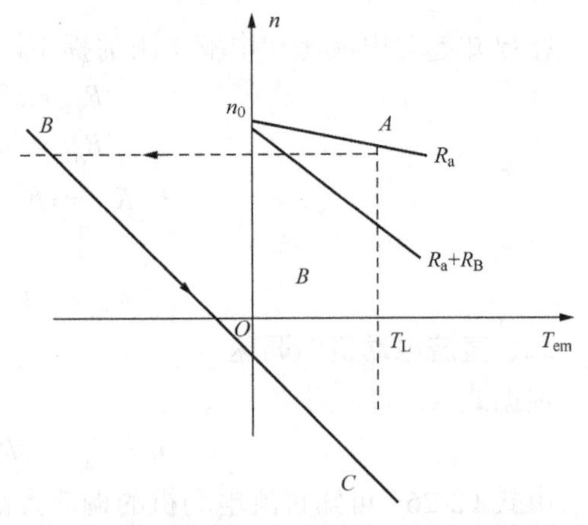

图 2-23　直流电动机能耗制动机械特性

选择 R_B 的原则如下：

因为

$$I_{aB}=\frac{E_a}{R_a+R_B}\leqslant I_{max}=(2\sim2.5)I_N \tag{2-27}$$

所以

$$R_B\geqslant\frac{E_a}{(2\sim2.5)I_N}-R_a \tag{2-28}$$

能耗制动特点如下：

（1）制动时，电源电压 U=0，直流电动机脱离电网变成直流发电机单独运行，把系统存储的动能或位能性负载的位能转变成电能消耗在电枢电路的总电阻上。

（2）制动时，制动转矩 T_{em} 与 n 成正比，所以转速 n 下降时，T_{em} 也下降，故低速时制动效果差，为加强制动效果，可减小外接电阻，以增大制动转矩 T，此即多级能耗制动。为实现准确停车，在低速时可以配合机械抱闸制动。

2. 反接制动

如图 2-24 所示，使开关 S1 断开，开关 S2 闭合，在电枢电源反接的同时串入一个制动电阻 R_B，这时由于 U 反向，反向的电枢电流很大，产生很大的反向 T_{em}，反接电源与电动机因惯性而产生的电动势共同作用产生制动力，从而产生很强的制动作用，进入制动状态。直流电动机能耗制动机械特性如图 2-25 所示。

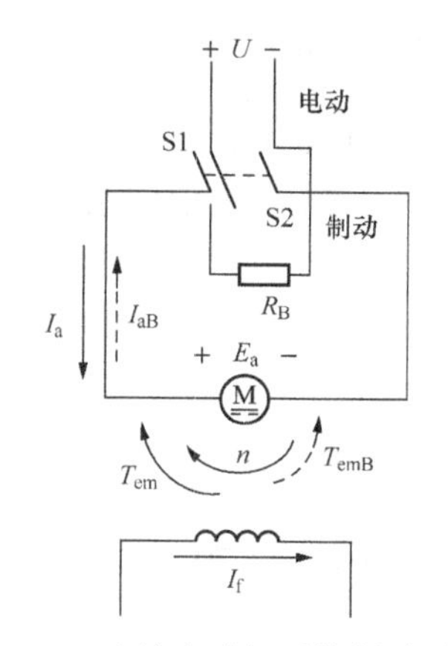

图 2-24 直流电动机反接制动原理

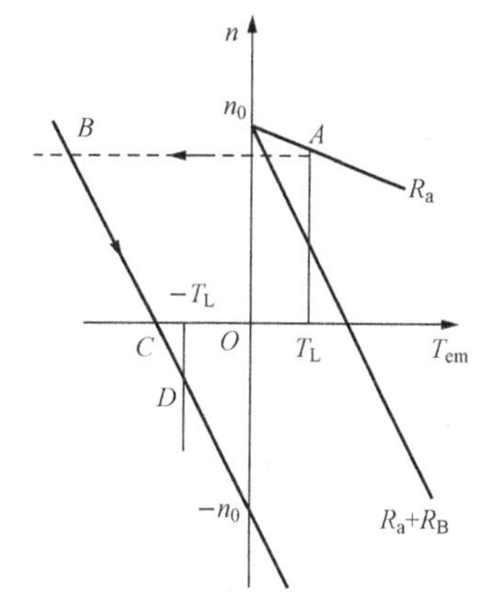

图 2-25 直流电动机能耗制动机械特性

3. 再生制动（回馈制动）

电动机由高速向低速调速，当外力作用使电动机转速大于理想空载转速时，电动机进入发电运行状态，这时电枢电流改变方向，电磁转矩反向而起制动作用，使电动机减速。

三种制动方式下制动示意如图 2-26 所示。

五、典型习题解答

【例 2-1】 已知一台直流电动机铭牌数据如下：额定功率 $P_N=30\text{kW}$，额定电压 $U_N=220\text{V}$，额定转速 $n_N=1500\text{r/min}$，额定效率 $\eta_N=87\%$。求该电动机的额定电流和额定输出转矩。

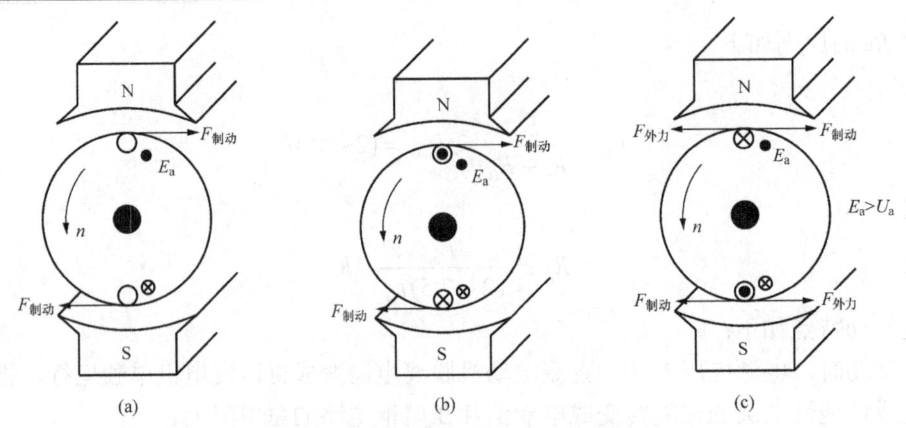

图 2-26　电动机电气制动原理图

（a）能耗制动；（b）电枢反接制动；（c）回馈制动

解：输入功率

$$P_1=\frac{P_N}{\eta_N}=\frac{30}{0.87}=34.48(\text{kW})$$

所以

$$I_N=\frac{P_1}{U_N}=\frac{34.48\times10^3}{220}=156.7(\text{A})$$

$$T_N=\frac{P_N}{\omega_N}=\frac{P_N\times60}{2\pi n}=\frac{30\times10^3\times60}{2\pi\times1500}=191(\text{N}\cdot\text{m})$$

【例 2-2】　他励直流电动机的 U_N=220V，I_N=207.5A，R_a=0.067Ω，试求：（1）直接起动时的起动电流是额定电流的多少倍？（2）如限制起动电流为 1.5I_N，电枢回路应串入多大的电阻？

解：（1）直接起动的电流 $I_{st}=U_N/R_a$=220/0.067=3283.6（A）

I_{st}/I_N=3283.6/207.5=15.8

（2）$I_{st1}=1.5\times I_N$=1.5×207.5=311.25（A）$=U_N/(R_a+R_{st})$

由此可得 R_{st}=0.64Ω

【例 2-3】　一台他励直流电动机数据为 P_N=7.5kW，U_N=110V，I_N=79.84A，n_N=1500r/min，电枢回路电阻 R_a=0.1014Ω，求：

（1）$U=U_N$，$\Phi=\Phi_N$条件下，电枢电流 I_a=60A 时转速是多少？

（2）$U=U_N$条件下，主磁通减少 15%，负载转矩为 T_N不变时，电动机电枢电流与转速是多少？

（3）$U=U_N$，$\Phi=\Phi_N$条件下，负载转矩为 0.8T_N，转速为（−800）r/min，电枢回路应串入多大的电阻？

解：（1）

$$C_e\Phi_N=\frac{U_N-R_aI_N}{n_N}=0.068$$

$$n=\frac{U_N-R_aI_a}{C_e\Phi_N}=1528(\text{r/min})$$

（2）T_N不变时，T_{em}不变，即 $C_T\Phi_N I_N=C_T\Phi I_a$

$$I_a = \frac{\Phi_N}{\Phi} I_N = \frac{\Phi_N}{0.85\Phi_N} I_N = 93.93(\text{A})$$

$$n = \frac{U_N - R_a I_a}{C_e \Phi} = 1738(\text{r / min})$$

（3）不计空载转矩时，$T_{em} = T_L$，故

$$T_{em} = 0.8 T_N = 0.8 \times 0.955 \frac{P_N}{n_N} = 38.2(\text{N} \cdot \text{m})$$

$$n = \frac{U_N}{C_e \Phi_N} - \frac{R_a + R_B}{C_e C_T \Phi_N^2}$$

解得 $R_B = 2.69(\Omega)$

【例 2-4】 一台并励直流发电机，$P_N = 35\text{kW}, U_N = 115\text{V}, n_N = 1450\text{r / min}, R_a = 0.0243\Omega$，电刷压降 $2\Delta U$=2.0V，并励电路电阻 $R_f = 20.1\Omega$。试求额定负载时的电磁转矩 T_e。

解：
$$I_f = \frac{U_N}{R_f} = \frac{115}{20.1} = 5.72(\text{A}) \text{，} I_N = \frac{P_N}{U_N} = \frac{35 \times 10^3}{115} = 304(\text{A})$$

$$I_a = I_N + I_f = 304 + 5.72 = 309.72(\text{A})$$

所以
$$E_a = U_N + I_a R_a + 2\Delta U = 115 + 309.72 \times 0.0243 + 2 = 124.5(\text{V})$$

又
$$\omega = \frac{2\pi n}{60} = \frac{2 \times 3.14 \times 1450}{60} = 151.8$$

所以
$$T_e = \frac{P_e}{\omega} = \frac{E_a I_a}{\omega} = \frac{124.5 \times 309.7}{151.8} = 254(\text{N} \cdot \text{m})$$

【例 2-5】 一台他励直流电动机，$P_N = 7.5\text{kW}, U_N = 110\text{V}, \eta_N = 0.83, n_N = 980\text{r / min}$，电枢回路总电阻（含电刷接触压降）$R_a = 0.15\Omega$。若电动机负载转矩减为额定转矩的一半，问电动机的电枢电流和转速多大（不计空载转矩）？

解：额定状态时，电枢电流为

$$I_a = \frac{P_1}{U_N} = \frac{P_N}{\eta_N U_N} = \frac{7.5 \times 10^3}{0.83 \times 110} = 82.1(\text{A})$$

负载减小后，电枢电流为

$$I'_a = 0.5 I_a = 0.5 \times 82.1 = 41(\text{A})$$

又根据 $U_N = E_a + I_a R_a$，得

额定运行时 $E_a = U_N - I_a R_a = 110 - 82.1 \times 0.15 = 97.7(\text{V})$

负载减少后 $E'_a = U_N - I'_a R_a = 110 - 41 \times 0.15 = 104(\text{V})$

则负载减少后电动机转速为

$$n' = n \times \frac{E'_a}{E_a} = 980 \times \frac{104}{97.7} = 1043(\text{r / min})$$

【例 2-6】 并励直流电动机数据如下：$U_N = 220\text{V}$，$R_a = 0.032\Omega$，$R_f = 27.5\Omega$。今将电动机接在额定电压的电网上，带动起重机，当使重物上升时 $I_a = 350\text{A}$，$n = 795\text{r / min}$。问：保持电动机的电压和励磁电流不变，以转速 $n' = 100\text{r / min}$ 将重物放下时，电枢回路中需

要串入多大电阻？

解：重物上升时，电动机工作于电动机状态，有

$$U_N = E + I_a R_a$$

所以

$$E = U_N - I_a R_a = 220 - 350 \times 0.032 = 208.8(\mathrm{V})$$

当重物下降时，电动机反转，感应电动势方向改变，但电磁转矩的方向和大小不变，此时电动机工作于电磁制动状态，有

$$U_N + E' = I_a (R_a + \Delta R)$$

其中

$$E' = \frac{n'}{n} E = \frac{100}{795} \times 208.8 = 26.26(\mathrm{V})$$

所以

$$R_a + \Delta R = \frac{U_N + E}{I_a} = \frac{220 + 26.26}{350} = 0.7036(\Omega)$$

$$\Delta R = 0.7036 - 0.032 = 0.6716(\Omega)$$

第四节　三相交流异步电动机的结构

一、概述

三相异步电动机主要用做电动机，拖动各种生产机械。容量从几十瓦到几千千瓦，由于其结构简单、体积小、重量轻、效率较高，不仅在工业生产中使用非常广泛，在农业方面也大都是用异步电动机来拖动。据统计，在整个电能消耗中，电动机的耗能占总电能的65%左右，而在整个电动机的耗能中，三相异步电动机又居首位。随着变频技术的发展，三相异步电动机的平滑调速性能越来越凸显其优势，三相异步电动机将在更多的领域代替直流电动机的应用。

三相异步电动机种类繁多，按其外壳防护方式的不同可分开启型(1P11)、防护型(1P22)、(1P23)、封闭型(1P44)(1P54)三大类，分别如图2-27所示。由于封闭型结构能防止固体异物、水滴等进入电动机内部，并能防止人与物触及电动机带电部位与运动部位，运行中安全性好，因而成为目前使用最广泛的结构形式。

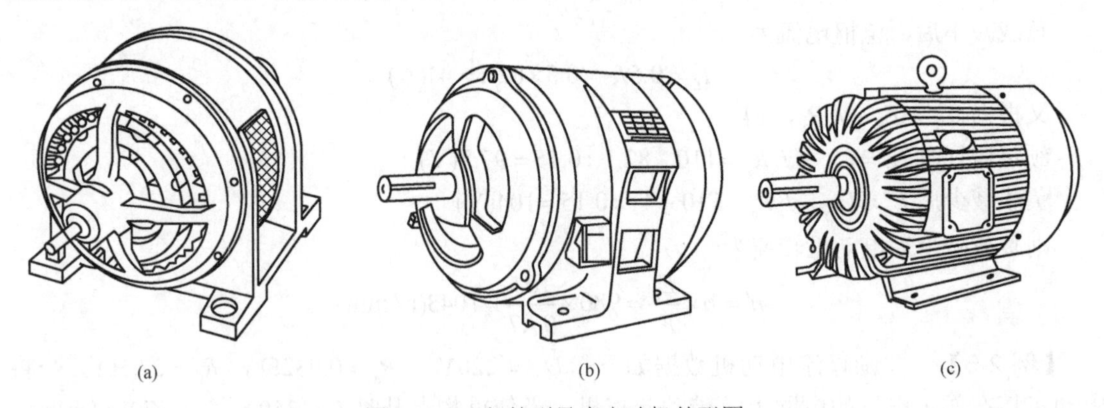

图2-27　三相笼型异步电动机外形图

（a）开启型；（b）防护型；（c）封闭型

二、三相异步电动机的结构

按电动机转子结构的不同可分为笼型异步电动机和绕线转子异步电动机，结构示意图如图 2-28 所示。

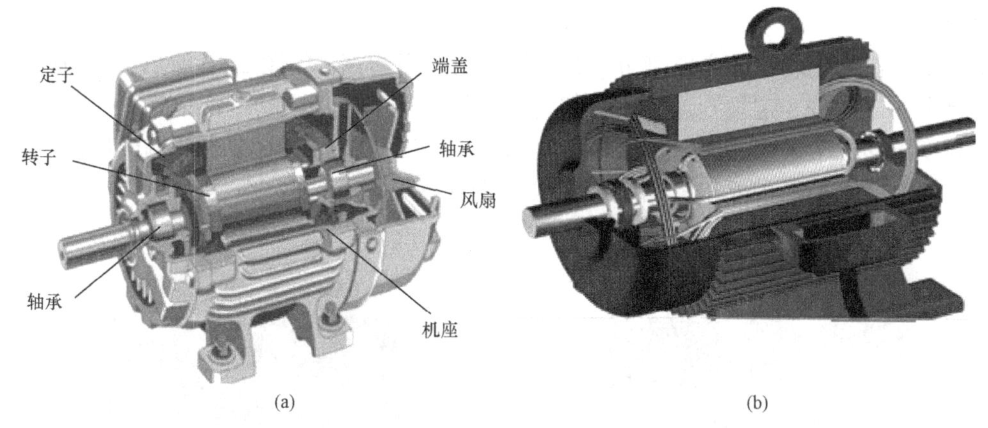

图 2-28 三相异步电动机结构示意图

（a）笼型异步电动机结构示意图；（b）绕线转子异步电动机结构示意图

异步电动机按其工作电压的高低分为高压异步电动机和低压异步电动机。按其工作性能的不同分为高起动转矩异步电动机和高转差异步电动机。按其外形尺寸及功率的大小可分为大型、中型、小型异步电动机等。

三相异步电动机虽然种类繁多，但基本结构均由定子和转子两大部分组成，定子和转子之间有空气隙。

1. 定子

定子指电动机中静止不动的部分，主要包括定子铁心、定子绕组、机座、端盖、罩壳等部件，如图 2-29 所示。

机座的作用是固定定子铁心和定子绕组，并通过两侧的端盖和轴承来支撑电动机转子。同时可保护整台电动机的电磁部分和发散电动机运行中产生的热量。

机座通常为铸铁件，大型异步电动机机座一般用钢板焊成，而有些微型电动机的机座则采用铸铝件以降低电动机的重量。封闭式电动机的机座外面有散热筋以增加散热面积，防护式电动机的机座两端端盖开有通风孔，使电动机内外的空气可以直接对流，以利于散热。

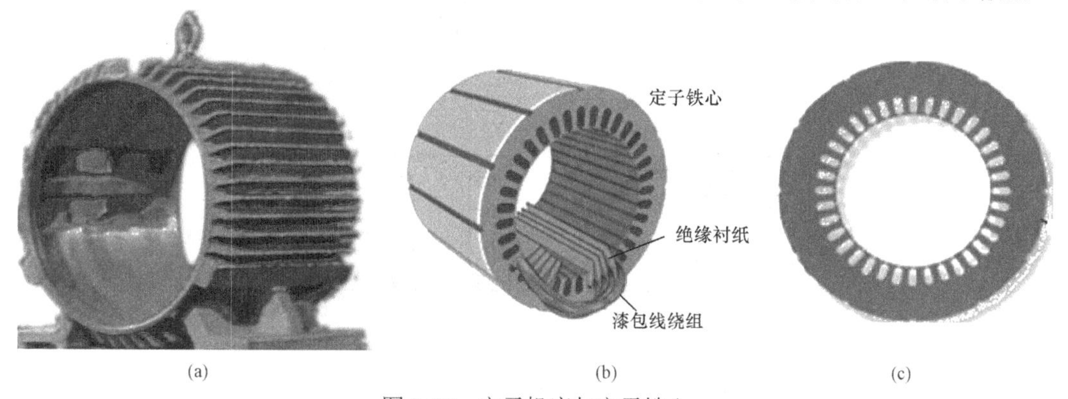

图 2-29 定子机座与定子铁心

（a）定子机座；（b）定子铁心；（c）定子冲片

定子铁心作为电动机磁通的通路，对铁心材料的要求是既要有良好的导磁性能，剩磁小，又要尽量降低涡流损耗，一般用 0.5m 厚表面有绝缘层的硅钢片（涂绝缘漆或硅钢片表面具有氧化膜绝缘层）叠压而成。在定子铁心的内圆冲有沿圆周均匀分布的槽，在槽内嵌放三相定子绕组。

定子绕组作为电动机的电路部分，其材料主要采用紫铜，如图 2-30 所示。它由嵌放在定子铁心槽中的线圈按一定规则连接成三相定子绕组。小型异步电动机常采用三相单层绕组，大中型异步电动机常采用三相双层短矩叠绕组形式，三相绕组的 6 个出线端子均接在机座侧面的接线板上，可根据需要将三相绕组接成 Y 形或 Δ 形。

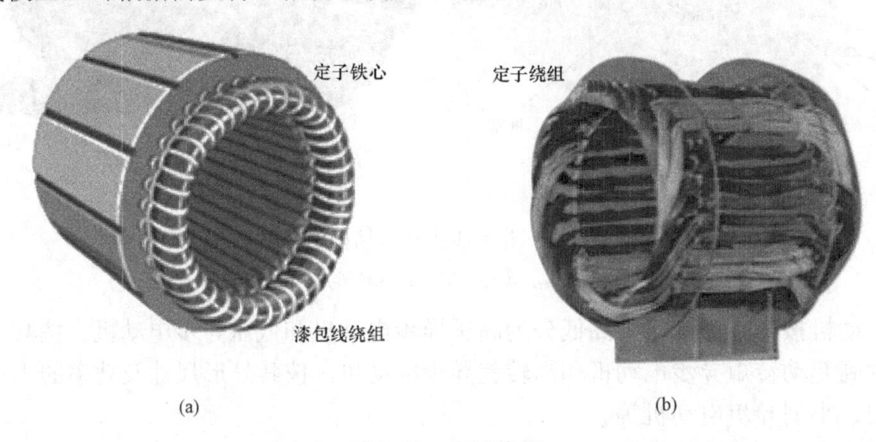

图 2-30 定子绕组

三相定子绕组之间及绕组与定子铁心槽间均垫以绝缘材料绝缘，定子绕组在槽内嵌放完毕后再用胶木槽楔固紧。三相异步电动机定子绕组的主要绝缘项目有以下三种：

（1）对地绝缘。定子绕组整体与定子铁心之间的绝缘。

（2）相间绝缘。各相定子绕组之间的绝缘。

（3）匝间绝缘。每相定子绕组各线匝之间的绝缘。

定子三相绕组的结构完全对称，有 6 个出线端 U1、U2、V1、V2、W1、W2 置于机座外部的接线盒内，根据需要接成星形(Y)或三角形(Δ)，如图 2-31 所示。

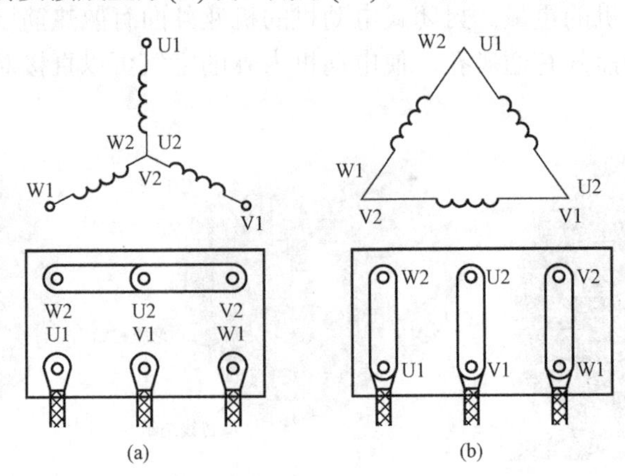

图 2-31 三相笼型异步电动机出线端

（a）Y 形；（b）Δ形

电动机借助置于端盖内的滚动轴承将电动机转子和机座连成一个整体。端盖一般均为铸钢件，微型电动机则用铸铝。

2. 转子

转子是电动机的旋转部分，按结构可分为笼型转子与绕线型转子，如图 2-32 所示，包括转子铁心、转子绕组、风扇、转轴等。

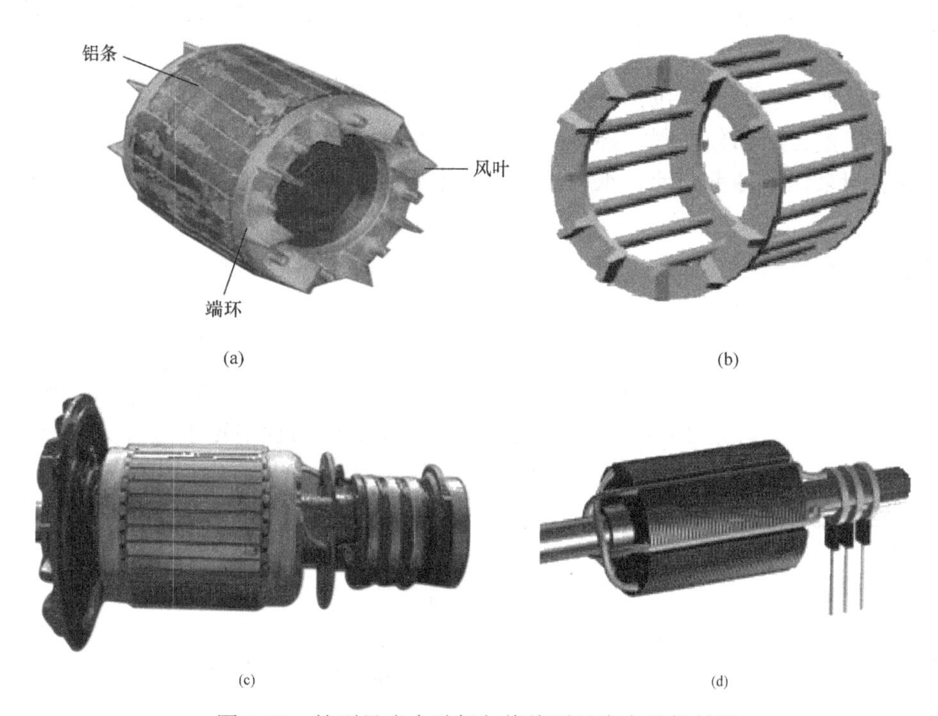

图 2-32 笼型异步电动机与绕线型异步电动机转子

（a）笼型转子实物；（b）笼型转子示意图；（c）绕线型转子实物；（d）绕线型转子示意图

转子铁心作为电动机磁路的一部分，一般用 0.5mm 硅钢片冲制叠压而成，硅钢片外圆冲有均匀分布的孔，用来安置转子绕组。为了改善电动机的起动及运行性能，笼型异步电动机转子铁心一般都采用斜槽结构，即转子槽并不与电动机转轴的轴线在同一平面上，而是扭斜了一个角度，其目的是改善电动机输出电势的波形。

转子绕组用来切割定子旋转磁场，产生感应电动势和电流，并在旋转磁场的作用下受力而使转子转动类。

（1）笼型转子。笼型转子有铸铝式转子和铜条式转子两种不同的结构型式。中小型异步电动机的笼型转子一般为铸铝式转子，即采用离心铸铝法，将熔化了的铝铸在转子铁心槽内成为一个整体，并将两端的短路环和风扇叶片一起铸成。铜条转子是在转子铁心槽内放置没有绝缘的铜条，铜条的两端用短路环焊接起来，形成一个笼型的形状。铜条转子制造较复杂，价格较高，主要用于功率较大的异步电动机。

（2）绕线型转子。三相异步电动机的另一种结构形式是绕线型。它的定子部分构成与笼型异步电动机相同，即也由定子铁心、三相定子绕组和机座等构成。主要不同之处是转子绕组，图 2-32（d）所示为绕线转子异步电动机的转子结构及接线原理图。转子绕组的结构形式与定子绕组相似，也采用由绝缘导线绕成的三相绕组或成型的三相绕组嵌入转子铁心槽内，并作星形连接，三个引出端分别接到压在转子轴一端并且互相绝缘的铜制滑环(称为集电环)上，再通过压在集电环上的三个电刷与外电路变阻器相接，该变阻器也采用星形连接。调节该变阻器的电阻值就可达到调节电动机转速的目的。而笼型异步电动机的转子绕组由于被本身的端环直接短路，故转子电流无法按需要进行调节。因此在某些对起动性能及调速有特殊要求的设备中，如起重设备、卷扬机械、鼓风机、压缩机、泵类等，较多采用绕线转子异步电动机。

转子还有其他一些附件，包括轴承、轴承端盖、风扇。

轴承用来连接转动部分与固定部分，目前都采用滚动轴承以减小摩擦阻力。

轴承端盖用来保护轴承，使轴承内的润滑脂不致溢出，并防止灰、砂、脏物等浸入润滑脂内。

风扇用于冷却电动机。

3. 气隙

为了保证三相异步电动机的正常运转，在定子与转子之间有空气隙。气隙的大小对三相异步电动机的性能影响极大。气隙大，则磁阻大，由电源提供的励磁电流大，使电动机运行时的功率因数低。但气隙过小时，将使装配困难，容易造成运行中定子与转子铁心相碰，一般空气隙约 0.2～1.5 mm。

三、三相交流异步电动机铭牌

1. 型号

Y 2 - 132 S - 4

- Y：异步电动机
- 2：设计序号
- 132：中心高度（mm）
- S：机座类别为短机座
- 4：磁极数

2. 额定电压、电流、功率

（1）额定电流 I_N（A）：电动机在额定工作状态下运行时，定子电路输入的线电流。

（2）额定电压 U_N（V）：电动机在额定工作状态下运行时，定子电路所加的线电压。

例如：380/220V、Y/Δ是指线电压为380V时采用Y连接；线电压为220V时采用Δ连接。

（3）额定功率 P_N（kW）：电动机在额定工作状态下运行时，允许输出的机械功率，其中

$$P_1 = \sqrt{3} U_N I_N \cos\varphi \tag{2-29}$$

3. 接法（Y、Δ）

接法是该三相异步电动机三相绕组的连接方式。国家标准规定 3kW 及以下采用星形连接，4kW 及以上采用三角形连接。

第五节 三相交流异步电动机的工作原理

一、旋转磁场

三相异步电动在定子铁心上冲有均匀分布的铁心槽，在定子空间各相差 120°电角度的铁

心槽中布置有三相对称性绕组 U1U2、V1V2、W1W2，三相绕组按星形或三角形连接，如图 2-33 所示。

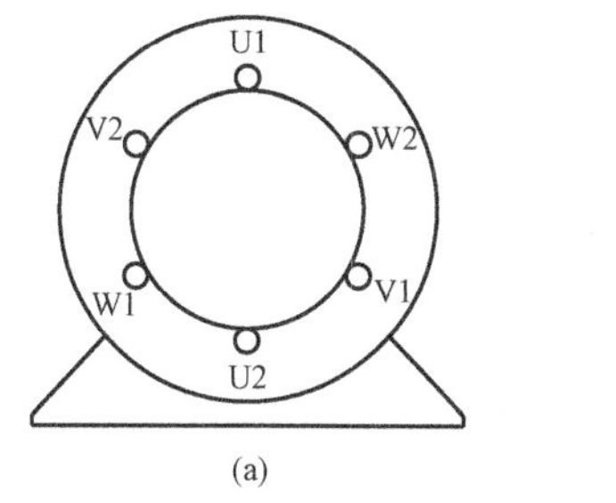

(a)

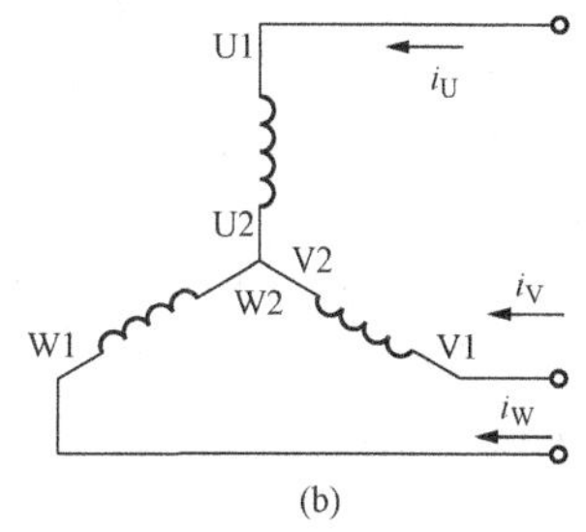

(b)

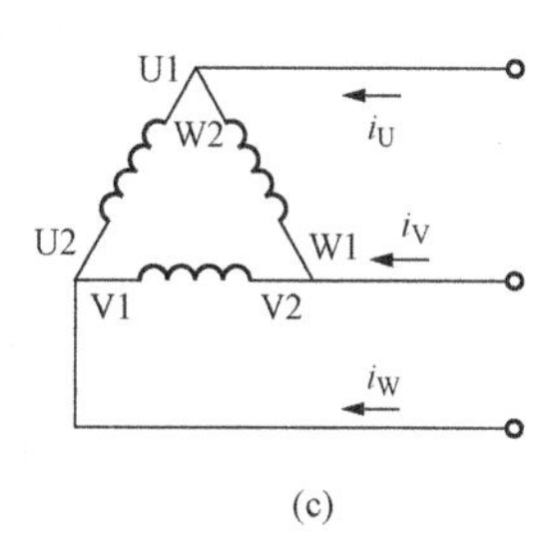

(c)

图 2-33　三相异步电动机定子绕组接法

（a）定子三相绕组的分布；（b）三相绕组 Y 形连接；（c）三相绕组△形连接

1. 定子三相绕组通入三相交流电旋转磁场的产生

在定子三相绕组中分别通入对称三相交流电，U 相电源接电动机的 U 相绕组，V 相电源接电动机的 V 相绕组，W 相电源接电动机的 W 相绕组，各相电流 i_u 、i_v 、i_w 将在定子绕组中分别产生相应的磁场。对称三相交流电表达式如下：

$$
\begin{aligned}
i_A &= I_m \sin \omega t \\
i_B &= I_m \sin(\omega t - 120°) \\
i_C &= I_m \sin(\omega t + 120°)
\end{aligned} \tag{2-30}
$$

（1）在 ωt =0 的瞬间，i_u=0，U1U2 绕组中无电流；i_v 为负，电流从 V2 流入、从 V1 流出；i_w 为正，电流从 W1 流入、从 W2 流出。绕组中电流产生的合成磁场的方向如图 2-34(b) 所示。

（2）在 $\omega t = \pi/2$ 的瞬间，i_u 为正，电流从 U1 流入，U2 流出；i_v 为负，电流从 V2 流入、从 V1 流出；i_w 也为负，电流从 W2 流入、从 W1 流出。绕组中电流产生的合成磁场的方向如图 2-34（b）中的，$\omega t = \pi/2$ 所示，此时合成磁场顺时针转过了 90°。

（3）$\omega t = \pi$ 、$\pi/2$ 、2π 。在 $\omega t = \pi$ 、$\pi/2$ 、2π 的不同瞬间，三相交流电在三相定子绕组中产生的合成磁场见回转半径，由图 2-34 可知合成磁场的方向按顺时针方向旋转，并旋转了一周。

由分析得出：在三相异步电动机定子铁心中布置结构完全相同、在空间各相差 120°电角度的三相定子绕组，分别向三相定子绕组通往三相交流电，则在定子、转子与空气隙中产生一个沿定子内圆旋转的磁场，该磁场称为旋转磁场。

2. 旋转磁场的旋转方向

由图 2-34 可以看出当通入三相绕组中电流的相序为 $i_U \to i_V \to i_W$ 时，旋转磁场在空间是沿绕组始端 U→V→W 方向旋转的，在图中即按顺时针方向旋转。如果把通入三相绕组中的电流相序任意调换其中两相，例如，调换 V、W 两相，则通入三相绕组电流的相序为 $i_U \to i_W \to i_V$，旋转磁场按逆时针方向旋转，如图 2-35 所示。由此可见，旋转磁场的方向是由三相电流的相序决定的，即把通入三相绕组中的电流相序任意调换其中的两相，就可改变旋转磁场的方向。

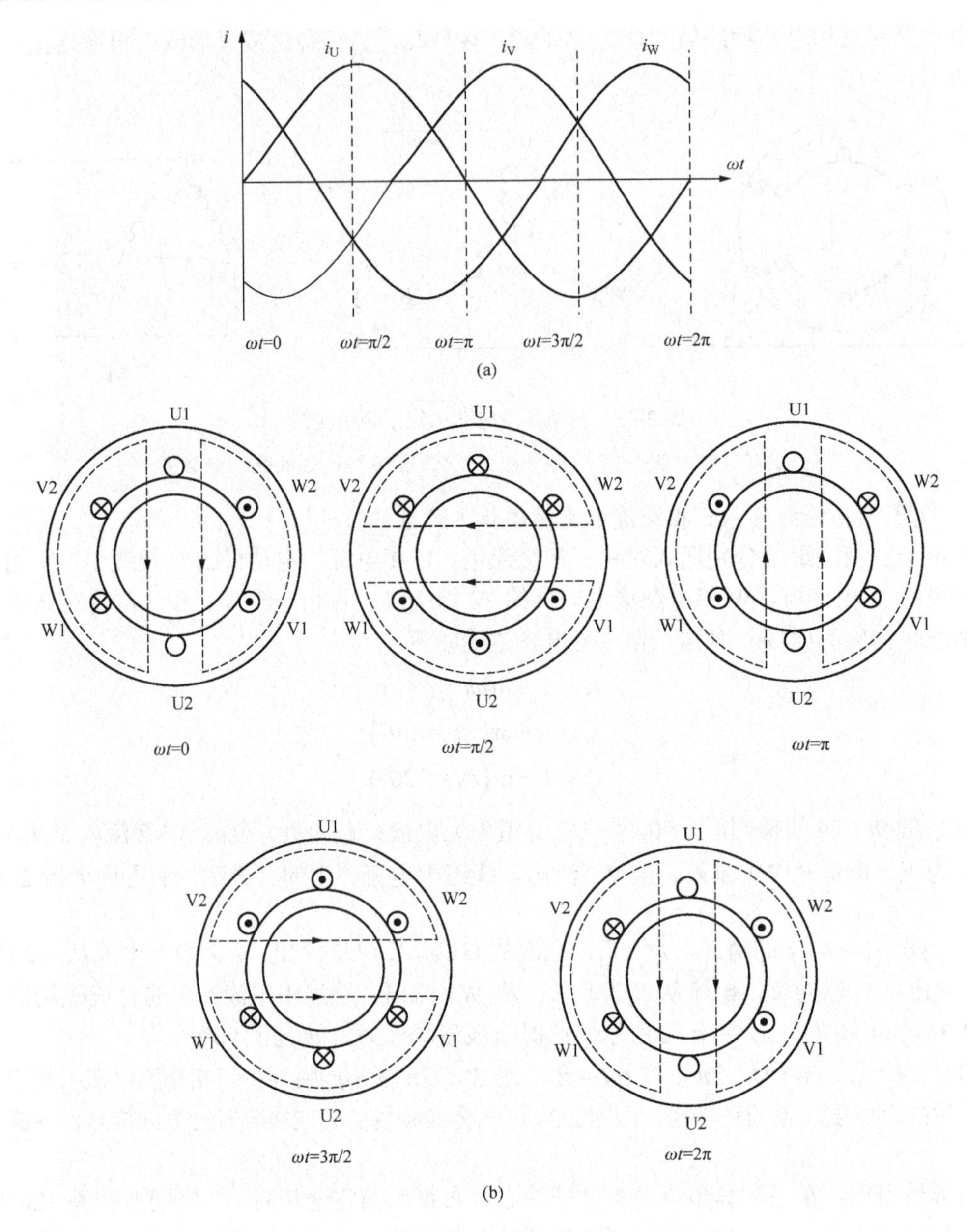

图 2-34　三相异步电动顺时针旋转磁场工作原理

（a）对称三相交流电波形；（b）不同时刻的旋转磁场

3. 旋转磁场的转速

电动机的一相绕组通入交流电时产生 N、S 两极，即一对极，当三相交流电变化一周时，所产生的旋转磁场也旋转一周。此时，电动机的转速 $n_1 = 60f_1 = \sqrt{3000\text{r} / \text{min}}$ 。

当电动机的每相绕组通入交流电时产生 p 对极时，旋转磁场的转速为 n_0，又称同步转速，即

$$n_0 = \frac{60f}{p} \tag{2-31}$$

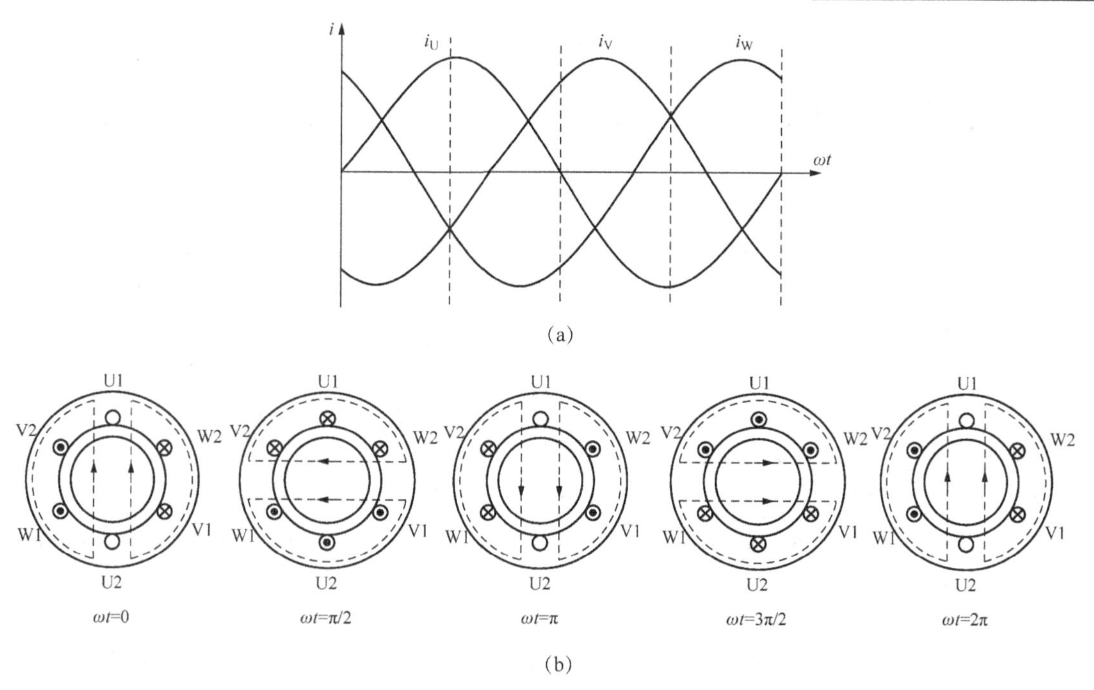

图 2-35 三相异步电动机逆时针旋转磁场工作原理

（a）对称三相交流电波形；（b）不同时刻的旋转磁场

二、三相异步电动机的工作原理

1. 转子的旋转

由上面分析可知，如果在定子绕组中通入三相对称电流，则定子内部产生某个方向转速为 n_0 的旋转磁场。这时转子导体与旋转磁场之间存在着相对运动，切割磁力线而产生感应电动势。电动势的方向可根据右手定则确定。由于转子绕组是闭合的，于是在感应电动势的作用下，绕组内有电流流过，如图 2-36 所示。转子电流与旋转磁场相互作用，便在转子绕组中产生电磁力 F。力 F 的方向可由左手定则确定。该力对转轴形成了电磁转矩 T_{em}，使转子按旋转磁场方向转动。异步电动机的定子和转子之间能量的传递是靠电磁感应作用的，故异步电动机又称感应电动机。

图 2-36 三相异步电动机工作原理

任意调换电动机两相绕组所接的电源的相序，即改变旋转磁场的方向，就可以改变电动机的旋转方向。

2. 转差率

转子的转速 n 是否会与旋转磁场的转速 n_0 相同呢？因为一旦转子的转速和旋转磁场的转速相同，二者便无相对运动，转子也不能产生感应电动势和感应电流，也就没有电磁转矩了。只有二者转速有差异时，才能产生电磁转矩，驱使转子转动。可见，转子转速 n 总是略小于旋转磁场的转速 n_0。正是由于这个关系，这个电动机才被称为异步电动机。

n_0 与 n 有差异是异步电动机运行的必要条件。通常把同步转速 n_0 与转子转速 n 二者之差称为“转差”，“转差”与同步转速 n_0 的比值称为转差率(也叫滑差率)，用 s 表示，即

$$s = \frac{\Delta n}{n_0} = \frac{n_0 - n}{n_0} \tag{2-32}$$

根据转差率 s，可以求电动机的实际转速 n，即

$$n = (1 - s)n_0 \tag{2-33}$$

3. 异步电动机的三种运行状态（见图2-37）

（1）电动机运行状态（$0 < s < 1$）。当异步电机作为电动机运行时，电磁转矩为驱动性质，电磁转矩方向与旋转磁场方向相同，电磁转矩克服负载制动转矩而做功，把从定子吸收的电功率转变成机械功率从转子输出。

1）电动机刚起动时，转子转速 $n = 0$，则转差率 $s = 1$。

2）电动机正常运行时，转子转速 $0 < n < n_0$，转差率 $0 < s < 1$。

3）如果转子转速 $n = n_0$，则转差率 $s = 0$。

4）电动机工作在额定状态下，s 约在 0.01～0.06，转子转速 n 接近同步转速。

5）电动机工作在空载状态下，电动机只有空气阻力与转轴的摩擦力旋转，s 约在 0.004～0.007，转子转速 n 几乎等于同步转速。

（2）发电机运行状态（$s < 0$）。电机定子通入三相交流电后，转子由于外力的作用的拖动与旋转磁场同方向转动，且使转子转速 n 超过同步转速 n_0，$s < 0$。此时，转子导体与旋转磁场的相对切割方向与电动状态时正好相反，转子绕组中的电动势及电流和电动状态时相反，电磁转矩 T 也反向成为阻力矩。机械外力必须克服电磁转矩做功。即电机此时输入机械功率，输出电功率，处于发电状态运行。

（3）电磁制动状态（$s > 1$）。如果用外力拖动电动机逆着旋转磁场的旋转方向转动，则旋转磁场将以高于同步转速的速度 $(n_0 + n)$ 切割转子导体，切割方向与电动机状态时相同。因此转子电动势、转子电流和电磁转矩的方向与电动机运行状态时相同，但电磁转矩与转子转向相反，对转子的旋转起制动作用，故称为电磁制动运行状态。

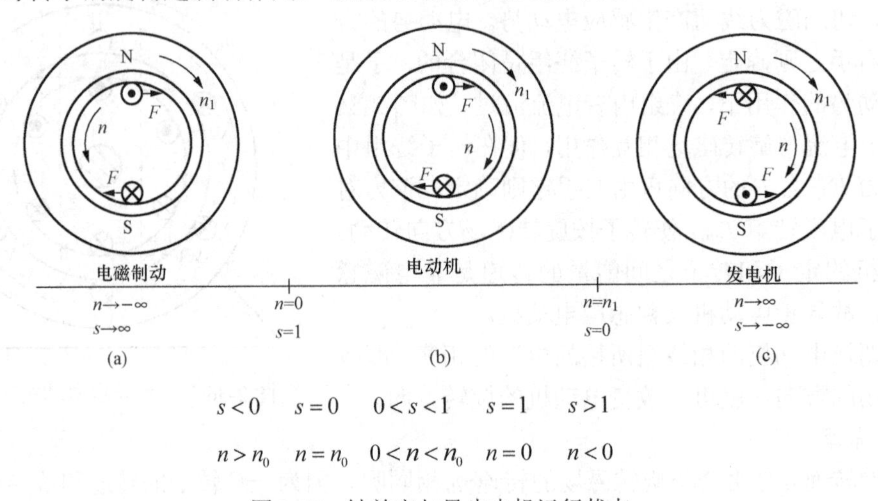

图2-37 转差率与异步电机运行状态

（a）电磁制动状态；（b）电动机状态；（c）发电机状态

为克服这个制动转矩，外力必须向转子输入机械功率。同时电动机定子又从电网吸收电功率，这两部分功率都在电动机内部以损耗的方式转化成热能消耗了。异步电动机作为电磁

制动状态运行时，转速变化范围为$-\infty < n < 0$，相应的转差率变化范围为$1 < s < \infty$。

三、三相异步电动机的电磁关系

异步电动机的工作原理与变压器有许多相似之处，如异步电动机的定子绕组与转子绕组相当于变压器的一次绕组与二次绕组；变压器是利用电磁感应把电能从一次绕组传递给二次绕组，异步电动机定子绕组从电源吸取的能量也是靠电磁感应传递给转轴，因此可以说变压器是不动的异步电动机。

变压器与异步电动机的主要区别有：变压器铁心中的磁场是脉动磁场，而异步电动机气隙中的磁场是旋转磁场；变压器的主磁路只有接缝间隙，而异步电动机定子与转子间有空气隙存在；变压器二次侧是静止的，输出电功率，异步电动机转子是转动的，输出机械功率。因而当异步电动机转子未动时，则转子中各个物理量的分析与计算可以用分析与计算变压器的方法进行，但当转子转动以后，则转子中的感应电动势及电流的频率就要跟着发生变化，而不再与定子绕组中的电动势及电流频率相等，随之引起转子感抗、转子功率因数等也跟着发生变化。

1. 旋转磁场对定子绕组的作用

三相异步电动机的定子绕组通入三相交流电后产生旋转磁场Φ，有

$$\Phi = \Phi_m \sin \omega t$$

定子绕组在旋转磁场的作用下，产生感应电动势E_1，有

$$E_1 = 4.44 K_1 N_1 f_1 \Phi_m$$

式中，N_1为定子每相绕组的匝数；f_1为定子绕组感应电动势频率，与电源频率相同为50Hz；Φ_m为旋转磁场每极磁场最大值；K_1为定子绕组的绕组系数，由于绕组是分布绕组和适中绕组从而使感应电动势减小，因此K_1＜1。

由于定子绕组本身的阻抗压降比电源小很多，可近似认为电源电压U_1与感应电动势E_1相等，即

$$U_1 \approx E_1 = 4.44 K_1 N_1 f_1 \Phi_m \tag{2-34}$$

从式（2-34）可知：当外加电源电压U_1不变时，定子绕组中的主Φ_m也基本不变。

2. 旋转磁场对转子绕组的作用

（1）转子感应电势与感应电流的频率f_2

异步电动机运行时，旋转磁场切割定子导体和转子导体的速度不同，所以定子感应电势频率$f_1 \neq$转子感应电势频率f_2。转子的转速为n，转子导体切割旋转磁场的相对转速为$n_0 - n$，则在转子中感应电势与电流的频率f_2为

$$f_2 = \frac{p(n_1 - n)}{60} = \frac{p(n_1 - n)n_1}{60 n_1} = s f_1 \tag{2-35}$$

即转子中的电动势与电流的频率与转差率s成正比。

当转子不动时，$s = 1$，$f_2 = f_1$。

当转子达到同步转速时，$s = 0$则$f_2 = 0$，转子导体中没有感应电动势与电流。

（2）转子感应电动势E_2。

$$E_2 = 4.44K_2N_2f_2\Phi_m = 4.44K_2N_2sf_1\Phi_m \quad (2-36)$$

当转子不动时（$s=1$）感应电动势 E_{20}=4.44 $K_2f_1N_2\Phi$

则电动机运行时 $$E_2 = 4.44K_2N_2f_1\Phi_m = sE_{20} \quad (2-37)$$

当转子刚起动时的感应电势最大，随着转子转速的增加，转子的感应电势 E_2 下降。

（3）转子的电抗和阻抗。

转子电抗 $$X_2 = 2\pi f_2L_2 = 2\pi sf_1L_2 \quad (2-38)$$

当转子不动时，$s=1$，则 $X_{20} = 2\pi f_1L_2$

正常运行时，$X_2 = sX_{20}$。

从以上分析可知，转子绕组的阻抗在起动瞬间最大，随着转子转速的增加而减小。

（4）转子电流和功率因数。

转子每相电流 I_2 为

$$I_2 = \frac{E_2}{Z_2} = \frac{sE_{20}}{\sqrt{R_2^2 + (sX_{20})^2}} \quad (2-39)$$

当电动机刚起动时，$s=1$，$I_2 = \frac{sE_{20}}{\sqrt{R_2^2 + (sX_{20})^2}}$ 很大；当电动机正常运行时，$s \approx 0$ 时，则 I_2 很小。

转子电路的功率因数 $\cos\varphi_2$ 为

$$\cos\varphi_2 = \frac{R_2}{Z_2} = \frac{R_2}{\sqrt{R_2^2 + (sX_{20})^2}} \quad (2-40)$$

当电动机刚起动时，$s=1$，$R_2 << X_{20}$，$\cos\varphi_2 \approx \frac{R_2}{X_{20}}$ 很低；当电机正常运行时，$s \approx 0$ 时，$\cos\varphi_2 \approx 1$ 很高。

四、三相异步电动机的功率和转矩

1. 功率

异步电动机运行时，把输入到定子绕组中的电功率转化为转子轴上输出的机械功率。电动机在实现机电能量的转换过程中，必然会产生各种损耗。根据能量守恒定律，输出功率应等于输入功率减去总损耗。

（1）输入电功率 P_1。异步电动机由电网向定子输入的电功率 P_1 为

$$P_1 = \sqrt{3}U_1I_1\cos\varphi_1 \quad (2-41)$$

式中 U_1、I_1 ——定子绕组的相电压、相电流；

$\cos\varphi_1$ ——异步电动机的功率因数。

异步电动机轴上输出功率 P_2 总是小于其从电网输入的电功率 P_1。异步电动机在运行中的功率损耗有：

1）电流在定子绕组中的铜损耗 P_{Cu1} 与转子绕组中铜损耗 P_{Cu2}。

2）交变磁通在电动机定子铁心中产生的磁滞损耗与涡流损耗，通称为铁损耗 P_{Fe}。

3）机械损耗，包括运行中的机械摩擦损耗、机械阻力与其他附加损耗。

（2）电磁功率 P_M。输入电功率扣除定子铜耗和铁损耗后，便为由气隙旋转磁场通过电磁感应传递到转子的电磁功率 P_M，即

$$P_M = P_1 - p_{Cu1} - p_{Fe} \tag{2-42}$$

（3）总机械功率 P_Ω。电磁功率减去转子绕组的铜耗后，即是电动机转子上的总机械功率，即

$$P_\Omega = P_M - P_{Cu2} = (1-s)P_M \tag{2-43}$$

（4）输出机械功率 P_2。总机械功率减去机械损耗 P_Ω 和附加损耗 P_{ad} 后，才是转子输出的机械功率 P_2，即

$$P_2 = P_\Omega - (p_\Omega + p_{ad}) = P_\Omega - p_0 \tag{2-44}$$

综合以上可知：

$$P_2 = P - P_{Cu2} - P_t = P_1 - P_{Cu1} - P_{Fe} - P_{Cu2} - P_t = P_1 - \Sigma P \tag{2-45}$$

ΣP 为功率损耗。

电动机的效率 η 等于输出功率 P_1 与输入 P_2 功率之比，即

$$\eta = \frac{P_2}{P_1} \times 100\% \tag{2-46}$$

功率流程图如图 2-38 所示。

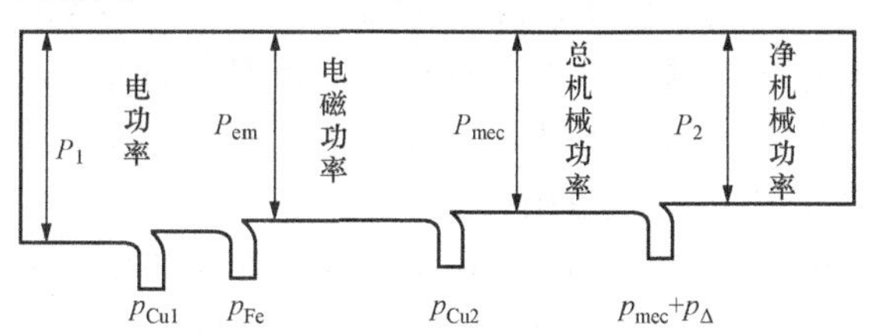

图 2-38 三相异步电动机功率流程图

2. 转矩平衡方程式

功率等于转矩与角速度的乘积，即 $P=T\omega$，在式（2-44）两边同除以机械角速度 ω 可得转矩平衡方程式为

$$T_2 = T - T_0 \tag{2-47}$$

$$\omega = \frac{2\pi n}{60} \text{rad/s}$$

式中 T ——电磁转矩；

T_2 ——负载转矩；

T_0 ——空载转矩。

式（2-47）表明，当电动机稳定运行时，驱动性质的电磁转矩与制动性质的负载转矩及空载转矩相平衡。

$$T_2 = \frac{P_2 \times 10^{-3}}{\omega} = \frac{P_2 \times 10^{-3}}{2\pi n / 60} = 9550\frac{P}{n} \tag{2-48}$$

输出功率相同的异步电动机极数多，则转速低，转矩大；极数少，则转速高，转矩小。

3. 电磁转矩表达式

（1）电磁转矩物理表达式。

$$T=\frac{P_{\Omega}}{\omega}\frac{(1-s)P_{\mathrm{M}}}{\frac{2\pi n}{60}}=\frac{(1-s)P_{\mathrm{M}}}{\frac{2\pi(1-s)n_0}{60}}=\frac{P_{\mathrm{M}}}{\omega_0} \tag{2-49}$$

$$T=\frac{P_{\mathrm{M}}}{\omega_1}=\frac{m_1E_2I_2\cos\varphi_2}{\frac{2\pi n_1}{60}}=\frac{m_1\times 4.44f_1N_1k_{\mathrm{w1}}\Phi_{\mathrm{m}}I_2\cos\varphi_2}{\frac{2\pi f_1}{p}}$$

$$=\frac{m_1\times 4.44pN_1k_{\mathrm{w1}}}{2\pi}\Phi_{\mathrm{m}}I'_2\cos\varphi_2=C_{\mathrm{T}}\Phi_{\mathrm{m}}I'_2\cos\varphi_2 \tag{2-50}$$

式中　C_{T}——转矩常数，与电机结构有关，$C_{\mathrm{T}}=\frac{m_1\times 4.44pN_1k_{\mathrm{w1}}}{2\pi}$。

式（2-50）表明，电磁转矩是转子电流的有功分量与气隙主磁场相互作用产生的。若电源电压不变，每极磁通为一定值，电磁转矩大小与转子电流的有功分量成正比。

（2）电磁转矩实用参数表达式。

将式（2-39）与式（2-40）代入式（2-50）可得电功率磁转矩的实用参数表达式为

$$T=K\frac{sR_2}{R_2^2+(sX_{20})^2}\cdot U_1^2 \tag{2-51}$$

式中，U_1加在定子绕组上的相电压，V；电阻漏电抗的单位为Ω，则转矩的单位为N·m。参数表达式表明了转矩与电压、频率、电动机参数及转差率的关系。

由式（2-51）可知T与定子每相绕组电压的平方成正比，即$U_1\downarrow\to T\downarrow\downarrow$。

1）当电源电压U_1一定时，T是s的函数。

2）R_2的大小对T有影响。绕线式异步电动机可外接电阻来改变转子电阻R_2，从而改变转矩。

（3）机械特性方程。三相异步电动机的简化等电路如图2-39所示。

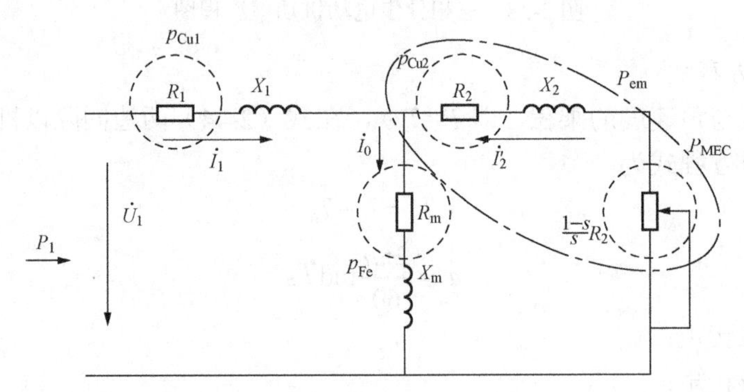

图2-39　三相异步电动机简化等值电路

根据异步电动机简化等值电路，可得转子电流为

$$I_2'=\frac{U_1}{\sqrt{\left(r_1+\frac{r_2'}{s}\right)^2+(x_1+x_{20}')^2}} \tag{2-52}$$

将式（2-52）代入式（2-50）可得电磁转矩的参数表达式为

$$T = \frac{3U_1^2 \frac{R_2'}{s}}{\frac{2\pi f_1}{60}\left[\left(R_1 + \frac{R_2'}{s}\right)^2 + (X_1 + X_{20}')^2\right]} = \frac{3pU_1^2 \frac{R_2'}{s}}{2\pi f_1\left[\left(R_1 + \frac{R_2'}{s}\right)^2 + (X_1 + X_{20}')^2\right]} \tag{2-53}$$

式（2-53）即三相异步电动机的机械特性表达式。

第六节 三相异步电动机的机械特性

一、转矩特性

三相异步电动机拖动生产机械运行时，电磁转矩和转速是最重要的输出量。电磁转矩与转差率的关系，称为转矩特性$T = f(s)$，如图 2-40 所示。

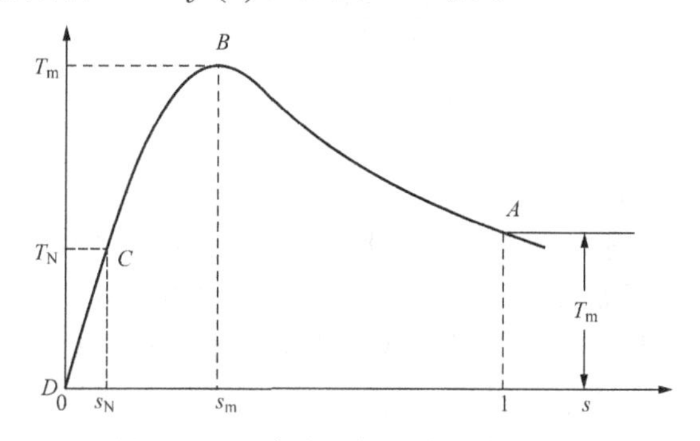

图 2-40 异步电动机的转矩特性曲线

二、固有机械特性

固有机械特性是指电动机在额定电压和额定频率下，定子、转子电路不外接阻抗时的机械特性。

三相异步电动机固有机械特性曲线如图 2-41 所示，现以机械特性曲线为例来分析异步电动机的运行性能。

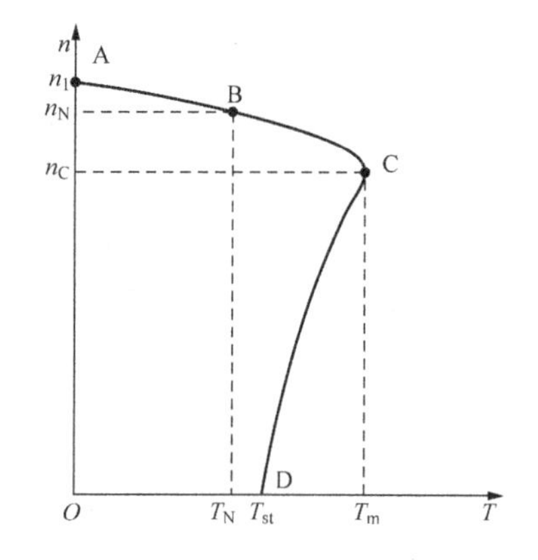

图 2-41 三相异步电动机的机械特性曲线

转矩特性曲线上有几个特殊点，即图中 A、B、C 及 D 点，这几点确定了，转矩特性的形状也就基本确定了。

1. 理想空载运行点 D

该点$n = n_0 = 60f/p$，$s = 0$，电磁转矩 $T=0$，此时电动机不进行机电能量转换。

2. 额定运行点 C

当电动机在额定状态下运行时，对应的转速称为额定转速$n = n_N$、$s = s_N$，此时的转差率称为额定转差率s_N，若忽略空载转矩，电动机轴上产生的转矩则称为额定转矩$T = T_N$。

$$T_N = \frac{P_N \times 10^{-3}}{\omega} = \frac{P_N \times 10^{-3}}{2\pi n_N / 60} = 9550\frac{P_N}{n_N}\ (\text{N}\cdot\text{m}) \tag{2-54}$$

3. 最大电磁转矩点 B

用数学方法对式（2-54）中的 s 求导，令 $\mathrm{d}T/\mathrm{d}s=0$，即可求得产生最大电磁转矩 T_{m} 的转差称为临界转差率，且

$$s_{\mathrm{m}}=\pm\frac{R_2'}{\sqrt{R_1^2+\left(X_1+X_2'\right)^2}} \tag{2-55}$$

$$T_{\mathrm{m}}=\pm\frac{1}{2}\times\frac{3pU_1^2}{2\pi f_1\left[\pm R_1+\sqrt{R_1^2+(X_1+X_2')^2}\right]} \tag{2-56}$$

忽略定子绕组 R_1，则有

$$T_{\mathrm{m}}=\pm\frac{1}{2}\times\frac{3pU_1^2}{2\pi f_1(X_1+X_2')} \tag{2-57}$$

$$s_{\mathrm{m}}=\pm\frac{R_2'}{X_1+X_2'} \tag{2-58}$$

由式（2-57）和式（2-58）可得出如下结论：

（1）最大电磁转矩与电源电压的平方成正比，与转子回路电阻无关。

（2）临界转差率 s_{m} 与外加电压无关，而与转子电路电阻成正比。因此，改变转子电阻大小，最大电磁转矩虽然不变，但可以改变产生最大电磁转矩时的转差率，可以在某一特定转速时，使电动机产生的转矩为最大，这一性质对于绕线式异步电动机具有特别重要的意义。

为了保证电动机不会因短时过载而停转，一般电动机都具有一定的过载能力。最大电磁转矩愈大，电动机短时过载能力愈强，因此把最大电磁转矩与额定转矩之比称为电动机的过载能力，用 λ_{m} 表示，即

$$\lambda_{\mathrm{m}}=\frac{T_{\mathrm{m}}}{T_{\mathrm{N}}} \tag{2-59}$$

λ_{m} 是表征电动机运行性能的指标，它可以衡量电动机的短时过载能力和运行的稳定性。一般电动机的过载能力 λ_{m}=1.6~2.2，起重、冶金，机械专用电动机 λ_{m}=2.2~2.8。

4. 起动点 A

在电动机起动的瞬间，即 $n=0$，$s=1$ 时，电动机轴上产生的转矩称为起动转矩 T_{st} (又称堵转转矩)，如果起动转矩 T_{st} 大于电动机轴上所带的机械负载转矩 T_{L}，则电动机就能起动；反之，电动机则无法起动。

将 s=1 代入电磁转矩的参数表达式，可求得起动转矩为

$$T_{\mathrm{st}}=\frac{3pU_1^2R_2'}{2\pi f_1[(R_1+R_2')^2+(X_1+X_2')^2]} \tag{2-60}$$

由式（2-60）可知，起动转矩具有以下特点：

（1）起动转矩与电源电压的平方成正比。

（2）起动转矩与转子回路电阻有关，转子回路串入适当电阻可以增大起动转矩。绕线式异步电动机可以通过转子回路串入电阻的方法来增大起动转矩，改善起动性能。

起动转矩与额定转矩之比，称为起动转矩倍数，即

$$K_{\mathrm{T}}=\frac{T_{\mathrm{st}}}{T_{\mathrm{N}}} \tag{2-61}$$

起动转矩倍数也是反映电动机性能的另一个重要参数，它反映了电动机起动能力的大小，电动机起动的条件是起动转矩不小于1.1倍的负载转矩，即$T_{\mathrm{st}} \geqslant 1.1T_{\mathrm{L}}$。

三、三相异步电动机的运行状态

三相异步电动机有三种运行状态，如图2-42所示。

（1）在$0 \leqslant s \leqslant 1$，即$n_1 < n \leqslant 0$的范围内，特性在第Ⅰ象限，电磁转矩$T$和转速$n$都为正，从正方向规定判断，$T$与$n$同方向。电动机工作在这范围内是电动状态。

（2）在$s<0$范围内，$n> n_1$，特性在第Ⅱ象限，电磁转矩为负值，是制动性转矩，电磁功率也是负值，呈现发电状态，机械特性在$s<0$和$s>0$两个范围内近似对称。

（3）在$s>1$范围内，$n<0$，特性在第Ⅳ象限，$T>0$，也是一种制动状态。

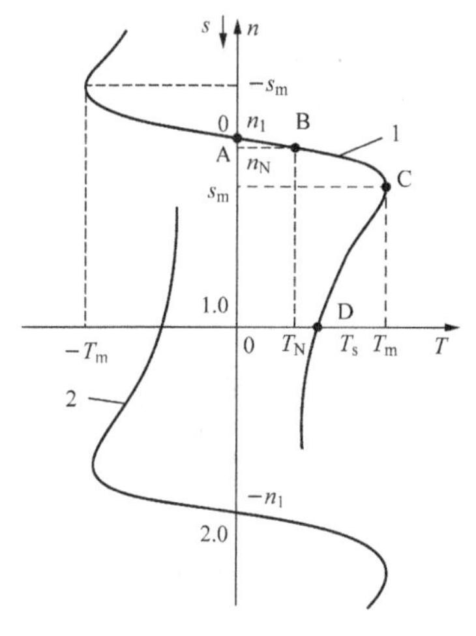

图2-42 三相异步电动机的运行状态

四、三相异步电动机的人为机械特性

三相异步电动机的人为机械特性是指人为改变电源参数或电动机参数的机械特性。这里只介绍两种常见的人为机械特性。

1. 降低定子电压的人为机械特性

由前面分析可知，当定子电压U_1降低时，电磁转矩与U_1^2成正比减小，s_{m}与电压无关，所以可得U_1下降后的一组人为机械特性，如图2-43所示。降低电压后的人为机械特性，线性段斜率变大，特性变软，起动转矩倍数和过载能力显著下降。电压下降，电磁转矩减小将导致电动机转速下降，转子电流、定子电流增大，导致电动机过载。当电压下降过多而使最大电磁转矩小于负载转矩时电动机甚至会停转。

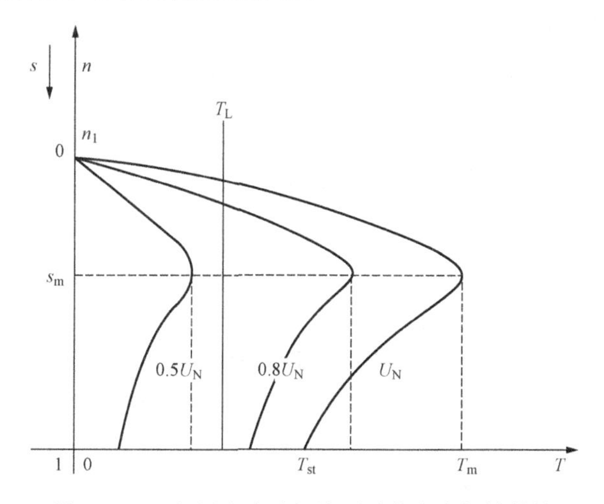

图2-43 三相异步电动机降压时的人为机械特性

2. 转子回路串三相对称电阻时的人为机械特性

由前面分析可知，增大转子回路电阻时，n_0、T_m不变，但出现最大电磁转矩的临界转差s_m增大，其接线及人为机械特性如图 2-44 所示。转子回路串接电阻后的人为机械特性，线性段斜率变大，特性变软。适当增加转子回路电阻，可以增大电动机起动转矩。如图 2-44（b）所示，当所串电阻为R_{s3}时，$s_m=1$，起动转矩已达到了最大值，若再增加转子回路电阻，起动转矩反而会减小。

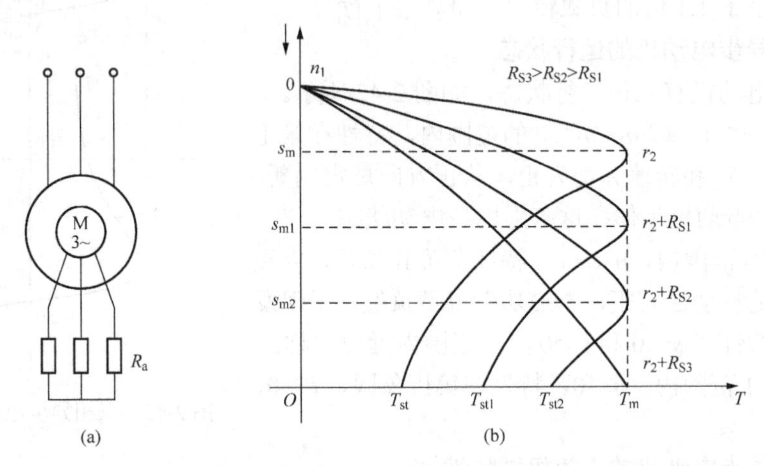

图 2-44　绕线式异步电动机转子电路串接对称电阻及人为机械特性

（a）接线图；（b）人为机械特性

第七节　三相异步电动机的起动、调速与制动

由电动机所拖动的各种生产、运输机械及电气设备经常需要根据实际情况进行起动、停止及调速，所以电动机的起动、调速和制动性能的好坏，对这些机械或设备的运行影响很大。在实际运行中，需要根据实际情况选择相应的起动与调速方式。

一、三相异步电动机起动

电动机的起动是指电动机接通电源后转速从零增加到额定转速或对应负载下的稳定转速的过程。

电动机起动瞬间的电流叫起动电流。刚起动时，$n=0$，$s=0$，气隙旋转磁场与转子相对速度最大，因此，转子绕组中的感应电动势也最大，由转子电流公式可知，起动时 $s=1$，异步电动机转子电流达到最大值，一般转子起动电流是额定电流的 5～8 倍。根据磁动势平衡关系，定子电流随转子电流而相应变化，故起动时定子电流也很大，可达额定电流的 4～7 倍。这么大的起动电流将带来以下不良后果：

（1）使线路产生很大电压降，导致电网电压波动，从而影响到接在电网上其他用电设备正常工作。当容量较大的电动机起动时，电网电压波动更加严重。

（2）电压降低，电动机转速下降，严重时使电动机停转，甚至可能烧坏电动机。另一方面，电动机绕组电流增加，铜损耗过大，使电动机发热、绝缘老化。特别是对需要频繁起动的电动机影响较大。

（3）电动机绕组端部受电磁力冲击，甚至发生形变。

异步电动机起动时，起动电流很大，但起动转矩却不大。因为起动时，$s=1$，$f_2=f_1$，转子漏抗 x_{20} 很大，$x_{20}>>r_2$，转子功率因数角接近 90°，功率因数 $\cos\varphi_2$ 很低；同时，起动电流大，定子绕组漏阻抗压降大，由定子电动势平衡方程可知，定子绕组感应电动势减小，使电动机主磁通有所减小。由于这两方面因素，根据电磁转矩公式 $T=C_T\Phi_m I_2'\cos\varphi_2$ 可知尽管 I_2' 很大，异步电动机的起动转矩并不大。

通过以上分析可知，异步电动机起动的主要问题是起动电流大，而起动转矩却不大。为了限制起动电流，并得到适当的起动转矩。根据电网的容量、负载的性质、电动机起动的频繁程度，对不同容量、不同类型的电动机应采用不同的起动方法。由式（2-62）可推出起动电流为

$$I_{st}=\frac{U_1}{\sqrt{(R_1+R_2')^2+(X_1+X_{20}')^2}} \tag{2-62}$$

由式（2-62）可知，减小起动电流有如下两种方法：

（1）降低异步电动机电源电压 U_1。

（2）增加异步电动机定、转子阻抗。对笼型异步电动机和绕线型异步电动机，可采用不同的方法来改善起动性能。

在电动机起动时对电动机起动的要求主要有：

（1）电动机应有足够的起动转矩。

（2）在保证足够的起动转矩前提下，电动机的起动电流应尽量小。

（3）起动所需的控制设备应发行量简单、力求价格低廉、操作及维护方便。

（4）过程中的能量损耗尽量小。

三相异步电动机有直接起动与降压起动两种方式。

1. 直接起动

直接起动也称为全压起动。将电动机三相定子绕组直接接到额定电压的电网上来起动电动机，直接起动的优点是所需设备简单，起动时间短，缺点是对电动机及电网有一定的冲击。

异步电动机能否采用直接起动应由电网的容量、起动频繁程度、电网允许干扰的程度以及电动机的容量等因素决定。若电网容量足够大，而电动机容量较小时，一般采用直接起动，而不会引起电源电压有较大的波动。允许直接起动的电动机容量通常有如下规定：电动机由专用变压器供电，且电动机频繁起动时电动机容量不应超过变压器容量的 20%；电动机不经常起动时，其容量不超过 30%。

若无专用变压器，照明与动力共用一台变压器时，允许直接起动的电动机的最大容量应以起动时造成的电压降不超过额定电压的 10%～15%的原则确定。

容量在 7.5kW 以下的三相异步电动机一般均可采用直接起动。通常也可用下面经验公式来确定电动机是否可以采用直接起动。

$$\frac{I_{st}}{I_N}<\frac{3}{4}+\frac{\text{变压器容量(kVA)}}{4\times\text{电动机功率(kW)}} \tag{2-63}$$

2. 降压起动

起动时降低加在电动机定子绕组上的电压，起动结束后加额定电压运行的起动方式称降压起动。当电源容量不够大，电动机直接起动的线路电压降超过 15%时，应采用降压起动。

降压起动以降低起动电流为目的，但由于电动机的转矩与电压的平方成正比，因此降压起动时，虽然起动电流减小，同时也导致起动转矩大大减小，故此法一般只适用于电动机空载或轻载起动。

（1）笼型异步电动机降压起动。

1）Y—Δ降压起动。Y—Δ降压起动如图2-45所示。起动时，先把定子三相绕组作星形连接，起动后，再将三相绕组接成三角形。这种方法只能用于正常运行时作三角形连接的电动机的起动。

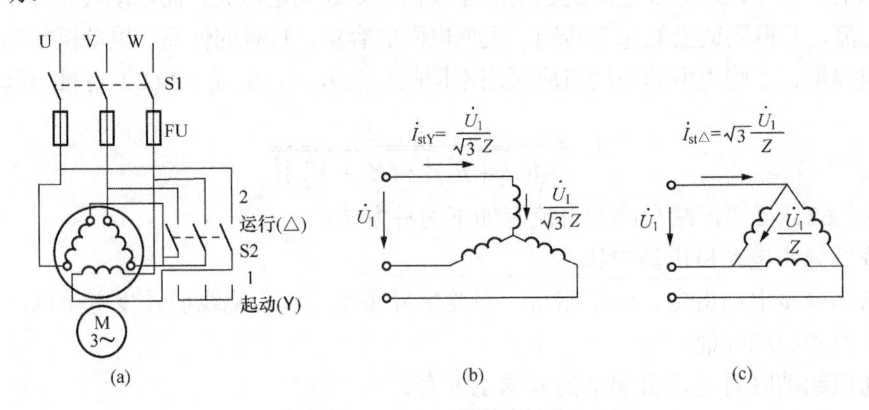

图2-45　Y—Δ降压起动

（a）原理接线图；（b）Y起动；（c）Δ起动

下面我们将电动机作Y形起动及Δ形全压起动时的起动电流与起动转矩进行比较。设电源电压为U_1，电动机每相阻抗为Z，起动时，三相绕组接成Y形，则绕组电压为$U_1/\sqrt{3}$，故电动机的起动电流为

$$I_{stY}=\frac{U_1}{\sqrt{3}Z}$$

若电动机作Δ形直接起动，则绕组相电压为电源线电压，定子绕组每相起动电流为$\sqrt{3}U_1/Z$。故电网供给电动机的起动电流为

$$I_{st\Delta}=\frac{\sqrt{3}U_1}{Z}$$

Y形与Δ形连接起动时，起动电流的比值为

$$\frac{I_{stY}}{I_{st\Delta}}=\frac{1}{3} \tag{2-64}$$

由于起动转矩与相电压的平方成正比，故Y形与Δ形连接起动的起动转矩的比值为

$$\frac{T_{stY}}{T_{st\Delta}}=\frac{\left(\frac{U_1}{\sqrt{3}}\right)^2}{U_1^2}=\frac{1}{3} \tag{2-65}$$

综上所述，采用Y—Δ降压起动，其起动电流及起动转矩都减小到直接起动时的1/3。Y—Δ降压起动的最大的优点是操作方便，起动设备简单，成本低，但它仅适用于正常运行时定子绕组作三角形连接的异步电动机。Y系列4～100kW三相笼型异步电动机定子绕组通常采用Δ形连接，使Y—Δ降压起动方法得以广泛应用。Y—Δ降压起动的缺点是起动转矩

只有Δ形直接起动时的 1/3，起动转矩较小，因此只能用于轻载或空载起动的设备上。

2）定子回路串电阻起动。起动时，在定子绕组中串电阻降压，起动后再将电阻切除。由于串电阻起动具有起动平稳、工作可靠、起动时功率因数高，但所需起动设备比 Y－Δ降压起动多，投资较大，功率损耗大，不宜频繁起动。

3）自耦变压器降压起动。电动机在起动时，定子绕组通过自耦变压器接到电源上，起动完毕，再将自耦变压器切除，定子绕组直接接在电源上正常运行。

这种起动方法是利用自耦变压器来降低加在电动机定子绕组上的端电压，其原理接线如图 2-46 所示。起动时，先合上开关 S1，再将开关 S2 掷于起动位置，这时电源电压经过自耦变压器降压后加在电动机上起动，限制了起动电流，待转速升高到接近额定转速时，再将开关 S2 掷于运行位置，自耦变压器被切除，电动机在额定电压下正常运行。

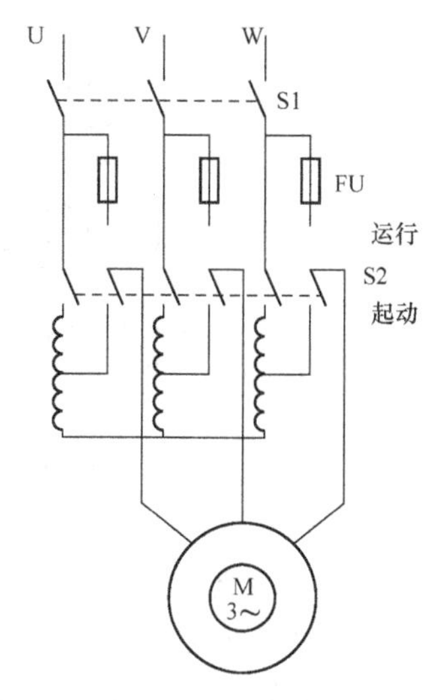

图 2-46 自耦变压器降压起动原理图

设电网电压为U_1，自耦变压器的变比为k_a，变压器抽头比为$k=1/k_a$，采用自耦变压器降压起动时，加在电动机上的电压为额定电压的$1/k_a$倍，起动电流满足以下关系：

$$I'_{st}=k^2 I_{st} \tag{2-66}$$

由于起动转矩与电源电压的平方成正比，所以起动转矩也减小到直接起动时的$1/{k_a}^2$倍，即

$$T'_{st}=k^2 T_{st} \tag{2-67}$$

由此可见，利用自耦变压器降压起动，电网供给的起动电流及电动机的起动转矩都减小到直接起动时的$1/k_a^2$倍。

自耦变压器二次侧通常有几个抽头，例如，40%、60%、80%三个抽头分别表示二次侧电压为一次侧电压的百分比。自耦变压器降压起动的优点是不受电动机绕组连接方式的影响，且可按允许的起动电流和负载所需的起动转矩来选择合适的自耦变压器抽头。其缺点是设备体积大、投资高。自耦变压器降压起动一般用于 Y－Δ降压起动不能满足要求，且不频繁起动的大容量电动机。

（2）绕线异步电动机起动控制。绕线式异步电动机的转子采用三相对称绕组，均采用星形连接。起动时在转子三相绕组中串可变电阻或频敏变阻器起动。

1）转子串电阻起动。起动时，在转子绕组中串电阻降压，在起动过程中逐步将电阻切除。电动机在整个起动过程中起动转矩较大，适合于重载起动，主要用于桥式起重机、卷扬机、龙门吊车等。主要缺点是所需起动设备复杂，起动时有能量损耗在起动电阻器上，如图 2-47 所示。

图 2-48 所示为绕线式异步电动机三级起动时的一组机械特性曲线。起动开始时，接触器触点 S 闭合。在起动过程中，一般取最大加速转矩$T_1=(0.7\sim0.85)T_m$，切换转矩$T_2=(1.1\sim1.2)T_N$。

如果绕线式异步电动机不接起动电阻，而采用全压起动，根据式（2-60）可知，起动转矩很小，有可能导致电动机起动困难，甚至无法起动。

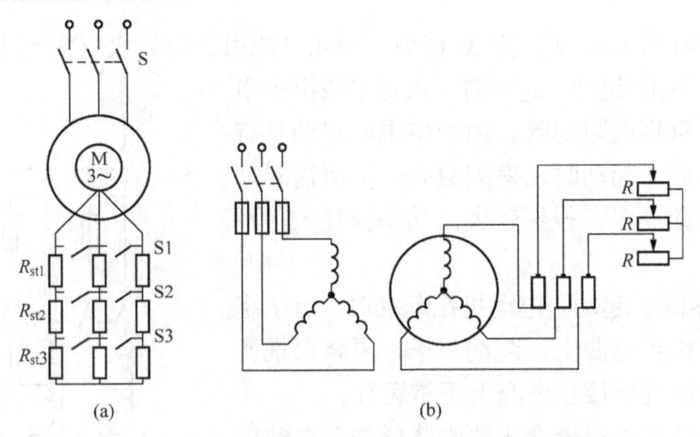

图 2-47　绕线式异步电动机转子串电阻起动示意图

（a）串电阻起动原理图；（b）串电阻起动接线示意图

绕线式异步电动机转子回路串电阻可以抑制起动电流并获得较大的起动转矩，选择适当电阻可使起动转矩达到最大值，故可以允许电动机在重载下起动。其缺点是在分级切除电阻的起动中，电磁转矩和转速突然增加，会产生较大的机械冲击。该起动方法、起动设备较复杂、笨重，运行维护工作量较大。

2）转子串频敏变阻器起动。频敏变阻器的外部结构与三相电抗器相似，由三个铁心柱和三个绕组组成，三个绕组接成星形，通过滑环和电刷与转子电路相接，如图 2-49 所示。铁心用几片或十几片厚钢板制成，铁心间有可以调节的气隙，当绕组通过交流电后，在铁心中产生的涡流损耗和磁滞损耗都较大。

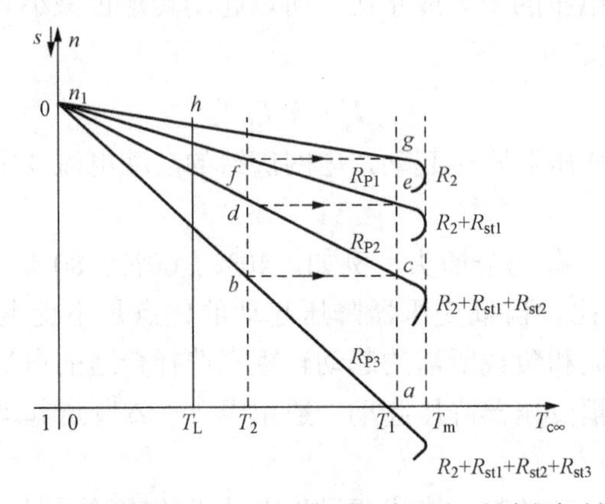

图 2-48　绕线式异步电动机转子串电阻起动过程机械特性

频敏变阻器是根据涡流原理工作的，铁心涡流损耗与频率的平方成正比。当转子电流频率变化时，铁心中的涡流损耗变化，其参数 r_m 和 x_m 随之而变化，故称为频敏变阻器。频敏变阻器的一相等值电路如图 2-49（c）所示。

当绕线式异步电动机刚起动时，电动机转速很低，转子电流频率 f_2 很高，接近于 f_1，铁心中涡流损耗及其对应的等效电阻 r_m 最大，相当于转子回路串入了一个较大的起动电阻，起到了限制起动电流和增加起动转矩的作用。起动后，随转子转速上升，转差率减小，转子电流频率 $f_2 = sf_1$ 随之而减小，于是频敏变阻器的涡流损耗减小，反映铁心损耗的等值电阻 r_m 也随之减小，起到转子回路自动切除电阻的作用。起动结束后，转子绕组短接，把频敏变阻器从电路中切除。

频敏变阻器实际上是利用转速上升时转子频率的平滑变化来达到使转子回路电阻串接的电阻自动平滑减小的目的，能实现无级平滑起动，如果参数选择适当可获得恒转矩的起动特性，使起动过程平稳，快速，没有机械冲击。且频敏变阻器结构较简单、成本低、使用寿命长、维护方便。其缺点是体积较大、设备较重，由于其电抗的存在，功率因数较低。因此，当绕线式异步电动机在轻载起动时，采用频敏变阻器起动，重载时一般采用串变阻器起动。

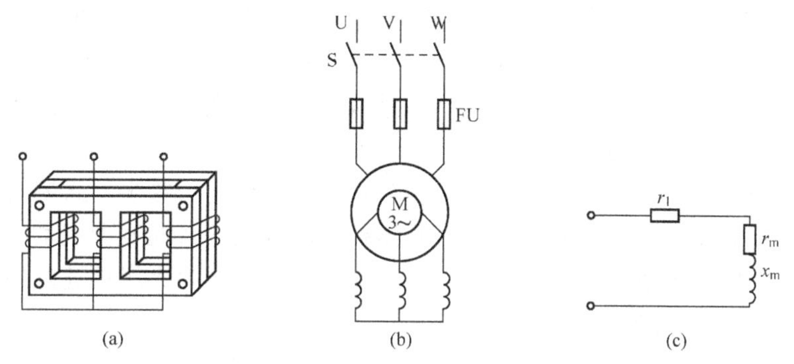

图 2-49 三相绕线式异步电动机转子串频敏变阻器起动

（a）频敏变阻器结构；（b）转子绕组串频敏变阻器起动原理图；（c）频敏变阻器一相等效电路

二、三相异步电动机调速控制

根据异步电动机转速公式 $n = n_1(1-s) = \dfrac{60f_1}{p}(1-s)$ 可知，电动机的调速方法有：变极调速、变频调速与变转差率调速。

1. 变极调速

变极调速只用于笼型电动机，采用变极调速方法的电动机称做双速电动机，由于调速时其转速呈跳跃性变化，因而只用在对调速性能要求不高的场合，如铣床、镗床、磨床等机床上。

变极调速即采用改变电动机极对数的方式来改变电动机的转速，图 2-50 所示是改变绕组的接法得到 2 极与 4 极两种接线方式。

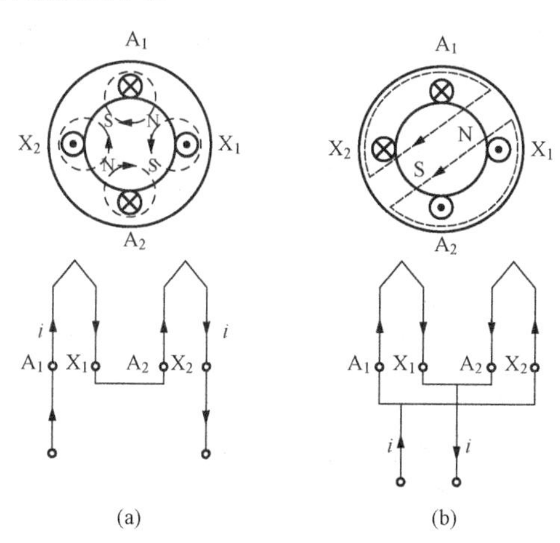

图 2-50 变极调速绕组接线示意图

（a）p=2；（b）p=1

双速电动机的变速是通过改变定子绕组的连接来改变磁级对数，从而实现转速的改变。三相异步双速电动机绕组有Δ/Y Y 和 Y/Y Y 两种接线方式，如图 2-51 所示。

Δ/Y Y 连接的电动机，变速前后电动机的输出功率基本上不变，多用于金属切削机床上。Y/Y Y 连接的电动机，变速前后电动机的输出转矩基本不变，适用于负载转矩基本恒定的调速。

Δ/Y Y 连接的电动机，三相绕组在内部接成Δ形，三个连接点引出线为 U1、V1、W1，每相绕组的中点各抽出一个头为 U2、V2、W2，共有 6 个出线端，改变这 6 个出线端与电源的连接方式，就可以得到两种不同的转速。当电源从 U1、V1、W1 进入时，电动机Δ形低速运行；当电源从 U2、V2、W2 进入，且将 U1、V1、W1 三个端短接，则电动机高速运行。

变极调速的优点是设备简单、运行可靠，机械特性硬、损耗小，为了满足不同生产机械的需要，定子绕组采用不同的接线方式，可获得恒转矩调速或恒功率调速。缺点是电动机绕组引出头较多，调速的平滑性差，只能分级调节转速，且调速级数少。必要时需与齿轮箱配合，才能得到多极调速。另外，多速电动机的体积比同容量的普通笼型电动机大，运行特性也稍差一些，电动机的价格也较贵，故多速电动机多用于不需要无级调速的生产机械，如金属切削机床、通风机、升降机等。

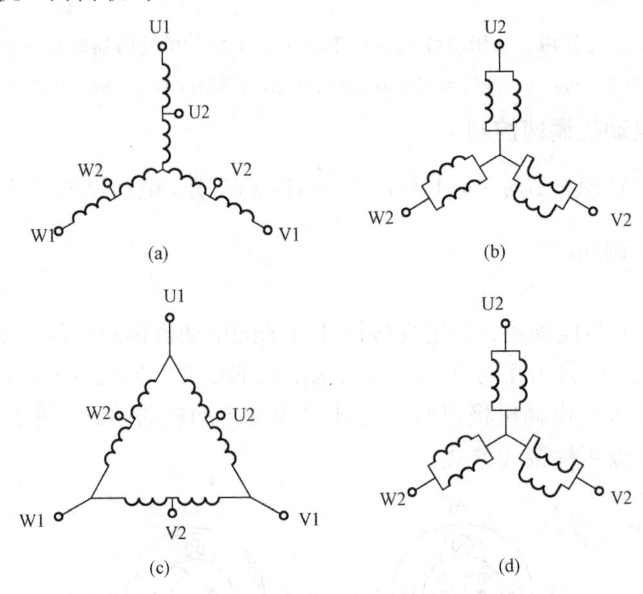

图 2-51　双速电动机接线原理图

（a）Y 形，低速；（b）YY 形，高速；（c）Δ形，低速；（d）YY 形，高速

2. 变频调速

通过改变电源频率来改变电动机的同步转速进行调速控制。变频调速具有调速范围宽、平滑性好、机械特性较硬等优点，具有很好的调速性能，是异步电动机最理想的调速方法。

异步电动机变频调速的主要特点是可以实现无级调速，调速范围宽，且可实现恒功率调速或恒转矩调速，但需要一套变频调速电源及控制、保护装置，价格较贵。

变频调速具体内容详见本书变频器章节。

3. 变转差率调速

（1）改变转子电阻调速。改变转子电路的电阻调速，只适用于绕线式异步电动机。保持电源电压不变，改变转子绕组的电阻值进行调速控制。图 2-48 所示为改变转子回路电阻所获得的一组人为机械特性。电源电压不变，增加转子回路电阻，转子所产生的最大转矩保持不变，但产生最大转矩的转速要发生变化，产生的临界转差率随转子电阻的增加而增加，即转子的转速随转子电阻的增大而下降。

这种调速方法的优点是设备简单、操作方便，可在一定范围内平滑调速，调速过程中最大转矩不变，电动机过载能力不变。缺点是转子回路串接电阻越大，机械特性越软，转速随负载的变化很大，运行稳定性下降，故最低转速不能太小，调速范围不大。且调速电阻上要消耗一定的能量，随外接电阻增大，转速下降，转差率增大，转子铜耗增大，电动机效率下降。在空载和轻载时调速范围很窄。此法主要用于运输、起重机械中的绕线式异步电动机上。

（2）改变定子电压调速。改变定子电压调速适用于笼型异步电动机，需于变转差率调速。图 2-52 所示是改变定子调速的机械特性。随着定子绕组电压的下降，其最大转矩随电压的平方而下降，产生最大转矩的临界转差率不变。对于恒转矩负荷，若采用调压调速，如图 2-52（a）所示，调速范围小。但若用于平方律负载，例如，通风机负载与水泵负载，其负载转矩随转速的变化关系如图 2-52（b）虚线所示，调速范围较宽，因此改变电压调速适合于平方律性质的负载。

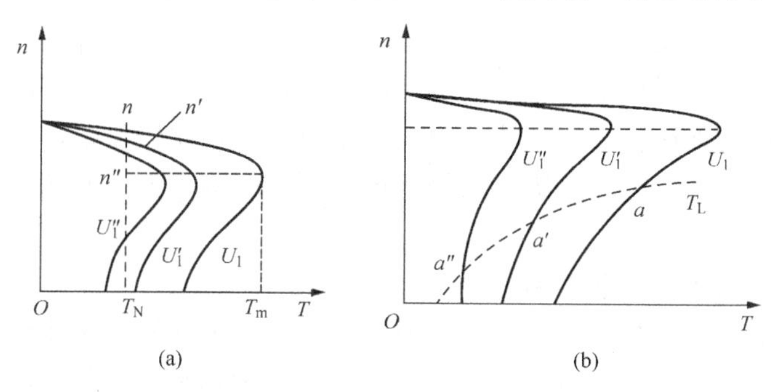

图 2-52　笼型异步电动机调压调速（$U_1 > U_1' > U_1''$）

（a）恒转矩负载调压调速；（b）平方律负载调压调速

（3）绕线式异步电动机的串级调速。

转子串接电阻调速时，转速调得越低，转差率越大，转子铜损耗 $p_{Cu2} = sP_M$ 越大，输出功率越小，效率就越低，故转子串接电阻调速效率较低。

如果在转子回路中不串接电阻，而是串接一个与转子电动势同频率的附加电动势，如图 2-53 所示。通过改变幅值大小和相位，同样也可实现调速。这种在绕线式异步电动机转子回路串接附加电动势的调速方法称为串级调速。串级调速完全克服了转子串电阻调速的缺点，它具有高效率、无级平滑调速、较硬的低速机械特性等优点。

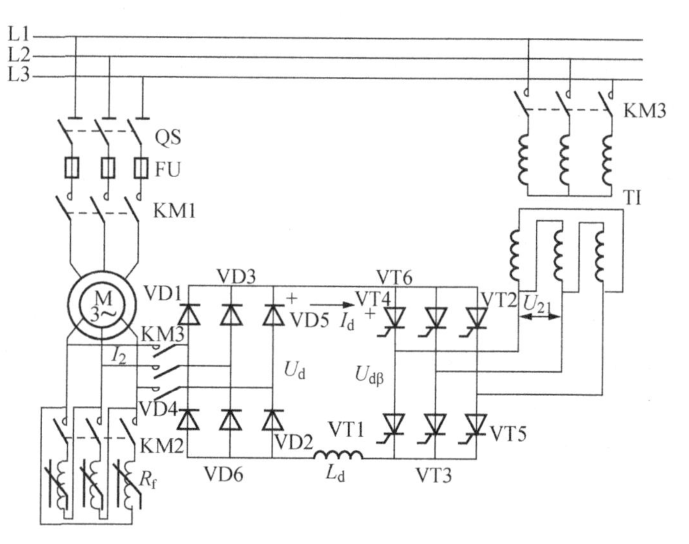

图 2-53　绕线式异步电动机的转子串电阻调速

串级调速的基本原理可分析如下：

正常运行时，转子电流为

$$I_2 = \frac{sE_{20}}{\sqrt{r_2^{\ 2} + (sx_{20})^2}} \tag{2-68}$$

当转子串入与 $s\dot{E}_{20}$ 的相位相反的电势 $\dot{E}_{ad}$，转子电流为

$$I_2 = \frac{sE_{20} - E_{ad}}{\sqrt{r_2^{\ 2} + (sx_{20})^2}} = \frac{E_{20} - \dfrac{E_{ad}}{S}}{\sqrt{\left(\dfrac{r_2}{s}\right)^2 + x_{20}^{\ 2}}} \tag{2-69}$$

因为反相位的电势串入后，转子电流将减小，电动机产生的电磁转矩也随之而减小，于是电动机开始减速，由转差率公式可知，转差率将增大，由式（2-68）可知，随着转差率增大，转子电流 I_2 开始回升，电磁转矩 T_{em} 也相应回升，直到转速降至某个值，使得 T_{em} 与负载转矩达到新的平衡时，减速过程结束，电动机便在此低速下稳定运行。

同理，当转子串入的附加电势与转子电势同相位，电动机的转速将向高调节。

串级调速的调速性能比较好，但获得附加电动势的装置比较复杂，成本较高，且在低速时电动机的过载能力较低，因此串级调速最适用于调速范围不太大的场合，例如，通风机和提升机等。

三、三相异步电动机的制动控制

在电动机的轴上加一个与其旋转方向相反的转矩，使电动机减速或停转的方法称为电动机的制动。根据制动转矩产生的方法不同，可分为机械制动和电气制动。机械制动一般采用电磁抱闸装置进行制动。电气制动的方式有以下几种：

1. 电源反接制动

反接制动是电动机在停机后，给定子加上与原电源相序相反的电源相序的电源，使定子产生与转子旋转方向相反的旋转磁场，使转子产生的电磁转矩与电动机的旋转方向相反，为制动转矩，使电动机很快停转。

在开始制动的瞬间，转差率 $s>1$，电动机的转子电流比起动时还要大，为限制电流的冲击，需在定子绕组中串入电阻，并在电动机转速接近零时将电源切除。反接制动需从电源获得电能，经济性能差，制动性能较好。

2. 倒拉反转制动

当电动机拖动的位能性负载，在提升负载时由于负载的重力作用使电动机转子的实际转向朝着下方的方向旋转，此时转子产生的电磁转矩对转子的转动起制动作用，故称倒拉反转制动运行状态。

3. 能耗制动

三相异步电动机的能耗制动是在定子绕组上加入直流电源，使电动机内形成了一个不旋转的空间固定磁场，电动机转子由于机械惯性而继续维持原方向旋转，转子绕组切割磁场产生感应电动势与感应电流，感应电流又在磁场的作用下产生制动转矩，使电动机迅速停车。制动停车过程中，系统原来储存的动能被电动机转换为电能消耗在转子回路中。

三相异步电动机能耗制动原理线路如图 2-54 所示，断开开关 S1，且在断开电动机三相电源的同时，迅速合上开关 S2，直流电源通过电阻 R 接入定子两相绕组中，此时，定子绕组产生一个静止磁场，而转子因惯性仍继续旋转，则转子导体切割此静止磁场而产生感应电动势和电流，转子电流与静止磁场相互作用并产生电磁转矩。如图 2-54（b）所示，电磁转矩的方向由左手定则判定，与转子转动的方向相反，为制动转矩，使转速下降。当转速下降为零时，转子感应电动势和感应电流均为零，制动过程结束。这种制动方法是利用转子惯性，转子切割磁场而产生制动转矩，把转子的动能变为电能，消耗在转子电阻上，故称为能耗制动。

能动制动的优点是制动力强，制动较平稳，无大冲击，对电网影响小。缺点是需要一套专门的直流电源，制动转矩随电动机转速的减小而减小，低速时制动转矩小，需要配合机械制动。电动机功率较大时，制动的直流设备投资大。

4. 再生制动（回馈制动）

当三相异步电动机在运行过程中，由于外来因素的影响，使电动机转速超过旋转磁场的同步转速 n_0，电动机进入发电机运行制动状态，此时电磁转矩的方向与转子转向相反，变为制动转矩，电动机将机械能转变成电能向电网反馈，称为再生制动或回馈制动。

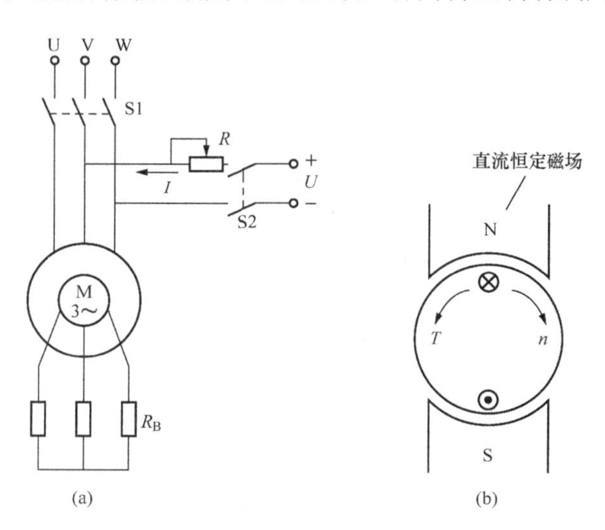

图 2-54 三相异步电动机的能耗制动

（a）能耗制动接线图；（b）制动原理

在生产实践中，一种是出现在位能负载下放重物时，由于重物的作用是使转子转速超过同步转速；另一种出现在电动机变极调速中，电动机由原来的调速挡调至低速挡时，转子转速大于同步转速。

（1）下放重物时的回馈制动。当异步电动机拖动位能负载下放重物时，首先将电动机定子两相反接，定子旋转磁场方向改变了，电磁转矩方向也随之改变，电动机反向起动，重物下放。刚开始，电动机转速小于同步转速，处于电动运行状态，电磁转矩与电动机旋转方向相同。由于电磁转矩和重物重力产生的负载转矩共同作用下，使转子转速超过旋转磁场转速，电机进入发电机制动状态运行，这时，电磁转矩方向与电动机运行状态时相反，成为制动转矩，电动机开始减速，直到制动转矩与重力转矩相平衡时，重物将以恒定转速平稳下降。

（2）变极调速时的发电机制动。当电动机由少极数变换到多极数瞬间，旋转磁场转速突然成倍地减小，而转子由于惯性，转速降低需要一个变化过程，于是转子转速大于同步转速，电机进入发电机制动状态。

发电机制动的优点是经济性能好，可将负载的机械能转换成电能反馈回电网。其缺点是应用范围窄，仅当电动机转速大于旋转磁场的同步转速时才能实现回馈制动。

四、典型例题

【例 2-7】 一台 Y225M-4 型的三相异步电动机，定子绕组△形连接，其额定数据为：P_{2N}=45kW，n_N=1480r/min，U_N=380V，η_N=92.3%，$\cos\varphi_N$=0.88，I_{st}/I_N=7.0，T_{st}/T_N=1.9，T_{max}/T_N=2.2，求：（1）额定电流 I_N。（2）额定转差率 s_N。（3）额定转矩 T_N、最大转矩 T_{max} 和起动转矩 T_N。

解：（1）$I_N=\dfrac{P_{2N}\times 10^3}{\sqrt{3}U_N\cos\varphi_N\,\eta_N}=\dfrac{45\times 10^3}{\sqrt{3}\times 380\times 0.88\times 0.923}=84.2(\text{A})$

（2）由 n_N=1480r/min，可知 p=2，$n_0=1500\ \text{r/min}$

$$s_N=\frac{n_0-n}{n_0}=\frac{1500-1480}{1500}=0.013$$

（3）

$$T_N=9550\frac{P_{2N}}{n_N}=9550\times\frac{45}{1480}=290.4(\text{ N}\cdot\text{m})$$

$$T_{max}=\left(\frac{T_{max}}{T_N}\right)T_N=2.2\times 290.4=638.9\ (\text{N}\cdot\text{m})$$

$$T_{st}=\left(\frac{T_{st}}{T_N}\right)T_N=1.9\times 290.4=551.8\ (\text{N}\cdot\text{m})$$

【例 2-8】 在例 2-7 中，（1）如果负载转矩为 510.2N·m，试问在 $U=U_N$ 和 $U'=0.9U_N$ 两种情况下电动机能否起动？（2）采用 Y—Δ 换接起动时，求起动电流和起动转矩。又当负载转矩为起动转矩的 80%和 50%时，电动机能否起动？

解：（1）在 $U=U_N$ 时

T_{st}=551.8N·m>510.2N·m 所以能够起动

在 $U'=0.9U_N$ 时

$T_{st}=0.9^2\times 551.8=447\ \text{N}\cdot\text{m}<510.2\ \text{N}\cdot\text{m}$ 所以不能起动

（2）$I_{st\Delta}=7I_N=7\times 84.2=589.4$（A）

$$I_{stY}=\frac{1}{3}I_{st\Delta}=\frac{1}{3}\times 598.4=196.5(\text{A})$$

（3）$T_{stY}=\dfrac{1}{3}T_{st\Delta}=\dfrac{1}{3}\times 551.8=183.9\ (\text{N}\cdot\text{m})$

在 80%额定负载时

$\dfrac{T_{stY}}{T_N\times 80\%}=\dfrac{183.9}{290.4\times 80\%}=\dfrac{183.9}{232.3}<1$，所以不能起动

在 50%额定负载时

$\dfrac{T_{stY}}{T_N\times 50\%}=\dfrac{183.9}{290.4\times 50\%}=\dfrac{183.9}{145.2}>1$，所以可以起动

【例 2-9】 已知一台三相四极异步电动机的额定数据为：P_N=10kW，U_N=380V，I_N=11.6A，定子为 Y 连接，额定运行时，定子铜损耗 P_{Cu1}=560W，转子铜损耗 P_{Cu2}=31，机械损耗 P_{mec}=70W，附加损耗 P_{ad}=200W，试计算该电动机在额定负载时的（1）额定转速；（2）空载转矩；（3）转轴上的输出转矩；（4）电磁转矩。

解：（1）$P_{em}=P_2+P_{mec}+P_{ad}+P_{Cu2}=10.58\text{kW}$

$$s_N=P_{Cu2}/P_{em}=0.0293$$

$$n_N=(1-s_N)n_1=1456\text{r/min}$$

（2）$T_0=\dfrac{P_{mec}+P_{ad}}{\omega}=1.77\ \text{N·m}$

（3）$T_2=\dfrac{P_2}{\omega_N}=65.59\ \text{N·m}$

（4）$T_{em}=T_2+T_0=67.36\ \text{N·m}$

【例 2-10】 已知一台三相异步电动机，额定频率为 150kW，额定电压为 380V，额定转速为 1460r/min，过载倍数为 2.4，试求：（1）转矩的实用表达式；（2）电动机能否带动额定负载起动。

解：（1）$T_N=9550\dfrac{P_N}{n_N}=981.2\,(\text{N·m})$

$$T_m=\lambda_m T_N=2355\ \text{N·m}$$

根据额定转速为 1460r/min，可判断出同步转速 n_1=1500 r/min，则额定转差率为

$$s_N=\frac{n_1-n_N}{n_1}=0.027$$

$$s_m=s_N(\lambda_m+\sqrt{\lambda_m^2-1})=0.124$$

转子不串电阻的实用表达式为

$$T=\frac{2T_m}{\dfrac{s}{s_m}+\dfrac{s_m}{s}}=\frac{4710}{\dfrac{s}{0.124}+\dfrac{0.124}{s}}$$

（2）电机开始起动时，s=1，T=T_s，代入实用表达式得

$$T_s=\frac{4710}{\dfrac{1}{0.124}+\dfrac{0.124}{1}}=575\,(\text{N·m})$$

因为$T_{st}<T_N$，故电动机不能拖动额定负载起动。

第八节 单相交流异步电动机

在单相交流电源下工作的电动机称为单相电动机。按其工作原理、结构和转速等的不同可分为三大类：单相异步电动机、单相同步电动机和单相串励电动机。

单相异步电动机是利用单相交流电源供电，其转速随负载变化而稍有变化的一种小容量交流电动机。由于它结构简单、成本低廉、运行可靠、维修方便，并可以直接在单相 220V

交流电源上使用，因此被广泛用于办公场所、家用电器等方面，在工、农业生产及其他领域中，单相异步电动机的应用也越来越广泛，如台扇、吊扇、洗衣机、电冰箱、吸尘器、电钻、小型鼓风机、小型机床、医疗器械等均需要单相异步电动机驱动。单相异步电动机的不足之处是它与同容量的三相异步电动机相比较，则体积较大、运行性能较差、效率较低。因此一般只制成小型和微型系列，容量在几十瓦到几百瓦之间。

单相串励电动机可在相同电压的单相交流电源上或直流电源上使用，因此又称交直流两用电动机。它的结构与直流电动机相似，它的最大特点是：转速高，可高达20 000～25 000r/min；机械特性软，随着负载转矩增加，其转速下降显著，因此特别适用于手电钻、电动吸尘器、小型机床等方面。

一、单相异步电动机的结构

单相异步电动机的结构和三相异步电动机相似，也由定子和转子两大部分组成，如图2-55所示。定子部分由定子铁心、定子绕组、机座、端盖等部分组成，其主要作用是通入交流电，产生旋转磁场。转子部分由转子铁心、转子绕组、转轴等组成，其作用是导体切割旋转磁场，产生电磁转矩，拖动机械负载工作。

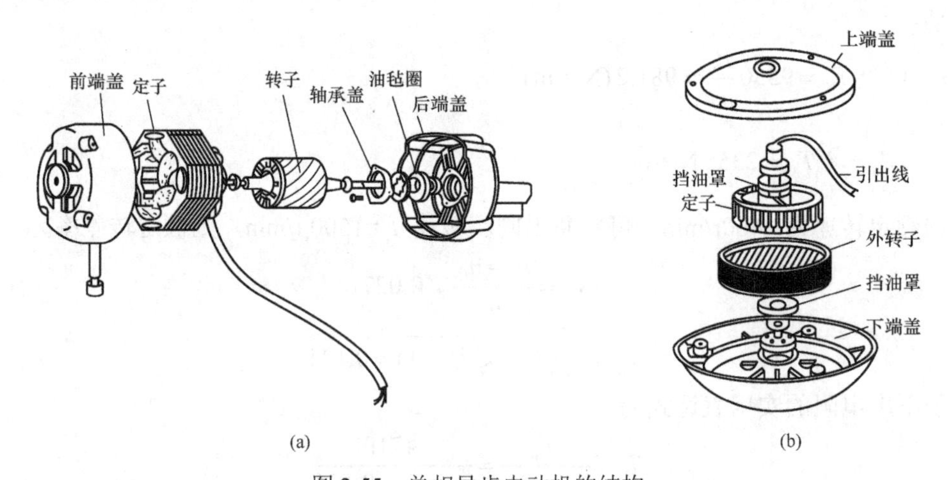

图2-55　单相异步电动机的结构

（a）电容运行台扇电动机结构；（b）电容运行吊扇电动机结构

二、单相异步电动机的工作原理

1. 单相绕组的脉动磁场

如图 2-56（a）所示，假设在单相交流电的正半周时，电流从单相定子绕组的左半侧流入，从右半侧流出，则由电流产生的磁场如图 2-56（b）所示，该磁场的大小随电流的大小而变化，方向则保持不变。当电流过零时，磁场也为零。当电流变为负半周时，则产生的磁场方向也随之发生变化，如图 2-56（c）所示。由此可见向单相异步电动机定子绕组通入单相交流电后，产生的磁场大小及方向在不断地变化，但磁场的轴线(图中纵轴)却固定不变，把这种磁场称为脉动磁场。

由于磁场只是脉动而不旋转，因此单相异步电动机的转子如果原来静止不动，则在脉动磁场作用下，转子导体因与磁场之间没有相对运动，而不产生感应电动势和电流，也就不存在电磁力的作用，因此转子仍然静止不动，即单相异步电动机没有起动转矩，不能自行起动。

这是单相异步电动机的一个主要缺点。如果用外力去拨动一下电动机的转子，则转子导体就切割定子脉动磁场，从而有电动势和电流产生，并将在磁场中受到力的作用，与三相异步电动机转动原理一样，转子将顺着拨动的方向转动起来。

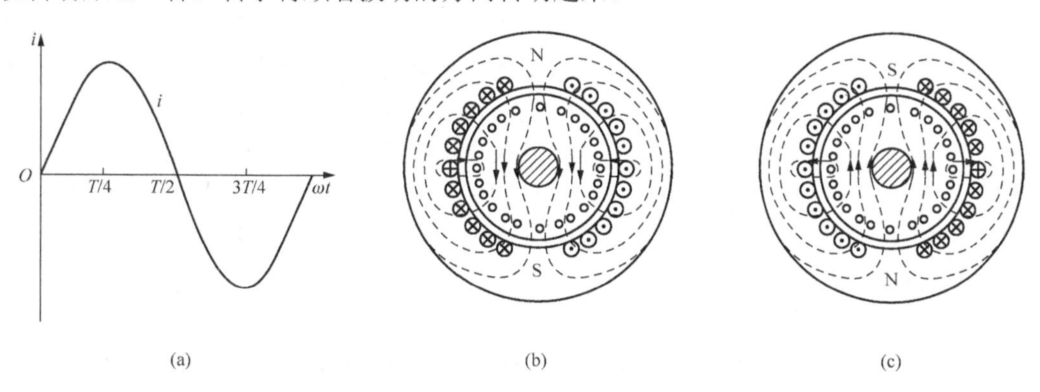

图 2-56 单相脉动磁场的产生

（a）交流电流波形；（b）电流正半周产生的磁场；（c）电流负半周产生的磁场

2. 两相绕组的旋转磁场

如图 2-57（a）所示，在单相异步电动机定子上放置在空间相差 90°的两相定子绕组 U1U2 和 Z1Z2，向这两相定子绕组中通入在时间上相差约 90°电角度的两相交流电流 I_Z 和 I_U，如图 2-57（b）所示，可知此时产生的也是旋转磁场。由此可以得出结论：向在空间相差 90°的两相定子绕组中通入在时间上相差一定角度的两相交流电，则其合成磁场也是沿定子和转子空气隙旋转的旋转磁场。

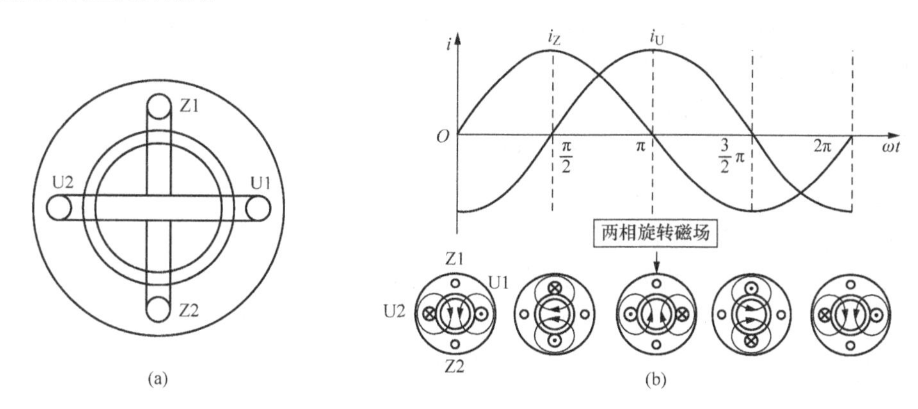

图 2-57 两相旋转磁场的产生

（a）两相定子绕组；（b）电流波形及两相旋转磁场

根据起动方法的不同，单相异步电动机一般可分为电容分相式、电阻分相式和罩极式。

三、单相异步电动机的基本形式

1. 电阻分相式单相异步电动机

单相电阻分相起动异步电动机原理接线图如图 2-58 所示，工作侧绕组和起动侧绕组在空间互差 90° 电角度，它们由同一单相电源供电，S 为离心开关，起动绕组用较细的、电阻率较高的导线制成，以增大电阻。起动绕组电阻大于感抗，而工作绕组感抗比电阻大得多，由

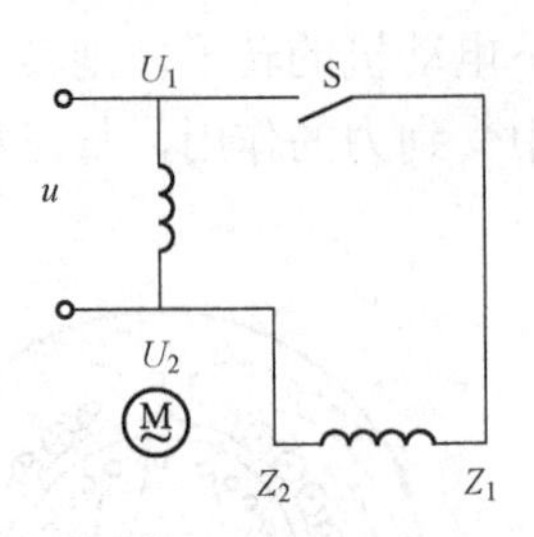

图 2-58　单相电阻分相起动异步电动机

于两个绕组的阻抗角不同，流过两个绕组电流的相位也不同，从而在空间产生旋转磁场，其椭圆度较大。若在起动绕组中串入适当的起动电阻 R，让两绕组中的电流相位差近似 90° 电角度，则可获得一近似的圆形旋转磁场，使转子产生较大起动转矩。起动后，当电动机转速达到额定值的 80%左右，离心开关自动断开，把起动绕组从电源上切除。这种用电阻使工作绕组和起动绕组电流产生相位差的方法，称为电阻分相起动法。电阻分相起动适用于具有中等起动转矩和过载能力的小型车床、鼓风机、医疗机械中。

2. 电容起动单相异步电动机

电容起动单相异步电动机的起动绕组与电容器只在电动机起动时起作用，如图 2-59（a）所示。起动绕组中串入一个电容，若电容选择恰当，可能使起动绕组中的电流领先工作绕组电流接近 90°，从而建立起一个椭圆度较小的旋转磁场，获得较大的起动转矩。电动机起动后，将起动绕组从电源切除。这种用电容器使工作绕组和起动绕组电流产生相位差的方法，称为电容分相起动法。电容起动异步电动机适用于具有较高起动转矩的小型空气压缩机、电冰箱、磨粉机、水泵及满载起动的机械。

3. 电容运行单相异步电动机

如图 2-59（b）所示，电容运行单相电动机的起动绕组和电容器在起动与运行阶段都起作用，简称电容电动机。适当选择电容器及工作绕组和起动绕组匝数，可使气隙磁场接近圆形旋转磁场，运行性能有较大改善。这种电动机的功率因数、效率及过载能力较高，体积小、重量轻。但电容运转电动机的容量比电容分相起动电动机的容量小，起动转矩小，其起动性能不如电容分相电动机，故适用于电风扇、通风机、录音机等各种空载和轻载起动的机械。

电容起动单相异步电动机与电容运行单相异步电动机相比，电容起动单相异步电动机的起动转矩较大，起动电流也相应增大。

4. 双电容单相异步电动机

综合电容运行单相异步电动机和电容起动单相异步电动机的优点，采用电容起动与电容运行的单相异步电动机，即在起动上接有两个电容，如图 2-59（c）所示。

主要用于要求起动转矩大，功率因数较高的设备上，如电冰箱、空调、水泵、小型机车等。

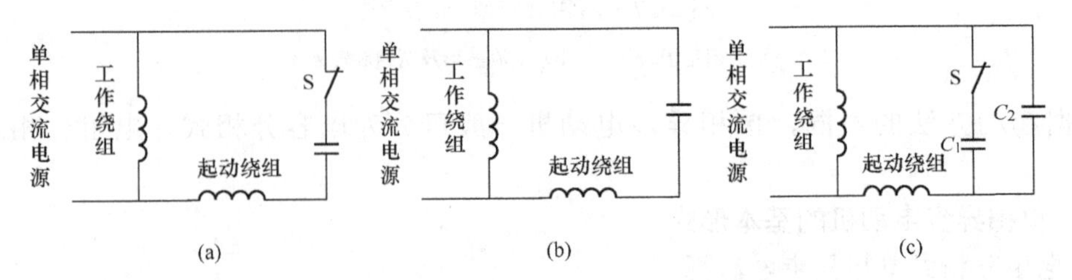

图 2-59　电容分相单相异步电动原理图

（a）电容起动单相异步电动机；（b）电容运行单相异步电动机；（c）双电容单相异步电动机

四、单相异步电动机调速

单相异步电动机的调速有改变电源频率，电源电压和改变绕组的磁极对数等方法。改变电源电压调速是常用的方法。

常用的调压调速又分串电抗器调速、自耦变压器调速、绕组抽头调速、晶闸管调速、PTC元件调速等多种。

1. 改变单相异步电动机的端电压调速

采用自耦变压器或将电抗器与电动机定子绕组串联，可将电源电压降低后加在电动机定子绕组上，使主磁通减小，从而达到降低电动机转速的目的。串电抗器调速线路简单，操作方便。缺点是电压降低后，电动机输出转矩和功率明显降低，只适用于转矩及功率都允许随转速降低而降低的场合。自耦变压器调速的主要特点是供电多样化，可连续调节电压，采用适当供电方式可改善其起动性能。

双向晶闸管调速，是利用改变晶闸管导通角以改变电动机端电压的大小来实现调速，可以实现无级调速，如图 2-60 所示。

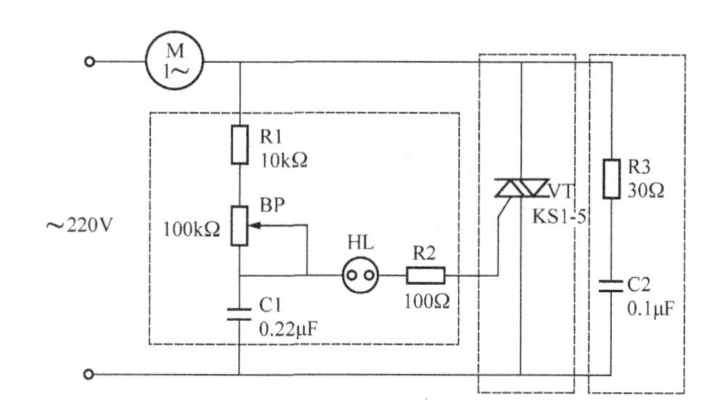

图 2-60　双向晶闸管调压调速原理图

2. 改变绕组主磁通调速

改变绕组主磁通调速是通过改变工作绕组和起动绕组连接方式，使电动机气隙磁场大小发生改变，从而达到调节转速的目的。常用方法有：

（1）工作绕组串、并联调速。如图 2-61（a）所示，电动机工作绕组由两部分组成，一部分设有抽头。高速开关闭合时工作绕组两部分并联，工作绕组电流增大，主磁通增加，电动机电磁转矩增大，转速升高，将工作绕组两部分串联时，电流减小，相当于降低了绕组的端电压，主磁通减小，电磁转矩降低，转速下降。这种改变工作绕组接线的调速方法，通常转速能变化两挡或三挡，多用在台扇电动机中。

（2）电动机绕组内部抽头调速。抽头调速是电容电动机的各种调速方法中最简单的一种，无需任何附加设备，成本低。电容式电动机多采用定子绕组抽头调速，此时电动机定子铁心槽中嵌放有工作绕组 U1U2，起动绕组 Z1Z2 和中间绕组 D1D2，通过调速开关改变中间绕组与起动绕组和工作绕组的接线方式，从而达到改变主磁通大小以调节电动机转速的目的。这种调速方法通常有 L 形接线和 T 形接线两种，如图 2-61（b）与图 2-61（c）所示。其缺点是绕组嵌线和接线较复杂，电动机与调速开关之间的接线较多。

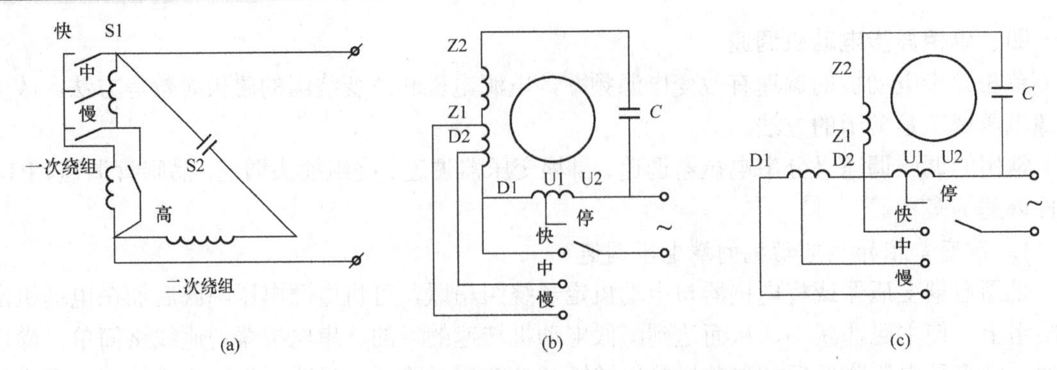

图2-61　电容电动机改变绕组主磁通调速接线图

（a）工作绕组串并联调速；（b）L形抽头调速；（c）T形抽头调速

3. 变极调速

单相异步电动机的转速与磁极对数成反比，改变定子铁心中绕组元件的连接方法，产生不同的磁极对数，电动机的转速随之改变。其中有改变工作绕组线圈接法，实现变极调速和单设两套工作绕组实现变极调速。

五、单相异步电动机的反转

单相异步电动机的反转有以下两种方法：

（1）把工作绕组的首端和末端的接线对调。

（2）把电容器从一组绕组中改接到另一组绕组中（洗衣机电动机用此法），图2-62所示是洗衣机电动机控制线路原理图，电动机正反转由开关S2来实现。S2向上接通时，电动机正转，S2向下接通时，电动机反转。

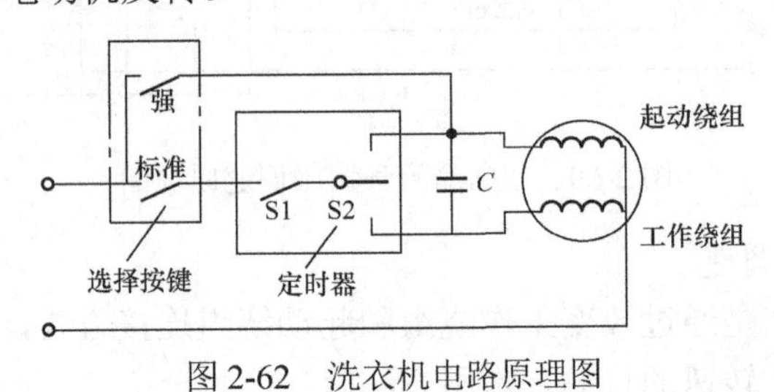

图2-62　洗衣机电路原理图

第九节　电动机的质量检测

电动机经局部修理或定子绕组拆换后，即可进行装配。为了保证修理质量，必须对电动机进行一些必要的检查和试验，以检验电动机质量是否符合要求。为此，要求掌握有关电动机修理与维护后的质量技术，并学会电动机常见故障的分析与处理方法。

一、三相交流电动机

1. 三相交流异步电动机的质量检测

电动机在试验开始前，要先进行一般性的检查。检查电动机的装配质量，各部分的紧固螺栓是否拧紧，引出线的标记是否正确，转子转动是否灵活；如果是滑动轴承，还要检查油箱的油是否符合要求。在确认电动机的一般情况良好后，才能进行试验。试验的项目和方法如下：

（1）绝缘试验。绝缘试验的内容有绝缘电阻的测定、绝缘耐压试验及匝间绝缘耐压试验。试验时将定子绕组的 6 个线头拆开。

1）绝缘电阻的测定。定子绕组经过绝缘处理、检修和大修后，有可能使绕组的对地绝缘和相间绝缘受损，应对电动机的绝缘电阻进行测量，额定电压 380V 的电动机选用 500V 的绝缘电阻表进行测量。三相异步电动机绝缘电阻的测量项目如下：

U 相对 V 相、W 相、地的绝缘；

V 相对 U 相、W 相、地的绝缘；

W 相对 U 相、V 相、地的绝缘。

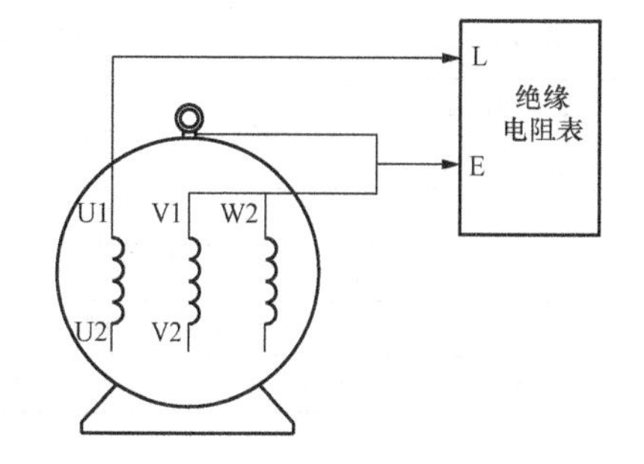

图 2-63 电动机绝缘电阻的测量

测量绝缘电阻的方法如图 2-63 所示，绝缘电阻一般来说应大于 0.5MΩ，新电动机的绝缘电阻应不小于 5MΩ。

2）绝缘耐压试验。装配后绕组对机壳及各相之间进行绝缘电阻测量合格后，还需进行耐压试验，所施的试验电压参考表 2-1 中规定，历时 1min，无击穿现象为合格。

表 2-1 低压电动机定子绕组试验电压

试验阶段	1kW 以下	1kW～3kW	4kW 以上
嵌线未接线	$2U_N$ +1000V	$2U_N$ +2000V	$2U_N$ +2500V
嵌线后，浸漆前	$2U_N$ +750V	$2U_N$ +1500V	$2U_N$ +2000V
总装后	$2U_N$ +500V	$2U_N$ +1000V	$2U_N$ +1000V

（2）空载试验。空载试验是在定子绕组上施加额定电压，使电动机轴上不带负载运行。空载试验是测定电动机的空载电流和空载损耗功率，并于电动机空转时检查电动机的装配质量和运行情况。

空载试验线路如图 2-64 所示。在试验中，应注意空载电流的变化，测定三相空载电流是否平衡、空载电流与额定电流百分比不大于 10%，要求空载试验 1h 以上。在电动空载运行时，检查电动机在旋转时是否有杂声、振动；检查铁心是否过热、轴承的温升及运转是否正常。

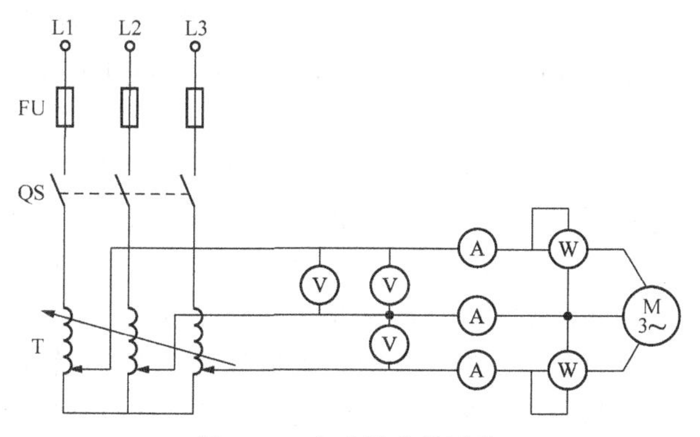

图 2-64 电动机空载试验

由于空载时电动机的功率因数较低，为了测量准确，宜选用低功率因数功率表来测量功率。电流表和功率表的电流线圈要按可能出现的最大空载电流来选择量程。起动过程中，要慢慢升高电压，以免过大的起动电流冲击仪表。三相空载电流不平衡应不超过 5%，如相差较大及有嗡嗡声，则可能是接线错误或有短路现象。空载电流与额定电流百分比见表 2-2，如空载电流过大，表明定子与转子间气隙超过允许值，或在大修定子绕组重绕时匝数太少；若空载电流过低，表明定子绕组匝数太多，或三角形误连成星形、两路误接成一路等。

表 2-2　　电动机空载电流与额定电流百分比

功率 极数	0.125kW	0.55kW 以下	2.2kW 以下	10kW 以下	55kW 以下	125kW 以下
2	70%～95%	50%～70%	40%～55%	30%～45%	23%～35%	18%～30%
4	80%～96%	65%～85%	45%～60%	35%～55%	25%～40%	20%～30%
6	85%～97%	70%～90%	50%～65%	35%～65%	30%～45%	22%～33%
8	90%～98%	75%～90%	50%～70%	37%～70%	35%～50%	25%～35%

2. 故障的分析

异步电动机的故障一般分为电气故障和机械故障两类。电气方面除了电源、线路及起动控制设备的故障外，其余的均属电动机本身的故障；机械方面包括被电动机拖动的机械设备和传动机构的故障，基础和安装方面的问题，以及电动机本身的机械结构故障。

异步电动机的故障虽然繁多，但故障的产生总是和一定的因素相联系的。如电动机绕组绝缘损坏是与绕组过热有关，而绕组的过热总是和电动机绕组中电流过大有关。只要根据电动机的基本原理、结构和性能，以及有关的各方面情况，就可对故障作正确判断。因此在修理前，要通过看、闻、问、听、摸，充分掌握电动机的情况，就能有针对性的对电动机作必要的检查，其步骤如下：

（1）调查情况。对电动机进行观察，并向电动机使用人员了解电动机在运行时的情况，如有无异常响声和剧烈振动，开关及电动机绕组内有无窜火、冒烟及焦臭味等；了解电动机的使用情况和电动机的维修情况。

（2）电动机的外部检查。

1）机座、端盖有无裂纹，转轴有无裂痕或弯曲变形；转轴转动是否灵活，有无不正常的声响；风道是否被堵塞，风扇、散热片是否完好。

2）检查绝缘是否完好，接线是否符合铭牌规定，绕组的首末端是否正确。

3）测量绝缘电阻和直流电阻，判断绝缘是否损坏，绕组中有无断路、短路及接地现象。

4）上述检查未发现问题，应直接通电试验。用三相调压变压器开始施加约 30%的额定电压，再逐渐上升到额定电压。若发现声音不正常，或有焦味，或不转动，应立即断开电源进行检查，以免故障进一步扩大。当起动未发现问题时，要测量三相电流是否平衡，电流大的一相可能有绕组短路；电流小的一相，可能是多路并联的绕组中有支路断路。若三相电流基本平衡，可使电动机连续运行 1～2h，随时用手检查铁心部分及轴承端盖，若发现有烫手的过热现象，应停车后立即拆开电动机，用手摸绕组端部及铁心部分，如线圈过热，则是绕组短路；如铁心过热，则铁心硅钢片间的绝缘损坏。

（3）电动机的内部检查。经过上述检查后，确认电动机内部有问题时，就应拆开电动机，作进一步检查。

1）检查绕组部分，查看绕组端部有无积尘和油垢，绝缘有无损伤，接线及引出线有无损坏；查看绕组有无烧伤，若有烧伤，烧伤处的颜色会变成暗黑色或烧焦，具有焦臭味。查看导线是否烧断和绕组的焊接处有无脱焊、假焊现象。

2）检查铁心部分，查看转子、定子铁心表面有无擦伤痕迹。如转子表面只有一处擦伤，而定子表面全部擦伤，这大都是转轴弯曲或转子不平衡所造成的；若转子表面一周全有擦伤痕迹，定子表面只有一处伤痕，这是定子、转子不同心所造成的，如机座和端盖止口变形或轴承严重磨损使转子下落；若定子、转子表面均有局部擦伤痕迹，是由于上述两种原因所共同引起的。

3）查看风叶有否损坏或变形，转子端环有无裂纹或断裂；然后再用短路侦察器检查导条有无断裂。

4）检查轴承部分，查看轴承的内外套与轴颈和轴承室配合是否合适，同时也要检查轴承的磨损情况。

3. 常见故障现象与处理

异步电动机常见故障的现象、原因与处理方法见表2-3。

表2-3 异步电动机常见故障与处理方法

故障现象	造成原因	处理方法
电源接通后不能起动	1. 定子绕组相间短路、接地以及定子绕组断路； 2. 定子绕组接线错； 3. 负载过大； 4. 轴承损坏或有异物卡住	1. 查找断路、短路、接地的部位，进行修复； 2. 检查定子绕组接线，加以纠正； 3. 减轻负载； 4. 更换轴承或清除异物
起动后无力、转速较低，同时电流表指针来回摆动	1. 定子绕组短； 2. 定子绕组接线错误； 3. 笼型转子断条或端环断裂； 4. 绕线型转子绕组相断路； 5. 绕线型集电环或电刷接触不良	1. 查找短路的部位，进行修复； 2. 检查定子绕组接线，加以纠正； 3. 更换铸铝转于或更换、补焊铜条与端环； 4. 查找断路处，进行修复； 5. 清理与修理集电环，调整电刷压力或更换电刷
起动后运转声音不正常	1. 定子绕组局部短路或接地； 2. 定子绕组接线错误； 3. 定转子相擦； 4.轴承损坏或润滑脂干涸	1. 查找短路或接地的部位，进行修复； 2. 检查定子绕组接线，加以纠正； 3. 检查定转子相擦原因及铁心是否松动，并进行修复； 4. 更换轴承或润滑脂
轴承过热	1. 轴承损坏或内有异物； 2. 润滑脂过多或过少，型号选用不当或质量差； 3. 轴承装配不良； 4. 转轴弯曲	1. 更换轴承或清除异物； 2. 调整或更换润滑脂； 3. 检查轴承与转轴、轴承与端盖的状况，进行调整或修复； 4. 检查转轴弯曲状况，进行修复或调换
起动后过热或冒烟	1. 负载过重； 2. 定转子绕组断路； 3. 定子绕组短路或接地； 4. 定子绕组接线错误；	1. 减轻负载； 2. 查找断路的部位，进行修复； 3. 查找短路或接地部位，进行修复； 4. 检查定子绕组接线，加以纠正；

续表

故障现象	造成原因	处理方法
起动后过热或冒烟	5. 笼型转子断条或端环断裂； 6. 定转子相擦； 7. 通风不良	5. 更换铸铝转子或更换、补焊钢条与端环； 6. 检查定转子相擦原因及铁心是否松动，并进行修复； 7. 检查内外风道、清除杂物或污垢，使风路畅通；不可逆转的电动机要检查其旋转方向
绕线型集电环火花过大	1. 集电环上有污垢杂物； 2. 电刷型号或尺寸不符合要求； 3. 电刷压力太小，电刷在刷握内卡住或放置不正	1. 清除污垢杂物，灼痕严重或凹凸不平时，应进行表面金加工； 2. 更换合适的电刷； 3. 调整电刷压力，更换大小适当的电刷或把电刷放正
外壳带电	1. 接地不良； 2. 绕组绝缘损坏； 3. 绕组受潮； 4. 接线板损坏或污垢太多	1.查找原因，并采取相应措施； 2. 查找绝缘损坏部位，进行修复，进行绝缘处理； 3. 测量绕组绝缘电阻，如阻值太低，应进行干燥处理或绝缘处理； 4. 更换或清理接线板

二、直流电动机

直流电动机拆装、修理后，必须经检查和试验后才能使用。这里简要介绍有关检查和试验项目及常见故障的分析与处理方法，检查和试验的项目如下。

1. 装配质量检查

（1）各部分的紧固螺栓是否旋紧。

（2）引出线的标志是否正确。

（3）转子(电枢)转动是否灵活。

（4）换向器表面是否光滑，有无凹凸不平、毛刺等缺陷。

（5）电刷的型号、尺寸是否符合要求，压力是否均匀，与换向器表面吻合是否良好。

2. 直流电阻的测定

测定绕组直流电阻时，应同时测定周围环境的温度。通常采用电桥法，用电桥法测量电阻时，测量大于 1Ω 的电阻时用单臂电桥，测量小于 1Ω 的电阻时用双臂电桥。

电枢绕组直流电阻的测量：2 极电动机应在相距 180°的两换向片上进行测量，4 极电动机应在相距 90°的两换向片上测量。同时应在该换向片上做好记号，以便在电动机做温升试验时，可在同一换向片位置上测量冷态电阻与热态电阻的值。

3. 绝缘电阻的测定

一般电动机的绝缘电阻应不低于以下公式计算所得的数值：

$$R_{绝缘电阻} = \frac{U_N}{\frac{P_N}{100} + 1000} \tag{2-70}$$

式中，绝缘电阻的单位为 MΩ；额定电压的单位为 V；电动机额定功率的单位为 kW。小容量电动机经大修后，其绝缘电阻值一般不低于 2MΩ。

4. 耐压试验

耐压试验包括绕组对机壳耐压试验和匝间耐压试验。绕组对机壳耐压试验，可参照交流电动机的耐压试验方法进行，即在绕组对机壳施加一定的50Hz交流电压，历时1min为合格。试验时，电压应施加于绕组与机壳之间，此时其他参与试验的绕组均应和铁心及机壳连接。有关各阶段试验电压的数值可按该电动机的标准与技术条件中的规定参照执行。

绕组的匝间耐压试验以检查电枢绕组匝间绝缘有无损伤，试验线路还是用空载试验的线路，应在电动机空载试验后进行，试验时，把电源电压提高到额定电压的130%，持续运行5min，以不击穿为合格。对于绕组绝缘更换的电动机，可运行1min。这里提高电源电压30%的规定适用于超过4极的电动机，极数很多时所提高的电源电压以不使相邻换向片间的电压超过24V。

5. 空载试验

空载试验的目的主要是测得空载特性曲线，并测量空载损耗(机械损耗与铁损耗之和)。空载特性试验时，把电动机作为他励发电机，并在额定转速下空载运行一段时间后，量取电枢电压对于励磁电流的关系曲线。

测空载损耗时，把电动机作为他励电动机，逐步增加电动机的励磁电流至额定值，用改变电枢电压的方法，调节电动机转速至额定值，测出并记录不同电枢电压时的电枢电流。将电动机输入功率减去电枢回路铜耗和电刷接触损耗，即为空载损耗。

6. 确定电刷中性线位置

在电动机试验前首先检查接线是否正确，与电动机转向是否一致，然后确定电刷中性线位置。确定中性线位置最常用的方法是感应法，在电动机静止状态下进行的。将毫伏表接相邻两组电刷上，同时在励磁绕组上，接上约1.5～6V的直流电源，交替接通或断开，并逐步移动刷架的位置，在不同位置上测量出电枢绕组的感应电动势，当感应电动势为零时，电刷所在的位置即是电刷的中性线位置，试验时，仪表读数以断开励磁电流为准。

第十节 技 能 训 练

技能训练一 并励直流电动机起动、调速与反转控制

一、技能训练目的

1. 了解电动机实验基本要求及安全操作注意事项。
2. 了解电动机实验室的仪器设备及电源布置。
3. 掌握直流电动机的基本接线方法和实际操作方法。

二、技能训练内容

1. 电动机实验基本要求和安全操作规则。
2. 根据铭牌数据正确选择仪表量程，正确按图接线。
3. 直流电动机的起动、调速与反转控制。

三、训练器材

直流电动机1台、起动器1台、滑线变阻器1只、电流表1只、电压表1只、转速表1只、电工工具若干。

四、训练方法与步骤

1. 接线

按图2-65接线，了解清楚图中直流并励电动机出线盒端头标号及如何接线。在接线时，应注意防止发生下列错误：

（1）励磁电路错接或不通，使励磁电路两端同接于一根导线，如在此情况下起动，将发生转速过高或电流过大。

（2）励磁回路与起动电阻串联。在此情况下起动时不能保证全压励磁，绝大部分电压经起动电阻降落，因而起动时电枢电流很大，但电动机不转。

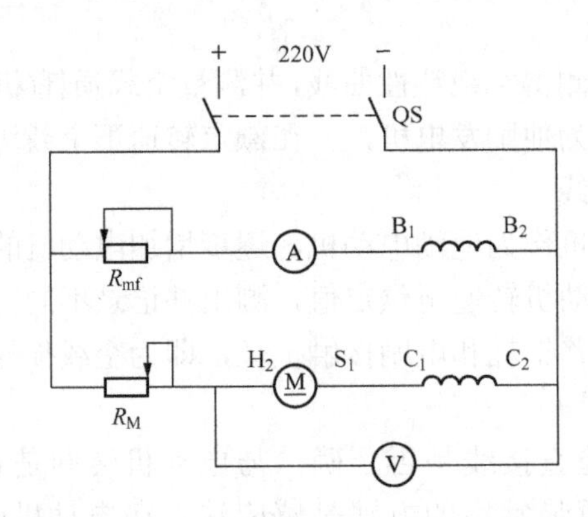

图2-65　利用调节变阻器起动、调速线路图

2. 起动

检查起动电阻和滑线变阻器的位置，合上电源开关，然后移动起动电阻器手柄，逐步减少起动电阻 R_m 使电动机起动。起动电动机前应检查：

（1）电枢串接电阻 R_m 必须在最大位置。

（2）励磁回路调节电阻 R_{mf} 放在最小值位置。

实验过程中如需重新起动电动机必须遵守这两点。

3. 反转

（1）切断电源，将电枢两端反接，然后重新起动电动机，观察电动机的旋转方向。

（2）切断电源，将励磁绕组反接，然后重新起动电动机，观察电动机的旋转方向。

（3）切断电源，同时反接电枢和励磁绕组，然后重新起动电动机，观察电动机的旋转方向。

4. 调速实验

（1）改变励磁电流调速，增加励磁回路电阻，减少励磁电流 I_f，使电动机的转速上升至 $n=1.2n_N$ 时为止，读取励磁电流及转速值5~7组记入表2-4中。

（2）改变电枢电路电阻调速，重新起动电动机，逐渐减少电枢电路电阻，测取转速、电枢两端电压 U_a 值，记入表2-5中。

（3）改变电枢电压调速，可根据实验条件自行拟定。

表2-4　　弱　磁　调　速

n							
I_f（mA）							

表 2-5　　调 压 调 速

n						
U_a						
R_a						

五、训练注意事项

1. 通电前要仔细检查线路连接是否正确和牢靠，仪表的量程及极性和设备的手柄位置是否正确，确保无误方可通电。

2. 合上电源开关起动电动机前，起动变阻器一定放在最大值，励磁变阻器放在最小值位置。

3. 正确起动直流电动机，如发现不转，要立即切断电源检查线路；电动机转向应与机座上标志一致，不然要改变其转向。

4. 实验过程中，应时刻注意仪表读数，如遇异常或听到奇怪声音，应立即果断地拉下电源开关。

技能训练二　三相异步电动机的空载、短路测试

一、训练目的

1. 掌握三相异步电动机空载和堵转实验方法。

2. 通过空载实验分析出铁耗和机械摩擦损耗。

二、训练内容

1. 记录电动机铭牌，用电桥测出定子绕组在室温下的电阻。

2. 测取空载特性曲线和堵转特性曲线。

三、训练器材

异步电动机 1 台、功率表 2 只、调压器 1 只、电流表 2 只、电压表 1 只、电工工具若干。

四、训练方法和步骤

1. 定子绕组首末端，其中任意两组绕组串联，施以单相电压 U=80～100V，任意电流不应超过额定值，如图 2-66 所示，测量第三相绕组的电压。如电压表有读数，表示两相绕组的首末端相连；如电压表无读数（U=0），则表示两相绕组首端相连。用同样方法可测出第三相绕组的首末端。

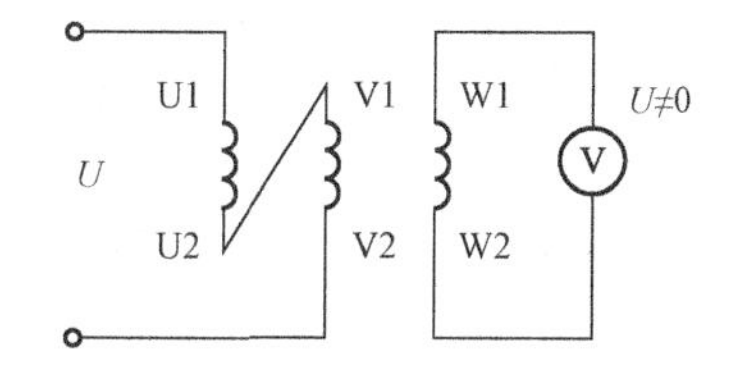

图 2-66　异步电动机首末端的判定

2. 空载实验

（1）按图 2-67 接线后，仔细检查。

（2）先将自耦调压器调零，然后合上 Q1。缓慢旋转调压器手轮，升压起动电动机。为避免较大的起动电流冲击损坏电流表与功率表，在起动前可将电流表与功率表电流线圈短接。起动完毕后，撤除短接导线，让电动机空转一段时间。

（3）用调压器调节电压，读取 $U_0=U_N$ 时的电压，空载电流及空载功率 P_0，并在作出记录。

（4）测量空载特性数据时，所施电压 U_0 应从 1.1 U_N 值开始，逐步降低（不允许反复变化）到最低值（即电流开始回升时）为止，测取 U_0、I_0、P_0 值 7~9 组，记入表 2-6 中。

表 2-6　空载实验数据

序号	电压 U_0	电流 I_0	功率 P_0			功率因素
			P_{I}	P_{II}	P_0	$\cos\varphi_0$
1						
2						
3						
4						

3．短路实验（亦称堵转实验）

（1）按图 2-68 所示接线，并仔细检查。

（2）先通电试转观察电动机转向，然后切断电源停机，用夹板堵住转子。

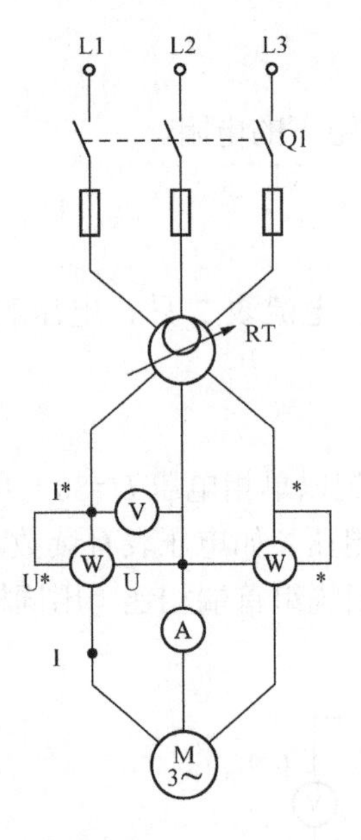

图 2-67　空载实验接线

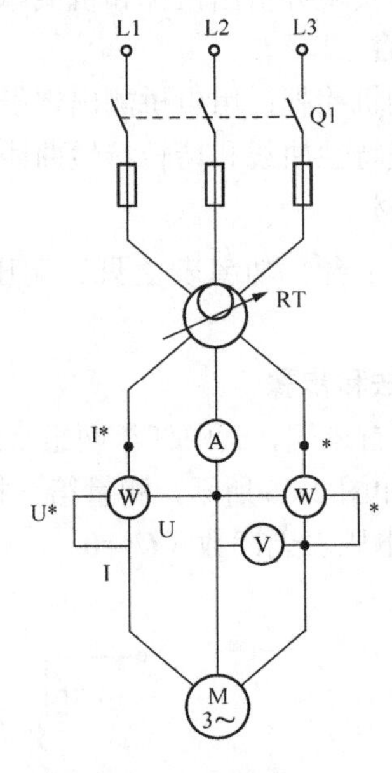

图 2-68　短路实验接线

（3）自耦变压器调零，然后接通电源；调节调压器，逐步达到额定电流（$I_K=I_N$），读取数据记入表 2-7 中。如果限于设备，实验可在 I_N 范围内进行。

表 2-7　　短路实验数据

电压 U_K	电流 I_K	功率 P_K			功率因素
		P_I	P_{II}	P_0	$\cos\varphi_k$

4．训练注意事项

（1）合电源开关之前，必须确定调压器的手柄处于“零”位。

（2）做短路实验时，试验的时间应尽量短，以防电动机过热损坏绕组绝缘。

习　　题

一、填空题

1．拖动恒转转负载进行调速时，应采用________调速方法，而拖动恒功率负载时应采用________调速方法。

2．三相异步电动机在运行中断一相，电动机会________，________增大，________升高。

3．可用下列关系来判断直流电机的运行状态，当________时为电动机状态，当________时为发电机状态。

4．直流发电机的绕组常用的有________和________两种形式，若要产生大电流，绕组常采用________绕组。

5．他励直流电动机的固有机械特性是指在________条件下，________和________的关系。

6．直流电动机的起动方法有____。

7．如果不串联制动电阻，反接制动瞬间的电枢电流大约是电动状态运行时电枢电流的________倍。

8．当电动机的转速超过________时，出现回馈制动。

9．直流发电机电磁转矩的方向和电枢旋转方向________，直流电动机电磁转矩的方向和电枢旋转方向________。

10．直流电动机电枢反应的定义是______，当电刷在几何中线时，电动机产生______性质的电枢反应，其结果使________和________，物理中性线朝________方向偏移。

11．当 s 在________范围内，三相异步电机运行于电动机状态，此时电磁转矩性质为________；在________范围内运行于发电机状态，此时电磁转矩性质为________。

12．三相异步电动机根据转子结构不同可分为________和________两类。

13．三相异步电动机的电磁转矩是由________和________共同作用产生的。

14．三相异步电动机电源电压一定，当负载转矩增加，则转速______，定子电流______。

15．三相异步电动机等效电路中的附加电阻是模拟________的等值电阻。

16．三相异步电动机在额定负载运行时，其转差率 s 一般在________范围内。

17．额定频率为 50Hz 的三相异步电动机额定转速为 725r/min，该电动机的极数为____，同步转速为______r/min，额定运行时的转差率为______。

18．一台三相异步电动机带恒转矩负载运行，若电源电压下降，则电动机的转速_____，定子电流________，最大转矩________，临界转差率________。

19．三相异步电动机的最大转矩与转子电阻_____。

20．对于绕线转子三相异步电动机，如果电源电压一定，转子回路电阻适当增大，则起动转矩_____，最大转矩_____。

21．主磁极的作用是产生_____。它由_____和_____组成。

22．直流电动机的励磁方式有_____、_____、_____和_____四种形式。

23．定子三相绕组中通过三相对称交流电时在空间会产生_____。

24．异步电动机的调速有___、____、___调速。

25．在变极调速中，若电动机从高速变为低速或者相反，电动机的转向将____。

26．变频调速对于恒功率和恒转矩负载，电压与频率的变化之比是____。

27．三相异步电动机在运行中一相熔丝熔断时，未熔断相的电流将____，转速则____。

28．一台 6 极三相异步电动机接于 50Hz 的三相对称电源；其 s=0.05，则此时转子转速为____r/min，定子旋转磁势相对于转子的转速为____r/min。

29．对于绕线转子三相异步电动机，如果电源电压一定，转子回路电阻适当增大，则起动转矩____，最大转矩____。

二、选择题

1．三相异步电动机在电源电压过高时，将会产生的现象是（　　）。

A．转速下降，电流增大　　B．转速升高，电流增大

C．转速升高，电流减小　　D．转速下降，电流减少

2．直流电动机的铁损、铜损分别（　　）。

A．随负载变化，随负载变化　　B．不随负载变化，不随负载变化

C．随负载变化，不随负载变化　　D．不随负载变化，随负载变化

3．在额定电压下运行的三相异步电动机，如负载在额定负载附近变动，电动机的转速（　　）。

A．不变　　B．变化较大　　C．稍有变化　　D．不稳定

4．根据直流电动机的机械特性方程式，得到固有机械特性曲线，其理想空载转速为 n_0，当电枢回路串接电阻后，得到一人为机械特性曲线，其理想空载转速为 n_0'，则（　　）。

A．$n_0' < n_0$，特性硬度降低　　B．$n_0' < n_0$，特性硬度不变

C．$n_0' = n_0$，特性硬度降低　　D．$n_0' > n_0$，特性硬度降低

5．驱动电机为直流电动机的一卷扬机构起吊重物时，设电动机正转时是提升重物，若改变加在电枢上的电压极性，则（　　）。

A．重物下降，越来越快，近于自由落体　　B．重物下降，越来越快，达到一稳定速度

C．重物下降，与上升时的速率一样　　D．重物下降，比上升时的速率慢一点

6．直流电机运行在发电机状态时，其（　　）。

A．$E_a>U$　　B．$E_a=0$　　C．$E_a<U$　　D．$E_a=U$

7．三相 6 极异步电动机，接到频率为 50Hz 的电网上额定运行时，其转差率 s_N=0.04，额定转速为（　　）。

A．1000r/min　　B．960r/min　　C．40r/min　　D．0r/min

8．三相异步电动机当转子不动时，定转子的频率关系是（　　）。

A．f_1=f_2　　B．f_1＜f_2　　C．f_1＞f_2　　D．f_2=0

9．若要使起动转矩 T_{st} 等于最大转矩 T_{max} 应（　　）。

A．改变电压大小　　B．改变电源频率

C．增大转子回路电阻　　D．减小电动机气隙

10．直流发电机电磁转矩的作用方向与转子的旋转方向（　　）。

A．相同　　B．相反　　C．无关　　D．垂直

11．要改变并励直流电动机的转向，可以（　　）。

A．增大励磁　　B．改变电源极性

C．改接励磁绕组与电枢的连接　　D．减小励磁

12．有一台两极绕线式异步电动机要把转速调上去，下列哪一种调速方法是可行的（　　）。

A．变极调速　　B．转子中串入电阻

C．变频调速　　D．降压调速

13．三相异步电动机采用 Y-Δ 换接起动，可使起动电流降低到直接起动时的（　　）。

A．$\frac{1}{2}$　　B．$\frac{1}{3}$　　C．$\frac{1}{4}$　　D．$\frac{1}{5}$

14．异步电动机的额定功率 P_N 是指（　　）。

A．输入电功率　　B．输出机械功率

C．输入机械功率　　D．输出电功率

15．绕线式异步电动机的转子绕组中串入调速电阻，当转速达到稳定后，如果负载转矩为恒转矩负载，调速前后转子电流将（　　）。

A．保持不变　　B．增加　　C．减小　　D．0

16．某三相电力变压器带电阻电感性负载运行，负载系数相同条件下，$\cos\varphi_2$ 越高，电压变化率ΔU（　　）。

A．越小　　B．不变　　C．越大　　D．不定

17．在电压相等情况下，若将一个交流电磁铁接到直流电流上使用，将会发生（　　）。

A．线圈电流增大，发热，甚至烧坏　　B．噪声

C．吸力减小　　D．铁损增加

18．要改变并励直流电动机的转向，可以（　　）。

A．增大励磁　　B．改变电源极性

C．改接励磁绕组与电枢的连接　　D．减小励磁

19．一台直流发电机由额定运行状态转速下降为原来的 50%，而励磁电流和电枢电流保持不变，则（　　）。

A．电枢电势下降 50%　　B．电磁转矩下降 50%

C．电枢电势和电磁转矩都下降 50%　　D．端电压下降 50%

20．直流电动机在串电阻调速过程中，若负载转矩不变，则（　　）。

A．输入功率不变　　B．输出功率不变

C．总损耗功率不变　　D．电磁功率不变

21．三相异步电动机铭牌上标明："额定电压380/220V，接法Y/Δ"。当电网电压为380V时，这台三相异步电动机应采用（　　）。

A．Δ接法　　B．Y接法

C．Δ、Y都可以　　D．Δ、Y都不可以

22．某直流电动机它的电枢与两个励磁绕组串联和并联，那么该电机为（　　）电动机。

A．他励　　B．并励　　C．复励　　D．串励

23．如果某三相异步电动机的极数为4级，同步转速为1800r/min，那么三相电流的频率为（　　）。

A．50Hz　　B．60Hz　　C．45Hz　　D．30Hz

24．一台他励直流电动机拖动恒转矩负载，当电枢电压降低时，电枢电流和转速将（　　）。

A．电枢电流减小．转速减小　　B．电枢电流减小、转速不变

C．电枢电流不变、转速减小　　D．电枢电流不变、转速不变

25．三相异步电动机在运行中，若一相熔丝熔断，则电动机将（　　）。

A．立即停转，不能起动　　B．立即停转，可以起动

C．继续转动，不能起动　　D．继续转动，可以起动

26．一台直流电动机起动时，励磁回路应该（　　）。

A．与电枢回路同时接入　　B．比电枢回路后接入

C．比电枢回路先接入　　D．无先后次序

27．一台变压器在工作时，有可能使额定电压变化率为零，这时的负载性质可能是（　　）。

A．电阻性负载　　B．电容性负载

C．电阻电容性负载　　D．电阻电感性负载

28．一台额定运行的三相异步电动机，当电网电压降低10%时，电动机的转速将（　　）。

A．上升　　B．降低　　C．不变　　D．停止转动

29．当直流电动机定子与电枢之间的空气隙增大时，直流电动机的（　　）。

A．磁阻减少　　B．磁阻增大

C．磁阻不变　　D．电流减少，转矩增大

30．改变三相异步电动机转向的方法是（　　）。

A．改变电源频率　　B．改变电源电压

C．改变定子绕组中电流的相序　　D．改变电动机的工作方式

31．一台Y，d11连接的三相变压器，额定容量S_N＝630kVA，额定电压U_{N1}/U_{N2}＝10/0.4kV，二次侧的额定电流是（　　）。

A．21A　　B．36.4A　　C．525A　　D．909A

32．变压器的额定容量是指（　　）。

A．一、二次侧容量之和

B．二次绕组的额定电压和额定电流的乘积所决定的有功功率

C．二次绕组的额定电压和额定电流的乘积所决定的视在功率

D. 一、二次侧容量之和的平均值

33. 变压器铁心中的主磁通Φ按正弦规律变化，绕组中的感应电势（　　）。

A. 正弦变化、相位一致

B、正弦变化、相位相反

C. 正弦变化、相位与规定的正方向有关

D. 正弦变化、相位与规定的正方向无关

34. 单相异步电动机的一、二次绕组在空间位置上应互差（　　）。

A. 120°　　B. 180°　　C. 60°　　D. 90°

35. 三相绕组在空间位置应互相间隔（　　）。

A. 180°　　B. 120°　　C. 90°　　D. 360°

36. 一台三相四极的异步电动机，当电源频率为 50Hz 时，它的旋转磁场的速度应为（　　）。

A. 750r / min　　B. 1000r / min　　C. 1500r / min　　D. 3000r / min

37. 一台三相四极异步电动机，额定转差率是 0.04，若电源频率是 50Hz，则电动机的转速为（　　）。

A. 1450r / min　　B. 1440r / min　　C. 960r / min　　D. 950r / min

38. 一台三相笼型异步电动机铭牌标明：“额定电压 380 / 220V，接法 Y / Δ”当电源电压为 380V 时，应采用（　　）的起动方式。

A. 星—三角换接起动　　B. 起动补偿器

C. 转子回路串接电阻　　D. 转子回路串接电抗

39. 三相异步电动机采用直接起动方式时，在空载时的起动电流与负载时的起动电流相比较，应为（　　）。

A. 空载时小于负载时　B. 负载时小于空载时　C. 一样大

40. 三相笼型异步电动机采用 Y—Δ 换接起动，其起动电流和起动转矩为直接起动的（　　）。

A. $1/\sqrt{3}$　　B. 1/3　　C. $1/\sqrt{2}$　　D. 1/2

41. 线绕式异步电动机在转子绕组中串变阻器起动，（　　）。

A. 起动电流减小，起动转矩减小　　B. 起动电流减小，起动转矩增大

C. 起动电流增大，起动转矩减小　　D. 起动电流增大，起动转矩增大

42. 三相异步电动机在满载运行中，三相电源电压突然从额定值下降了 10%，这时三相异步电动机的电流将会（　　）。

A. 下降 10%　　B. 增加　　C. 减小 20%　　D. 不变

三、判断题

1. 改变电流相序，可以改变三相旋转磁通势的转向。（　　）

2. 三相异步电动机转子不动时，经由空气隙传递到转子侧的电磁功率全部转化为转子铜损耗。（　　）

3. 三相异步电动机的最大电磁转矩 T_m 的大小与转子电阻 R_2 阻值无关。（　　）

4. 通常三相笼型异步电动机定子绕组和转子绕组的相数不相等，而三相绕线转子异步电动机的定．转子相数则相等。（　　）

5．当三相异步电动机的转子不动时，转子绕组电流的频率与定子电流的频率相同。（　　）

6．一台并励直流发电机，正转能自励，若反转也能自励。（　　）

7．一台直流发电机，若把电枢固定，而电刷与磁极同时旋转，则在电刷两端仍能得到直流电压。（　　）

8. 三相异步电动机在满载运行时，若电源电压突然降低到允许范围以下时，三相异步电动机转速下降，三相电流同时减小。（　　）

9. 三相异步电动机在运行中一相断路，电动机停止运行。（　　）

10．一台并励直流电动机，若改变电源极性，则电动机转向也改变。（　　）

11．直流电动机的电磁转矩是驱动性质的，因此稳定运行时，大的电磁转矩对应的转速就高。（　　）

12．直流电动机的人为特性都比固有特性软。（　　）

13．直流电动机串多级电阻起动。在起动过程中，每切除一级起动电阻，电枢电流都将突变。（　　）

14．他励直流电动机的降压调速属于恒转矩调速方式，因此只能拖动恒转矩负载运行。（　　）

15．他励直流电动机降压或串电阻调速时，最大静差率数值越大，调速范围也越大。（　　）

16. 三相笼型异步电动机铭牌标明：“额定电压380／220V，接线Y／Δ”，当电源电压为380V时，这台三相异步电动机可以采用星—三角换接起动。（　　）

17. 三相笼型异步电动机采用降压起动的目的是降低起动电流，同时增加起动转矩。（　　）

18. 采用星—三角换接起动，起动电流和起动转矩都减小为直接起动时的1/3倍。（　　）

19. 三相绕线式异步电动机转子串入频敏变阻器，实质上是串入一个随转子电流频率而变化的可变阻抗，与转子回路串入可变电阻器起动的效果是相似的。（　　）

20. 绕线式异步电动机可以改变极对数进行调速。（　　）

21. 只要三相异步电动机的端电压按不同规律变化，变频调速的方法具有优异的性能，适应于不同的负载。（　　）

四、简答题

1．如果电动机的容量为几个千瓦时，为什么直流电动机不能直接起动而三相笼型异步电动机却可以直接起动？

2．简述三相异步电动机的工作原理。

3．三相异步电动机如果断掉一根电源线能否起动？为什么？如果在运行时断掉一根电源线能否继续旋转？对电动机将有何影响？

4．单相异步电动机如何改变转向？

五、计算题

1．一台并励直流电动机,铭牌数据如下：P_N=3.5kW，U_N=220V，I_N=20A，n_N=1000r/min,

电枢电阻 R_a=1Ω，ΔU_b=1V，励磁回路电阻 R_1=440Ω，空载实验：当 U=220V,n=1000r/min 时，I_0=2A，试计算当电枢电流 I_a=10A 时电动机的效率（不计杂散损耗）。

2．一台并励直流发电机，铭牌数据如下：P_N=6kW，U_N=230V，n_N=1450r/min，R_a=0.57Ω（包括电刷接触电阻），励磁回路总电阻 R_f=177Ω，额定负载时的电枢铁损 P_{Fe}=234W，机械损耗为 P_{mec}=61W，求：（1）额定负载时的电磁功率和电磁转矩。（2）额定负载时的效率。

3．一台并励直流发电机，铭牌数据如下：P_N=23kW，U_N=230V，n_N=1500r/min，励磁回路电阻 R_f=57.5Ω，电枢电阻 R_a=0.1Ω，不计电枢反应磁路饱和。现将这台电机改为并励直流电动机运行，把电枢两端和励磁绕组两端都接到 220V 的直流电源：运行时维持电枢电流为原额定值。求：（1）转速 n；（2）电磁功率；（3）电磁转矩。

4．已知一台三相四极异步电动机的额定数据为：P_N=10kW，U_N=380V，I_N=11.6A，定子为 Y 连接，额定运行时，定子铜损耗 P_{Cu1}=560W，转子铜损耗 P_{Cu2}=310W，机械损耗 P_{mec}=70W，附加损耗 P_{ad}=200W，试计算该电动机在额定负载时的：（1）额定转速；（2）空载转矩；（3）转轴上的输出转矩；（4）电磁转矩。

5．已知一台三相异步电动机，额定频率为 150kW，额定电压为 380V，额定转速为 1460r/min，过载倍数为 2.4，试求：（1）转矩的实用表达式；（2）问电动机能否带动额定负载起动。

6．一台三相笼型异步电动机的数据为 P_N=40kW，U_N=380V，n_N=2930r/min，η_N=0.9，$\cos\varphi_N$=0.85，k_i=5.5，k_{st}=1.2，定子绕组为三角形连接，供电变压器允许起动电流为 150A，能否在下列情况下用 Y—Δ 降压起动？

7．他励直流电动机的 U_N=220V，I_N=207.5A，R_a=0.067Ω,试问：（1）直接起动时的起动电流是额定电流的多少倍？（2）如限制起动电流为 1.5I_N，电枢回路应串入多大的电阻？

8．一台三相笼型异步电动机的额定数据为：P_N=125kW，n_N =1460r/min，U_N=380V，Y 连接，I_N=230A，起动电流倍数 k_i=5.5，起动转矩倍数 k_{st}=1.1，过载能力 λ_T=2.2，设供电变压器限制该电动机的最大起动电流为 900A，问：（1）该电动机可否直接起动？（2）采用电抗器降压起动，起动电抗 x_{st} 值应为多少？（3）串入（2）中的电抗器时能否半载起动？

9．一台三相异步电动机接到 50Hz 的交流电源上，其额定转速 n_N=1455r/min，试求：（1）该电动机的极对数 p；（2）额定转差 s_N；（3）额定转速运行时，转子电动势的频率。

第三章

常用低压电器的选用、拆装及检测

用来接通和断开电路或对电路和电气设备进行控制、调节、转换和保护的电气设备都称为电器。

一、电器的分类

1. 按工作电压等级区分

按工作电压等级区分，可分为高压电器和低压电器。

（1）高压电器：用于交流电压1200V、直流电压1500V及以上电路中的电器。高压电器常用于高压供配电电路中，实现电路的保护和控制。如高压断路器、高压隔离开关等。

（2）低压电器：用于交流电压1200V、直流电压1500V及以下电路中的电器。低压电器常用于低压供配电系统和机电设备自动控制系统中，实现电路的保护、控制、检测和转换。如各种刀开关、按钮、接触器等。

2. 按用途区分

按用途区分，可分为配电电器和控制电器。

（1）配电电器：主要用于供配电系统中实现对电能的输送、分配和保护，如熔断器、及保护继电器等。

（2）控制电器：主要用于生产设备自动控制系统中对设备进行控制、检测和保护，如接触器、控制继电器、主令电器。

3. 按触点的动力来源区分

按触点的动力来源区分，可分为手动电器和自动电器。

（1）手动电器：通过人力驱动使触点动作的电器，如刀开关，转换开关等。

（2）自动电器：通过非人力驱动使触点动作的电器，如接触器，继电器等。

4. 按工作环境区分

按工作环境来区分，可分为一般用途低压电器和特殊用途低压电器。

二、低压电器的用途

低压电器广泛应用于工厂供配电系统和生产设备自动控制系统。在工厂机电设备自动控制领域，低压电器是构成设备自动化的主要控制器件和保护器件。常用低压电器的主要用途见表3-1。

表3-1　　常见低压电器的用途

分类名称		主要品种	用　　途
配电电器	断路器	万能式低压断路器、塑料外壳式断路器、直流快速断路器、灭磁断路器、漏电保护断路器	用于交、直流电路的过载、短路或欠电压保护、不频繁通断操作电路；灭磁式断路器用于发电机励磁保护；漏电保护式断路器用于漏电保护

续表

分类名称		主要品种	用　途
配电电器	熔断器	半封闭插入式、有填料螺旋式、有填料管式快速、有填料封闭管式、保护半导体器件熔断器、无填料封闭管式、自复式熔断器	用于交、直流电路和电气设备的短路、过载保护
	刀开关	熔断器式刀开关、大电流刀开关、负荷开关	用于电路隔离，也可不频繁接通和分断额定电流
	转换开关	组合开关、换向开关	主要用于两种及以上电源或负载的转换和线路功能切换；不频繁接通和分断额定电流
控制电器	接触器	交流接触器、直流接触器、真空接触器、半导体接触器	用于远距离频繁起动或控制交、直流电动机以及接通、分断正常工作的主电路和控制电路
	控制继电器	电流继电器、电压继电器、时间继电器、中间继电器、热继电器、速度继电器	在控制系统中作控制或保护之用
	控制器	凸轮控制器、平面控制器	用于电动机起动、换向和调速
	主令电器	按钮、行程开关、万能转换开关、主令控制器	用于接通或分断控制电路，以发布命令或用于程序控制

第一节　开　关　电　器

一、刀开关

刀开关是一种配电电器，在供配电系统和设备自动控制系统中刀开关通常用于电源隔离，有时也可用于不频繁接通和断开小电流配电电路或直接控制小容量电动机的起动和停止。

刀开关的种类很多，通常将刀开关和熔断器合二为一，组成具有一定接通分断能力和短路分断能力的组合式电器，其短路分断能力由组合电器中熔断器的分断能力来决定。

在电力设备自动控制系统中，使用最为广泛的有胶壳刀开关、铁壳开关和组合开关。

1. 胶壳刀开关

胶壳刀开关也称为开启式负荷开关，是一种结构简单、应用广泛的手动电器。主要用作电源隔离开关和小容量电动机不频繁起动与停止的控制电器。

（1）组成。胶壳刀开关由操作手柄、熔丝、静触点、动触点（触刀片）、瓷底座和胶盖组成。胶盖使电弧不致飞出灼伤操作人员，防止极间电弧短路；熔丝对电路起短路保护作用。

图 3-1 所示为刀开关的结构图，图 3-2 所示为刀开关的图形和文字符号。

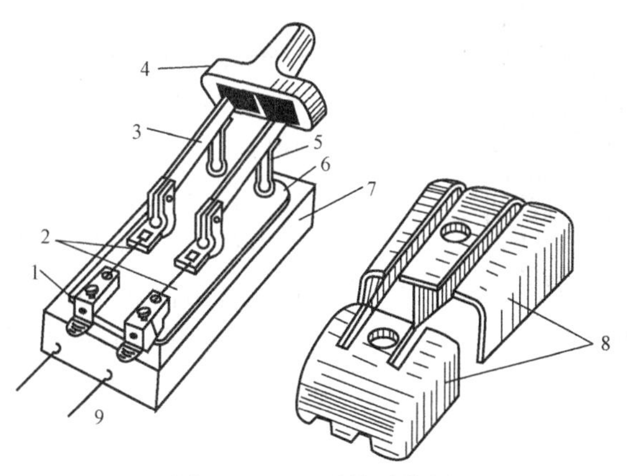

图 3-1　刀开关的结构图

1—出线座；2—熔丝；3—动触头；4—手柄；5—静触头；6—电源进线座；7—瓷座；8—胶盖；9—接用电器

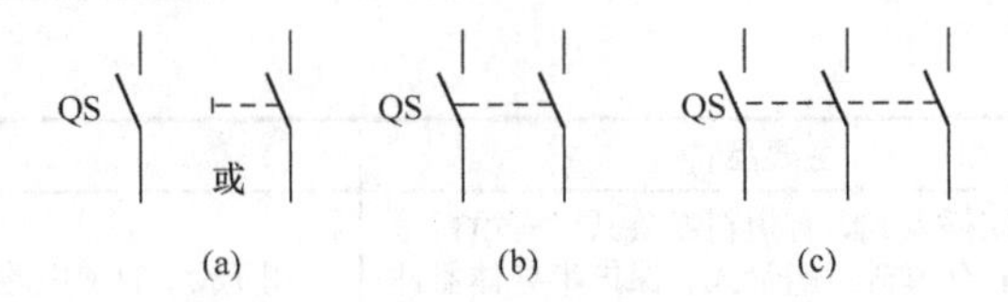

图3-2　刀开关的图形及文字符号

（a）单极；（b）双极；（c）三极

（2）型号。胶壳开关的型号及意义如下：

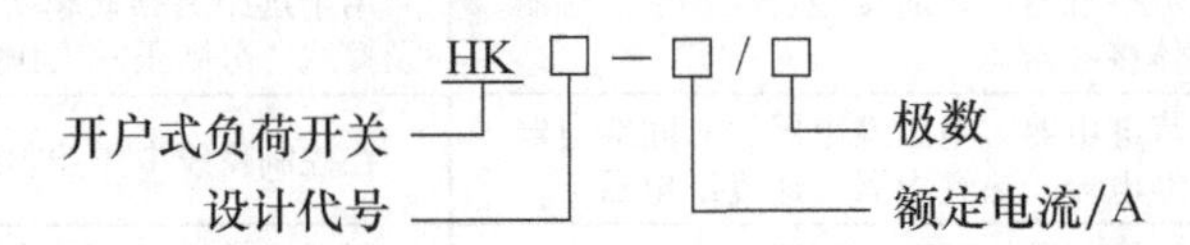

（3）选用。

1）额定电压选择：刀开关的额定电压要大于或等于线路实际的最高电压。

2）额定电流选择：当作为隔离开关使用时，刀开关的额定电流要等于或稍大于线路实际的工作电流。当直接用其控制小容量（小于5.5kW）电动机的起动和停止时，则需要选择电流容量比电动机额定值大的刀开关。

3）胶壳开关不适合于用来直接控制5.5kW以上的交流电动机。

（4）安装及操作注意事项。

1）胶壳刀开关安装时，手柄要向上，不得倒装或平装。倒装时，手柄有可能因为振动而自动下落造成误合闸，另外分闸时可能电弧灼手。

2）接线时，应将电源线接在上端（静触点），负载线接在下端（动触点），这样，拉闸后刀开关与电源隔离，便于更换熔丝。

3）拉闸与合闸操作时要迅速，一次拉合到位。

常用刀开关的型号有HK1、HK2、HK4和HK8等系列。

2. 铁壳开关

铁壳开关又称为半封闭式负荷开关，主要用于配电电路，作电源开关、隔离开关和应急开关之用；在控制电路中，可用于不频繁起动28kW以下三相异步电动机。

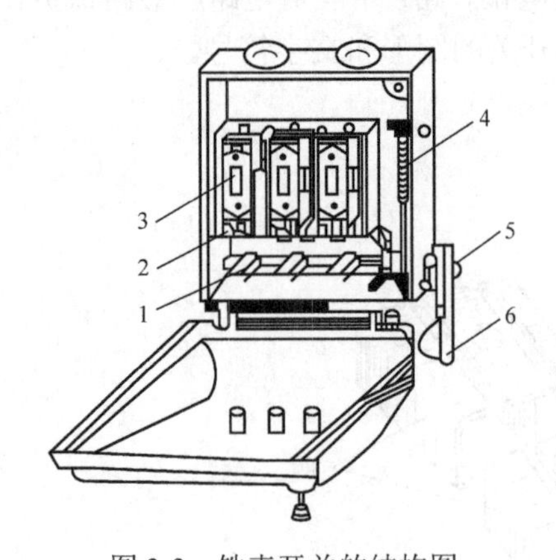

图3-3　铁壳开关的结构图

1—闸刀；2—夹座；3—熔断器；4—速断弹簧；5—转轴；6—手柄

（1）铁壳开关的组成。铁壳开关由钢板外壳、动触点、触刀、静触点、储能操作机构、熔断器及灭弧机构等组成，其结构图如图3-3所示，铁壳开关的图形和文字符号与胶壳开关相同。

铁壳开关的操作机构有以下特点：一是采用储能合、分闸操作机构，当扳动操作手柄时，通过弹簧储存能量，当操作手柄扳动到一定位置时，弹簧储存的能量瞬间爆发出来，推动触点迅速合闸、分闸，因此触点动作的速度很快，并且与操作速度无关。二是具有机械联锁功能，当铁盖打开时，不能进行合闸操作；而合闸后不能打开铁盖。

（2）铁壳开关的选用。铁壳开关的技术参数与胶壳开关相同，但由于其结构上的特点，使铁壳开关的断流能力比相同电流容量的胶壳开关要大得多，因此在电流容量的选用上与胶壳开关有所区别。

1）作为隔离开关或控制电热、照明等电阻性负载时其额定电流等于或稍大于负载的额定电流即可。

2）用于控制电动机起动和停止时其额定电流可按大于或等于两倍电动机额定电流选取。

半封闭式负荷开关型号及意义如下：

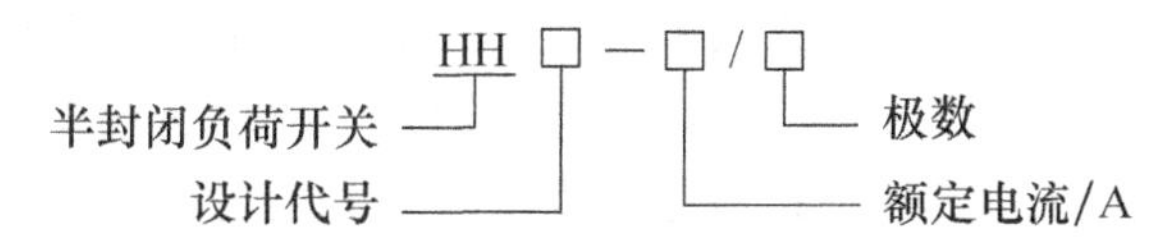

常用的半封闭式负荷开关的型号有 HH3、HH4、HH10 和 HH11 等系列。

二、组合开关

组合开关是刀开关的另一种结构形式，在设备自动控制系统中，一般用作电源引入开关或电路功能切换开关，也可直接用于控制小容量交流电动机的不频繁操作。常用于交流 50Hz、380V 以下及直流 220V 以下的电气线路中，供手动不频繁的接通和分断电路、电源开关或控制 5kW 以下小容量异步电动机的起动、停止和正反转，但每小时的接通次数不宜超过 15～20 次，开关的额定电流一般取电动机额定电流的 1.5～2.5 倍。

1. 组成

组合开关由动触点、静触点、方形转轴、手柄、定位机构和外壳等组成。它的触点分别叠装在数层绝缘座内，动触点与方轴相连；当转动手柄时，每层的动触点与方轴一起转动，使动静触点接通或断开。之所以叫组合开关是因为绝缘座的层数可以根据需要自由组合，最多可达六层。组合开关采用储能合、分闸操作机构，因此触点的动作速度与手柄速度无关。

图 3-4 所示为组合开关的外形、层结构和图形文字符号。

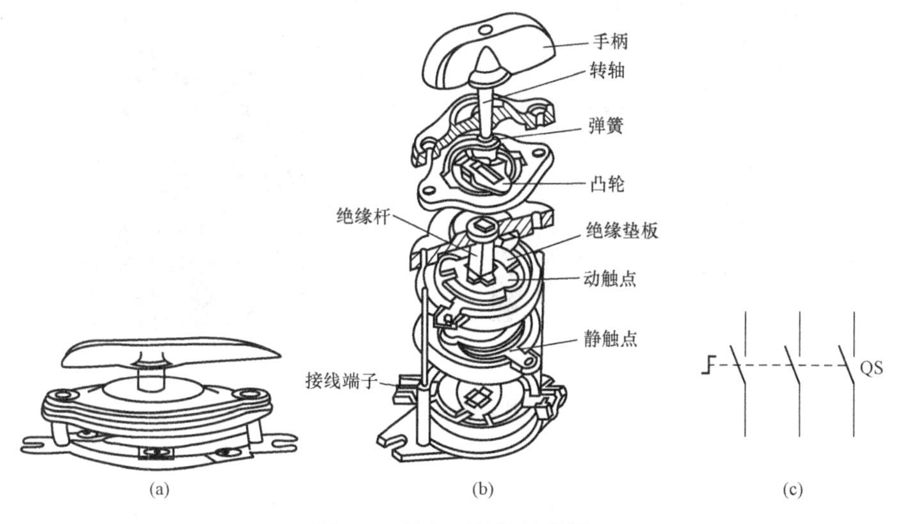

图 3-4 组合开关的结构图

（a）外形；（b）结构；（c）符号

组合开关的型号及意义如下：

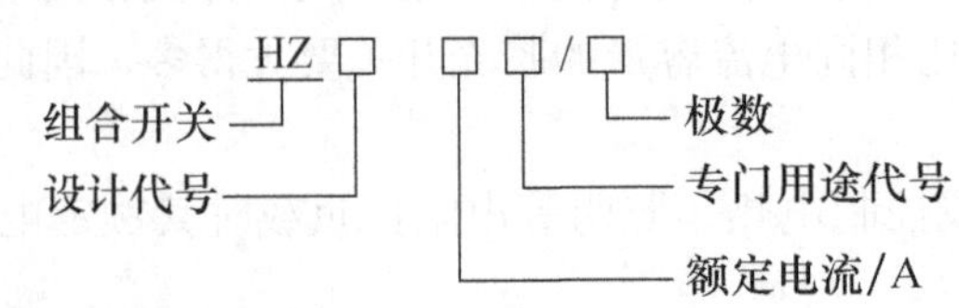

2. 组合开关的主要技术参数与选用

组合开关的主要技术参数与刀开关相同，选用时可按以下原则进行：

（1）用于一般照明、电热电路，其额定电流应大于或等于被控电路的负载电流总和。

（2）当用作设备电源引入开关时，其额定电流稍大于或等于被控电路的负载电流总和。

（3）当用于直接控制电动机时，其额定电流一般可取电动机额定电流的2～3倍。

组合开关的通断能力较低，故不用于分断故障电流。当用于电动机可逆控制时，必须在电动机安全停转后才允许反向接通。

常用的组合开关的型号有HZ5、HZ10和HZ15等系列，一般在电气控制线路中普遍采用的是HZ10系列的组合开关。

三、低压断路器

低压断路器也称为自动空气开关，主要用在交直流低压电网中，既能带负荷通断电路，又能在失压、欠压、短路和过负荷时自动跳闸，保护线路和电气设备，用于不频繁起动电动机。断路器都装有灭弧装置，因此，它可以安全地带负荷合、分闸。

1. 分类

（1）按结构形式分类。

1）框架式（又称为万能式），用作配电网络的保护开关，实物如图3-5（a）所示。

2）塑料外壳式（又称为装置式），除用作配电网络的保护开关外，还用作电动机、照明线路的控制开关，实物如图3-5（b）所示。

(a)

(b)

图3-5 低压断路器的外形结构图

（a）万能式；（b）装置式

（2）按用途可分为配电用、电动机保护用、照明用、漏电保护用断路器。

断路器的结构形式很多，在自动控制系统中，塑料外壳式和漏电保护断路器由于结构紧凑、体积小、重量轻、价格低、安装方便，并且使用较为安全等特点，应用广泛。

2. 结构

低压断路器一般由触点系统、灭弧系统、操作机构、脱扣器及外壳或框架等组成。漏电保护断路器还需有电检测机构和动作装置。各组成部分的作用如下：

（1）触点系统用于接通和断开电路。有对接式、桥式和插入式三种触点结构形式，一般采用银合金材料和铜合金材料制成。

（2）灭弧系统有多种结构形式，常用的灭弧方式有：窄缝灭弧和金属栅灭弧。

（3）操作机构用于实现断路器的闭合与断开。有手动、电动机和电磁铁操作机构等。

（4）脱扣器是断路器的感测元件，用来感测电路特定的信号（如过电压等），电路一旦出现非正常信号，相应的脱扣器就会动作，通过联动装置使断路器自动跳闸切断电路。脱扣器的种类很多，有电磁脱扣、热脱扣、自由脱扣、漏电脱扣等。

（5）外壳或框架是断路器的支持件，用来安装断路器的各个部分。

3. 基本工作原理

通过手动或电动等操作机构可使断路器合闸，从而使电路接通。当电路发生故障时，通过脱扣装置使断路器自动跳闸，达到故障保护的目的。

断路器工作原理分析如下：当主触点闭合后，若 L3 相电路发生短路或过电流（电流达到或超过过电流脱扣器动作值）事故时，过电流脱扣器衔铁吸合，驱动自由脱扣器动作，主触点在弹簧的作用下断开；当电路过载时（L3 相），热脱扣器的热元件发热使双金属片产生足够的弯曲，推动自由脱扣器动作，从而使主触点切断电路；当电源电压不足（小于欠电压脱扣器释放值）时，欠电压脱扣器的衔铁释放使自由脱扣器动作，主触点切断电路。分励脱扣器用于远距离切断电路，当需要分断电路时，按下分断按钮，分励脱扣器线圈通电，衔铁驱动自由脱扣器动作，使主触点切断电路。

使用时要注意，不同型号、规格的断路器，内部脱扣器的种类不一定相同，在同一个断路器中可以有几种不同性质的脱扣装置。另外，各种脱扣器的动作值或释放值根据保护要求可以通过整定装置在一定的范围内调节。图 3-6 所示为断路器的图形和文字符号。

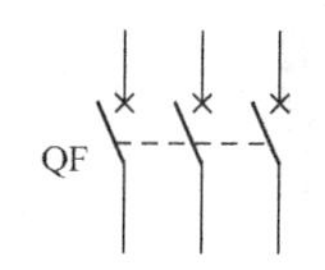

图 3-6　断路器的图形和文字符号

塑料外壳式断路器的型号及意义如下：

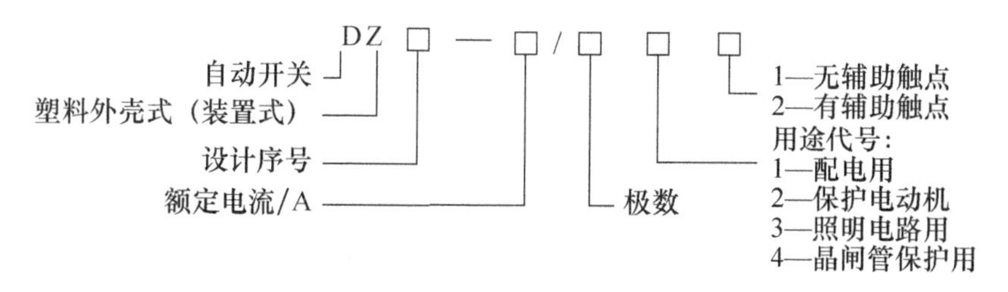

常用的框架结构低压断路器有 DW10、DW15 两个系列；塑料外壳式有 DZ5、DZ10、DZ20 等系列，在电气控制线路中，主要采用的是 DZ5 和 DZ10 系列低压断路器。

4. 漏电保护断路器

漏电保护断路器又被称为漏电保护开关，是为了防止低压电网中人身触电或漏电造成火灾等事故而研制的一种新型电器，除了起断路器的作用外，还能在设备漏电或人身触电时迅速断开电路，保护人身和设备的安全，应用广泛。

电磁式电流动作型漏电保护断路器的基本原理与结构如图3-7所示，它由主回路断路器（含跳闸脱扣器）和零序电流互感器、放大器三个主要部件组成。当设备正常工作时，主电路电流的相量和为零，零序电流互感器的铁心无磁通，其二次绕组没有感应电压输出，开关保持闭合状态。当被保护的电路中有漏电或有人触电时，漏电电流通过大地回到变压器中性点，从而使三相电流的相量和不为零，零序电流互感器的二次绕组中就产生感应电流，当该电流达到一定的值并经放大器放大后就可以使脱扣器动作，使断路器在很短的时间内动作而切断电路。

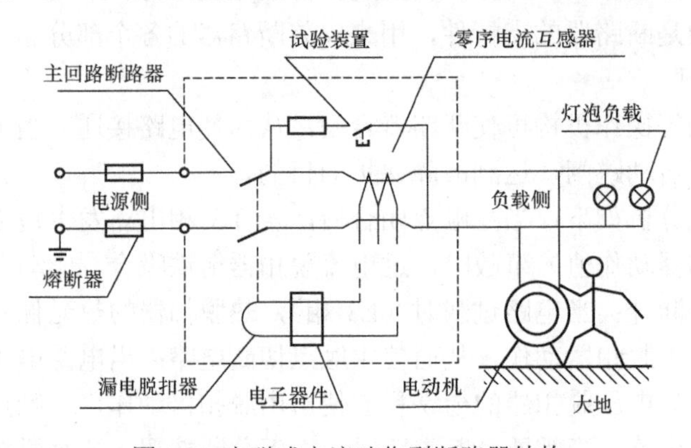

图3-7 电磁式电流动作型断路器结构

漏电保护断路器的主要型号有DZ5-20L、DZ15L、DZL-16、DZL18-20系列等，其中DZL18-20型放大器采用了集成电路，体积小、动作灵敏、工作可靠，其实物外形如图3-8所示。

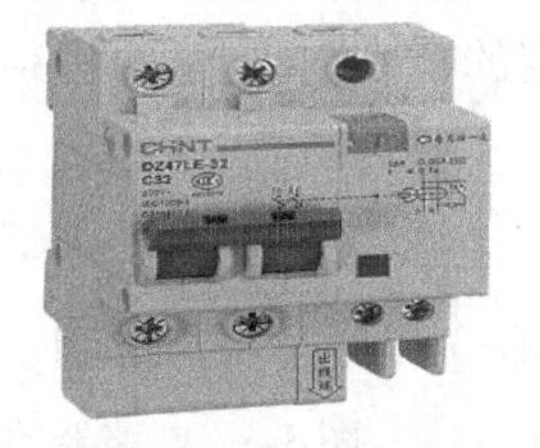

图3-8 DZL18-20型漏电保护断路器实物图

5. 断路器使用注意事项

为保证低压断路器可靠工作，使用时要注意以下事项：

（1）断路器要按规定垂直安装，连接导线必须符合规定要求。

（2）工作时不可将灭弧罩取下，以免发生短路时电流不能熄灭的事故。

（3）脱扣器的整定值一经调好不要随意变动，并定期检查，以免脱扣器误动作或不动作。

（4）分断短路电流后，应及时检查主触点，发现弧烟痕迹可用干布擦尽；若发现触点烧毛时应及时修复。

（5）使用一定次数（一般为1/4机械寿命）后，应给操作机构添加润滑油。

（6）应定期清除断路器的污垢，以免影响操作和绝缘。

第二节　熔　断　器

低压熔断器广泛用于低压供配电系统和控制系统中，主要用作短路保护。熔断器串联在电路中，当电路发生短路或严重过载时，熔断器中的熔体将自动熔断，从而切断电路，起到保护作用。熔断器结构简单、体积小巧、工作可靠，是电气设备重要的保护元件之一。

一、低压断路器的种类及型号

1. 种类

熔断器的种类很多，按其结构可分为半封闭插入式熔断器、有填料螺旋式熔断器、有填料封闭管式熔断器、无填料封闭管式熔断器等，熔断器的种类不同，其特性和使用场合也不同。

2. 型号

熔断器的型号及意义如下：

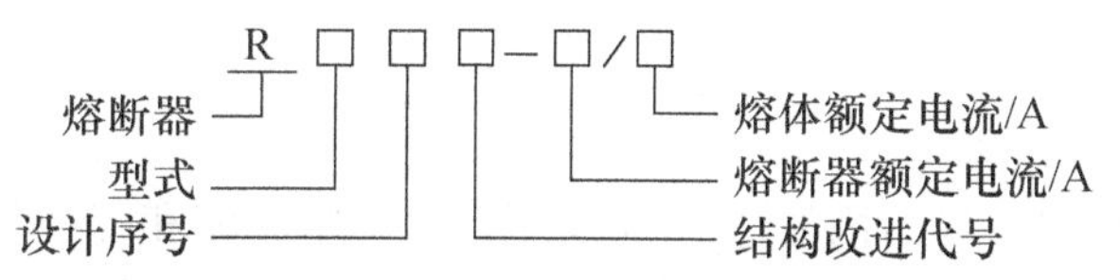

熔断器的型式：C—瓷插式熔断器；L—螺旋式熔断器；M—无填料封闭管式熔断器；T—有填料管式快速熔断器；S—快速熔断器；Z—自复式熔断器。

图形和文字符号图形和文字符号如图 3-9 所示。

FU

图 3-9　熔断器图形和文字符号

二、熔断器的基本结构

熔断器从其功能上来区分，可分为熔座和熔体两个组成部分。熔座用于安装和固定熔体，熔体则串联在电路中。当电路发生短路或者严重过载时，通过熔断器的电流超过某一规定值时，以其自身产生的热量使熔体熔断，从而自动分断电路，起到保护作用，即熔断器的工作原理。

熔断器灭弧方法大致有两种。一种是将熔体装在一个密封绝缘管内，绝缘管由高强度材料制成，这种材料在电弧的高温下，能分解出大量的气体，使管内产生很高的压力，用以压缩电弧和增加电弧的电位梯度，以达到灭弧的目的。另外一种是将熔体装在有绝缘砂粒填料（如石英砂）的熔管内，在熔体断开电路产生电弧时，石英砂可以吸收电弧能量，金属蒸气可以散发到砂粒的缝隙中，熔体很快冷却下来，从而达到灭弧的目的。

熔体是熔断器的主要组成部分，常用形式有：丝状、片状或栅状。一般用铅、铅锡合金、锌、银、铜等材料制成；铅、铅锡合金、锌等低熔点材料一般多用于小电流电路，银、铜等较高熔点的金属多用于大电流电路。熔体的熔点温度一般在 2000～3000℃。

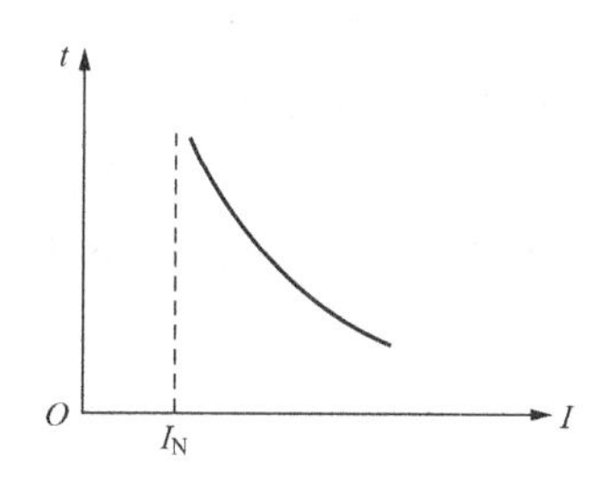

图 3-10　熔断器的保护特性

三、熔断器的保护特性及主要参数

1. 保护特性

熔断器的保护特性又称为安秒特性，它表示熔体熔断的时间与流过熔体的电流大小之间的关系特性。熔断器的安秒特性如图 3-10 所示。

熔断器的安秒特性为反时限特性，即通过熔体的电流值越大，熔断时间越短。熔断器熔断电流与熔断时间的数值关系如表 3-2 所示。

表 3-2　　熔断器的熔断电流与熔断时间的数值关系

熔断电流倍数	1.25～1.3	1.6	2	2.5	3	4
熔断时间	∞	1h	40s	8s	4.5s	2.5s

2. 主要参数

（1）额定电压。从灭弧角度出发，规定熔断器所在电路工作电压的最高限额。如果线路的实际电压超过熔断器的额定电压，一旦熔体熔断时，有可能发生电弧不能及时熄灭的现象。

（2）额定电流。即熔座的额定电流，这是由熔断器长期工作所允许的温升决定的电流值。配用的熔体的额定电流应小于或等于熔断器的额定电流。

（3）熔体的额定电流。熔体长期通过此电流而不熔断的最大电流。生产厂家生产不同规格的熔体供用户选择使用。

四、常用熔断器简介

1. 半封闭插入式熔断器

也称为瓷插式熔断器，其结构如图 3-11 所示，由瓷质底座和瓷插件两部分构成，熔体通常用铅锡合金制成，也有用铜丝作为熔体，安装在瓷插件内。其结构简单、价格低廉、带电更换熔体方便，具有较好的保护特性。主要用于中、小容量的控制电路和小容量低压分支电路中。

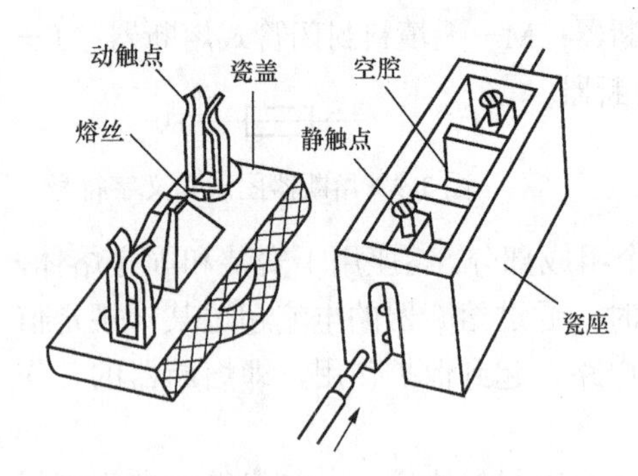

图 3-11　半封闭插入式熔断器结构

常用的型号有 RC1A 系列，其额定电压为 380V，额定电流有 5、10、15、30、60、100、200A 等 7 个等级。RC1A 系列插入式熔断器一般用在交流 50Hz、额定电压 380V 及以下，额定电流 200A 及以下的低压线路末端或分支电路中，用于电气设备的短路保护。

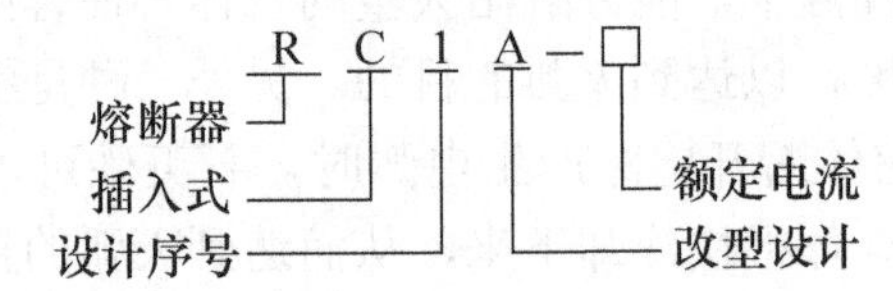

2. 螺旋式熔断器

螺旋式熔断器的结构如图 3-12 所示，它由瓷底座、瓷帽、瓷套和熔断体组成。熔断体安装在瓷质熔管内，内部充满起灭弧作用的石英砂。熔断体自身带有熔体熔断指示装置。

螺旋式熔断器具有较好的抗振性能，灭弧效果与断流能力均于瓷插式熔断器，广泛应用于控制箱、配电屏、机床设备及振动较大的场合，在交流额定电压 500V、额定电流 200A 及以下的电路中，作为短路保护器件。

螺旋式熔断器接线时要注意，电源进线接在瓷底座的下接线端上，负载线接在与金属螺纹壳相连的上接线端上。

常用的型号有 RL6、RL7、RLS2 等系列。

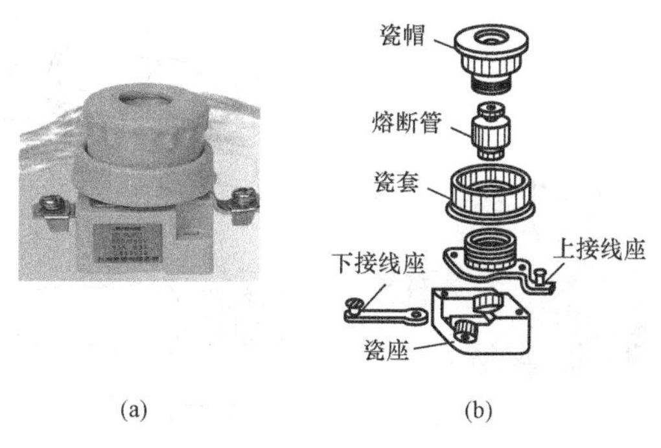

图 3-12　螺旋式熔断器外形与结构

（a）实物；（b）结构

3．有填料封闭管式熔断器

有填料封闭管式熔断器由瓷底座、熔断体两部分组成，熔体安放在瓷质熔管内，熔管内部充满石英砂作灭弧用。

有填料封闭管式熔断器具有熔断迅速、分断能力强、无声光现象等良好性能，但结构复杂，价格昂贵。是一种大分断能力的熔断器，广泛用于短路电流较大的电力输配电系统中，作为电缆、导线和电气设备的短路保护及导线、电缆的过载保护。

常用的型号有 RT0、RT12、RT14 等系列。RT0 系列有填料封闭管式熔断器外形结构如图 3-13 所示。

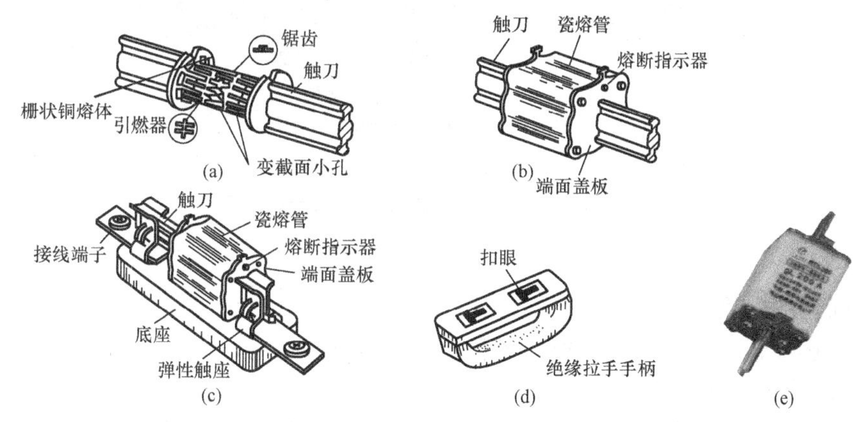

图 3-13　有填料封闭管式熔断器外形与结构

（a）熔体；（b）熔管；（c）熔断器；（d）绝缘操作手柄；（e）实物

4．无填料封闭管式熔断器

无填料封闭管式熔断器由插座、熔断管、熔体等组成。适用于交流 50Hz、额定电压 380V 或直流额定电压 440V 及以下电压等级的动力网络和成套配电设备中，作为导线、电缆及较大容量电气设备的短路和连续过载保护。主要型号有 RM10 系列，其实物与结构如图 3-14 所示。

5．快速熔断器

快速熔断器又叫半导体器件保护用熔断器，主要用于半导体元件或整流装置的短路保护。由于半导体元件的过载能力很低，只能在极短的时间内承受较大的过载电流，因此要求短路保护器件具有快速熔断能力。快速熔断器能满足这种要求，且结构简单，使用方便，动作灵敏可靠，因而应用广泛，如图 3-15 所示。

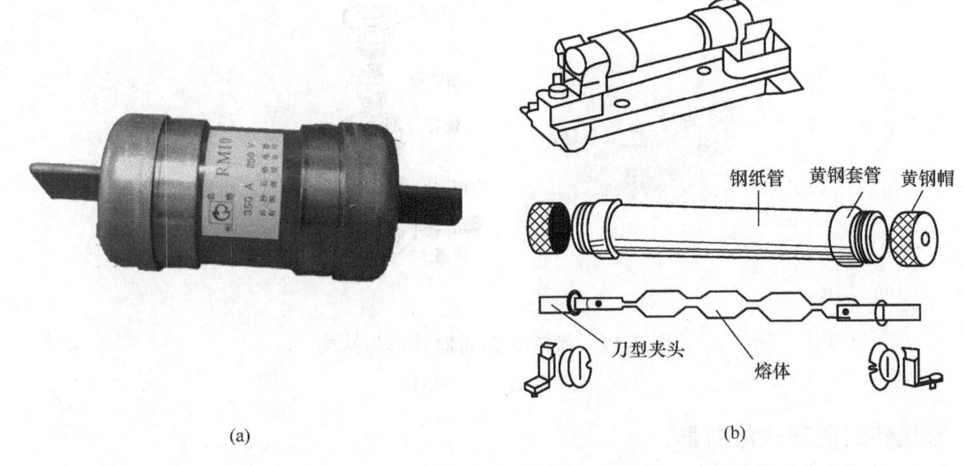

图3-14 RM10系列无填料封闭管式熔断器外形与结构

（a）实物；（b）结构

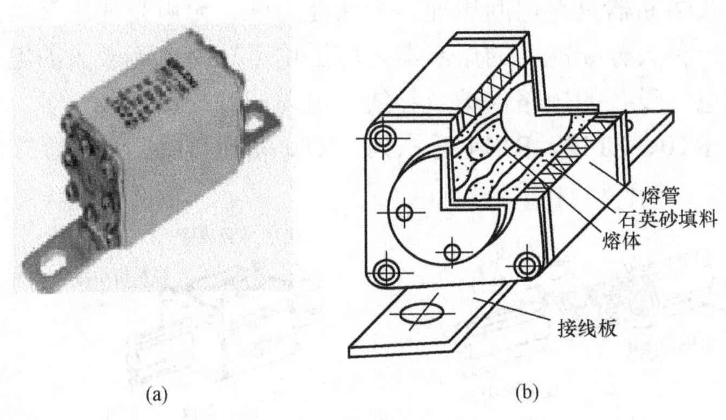

图3-15 快速熔断器外形与结构

（a）实物；（b）结构

五、熔断器的选用

熔断器的选择包括熔断器的种类选择和额定参数选择。

1. 熔断器种类的选择

熔断器的选择应根据使用场合、线路的要求及安装条件作出选择。在工厂电器设备自动控制系统中，半封闭插入式熔断器、有填料螺旋式熔断器的使用极为广泛；在供配电系统中，有填料封闭管式熔断器和无填料封闭管式熔断器使用较多；而在半导体电路中，主要选用快速熔断器作短路保护。

2. 熔断器额定参数选择

在确定熔断器的种类后，就必须对熔断器的额定参数作出正确的选择。

（1）熔断器额定电压 U_N 的选择。熔断器额定电压应大于或等于线路的工作电压 U_L，即 $U_N \geqslant U_L$。

（2）熔断器额定电流的 I_N 选择。实际上就是选择支持件的额定电流，其额定电流必须大于或等于所装熔体的额定电流 I_{RN}，即 $I_N \geqslant I_{RN}$。

（3）熔体额定电流 I_{RN} 的选择。熔断器保护对象的不同，熔体额定电流的选择方法也有

所不同：

1）当熔断器保护电阻性负载时，熔体额定电流等于或稍大于电路的工作电流即可，即 $I_{RN} \geqslant I_L$。

2）当熔断器保护一台电动机时，考虑到电动机受起动电流的冲击，必须要保证熔断器不会因为电动机起动而熔断。熔断器的额定电流可按下式计算，即 $I_{RN} \geqslant (1.5 \sim 2.5) I_N$。式中，$I_N$ 为电动机额定电流，轻载起动或起动时间短时，系数可取得小些，相反若重载起动或起动时间长时，系数可取得大些。

3）当熔断器保护多台电动机时，额定电流可按下式计算，即 $I_{RN} \geqslant (1.5 \sim 2.5) I_{MN} + \Sigma I_N$。式中 I_{MN} 为容量最大的电动机额定电流；ΣI_N 为其余电动机额定电流之和；系数的选取方法同前。

4）当熔断器用于配电电路时，通常采用多级熔断器保护，发生短路事故时，远离电源端的前级熔断器应先熔断。所以一般后一级熔体的额定电流比前一级熔体的额定电流至少大一个等级，以防止熔断器越级熔断而扩大停电范围。同时必须要校核熔断器的断流能力。

六、熔断器使用注意事项

为保证低压熔断器可靠工作，使用时要注意以下事项：

（1）低压熔断器的额定电压应与线路的电压相吻合，不得低于线路电压。

（2）熔体的额定电流不可大于熔管（支持件）的额定电流。

（3）熔断器的极限分断能力应高于被保护线路的最大短路电流。

（4）安装熔体时必须注意不要使其受机械损伤，特别是较柔软的铅锡合金丝，以免发生误动作。

（5）安装时应保证熔体和触刀以及刀座接触良好，以免因接触电阻过大而使温度过高发生误动作。

（6）当熔体已熔断或已严重氧化，需更换熔体时，要注意新换熔体的规格与旧熔体的规格相同，以保证动作的可靠性。

（7）更换熔体或熔管，必须在不带电的情况下进行，即使有些熔断器允许在带电情况下取下，也必须在电路切断后进行。

第三节　继　电　器

继电器是一种根据外界输入信号（电信号或非电信号）来控制电路“接通”或“断开”的一种自动电器，主要用于控制、线路保护或信号转换。

继电器的种类很多，分类方法也较多。按用途来分，可分为控制继电器和保护继电器；按反映的信号来分，可分为电压继电器、电流继电器、时间继电器、热继电器和速度继电器等；按动作原理来分，可分为电磁式、电子式和电动式等。

一、电磁式继电器

电磁式继电器主要有电压继电器、电流继电器和中间继电器。

电磁式继电器的结构、工作原理与接触器相似，由电磁系统、触点系统和反力系统三部分组成，其中电磁系统为感测机构，其触点主要用于小电流电路中，因此不专门设置灭弧装置。

当吸引线圈通电（或电流、电压达到一定值）时，衔铁运动驱动触点动作。通过调节反力弹簧的弹力、止动螺钉的位置或非磁性垫片的厚度，可以达到改变电器动作值和释放值的目的。

1. 电流继电器

电流继电器根据电路中电流大小动作或释放，用于电路的过电流或欠电流保护，电流继电器线圈的匝数少、导线粗、阻抗小，使用时其吸引线圈直接（或通过电流互感器）串联在被控电路中。电流继电器有直流和交流电流继电器之分。

（1）过电流继电器。过电流继电器用于电路过电流保护，当电路工作正常时不动作；电路出现故障、电流超过某一整定值时，引起开关电器有延时或无延时动作的继电器。主要用于频繁起动和重载起动的场合，作为电动机和主电路的过载和短路保护，其外形和图形文字符号分别如图3-16和图3-17所示。

图3-16　过电流继电器外形图

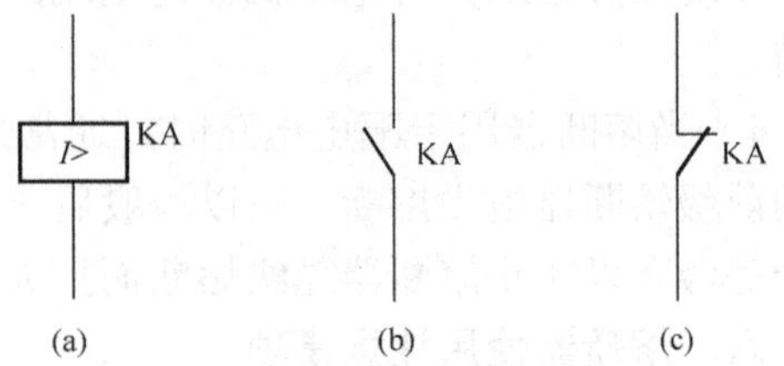

图3-17　过电流继电器图形和文字符号

（a）线圈；（b）动合触点；（c）动断触点

（2）欠电流继电器。欠电流继电器用于电路欠电流保护，电路在线圈电流正常时，继电器的衔铁与铁心是吸合的，当通过继电器的电流减小到某一整定值以下时，欠电流继电器释放。常用于直流电动机励磁电路和电磁吸盘的弱磁保护。其外形和图形文字符号分别如图3-18和图3-19所示。欠电流继电器动作电流为线圈额定电流的30%～65%，释放电流为线圈额定电流的10%～20%。

图3-18　欠电流继电器外形

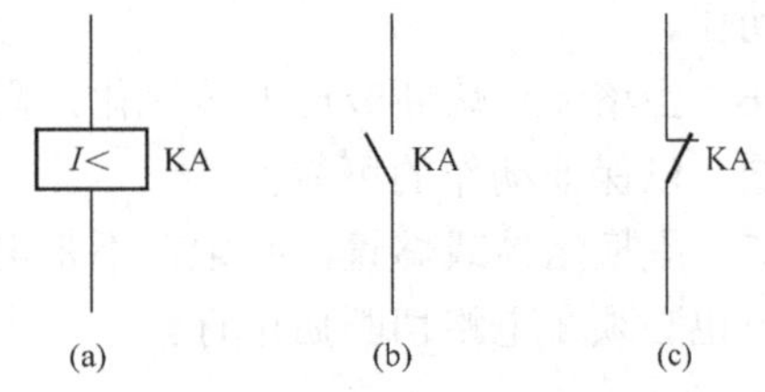

图3-19　欠电流继电器图形和文字符号

（a）线圈；（b）动合触点；（c）动断触点

2. 电压继电器

电压继电器根据电路中电压大小来控制电路的“接通”或“断开”。用于电路的过电压或欠电压保护，继电器线圈的导线细、匝数多、阻抗大，使用时其吸引线圈直接并联在被控电路中。

电压继电器有直流电压继电器和交流电压继电器之分，它们的工作原理是相同的；同一类型又可分为过电压继电器、欠电压继电器和零电压继电器。

（1）过电压继电器。当电压大于其整定值时动作的电压继电器，主要用于对电路或设备作过电压保护，常用的过电压继电器为JT4–A系列，其动作电压可在105%～120%额定电压范围内调整。

（2）欠电压继电器。用于电路欠电压保护，当电压降至某一规定范围时动作的电压继电器。

（3）零电压继电器。是欠电压继电器的一种特殊形式，当继电器的端电压降至0或接近

消失时才动作。

欠（零）电压继电器正常工作时，铁心与衔铁吸合，当电压低于整定值时，衔铁释放，带动触点复位，对电路实现欠电压或零电压保护。JT4−P 系列欠电压继电器的释放电压：40%～70%额定电压；零电压继电器的释放电压：10%～35%额定电压。

欠电压、过电压继电器图形和文字符号如图 3-20 所示。

3. 中间继电器

中间继电器实际上是一种动作值与释放值不能调节的电压继电器，其输入信号是线圈的通电和断电，输出信号是触点的动作。主要用于传递控制过程中的中间信号。中间继电器的触点数量较多，可以将一路信号转变为多路信号，以满足控制要求。

中间继电器结构及工作原理与接触器基本相同。但中间继电器的触点对数多，且没有主辅之分，各对触点允许通过的电流大小相同，多数为 5A，可用来控制多个元件或回路。

中间继电器图形与文字符号如图 3-21 所示，常用的中间继电器如图 3-22 所示。

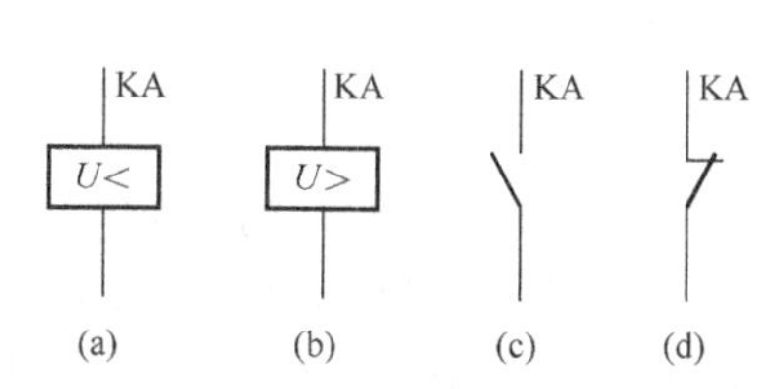

图 3-20　过电压、欠电压继电器图形和文字符号

（a）欠电压继电器线圈；（b）过电压继电器线圈；（c）动合触点；（d）动断触点

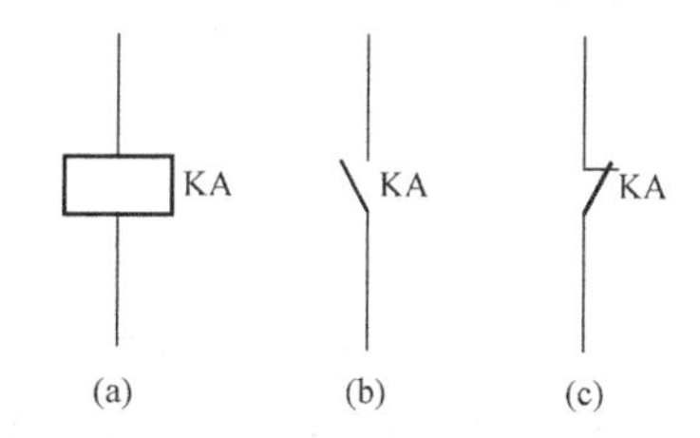

图 3-21　中间继电器图形和文字符号

（a）线圈；（b）动合触点；（c）动断触点

(a)　(b)　(c)

图 3-22　常见中间继电器外形图

（a）JZ7；（b）JZ8；（c）JZ15

二、时间继电器

当继电器的感测机构接受到外界动作信号、经过一段时间延时后触点才动作的继电器，称为时间继电器。时间继电器是一种利用电磁原理或机械动作原理实现触点延时接通和断开的自动控制电器。广泛用于需要按时间顺序进行控制的电气控制线路中。

时间继电器按动作原理可分为电磁式、空气阻尼式、电动式和电子式；按延时方式可分为通电延时和断电延时两种。电磁式时间继电器结构简单，价格低廉，但体积和重量较大，延时较短，它利用电磁阻尼来产生延时，只能用于直流断电延时，主要用于配电系统。电动式时间继电器延时精度高，延时可调范围大，但结构复杂，价格贵。空气阻尼式时间继电器延时精度不高，价格便宜，整定方便。晶体管式时间继电器结构简单、延时长、精度高、消耗功率小、调整方便及寿命长。

图 3-23 所示为时间继电器的图形和文字符号。

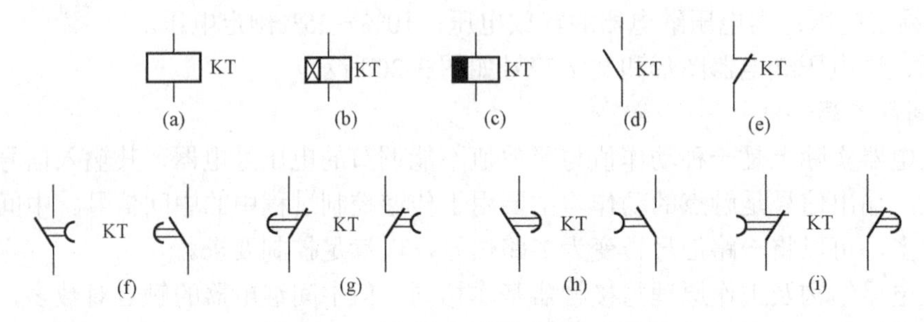

图 3-23　时间继电器图形和文字符号

（a）线圈一般符号；（b）通电延时线圈；（c）断电延时线圈；（d）瞬时闭合动合触点；（e）瞬时断开动断触点；（f）延时闭合动合触点；（g）延时断开动断触点；（h）延时断开动合触点；（i）延时闭合动断触点

1. 空气阻尼式时间继电器

空气阻尼式时间继电器又称为气囊式时间继电器。利用气囊中的空气通过小孔节流的原理来获得延时动作。根据触点延时的特点，可分为通电延时动作型和断电延时复位型两种。空气阻尼式时间继电器由电磁机构、触点系统和空气阻尼器三部分组成，图 3-24 所示为其外形和结构图。

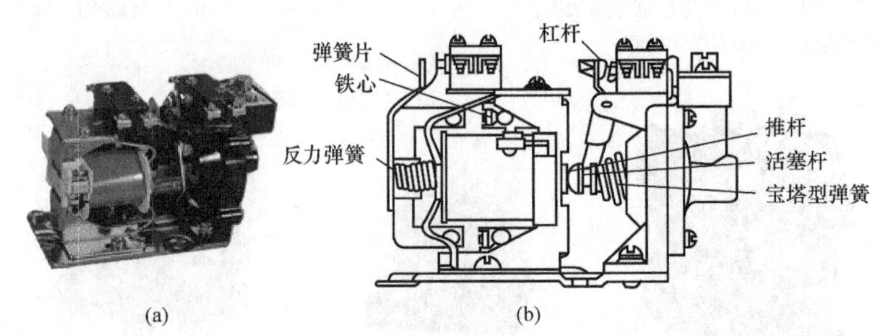

图 3-24　JS7-A 系列空气阻尼式时间继电器外形和结构

（a）外形；（b）结构

空气阻尼式时间继电器工作原理如下：当线圈通电后衔铁吸合，活塞杆在塔形弹簧作用下带动活塞及橡皮膜向上移动，橡胶膜下方空气室空气变得稀薄而形成负压，活塞杆只能缓慢移动，其移动速度由进气孔气隙大小来决定。经一段时间延时后，活塞杆通过杠杆压动微动开关使其动作，达到延时的目的。当线圈断电时，衔铁释放，橡皮膜下方空气室通过活塞肩部所形成的单向阀迅速排放，使活塞杆、杠杆、微动开关迅速复位。通过调节进气孔气隙大小可改变延时时间的长短。通过改变电磁机构在继电器上的安装方向可以获得不同的延时方式。

空气阻尼式时间继电器延时范围较大(0.4～180s)，不受电压和频率波动影响；结构简单、寿命长、价格低。但延时误差大，精确整定难,易受环境温度尘埃的影响，不宜用于对延时精度要求较高的场合。使用时要注意：刻度盘上的指示值是一个近似值，仅作参考用，主要型号有 JS7、JS16 和 JS23 等系列。JS7—A 系列断电延时型和通电延时型时间继电器的组成元

件是通用的。如果将通电延时型时间继电器的电磁机构翻转 180°，安装即成为断电延时型时间继电器。

2. 电子式时间继电器

电子式时间继电器具有体积小、延时范围大、精度高、寿命长以及调节方便等特点，目前在自动控制领域应用广泛。

JS20 系列时间继电器采用插座式结构，所有元件装在印刷电路板上，用螺钉使之与插座紧固，再装上塑料罩壳组成本体部分，在罩壳顶面装有铭牌和整定电位器旋钮，并有动作指示灯。主要使用型号有 JS20、JS13 等系列，JS20 系列时间继电器采用的延时电路有场效应晶体管电路和单结晶体管电路两类，外形如图 3-25 所示。

图 3-25　JS20 晶体管时间继电器外形图

时间继电器型号及意义如下：

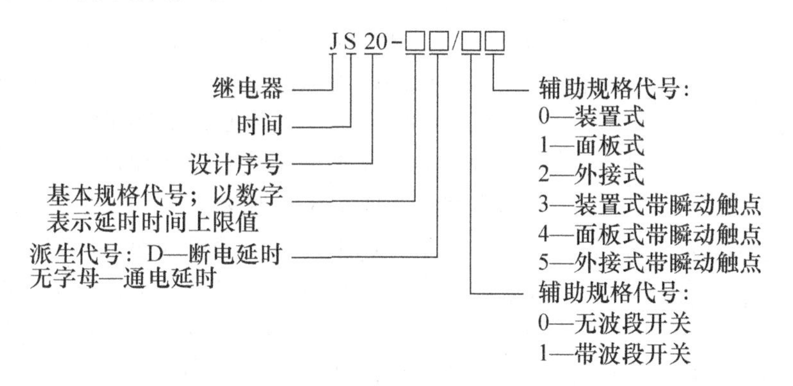

三、热继电器

电动机在运行过程中经常会遇到过载现象，只要过载不严重、时间不长，电动机绕组的温升没有超过其允许温升是允许的；但如果电动机长时间温升超过允许温升时，轻则使电动机的绝缘加速老化而缩短其使用寿命，严重时可能会使电动机因温度过高而烧毁。

热继电器是利用电流通过发热元件时所产生的热量，使双金属片受热弯曲而推动触点动作的一种保护电器。主要用于电动机的过载保护、断相保护以及电流不平衡运行保护。

1. 热继电器的保护特性

作为对电动机过载保护的热继电器，应能保证电动机不因过载烧毁，同时又要能最大限度地发挥电动机的过载能力，因此热继电器必须具备以下一些条件：

（1）具备反时限保护特性。为充分发挥电动机的过载能力，保护特性应尽可能与电动机过载特性贴近。

（2）具有一定的温度补偿性。当周围环境温度发生变化引起双金属片弯曲而带来动作误差时，应具有自动调节补偿功能。

（3）热继电器的动作值应能在一定范围内调节以适应生产和使用要求。

2. 热继电器的结构与工作原理

（1）结构。由发热元件、双金属片、触点系统和传动机构等部分组成。有两相结构和三相结构热继电器之分；三相结构热继电器又可分为带断相保护和不带断相保护两种。图 3-26

所示为三相结构热继电器外形和内部结构示意图。

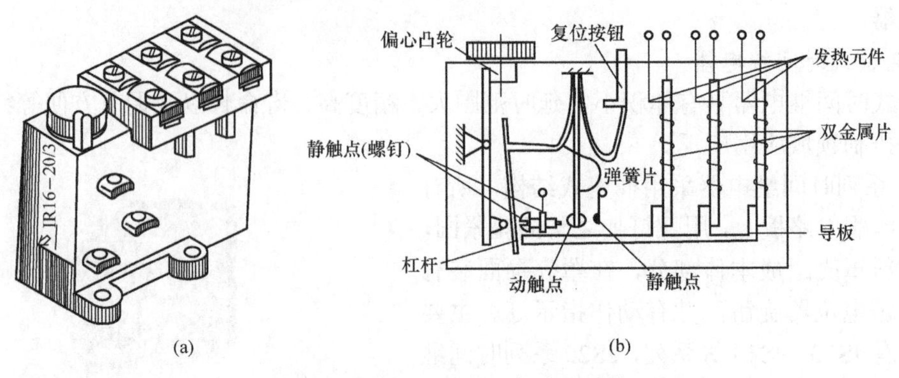

图 3-26　热继电器外形与内部结构

（a）外形；（b）内部结构和原理示意图

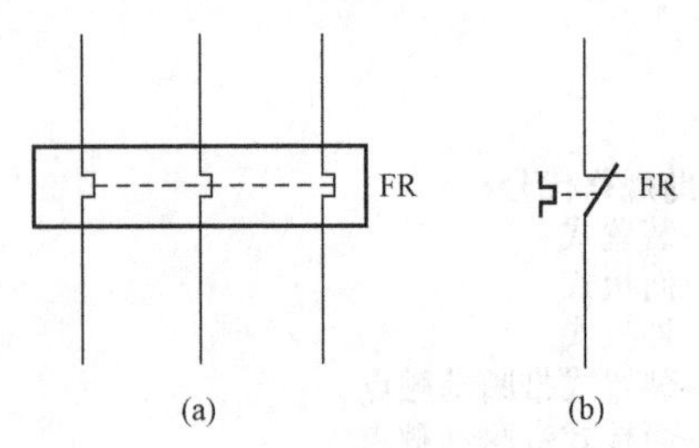

图 3-27　热继电器图形和文字符号

（a）热元件；（b）动断触点

发热元件由电阻丝制成，与主电路串联；当电流通过热元件时，热元件对双金属片加热，使双金属片受热弯曲。双金属片是热继电器的核心部件，由两种热膨胀系数不同的金属材料辗压而成；当它受热膨胀时，会向膨胀系数小的一侧弯曲。此外，还具有调节和复位机构，热继电器图形和文字符号如图 3-27 所示。

（2）工作原理。当电动机未超过额定电流时，双金属片自由端弯曲的程度不足以触及动作机构，因此热继电器不会工作；当电流超过额定电流时，双金属片自由端弯曲的位移将随着时间的积累而增加，最终将触及动作机构而使热继电器动作，切断电动机控制电路。由于双金属片弯曲的速度与电流大小有关，电流越大，弯曲的速度也越快，动作时间就短。反之，则时间就长，这种特性称为反时限特性。只要热继电器的整定值调整得恰当，就可以使电动机在温度超过允许值之前停止运转，避免因高温而造成损坏。

当电动机起动时，电流很大，但时间很短，热继电器不会影响电动机的正常起动。表 3-3 是热继电器动作时间和电流之间的关系表。

表 3-3　　热继电器保护特性

电流（A）	动作时间	试验条件
$1.05I_N$	>1～2h	冷态
$1.2I_N$	<20min	热态
$1.5I_N$	<2min	热态
$6.0I_N$	>5s	冷态

3. 热继电器的选用

（1）种类的选择。

1）当电动机星形连接时，选用两相或三相热继电器均可进行保护。

2）当电动机三角形连接时，应选用三相带差分放大机构的热继电器才能进行最佳的

保护。

（2）主要参数的选择。

1）额定电压。热继电器额定电压是指触点的电压值，选用时要求额定电压大于或等于触点所在线路的额定电压。

2）额定电流。热继电器额定电流是指允许装入的热元件的最大额定电流值，选用时要求额定电流大于或等于被保护电动机的额定电流。

3）热元件规格。热元件规格用电流值表示，是指热元件允许长时间通过的最大电流值。选用时一般要求其电流规格小于或等于热继电器的额定电流。

4）热继电器的整定电流。整定电流是指长期通过热元件又刚好使热继电器不动作的最大电流值。热继电器的整定电流要根据电动机的额定电流、工作方式等情况调整而定。一般情况下可按电动机额定电流值整定。

由于热继电器主双金属片受热膨胀的热惯性及动作机构传递信号的惰性原因，热继电器从电动机过载到触点动作需要一定的时间，因此热继电器不能作短路保护。但也正是这个热惯性和机械惰性，保证了热继电器在电动机起动或短时过载时不会动作，从而满足了电动机的运行要求，避免电动机不必要的停车。同理，当电动机处于重复短时工作时，亦不适宜用热继电器作其过载保护，而应选择能及时反映电动机温升变化的温度继电器作为过载保护。

需要指出，对于重复短时工作制的电动机（如起重机），由于电动机不断重复升温，热继电器双金属片的温升跟不上电动机绕组的温升变化，因而电动机将得不到可靠保护。因此，不宜采用双金属片式热继电器。

热继电器主要型号有：JR20、JRS1、JR0、JR14 等系列，引进产品有 T 系列、3UA 系列和 LR1-D 系列等。热继电器型号及意义如下：

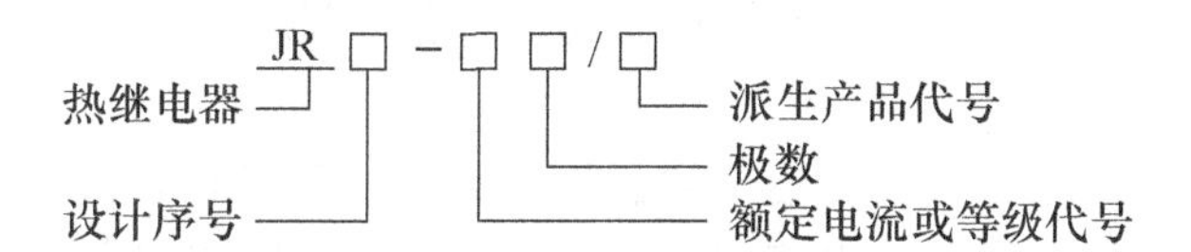

四、速度继电器

速度继电器主要用于电动机反接制动，所以也称反接制动继电器。电动机反接制动时，为防止电动机反转，必须在反接制动结束时或结束前及时切断电源。

1. 结构

速度继电器主要由转子、定子和触点三个部分组成。转子是一块永久磁铁，固定轴上。定子的结构与笼型异步电动机相似，是一个笼型空心圆环，由硅钢片叠压而成，并装有笼型绕组。

2. 工作原理

速度继电器使用时，其轴与电动机轴相连，外壳固定在电动机的端盖上。当电动机转动时带动速度继电器的转子（磁极）转动，于是在气隙中形成一个旋转磁场，定子绕组切割该磁场产生感应电流，进而产生力矩，定子受到的磁场力的方向与电动机的旋转方向相同，从而使定子向轴的转动方向偏摆，通过定子拨杆拨动触点，使触点动作。在杠杆推动触头的同时也压缩反力弹簧，其反作用阻止定子继续转动。当转子的转速下降到一定数值时，电磁转

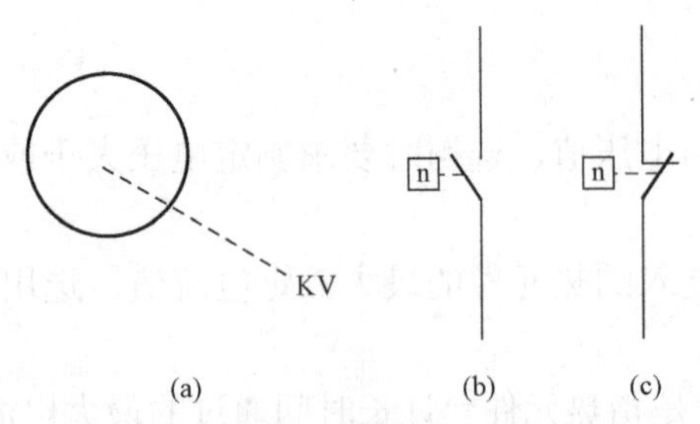

图3-28　速度继电器图形和文字符号

（a）图形；（b）动合触点；（c）动断触点

矩小于反力弹簧的反用力矩，定子便回到原来位置，对应的触头恢复到原来状态。速度继电器的动作转速一般为120 r/min，复位转速约在100r/min以下。常用的速度继电器有JY1、JFZ0型，其中YJ1型能在3000r/min以下可靠的工作。

速度继电器的图形和文字符号如图3-28所示。

速度继电器的型号如下所示：

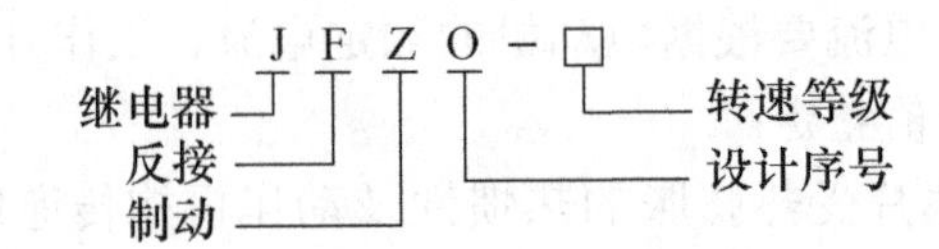

五、压力继电器

根据压力源压力变化情况决定触点的断开或闭合，以便对机械设备提供保护或控制的继电器，常用于气动控制系统中，当压力低于整定值时，压力继电器使机床自动停车，以保证安全。

压力继电器由缓冲器、橡皮薄膜、顶杆、压缩弹簧、调节螺母和微动开关组成。微动开关与顶杆距离一般大于0.2 mm。压力继电器安装在气路、水路或油路的分支管路中。当管道压力超过整定值时，通过缓冲器、橡皮膜抬起顶杆，使微动开关动作，当管道压力低于整定值后，顶杆脱离微动开关，使触头复位。常用的压力继电器有YJ系列、YT-1226系列压力调节器等，压力继电器的控制压力可通过放松或拧紧调整螺母来改变。

第四节　接　触　器

接触器是一种用途广泛的开关电器。它利用电磁、气动或液动原理，通过控制电路来实现主电路的通断。接触器具有通断电流能力强、动作迅速、操作安全、能频繁操作和远距离控制等优点，但不能切断短路电流，因此接触器通常需与熔断器配合使用。接触器的主要控制对象是电动机，也可用来控制其他电力负载。

接触器的分类较多，按驱动触点系统动力来源不同分为电磁式、气动式或液动式接触器；按灭弧介质的性质，分为空气式、油浸式和真空接触器等，还可按主触点控制的电流性质，分为交流接触器和直流接触器等。

一、交流接触器

交流接触器主要用于接通或分断电压至1140V、电流630A以下的交流电路，可实现对电动机和其他电气设备的频繁操作和远距离控制。

1. 基本结构与工作原理

接触器由电磁机构、触点系统和灭弧系统三部分组成。

电磁机构一般为交流机构，也可采用直流电磁机构。吸引线圈为电压线圈，使用时并接在电压相当的控制电源上。当线圈通电后，衔铁在电磁吸力的作用下，克服复位弹簧的反力与铁心吸合，带动触头动作，从而接通或断开相应电路。当线圈断电后，动作过程与上述相反。

触点可分为主触点和辅助触点，主触点一般为三极动合触点，电流容量大，通常装设灭弧机构，因此具有较大的电流通断能力，主要用于大电流电路（主电路）；辅助触点电流容量小，不专门设置灭弧机构，主要用在小电流电路（控制电路）中作联锁或自锁之用。图 3-29 所示为 CJ20 型接触器外形及结构图，其图形文字符号如图 3-30 所示。

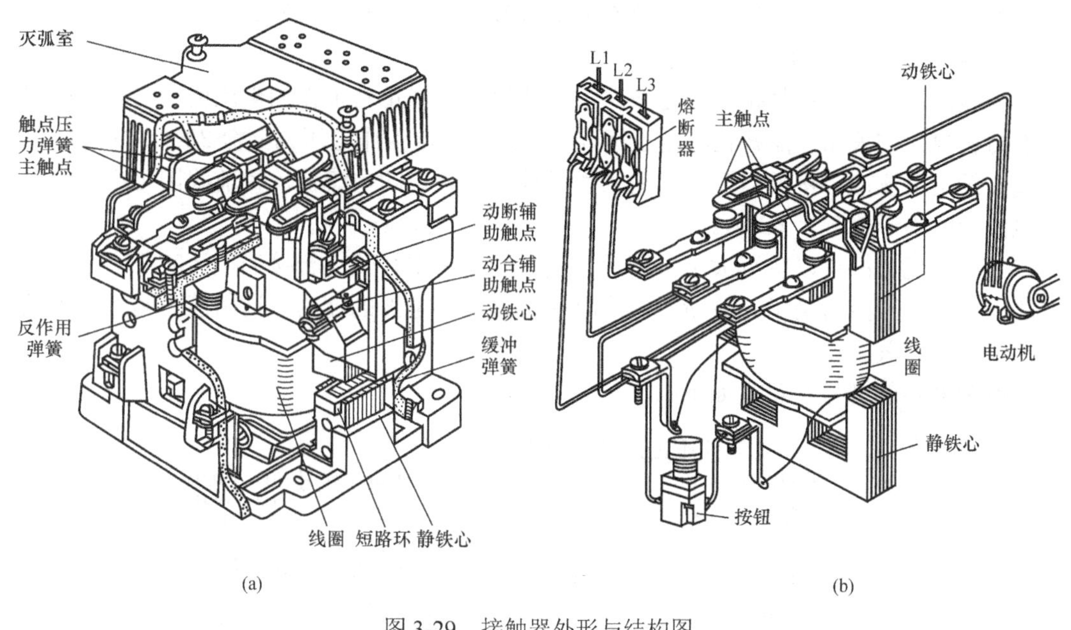

图 3-29　接触器外形与结构图

（a）外形；（b）结构

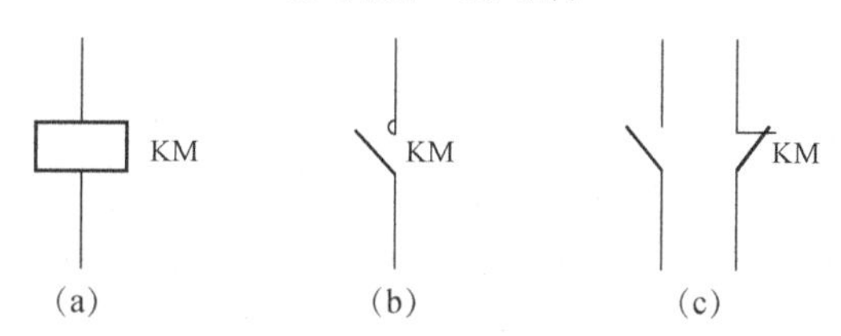

图 3-30　接触器图形和文字符号

（a）线圈；（b）主触点；（c）辅助触点

灭弧装置：接触器用于通断大电流电路，通常采用电动力灭弧、纵缝灭弧和金属栅片灭弧。

（1）电动力灭弧：当触头断开时，在断口处产生电弧。此时，电弧可以看做一载流导体产生磁场，依左手定则，将会对电弧产生一个电动力，将电弧拉断，从而起到灭弧作用。

（2）纵缝灭弧：依靠磁场产生的电动力将电弧拉入用耐弧材料制成的狭缝中，以加快电弧冷却，达到灭弧的目的。

（3）栅片灭弧：当电器触头分开时，所产生的电弧在电动力作用下被拉入一组互相绝缘的静止金属片中。这组金属片称为栅片。电弧进入栅片后被分割成数股，被冷却以达到灭弧目的。

交流接触器的铁心和衔铁一般用E形硅钢片叠压铆成。是交流接触器发热的主要部件。E形铁心的中柱端面需留有0.1～0.2mm的气隙，以减小剩磁影响，避免线圈断电后衔铁粘住不能释放。线圈一般做成粗而短的圆筒形，并且绕在绝缘骨架上，使铁心与线圈之间有一定间隙，增加散热，避免线圈受热烧损。为了消除振动和噪声，在交流接触器铁心和衔铁的两个不同端部各开一个槽，槽内嵌装一个用铜、康铜或镍铬合金材料制成的短路环，保证衔铁可靠吸合。

接触器电磁机构的动作值与释放值不需要调整，所以无整定机构。

2. 接触器的主要技术参数

（1）额定工作电压：是指在规定条件下，能保证电器正常工作的电压值。它与接触器的灭弧能力有很大的关系。根据我国电压标准，接触器额定工作电压为交流380、660、1140V。

（2）额定电流：由接触器在额定的工作条件下所决定的电流值。目前我国生产的接触器额定电流一般小于或等于630A。

（3）通断能力：是以电流大小来衡量，接通能力是指开关闭合接通电流时不会造成触点熔焊的能力；断开能力是指开关断开电流时能可靠熄灭电弧的能力。通断能力与接触器的结构及灭弧方式有关。

交流接触器的型号及意义如下：

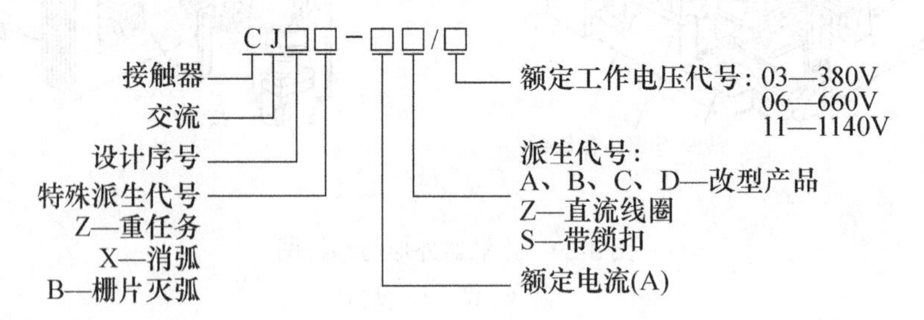

二、直流接触器

直流接触器主要用来远距离接通和分断电压至440V，电流至630A的直流电路，以及频繁地控制直流电动机的起动、反转与制动。其结构与工作原理与交流接触器基本相同，只是采用了直流电磁机构。为了保证动铁心可靠释放，常在磁路中夹有非磁性垫片，以减小剩磁的影响。

直流接触器的主触头在断开直流电路时，如电流过大，会产生强烈的电弧，故多装有磁吹式灭弧装置。由于磁吹线圈产生的磁场经过导磁片，磁通比较集中，电弧将在磁场中产生更大的电动力，使电弧拉长并拉断，从而达到灭弧的目的。这种灭弧装置由于磁吹线圈同主电路串联，所以其电弧电流越大，灭弧能力就越强。

常用的直流接触器有CZ0、CZ18等系列。表3-4是交流接触器与直流接触器的主要区别。

表3-4　　交流接触器与直流接触器的主要区别

项目＼类别	交流接触器	直流接触器
作用	通断交流电路	通断直流电路
结构	铁心用硅钢片叠成，减少涡流和磁滞损耗，铁心端面装有短路环，线圈短而粗，呈圆筒状，铁心发热为主要的发热	铁心用整块钢板制造，不装有短路环，线圈长而薄，呈圆筒状，线圈发热为主要的发热
灭弧	起动电流大，操作频率不能太高，600次/h	无起动电流，操作频率较高，1200次/h

第五节　主　令　电　器

主令电器主要用于发出指令或信号，达到对电力拖动系统的控制。主令电器的种类很多，主要有按钮开关、位置开关和万能转换开关和主令控制器等。

一、按钮

控制按钮在低压控制电路中用于手动发出控制信号，作远距离控制之用。按钮是一种用人力操作，并具有储能(弹簧)复位的一种控制开关。按钮的触点允许通过的电流较小，一般不超过 5A。它不直接控制主电路，而是在控制电路中发出指令或信号去控制接触器等电器，再由它们去控制主电路的通断、功能转换或电气联锁。

1. 基本结构

按钮一般都有操作头、复位弹簧、触点、外壳及支持连接部件组成。操作头的结构形式有按钮式、旋钮式和钥匙式等。按钮开关结构如图 3-31 所示，其图形和文字符号如图 3-32 所示。

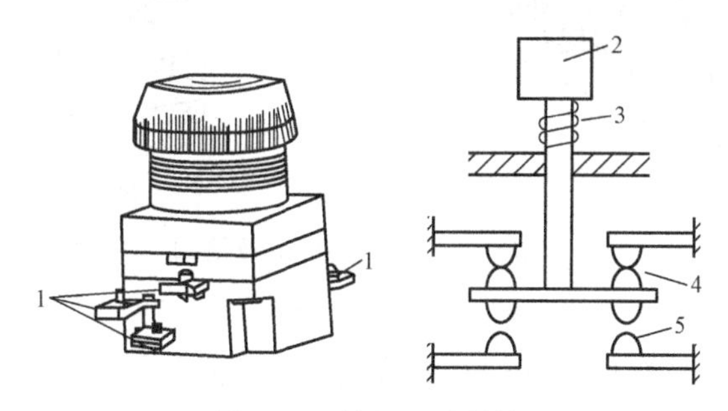

图 3-31　按钮开关结构

1—接线柱；2—按钮帽；3—复位弹簧；4—动断触点；5—动合触点

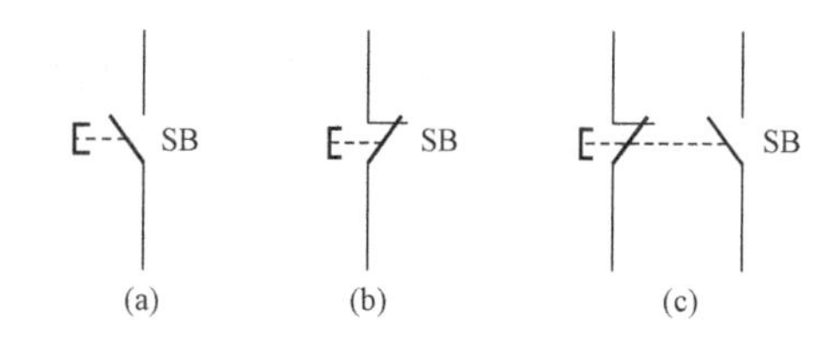

图 3-32　按钮开关图形和文字符号

（a）动合触点；（b）动断触点；（c）复合触点

2. 型号

按钮开关的型号及意义如下：

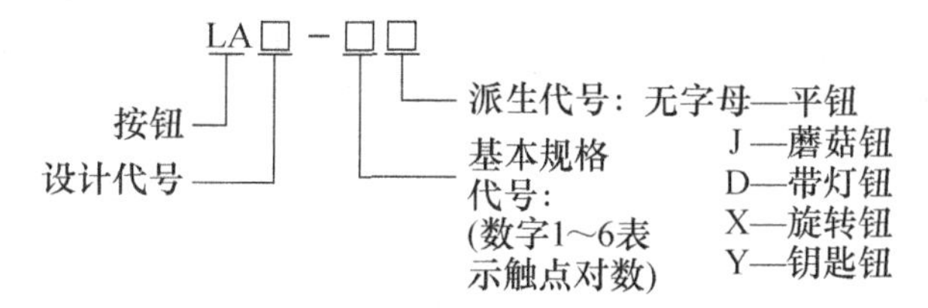

常用按钮型号有 LA4、LA10、LA18、LA20、LA25 等。

二、行程开关

行程开关又称为限位开关，它的作用是将机械位移转变为触点的动作信号，以控制机械设备的运动，在机电设备的行程控制中有很大作用。行程开关的工作原理与控制按钮相同，不同之处在于行程开关是利用机械运动部分的碰撞面而使其动作。行程开关是用以反应工作机械的行程，发出命令以控制其运动方向，主要用于机床、自动生产线和其他机械的限位及程序控制。

1. 行程开关结构

行程开关的种类很多，但都主要由触点部分、操作部分和反力系统组成。根据操作部分运动特点不同，行程开关要分为直动式、滚轮式、微动式。行程开关结构如图 3-33 所示。

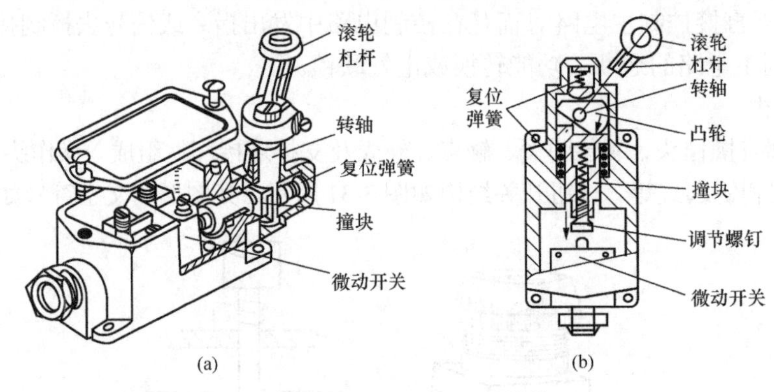

图 3-33　行程开关外形及结构

（a）外形；（b）结构

（1）直动式行程开关。直动式行程开关特点是结构简单，成本较低，但触点的运行速度取决于挡铁移动的速度。若挡铁移动速度太慢，则触点就不能瞬时切断电路，使电弧或电火花在触点上滞留时间过长，易使触点损坏。这种开关不宜用于挡铁移动速度小于 0.4m/min 的场合.

（2）微动式行程开关。这种行程开关的优点是有储能动作机构,触点动作灵敏、速度快并与挡铁的运行速度无关。缺点是触点电流容量小、操作头的行程短，使用时操作头部分容易损坏。

（3）滚轮式行程开关。这种行程开关具有触点电流容量大、动作迅速，操作头动作行程大等特点，主要用于低速运行的机械。

2. 行程开关的主要技术参数及型号意义

行程开关的型号意义如下：

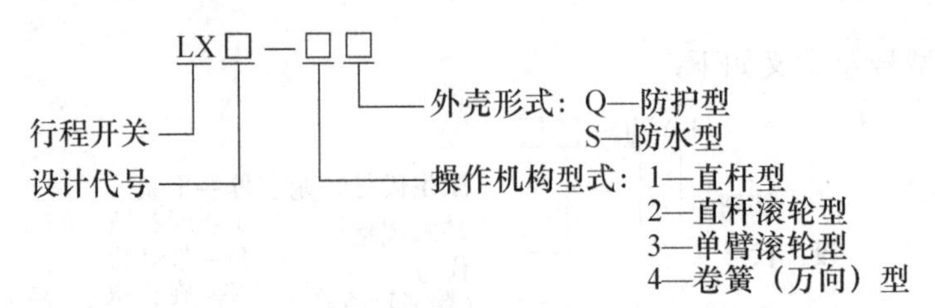

图形文字符号如图 3-34 所示。行程开关的主要技术参数与按钮基本相同。

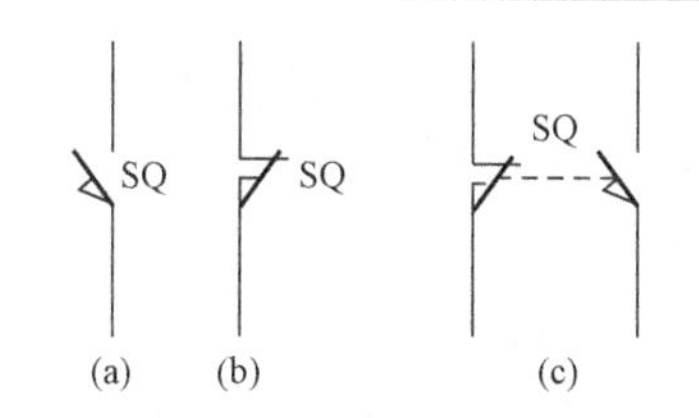

图 3-34　行程开关型号和图形文字符号

（a）动合触点；（b）动断触点；（c）复合触点

常用行程开关的型号有 LX5、LX10、LX19、LX33、LXW-11 和 JLXK1 等系列。

三、接近开关

接近开关又称为无触点位置开关，是一种非接触型检测开关，其外形如图 3-35 所示。它通过其感辨头与被测物体间介质能量的变化来取得信号，其功能是当物体接近开关的一定距离时就能发出“动作”信号，达到行程控制、计数及自动控制的作用。不需要机械式行程开关所必须施加的机械外力。采用了无触点电子结构形式，克服了有触点位置开关可靠性差、使用寿命短和操作频率低的缺点。

图 3-35　接近开关外形图

1. 接近开关的分类

接近开关的种类很多，按工作原理可分为高频振荡型、电磁感应型、电容型、永磁型及磁敏元件型、光电型和超声波型。

2. 接近开关的工作原理

接近开关具有体积小、可靠性高、使用寿命长、动作速度快以及无机械、电气磨损等优点，因此可替代行程开关，并已在设备自动控制系统中得到广泛应用。其中，高频振荡型接近开关使用最频繁。高频振荡型接近开关是由振荡器、检测器以及晶体管或晶闸管输出等部分组成，封装在一个较小的外壳内。

当接通电源后，振荡器开始振荡，检测电路输出低电位，晶体管截止，负载中只有维持振荡的电流通过，负载不动作；当有金属物体靠近一个以一定频率稳定振荡的高频振荡器的感应头附近时，由于感应作用，该物体内部会产生涡流及磁滞损耗，使振荡回路因电阻增大、能耗增加而使振荡减弱，直至停止振荡。检测电路根据振荡器的工作状态控制输出电路的工作，输出信号去控制继电器或其他电器，以达到控制目的。

常用的高频振荡型接近开关有 LXJ6、LXJ7、LXJ3 和 LJ5A 等系列。引进生产的有 3SG、LXT3 等系列。接近开关型号如下所示：

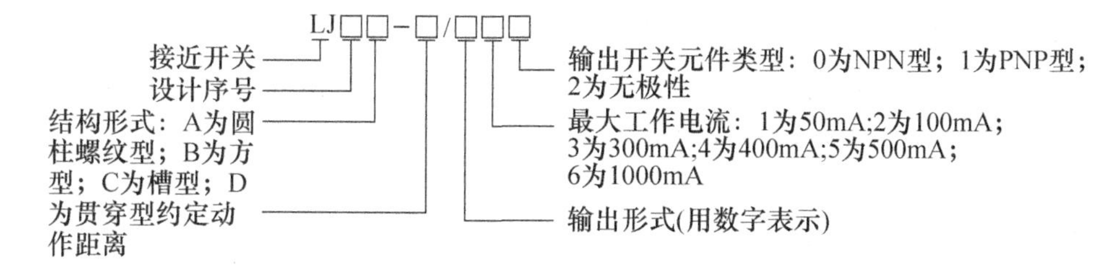

四、万能转换开关

万能转换开关实际是多挡位、控制多回路的组合开关，主要用作控制线路的转换及电气测量仪表的转换，也可用于控制小容量异步电动机的起动、换向及调速。由于这种开关触点数量多，因而可同时控制多条控制电路，用途较广，故称为万能转换开关。

1. 万能转换开关的基本结构

万能转换开关由触点系统、操作机构、转轴、手柄、定位机构等主要部件组成，用螺栓组装成整体。图 3-36 所示为典型的万能转换开关的外形与工作原理图。操作时，手柄带动转轴和凸轮一起旋转，凸轮推动触点接通或断开，由于凸轮的形状不同，当手柄处于不同的操作位置时，触点的分合情况也不同，从而达到换接电路的目的。

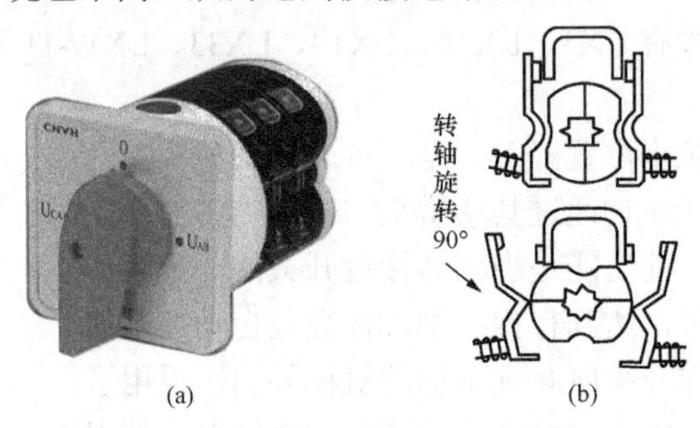

图 3-36　万能转换开关外形与工作原理图

（a）外形；（b）凸轮通断触点示意图

触点系统由许多层接触单元组成，最多可达 20 层。每一接触单元有 2～3 对双断点触点安装在塑料压制的触点底座上，触点由凸轮通过支架驱动，每一断点设置隔弧罩以限制电弧，增加其工作可靠性。定位机构一般采用滚轮卡棘轮辐射型结构，其优点是操作轻便、定位可靠，有利于提高触点分断能力。定位角度由具体的系列规定，一般分为 300、450、600 和 900 等几种。

2. 型号

万能转换开关的型号及意义如下：

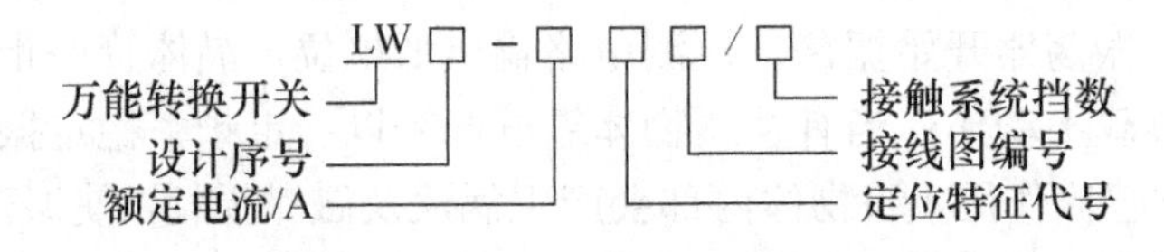

常用万能转换开关的型号有 LW2、LW4、LW5、LW6 和 LW8 等系列。

五、主令控制器

主令控制器是用于频繁切换复杂的多回路控制电路，以达到发布命令或与其他控制电路联锁、转换等目的的手动电器。其主要作用是与交流磁力控制盘配合共同控制起重机、轧钢机以及其他生产机械。

主令控制器的基本结构与工作原理和万能转换开关相似，也是利用安装在方轴上的不同形状的凸轮块的转动，来驱动触点按一定规律动作。

主令控制器主要有 LK1、LK4、LK5、LK14、LK15 和 LK16 等系列。

主令控制器的型号及意义如下：

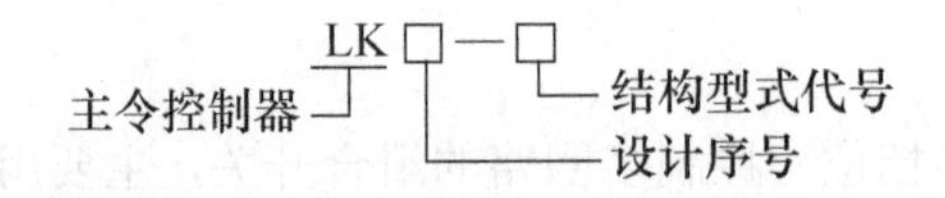

结构型式主要有凸轮调整式和凸轮非调整式两种。凸轮调整式主令控制器的凸轮块的位置可以按给定触点分合表进行调整，而凸轮非调整式则仅能按触点分合表作适当的排列组合。

第六节　技　能　训　练

技能训练一　交流接触器的拆装、调整与检测

一、训练目的

1．通过交流接触器的拆装，进一步熟悉接触器的结构、工作原理。

2．掌握交流接触器拆装的步骤，并能在交流接触器装配完毕后会通电进行校验。

3．熟练掌握万用表的使用方法。

二、训练器材

交流接触器 CJ10-10 若干，万用表、常用电工工具、导线等。

三、相关知识

1．低压电器的基本知识

低压电器的种类很多，我国编制的低压电器产品有刀开关和转换开关（H）、熔断器（R）、断路器（D）、控制器（K）、接触器（C）、起动器（Q）、控制继电器（J）、主令电器（L）、电阻器（Z）、变阻器（B）、调整器（T）、电磁铁（M）、其他（A）。

2．接触器的基础知识

接触器是一种自动的电磁式开关，利用电磁力作用下的吸合和反向弹簧力作用下的释放，使触头闭合和分断，从而控制电路的通断，其主要控制对象是电动机。

接触器的结构主要包括电磁系统、触头系统、灭弧装置、反作用弹簧、缓冲弹簧、触头压力弹簧、传动机构、接线端子和外壳。

3．常见故障检修

（1）触点故障常见故障，有触点过热、触点灼伤和熔焊、触点磨损等。

1）触点过热。触点因长期使用，会使触点弹簧变形、氧化和张力减退，造成触点压力不足，而触点压力不足使得接触电阻增大，在通过额定电流时，温升将超过允许值，造成触点发热，使触点表面灼伤。

处理办法有保持触点的整洁，定期检查，清除灰尘和油垢，去除氧化物，修磨灼伤部件，使触点能正常工作。

2）触点的灼伤和熔焊。

①灼伤。触点在分断或闭合电路时，会产生电弧。由于电弧的作用会造成触点表面的灼伤。银触点在灼伤较轻时可以继续使用，不需修理。对铜触点和灼伤不太严重时可用细锉刀修平灼伤表面，即可继续使用，如灼伤严重，使触点表面严重凹凸不平，则一般应更换触点。

②熔焊。严重的电弧产生的高温，使动、静触点接触面熔化后，焊在一起断不开。熔焊现象通常是触点容量过小、操作过频繁、触点弹簧损坏、压力减小等原因造成。

3）触点磨损。由于电弧高温使触点金属汽化蒸发，加上机械磨损，使触点的厚度越来越薄，这属正常磨损。当触点磨损到只剩下原厚度的$\frac{1}{2}\sim\frac{2}{3}$时，其超程将不符合规定，应更换触点。

（2）电磁系统的故障检修：常见的有噪声过大、线圈过热、衔铁不吸或不释放。

1）噪声过大。可能是交流电器的短路环断裂或动、静铁心端面不平，歪斜、有污垢等引起。一般则拆下线圈锉平或磨平铁心端面或用汽油将油污清洗干净；若是短路环断裂，可用铜材按原尺寸制作更换；铁心歪斜则应加以校正或紧固。

2）线圈过热。动、静铁心端面变形，衔铁运动受阻或有污垢等均造成铁心吸合不严或不吸合，导致线圈电流过大、过热，严重时会烧毁线圈。另外，电源电压过高或过低、线圈匝间短路等也会引起线圈过热或烧毁。

一般处理方法有：

①首先检查电源电压与线圈额定电压是否相符，如电源电压过高或过低都可能引起线圈过热，此时必须调整电源电压。

②在确认电源电压正常的情况下，可针对原因进行修理。修理铁心变形端面，清除端面污垢，使铁心吸合正常。若线圈匝间短路，应更换线圈。如属操作频繁，则应降低操作频率。

3）衔铁不吸或衔铁吸合后不释放。线圈通电后衔铁不吸合，可能是电源电压过低、线圈内部或引出线部分断线；也可能是衔铁机构可动部分卡死等造成的。衔铁吸合后不释放的原因有：剩磁作用或者是铁心端面的污垢使动、静铁心粘附在一起。

常见处理办法是如果是衔铁可动部分受阻，可排除受阻故障。铁心端面有污垢，要用汽油清洗干净。若是引出线折断，则要焊接断线处。线圈内部断线则应更换线圈。

4）线圈严重过热或冒烟烧毁。原因是线圈匝间短路严重、绝缘老化或是线圈工作电压低于电源电压，或线圈受潮、被灰尘脏物沾污。

常见处理办法有若是线圈匝间短路或绝缘老化，应更换线圈。如果是线圈工作电压与电源电压不相符，应更换线圈工作电压与电源电压相符的线圈。

交流接触器的常见故障及处理方法见表3-5。

表3-5　　交流接触器的常见故障及处理方法

故障现象	可能原因	处理方法
动铁心吸不上或吸力不足	（1）绕组电压不足或接触不良； （2）触点弹簧压力过大	（1）检修控制回路，查找原因； （2）减小弹簧压力
动铁心不释放或释放缓慢	（1）触点弹簧压力过小； （2）触点熔焊； （3）机械可动部分被卡； （4）反力弹簧损坏； （5）铁心截面有油污或灰尘	（1）提高弹簧压力； （2）排除熔焊故障，更换触点； （3）排除卡住部分故障； （4）更换反力弹簧； （5）清理铁心截面
电磁铁噪声过大	（1）机械可动部分被卡； （2）短路环断裂； （3）铁心截面有油污或灰尘； （4）铁心磨损过大	（1）排除机械被卡故障； （2）更换短路环； （3）清理铁心截面； （4）更换铁心

续表

故障现象	可能原因	处理方法
绕组过热或烧坏	（1）绕组额定电压不对； （2）操作频率过高； （3）绕组匝间短路	（1）更换绕组或调换接触器； （2）调换适合高频率操作的接触器； （3）排除故障，更换绕组
触点灼伤或熔焊	（1）触点弹簧压力过小； （2）触点表面有异物； （3）操作频率过高或工作电流过大； （4）长期过载使用； （5）负载侧短路	（1）调整触点弹簧压力； （2）清理触点表面； （3）调换容量大的接触器； （4）调换合适的接触器； （5）排除故障，更换触点

4. 模拟万用表的使用

万用表是电工测量中最常用的多功能仪表，它的基本用途是测量电流、电压和电阻。虽然它的准确度不高，但使用方便，便于携带，特别适合检查线路和修理电气设备。现以模拟500型万用表为例说明万用表的使用方法及注意事项。

（1）表棒的插接。测量时将红表棒插入“＋”插孔，黑表棒插入“－”插孔。测量高压时，应将红表棒入2500V插孔，黑表棒仍插入“－”插孔。

（2）电压的测量。首先将表右边的转换开关置于V位置、左边的转换开关选择到交流电压所需的某一量限位置上。表棒不分正负，将两表棒金属头分别接触被测电压的两端，观察指针偏转，并进行读数，然后拿开表棒。

交流电压量限有10V、50V、250V、500V共四挡。读50V及50V以上各挡时，应读取第二条标度尺的值，选择交流10V量限时，应读第三条交流10V专用标度尺。

（3）电阻的测量。将左边转换开关置于“Ω”位置，右边转换开关置于所需的某一量限。再将两表捧金属头短接，使指针向右偏转，调节调零电位器，使指针指示在欧姆标度尺“0Ω”位置上。欧姆调零后，用两表捧分别接触测电阻两端，读取测量值。测量电阻时，每转换一次量限档位都要进行一次欧姆调零，以保证测量的准确性。

直流电阻的量限有×1、×10、×100、×1k、×10k共五挡。读取电阻数值取第一条标度尺的值。将读取的数再乘以倍率数就是被测电阻的电阻值。

（4）使用万用表时应注意的事项。

1）使用万用表时，应检查转换开关位置选择是否正确，用电流挡或电阻挡测量电压，会造成万用表的损坏。

2）测量电阻必须在断电状态下进行。

3）测量电压大小不清楚时，量限应拨在最大量限。量程改动时，表棒应离开被测电路，以保证转换开关接触良好。

4）为提高测试精度，倍率选择应使指针所指示被测电阻之值尽可能指示在标度尺中间段。电压的量限选择，应使仪表指针得到最大的偏转。

5）仪表每次使用完毕后，应将两转换开关旋至“.”位置上，使表内部电路呈开路状态。

四、训练内容及步骤

1. 拆装

接触器的零部件较多，在进行拆装时，要注意各零部件的作用、位置关系和结构特点，要注意不要伤及吸引线圈，不要造成短路环断裂和铁心的破损，拆卸时，应将零部件放在盒子内，以免丢失零件。

拆装接触器的一般步骤为：

（1）拆下灭弧罩上面的螺钉，取下灭弧罩。

（2）用手向上拉起压在触点弹簧上的拉杆，即可从侧面抽出主触点的动触桥，从而可以对主触点进行检修。

（3）拧出主触点与接线座铜条上的螺钉，即可将静主触点取下。

（4）将接触器倒置，底部朝上，拧下底部胶木盖板上的4个螺钉栓，将盖板取下，在拧螺钉时必须用另一只手压住胶木盖板，以防缓冲弹簧的弹力将盖板弹出。

（5）取下由胶木盖板压住的静铁心，金属框架及缓冲弹簧。

（6）拆除电磁线圈与胶木座之间的接线，即可取下电磁线圈。

（7）取出动铁心及上部的缓冲弹簧。

交流接触器的装配可按与拆卸的相反步骤进行。

2. 通电校验

首先用万用表欧姆挡检查线圈及各触点是否接触良好，并用手按下接触器，检查运动部分是否灵活，然后通以线圈额定电压进行试验，1min内，连续进行10次分、合试验，全部成功则为合格。

五、注意事项

（1）接触器的零部件较多，在进行拆装时，不要丢失零件。

（2）装配完毕后，一定要用检测接触器静态和动态动作情况。

（3）通电校验时，一定要注意接触器的类型、线圈电压等级等相关信息，不可盲目通电。

六、成绩评定

项目内容	配分	评分标准	扣分	得分
工具仪表使用	10分	（1）仪器仪表使用不正确，每次扣5分； （2）工具使用不正确，每次扣5分		
装配	50分	（1）如不正确拆装步骤进行操作，每处扣5分； （2）在拆装过程中损坏零件，每处扣20分； （3）若在拆装过程中丢失零件，每次扣30分； （4）不会进行拆装，本项不得分		
通电校验	30分	（1）没有仔细观察接触器线圈等技术参数盲目通电扣15分； （2）通电后，接触器运行噪声大，扣15分； （3）在通电校验过程中没有连续检测10次就结束通电校验，则本项不得分； （4）一次试车不成功扣10分；二次试车不成功扣20分；三次不成功评定为不及格		
安全文明生产	10分	（1）未穿戴好防护用品，扣5分； （2）操作时工具仪表乱丢乱放及考试结束工位卫生差扣5分； （3）有违反安全操作者扣10分，对发生事故者取消考试资格； （4）不超时		
工时：30min	在规定时间内完成		评分	

技能训练二　时间继电器的拆装、调整与检测

一、训练目的

1．通过对时间继电器的拆装，进一步熟悉时间继电器的结构、工作原理。

2．掌握时间继电器拆装的步骤，并能在时间继电器装配完毕后会通电进行校验。

3．熟练掌握万用表的使用方法。

二、训练器材

时间继电器 JS7-A 系列若干、万用表、常用电工工具、导线等。

三、相关知识

1．时间继电器的基础知识

时间继电器种类很多，有电磁式、电动式、空气阻尼式（或称气囊式）和晶体管式等。使用较多的是气囊式，由于它的结构简单，延时范围较大（0.4～180s），但延时精度不高；有通电延时和断电延时两种，常用型号为 JS7-A 系列。空气气囊式时间继电器的结构主要由电磁系统、微动开关组成的触点系统、空气室、传动机构和基座等部分组成。

2．空气式时间继电器故障检修

空气式时间继电器故障主要分电磁系统故障和延时不准确故障两大类。

（1）电磁系统故障：电磁系统故障的检修方法与接触器分析介绍方法相同。

（2）延时不准确故障。

1）空气室如果经过拆卸后重新装配时，由于密封不严或漏气，就会使延时动作缩短，甚至不产生延时。此时必须拆开，查找原因，排除故障后重新装配。

2）空气室内要求清洁，如果在拆装过程中或其他原因有灰尘进入空气道中，使空气通道受到阻塞，时间继电器的延时就会变长。出现这种故障，清除气室灰尘，故障即可排除。

长期不使用的时间继电器，第一次使用时延时可能要长一些，环境温度变化时，对延时的长短也有影响。

四、训练内容及步骤

1．拆装

拆装时间继电器的一般步骤为：

（1）松下线圈支架紧固螺钉→取下线圈和铁心总成部分→松开电磁系统上的瞬时动作的微动开关螺钉→取出微动开关。

（2）松下气室系统底座固定螺钉→取下气室系统→松下气室系统延时动作的微动开关螺钉→取出微动开关。

（3）松下空气室螺钉→取出气室。

（4）组装时顺序与拆卸时相反，要旋紧各安装螺钉，特别是装气室时要注意气室的密封，不可漏气。

（5）要求组装成通电延时，衔铁装在底板下方，断电延时衔铁装在底板上方。

2．通电校验

通电前按下衔铁，检查运动部分是否灵活，有无卡阻现象，再用万用表欧姆挡检查微动开关是否接触良好，并观察延时和瞬时触点的动作情况，将其调整在最佳位置上。调整延时触点时，可旋松线圈和铁心组成部件的安装螺钉，向上或向下移动后再旋紧。调整瞬时触点时，可旋松安装瞬时微动开关底板上的螺钉，将底板向上或向下移动后再旋紧。然后通以线圈额定电压进行试验，延时时间整定为4s，1min内连续进行10次试验，做到各触点工作良好，吸合时无噪声，铁心释放无延缓，每次动作延时时间一致，试验全部成功则为合格。

五、注意事项

（1）在装配过程中，通电延时时间继电器不要与断电延时时间继电器相混淆。

（2）新的时间继电器，在使用前一定要先轻微旋转延时旋钮。

（3）通电校验时，空气气囊式时间继电器的时间调整要进行多次进行，才能调到规定的时间，因此，空气气囊式时间继电器只适合于对延时时间要求不高的场合。

六、成绩评定

项目内容	配分	评分标准	扣分	得分
工具仪表使用	10分	（1）仪器仪表使用不正确，每次扣5分； （2）工具使用不正确，每次扣5分		
装配	50分	（1）如不正确拆装步骤进行操作，每处扣5分； （2）在拆装过程中损坏零件，每处扣20分； （3）若在拆装过程中丢失零件，每次扣30分； （4）通电延时与断电延时装反扣30分； （5）不会进行拆装，本项不得分		
通电校验	30分	（1）通电后，若吸合时噪声大，铁心释放有延缓，每次动作延时时间不一致，则每个现象扣15分； （2）不会进行时间调整扣15分； （3)在通电校验过程中没有连续检测10次就结束通电校验，则本项不得分； （4）一次试车不成功扣10分，二次试车不成功扣20分，三次不成功评定为不及格		
安全文明生产	10分	（1）未穿戴好防护用品，扣5分； （2）操作时工具仪表乱丢乱放及考试结束工位卫生差扣5分； （3）有违反安全操作者扣10分，对发生事故者取消考试资格； （4）不超时		
工时：30min	在规定时间内完成		评分	

技能训练三　万能转换开关的拆装、调整与检测

一、训练目的

1．通过对万能转换开关的拆装，进一步熟悉万能转换开关的结构、工作原理。

2．掌握万能转换开关拆装的步骤，并能在万能转换开关装配完毕后会通电进行校验。

3．熟练掌握万用表的使用方法

二、训练器材

万能转换开关LW5系列若干、万用表、常用电工工具、导线等。

三、相关知识

1. 万能转换开关的基础知识

万能转换开关是一种多档式且能对电路进行多种转换的主令电器。它用于各种配电装置的远距离控制和电气测量仪表的转换开关，或用作小容量电动机的起动、制动、调速和换向的控制。触点挡数多，换接线路多，用途广泛，故称万能转换开关。常用型号有 LW2、LW5、LW6 系列。

（1）结构：从外形结构看，它的骨架采用热塑性材料，由多层触点底座叠装，而每层触点底座里装有一对或三对触点，以及由一个装在转轴上的凸轮，操作时，手柄带动转轴和凸轮一起旋转。当手柄在不同的操作位置，利用凸轮项开和靠弹簧恢复动触点，达到控制换接电路的目的。因此，万能转换开关由操作机构、转轴、触头系统、弹簧、手柄、定位机构及触点底座等主要部件组成。

（2）电气图形符号：万能转换开关的电气符号如图 3-37 所示。图形符号中“每一横线”代表一路触点，而用三条竖的虚线代表手柄位置。那一路接通就在代表该位置虚线上的触点下面用黑点“.”表示。触点通断用通断表来表示，“×”表示触点闭合，空白表示触点分断。

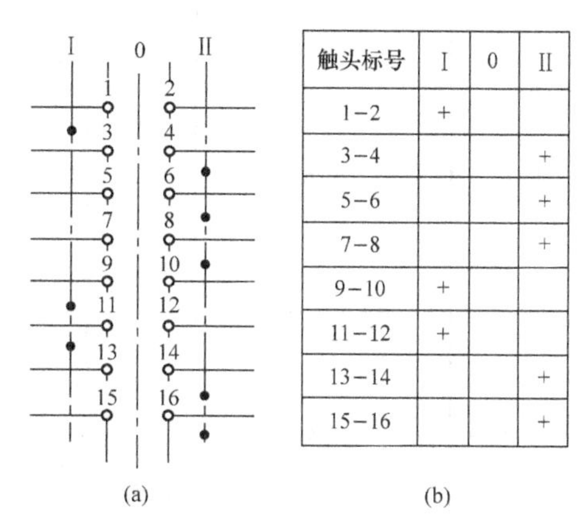

触头标号	I	0	II
1−2	+		
3−4			+
5−6			+
7−8			+
9−10	+		
11−12	+		
13−14			+
15−16			+

图 3-37　万能转换开关电气符号

（a）符号；（b）触头通断表

2. 万能转换开关常见故障与处理

万能转换开关的常见故障及处理方法见表 3-6。

表 3-6　　万能转换开关的常见故障及处理方法

故障现象	可能原因	处理方法
手柄转动后，内部触点未动作	（1）手柄上的轴孔或绝缘杆磨损变形； （2）手柄与轴、轴与绝缘杆配合松动； （3）操作机构损坏	（1）调换手柄或绝缘杆； （2）紧固松动部件； （3）修理或更换
手柄转动后，动、静触点不能同时通、断	（1）触点角度装配不正确； （2）触点失去弹性或接触不良	（1）重新装配； （2）更换触点或清洁触点
接线柱间短路	因铁屑或油污附着在接线柱间，形成导电层，绝缘胶木被烧后形成短路	更换开关

（1）拆装。万能转换开关结构复杂，弹簧和零部件较多，在进行拆装时，不要丢失零件，应作好触头动作情况记录，防止装错造成返工；拆卸和安装压力弹簧时应防止蹦掉；拆卸时顺序一步一步的解体；组装时与拆卸步骤相反。

（2）装配完毕后，一定要检测接触器静态和动态动作情况。

（3）万能转换开关结构复杂，拆卸前应先作好触头动作情况记录表，并随时进行记录。

四、成绩评定

项目内容	配分	评分标准	扣分	得分
工具仪表使用	10分	（1）仪器仪表使用不正确，每次扣5分； （2）工具使用不正确，每次扣5分		
装配	50分	（1）如不正确拆装步骤进行操作，每处扣5分； （2）在拆装过程中损坏零件，每处扣20分； （3）若在拆装过程中丢失零件，每次扣30分； （4）不会进行拆装，本项不得分		
通电校验	30分	（1）通电后，若吸合时噪声大，则扣15分； （2）装配完毕后，没有检测万能转换开关触点静态和动态状况扣15分； （3）在通电校验过程中没有连续检测10次就结束通电校验，则本项不得分； （4）一次试车不成功扣10分，二次试车不成功扣20分，三次不成功评定为不及格		
安全文明生产	10分	（1）未穿戴好防护用品，扣5分； （2）操作时工具仪表乱丢乱放及考试结束工位卫生差扣5分； （3）有违反安全操作者扣10分，对发生事故者取消考试资格； （4）不超时		
工时：30min	在规定时间内完成		评分	

习　　题

1．什么是低压电器？低压电器按其动力来源可分为哪两大类？按其用途又可分为哪两大类？试各举例说明？

2．刀开关的主要作用是什么？常用的刀开关有哪几种？各有什么特点？

3．熔断器的作用是什么？热继电器的作用是什么？两者能否互换？为什么？

4．接触器的主要用途和原理是什么？

5．单相交流电磁机构铁心端面为什么要装设短路环？工作时若短路环断裂，会出现什么情况？

6．交流电磁机构的吸引线圈能否串联使用？

7．断路器有哪些功能？断路器与刀开关有什么主要区别？

8．交流电磁机构在工作时，衔铁被卡住而不能吸合，会发生什么事故？为什么？

9．三角形连接的电动机运行时，应选用何种类型的热继电器进行过载保护？为什么？

10．万能转换开关在控制电路中的主要作用有哪些？请举例说出三种以上用途？

11．试分析漏电保护断路器的工作原理？

12．时间继电器有哪些类型，各有什么特点？

13．熔断器选用的原则是什么？有一台三相异步电动机的额定电流是2.6A，空载直接起动,试选择作其短路保护用的熔断器的参数。

14．有一台三角形连接的笼型异步电动机，其额定电流是 5.5A，试选择其控制电路中胶壳开关、热继电器和熔断器的技术参数。

15．使用低压电器时应注意哪些主要参数？

16．胶壳刀开关为什么不适合频繁操作电动机的起动和停止？

17．按钮开关、行程开关和刀开关都是开关，它们的作用有什么不同？

18．如何正确使用断路器？

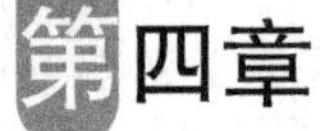

第四章 电气控制线路

三相异步电动机由于结构简单、价格便宜、坚固耐用，在生产生活中获得了广泛的应用。而三相异步电动机的控制线路大部分由继电器、接触器、按钮等有触点电器组成，我们称它为继电器接触器控制线路。不同的应用，控制线路都不一样，但是组成这些控制线路的基本环节都是相同的，在控制线路分析和判断故障时，一般都是从这些最基本的控制环节出发，熟练掌握这些基本控制环节对于电气控制线路的分析非常重要。

本章内容介绍了电气控制线路分析和设计的基础知识，介绍了常用的基本控制线路环节，其中主要介绍了应用广泛的三相异步电动机起动、调速和制动等基本控制线路。

第一节　电气控制识图基本知识

一、电工用图的分类及其作用

在电气控制系统中，首先是由配电电器将电能分配给不同的用电设备，再由控制电器使电动机按设定的规律运转，实现由电能到机械能的转换，满足不同生产机械的要求。在电工进行设备的安装、维修时都要依靠电气控制原理图和施工图，施工图又包括电气元件布置图和电气接线图。以 CW6132 型车床电路为例，图 4-1 所示为电气原理图，图 4-2 所示为电器元件布置图，图 4-3 所示为电气接线图。电工用图的分类及作用见表 4-1。

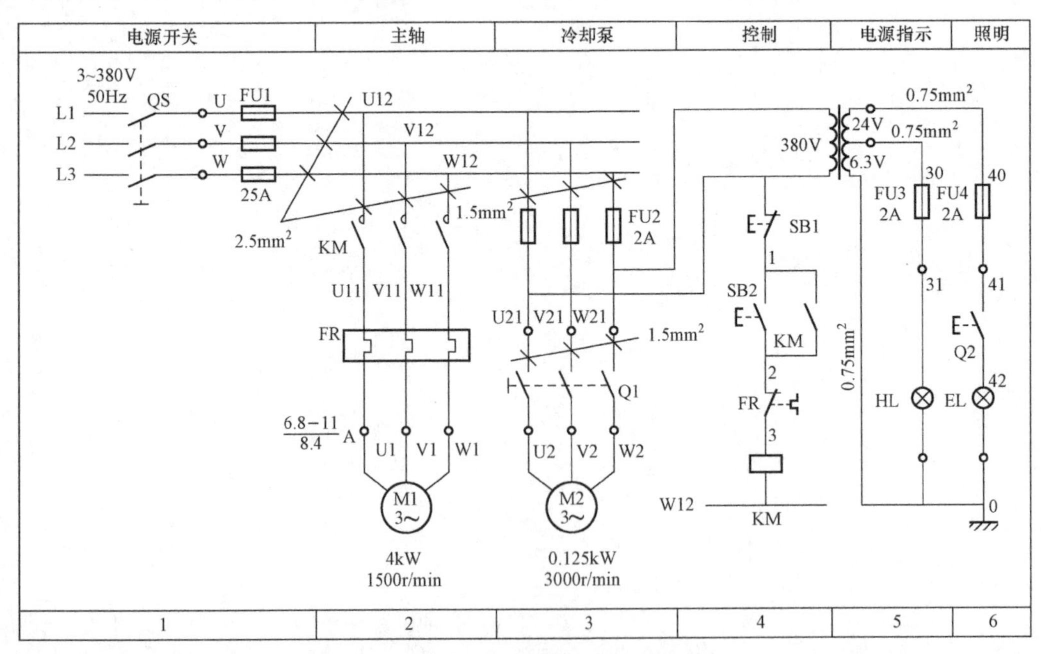

图 4-1　CW6132 型车床电气原理图

电气控制图是电气工程技术的通用语言。为了便于信息交流与沟通，在电气控制线路中，各种电器元件的图形符号和文字符号必须统一，即符合国家强制执行的国家标准。

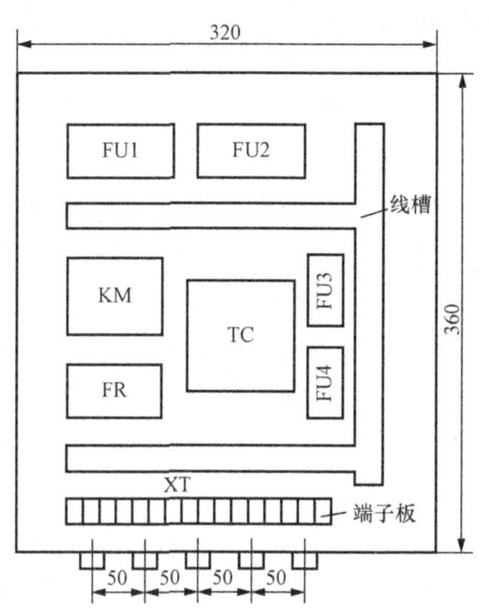

图 4-2　CW6132 型普通车床的电器元件布置图

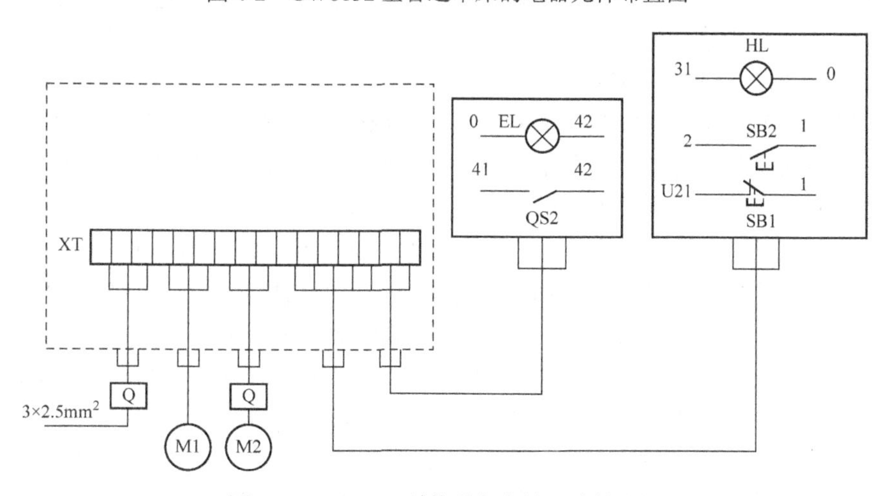

图 4-3　CW6132 型普通车床的互连接线图

表 4-1　电工用图的分类及作用

电工用图			概　念	作　用	图中内容
电气控制图	原理图		是用国家统一规定的图形符号、文字符号和线条连接来表明各个电器的连接关系和电路工作原理的示意图，如图 4-1 所示	是分析电气控制原理、绘制及识读电气控制接线图和电器元件位置图的主要依据	电气控制线路中所包含的电器元件、设备、线路的组成及连接关系
	施工图	电器元件布置图	是根据电器元件在控制板上的实际安装位置，采用简化的图形符号（如方形等）而绘制的一种简图，如图 4-2 所示	主要用于电器元件的布置和安装	项目代号、端子号、导线号、导线类型、导线截面等
		接线图	是用来表明电器设备或线路连接关系的简图，如图 4-3 所示	是安装接线、线路检查和线路维修的主要依据	电气线路中所含元器件及其排列位置，各元器件之间的接线关系

二、电气控制系统图的绘制与阅读

电路和电气设备的设计、安装、调试与维修都要有相应的电气线路图作为依据或参考。电气线路图是根据国家标准的图形符号和文字符号，按照规定的画法绘制出的图纸。

1．电气线路图中常用的图形符号和文字符号

要识读电气线路图，首先必须明确电气线路图中常用的图形符号和文字符号所代表的含义，这是看懂电气线路图的前提和基础。

（1）基本文字符号。基本文字符号分单字母文字符号和双字母文字符号两种。单字母符号是按拉丁字母顺序将各种电气设备、装置和元器件划分为23类，每一大类电器用一个专用单字母符号表示，如“K”表示继电器、接触器类，“R”表示电阻器类。当单字母符号不能满足要求而需要将大类进一步划分、以便更为详尽地表述某一种电气设备、装置和元器件时采用双字母符号。双字母符号由一个表示种类的单字母符号与另一个字母组成，组合形式为单字母符号在前、另一个字母在后，如“F”表示保护器件类，“FU”表示熔断器，“FR”表示热继电器。

（2）辅助文字符号。辅助文字符号用来表示电气设备、装置、元器件及线路的功能、状态和特征，如“DC”表示直流，“AC”表示交流。辅助文字符号也可放在表示类别的单字母符号后面组成双字母符号，如“KT”表示时间继电器等。辅助文字符号也可单独使用，如“ON”表示接通，“N”表示中性线等。

2．电气原理图的绘制与阅读

（1）电气原理图的绘制。以图4-1所示的电气原理图为例，电路图一般分电源电路、主电路和辅助电路三部分绘制。电路图中，各电器的触头位置都按电路未通电或电器未受外力作用时的常态位置画出。分析原理，应从触头的常态位置出发。电路图中，不画电器元件的实际外形图，而采用国家统一规定的电气图形符号，同一电器的各元器件不按实际位置画在一起，而是按其在线路中所起作用分别在不同电路中，但动作是互相关联的，因此，必须标注相同的文字符号。相同的电器可以在文字符号后面加注不同的数字，以示区别，如KM1、KM2等。画电路图时，应尽可能减少线条和避免线条交叉。对有电联系的交叉导线连接点，要用小黑圆点表示；无电联系的交叉导线则不画小黑圆点。电路图采用电路编号法，即对电路中各个接点用字母或数字编号。电气原理图绘制时，线号的一般标注原则和方法如下：

1）主电路在电源开关的出线端按相序依次编号为U11、V11、W11。然后按从上至下、从左至右的顺序，每经过一个电器元件后，编号要递增，如U12、V12、W12；U13、V13、W13…。单台三相交流电动机（或设备）的三根引出线按相序依次编号为U、V、W。对于多台电动机引出线的编号，为了不致引起误解和混淆，可在字母前用不同的数字加以区别，如1U、1V、1W；2U、2V、2W…。

2）辅助电路编号按“等电位”原则从上至下、从左至右的顺序用数字依次编号，每经过一个电器元件后，编号要依次递增。

在原理图的上方，将图分成若干图区，从左到右用数字编号，这是为了便于检索电气线路，方便阅读和分析。图区的编号下方的文字表明它对应的下方元件或电路的功能，以便于理解电路的工作原理。

如图4-4所示，在电气原理图的下方附图表示接触器和继电器的线圈与触点的从属关系。在接触器和继电器的线圈的下方给出相应的文字符号，文字符号的下方要标注其触点的位置

的索引代号，对未使用的触点用“×”表示。对于接触器左栏表示主触点所在的图区号，中栏表示辅助动合触点所在的图区号，右栏表示辅助动断触点所在的图区号。对于继电器左栏表示动合触点所在的图区号，右栏表示动断触点所在的图区号。

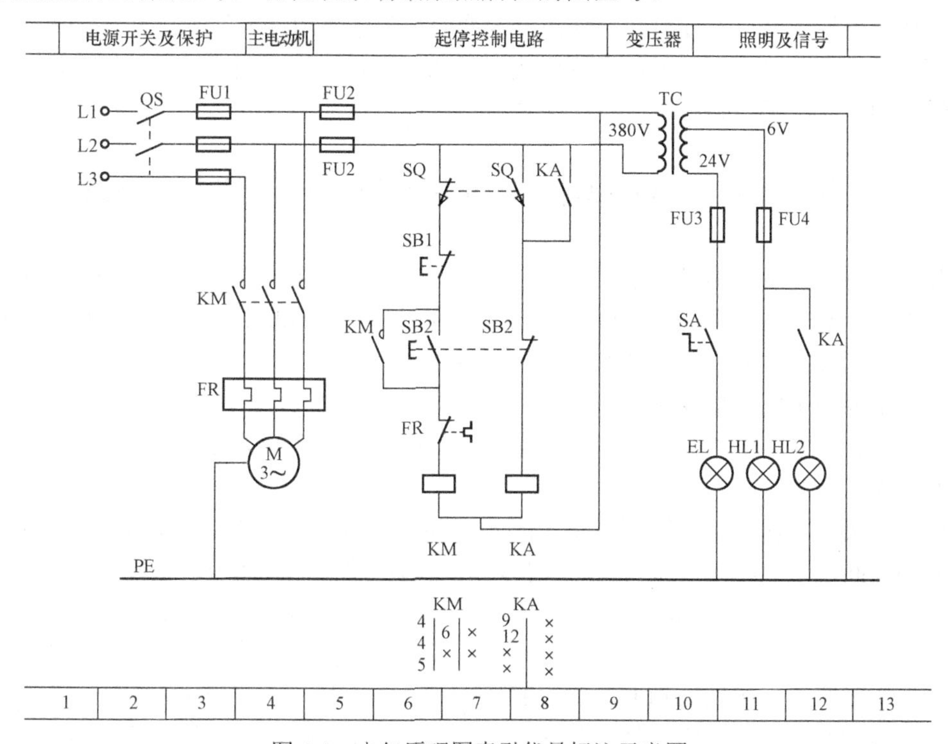

图 4-4 电气原理图索引代号标注示意图

（2）电气原理图的阅读。在阅读电气原理图以前，必须对控制对象有所了解，尤其对于机、液（或气）、电配合得比较密切的生产机械，单凭电气线路图往往不能完全看懂其控制原理，只有了解了有关的机械传动和液（气）压传动后，才能搞清全部控制过程。

阅读电气原理图的步骤：一般先看主电路，再看控制电路，最后看信号及照明等辅助电路。先看主电路有几台电动机，各有什么特点，例如，是否有正、反转，采用什么方法起动，有无制动等；看控制电路时，一般从主电路的接触器入手，按动作的先后次序（通常自上而下）一个一个分析，搞清楚它们的动作条件和作用。控制电路一般都由一些基本环节组成，阅读时可把它们分解出来，便于分析。此外还要看有哪些保护环节。

3．电器布置图的绘制原则

如图 4-2 所示，电器元件布置图绘制时，体积大和较重的电器元件应安装在电器安装板的下方，而发热元件应安装在电器安装板的上面。强电、弱电应分开，弱电应屏蔽，防止外界干扰。需要经常维护、检修、调整的电器元件安装位置不宜过高或过低。电器元件的布置应考虑整齐、美观、对称。外形尺寸与结构类似的电器安装在一起，以利安装和配线。电器元件布置不宜过密，应留有一定间距。如用走线槽，应加大各排电器间距，以利布线和维修。

4．接线图的绘制、识读原则

如图 4-3 所示，接线图中一般示出如下内容：电气设备和电器元件的相对位置、文字符号、端子号、导线号、导线类型、导线截面积、屏蔽和导线绞合等。

接线图中，所有的电气设备和电器元件都按其所在的实际位置绘制在图纸上，且同一电器的各元件根据其实际结构，使用与电路图相同的图形符号画在一起，并用点画线框上，文字符号以及接线端子的编号应与电路图的标注一致，以便对照检查线路。

接线图中的导线有单根导线、导线组、电缆等之分，可用连续线和中断线来表示。走向相同的可以合并，用线束来表示，到达接线端子或电器元件的连接点时再分别画出。另外，导线及管子的型号、根数和规格应标注清楚。

第二节　三相笼型转子异步电动机的全压起动控制电路

三相笼型转子异步电动机的起动方式有全压起动和降压起动。全压起动控制线路结构简单，容易维护。对于小功率的电动机，全压起动时，对电网的冲击可以忽略，可以进行全压起动。本节主要介绍几种全压起动的电气控制线路。

一、手动控制全压起动控制线路

三相笼型转子异步电动机全压起动的手动控制可以通过刀开关QS、低压断路器QF、组合开关SA等来实现。

使用刀开关来实现控制的控制线路如图4-5（a）所示，通过QS的闭合断开，实现电动机与电源的通断，该电路无失压与欠压保护，对电动机的保护性能较差。同时，由于直接对主电路进行操作，安全性能也较差，操作频率低，只适合电动机容量较小，起动、换向不频繁的场合。

使用低压断路器来实现控制的控制线路如图4-5（b）所示，通过QF的闭合断开，实现电动机与电源的通断。断路器除具有手动操作功能外，在电路出现故障时还能通过脱扣器实现自动保护功能。可通过合理选用带脱扣器的断路器以实现对电动机的各种保护。

使用组合开关来实现控制的控制线路如图4-5（c）所示。组合开关由于无灭弧机构，控制的电动机的功率也不能超过5.5kW。且正反向转换时速度不能太快，以免引起过大的反接制动电流，影响电器的使用寿命。该控制电路只能控制小功率的电动机，不能频繁动作，但是可以通过组合开关实现电动机的正反转双向运行。

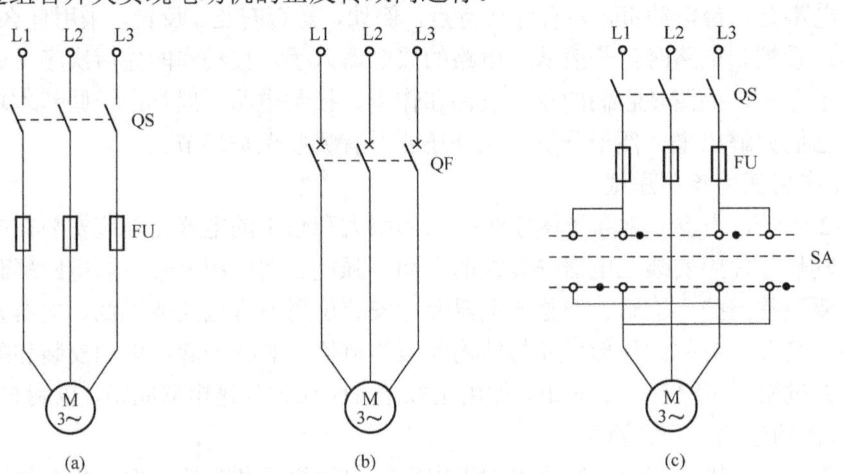

图4-5　手动控制全压起动控制电路原理图

（a）使用刀开关控制；（b）使用低压断路器控制；（c）使用组合开关控制

二、点动控制电路

按下按钮，电动机转动，松开按钮，电动机停转，这种控制就叫点动控制，它能实现电动机短时转动，常用于机床的对刀调整和电动葫芦等。

图4-6所示是电动机点动控制线路的原理图，控制线路由主电路和控制电路两部分组成。

主电路由刀开关QS、熔断器FU1、交流接触器KM的主触点和笼型电动机M组成；控制电路由起动按钮SB和交流接触器线圈KM组成。主电路中刀开关QS为电源开关起隔离电源的作用；熔断器FU1对主电路进行短路保护。由于点动控制，电动机运行时间短，有操作人员在近处监视，所以一般不设过载保护环节。

电动机点动控制线路的工作过程如下：

（1）起动过程。先合上刀开关QS，按下起动按钮SB，接触器KM线圈通电，KM主触点闭合，电动机M通电，直接全压起动。

（2）停机过程。松开SB，KM线圈断电，KM主触点断开，电动机M停电停转。

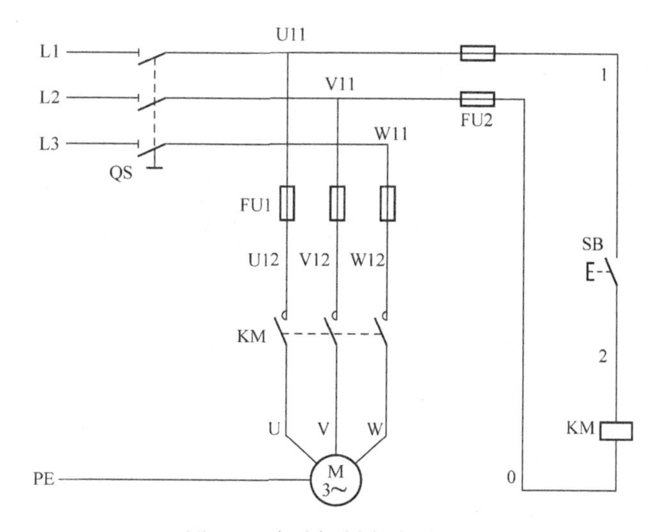

图4-6　点动控制电路原理图

三、单方向连续运转控制线路

生产机械连续运转是最常见的形式，要求拖动生产机械的电动机能够长时间运转。实现生产机械连续运转是最常用的控制线路，其基本环节是自锁控制。三相异步电动机自锁控制是指按下按钮SB2，电动机转动之后，再松开按钮SB2，电动机仍保持转动。其主要原因是交流接触器的辅助触点维持交流接触器的线圈长时间得电，从而使得交流接触器的主触点长时间闭合，电动机长时间转动。这种控制应用在长时连续工作的电动机中，如车床、砂轮机等。

常见单方向连续控制线路如图4-7所示，主电路由刀开关QS、熔断器FU1、接触器KM的主触点、热继电器FR的发热元件和电动机M组成；控制电路由停止按钮SB2、起动按钮SB1、接触器KM的动合辅助触点和线圈、热继电器FR的动断触点组成。

线路设有以下保护环节：

（1）短路保护。短路时熔断器FU的熔体熔断而切断电路起保护作用。

（2）电动机长期过载保护。采用热继电器 FR，由于热继电器的热惯性较大，即使发热元件流过几倍于额定值的电流，热继电器也不会立即动作。因此在电动机起动时间不太长的情况下，热继电器不会动作，只有在电动机长期过载时，热继电器才会动作，其动断触点断开使控制电路断电，从而使KM主触点断开，起到保护电动机的作用。

（3）欠电压、失电压保护。通过接触器KM的自锁环节来实现。当电源电压由于某种原因而严重欠电压或失电压(如停电)时，接触器KM断电释放，电动机停止转动。当电源电压恢复正常时，接触器线圈不会自行通电，电动机也不会自行起动，只有在操作人员重新按下起动按钮后，电动机才能起动。

本控制线路能够防止电源电压严重下降时电动机欠电压运行；能够防止电源电压恢复时，电动机自行起动而造成设备和人身事故。

该控制线路工作过程如下：

（1）起动。合上刀开关QS，按下起动按钮SB1，接触器KM线圈通电，KM主触点闭合和动合辅助触点闭合，电动机M接通电源运转；(松开SB1)利用接通的KM动合辅助触点自锁，电动机M连续运转。

（2）停机。按下停止按钮SB2，KM线圈断电，KM主触点和辅助动合触点断开，电动机M断电停转。

在电动机连续运行的控制电路中，当起动按钮SB1松开后，接触器KM的线圈通过其辅助动合触点的闭合仍继续保持通电，从而保证电动机的连续运行。这种依靠接触器自身辅助动合触点的闭合而使线圈保持通电的控制方式，称自锁或自保。起到自锁作用的辅助动合触点称自锁触点。

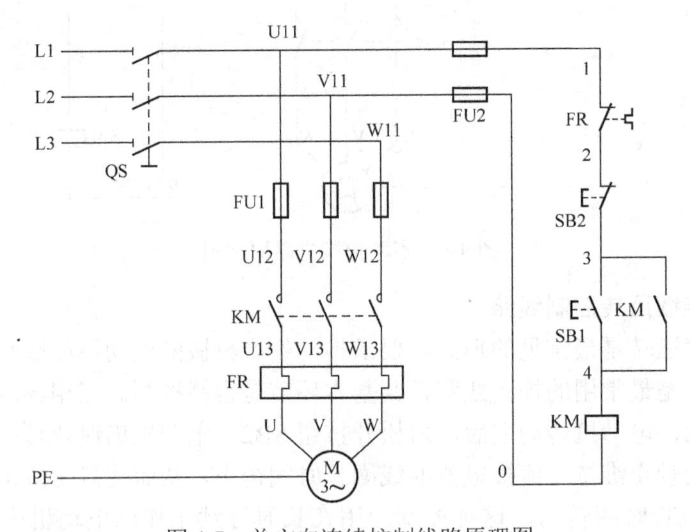

图4-7 单方向连续控制线路原理图

四、正反转控制电路

在实际应用中，往往要求生产机械改变运动方向，如工作台前进、后退；电梯的上升、下降等，这就要求电动机能实现正、反转。我们知道，对于三相异步电动机来说，要实现正反转，只要任意更改电动机定子绕组两相电源的相序就可以实现。电源相序的改变可通过两个接触器来实现。电动机正、反转控制线路如图4-8（a）所示，接触器KM1为正向接触器，控制电动机M正转；接触器KM2为反向接触器，控制电动机M反转。

正反转控制电路的形式有很多种，如图 4-8（b）所示为无互锁控制线路，其工作过程如下：

（1）正转控制。合上刀开关 QS，按下正向起动按钮 SB2，正向接触器 KM1 通电，KM1 主触点和自锁触点闭合，电动机 M 正转。

（2）反转控制。合上刀开关 QS，按下反向起动按钮 SB3，反向接触器 KM2 通电，KM2 主触点和自锁触点闭合，电动机 M 反转。

（3）停机。按停止按钮 SB1，KM1（或 KM2）断电，M 停转。

该控制线路能够实现电动机的正方向运行，但是其缺点是若误操作，在电动机正转的时候按下 SB2 或在电动机反转的时候按下 SB1 的话，会使 KM1 与 KM2 都通电，从而引起主电路电源短路故障，为此，为避免短路故障发生，要求电气控制线路中要设置必要的联锁环节。

如图 4-8（c）所示，将任何一个接触器的辅助动断触点串入对应的另一个接触器线圈电路中，则其中任何一个接触器先通电后，切断了另一个接触器的控制回路，即使按下相反方向的起动按钮，另一个接触器也无法得电，这种利用两个接触器的辅助动断触点互相控制的方式叫电气互锁，起互锁作用的动断触点叫互锁触点。

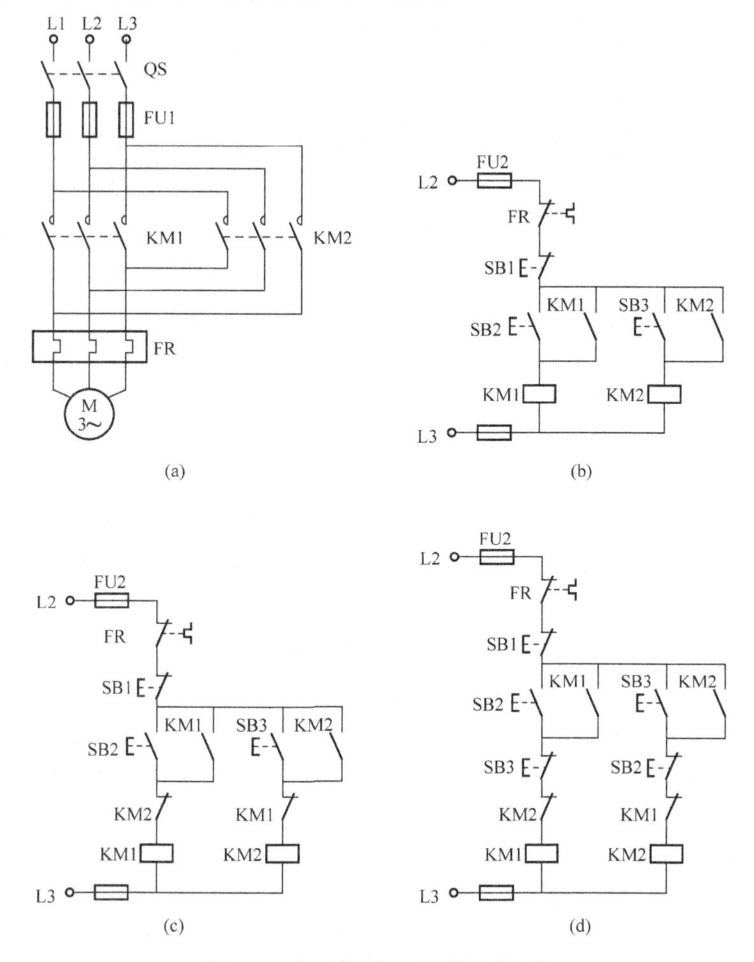

图 4-8　电动机正、反转控制线路

（a）主电路；（b）无互锁控制电路；（c）具有电气互锁的控制电路；（d）具有复合互锁的控制电路

这种设置了电气互锁的电气控制线路只能实现“正→停→反”或者“反→停→正”控制，

即必须按下停止按钮后，才能反向或正向起动。这对需要频繁改变电动机运转方向的设备来说，是很不方便的。为了提高生产率，能够直接正、反向操作，利用复合按钮组成“正→反→停”或“反→正→停”的互锁控制。

如图 4-8（d）所示，复合按钮的动断触点同样起到互锁的作用，这样用复合按钮的动断触点实现的互锁叫机械互锁。图 4-8（d）所示控制电路既有接触器动断触点的电气互锁，也有复合按钮动断触点的机械互锁，即具有双重互锁。该线路操作方便，安全可靠，应用广泛。

五、自动往返循环控制电路

在机床电气设备中，很多是通过工作台自动往返运行来进行往返循环工作的，例如，龙门刨床的工作台前进、后退。这些控制线路一般按照行程控制原则，利用生产机械运动的行程位置实现往返控制。

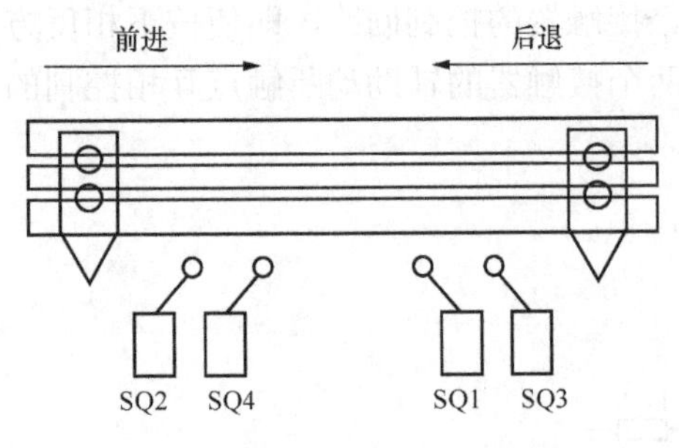

图 4-9　自动往返循环控制示意图

自动往返循环控制线路如图 4-9 所示。SQ1 和 SQ2 分别为反、正向限位行程开关，SQ3、SQ4 分别为反、正向终端保护限位开关，防止行程开关 SQ1、SQ2 失灵时造成工作台从机床上冲出的事故。

实现图 4-9 所示自动往返循环运动的控制线路图如图 4-10 所示，其工作过程如下：合上电源开关 QS，按下起动按钮 SB2，接触器 KM1 通电，电动机 M 正转，工作台向前，工作台前进到一定位置，撞块压动限位开关 SQ2，SQ2 动断触点断开，KM1 断电，电动机 M 停止正转，工作台停止向前；SQ2 动合触点闭合，KM2 通电，电动机 M 改变电源相序而反转，工作台向后，工作台后退到一定位置，撞块压动限位开关 SQ1，SQ1 动断触点断开，KM2 断电，M 停止后退；SQ1 动合触点闭合，KM1 通电，电动机 M 又正转，工作台又前进，如此往复循环工作，直至按下停止按钮 SB1，KM1（或 KM2）断电，电动机停止转动。当 SQ1 或 SQ2 出现故障时，撞块就会压动行程开关 SQ3 或 SQ4，是接触器 KM2 或 KM1 失电断开，电动机停机。

用该控制电路只能实现电动机的自动往返运动，如果工件运行到中间位置的话，就无法实现返回运行，图 4-11 所示电路在图 4-10 所示电路的基础上又加了复合按钮动断触点的机械互锁环节，实现了自动往返和随时的手动往返控制。其电路工作过程如下：合上电源开关 QS，按下起动按钮 SB2，接触器 KM1 通电，电动机 M 正转，工作台向前，工作台前进到一定位置，撞块压动限位开关 SQ2，SQ2 动断触点断开，KM1 断电，电动机 M 停止正转，工作台停止向前；SQ2 动合触点闭合，KM2 通电，电动机 M 改变电源相序而反转，工作台向后运行。如果在工作台前进的过程中按下反向运行按钮 SB3，则 SB3 的动断触点断开，KM1 断电，电动机 M 停止正转，工作台停止向前；SB3 动合触点闭合，KM2 通电，电动机 M 改变电源相序而反转，工作台撞块还没压到 SQ2 则反向运行，直到碰到 SQ1 或者 SB1 按下。如果后退运行中没有按下 SB1 的话，工作台后退到一定位置，撞块压动限位开关 SQ1，SQ1 动断触点断开，KM2 断电，M 停止后退；SQ1 动合触点闭合，KM1 通电，电动机 M 又正转，工作台又前进，如此往复循环工作，直至按下停止按钮 SB1，KM1（或 KM2）断电，电动机停止转动。当 SQ1 或 SQ2 出现故障时，撞块就会压动行程开关 SQ3 或 SQ4，是接触器 KM2 或 KM1 失电断开，电动机停机。

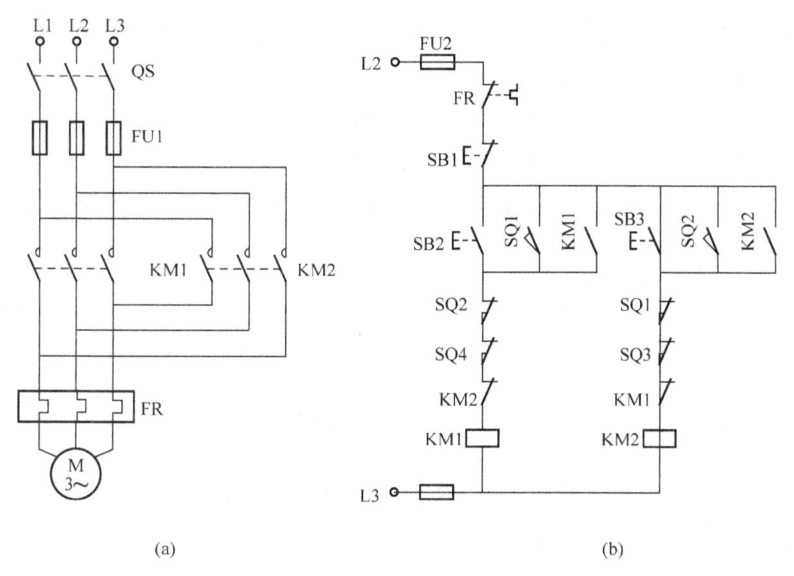

图 4-10　自动往返循环控制电路原理图

（a）主电路；（b）控制电路

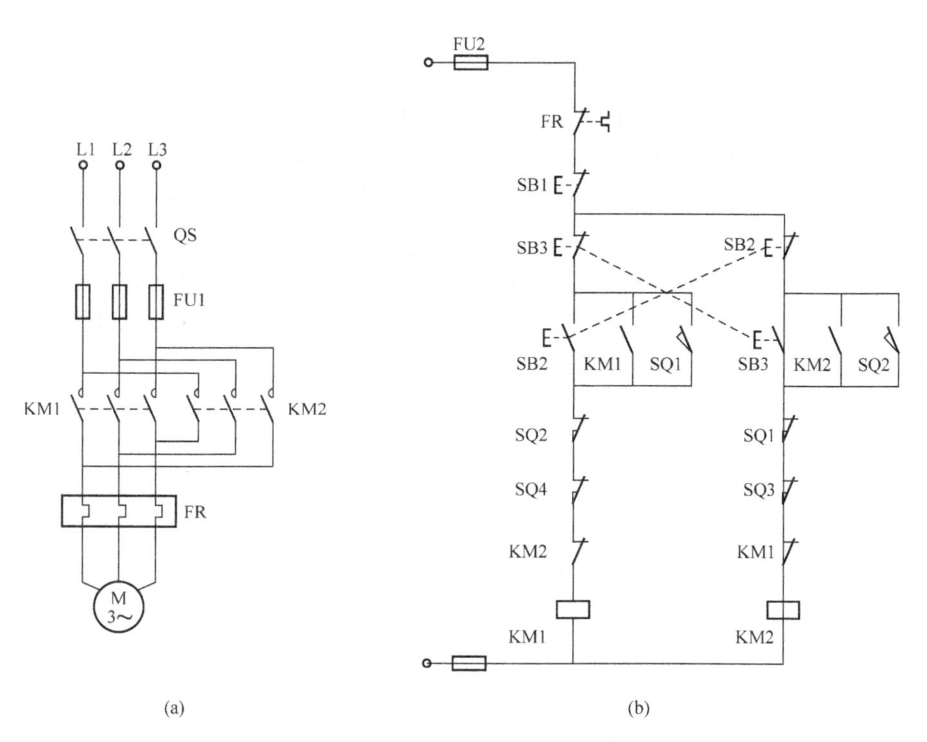

图 4-11　带手动操作的自动往返循环控制电路原理图

（a）主电路；（b）控制电路

六、顺序联锁控制线路

在生产机械中，往往有多台电动机,由于受各电动机的功能限制，需要按一定顺序动作，才能保证整个工作过程的合理性和可靠性。例如，X62W 型万能铣床上要求主轴电动机起动后，进给电动机才能起动；平面磨床中，要求砂轮电动机起动后，冷却泵电动机才能起动等。这种只有当一台电动机起动后，另一台电动机才允许起动的控制方式，称为电动机的顺序控制。

1. 手动控制多台电动机先后顺序工作的控制线路

在生产实践中，有时要求一个拖动系统中多台电动机实现先后顺序工作。例如，机床中要求润滑电动机起动后，主轴电动机才能起动。图 4-12 所示为两台电动机顺序起动的控制线路。

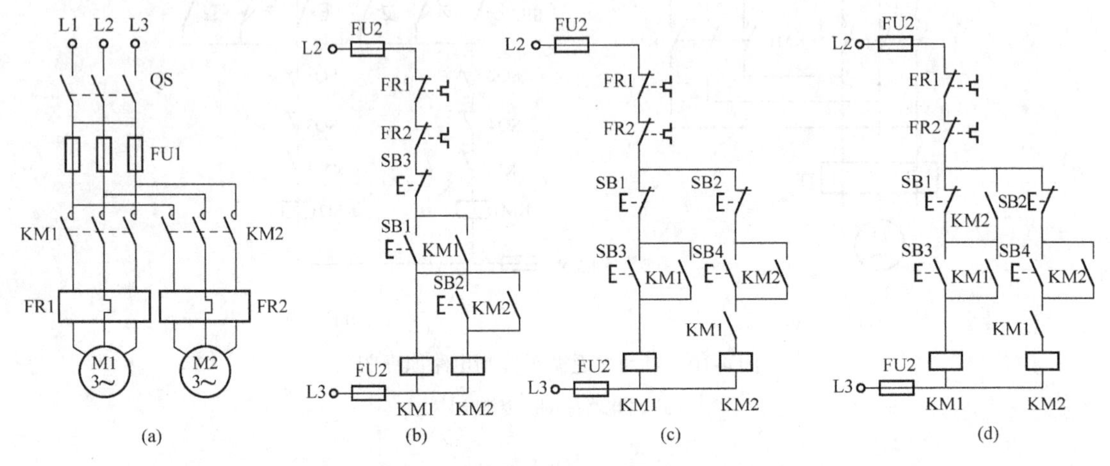

图 4-12　两台电动机顺序起动的控制线路

（a）主电路；（b）顺序起动，同时停止；（c）顺序起动，单独停止；（d）顺序起动，顺序停止

图 4-12（b）中，只有当 KM1 闭合，电动机 M1 起动后，按下 SB2 后 KM2 线圈才能得电，电动机 M2 才能起动，KM1 的辅助动合触点起自锁和顺控的双重作用。按下 SB3 后两个接触器同时失电断开，两电动机同时停机。该控制线路的工作过程如下：合上刀开关 QS，按下 SB1，KM1 线圈得电，KM1 主触点闭合，电动机 M1 通电全压起动，KM1 动合辅助触点闭合自锁，这时按下 SB2，KM2 线圈得电，KM2 主触点闭合，电动机 M2 通电起动，KM2 动合辅助触点闭合自锁，两台电动机顺序起动过程结束；按下 SB3，KM1、KM2 同时失电，两接触器动合触点断开，电动机 M1、M2 同时停止。

图 4-12（c）中控制线路顺序起动的控制与图 4-12（b）相同，停车时，如要实现电动机 M1 停转，M2 一定同时停转，电动机 M1 不停的情况下，按下 SB2，可以实现电动机 M2 单独停车。该电路的控制过程如下：合上刀开关 QS，按下 SB3，KM1 线圈得电，KM1 主触点闭合，电动机 M1 通电全压起动，KM1 两个动合辅助触点闭合自锁，这时按下 SB2，KM2 线圈得电，KM2 主触点闭合，电动机 M2 通电起动，KM2 动合辅助触点闭合自锁，两台电动机顺序起动过程结束；如果按下 SB1，则 KM1 线圈失电，KM1 主触点断开，电动机 M1 失电停机，同时，KM1 动合辅助触点断开，KM2 线圈失电，KM2 主触点断开，电动机 M2 失电停机。如果按下 SB2，则 KM2 线圈失电，KM2 主触点断开，电动机 M2 失电停机，再按下 SB1，KM1 线圈失电，电动机 M1 停机。

图 4-12（d）所示控制电路可以实现 M1→M2 的顺序起动、M2→M1 的顺序停止控制。即 M1 不起动，M2 就不能起动；M2 不停止，M1 就不能停止。顺序停止控制分析：KM2 线圈断电，SB1 动断触点并联的 KM2 辅助动合触点断开后，SB1 才能起停止控制作用，所以，停止顺序为 M2→M1。该电路的控制过程如下：合上刀开关 QS，按下 SB3，KM1 线圈得电，

KM1 主触点闭合，电动机 M1 通电全压起动，KM1 两个动合辅助触点闭合自锁，这时按下 SB2，KM2 线圈得电，KM2 主触点闭合，电动机 M2 通电起动，KM2 两个动合辅助触点闭合自锁，两台电动机顺序起动过程结束；停车时，如果先按下 SB1，由于 SB1 与 KM2 的动合辅助触点并联，SB1 被断开后，由于 KM2 动合辅助触点的自锁作用，KM1 线圈一直保持得电，KM1 主触点保持闭合，电动机 M1 不能实现停机。先按下 SB2，则 KM1 线圈失电，KM2 主触点断开，电动机 M2 失电停止，KM2 的动合辅助触点全部断开，这时按下 SB1，KM1 的线圈失电，KM1 主触点断开，电动机 M1 失电停止，M2，M1 的顺序停车过程结束。

从上面三个不同的控制线路我们不难看出，电动机顺序控制的接线规律是：如果要求接触器 KM1 动作后接触器 KM2 才能动作，可将接触器 KM1 的动合触点串在接触器 KM2 的线圈电路中。如果要求接触器 KM1 动作后接触器 KM2 不能动作，可将接触器 KM1 的动断辅助触点串接于接触器 KM2 的线圈电路中。要求接触器 KM2 停止后接触器 KM1 才能停止，则将接触器 KM2 的动合触点并接在接触器 KM1 的停止按钮。

2. 利用时间继电器实现顺序起动的控制线路

上面介绍的都是手动控制的顺序起动控制线路，在实际应用中，很多场合都是多台电动机自动实现先后顺序起动的。图 4-13 所示是采用时间继电器，按时间原则顺序起动的控制线路。该控制线路可以实现电动机 M1 起动一定时间后，电动机 M2 自动起动。延时时间可以通过调整时间继电器的时间来改变。该控制线路的工作过程如下：合上刀开关 QS，按下 SB2，KM1 线圈得电，KM1 主触点闭合，电动机 M1 全压起动，KM1 动合辅助触点闭合自锁，同时时间继电器 KT 线圈得电，计时开始，延时一段时间后，时间继电器的延时闭合动合触点闭合，KM2 的线圈得电，KM2 主触点闭合，电动机 M2 得电全压起动，KM2 的动断辅助触点断开，时间继电器被撤除以节约电能，KM2 的辅助动合触点闭合自锁。

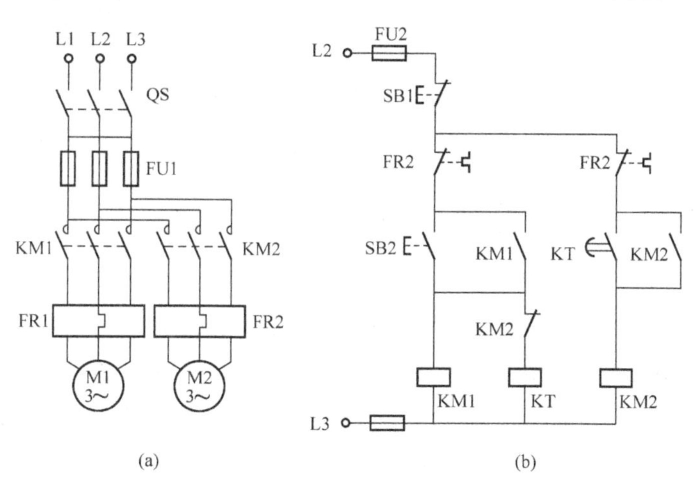

图 4-13 采用时间继电器的顺序起动控制线路

（a）主电路；（b）控制电路

第三节 三相笼型转子异步电动机的降压起动控制电路

三相异步电动机全压起动时的起动电流很大，大型电动机直接起动时，会对电网电压造成很大的冲击，影响其他设备的正常工作，同时，过大的电流也会对电动机造成伤害。所以，对于大型电动机起动一般要采用降压起动的方式以降低起动电流。本节内容介绍了常用的几种基本降压起动控制线路。

一、星形—三角形降压起动控制

星形—三角形（Y—Δ）降压起动是指在电动机起动时，把电动机的绕组连接成星形，运行时，绕组变成三角形连接，由于三角形连接时加在每个绕组上的电压是星形连接时的三倍，所以采用星—三角起动方式可以降低起动电流。星—三角起动控制有多种控制方式，其中时间原则控制线路结构简单，容易实现，实际使用效果也好，应用比较广泛。按时间原则实现控制的控制线路如图4-14所示。起动时通过KM和KMY将电动机定子绕组连接成星形，加在电动机每相绕组上的电压为额定电压的$1/\sqrt{3}$，从而减小了起动电流。待起动后按预先整定的时间把KMY断开，闭合KMΔ，电动机定子绕组换成三角形连接，使电动机在额定电压下运行。

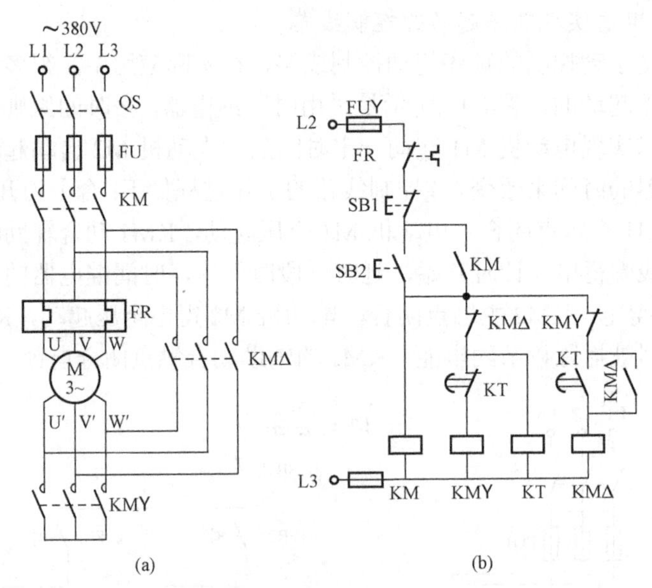

图4-14　星形—三角形降压起动控制线路

（a）主电路；（b）控制电路

该线路结构简单，缺点是起动转矩也相应下降为三角形连接的1/3，转矩特性差，因而本线路适用于电网380VY，额定电压660/380V（星—三角连接）的电动机轻载起动的场合。

该控制线路起动操作过程如下：合上刀开关QS，按下起动按钮SB2，接触器KM通电，KM主触点闭合，M接通电源；接触器KMY通电，KMY主触点闭合，定子绕组连接成星形，M减压起动；时间继电器KT通电延时t(s)，KT延时动断辅助触点断开，KMY断电，KT延时闭合动合触点闭合，KMΔ主触点闭合，定子绕组连接成Δ，M加以额定电压正常运行，KMΔ动断辅助触点断开，KT线圈断电，时间继电器KT被撤除以节能。

二、定子绕组回路串电阻降压起动

定子回路串电阻降压起动是指在电动机起动时，把电阻串接在电动机定子绕组与电源之间，通过电阻的分压作用来降低定子绕组上的起动电压，减小电动机起动电流；待电动机起

动后，再将电阻短接，使电动机在额定电压下正常运行。

起动电阻一般采用ZX1、ZX2系列铸铁电阻，功率大，能够通过较大电流，三相电路中每相所串电阻值相等。

串电阻降压起动的缺点是减少了电动机的起动转矩，同时起动时在电阻上功率消耗也较大，如果起动频繁，则电阻的温度很高，对于精密的机床会产生一定影响，故这种降压起动方法在生产实际中的应用正逐步减少。

1. 接触器控制定子绕组串电阻降压起动控制电路

图4-15所示电路为手动接触器控制定子绕组串电阻降压起动控制电路，该控制电路控制过程如下：闭合电源开关QS，按下按钮SB2，KM1线圈得电，KM1主触点和辅助动合触点闭合，电动机M定子串电阻降压起动；待笼型电动机起动好后，按下按钮SB3，KM2线圈得电，KM2辅助动断触点先断开，KM1线圈失电，KM1主触点断开；KM2主触点闭合，电动机M全压运行，KM2辅助动合触点闭合自锁，起动过程结束；需要停车时，按停止按钮SB1，整个控制电路失电，KM2（或KM1）主触点和辅助触点断开，电动机M失电停转。

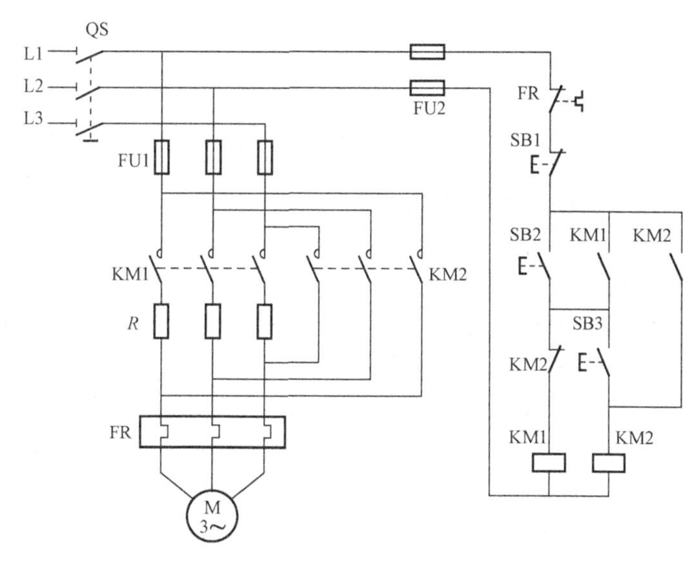

图4-15　串电阻降压起动控制电路

2. 时间继电器自动控制定子绕组串电阻降压起动控制电路

时间继电器自动控制定子绕组串电阻降压起动控制电路如图4-16所示。按下起动按钮SB2，电动机定子绕组串电阻降压起动，延时一段时间后，把电阻撤除，电动机全压运行。延时时间可以通过时间继电器进行调节。该电路的控制过程如下：闭合电源开关QS，按下按钮SB2，KM1线圈得电，KM1主触点和辅助动合触点闭合，电动机M定子串电阻降压起动；时间继电器KT线圈得电开始计时，延时一段时间后，时间继电器KT延时闭合动合触点闭合，接触器KM2线圈得电，KM2动断辅助触点断开，KM1线圈失电，KM1主触点断开，KM2主触点闭合，起动电阻R被撤除，KM2辅助动合触点闭合自锁，电动机全压运行，KM1动合辅助触点断开，KT线圈被撤除，起动过程结束；需要停车时，按停止按钮SB1，整个控制电路失电，KM2（或KM1）主触点和辅助触点断开，电动机M失电停转。

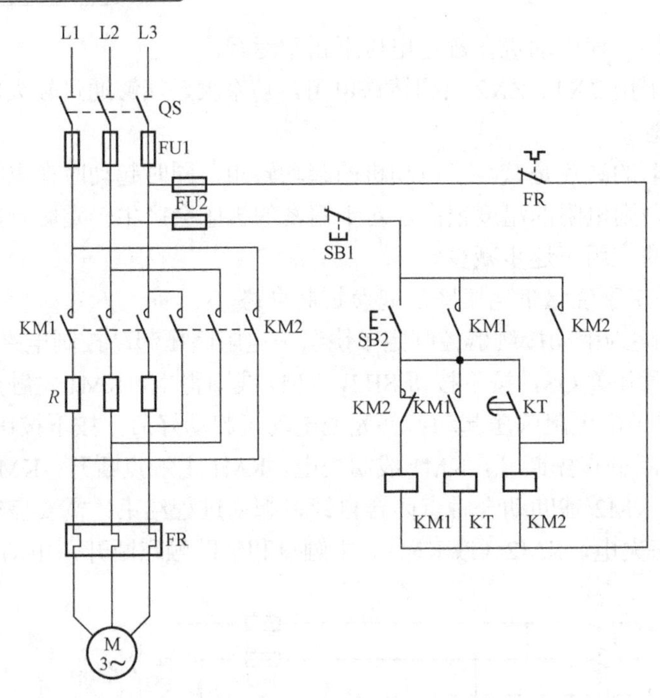

图 4-16 时间继电器控制定子绕组串电阻降压起动控制电路

三、定子绕组回路串自耦变压器降压起动

自耦变压器降压起动是利用自耦变压器来降低加在电动机三相定子绕组上的电压，达到限制起动电流的目的。自耦变压器降压起动时，将电源电压加在自耦变压器的高压绕组，而电动机的定子绕组与自耦变压器的低压绕组连接。当电动机起动后，将自耦变压器切除，电动机定子绕组直接与电源连接，在全电压下运行。自耦变压器降压起动比 Y—Δ 降压起动的起动转矩大，并且可用抽头调节自耦变压器的变比以改变起动电流和起动转矩的大小。但这种起动需要一个庞大的自耦变压器，且不允许频繁起动。因此，自耦变压器降压起动适用于容量较大但不能用 Y—Δ 降压起动方法起动的电动机的降压起动。为了适应不同要求，通常自耦变压器的抽头有 73%、64%、55%或 80%、60%、40%等规格。

定子绕组回路串自耦变压器降压起动控制原理如图 4-17 所示，起动时，通过接触器 KM2、KM3 把自耦变压器串联到电动机的定子绕组中进行降压起动，起动完成后撤除自耦变压器，电动机全压运行。其控制过程如下：闭合电源开关 QS，按下按钮 SB2，KM2 和 KM3 线圈得电，KM2 和 KM1 动断辅助触点断开，KM2 和 KM3 主触点及其辅助动合触点闭合，电动机 M 定子串自耦变压器 T 降压起动，时间继电器线圈 KT 线圈得电开始计时，KT 瞬动触点闭合，为全压运行做准备。

时间继电器线圈 KT 整定时间到，KT 延时动断触点断开，延时动合触点闭合，KM2 和 KM3 线圈断电，KM2 和 KM3 动断辅助触点闭合，KM2 和 KM3 主触点及其辅助动合触点断开，KM1 线圈得电，KM1 辅助动断触点断开，KM1 主触点和辅助动合触点闭合，KT 线圈失电，电动机 M 全压运行。

按停止按钮 SB1，整个控制电路失电，KM1（或 KM2 和 KM1）主触点和辅助触点分断（时间继电器线圈断电），电动机 M 失电停转。

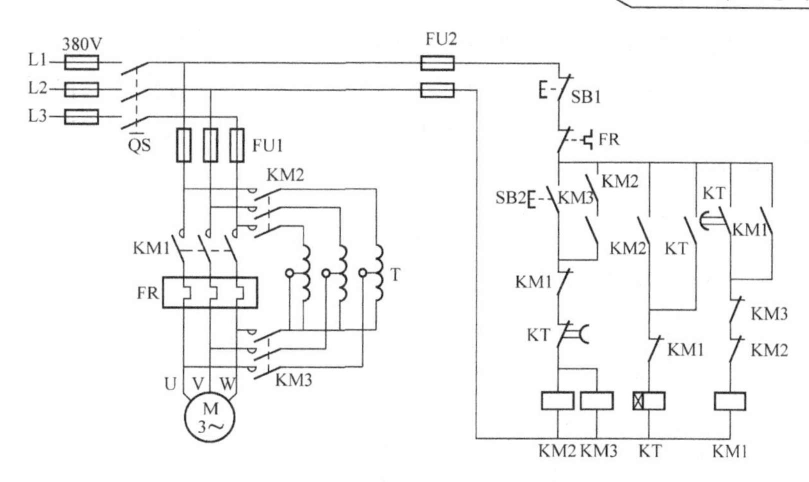

图 4-17　自耦变压器降压起动自动控制线路

四、延边三角形降压起动

如图 4-18 所示，延边三角形降压起动控制线路是指电动机起动时，把定子绕组的一部分接成Δ形，另一部分接成 Y 形，使整个绕组接成延边三角形，待电动机起动后，再把定子绕组改接成三角形全压运行的控制线路。延边Δ降压起动是在 Y－Δ降压起动的基础上加以改进而形成的一种起动方式，它把 Y 和 Y 两种接法结合起来，使电动机每相定子绕组承受的电压小于Δ连接时的相电压，而大于 Y 形连接时的相电压，并且每相绕组电压的大小可随电动机绕组抽头（U3、V3、W3）位置的改变而调节，从而克服了 Y－Δ降压起动时起动电压偏低起动、转矩偏小的缺点。

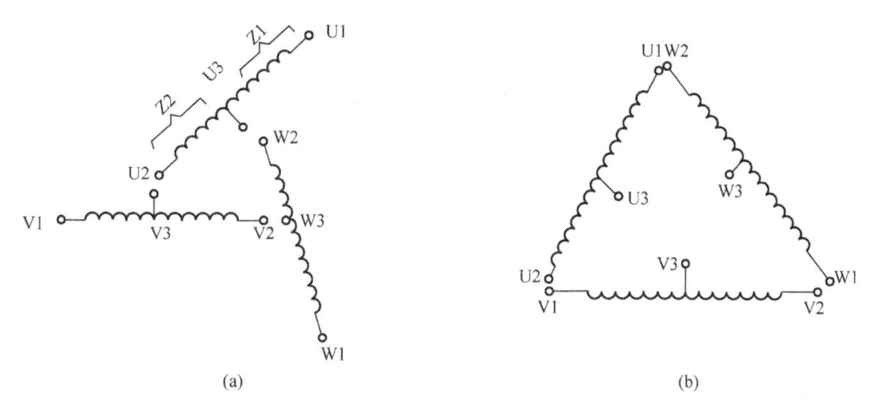

图 4-18　延边三角形降压起动电动机定子绕组连接方式

（a）延边Δ连接；（b）Δ连接

利用时间继电器实现自动降压起动的延边三角形降压起动电气控制线路如图 4-19 所示。电动机开始起动时，通过接触器 KM1、KM3 实现电动机定子绕组的延边三角形连接，电动机运行一段时间，转速上升后，把电动机定子绕组改成三角形连接方式，全压运行。该电路的控制过程如下：闭合电源开关 QS，按下 SB2，KM1、KM3 线圈得电，KM1、KM3 主触点闭合，电动机定子绕组接成延边三角形进行降压起动，KM1 动合辅助触点闭合自锁；同时 KT 线圈得电吸合，计时开始，延时一段时间后，时间继电器 KT 延时断开动断触点断开，接触器 KM3 线圈失电，KM3 主触点断开，辅助动断触点闭合，时间继电器 KT 延时闭合动合触点闭合，接触器 KM2 线圈得电，KM2 主触点闭合，电动机定子绕组变成三角形连接，KM2 辅助动断触点断开，KT 线圈被撤除以节约电能，KM2 动合辅助触点闭合自锁，电动机全压运行，降压起动过程结束。停车时，按下 SB1，控制电路断电，KM1、KM2、KM3 线圈断电释放，电动机 M 断电停车。

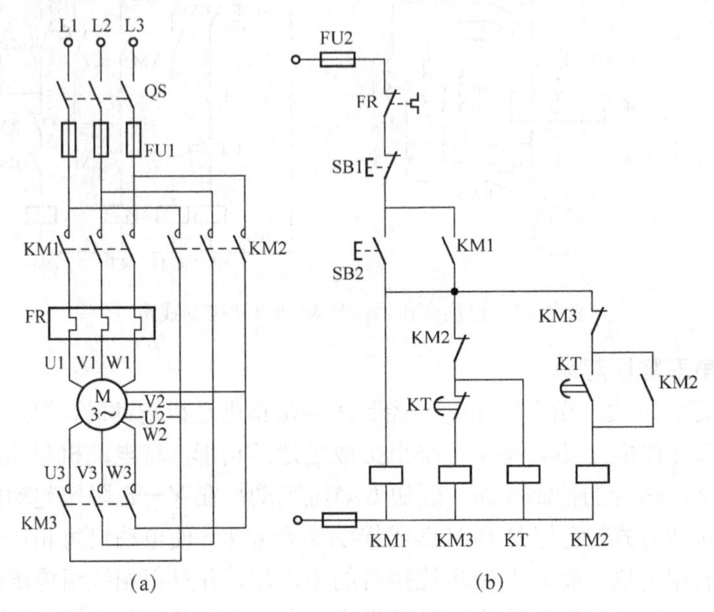

图 4-19　延边三角形降压起动控制线路

（a）主电路；（b）控制电路

第四节　三相绕线式转子异步电动机的降压起动控制电路

笼型转子异步电动机降压起动时，随着起动电流的减小，起动转矩也变小，不能满足重载起动应用的转矩要求。在起重机等需要重载起动的应用场合，一般采用起动转矩较大的绕线转子异步电动机。绕线转子异步电动机由于其独特的结构，其起动控制方式和笼型异步电动机有所不同。本节内容对常用的几种三相绕线式转子异步电动机的降压起动控制电路进行了介绍，主要介绍了转子回路串电阻起动和转子回路串频敏变阻器起动控制线路。

一、转子回路串电阻起动控制电路

电动机起动时，在转子回路中接入作星形连接的三相起动变阻器，起动过程中逐段切除电阻，起动结束时，可变电阻也减小到零，转子绕组被直接短接，电动机在额定状态下正常运转。常用的电阻的逐级切除控制方式有电流原则与时间原则两种控制方式。

1. 电流原则转子回路串电阻起动控制线路

电流原则的控制线路如图 4-20 所示，通过欠电流继电器检测转子电流，当速度升高，转子电流变小到一定程度时，把串联在转子绕组中的电阻一级一级切除。该控制线路的控制过程如下：合上隔离开关 QS，按下起动按钮 SB2，KM1 线圈得电，KM1 主触点闭合，电动机转子串接全部电阻起动，KM1 辅助动合触点闭合，中间继电器 KA1 得电，KA1 动合触点闭合。刚起动时，起动电流很大，三个电流继电器全部动作，控制电路中，KA2、KA3、KA4 的动断辅助触点全部断开，KM2、KM3、KM4 不通电，电动机转子回路串入所有电阻，随着电动机转速上升，转子电流减小，当电流减小到一定程度时，欠电流继电器 KA2 释放，其动断辅助触点闭合，KM2 线圈得电，KM2 主触点闭合，短接电阻 R_1，转子电流上升；电流再减小时，欠电流继电器 KA3、KA4 依次动作，KM3、KM4 依次动作，切除电阻 R_2、R_3，当 KM4 线圈得电，KM4 主触点闭合时，转子回路所串电阻全部切除，起动过程结束，电动机额定运行。

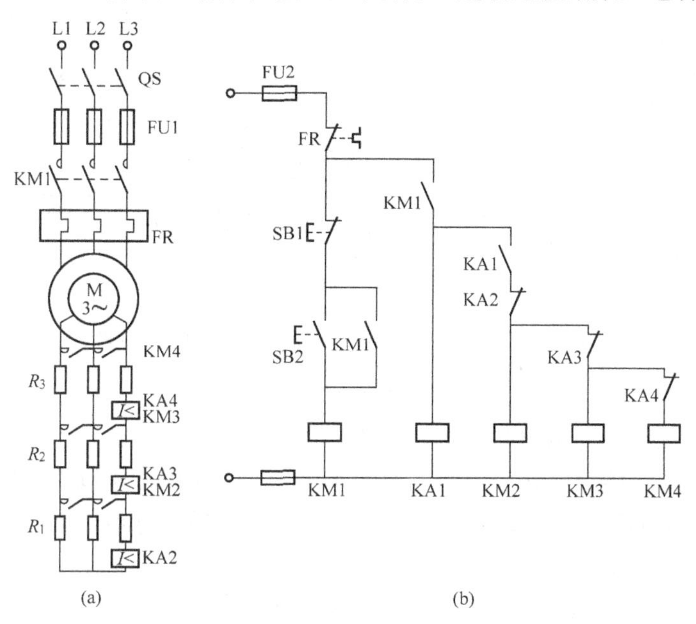

图 4-20　绕线转子串电阻起动控制电流原则控制线路图

（a）主电路；（b）控制电路

2. 时间原则转子回路串电阻起动控制线路

时间原则的控制线路如图 4-21 所示，电动机起动后，每隔一段时间切除一级电阻，直到电阻全部切除，电动机额定运行。时间原则控制线路工作过程如下：合上隔离开关 QS，按下起动按钮 SB2，KM1 通电自锁，KM1 主触点闭合，电动机串接全部电阻起动；时间继电器 KT1 线圈通电开始延时，KT1 延时时间到，延时动合辅助触点闭合，KM2 线圈通电自锁，KM2 主触点闭合，切除电阻 R_1；KM2 动断辅助触点断开，撤除 KT1 线圈以节约电能；KM2 另一动合辅助触点闭合使时间继电器 KT2 通电开始延时，当 KT2 延时时间到时，KM3 通电自锁，其主触点短接电阻 R_1、R_2。动断辅助触点使 KT1、KM2、KT2 失电；另一动合辅助触点闭合使 KT3 通电开始延时，KT3 延时结束时，KM4 动作，撤除转子回路串入的全部电阻，电动机进入额定运行状态，KM4 动断触点断开，使 KT1、KM2、KT2、KM3、KT3 线圈全部失电，以节约电能。

转子回路串电阻起动控制线路中只有 KM1、KM4 长期通电，而所有的时间继电器和 KM2、KM3 的通电时间均被压缩到最低限度。节省电能，延长了器件寿命。串联电阻，减小起动电流，起动转矩保持较大范围，需重载起动的设备如桥式起重机、卷扬机等。但是万一时间继电器或欠电流继电器损坏，线路即无法实现电动机的正常起动和运行，电动机起动过程中逐段减小电阻时，电流及转矩突然增大，会产生不必要的机械冲击，起动设备较多，一部分能量消耗在起动电阻且起动级数较少。

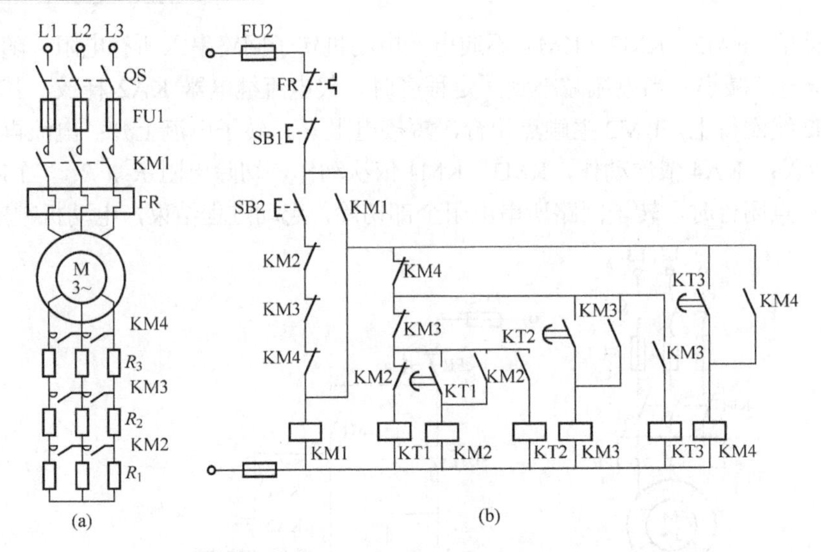

图 4-21　绕线转子串电阻起动控制时间原则控制线路图

（a）主电路；（b）控制电路

二、转子回路串频敏变阻器起动控制电路

频敏变阻器的阻抗能随着转子电流的频率下降而自动下降，所以能克服串电阻分级起动过程中产生机械冲击的缺点，实现平滑起动。大容量绕线转子异步电动机的起动控制常用转子回路串频敏变阻器起动方式。

如图 4-22 所示，电动机起动时，把频敏变阻器串联与绕线转子中，限制起动电流，起动过程中，KA 的动断辅助触点将热继电器发热元件短接，以免起动时间过长而使热继电器产生误动作。KM1 线圈通电需 KT 能正常动作、KM2 动断辅助触点处于闭合状态。若发生 KT、KM2 触点粘连等故障，KM1 将无法得电，从而避免了电动机直接起动和转子长期串接频敏变阻器的不正常现象。

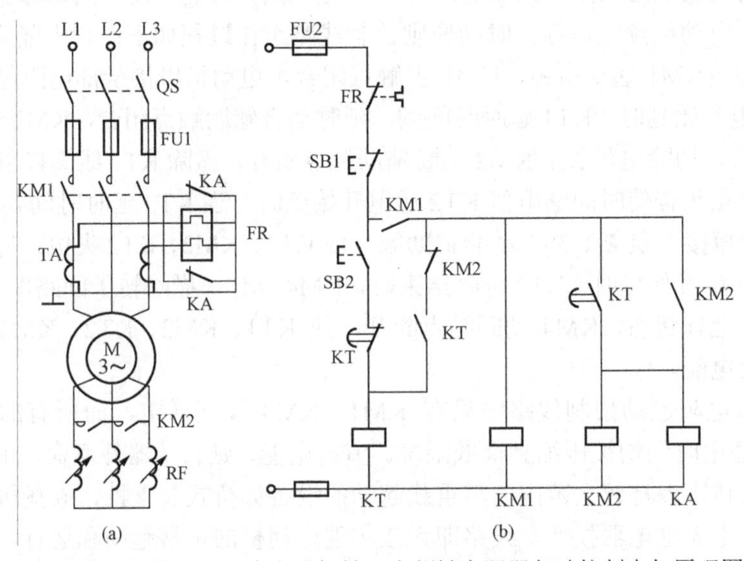

图 4-22　三相绕线式异步电动机转子串频敏变阻器起动控制电气原理图

（a）主电路；（b）控制电路

该控制电路的操作过程如下：合刀开关 QS，按下起动按钮 SB2，时间继电器 KT 线圈得电并开始计时，KT 瞬时动作触点闭合，接触器 KM1 线圈得电，KM1 主触点闭合，电动机串频敏变阻器起动，KM1 动合辅助触点闭合自锁，延时时间到，时间继电器延时闭合动合触点闭合，接触器 KM2 线圈得电，KM2 主触点闭合，频敏变阻器被撤除，电动机进入额定运行状态。KA 线圈得电，KA 动断触点断开，热继电器被串入到电动机电源线路中对线路进行过载保护。KM2 动断辅助触点断开，KT 线圈被撤除，起动过程结束。

第五节　三相异步电动机的调速控制线路

实际生产中的机械设备常有多种速度输出的要求，调速设备的应用非常广泛。电动机的调速方式有改变电动机磁极对数调速，改变电动机电源频率调速，改变电动机转差率调速等三种调速方式。

对于中小型设备应用，变极调速由于控制线路简单，成本低，检修维护方便等优点，应用非常广泛。如图 4-23 所示，变极调速是通过改变电动机定子绕组的解法，从而改变磁极对数来进行调速。

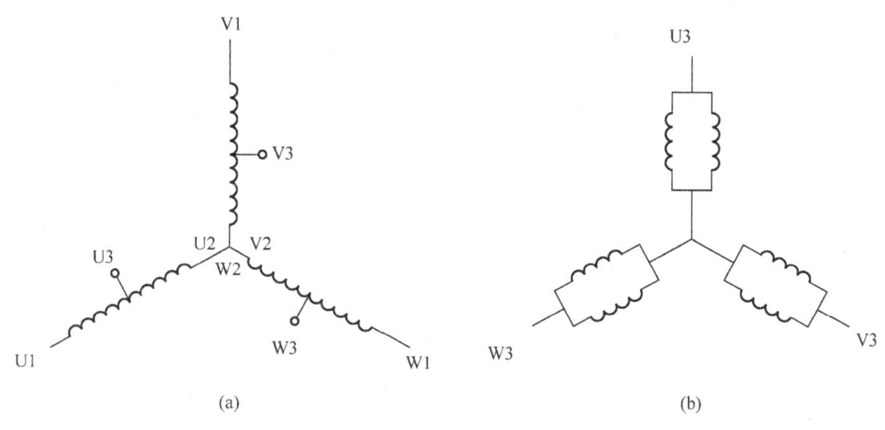

图 4-23　双速电机定子绕组接线图

（a）$P=2$;（b）$P=1$

图 4-24 所示为手动控制的双速电动机控制线路图，该控制线路可以实现电动机的高低速起动和高低速运行，可以实现高低速的双向切换，可以在任意速度状态下停车。

该控制线路的控制过程如下：

合上刀开关 QS，按下 SB2，接触器 KM1 得电，主触点闭合，电动机低速起动，KM1 动合辅助触点闭合自锁；按下 SB3，SB3 动断触点断开，KM1 线圈失电，KM1 动断辅助触点闭合，主触点断开，KM2 线圈得电，KM2 主触点闭合，KM2 动合辅助触点闭合，KM3 线圈得电，KM3 主触点闭合，电动机由低速转入高速状态。再按下 SB1 时，KM2、KM3 线圈失电，KM1 线圈得电动作，电动机又转入低速状态。按下 SB1，控制线路全部失电，所有接触器主触点全部断开，电动机停转。

图 4-25 所示为利用时间继电器自动控制的双速电动机控制线路图，该电路实现低速起动，延时一段时间后自动转入高速运行，但是不能够进行高低速的互相切换。该控制线路的

工作过程如下：合上刀开关QS，按下SB2，中间继电器KA得电，KA动合触点闭合自锁；接触器KM1得电，KM1主触点闭合，电动机低速起动；时间继电器KT线圈得电开始计时，计时时间到，KT延时断开动断触点断开，KM1线圈失电，KM1主触点断开，KM1动断辅助触点闭合，KT延时闭合动合触点闭合，接触器KM2、KM3线圈得电，KM2、KM3主触点闭合，KM2、KM3动合辅助触点闭合自锁，电动机进入高速运行，KM3动断辅助触点断开，时间继电器KT线圈被撤除以节约电能。

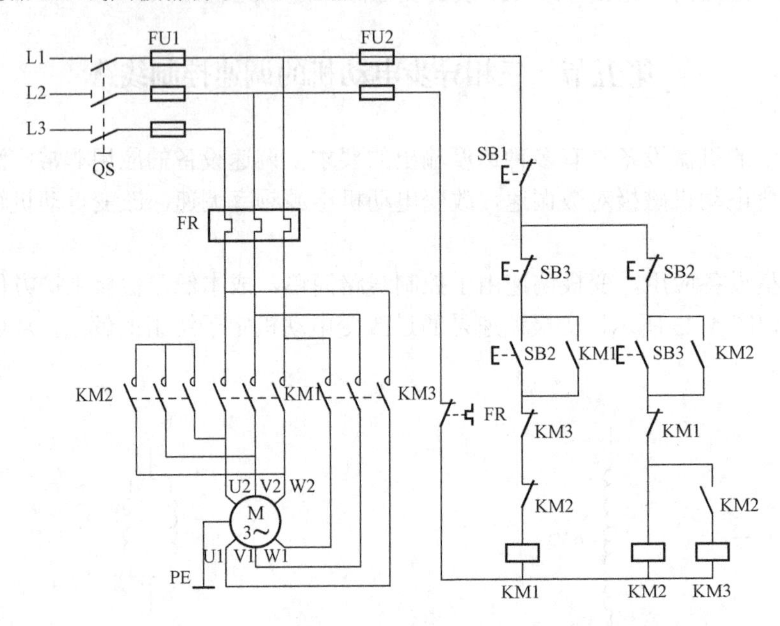

图4-24 手动控制的双速电动机控制线路图

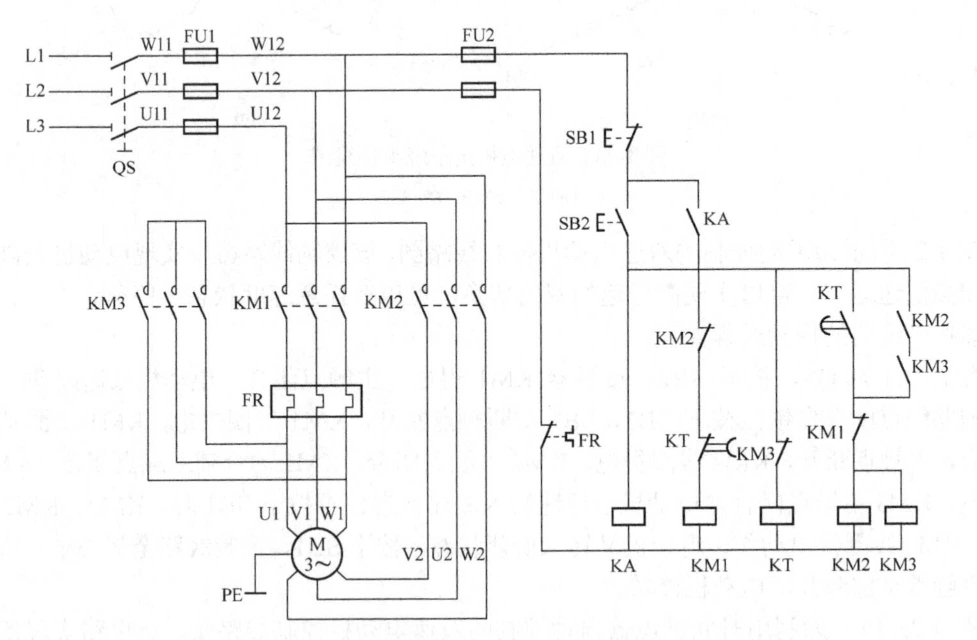

图4-25 时间继电器控制自动转换的双速电动机控制线路图

第六节 三相异步电动机的制动控制线路

三相笼型异步电动机切断电源后，由于惯性，总要经过一段时间才能完全停止。为缩短停车时间，提高生产效率和加工精度，要求生产机械能迅速、准确地停车。采取某种措施使三相异步电动机在切断电源后迅速、准确地停车的过程，称为三相异步电动机的制动。

三相异步电动机的制动方法分为机械制动和电气制动两大类。在切断电源后，利用机械装置使三相笼型异步电动机迅速、准确地停车的制动方法称为机械制动，应用较普遍的机械制动装置有电磁抱闸和电磁离合器两种。在切断电源后，产生和电动机实际旋转方向相反的电磁力矩（制动力矩），使三相笼型异步电动机迅速、准确地停车的制动方法称为电气制动。常用的电气制动方法有反接制动、能耗制动和回馈制动等制动方法。

一、机械制动

机械制动是用电磁铁操纵机械机构进行制动，如电磁抱闸制动、电磁离合器制动等制动方式。电磁抱闸装置的基本结构如图 4-26 所示，它的主要工作部分是电磁铁和闸瓦制动器。

当电磁抱闸装置的励磁线圈得电时，电磁铁产生磁场力吸合衔铁，带动闸瓦松开闸轮；励磁线圈失电时，磁场力消失，弹簧的弹力使闸瓦紧紧抱住闸轮进行制动。在实际应用中，这种失电抱闸的制动装置应用广泛。失电抱闸的最大优势就是装置的安全性，当系统遇到故障，电源断电时，能够立即制动停车，这种特性在很多场合是至关重要的，例如，电梯的制动，就必须使用这种失电抱闸方式。

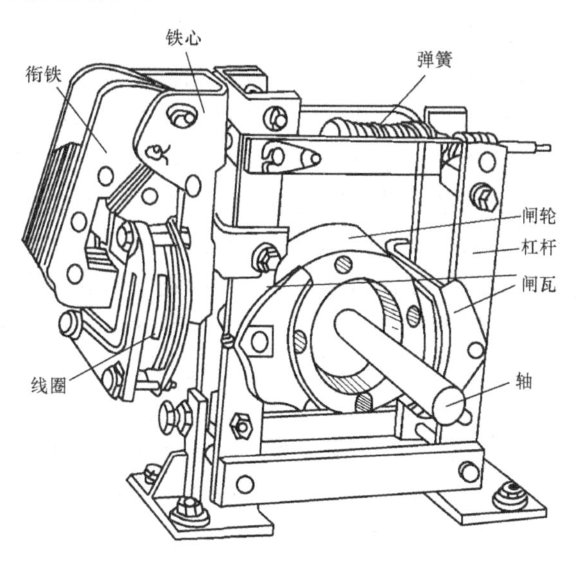

图 4-26 电磁抱闸装置结构示意图

电磁抱闸的控制电路如图 4-27 所示。该装置的励磁线圈由 380V 交流电源供电。电动机起动时，抱闸电磁线圈通电，电磁铁产生磁场力吸合衔铁，带动制动杠杆动作，推动闸瓦松开闸轮，电动机起动运转；停车时，抱闸电磁线圈断电，在弹簧的弹力下，使闸瓦紧紧抱住闸轮，电动机立即停车。该控制电路的工作过程如下：合上电源开关 QS，按下起动按钮 SB2，交流接触器 KM 得电，KM 辅助动合触点闭合自锁，KM 主触点闭合，抱闸电磁线圈通电，闸瓦松开，同时电动机通电起动；停车时，按下停止按钮 SB1，交流接触器 KM 线圈失电，

KM 辅助动合触点断开，KM 主触点断开，电动机电源被撤除，抱闸电磁线圈失电，闸瓦抱紧闸轮进行机械制动，电动机迅速停转。

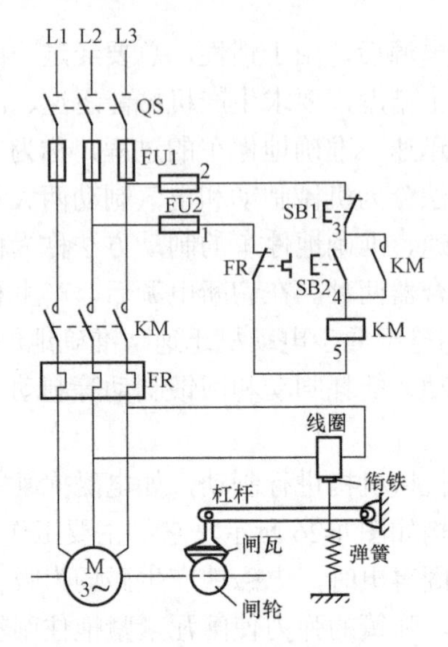

图 4-27　电动机的电磁抱闸制动控制线路

二、三相异步电动机电气制动

1. 三相异步电动机反接制动

三相异步电动机反接制动是将运动中的电动机电源反接（即将任意两根相线接法对调），改变电动机定子绕组的电源相序，电源相序变化使电动机旋转磁场的方向改变，从而使转子受到与原旋转方向相反的制动力矩而迅速停转。该种制动方式的特点是：设备简单、制动力矩较大、制动迅速。但是制动时冲击强烈，准确度不高，容易产生反转。

反接制动主要适用于要求制动迅速，制动不频繁的场合，如各种机床的主轴制动。但是，由于反接制动时，振动和冲击力较大，影响机床的精度，所以使用时受到一定限制。容量较大（4.5kW 以上）的电动机采用反接制动时，须在主回路中串联限流电阻。

反接制动的控制要防止反转的产生，在设计控制电路时，一般都采用速度控制原则。图 4-28 所示是反接制动的控制线路原理图。电动机正常运转时，KM1 通电吸合，速度继电器 KS 的动合触点闭合，为反接制动做准备。刚按下停止按钮 SB2 时，电动机因惯性仍以很高速度旋转，速度继电器 KS 动合触点仍保持闭合，SB2 动合触点闭合时，KM2 可以得电进入反接制动状态。当电动机转速迅速下降接近 100r/min 时，KS 动合触点复位，KM2 断电，电动机制动电源断电，反接制动结束。这样通过速度继电器的控制，防止了电动机反转的产生。

该控制线路的工作过程如下：合上电源开关 QS，按下 SB1，KM1 线圈得电，KM1 动合主触点闭合，电动机起动，同时动合辅助触点闭合形成自锁，动断触点断开，防止 KM2 得电，当速度大于 100r/min 时，速度继电器 KS 动合触点闭合，为反接制动做准备。需要停车时，按下 SB2，SB2 动断触点断开，KM1 失电，KM1 动合触点断开，电动机电源断电，SB2 动合触点闭合，KM2 线圈得电，KM2 主触点闭合，电动机 M 串接电阻 R 进行反接制动，当电动机速度小于 100r/min 时，速度继电器 KS 断开，KM2 失电，KM2 主触点断开，电动机脱离电源，制动结束。

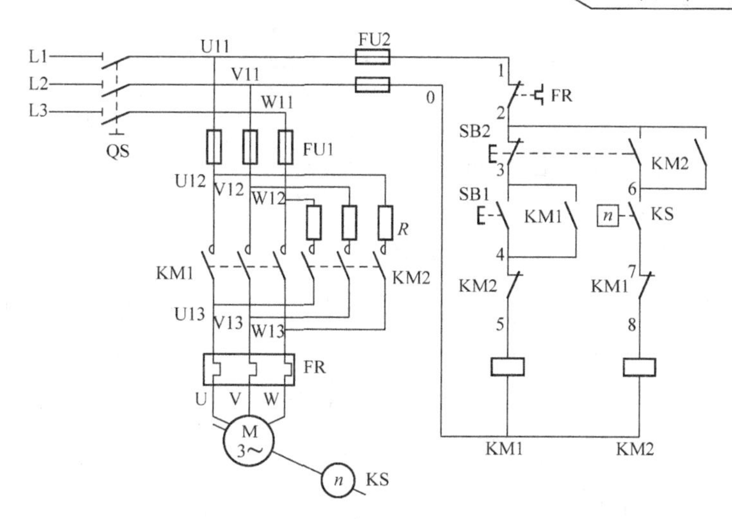

图 4-28　反接制动原理图

2. 能耗制动

能耗制动是在三相笼型异步电动机脱离三相交流电源后，在定子绕组上加一个直流电源，使定子绕组产生一个静止的磁场，当电动机在惯性作用下继续旋转时，转子绕组会切割静止的磁感线产生感应电流，该感应电流与静止磁场相互作用产生一个与电动机旋转方向相反的电磁转矩（制动转矩），使电动机迅速停转。

能耗制动是一种应用很广泛的电气制动方法，与反接制动相比，能耗制动制动电流小，能耗较小，制动准确度较高，制动时制动转矩平滑；但是需直流电源整流装置，设备费用高，制动转矩与转速成比例减小，在低速时，制动力较弱。能耗制动适用于电动机能量较大，要求制动平稳、制动频繁以及停位准确的场合。铣床、龙门刨床及组合机床的主轴定位等常用能耗制动。

能耗制动的控制形式比较多，图 4-29 所示为一种全波整流、时间控制原则的能耗制动控制线路。该电路能够实现在电动机停机时进行一段时间的能耗制动，制动结束后自动撤除制动电源。制动时间长短可以通过时间继电器延时时间进行调整。

主电路中的 *R* 用于调节制动电流的大小；KM2 动合触点上方应串接 KT 瞬动动合触点。防止 KT 出故障时其通电延时动断触点无法断开，致使 KM2 不能失电而导致电动机定子绕组长期通入直流电。

该控制线路工作过程如下：合上电源开关 QS，按下起动按钮 SB1，接触器 KM1 线圈得电，KM1 主触点闭合，电动机全压起动，KM1 动合辅助触点闭合自锁，KM1 动断辅助触点断开防止 KM2 误动作；停车时，按下停止按钮 SB2，SB2 动断触点断开，KM1 线圈失电，KM1 主触点断开，电动机电源断开，KM1 动断辅助触点闭合，SB2 动合触点闭合，KM2 线圈得电，KM2 主触点闭合，直流电源被接通，电动机进行能耗制动，同时时间继电器 KT 线圈得电，计时开始，时间继电器瞬时闭合动合触点闭合，KM2 动合辅助触点闭合形成自锁，计时时间到，时间继电器 KT 延时断开动断触点断开，交流接触器 KM2 线圈失电，KM2 主触点断开，直流电源被撤除，KM2 动合辅助触点断开，时间继电器 KT 线圈失电，能耗制动过程结束。

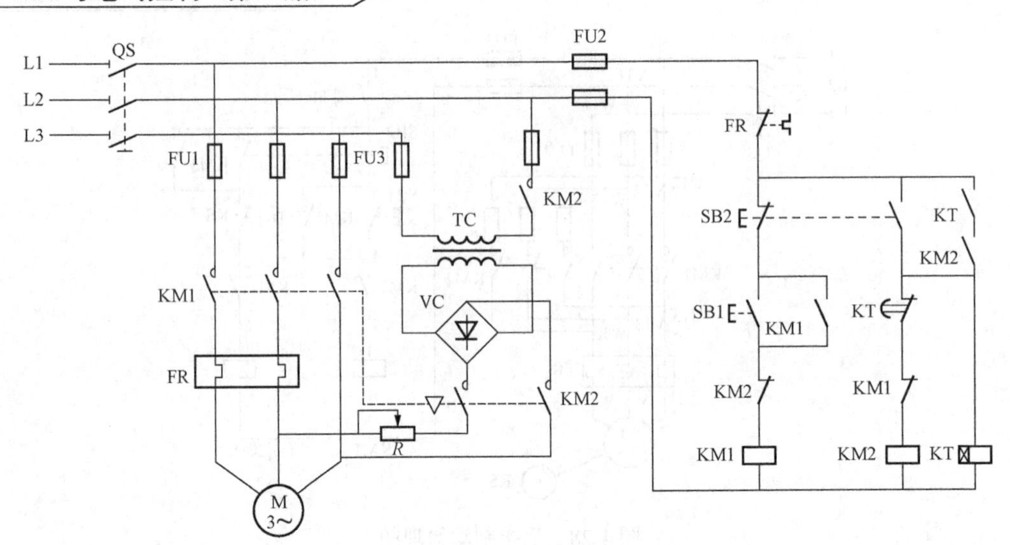

图 4-29 能耗制动时间原则控制线路原理图

图 4-30 所示为速度控制原则的能耗制动控制线路。电动机转速高于一定值时，能耗制动才能开启，采用能耗制动把速度降到设定的速度之后，能及时地把制动电源撤除。

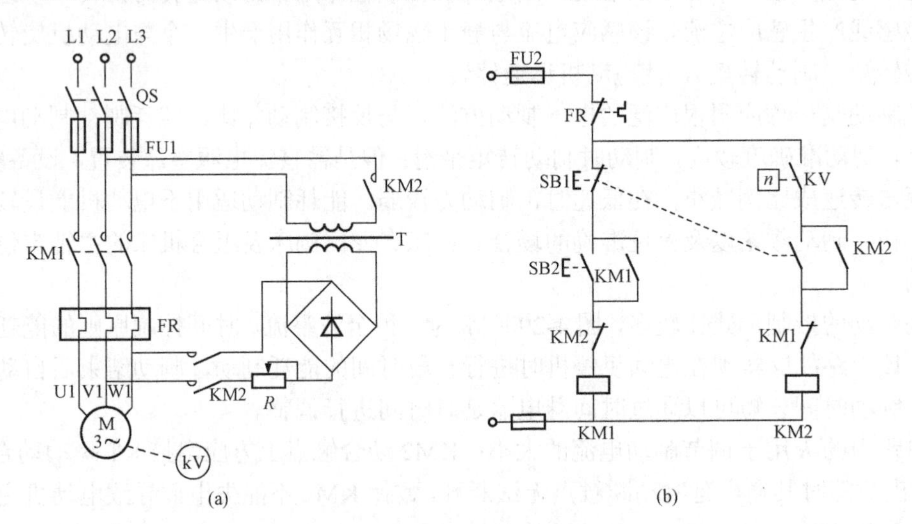

图 4-30 能耗制动速度原则控制线路原理图

（a）主电路；（b）控制电路

假设速度继电器的动作值调整为 120r/min，释放值为 100 r/min。该控制线路的工作过程如下：合上刀开关 QS，按下起动按钮 SB2，KM1 通电并自锁，电动机全压起动，当转速上升至 120 r/min 时，KV 动合触点闭合，为 KM2 通电做准备。电动机正常运行时，KV 动合触点一直保持闭合状态，停车时，按下停车按钮 SB1，SB1 动断触点首先断开，使 KM1 断电结束自锁，主回路中，KM1 的主触点断开，电动机脱离三相交流电源；SB1 动合触点后闭合，使 KM2 线圈通电并自锁，KM2 主触点闭合，交流电源经整流后经限流电阻向电动机提供直流电源，电动机进行能耗制动，电动机转速迅速下降，当转速下降至 100 r/min 时，KV 动合触点断开，KM2 线圈失电结束自锁，KM2 主触点断开从而切断直流电源，制动结束。

习　　题

1．试采用按钮、刀开关、接触器和中间继电器，画出异步电动机点动、连续运行的混合控制线路。

2．电动机正、反转控制线路中为什么有了机械互锁还要有电气互锁?

3．电器控制线路常用的保护环节有哪些?各采用什么电器元件?

4．三相异步电动机的反接制动有哪两种方法？各有何特点？

5．三相交流异步电动机的正、反转控制电路如何实现？

6．自耦变压器降压起动有何优点？

7．绕线式异步电动机有哪些起动方式?

8．电气原理图中电 QS、QF、FU、KM、KA、KT、KS、FR、SB、SQ 分别代表什么电气元件的文字符号？

9．电气原理图中，电器元件的技术数据如何标注？

10．什么是失电压、欠电压保护？采用什么电器元件来实现失电压，欠电压保护？

11．点动、长动在控制电路上的区别是什么？试用按钮、转换开关、中间继电器、接触器等电器，分别设计出既能长动又能点动的控制线路。

12．在电动机可逆运行的控制线路中，为什么必须采用联锁环节控制？有的控制电路已采用了机械联锁，为什么还要采用电气联锁？若两种触头接错，线路会产生什么现象？

13．电源电压不变的情况下，如果将三角形连接的三相异步电动机误接成星形，或将星形连接换接成三角形，则其后果如何？图 4-31 所示是电动机直接起动的线路图，试分析起动过程。

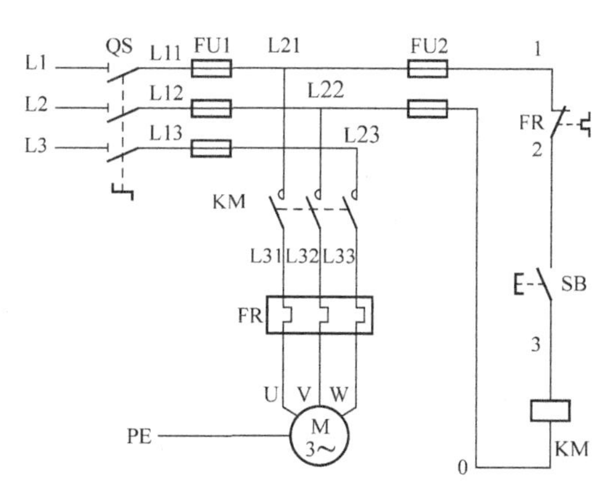

图 4-31　习题 13 的图

14．钻削加工刀架的运动过程控制如图 4-32 所示，刀架在位置 1 起动后能自动地由位置 1 开始移动到位置 2 进行钻削加工，刀架到达位置 2 后自动退回到位置 1 时停车。应如何实现控制？

15．两条传送带运输机分别由两台笼型异步电动机拖动，由一套起停按钮控制它们的起停。为避免物体堆积在运输机上，要求电动机按下述顺序起动和停止：M1 起动后 M2 才能起动；M2 停车后 M1 才能停车。应如何实现控制？

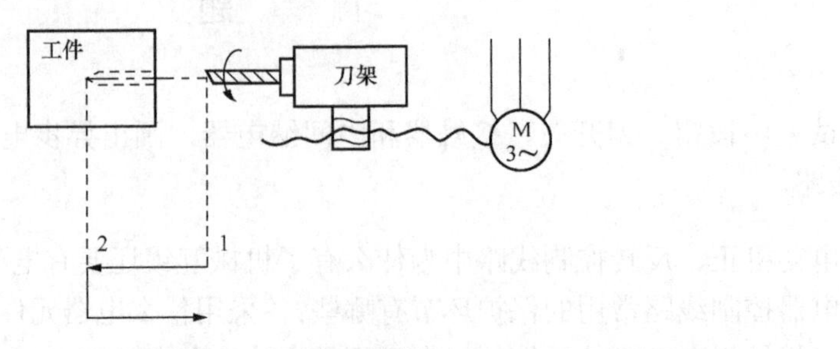

图 4-32　习题 14 的图

16．锅炉的点火、熄火的电气控制线路的设计：点火时，先起动引风电动机 M1，当其工作 5min 后，送风用电动机 M2 自行起动，完成锅炉的点火过程。锅炉熄火时，先停止送风 M2，当其停止 2min 后，引风用电动机 M1 自动停止，完成锅炉的熄火过程。

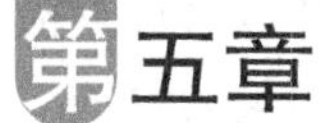

第五章

常用机床的控制线路

第一节　CA6140 车床控制电路

一、普通车床的主要结构和运动形式

车床是一种应用极为广泛的金属切削机床，主要用于加工各种回转表面，还可用于车削螺纹，并可用钻头、铰刀等进行加工。CA6140 型车床是普通车床的一种，适用于加工各种轴类、套筒类和盘类零件上的回转表面，例如，车削内外圆柱面、圆锥面、环槽及成形回转表面，加工端面及加工各种螺纹，还能进行钻孔、滚花等工作，它的加工范围较广，但自动化程度低，适于小批量生产及修配车间使用。

车床主要由床身、主轴箱、进给箱、溜板箱、刀架、丝杠、尾架等部分所组成。图 5-1 所示为 CA6140 型普通车床的结构示意图。

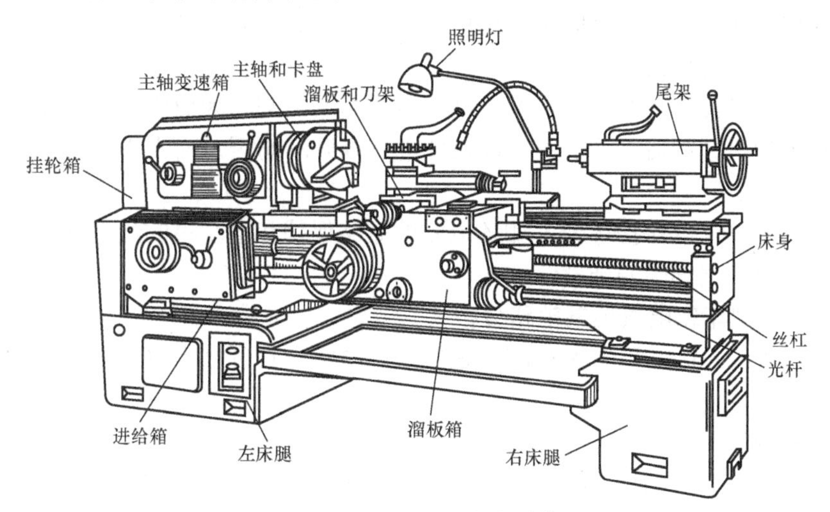

图 5-1　CA6140 型车床结构

CA6140 普通车床型号的含义如下：

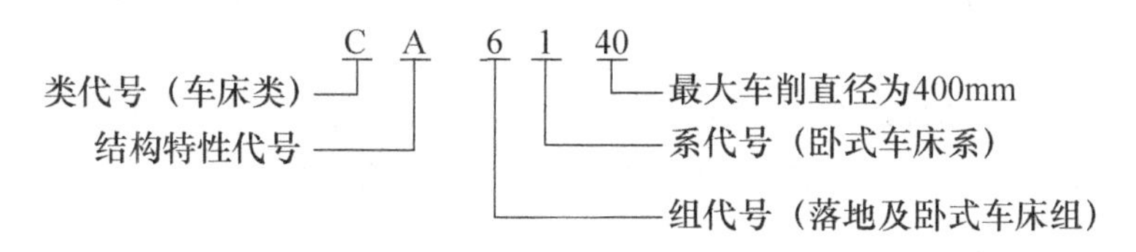

普通车床主要是由三个运动部分所组成的，一是卡盘带着工件的旋转运动，也就是车床主轴的运动。车床根据工件的材料性质、车刀材料及几何形式、工件直径、加工方式及冷却条件

的不同，要求主轴有不同的切削速度。主轴运动是由主轴电动机经传送带传递到主轴变速箱来带动主轴旋转，而主轴变速箱则用于调节主轴的转速。二是溜板箱带着刀架的直线运动，称为进给运动。溜板箱把丝杠或光杠的转动传递给刀架部分，变换溜板箱外的手柄位置，经刀架部分使车刀做纵向或横向进给。三是刀架的快速移动和工件的夹紧和放松，称为车床的辅助运动。尾座的移动和工件的装卸都是由人力操作，车床工作时，大部分功率消耗在主轴运动上。

二、车床的电力拖动形式及控制要求

车床的主轴一般只需要单向运转，只有在加工螺纹时要退刀，需要主轴反转。根据加工工艺的要求，主轴应能够在相当宽的范围内进行调速，CA6140 型车床的主轴正转速度有 24 种（10～1400r/min），反转速度有 12 种（14～1580r/min）。CA6140 型普通车床对电力拖动及其控制有以下要求：

（1）主轴电动机从经济性、可靠性考虑，一般选用笼型三相异步电动机，不进行电气调速。

（2）采用齿轮箱进行机械有级调速。为减小振动，主轴电动机通过几条三角传送带将动力传递到主轴箱。

（3）为车削螺纹，主轴要求有正、反转。其正、反转的实现，可由拖动电动机正、反转或采用机械方法来达到目的。对小型普通车床，一般采用电动机正、反转控制；对于中型普通车床，主轴正、反转则一般采用多片摩擦离合器来实现。

（4）主轴电动机的起动、停止采用按钮操作，一般普通车床上的三相异步电动机均采用直接起动，停止采用机械制动。

（5）刀架移动和主轴转动有固定的比例关系，以便满足对螺纹的加工需要。这由机械传动保证，对电气方面无任何要求。

（6）车削加工时，刀具及工件温度较高，有时需要冷却，因而应该配有冷却泵电动机。且要求在主轴电动机起动后，冷却泵电动机才能选择开动与否，而当主轴电动机停止时，冷却泵应该立即停止。

（7）具有必要的电气保护环节，如各电路的短路保护和电动机的过载保护。

（8）具有安全的局部照明装置。

三、CA6140 型车床电气控制电路分析

图 5-2 所示为 CA6140 型普通车床的电气控制电路，它可分为主电路、控制电路及照明电路部分。

1. 主电路分析

主电路中共有三台电动机，M1 为主轴电动机，带动主轴旋转和刀架作进给运动；M2 为冷却泵电动机；M3 为刀架快速移动电动机。

三相交流电源通过漏电保护断路器 QF 引入，总熔断器 FU 由用户提供。三台电动机均直接起动，单向运转，分别由交流接触器 KM1、KM2、KM3 控制运行。M1 的短路保护由 QF 的电磁脱扣器来实现，而 M2 和 M3 电动机分别由熔断器 FU1、FU2 来实现短路保护；热继电器 FR1、FR2 分别作为 M1、M2 的过载保护，由于 M3 是短期工作，故未设过载保护，KM1、KM2、KM3 分别对电动机 M1、M2、M3 进行欠压和失压保护。

2. 控制电路分析

控制电路的电源由变压器 TC 二次绕组输出 110V 电压提供，由 FU6 作短路保护。该车床的电气控制盘装在床身左下部后方的壁龛内，在开动机床时，应先用锁匙向右旋转 SA2，

再合上 QF 接通电源，然后就可以开启照明灯及按动电动机控制按钮。

（1）主轴电动机的控制。按下绿色的起动按钮 SB1，接触器 KM1 的线圈得电动作，其主触点闭合，主轴电动机起动运行。同时，KM1 动合触点（3-5）闭合，起自锁作用。另一组动合触点 KM1（9-11）闭合，为冷却泵电动机起动做准备。停车时，按下红色蘑菇形按钮 SB2，KM1 线圈失电，M1 停车；SB2 在按下后可自行锁住，要复位需要向右旋转。

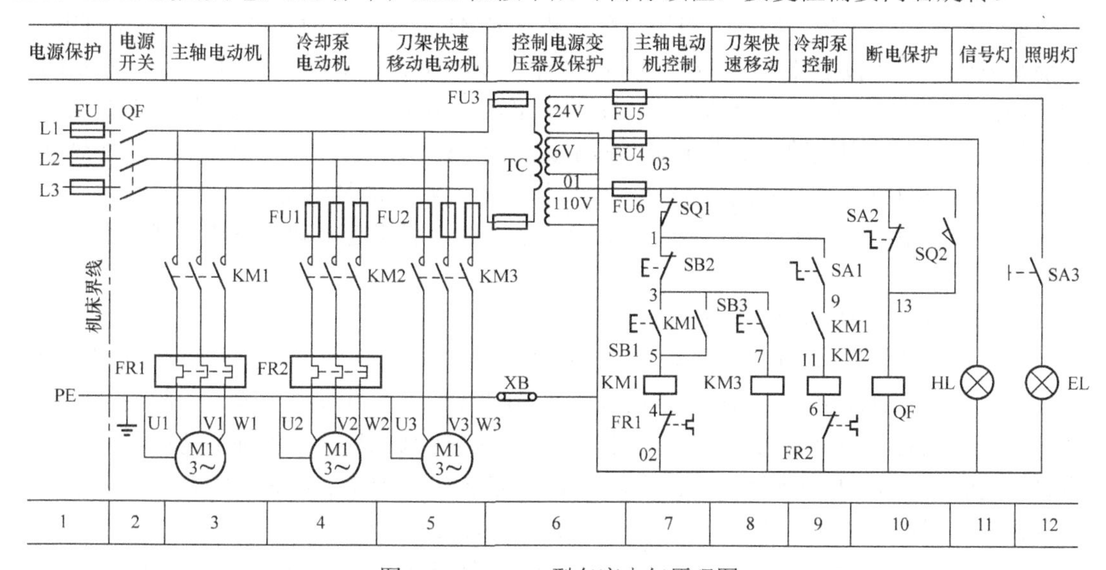

图 5-2　CA6140 型车床电气原理图

（2）冷却泵电动机控制。若车削时需要冷却，则先合上旋钮开关 SA1，在 M1 运转情况下，KM2 线圈得电吸合，其 KM2 主触点闭合，冷却泵电动机运行。当 M1 停止时，M2 也自动停止。

（3）刀架快速移动电动机的控制。M3 的起动是由安装在进给操纵手柄顶端的按钮 SB3 来控制，与 KM3 组成点动控制环节。将操纵手柄扳到所需方向，压下 SB3，KM3 得电，M3 起动，刀架就向指定方向快速移动。

3. 照明与信号指示电路分析

控制变压器 TC 的二次绕组分别输出 24V 和 6V 电压，作为机床低压照明灯和信号灯电源，EL 为机床低压照明灯，由开关 SA3 控制，HL 为电源信号灯，以 FU5、FU4 作短路保护。

4. 电气保护环节

KM1 动合辅助触点（9-11）实现了主轴电动机 M1 和冷却泵电动机 M2 的顺序起动和联锁保护。

除短路和过载保护外，该电路还设有由行程开关 SQ1、SQ2 组成的位置保护环节。SQ2 为电气箱安全行程开关，当 SA2 左旋锁上或者电气控制盘的壁龛门被打开时，SQ2（03-13）断开，使 QF 自动断开，此时即使出现误合闸，QF 也可以在 0.1s 内再次自动跳闸。SQ1 为挂轮箱安全行程开关，当箱罩被打开后，SQ1（03-1）断开，使主轴电动机停转或无法起动。

接触器 KM1、KM2、KM3 可实现失压和欠压保护。

四、CA6140 型车床常见电气故障的分析

1. 按下 SB1，主轴电动机 M1 不能起动

在电源指示灯亮的情况下，首先检查接触器 KM1 是否能吸合。

（1）如果KM1不吸合，则可检查热继电器的动断触点FR1是否动作后未复位；熔断器FU6是否熔断。如果没有问题，则可用万用表交流250 V挡逐级检查接触器KM1线圈回路的110 V电压是否正常，从而判断出是控制变压器110 V绕组的问题，还是接触器KM1线圈烧坏，还是熔断器插座或某个触点接触不良，或是回路中的连线有问题。

（2）如果KM1吸合，电动机M1还不转，则应用万用表交流500V挡检查接触器KM1主触点的输出端有无电压。如果无电压，可再测量KM1主触点的输入端，如果还没有电压，则只能是电源开关到接触器KM1输入端的连线有问题；如果KM1输入端有电压，则是由于KM1的主触点接触不好；如果接触器KM1的输出端有电压，则应检查电动机M1有无进线电压，如果无电压，则说明接触器KM1输出端到电动机M1进线端之间有问题(包括热继电器FR1和相应的连线)；如果电动机M1进线电压正常，则可能是电动机本身的问题。

另外，如果电动机M1断相，或者因为负载过重，也可引起电动机不转，则应进一步检查判断。

2. 主轴电动机M1起动后不能自锁

首先应检查接触器KM1的自锁触点KM1（3-5）接触是否良好，自锁回路连线是否接好。如果不好，按下主轴起动按钮SB1后，接触器KM1吸合，主轴电动机转动，但起动按钮SB1一松开，由于KM1的自锁回路有问题而不能自锁，KM1马上释放，主轴电动机停转。也可能主轴起动时，KM1的自锁回路起作用，KM1能够自锁，但由于自锁回路会有接触不良的现象存在，在工作中瞬间断开一下，就会使KM1释放而使主轴停转。

另外，当接触器KM1控制回路(起动按钮SB1除外)的任何地方有接触不良的现象时，都可能出现主轴电动机工作中突然停转的现象。

3. 按下停止按钮SB2，主轴电动机M1不能停止

断开电源开关QF，看接触器KM1是否能释放。如果能释放，说明KM1的控制回路有短路现象，应进一步排查；如果KM1仍然不释放，则说明接触器内部有机械卡死现象，或接触器主触点因“熔焊”而粘死，需拆开修理。

这类故障的原因多数是因接触器KM1主触点发生熔焊或停止按钮SB2损坏所致。

4. 主轴电动机M1断相运行

若在按下SB1时M1不能起动并发出“嗡嗡”声，或是在运行过程中突然发出“嗡嗡”声，这是电动机发生断相故障的现象。发现电动机断相，应立即切断电源，避免损坏电动机。断相就是三相电源缺少了一相，造成的原因可能是三相熔断器FU的一相熔断，或是接触器的三相主触点其中有一相接触不良，也可能是接线脱落，或是热继电器三相热元件中有一相接触不良。电动机的断相运行会使电动机因过载而烧毁，在找出故障原因并排除后，M1应能正常起动和运行。但是，平时应有针对性地进行检查，注意消除隐患。

5. 冷却泵电动机M2不能起动

因为M2是与M1联锁的，所以必须在M1起动后M2才能起动，即先看主轴电动机M1是否已经起动了，还要确定冷却泵开关SA1是否闭合；如果只是M2不能起动，则可按上述检查M1不能起动的方法进行检查，若把SA1合上，接触器KM2不吸合，则故障出在控制电路中，这时应依次检查KM1的辅助动合触点（9-11）是否接触不良，接触器KM2的线圈是否有断路现象，热继电器FR2的动断触点是否正常。

6. 冷却泵电动机 M2 烧毁

除电气方面的原因外，冷却泵电动机烧毁的原因很可能是负荷过重，当车床冷却液中金属屑等杂质较多时，杂质的沉积常常会阻碍冷却泵叶片的转动，造成冷却泵负荷过重甚至出现堵塞现象，叶片可能完全不能转动导致电动机堵转，如不及时发现，就会烧毁电动机。此外，在车床加工零件时，冷却液飞溅，可能会有冷却液从接线盒或电动机的端盖等处进入电动机内部，造成定子绕组出现短路，从而烧毁电动机。这类故障应着重于防范，注意检查冷却泵电动机的密封性能，同时要求车床的操作者使用合格的冷却液，并及时更换冷却液。

7. 刀架快速移动电动机 M3 不能起动

首先检查熔断器 FU2 熔丝是否熔断，然后检查接触器 KM3 主触点的接触是否良好；若无异常或按下点动按钮 SB3 时，接触器 KM3 不吸合，则故障必定在控制电路中。这时应依次检查点动按钮 SB3 及接触器 KM3 的线圈是否有断路现象。

8. 控制变压器的故障

该车床采用控制变压器 TC 给控制和照明、信号指示电路供电，机床的控制变压器常常会出现烧毁等故障，其主要原因是

（1）过载。控制变压器的容量一般都比较小，在使用中一定要注意其负荷与变压器的容量相适应，如随意增大照明灯的功率或加接照明灯，都容易使变压器因过载而烧毁。

（2）短路。产生短路的原因较多，包括灯头接触不良造成局部过热，螺口灯泡锡头脱焊造成两极短路；灯头内电线因长期过热导致绝缘性能下降而产生短路；灯泡拧得过紧，也有可能使灯头内的弹簧片与铜壳相碰而短路。此外，控制电路的故障也会造成变压器二次短路。因此平时应注意检查，并选用合适的熔丝。

（3）熔丝选得过大。变压器的熔丝一般应按额定电流的两倍选用，选得过大将起不到保护作用。

9. 合上电源开关 QF，电源信号灯 HL 不亮

（1）合上照明灯开关，看照明灯是否亮，如果照明灯能亮，则说明控制变压器 TC 之前的电源电路没有问题。可检查熔断器 FU4 是否熔断；信号灯泡是否烧坏；灯泡与灯座之间接触是否良好。如果都没有问题，则用万用表交流电压挡检查控制变压器有无 6V 电压输出。通过测量可确定是连线问题，还是控制变压器的 6V 绕组问题，或是某处有接触不良的问题。

（2）如果照明不亮，则故障很可能发生在控制变压器之前，或电源信号和照明灯电路同时出问题的可能性。但发生这种情况的概率毕竟很小，一般应先从控制变压器前查起。

首先检查熔断器 FU 是否熔断，如果没有问题，则可用万用表的交流 500 V 挡测量电源开关 QF 输出端 L1、L2 间电压是否正常。如果不正常，则再检查电源开关输入电源进线端，从而可判断出故障是电源进线无电压，还是电源开关接触不良或损坏；如果 L1、L2 间电压正常，则可再检查控制变压器 TC 输入接线端电压是否正常。如果不正常，则应检查电源开关输出到控制变压器输入之间的电路，例如，连线是否有问题、熔断器 FU3 是否良好等。如果变压器输入电压正常，则可再测量变压器 6V 绕组输出端的电压是否正常。如果不正常，则说明控制变压器有问题；如果正常，则说明电源信号灯和照明灯电路同时出现问题，可按前面的步骤进行检查，直到查出故障点。

10. 合上电源开关 QF，电源信号灯 HL 亮，合上照明灯开关 SA3，照明灯不亮

首先检查照明灯泡是否烧坏，熔断器 FU5 对公共端有无电压。

（1）如果熔断器上端有电压，下端无电压，则说明熔断器熔体与熔断器座之间接触不良，或熔丝熔断，断电后，用万用表的电阻挡再进一步地确认。

（2）如果熔断器输入端都无电压，应检查控制变压器 TC 的 24 V 绕组输出端。如果有电压，则是变压器输出到熔断器之间的连线有问题；如果无电压，则是控制变压器 24V 绕组有问题。

（3）如果熔断器两端都有电压，则检查照明灯两端有无电压。如果有电压，则说明照明灯泡与灯座之间接触不好；如果无电压，则可继续检查照明灯开关两端的电压，从而判断是连线问题还是开关问题。

第二节　Z3050 摇臂钻床控制电路

一、摇臂钻床的主要结构和运动形式

钻床是一种孔加工机床，可用于在大、中型零件上进行钻孔、扩孔、铰孔、锪孔、攻丝及修刮端面等加工。因此，钻床要求主轴运动和进给运动有较宽的调速范围。

钻床的种类很多，有台式钻床、立式钻床、卧式钻床、摇臂钻床、深孔钻床、多轴钻床及专用钻床等，在各类钻床中，摇臂钻床是一种立式钻床，具有操作方便、灵活、适用范围广等特点，特别适用于单件或批量生产中带有多孔的大型零件的孔加工，是机械加工中的常用机床设备。本节以 Z3050 型摇臂钻床为例进行分析。

Z3050 型摇臂钻床型号的含义如下：

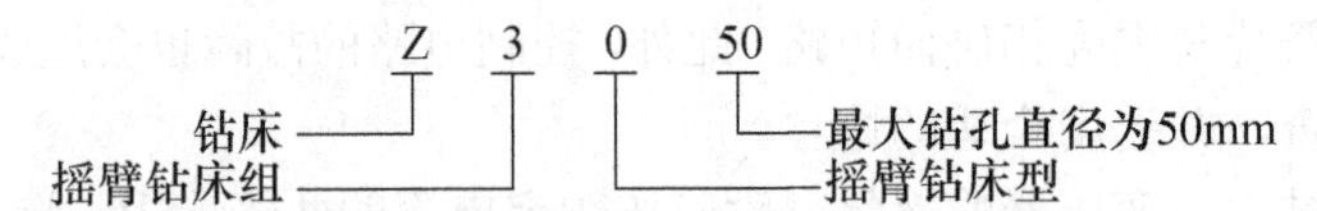

Z3050 型摇臂钻床结构示意图如图 5-3 所示，主要由底座、内立柱、外立柱、摇臂、主轴箱、工作台等组成。加工时，工件可装在工作台上，如工件体积较大时，也可直接装在底座上；钻头装在主轴上并由主轴驱动旋转，由于其加工特点，要求主轴有较宽的调速范围。主轴箱装在摇臂上，主轴箱可沿着摇臂上的水平导轨作径向移动；摇臂的一端为套筒，套在外立柱上，摇臂的套筒部分与外立柱滑动配合，借助于丝杠，摇臂可沿着外立柱上下移动，但两者不能作相对转动；而外立柱则套在内立柱上，可绕着内立柱作 360° 回转。因此，摇臂钻床钻头的位置很容易在三维空间的各个方向上进行调整，以方便加工各种大中型工件。

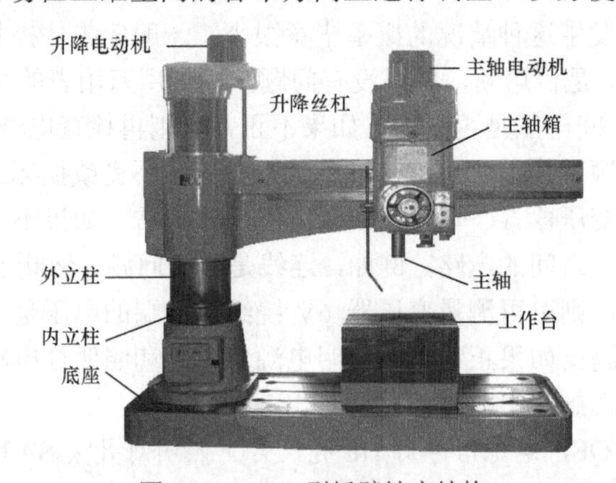

图 5-3　Z3050 型摇臂钻床结构

摇臂钻床的主运动是主轴带动钻头的旋转运动；进给运动是主轴的纵向（垂直）进给运动；辅助运动是主轴箱沿摇臂导轨的径向移动，摇臂沿外立柱上下移动和摇臂连同外立柱一起相对于内立柱的回转运动。

二、摇臂钻床的电力拖动形式和控制要求

由以上对摇臂钻床机械运动的分析可见，摇臂钻床的运动部件较多，为简化传动装置，也是采用多台电动机拖动，一般有主轴电动机、摇臂升降电动机、液压泵电动机和冷却泵电动机。摇臂钻床对电力拖动及控制、保护的具体要求如下：

（1）为了适应多种加工方式的要求，主轴及进给应在较大范围内调速。但这些调速都是机械调速，用手柄操作变速箱调速，对电动机无任何调速要求。从结构上看，主轴变速机构与进给变速机构应该放在一个变速箱内，而且两种运动由一台电动机拖动是合理的。

（2）加工螺纹时要求主轴能正、反转。摇臂钻床的正、反转一般用机械方法实现，电动机只需单方向旋转，也无降压起动的要求。

（3）摇臂沿外立柱上下移动，是由一台摇臂升降电动机驱动丝杠正、反转来实现的，只有一些小型的摇臂钻床才靠人力摇动丝杠升降摇臂。摇臂升降电动机要求能实现正反转，直接起动。

（4）摇臂的夹紧与放松以及立柱的夹紧与放松由一台异步电动机配合液压装置来完成，要求这台电动机能正、反转。摇臂的回转和主轴箱的径向移动在中小型摇臂钻床上都采用手动。

（5）钻削加工时，为对刀具及工件进行冷却，需由一台冷却泵电动机拖动冷却泵输送冷却液。

（6）各部分电路及电路之间需要有常规的电气保护和联锁环节。

三、Z3050 型摇臂钻床电气控制电路分析

Z3050 型摇臂钻床是在 Z35 型钻床的基础上进行改进的新产品，其电气控制电路有多种形式，图 5-4 所示是常见的一种摇臂钻床的电气控制电路。

1. 主电路分析

Z3050 摇臂钻床共有四台电动机，除冷却泵电动机采用转换开关 QS2 直接控制外，其余三台异步电动机均采用接触器直接起动。三相电源由 QS1 引入，FU1 用于全电路的短路保护。

M1 是主轴电动机，由交流接触器 KM1 控制，只要求单方向旋转，主轴的正、反转由机械手柄操作。M1 装在主轴箱顶部，带动主轴及进给传动系统，热继电器 FR1 是过载保护元件。

M2 是摇臂升降电动机，装于主轴顶部，用接触器 KM2 和 KM3 控制正反转。因为该电动机短时间工作，故不设过载保护电器。

M3 是液压泵电动机，可以做正向转动和反向转动。正向旋转和反向旋转的起动与停止由接触器 KM4 和 KM5 控制。热继电器 FR2 是液压泵电动机的过载保护电器。该电动机的主要作用是供给夹紧装置压力油，实现摇臂和立柱的夹紧与松开。

M4 是冷却泵电动机，功率很小，由开关直接起动和停止。因为容量较小，所以不需要过载保护。

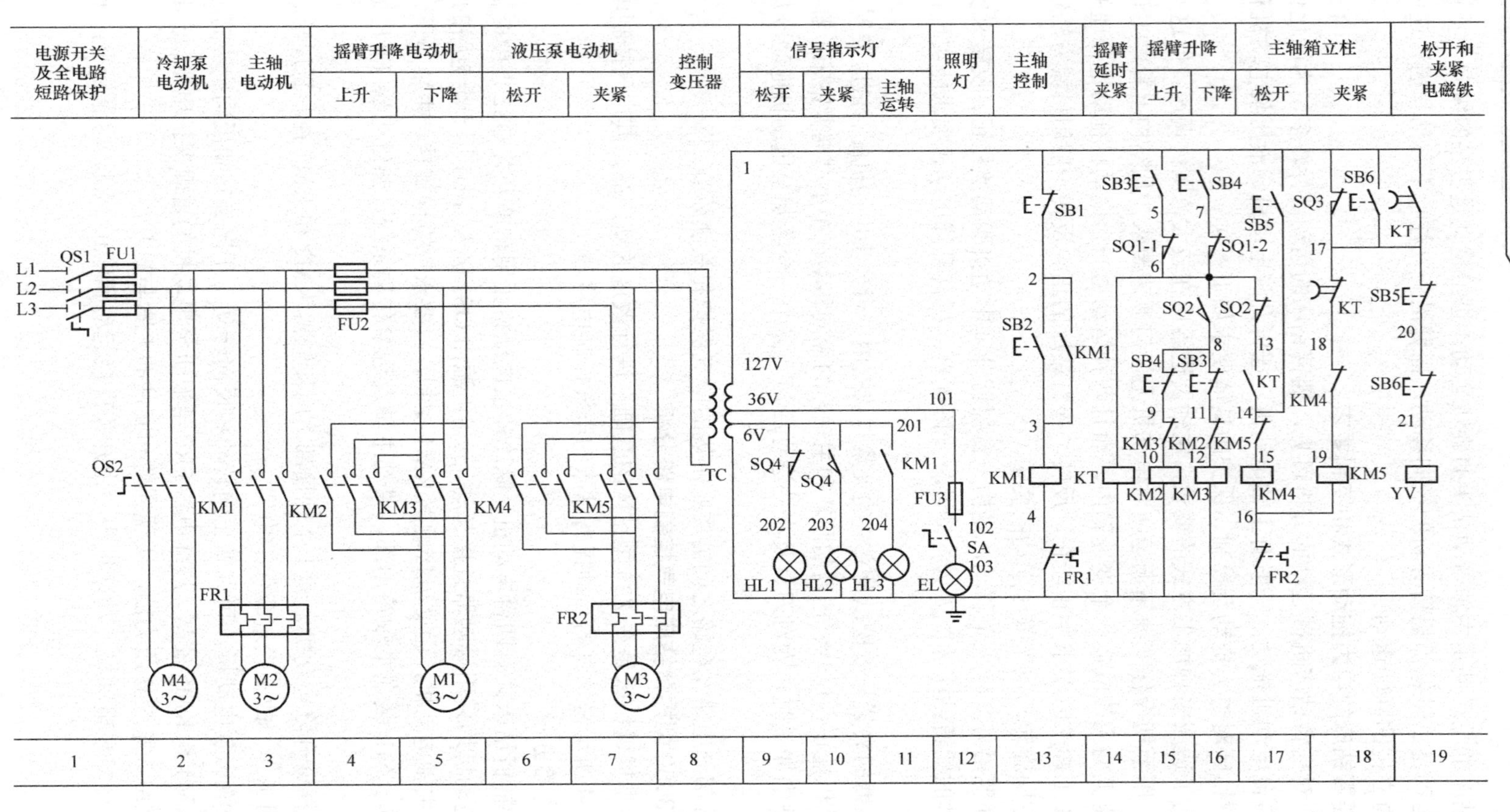

图 5-4 Z3050摇臂钻床电气原理图

2. 控制电路分析

控制变压器 TC 将 380V 电源降压为 127V，作为控制电路的工作电压。

（1）开车前的准备工作。为了保证操作安全，本机床具有“开门断电”功能。所以开车前应将立柱下部及摇臂后部的电门盖关好，方能接通电源。

（2）主轴电动机 M1 的控制。按下起动按钮 SB2，则接触器 KM1 线圈得电吸合，KM1 主触点闭合，使主轴电动机 M1 起动运行，KM1 动合触点（2-3）闭合，起自锁作用，同时主轴旋转指示灯 HL3 亮。按下停止按钮 SB1，则接触器 KM1 线圈断电，KM1 主触点断开，使主电动机 M1 停止旋转，同时主轴旋转指示灯 HL3 熄灭。

（3）摇臂升降的控制。Z3050 型摇臂钻床摇臂的升降由电动机 M2 作动力，SB3 和 SB4 分别为摇臂升、降的点动按钮，由 SB3、SB4 和 KM2、KM3 组成具有双重互锁的 M2 正、反转点动控制电路。因为摇臂平时是夹紧在外立柱上的，所以在摇臂升降之前，先要把摇臂松开，再由 M2 驱动升降；摇臂升降到位后，再重新将它夹紧。而摇臂的松、紧是由液压系统完成的。在电磁阀 YV 线圈通电吸合的条件下，液压泵电动机 M3 正转，正向供出压力油进入摇臂的松开油腔，推动松开机构使摇臂松开，摇臂松开后，行程开关 SQ2 动作、SQ3 复位；若 M3 反转，则反向供出压力油进入摇臂的夹紧油腔，推动夹紧机构使摇臂夹紧，摇臂夹紧后，行程开关 SQ3 动作、SQ2 复位。由此可见，摇臂升降的电气控制是与松紧机构液压—机构系统（M3 与 YV）的控制配合进行的。下面以摇臂的上升为例，分析控制的全过程。

1）摇臂上升。按下摇臂上升按钮 SB3，则时间继电器 KT 通电吸合，而 KT 瞬时闭合的动合触点（13-14）闭合，接触器 KM4 线圈得电吸合，液压泵电动机 M3 起动正向旋转，供给压力油。同时，KT 的断电延时触点 KT（1-17）闭合，电磁阀 YV 线圈通电，于是液压泵送出的压力油经二位六通阀进入摇臂的“松开油腔”，推动活塞运动，活塞推动菱形块，将摇臂松开。同时，活塞杆通过弹簧片行程开关 SQ2，使其动断触点（6-13）断开，动合触点（6-8）闭合。前者切断了接触器 KM4 的线圈电路，KM4 主触点断开，液压泵电动机停止工作；后者使交流接触器 KM2 的线圈通电，KM2 主触点接通电动机 M2 的电源，摇臂升降电动机起动正向旋转，带动摇臂上升。如果此时摇臂尚未松开，则行程开关 SQ2 动合触点（6-8）不会闭合，接触器 KM2 将不能吸合，摇臂也就不能上升。当摇臂上升到所需位置时，松开按钮 SB3，则接触器 KM2 和时间继电器 KT 同时断电释放，KT 动合触点（1-17）断开，但由于行程开关 SQ3 的动断触点（1-17）仍然闭合，所以电磁阀 YV 线圈依然通电。M2 电动机停止工作，随之摇臂停止上升。

由于时间继电器 KT 断电释放，经 1～3s 的延时后，延时闭合的动断触点（17-18）闭合，接触器 KM5 线圈得电吸合，液压泵电动机 M3 反向旋转，随之泵内压力油经分配阀进入摇臂的“夹紧油腔”，摇臂夹紧。在摇臂夹紧的同时，活塞杆通过弹簧片使行程开关 SQ3 的动断触点（1-17）断开，使电磁阀 YV 线圈断电，同时，KM5 线圈断电释放，使 M3 电动机停止工作，完成了摇臂从松开到上升再到夹紧的整套动作。

2）摇臂下降。摇臂的下降由 SB4 控制 KM3 使 M2 反转来实现，其过程可自行分析。

（4）立柱、主轴箱的松开与夹紧控制。立柱和主轴箱的松开（夹紧）是同时进行的，SB5 和 SB6 分别为松开与夹紧控制按钮，由它们点动控制 KM4、KM5 控制 M3 的正、反转，由于 SB5、SB6 的动断触点（17-20-21）串联在 YV 线圈支路中。所以在操作 SB5、SB6 使 M3 点动的过程中，电磁阀 YV 线圈不吸合，液压泵供出的压力油进入主轴箱和立柱的松开、夹紧油腔，推动松、紧机构实现主轴箱和立柱的松开、夹紧。同时由行程开关SQ4控制指示灯发出信号：主轴箱和立柱夹紧时，SQ4的动断触点（201-202）断开而动合触点（201-203）闭合，指示灯HL1灭HL2亮；反之，在松开时SQ4复位，HL1亮而HL2灭。HL3为主轴旋转指示灯。

3. 辅助电路

控制变压器TC输出照明用交流安全电压36V，由开关SA控制，采用熔断器FU3作短路保护。

控制变压器TC输出6V交流电压，供给指示灯用。

4. 其他联锁和保护

（1）按钮、接触器联锁。摇臂升降电动机的正、反转控制接触器不允许同时得电动作，以防止电源短路。为此，除了采用按钮SB3和SB4的机械联锁外，还采用了接触器KM2和KM3的电气联锁。在液压泵电动机M3的正、反转控制电路中，接触器KM4和KM5采用了电气联锁，在主轴箱和立柱的夹紧、放松电路中，为保证压力油不供给摇臂夹紧油路，将按钮SB5和SB6的动断触点串联在电磁阀YV线圈的电路中，以达到联锁目的。

（2）限位联锁。在摇臂升降电路中，行程开关SQ2是摇臂放松到位的信号开关，其动合触点（6-8）串联在接触器KM2和KM3线圈中，它在摇臂完全放松到位后才动作闭合，以确保摇臂的升降在其放松后进行。

行程开关SQ3是摇臂夹紧到位后的信号开关，其动断触点（1-17）串联在接触器KM5线圈、电磁阀YV线圈电路中。如果摇臂未夹紧，则行程开关SQ3动断触点（1-17）闭合保持原状，使得接触器KM5线圈、电磁阀YV线圈得电吸合，对摇臂进行夹紧，直到完全夹紧为止，行程开关SQ3的动断触点（1-17）才断开，切断接触器KM5线圈、电磁阀YV线圈。如果液压夹紧系统出现故障，不能自动夹紧摇臂，或者由于SQ3调整不当，在摇臂夹紧后不能使SQ3的动断触点（1-17）断开，则都会使液压泵电动机因长期过载运行而损坏。为此，电路中设有热继电器FR2作过载保护，其整定值应根据液压泵电动机M3的额定电流来进行调整。

（3）时间联锁。通过时间继电器KT延时断开的动合触点（1-17）和延时闭合的动断触点（17-18），时间继电器KT能保证在摇臂升降电动机M2完全停止运行后，才能进行摇臂的夹紧动作，时间继电器KT的延时长短由摇臂升降电动机M2从切断电源到停止的惯性大小来决定。KT为断电延时类型，在进行电路分析时要注意。

（4）失压（欠压）保护。主轴电动机M1采用按钮与自锁控制方式，具有失压保护；各接触器线圈自身亦具有欠电压保护功能。

（5）机床的限位保护。摇臂升降都有限位保护，行程开关SQ1-1（5-6）和SQ1-2（7-6）用来限制摇臂的升降超程。当摇臂上升到极限位置时，行程开关SQ1-1（5-6）动作，接触器KM2断电释放，M2电动机停止运行。反之，当摇臂下降到极限位置时，行程开关SQ1-2（7-6）动作，接触器KM3断电释放，M2电动机停止运行，摇臂停止运行。

四、Z3050型摇臂钻床常见电气故障的分析

摇臂钻床电气控制的特殊环节是摇臂升降。Z3050系列摇臂钻床的工作过程是由电气与机械、液压系统紧密结合实现的。因此，在维修中不仅要注意电气部分能否正常工作，也要注意它与机械和液压部分的协调关系。

1. 摇臂不能升降

（1）由摇臂升降过程可知，摇臂升降电动机 M2 旋转，带动摇臂升降，其前提是摇臂完全松开，活塞杆压行程开关 SQ2。如果 SQ2 不动作，常见故障是 SQ2 安装位置移动。这样，摇臂虽已放松，但活塞杆压不上 SQ2，摇臂就不能升降。有时，液压系统发生故障，使摇臂放松不够，也会压不上 SQ2，使摇臂不能移动。由此可见，SQ2 的位置非常重要，应配合机械、液压调整好后紧固。

（2）液压泵电动机 M3 电源相序接反时，按上升按钮 SB3（或下降按钮 SB4），M3 反转，使摇臂夹紧，SQ2 不动作，摇臂也就不能升降。所以，在机床大修或新安装后，要检查电源相序。

（3）摇臂升降电动机 M2、控制其正、反转的接触器 KM2、KM3 及相关电路发生故障，也会造成摇臂不能升降。在排除了其他故障之后，应对此进行检查。

（4）如果摇臂是上升正常而不能下降，或是下降正常而不能上升，则应单独检查相关的电路及电器部件（如按钮开关、接触器的有关触点等）。

2. 摇臂升降后，摇臂夹不紧

由摇臂升降后夹紧的动作过程可知，夹紧动作的结束是由行程开关 SQ3 来完成的，如果 SQ3 动作过早，将会使 M3 尚未充分夹紧时就停转。常见的故障有 SQ3 安装位置不合适，或固定螺丝松动造成 SQ3 移位，使 SQ3 在摇臂夹紧动作未完成时就被压上，切断了 KM5 回路，使 M3 停转。

3. 摇臂上升或下降到极限位置时，限位保护失灵

检查限位保护开关 SQ1 的触点及连线，通常是 SQ1 损坏或是其安装位置移动。

4. 摇臂的松紧动作正常，但主轴箱和立柱的松、紧动作不正常

若摇臂的松紧动作正常，则说明 KM4、KM5 线圈的公共回路正常，那么故障点很有可能就出现在控制按钮 SB5、SB6 的触点接触不良或是接线松动。液压系统也有可能出现故障。

5. 摇臂不能松开

摇臂作升降运动的前提是摇臂必须完全松开。摇臂和主轴箱，立柱的松、紧是通过液压泵电动机 M3 的正、反转来实现的，因此先检查主轴箱和立柱的松、紧是否正常。如果正常，则说明故障不在两者的公共电路中，而在摇臂松开的专用电路上。如时间继电器 KT 的线圈有无断线，其动合触点（1-17）、（13-14）在闭合时是否接触良好，限位开关 SQ1 的触点 SQ1-1（5-6）、SQ1-2（7-6）有无接触不良等。如果主轴箱和立柱的松开也不正常，则故障多发生在接触器 KM4 和液压泵电动机 M3 这部分电路上。如 KM4 线圈断线、主触点接触不良，KM5 的动断互锁触点（14-15）接触不良等。如果是 M3 或 FR2 出现故障，则摇臂、立柱和主轴箱既不能松开，也不能夹紧。

6. 主轴电动机刚起动运转，熔断器 FU1 就熔断

在主轴电动机起动后，熔断器 FU1 熔体熔断，说明接触器 KM1 主触点以下的电路有短路现象，或主轴电动机 M1 的负荷太重或进给量太大，使电动机堵转造成主轴电动机电流剧增，热继电器来不及动作而使 FU1 熔体熔断，或者是钻头被机械机构卡住或被铁屑卡住造成电动机严重过载。

第三节　M7130 平面磨床控制电路

一、平面磨床的主要结构和运动形式

磨床是用砂轮的周边或端面进行机械加工的精密机床。根据用途不同，磨床可以分为：外圆磨床、内圆磨床、平面磨床及一些专用的磨床，如导轨磨床等。砂轮作为磨床上的主切削工具，一般不需要调速，都采用三相异步电动机拖动。

平面磨床是用砂轮磨削加工各种零件平面的精密机床，被加工工件是利用装在工作台的电磁吸盘将工件牢牢吸住，通过砂轮的旋转运动而进行加工。又可分为卧轴矩台平面磨床、立轴矩台平面磨床、卧轴圆台平面磨床、立轴圆台平面磨床等。而 M7130 型平面磨床是平面磨床中使用较为普遍的一种，它的磨削精度和光洁度都比较高，操作方便，适于磨削精密零件和各种工具。

M7130 平面磨床的型号意义如下：

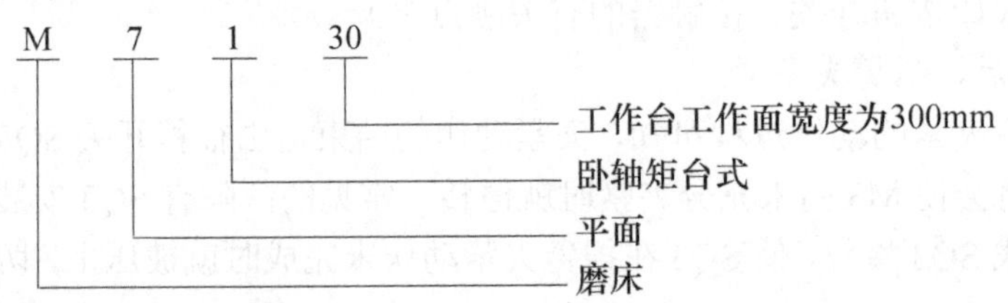

M7130 型平面磨床主要是由床身、立柱、工作台、电磁吸盘、砂轮箱、和滑座等部分所组成，如图 5-5 所示。磨床的工作台表面有 T 型槽，可以用螺钉和压板将工件直接固定在工作台上，也可以在工作台上装上电磁吸盘，用来吸持铁磁性的工件。平面磨床进行磨削加工的示意图如图 5-6 所示，砂轮与砂轮电动机均装在砂轮箱内，砂轮直接由砂轮电动机带动旋转；砂轮箱装在滑座上，而滑座装在立柱上。

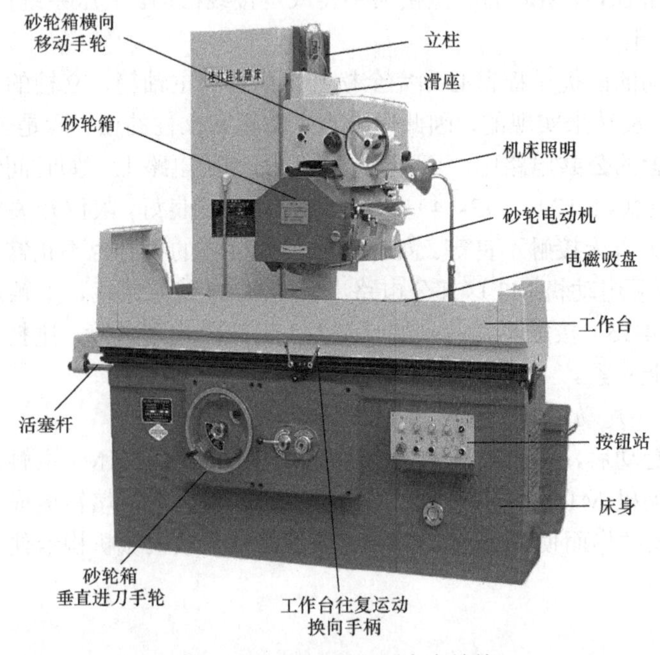

图 5-5　M7130 型平面磨床结构

平面磨床的主运动是砂轮的旋转运动。为保证磨削加工质量，要求砂轮有较高转速，通常采用两极笼型异步电动机拖动；为提高砂轮主轴的刚度，采用装入式砂轮电动机直接拖动，电动机与砂轮同轴。

工件或砂轮的往复运动为进给运动，进给运动又包括滑座沿立柱上的导轨作垂直进给运动、砂轮箱沿滑座上的燕尾槽作横向进给运动及工作台沿床身作纵向往复运动。工作台每完成一次纵向往复进给时，砂轮箱作一次间断性的横向进给；当加工完整个平面后，砂轮箱作一次间断性的垂直进给。

平面磨床的辅助运动包括工件夹紧、工作台纵向、横向、垂直三个方向的快速移动和工件冷却。

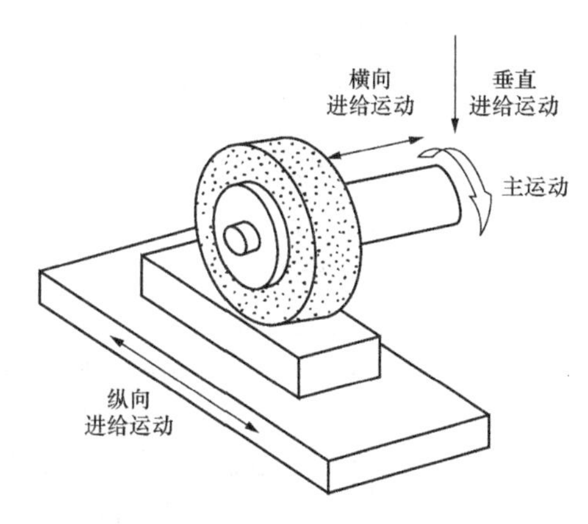

图 5-6　磨床的主运动和进给运动

二、平面磨床的电力拖动形式和控制要求

M7130 型平面磨床采用多台电动机拖动，其电力拖动和电气控制、保护的要求如下：

（1）砂轮电动机是主运动电动机，直接带动砂轮旋转对工件进行磨削加工，因为砂轮的转速一般不需要调节，所以对砂轮电动机没有电气调速的要求，也不需要反转，可直接起动。

（2）砂轮升降电动机使滑座沿立柱导轨上下移动，用于调整砂轮位置。

（3）工作台和砂轮的往复运动是靠液压泵电动机进行液压传动的，液压传动较平稳，能实现无级调速，换向时惯性小，换向平稳；对液压泵电动机也没有电气调速、反转和降压起动的要求。

（4）冷却泵电动机带动冷却泵供给砂轮和工件冷却液，同时利用冷却液带走磨下的铁屑。冷却泵电动机和砂轮电动机也具有联锁关系，即要求砂轮电动机起动后才能开动冷却泵电动机。

（5）平面磨床往往采用电磁吸盘来吸持工件。电磁吸盘要有退磁回路，同时，为防止在磨削加工时因电磁吸盘吸力不足而造成工件飞出，还要求有弱磁保护环节。

（6）具有各种常规的电气保护环节，具有安全的局部照明装置。

三、M7130 型平面磨床电气控制电路分析

M7130 平面磨床的电气控制电路如图 5-7 所示，它由主电路、控制电路、电磁吸盘及机床照明与指示灯电路四部分组成。

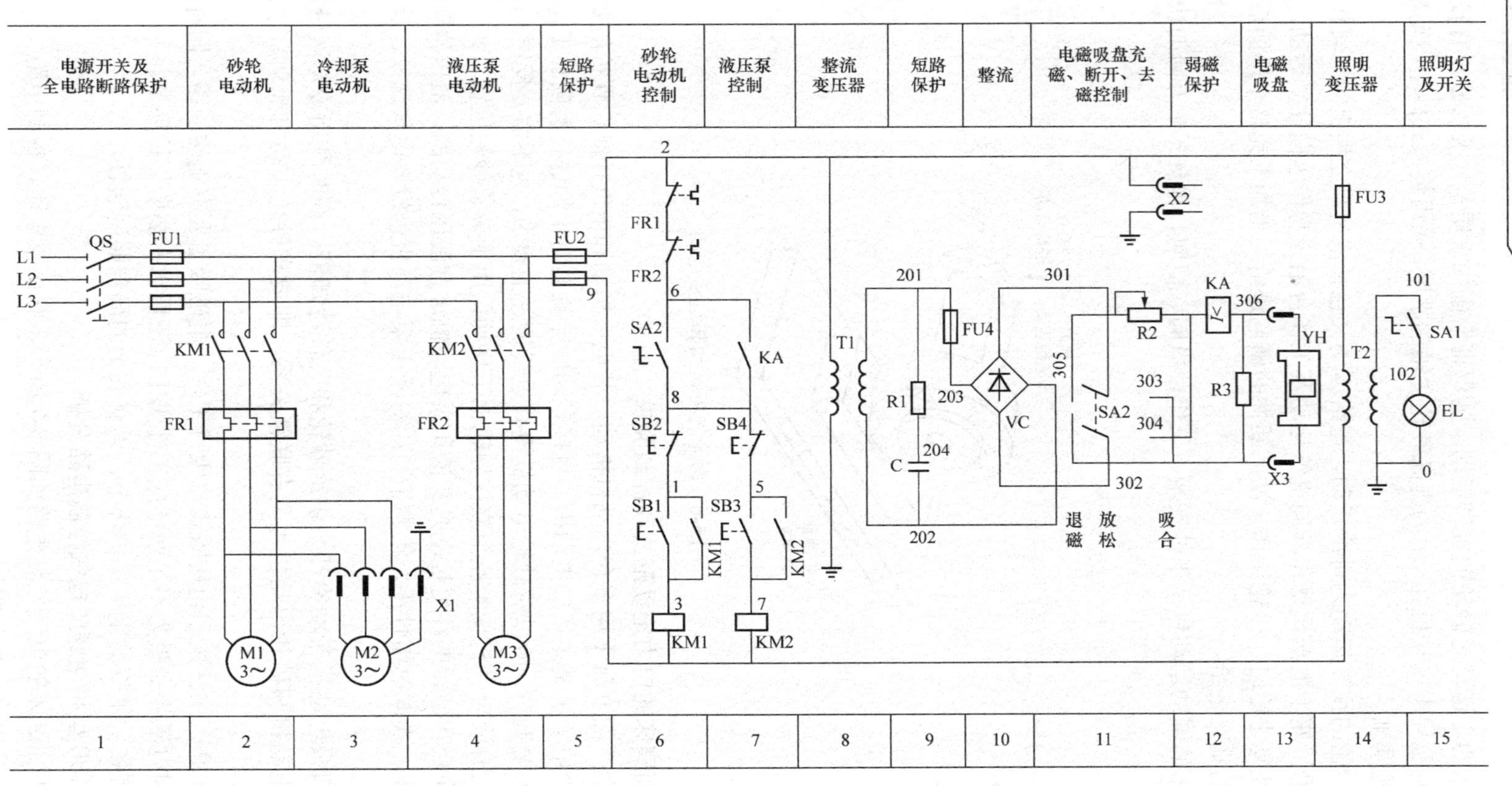

图 5-7 M7130平面磨床电气原理图

1. 主电路分析

三相交流电源由电源开关 QS 引入，由 FU1 作全电路的短路保护。主电路有三台电动机，M1 是砂轮电动机，带动砂轮转动来完成磨削加工工件。由接触器 KM1 控制，并由热继电器 FR1 提供过载保护。M2 是冷却泵电动机，冷却泵电动机 M2 只有在砂轮电机 M1 运转后才能运转，由于磨床的冷却泵箱是与床身分开安装的，所以冷却泵电动机 M2 由插头插座 X1 接通电源，在需要提供冷却液时才插上。由于 M2 的容量较小，所以不需要作过载保护。M3 是液压泵电动机，实现工作台和砂轮的往复运动，由接触器 KM2 控制，并由热继电器 FR2 作过载保护。三台电动机均直接起动，单向旋转。

2. 控制电路分析

控制电路采用 380V 电源，由 FU2 作短路保护。SB1、SB2 和 SB3、SB4 分别为 M1 和 M3 的起动、停止按钮，通过 KM1、KM2 控制 M1 和 M3 的起动、停止。

（1）电磁吸盘的构造和工作原理。电磁吸盘是固定加工工件的工具。电磁吸盘结构与工作原理示意如图 5-8 所示。利用通电线圈在铁心中产生的磁场牢牢吸住铁磁材料工件，以便加工。它与机械夹具相比，具有夹紧迅速，不易损伤工件，工件发热可以自由伸缩等优点，因此得到广泛使用。其外壳是钢制的箱体，中部有凸起的芯体，芯体上面嵌有线圈，吸盘的盖板用钢板制成，钢制盖板用非磁性材料如锡铅合金隔离成若干个小块，当线圈通以直流电时，吸盘的芯体被磁化，产生磁场，工件就被牢牢的吸住。

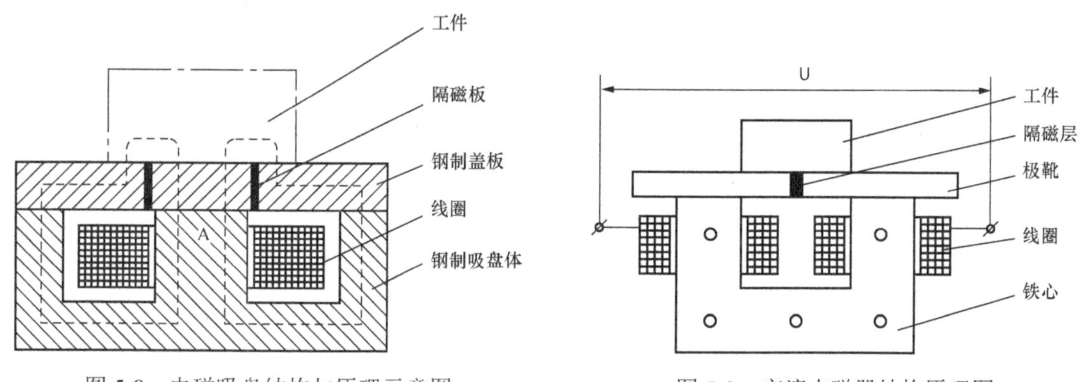

图 5-8　电磁吸盘结构与原理示意图　　图 5-9　交流去磁器结构原理图

（2）电磁吸盘控制电路。由整流装置、控制装置和保护装置三部分组成。整流装置由变压器 T1、单相桥式整流器 VC 组成，供给 110V 直流电源。SA2 是电磁吸盘的控制开关。保护装置由放电电阻 R_1 和电容 C 以及欠电流继电器 KA 组成。

1）充磁过程：待加工时，将 SA2 扳至右边的“吸合”位置，触点（301-303）、（302-304）接通，电磁吸盘线圈通电，产生电磁吸力将工件牢牢吸持。

磨削加工完毕要取下工件时，将 SA2 扳至中间的“放松”位置，电磁吸盘线圈断电，可将工件取下。如果工件有剩磁难以取下，则需要进行去磁处理。

2）去磁过程：将 SA2 扳至左边的“退磁”位置，触点（301-305）、（302-303）接通，此时线圈通以反向电流产生反向磁场，对工件进行退磁，注意这时要控制退磁的时间，否则工件会因反向充磁而更难取下。R_2 用于调节退磁的电阻。

采用电磁吸盘的磨床还配有专用的交流退磁器，如图 5-9 所示。若工件对去磁要求严格，在取下工件后，还要用交流去磁器进行处理。交流去磁器是平面磨床的一个附件，使用时，将交流去磁器插头插在床身的插座 X2 上，再将工件放在去磁器上即可去磁。

3. 其他电路分析

照明电路通过变压器 T2 降为安全电压，熔断器 FU3 作短路保护。

4. 其他联锁和保护

除常规的电路短路保护和电动机的过载保护之外，电磁吸盘电路还专门设有一些保护环节。

（1）电磁吸盘的弱磁保护。电流继电器 KA 的线圈作弱磁保护，KA 的动合触点与 SA2 一对动合触点（6-8）并联，串接在控制砂轮电动机 M1 的接触器 KM1 线圈支路中，SA2（6-8）只有在“退磁”挡才接通，而在“吸合”挡是断开的，这就保证了电磁吸盘在吸持工件时必须保证有足够的充磁电流，才能起动砂轮电动机 M1；在加工过程中一旦电流不足，欠电流继电器 KA 动作，能够及时地切断 KM1 线圈电路，使砂轮电动机 M1 停转，避免事故发生。如果不使用电磁吸盘，可以将其插头从插座 X3 上拔出，将 SA2 扳至“退磁”挡，此时 SA2 的触点（6-8）接通，不影响对各台电动机的操作。

（2）电磁吸盘线圈的过电压保护。电磁吸盘是一个大电感，在断电瞬间，吸盘 YH 的两端将产生较大的自感电动势，会使线圈的绝缘和电器的触点损坏，因此，在电磁吸盘线圈两端并联电阻器 R3 作为放电回路。

（3）整流器的过电压保护。在整流变压器 T1 的二次侧并联由 R1、C 组成的阻容吸收电路，用以吸收交流电路产生的过电压和在直流侧电路通断时产生的浪涌电压，对整流器进行过电压保护。

（4）冷却泵电动机与砂轮电动机的顺序控制。在砂轮电动机起动后，才能起动冷却泵电动机。

四、M7130 型平面磨床常见电气故障的分析

对于电动机不能起动，砂轮升降失灵等故障，基本检查方法和车床、钻床一样，主要是检查熔断器、接触器等元件。这里的特殊问题是电磁吸盘的故障。

1. 电磁吸盘没有吸力

首先检查变压器 T1 的输入端熔断器 FU2 及电磁吸盘电路熔断器 FU4 的熔丝是否熔断；再检查接插器 X2 的接触是否正常。若都未发现故障，则检查电磁吸盘 YH 线圈的两个出线头，由于电磁吸盘 YH 密封不好，受冷却液的浸蚀而使绝缘损坏，造成两个出线头间短路或出线头本身断路。当线头间形成短路时，若不及时检修，就有可能烧毁整流器 VC 和整流变压器 T1，这一点在日常维护时应特别注意。而 YH 线圈局部短路时，其表现为空载时 VC 输出的电压正常而接上 YH 后电压低于正常值 110V。

2. 电磁盘吸力不足

吸力不足原因之一是电源电压低，导致整流后的直流电压相应降低，造成吸盘的吸力不足。检查时可用万用表的直流电压挡测量整流器输出端电压值，应不低于 110V（空载时直流输出电压为 130～140V）。此外，接插器 X2 的接触不良也会造成吸力不足。

吸力不足的原因之二是整流电路的故障。电路中整流器 VC 是由四个桥臂组成，若某一桥臂的整流二极管断开，则桥式整流变成了半波整流，直流输出电压将下降一半左右，吸力当然会减少。检修时，可测量直流输出电压是否有下降一半的现象，据此做出判断。随后更

换已损坏的管子。

若有一臂被击穿而形成短路，此时与它相邻的另一桥臂的整流管会因过电流而损坏，整个变压器的次级造成短路。此时变压器温升极快，若不及时切断电源，将导致变压器烧毁。

3. 电磁吸盘退磁效果差

这时应检查退磁回路有无断开或元件损坏。如果退磁的电压过高也会影响退磁效果，应调节 R_2 使退磁电压一般为 5～10V。此外，还应考虑是否有退磁时操作不当（退磁时间过长）的原因。若退磁电阻损坏或线路断开，无法进行去磁，则应更换电阻或接通线路。

4. M7130 平面磨床各电动机都不能起动

这时首先应检查电磁吸盘是否工作，若电磁吸盘工作，而欠电流继电器没有动作或触点接触不良，则应调整欠电流继电器的动作值，检修或更换触点。若电磁吸盘没有工作时，有可能是转换开关未拔到退磁位置或接触不良，此时，应将开关扳到退磁位置或检修开关。

第四节 X62W 铣床控制电路

一、铣床的主要结构和运动形式

铣床是一种用途十分广泛的金属切削机床，可用来加工工件平面、斜面和沟槽；如果装上分度头，还可以铣切直齿齿轮和螺旋面；如果装上圆工作台，还可以铣切凸轮和弧形槽等。铣床的种类很多，一般可分为卧式铣床、立式铣床、龙门铣床和各种专用铣床等。

铣床电气控制电路与机械系统配合十分密切。其电路的正常工作往往和机械系统正常工作分不开。X62W 型万能铣床的型号意义如下：

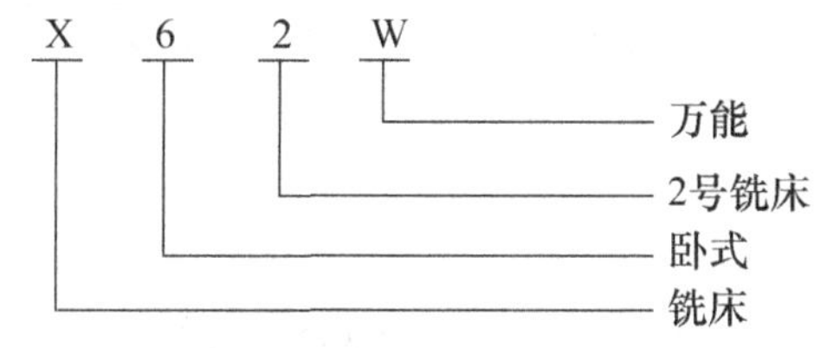

由于铣床的加工范围较广，运动形式较多，其结构也较复杂。X62W 型万能铣床的结构如图 5-10 所示，主要由床身、底座、悬梁、刀架支架、升降台、滑座、工作台等组成。床身固定于底座上，用于安装和支撑铣床的各部件，在床身内还装有主轴部件、主传动装置及变速操纵机构等。床身顶部的导轨上装有带着一个或两个刀杆支架的悬梁，刀杆支架用来支撑铣刀心轴的一端，心轴另一端则固定在主轴上，由主轴带动铣刀切削。悬梁可以水平移动，刀杆支架可以在悬梁上水平移动，以便安装不同的心轴。床身的前面有垂直导轨，升降台可沿着它上、下移动。升降台内装有进给运动和快速移动的传动装置及其操纵机构等。在升降台的水平导轨上装有滑座，可以沿导轨作平行于主轴轴线方向的横向移动。工作台又经过回转盘装在滑座的水平导轨上，可以沿导轨作垂直于主轴轴线方向的纵向移动。工作台上有 T 型槽来固定工件。这样安装在工作台上的工件就可以在三个坐标轴的六个方向上调整位置或进给。

由此可见，X62W 卧式万能铣床是使工件随工作台作进给运动，利用主轴带动铣刀的旋转来实现铣削加工的。铣床的主运动是主轴带动刀杆和铣刀的旋转运动；进给运动是指工作台带动工件在水平的纵、横及垂直三个方向的运动；而辅助运动是工作台在三个方向的快速移动。图 5-11 所示为铣床几种主要的加工形式的主运动和进给运动示意图。

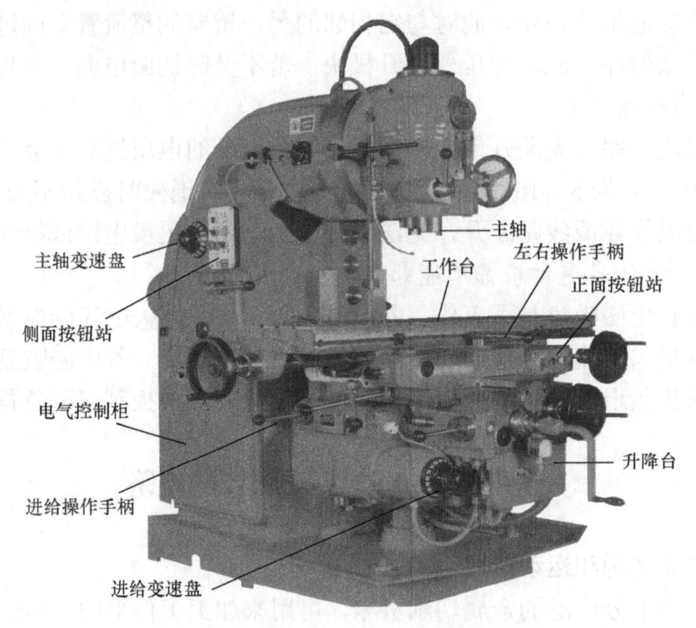

图 5-10　X62W 型万能铣床结构

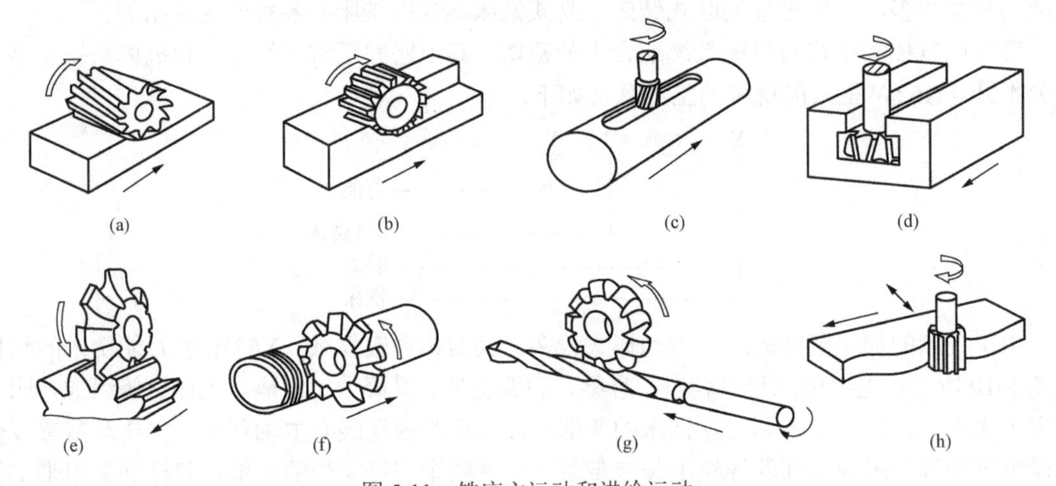

图 5-11　铣床主运动和进给运动

（a）铣平面；（b）铣阶台；（c）铣键槽；（d）铣 T 形槽；（e）铣齿轮；（f）铣螺纹；（g）铣螺旋线；（h）铣曲面

⇨ 主运动；⟷ 进给运动

二、铣床的电力拖动形式和控制要求

铣床的主运动和进给运动各由一台电动机拖动，这样铣床的电力拖动系统一般由三台电动机所组成：主轴电动机、进给电动机和冷却泵电动机。万能铣床对电力拖动及控制、保护的具体要求如下：

（1）铣床的主运动由一台笼型异步电动机拖动，直接起动，主轴电动机需要正反转，但方向的改变并不频繁。根据加工工艺的要求，有的工件需要顺铣，有的工件则需要反铣。大多数情况下是一批或多批工件只用一个方向铣削，并不需要经常改变电动机转向。因此，可通过转换开关改变电源相序来实现主轴电动机的正反转。

（2）铣刀的切削是一种不连续切削，容易使机械传动系统发生振动，为了避免这种现象，在主轴上装有飞轮，但在高速切削后，停车需要很长时间，要求主轴在停机时有电气制动。

（3）工作台可以做六个方向的进给运动，还可在六个方向上快速移动。其进给运动和快速移动均由同一台笼型异步电动机拖动，直接起动，能够正反转。

（4）为防止刀具和机床的损坏，三台电动机之间要求有联锁控制，即在主轴电动机起动之后另两台电动机才能起动运行。

（5）主轴运动和进给运动采用变速盘来进行速度选择，为保证变速齿轮进入良好的啮合状态，两种运动都要求变速后作瞬时点动。

（6）冷却泵电动机只要求单向旋转。

（7）具有完善的保护措施。

三、X62W万能铣床电气控制电路分析

X62W型万能铣床的电气控制电路有多种，图5-12是经过改进的电路。

1. 主电路分析

转换开关QS1为电源总开关，熔断器FU1作全电路的短路保护，主电路有三台电动机，M1为主轴电动机，拖动主轴带动铣刀进行铣削加工，由接触器KM1控制运行，由转换开关SA3预选其转向。M2为工作台进给电动机，拖动升降台及工作台进给，由KM3、KM4实现正反转控制。M3为冷却泵电动机，供应冷却液。由QS2控制其单向旋转，且必须在M1起动后才能运行。三台电动机分别由热继电器FR1、FR2、FR3提供过载保护。

2. 控制电路分析

由控制变压器TC1提供110V工作电压，FU4提供变压器二次侧的短路保护。该电路的主轴制动、工作台常速进给和快速进给分别由控制电磁离合器YC2、YC3实现，电磁离合器需要的直流工作电压由变压器TC2降压后经桥式整流器VC提供，FU2、FU3分别提供交、直流侧的短路保护。

（1）主轴电动机M1的控制。M1由交流接触器KM1控制，为操作方便在机床的不同位置各安装了一套起动和停机按钮。SB2和SB6装在床身上，SB1和SB5装在升降台上。YC1是主轴制动用的电磁离合器，SQ1是主轴变速冲动的行程开关。主轴电动机是经过弹性联轴器和变速机构的齿轮传动链来实现传动的，可使主轴获得十八级不同的转速。对M1的控制包括有主轴的起动、停车制动、换刀制动和变速冲动。

1）主轴电动机的起动。起动前先合上电源开关QS1，再按照顺铣或逆铣的工艺要求，用组合开关SA3预先确定M1的转向。按下SB1或SB2→KM1线圈通电→M1起动运行，同时KM1动合辅助触点（7-13）闭合，为KM3、KM4线圈支路接通做好准备。

2）主轴电动机的停车制动。铣削完毕后，需要主轴电动机M1停车时，按下停止按钮SB5-1（或SB6-1），接触器KM1线圈断电释放，电动机M1断电，同时由于SB5-2或SB6-2（105-107）接通电磁离合器YC1，压紧摩擦片，对主轴电动机M1进行制动。

制动电磁离合器YC1装在主轴传动系统与M1转轴相连的第一根传动轴上，当YC1通电吸合时，将摩擦片压紧，对M1进行制动。停转时，应按住SB5或SB6直至主轴停转才能松开，一般主轴的制动时间不超过0.5s。

3）主轴的变速冲动控制：主轴的变速是通过改变齿轮的传动比实现的。在需要变速时，将变速手柄拉出，转动变速盘调节所需的转速，然后再将变速手柄复位。在手柄复位的过程中，瞬间压动了行程开关SQ1，手柄复位后，SQ1也随之复位。在SQ1动作的瞬间，SQ1的动断触点（5-7）先断开其他支路，然后动合触点（1-9）闭合，点动控制KM1，使M1产生瞬间的冲动，利于齿轮的啮合。由于齿与齿之间的位置不能刚好对上，因而造成啮合困难。若在啮合时齿轮系统冲动一下，啮合将变得比较方便；如果点动一次齿轮还不能完全啮合，可重复进行上述动作。

4）主轴换刀时的制动：主轴上更换铣刀时，为避免主轴转动，造成更换困难，应使主轴处于制动状态。只要将转换开关SA1拨至“接通”位置，其动断触点SA1-2（4-6）断开，切断控制电路，机床无法运行，保证了人身安全；同时，动合触点SA1-1（105-107）闭合，电磁离合器YC1得电，使主轴处于制动状态。换刀结束后，要记住将SA1扳回“断开”位置。

（2）进给运动的控制。工作台的进给运动分为常速（工作）进给和快速进给，常速进给必须在M1起动运行后才能进行，而快速进给属于辅助运动，可在M1不起动的情况下进行。工作台在六个方向的进给运动是由机械操作手柄带动相关的行程开关SQ3-SQ6控制接触器KM3、KM4来实现的。其中，SQ5和SQ6分别控制工作台的向右和向左运动，而SQ3和SQ4则分别控制工作台的向前、向下和向后、向上运动。

进给拖动系统使用的两个电磁离合器YC2和YC3都安装在进给传动链中的第四根传动轴上。当YC2吸合而YC3断开时，为常速进给；当YC3吸合而YC2断开时，为快速进给。

转换开关SA2是圆工作台的控制开关，在不需要圆工作台运动时，转换开关SA2扳到“断开”位置，此时SA2-1接通，SA2-2断开，SA2-3接通。当需要圆工作台工作时，将转换开关SA2扳到“接通”位置，则SA2-1断开，SA2-2接通，SA2-3断开。

1）工作台纵向进给运动。工作台纵向进给运动是通过操纵手柄来实现的。手柄有三个位置：左、右和零位（停止），当手柄扳到向左或向右位置时，手柄压下行程开关SQ6或SQ5，同时通过机械机构将电动机的传动链拔向工作台下面的丝杠上，使电动机的动力传到该丝杆上，工作台在丝杠带动下作左右进给。在工作台两端各设置一块挡铁，当工作台纵向运动到极限位置时，挡铁撞动纵向操作手柄，使它回到中间位置，工作台停止运动，从而实现纵向运动的终端保护。

将纵向进给操作手柄扳向右边→行程开关SQ5动作→其动断触点SQ5—2（27—29）先断开，动合触点SQ5—1（21—23）后闭合→KM3线圈通过（13—15—17—19—21—23—25）路径通电→M2正转→工作台向右运动。若将操作手柄扳向左边，则SQ6动作→KM4线圈通电→M2反转→工作台向左运动。

2）工作台横向与垂直进给运动。操纵工作台上下和前后运动是用同一手柄完成的。该手柄有五个位置，即上、下、前、后和中间位置。当手柄扳至向上或向下时，机械上接通了垂直进给离合器；当手柄扳至向前或向后时，机械上接通了横向进给离合器；手柄在中间位置时，横向和垂直进给离合器均不能接通。

在手柄扳至向下或向前位置时，手柄通过机械联动机构使行程开关SQ3被压下，接触器KM3通电吸合，电动机正转；在手柄扳到向上或向后时，行程开关SQ4被压下，接触器KM4通电吸合，电动机反转。对应操纵手柄的五个位置，可列出与之对应的运动状态见表5-1。

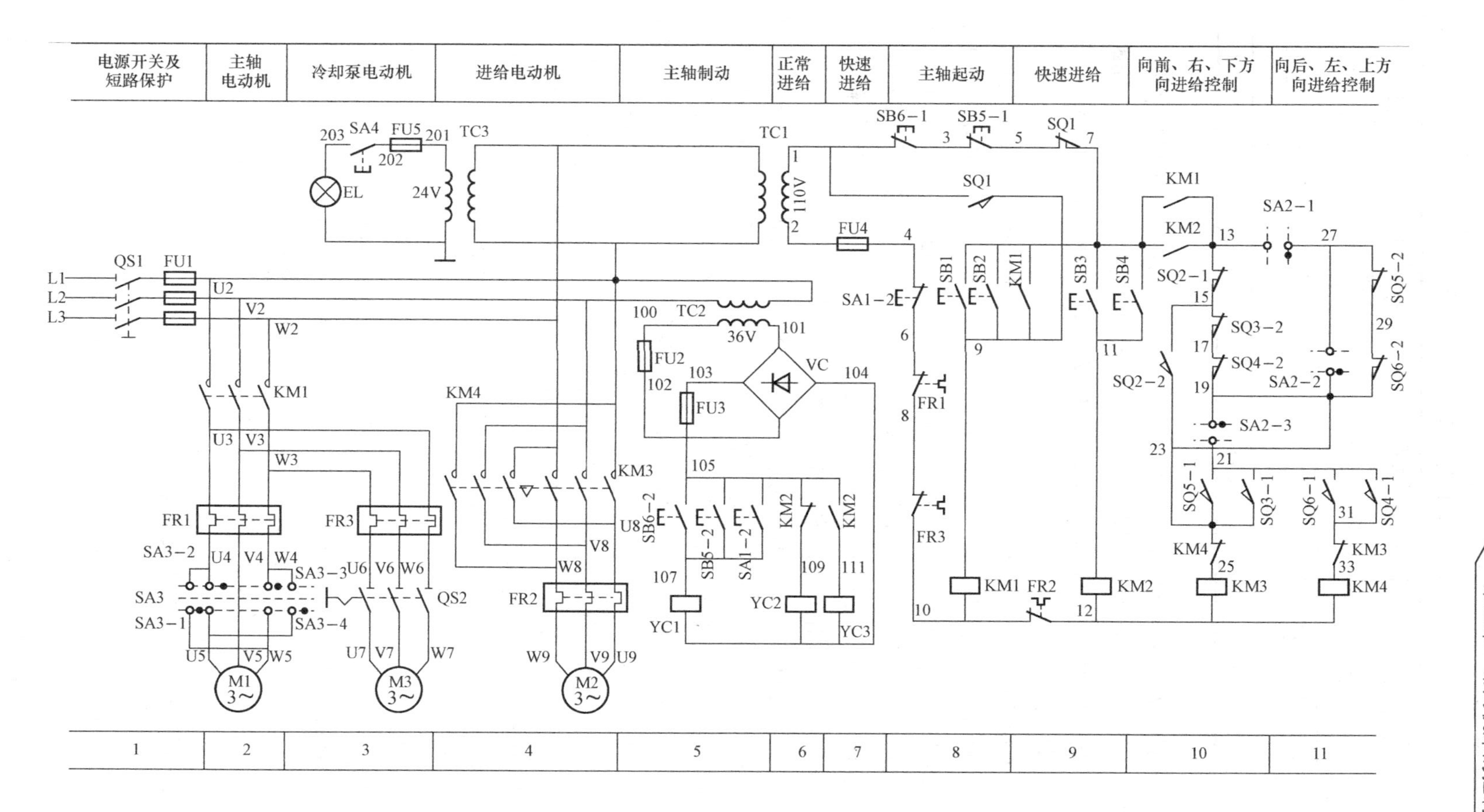

图 5-12 X62W 万能铣床电气原理图

表 5-1　　工作台横向与垂直操纵手柄功能

手柄位置	工作台运动方向	离合器接通的丝杠	行程开关动作	接触器动作	电动机运转
向上	向上进给或快速向上	垂直丝杠	SQ4	KM4	M2 反转
向下	向下进给或快速向下	垂直丝杠	SQ3	KM3	M2 正转
向前	向前进给或快速向前	横向丝杠	SQ3	KM3	M2 正转
向后	向后进给或快速向后	横向丝杠	SQ4	KM4	M2 反转
中间	升降或横向停止	横向丝杠	—	—	—

下面就以向上运动为例分析电路的工作情况，其他的动作情况可自行分析。

将十字形手柄扳至“向上”位置：SQ4 的动断触点 SQ4—2（17—19）先断开，动合触点 SQ4—1（21—31）后闭合→KM4 线圈经（13—27—29—19—21—31—33）路径通电→M2 反转→工作台向上运动。

3）进给变速冲动。和主轴变速一样，进给变速时，为使齿轮进入良好的啮合状态，也要做变速后的瞬时点动。进给变速冲动由行程开关 SQ2 控制，在操纵进给变速手柄和变速盘时，瞬间压动了行程开关 SQ2，在 SQ2 通电的瞬间，其动断触点 SQ2—1（13—15）先断开，而动合触点 SQ2—2（15—23）后闭合，接触器 KM3 线圈经（13—27—29—19—17—15—23—25）路径通电，点动 M2 正转。由 KM3 的通电路径可见：只有在进给操作手柄均处于零位（即 SQ3—SQ6 均不动作）时，才能进行进给变速冲动。

4）工作台的快速移动。为了提高劳动生产率，减少生产辅助时间，X62W 万能铣床在加工过程中，要求工作台快速移动，当进入铣切区时，要求工作台以原进给速度移动。

安装好工件后，要使工作台在六个方向上快速进给，在按常速进给的操作方法操纵进给控制手柄的同时，还需要按下按钮 SB3 或 SB4（两地控制），使接触器 KM2 线圈通电吸合，其动断触点（105—109）切断电磁离合器 YC2 线圈支路，动合触点（105—111）接通 YC3 线圈支路，使机械传动机构改变传动比，实现快速进给。由于与 KM1 的动合触点（7—13）并联了 KM2 的一个动合触点，所以在 M1 不起动的情况下，也可以进行快速进给。

（3）圆工作台的控制。为了扩大机床的加工能力，可在机床上安装附件圆形工作台，这样可以进行圆弧或凸轮的铣削加工。在拖动时，所有进给系统均停止工作（手柄放置于零位上），只让圆工作台绕轴心回转。

当工件在圆工作台上安装好以后，用快速移动方法，将铣刀和工件之间位置调整好，把圆工作台控制开关 SA2 拨到“接通”位置，此时 SA2—1 和 SA2—3 断开，SA2—2 接通。在主轴电动机 M1 起动的同时，KM3 线圈经 13—15—17—19—29—27—23—25 的路径通电吸合，使电动机 M2 正转，带动圆工作台正转运动，使圆工作台绕轴心回转，铣刀铣出圆弧。由 KM3 线圈的通电路径可见，只要扳动工作台进给操作的任何一个手柄，SQ3～SQ6 其中一个行程开关的动断触点断开，都会切断 KM3 线圈支路，使圆工作台停止运动，从而保证了工作台的进给运动和圆工作台的旋转运动不会同时进行。

3. 冷却和照明控制

冷却泵只有在主轴电动机起动后才能起动，所以主电路中将冷却泵电动机 M3 接在接触器 KM1 主触点后面，同时又采用开关 QS2 控制。

机床照明灯 EL 由变压器 TC3 供给 24V 的工作电压，SA4 为灯开关，FU5 提供短路保护。

四、X62W 型万能铣床常见电气故障的诊断与检修

X62W 型万能铣床电气控制线路较常见的故障主要是主轴电动机控制电路和工作台进给控制电路的故障。

1. 主轴电动机控制电路故障

（1）M1 不能起动。与前面已分析过的机床的同类故障一样，可从电源、QS1、FU1、KM1 的主触点、FR1 到换相开关 SA3，从主电路到控制电路进行检查。因为 M1 的容量较大，应注意检查 KM1 的主触点、SA3 的触点有无被熔化，有无接触不良。

此外，如果主轴换刀制动开关 SA1 仍处在“换刀”位置，SA1—2 断开；或者 SA1 虽处于正常工作的位置，但 SA1—2 接触不良，使控制电源未接通，M1 也不能起动。

（2）M1 停车时无制动。主轴停车制动控制是由电磁离合器进行制动的，当停车没有制动时，先确定电磁离合器有无直流电源，如工作台能正常进给和快速进给，则直流电源部分无故障，故障可能出现在控制制动电磁离合器 YC1 支路中。检查按钮 SB6、SB5 动合触点是否接触良好，制动电磁合器 YC1 线路有无断线，检查各个导线的连接是否良好。

主轴不能制动，且工作台也不能进给与快速移动，则故障可能出现在电磁离合器的直流供电回路中，一般用电压法检查变压器输入、输出电压、直流整流输出电压是否正常，用电阻法检查交直流侧的熔断器 FU2、FU3 熔丝是否熔断，熔体与熔断器底座接触是否良好，以及各连接导线的连接是否良好。

（3）主轴换刀时无制动。如果在 M1 停车时主轴的制动正常，而在换刀时制动不正常，从电路分析可知应重点检查制动控制开关 SA1。

（4）主轴变速时无瞬时冲动。由于主轴变速行程开关 SQ1 在频繁动作后，造成开关位置移动，甚至开关底座被撞碎或触点接触不良，都将造成主轴无变速时的瞬时冲动。

2. 工作台进给控制电路故障

铣床的工作台应能够进行前、后、左、右、上、下六个方向的常速和快速进给运动，其控制是由电气和机械系统配合进行的，所以在出现工作台进给运动的故障时，如果对机、电系统的部件逐个进行检查，是难以尽快查出故障所在的。可依次进行其他方向的常速进给、快速进给、进给变速冲动和圆工作台的进给控制试验，来逐步缩小故障范围，分析故障原因，然后再在故障范围内逐个对电器元件、触点、接线和接点进行检查。在检查时，还应考虑机械磨损或移位使操纵失灵等非电气的故障原因。这部分电路的故障较多，下面仅以一些较典型的故障为例来进行分析。

（1）工作台不能纵向进给。此时应先对横向进给和垂直进给进行试验检查，如果正常，则说明进给电动机 M2、主电路、接触器 KM3、KM4 及与纵向进给相关的公共支路都正常，就应重点检查图 1 0 —7 中的行程开关 SQ2—1、SQ3—2 及 SQ4—2，即接线端编号为 13—15—17—19 的支路，因为只要这三对动断触点之中有一对不能闭合、接触不良或者接线松脱，纵向进给就不能进行。同时，可检查进给变速冲动是否正常，如果也正常，则故障范围已缩小到在 SQ2—1（13—15）及 SQ5—1（21—23）、SQ6—1（21—31）上了，一般情况下 SQ5—1、SQ6—1 两个行程开关的动合触点同时发生故障的可能性较小，而 SQ2—1 由于在进给变速时，常常会因用力过猛而容易损坏，所以应先检查它。

（2）工作台不能向上进给。首先进行进给变速冲动试验，若进给变速冲动正常，则可排除与向上进给控制相关的支路 13—27—29—19 存在故障的可能性；再进行向左方向进给试验，若又正常，则又排除19—21和31—33—12支路存在故障的可能性。这样，故障点就已缩小到SQ4—1（21—31）的范围内，例如，可能是在多次操作后，行程开关SQ4因安装螺丝松动而移位，造成操纵手柄虽已到位，但其触点SQ4—1仍不能闭合，因此工作台不能向上进给。

（3）工作台各个方向都不能进给。此时可先进行进给变速冲动和圆工作台的控制，如果都正常，则故障可能在圆工作台控制开关SA2—3及其接线（19—21）上；但若变速冲动也不能进行，则要检查接触器KM3能否吸合，如果KM3不能吸合，除了KM3本身的故障之外，还应检查控制电路中有关的电器部件、接点和接线，如接线端2—4—6—8—10—12、7—13等部分；若KM3能吸合，则应着重检查主电路，包括M2的接线及绕组有无故障。

（4）工作台不能快速进给。如果工作台的常速进给运行正常，仅不能快速进给，则应检查SB3、SB4和KM2，如果这三个电器无故障，电磁离合器电路的电压也正常，则故障可能发生在YC3本身，常见的有YC3线圈损坏或机械卡死、离合器的动、静摩擦片间隙调整不当等。

第五节　5/10t桥式起重机控制电路

起重机是一种用来起重与空中搬运重物的机械设备，广泛应用于工矿企业、车站、港口、仓库、建筑工地等部门。起重机包括桥式、门式、梁式和旋转式等多种，其中以桥式起重机的应用最广。桥式类起重机又分为通用桥式起重机、冶金专用起重机、龙门起重机与缆索起重机等。

通用的桥式起重机是机械制造工业中最广泛使用的起重机械，又称“天车”或“行车”，它是一种横架在固定跨间上空用来吊运各种物件的设备。桥式起重机按起吊装置不同，可分为吊钩桥式起重机、电磁盘桥式起重机和抓斗桥式起重机，其中以吊钩桥式起重机应用最广。

一、桥式起重机概述

1. 桥式起重机的主要结构和运动形式

图5-13所示为桥式起重机的结构示意图（横截面图），它一般由桥架（又称大车）、大车移行机构、装有提升机构的小车、操纵室、小车导电装置（辅助滑线）、起重机总电源导电装置（主滑线）等部分组成。

（1）桥架。桥架是桥式起重机的基本构件，它由主梁、端梁、走台等部分组成。主梁跨架在跨间的上空，主梁两端连有端梁，在两主梁外侧安有走台，设有安全栏杆。在一侧的走台上装有大车移行机构，在另一侧走台上装有往小车电气设备供电的装置，即辅助滑线。在主梁上方铺有导轨，供小车移动。整个桥式起重机在大车移行机构拖动下，沿车间长度方向的导轨移动。

（2）大车移行机构。大车移行机构由大车拖动电动机、传动轴、联轴节、减速器、车轮及制动器等部件构成。安装方式有集中驱动与分别驱动两种。集中驱动是由一台电动机经减速机构驱动两个主动轮；而分别驱动则由两台电动机分别驱动两个主动轮。后者自重轻，安装调试方便，实践证明使用效果良好。目前我国生产的桥式起重机大多采用分别驱动。

（3）小车。小车安放在桥架导轨上，可顺车间宽度方向移动。小车主要由小车架以及其上的小车移行机构和提升机构等组成。

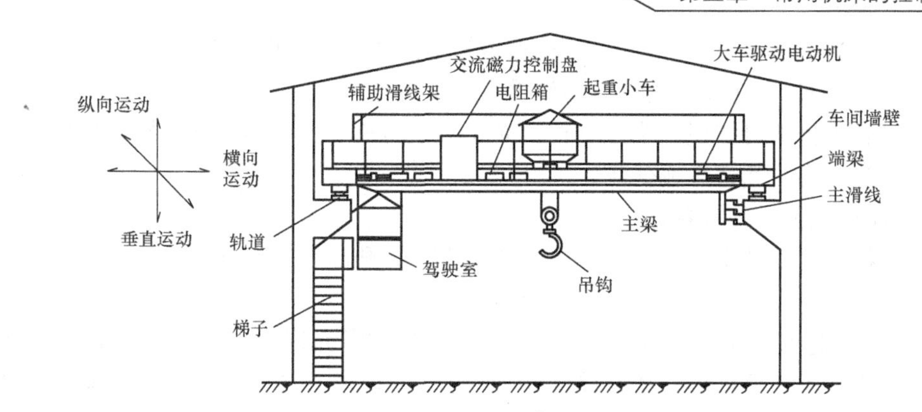

图 5-13　桥式起重机的结构

小车移行机构由小车电动机、制动器、联轴节、减速器及车轮等组成。小车电动机经减速器驱动小车主动轮，拖动小车沿导轨移动，由于小车主动轮相距较近，故由一台电动机驱动。

（4）提升机构。提升机构由提升电动机、减速器、卷筒、制动器、吊钩等组成。提升电动机经联轴节、制动轮、与减速器连接，减速器的输出轴与缠绕钢丝绳的卷筒相连接，钢丝绳的另一端装有吊钩，当卷筒转动时，吊钩就随钢丝绳在卷筒上的缠绕或放开而上升与下降。图 5-14 所示为小车与提升机构示意图。对于起重量在 15t 及以上的起重机，备有两套提升机构，即主钩与副钩。

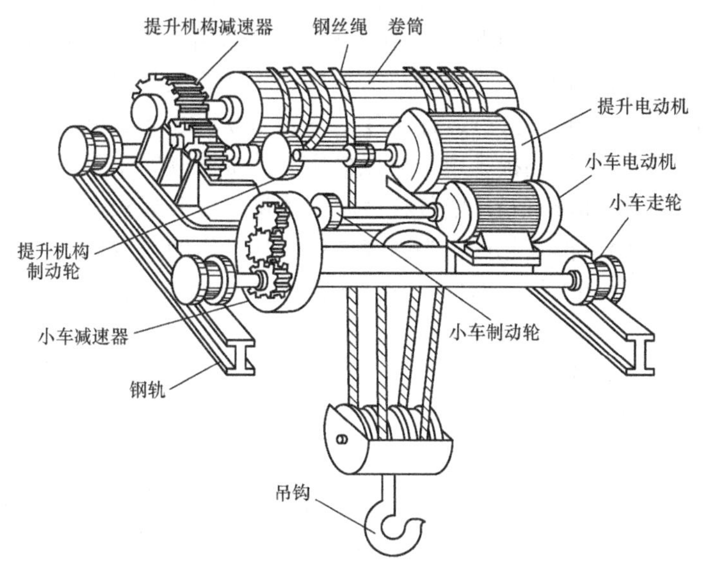

图 5-14　小车与提升机构

（5）操纵室。操纵室是操纵起重机的吊舱，又称驾驶室。操纵室内有大、小车移行机构控制装置、提升机构控制装置以及起重机的保护装置等。操纵室一般固定在主梁的一端，也有少数装在小车下方随小车移动的。操纵室上方开有通向走台的舱口，供检修大车与小车机械及电气设备时人员上下用。

由上可知，桥式起重机的运动形式有三种：

1）起重机由大车电动机驱动沿车间两边的轨道作纵向前后运动；

2）小车及提升机构由小车电动机驱动沿桥架上的轨道作横向左右运动；

3）在升降重物时由起重电动机驱动作垂直上下运动。

这样桥式起重机就可实现重物在垂直、横向、纵向三个方向的运动，把重物移至车间任一位置，完成车间内的起重运输任务。

2. 桥式起重机主要技术参数

桥式起重机的主要技术参数有：起重量、跨度、起升高度、运行速度、提升速度、工作类别等。

（1）起重量。起重量又称额定起重量，是指起重机实际允许起吊的最大负荷量，以吨（t）为单位。国产的桥式起重机系列其起重量有5、10（单钩）、15/3、20/5、30/5、50/10、75/20、100/20、125/20、150/30、200/30、250/30（双钩）等多种。数字的分子为主钩起重量，分母为副钩起重量。

桥式起重机按照起重量可分为三个等级，即5～10t为小型，10～50t为中型，50t以上为重型起重机。

（2）跨度。起重机主梁两端车轮中心线间的距离，即大车轨道中心线间的距离称为跨度，以米（m）为单位。国产桥式起重机的跨度有10.5、13.5、16.5、19.5、22.5、25.5、28.5、31.5m等，每3m为一个等级。

（3）提升高度。起重机吊具或抓取装置的上极限位置与下极限位置之间的距离，称为起重机的提升高度，以m为单位。常用的提升高度有12、16、12/14、12/18、16/18、19/21、20/22、21/23、22/26、24/26m等几种。其中分子为主钩提升高度，分母为副钩提升高度。

（4）运行速度。运行机构在拖动电动机额定转速下运行的速度，以m/min为单位。小车运行速度一般为40～60m/min，大车运行速度一般为100～135m/min。

（5）提升速度。提升机构的提升电动机以额定转速提升货物上升的速度，以m/min为单位。一般提升速度不超过30m/min，依货物性质、重量、提升要求来决定。

（6）通电持续率。由于桥式起重机为断续工作，其工作的繁重程度用通电持续率JC%表示。通电持续率为工作时间与周期时间之比，一般一个周期通常定为10min。标准的通电持续率规定为15%、25%、40%、60%四种。

3. 电力拖动系统的构成

桥式起重机的电力拖动系统由3～5台电动机所组成：

（1）小车驱动电动机一台。

（2）大车驱动电动机1～2台。大车如果采用集中驱动，则只有一台大车电动机；如果采用分别驱动，则由两台相同的电动机分别驱动左、右两边的主动轮。

（3）起重电动机1～2台。单钩的小型起重机只有一台起重电动机；对于15t以上的中型和重型起重机，则有两台（主钩和副钩）起重电动机。

二、凸轮控制器及其控制电路

1. 凸轮控制器的结构

凸轮控制器是一种大型手动控制电器，是起重机上重要的电气操作设备之一，用以直接操作与控制电动机的正反转、调速、起动与停止。

应用凸轮控制器控制电动机控制电路简单，维修方便，广泛用于中小型起重机的平移机构和小型起重机提升机构的控制中。

图 5-15 所示为凸轮控制器的结构原理与实物外形图。凸轮控制器从外部看，由机械结构、电气结构、防护结构等三部分组成。其中手轮、转轴、凸轮、杠杆、弹簧、定位棘轮为机械结构。触点、接线柱和联板等为电气结构。而上下盖板、外罩及灭弧罩等为防护结构。

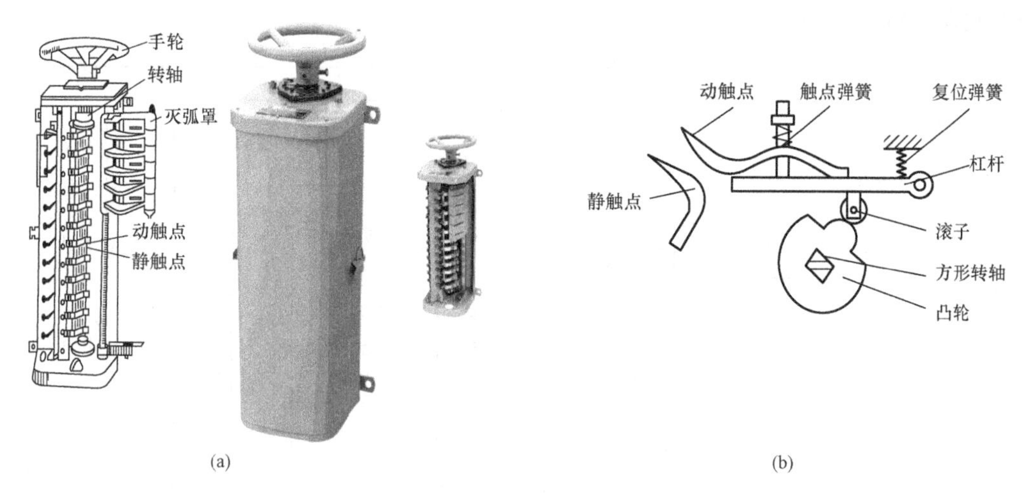

图 5-15　凸轮控制器结构原理与实物外形图

（a）结构外形图；（b）动作原理示意图

当转轴在手轮扳动下转动时，固定在轴上的凸轮同轴一起转动，当凸轮的凸起部位顶住滚子时，便将动触点与静触点分开；当转轴带动凸轮转动到凸轮凹处与滚子相对时，动触点在弹簧作用下，使动、静触点紧密接触，从而实现触点接通与断开的目的。

在方轴上可以叠装不同形状的凸轮块，以使一系列动触点按预先安排的顺序接通与断开。将这些触点接到电动机电路中，便可实现控制电动机的目的。

2. 凸轮控制器的型号与主要技术参数

常用的国产凸轮控制器有 KT10、KT12、KT14、KT16 等系列，以及 KTJ1-50/1、KTJ1-50/5、KTJ1-80/1 等型号。凸轮控制器的型号及意义如下：

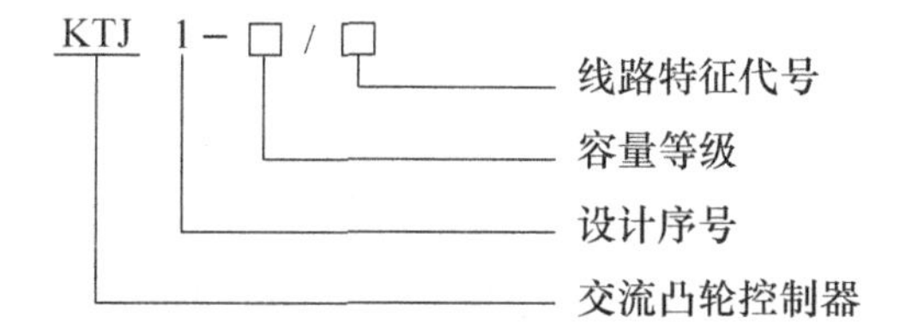

3. 用凸轮控制器控制的绕线电动机电路

图 5-16 所示为采用凸轮控制器控制的 10t 桥式起重机小车控制电路。凸轮控制器控制电路的特点是原理图以其圆柱表面的展开图来表示。由图 5-16 可见，凸轮控制器有编号为 1～12 的 12 对触点，以竖画的细实线表示；而凸轮控制器的操作手轮右旋（控制电动机正转）和左旋（控制电动机反转）各有 5 个挡位，加上一个中间位置（称为“零位”）共有 11 个挡位，用横画的细虚线表示；每对触点在各挡位是否接通，则以在横竖线交点处的黑圆点表示。有黑点的表示接通，无黑点的则表示断开。

图 5-16 中 M2 为小车驱动电动机，采用绕线转子三相异步电动机，在转子电路中串入三

相不对称电阻器 R_2，用作起动及调速控制。YB2 为制动电磁铁，其三相电磁线圈与 M2（定子绕组）并联。QS 为电源引入开关，KM 为控制线路电源的接触器。KA0 和 KA2 为过流继电器，其线圈（KA0 为单线圈，KA2 为双线圈）串联在 M2 的三相定子电路中，而其动断触点则串联在 KM 的线圈支路中。

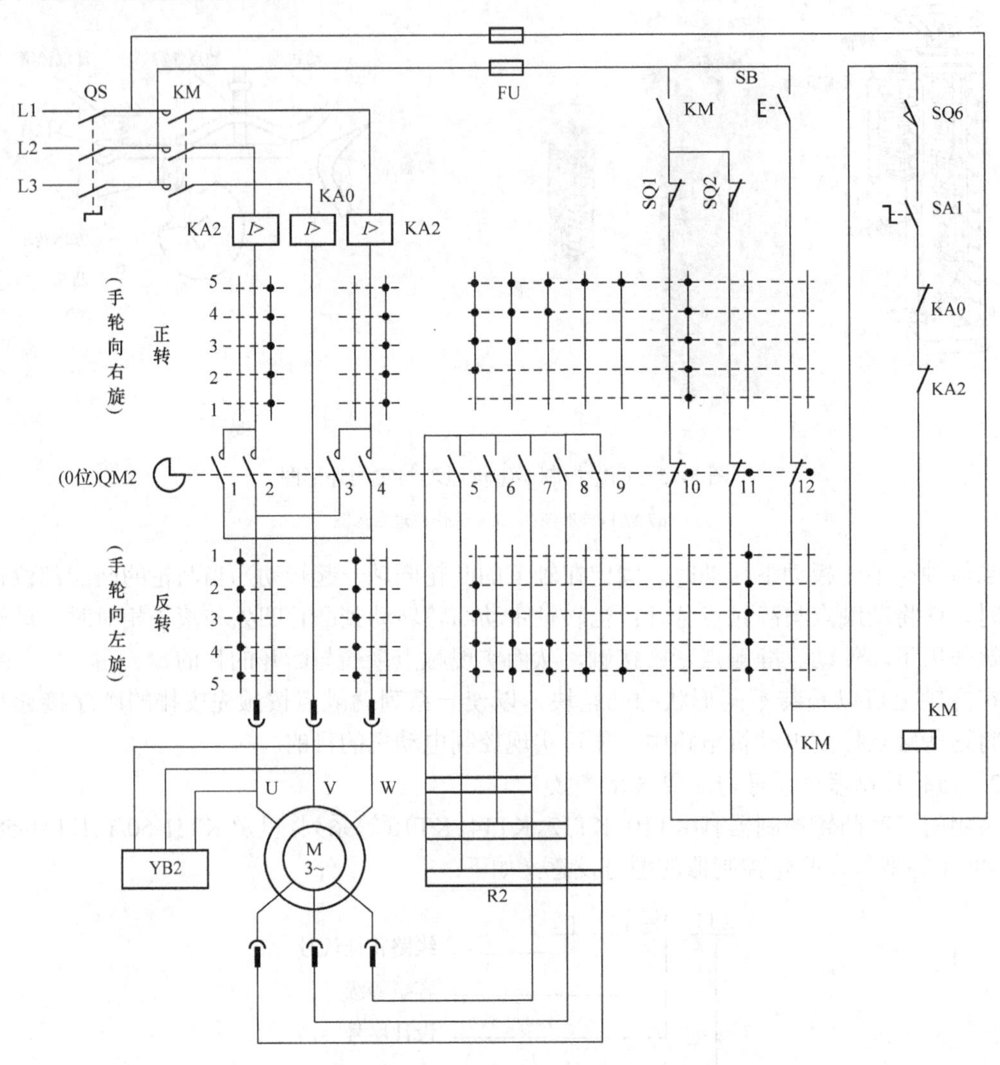

图 5-16 凸轮控制器控制绕线电动机的电路图

（1）电动机定子电路。在每次操作之前，应先将凸轮控制器 QM2 置于零位，由图 5-16 可见 QM2 的触点 10、11、12 在零位接通；然后合上电源开关 QS，按下起动按钮 SB，接触器 KM 线圈通过 QM2 的触点 12 通电，KM 的三对主动合触点闭合，接通电动机 M2 的电源，然后可以用 QM2 操纵 M2 的运行。QM2 的触点 10、11 与 KM 的动合触点一起构成正转和反转时的自锁电路。

凸轮控制器 QM2 的触点 1～4 控制 M2 的正反转，由图可见触点 2、4 在 QM2 右旋的五挡均接通，M2 正转；而左旋五挡则是触点 1、3 接通，按电源的相序 M2 为反转；在零位时 4 对触点均断开。

（2）电动机转子电路。凸轮控制器 QM2 的触点 5～9 用以控制 M2 转子外接电阻器 R_2，以实现对 M2 起动和转速的调节。由图 5-16 可见这五对触点在中间零位均断开，而在左、右旋各五挡的通断情况是完全对称的：在（左、右旋）第一挡触点 5～9 均断开，三相不对称电阻 R_2 全部串入 M2 的转子电路，电动机转速最低，当依次置第二、三、四挡时触点 5、6、7 依次接通，将 R_2 逐级不对称地切除，电动机的转速逐渐升高；当置第五挡时触点 5～9 全部接通，R_2 全部被切除，M2 转速最高。

（3）保护电路。图 5-16 所示电路有欠压、零压、零位、过流、行程终端限位保护和安全保护共六种保护功能。

1）欠压保护。接触器 KM 本身具有欠电压保护的功能，当电源电压不足时（低于额定电压的 85%），KM 因电磁吸力不足而复位，其动合主触点和自锁触点都断开，从而切断电源。

2）零压保护与零位保护。采用按钮 SB 起动，SB 动合触点与 KM 的自锁动合触点相并联的电路，都具有零压（失压）保护功能，在操作中一旦断电，必须再次按下 SB 才能重新接通电源。在此基础上，采用凸轮控制器控制的电路在每次重新起动时，还必须将凸轮控制器旋回中间的零位，使触点 12 接通，才能够按下 SB 接通电源，这就防止在控制器还置于左右旋的某一挡位、电动机转子电路串入的电阻较小的情况下起动电动机，造成较大的起动转矩和电流冲击，甚至造成事故。这一保护作用称为“零位保护”。触点 12 只有在零位才接通，而其他十个挡位均断开，称为零位保护触点。

3）过流保护。如上所述，起重机的控制电路往往采用过流继电器作过流（包括短路、过载）保护，过流继电器 KA0、KA2 的动断触点串联在 KM 线圈支路中，一旦出现过电流便切断 KM，从而切断电源。此外，KM 的线圈支路采用熔断器 FU 作短路保护。

4）行程终端限位保护。行程开关 SQ1、SQ2 分别提供 M2 正、反转（如 M2 驱动小车，则分别为小车的右行和左行）的行程终端限位保护，其动断触点分别串联在 KM 的自锁支路中。以小车右行为例分析保护过程：将 QM2 右旋→M2 正转→小车右行→若行至行程终端还不停下→碰 SQ1→SQ1 动断触点断开→KM 线圈支路断电→切断电源；此时只能将 QM2 旋回零位→重新按下 SB→KM 线圈支路通电（并通过 QM2 的触点 11 及 SQ2 的动断触点自锁）→重新接通电源→将 QM2 左旋→M2 反转→小车左行，退出右行的行程终端位置。

5）安全保护。在 KM 的线圈支路中，还串入了舱口安全开关 SQ6 和事故紧急开关 SA1。在平时，应关好驾驶舱门，使 SQ6 被压下（保证桥架上无人），才能操纵起重机运行；一旦发生事故或出现紧急情况，可断开 SA1 紧急停车。

三、10t 交流桥式起重机控制电路分析

1. 起重机的供电特点

交流起重机由交流电网供电，由于起重机的工作是经常移动的，因此其与电源之间不能采用固定连接方式，对于小型起重机供电方式采用软电缆供电，随着大车或小车的移动，供电电缆随之伸展和叠卷。对于一般桥式起重机常用滑线和电刷供电。三相交流电源接到沿车间长度方向架设的三根主滑线上，再通过电刷引到起重机的电气设备上，首先进入驾驶室保护盘上的总电源开关，然后再向起重机各电气设备供电。对于小车及其上的提升机构等电气设备，则经位于桥架另一侧的辅助滑线来供电。

滑线通常用角钢、圆钢、V 形钢轨来制成。当电流值很大或滑线太长时，为减少滑线电

压降，常将角钢与铝排逐段并联，以减少电阻值。在交流系统中，圆钢滑线因趋肤效应的影响，只适用于短线路或小电流的供电线路。

2. 电路构成

10t交流桥式起重机电气控制电路如图5-17所示。10t桥式起重机只有一个吊钩，但大车采用分别驱动，所以共用了四台绕线转子异步电动机拖动。起重电动机M1、小车驱动电动机M2、大车驱动电动机M3和M4；分别由三只凸轮控制器控制：QM1控制M1、QM2控制M2、QM3同步控制M3与M4；R_1～R_4分别为四台电动机转子电路串入的调速电阻器；YB1～YB4则分别为四台电动机的制动电磁铁。三相电源由QS1引入，并由接触器KM控制。过流继电器KA0～KA4提供过电流保护，其中KA1～KA4为双线圈式，分别保护M1、M2、M3与M4；KA0为单线圈式，单独串联在主电路的一相电源线中，作总电路的过电流保护。

凸轮控制器QM3共有17对触点，比QM1、QM2多了5对触点，用于控制另一台电动机的转子电路，因此可以同步控制两台绕线转子异步电动机。下面主要介绍该电路的保护电路部分。

3. 保护电路

保护电路主要是KM的线圈支路，位于图5-17中7～10区。与图5-16电路一样，该电路具有欠压、零压、零位、过流、行程终端限位保护和安全保护共六种保护功能。所不同的是图5-17电路需保护4台电动机，因此在KM的线圈支路中串联的触点较多一些。KA0～KA4为5只过流继电器的动断触点；SA1仍是事故紧急开关；SQ6是舱口安全开关，SQ7和SQ8是横梁栏杆门的安全开关，平时驾驶舱门和横梁栏杆门都应关好，将SQ6、SQ7、SQ8都压合；若有人进入桥架进行检修时，这些门开关就被打开，即使按下SB也不能使KM线圈支路通电；与起动按钮SB相串联的是三只凸轮控制器的零位保护触点：QM1、QM2的触点12和QM3触点17。与图5-16的电路有较大区别的是限位保护电路（位于图5-18中7区），因为三只凸轮控制器分别控制吊钩、小车和大车作垂直、横向和纵向共六个方向的运动，除吊钩下降不需要提供限位保护之外，其余5个方向都需要提供行程终端限位保护，相应的行程开关和凸轮控制器的动断触点均串入KM的自锁触点支路之中，各电器（触点）的保护作用见表5-2。

表5-2　行程终端限位保护电器及触点一览表

运行方向		驱动电动机	凸轮控制器及保护触点		限位保护行程开关
吊钩	向上	M1	QM1	11	SQ5
小车	右行	M2	QM2	10	SQ1
	左行			11	SQ2
大车	前行	M3、M4	QM3	15	SQ3
	后行			16	SQ4

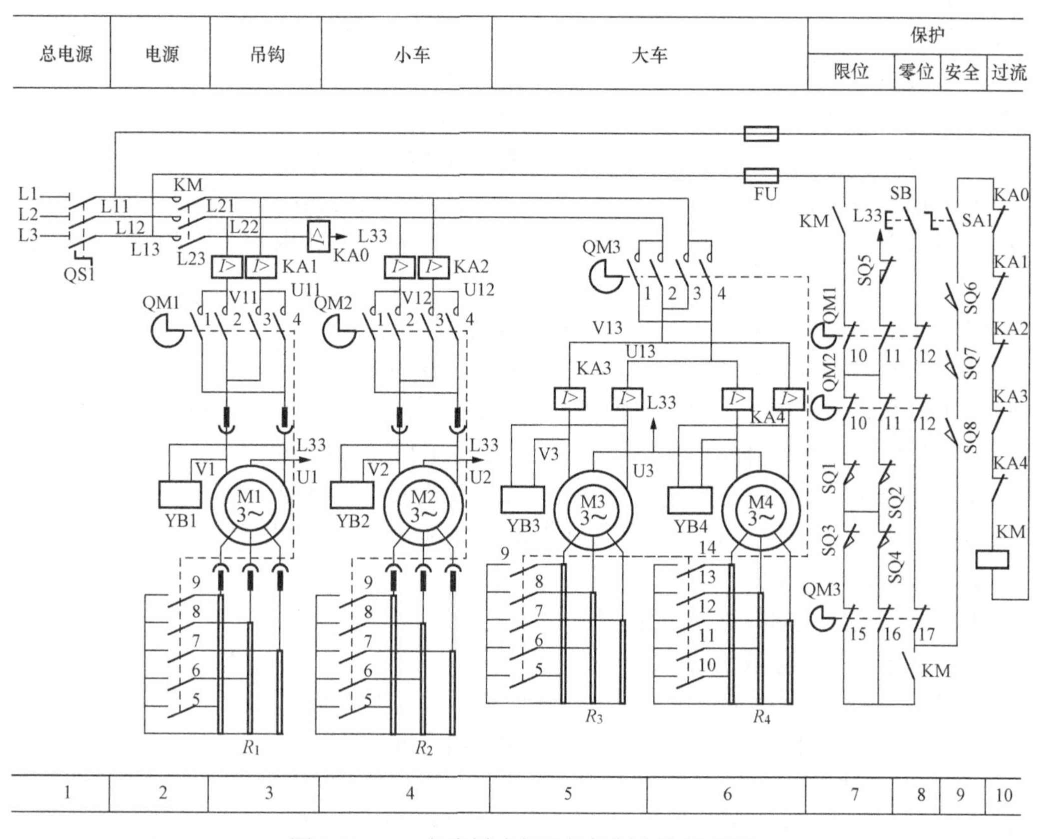

图 5-17　10t 交流桥式起重机控制电路原理图

习　　题

一、选择题

1．CA6140 型普通车床的刀架快速移动电动机 M3，以及 Z3050 摇臂钻床的摇臂升降电动机 M2、冷却泵电动机 M4 都不需要用热继电器进行过载保护，分别是由于 M3（　　）、M2（　　）、M4（　　）。

A．容量太小　　B．不会过载　　C．是短时工作制

2．CA6140 型车床中主轴电动机 M1 和冷却泵电动机 M2 的控制关系是（　　）。

A．M1、M2 可分别起、停　　B．M1、M2 必须同时起、停

C．M2 比 M1 先起动　　D．M2 必须在 M1 起动后才能起动

3．CA6140 型车床中功率最大的电动机是（　　）。

A．刀架快速移动电动机　　B．主轴电动机

C．冷却泵电动机　　D．不确定，视实际加工需要而定

4．CA6140 型车床中不需要进行过载保护的是（　　）。

A．主轴电动机 M1　　B．冷却泵电动机 M2

C．刀架快速移动电动机 M3　　D．M1 和 M2

5．Z3050 型摇臂钻床的工作特点之一是主轴箱可以绕内立柱作（　　）的回转，因此便

于加工大中型工件。

A．90°　　B．180°　　C．270°　　D．360°

6．在切削加工中主轴电动机不需要反转的机床是（　　）。

A．Z535 型立式钻床　　B．X62W 万能铣床

C．T68 型卧式镗床　　D．Z3050 摇臂钻床

7．Z3050 型摇臂钻床上的摇臂升降电动机 M2 和冷却泵电动机 M4 不加过载保护的原因是（　　）。

A．要正、反转　　B．短时工作

C．电动机不会过载　　D．负载固定不变

8．Z3050 型摇臂钻床上摇臂的升降动作和摇臂的夹紧松开动作程序应该是（　　）。

A．先松开，再升降　　B．先升降，再松开

C．升降和松开同时进行　　D．先夹紧，再升降

9．M7130 型平面磨床控制电路中电阻器 R_1、R_2、R_3 的作用分别是（　）、（　）、（　）。

A．限制退磁电流

B．电磁吸盘线圈的过电压保护

C．整流器的过电压保护。

10．X62W 型万能铣床主轴电动机的正反转靠（　　）来实现。

A．正、反转接触器　　B．组合开关

C．机械装置　　D．正、反转按钮控制

11．为了缩短 X62W 万能铣床的停车时间，主轴电动机设有（　　）制动环节。

A．制动电磁离合器　　B．串电阻反接制动

C．能耗制动　　D．再生发电制动

12．X62W 型万能铣床的 3 台电动机，即主轴电动机 M1、进给电动机 M2、冷却泵电动机 M3 中有过载保护的是（　　）。

A．M1 及 M3　　B．M1 及 M2　　C．M1　　D．全部都有

13．X62W 型万能铣床电磁离合器 YC1、YC2、YC3 的电源由（　　）提供。

A．控制变压器　　B．整流变压器

C．照明变压器　　D．不经过变压器直接

14．X62W 型万能铣床工作后进给在主轴电动机起动后才允许动作，是为了（　　）。

A．电路安装程序需要　　B．加工工艺需要

C．安全需要　　D．便于控制

15．X62W 型万能铣床的主轴未起动，则工作台（　　）。

A．不能有任何进给　　B．可以进给　　C．可以快速进给

16．在下列机床中需要在两个地方对机床的起停进行控制的是（　　）。

A．CA6140 型车床　　B．X62W 型万能铣床

C．Z3050 型摇臂钻床　　D．M7130 型平面磨床

17．在下列机床中冷却泵电动机的起停不受主轴电动机制约的是（　　）。

A．CA6140 型车床　　B．X62W 型万能铣床

C．Z3050 型摇臂钻床　　D．M7130 型平面磨床

18．在切削加工时需要用电磁吸盘吸住工件的机床是（　　）。

A．CA6140 型车床　　B．X62W 型万能铣床

C．Z3050 型摇臂钻床　　D．M7130 型平面磨床

19．在机床控制电路中需要专门的直流电源的机床是（　　）。

A．CA6140 型车床　　B．X62W 型万能铣床

C．Z3050 型摇臂钻床　　D．M7130 型平面磨床

20．桥式起重机的三相异步电动机一般采用（　　）进行过载短路保护。

A．热继电器　　B．熔断器

C．阻尼式过电流继电器　　D．断路器

21．桥式起重机工作时各部分的运行方式有（　　）。

A．3 种　　B．2 种　　C．1 种　　D．4 种

22．为了满足桥式起重机能重载起动及调速的要求，一般采用（　　）。

A．三相笼型感应电动机　　B．三相同步电动机

C．直流电动机　　D．三相绕线转子感应电动机

23．绕线转子感应电动机采用转子串电阻调速时，串联的电阻越小，则转速（　　）。

A．不随电阻变化　　B．越高

C．越低　　D．无法判断

24．转子绕组串电阻起动适用于（　　）。

A．笼型感应电动机　　B．绕线转子感应电动机

C．直流电动机　　D．所有交流电动机

25．用于桥式起重机上的凸轮控制器是一种（　　）电器。

A．自动控制电器　　B．自动保护电器

C．手动保护电器　　D．手动控制电器

26．当凸轮控制器手柄置于中间位置时，用作起重机的（　　）保护。

A．零压保护　　B．零位保护　　C．欠压保护　　D．过载保护

27．保护桥式起重机前后运动，小车左右运动，吊钩上升运动安全的保护电器是（　）。

A．按钮　　B．凸轮控制器　　C．刀开关　　D．行程开关

28．桥式起重机上用作行程保护和安全位置保护的保护电器的触点应为（　　）在控制电路中。

A．动合触点，串联　　B．动断触点，并联

C．动断触点，串联　　D．动断触点，并联

29．桥式起重机上提升重物的绕线转子感应电动机起动和调速方法用（　　）。

A．定子三相绕组用三相调压器调电压

B．定子绕组串三相电阻

C．转子绕组串三相电阻

D．转子绕组串频敏变阻器

30．桥式起重机吊钩在吊重的负载下降时，电动机的运行方式为（　　）。

A．通电向下降方向旋转　　B．通电向上升方向旋转

C．不通电，自行下放　　D．加制动力，慢慢下放

二、判断题

1．CA6140型车床中的行程开关SQ1和SQ2主要用作刀架左右移动时的限位保护。（ ）

2．CA6140型车床主轴电动机M1的转动与否与冷却泵电动机M2是否提供冷却液无关。（ ）

3．CA6140型车床主轴电动机M1只能正转，无法实现反转。（ ）

4．Z3050型摇臂钻床上的液压泵电动机M3由于有松开与夹紧两种功能，因此M3需正反转。（ ）

5．Z3050型摇臂钻床上的主轴电动机M1由于钻头只有进刀运动和退刀运动，因此需正反转。（ ）

6．Z3050型摇臂钻床上在摇臂升降之前，必须先把摇臂松开，在升降到位后，又必须把摇臂夹紧，才能进行切削加工。（ ）

7．Z3050型摇臂钻床上的电磁阀YV是用来控制冷却泵电动机冷却液的供出的。（ ）

8．为了安全起见，Z3050型摇臂钻床的摇臂升降到位时，必须用行程开关进行位置保护。（ ）

9．Z3050型摇臂钻床电路中的时间继电器KT是用来控制摇臂升降所需的时间。（ ）

10．M7130平面磨床的电磁吸盘可以使用直流电，也可以使用交流电。（ ）

11．M7130平面磨床上的桥式整流电源是用来给电磁吸盘的线圈供电用。（ ）

12．X62W型万能铣床在铣削加工过程中不需要主轴反转。（ ）

13．X62W型万能铣床工作台垂直进给和横向进给的区分是由电气控制实现的。（ ）

14．X62W型万能铣床在主轴变速时均设有主轴变速冲动电路。（ ）

15．X62W型万能铣床必须在主轴电动机M1功率较大，因此M1的正反转采用接触器控制串电阻降压正反转电路。（ ）

16．X62W型万能铣床工作台的进给和圆工作台的进给都由进给电动机M2来实现，且可以同时进行。（ ）

17．X62W型万能铣床工作台分为上、下、左、右、前、后6个方向运动都由两个机械手柄进行操纵，且保证工作台只能按一个方向运动。（ ）

18．凸轮控制器手柄置1位时电动机转速最低，向2、3、4、5位旋动时，电动机转速逐步升高。（ ）

19．凸轮控制器手柄位于中间位置时的零位联锁触点是动断触点。（ ）

20．绕线转子三相感应电动机的起动转矩与转子电路串联的电阻关系是电阻越大，起动转矩越大。（ ）

21．桥式起重机需经常起动和停止，因此广泛采用三相笼型感应电动机拖动。（ ）

22．桥式起重机在工作过程中需在一定范围内调节电动机的转速，广泛采用的调速方法是变频调速。（ ）

23．桥式起重机在运行时，作为提升重量的变化范围很大，因此电动机的过载保护广泛

采用过电流继电器。 （ ）

24．桥式起重机上的凸轮控制器的零位开关联锁保护的作用是使电动机转速从零开始升速。 （ ）

25．桥式起重机上的欠电压保护作用也由凸轮控制器来实现，当电源电压太低时，凸轮控制器自动回复到零位保护作用。 （ ）

三、综合题

1．试分析CA6140的控制电路发生下列情况时的故障原因。

（1）三台电动机均不能起动。

（2）主轴电动机起动后，松开起动按钮，电动机停止。

（3）快移电动机不能起动。

2．CA6140型普通车床控制电路中，由行程开关SQ1、SQ2组成的断电保护环节是如何实现保护的？

3．在Z3050摇臂钻床中，时间继电器KT与电磁阀YV在什么时候动作，YV动作时间比KT长还是短？YV什么时候不动作？

4．Z3050摇臂钻床电路中，有哪些联锁与保护环节？有何作用？

5．根据Z3050摇臂钻床的控制电路，分析摇臂不能下降时可能出现的故障。

6．X62W万能铣床控制电路中，若发生下列故障，试分析故障原因。

（1）主轴电动机不能起动。

（2）主轴停车时，正反方向都没有制动作用。

（3）进给运动中能上下左右前运动，但不能向后运动。

7．X62W型万能铣床控制电路有哪四种联锁保护作用？

8．M7130平面磨床采用电磁吸盘夹持工件有何优点？为什么电磁吸盘要用直流电而不用交流电？

9．M7130型平面磨床的电磁吸盘没有吸力或吸力不足，试分析可能的原因。

10．X62W型铣床进给变速能否在运行中进行，为什么？

11．Z3050型摇臂钻床的摇臂上升、下降动作相反，试由电气控制电路分析其故障原因。

12．试设计一台机床的电气控制电路，该机床共有三台三相笼型异步电动机，即主轴电动机M1、润滑泵电动机M2及冷却泵电动机M3。设计要求如下：

（1）M1直接起动，单向旋转，还需要电气调速，采用能耗制动并可点动试车。

（2）M1必须在M2工作3min之后才能起动。

（3）M2、M3共用一只接触器控制，如不需要M3工作，可用转换开关SA切断。

（4）具有必要的保护环节。

（5）装有机床工作照明灯一盏，电压为36V；电网电压及控制电路电压均为380V。

第六章 可编程控制器概述

第一节 PLC 基础知识

一、可编程控制器的产生和定义

在市场经济的推动下，人们要求产品品种齐全且质优价廉。为适应市场的需求，工业产品的品种就要不断更新换代，从而要求产品的生产线及附属的控制系统不断地修改及更换。在20世纪60年代，生产线的控制主要采用继电器控制。修改一条生产线，要更换许多硬件设备，进行复杂的接线，既浪费了许多硬件又大大拖延了施工周期，增加了产品的成本。于是人们寻找研制一种新型的通用控制设备。1968年美国通用汽车公司（GM）液压部，提出了以下10项招标指标：

（1）编程简单，可在现场修改和调试程序；

（2）维护方便，各部件最好采用插件方式；

（3）可靠性高于继电器控制系统；

（4）设备体积小于继电器控制柜；

（5）数据可以直接送给管理计算机；

（6）成本可与继电器控制系统相竞争；

（7）输入电压是115V交流电；

（8）输出电压也是115V交流电，输出电流达2A以上，能直接驱动电磁阀；

（9）系统扩展时，原系统只需作很小的变动；

（10）用户程序存储容量可扩展到4KB。

美国数字设备公司（DEC）中标，于1969年研制成功了一台符合要求的控制器，称为可编程控制器，在通用汽车公司（GM）的汽车装配生产线上试验并获得成功。

美国电气制造商协会（NEMA）经过4年的调查，于1980年把这种控制正式命名为可编程控制器（Programmable Controller）,英文缩写为PC。为了与个人计算机PC（Personal Computer）相区别，就在PC中间加入L（Logical）而写成PLC。

国际电工委员会（IEC）于1982年颁布了PLC标准草案第一稿，1987年2月颁布了第三稿，对可编程控制定义如下：可编程控制器是一种数字运算操作的电子系统，专为在工业环境下应用而设计。它采用可编程的存储器，用来在其内部存储执行逻辑运算、顺序控制、定时、计数和算术运算等操作指令，并通过数字式或模拟式的输入和输出，控制各种类型的机械动作过程。可编程控制器及其相关设备，都应按易于与工业控制系统形成一个整体，易于扩展其功能的原则设计。

可编程控制器的出现，立即引起了各国的注意。日本于1971年引进可编程控制器技术，

德国于 1973 年引进可编程控制器技术。中国于 1973 年开始研制可编程控制器，1977 年应用到生产线上。

自 20 世纪 60 年代以来发展极为迅速、应用面极为广泛的工业控制装置，是现代工业自动化控制的首选产品，与机器人、CAD/CAM 并称为工业生产自动化的三大支柱。

如果说初期发展起来的 PLC 主要是以它的高可靠性、灵活性和小型化来代替传统的继电—接触控制，那么当今的 PLC 则吸取了微电子技术和计算机技术的最新成果，得到了更新和发展。从单机自动化到整条生产线的自动化，甚至到整个工厂的生产自动化；从柔性制造系统、工业机器人到大型分散控制系统，PLC 均承担着主要角色。

二、可编程控制器的分类及编程语言

1. PLC 的分类

可编程控制器已成为工业控制领域中最常见、最重要的控制装置，它代表着一个国家的工业水平。生产可编程控制器的厂家非常多，其中著名的厂家有美国的 A.B 公司，日本的三菱公司，德国的西门子等公司。

可编程控制器通常以输入/输出点（I/O）总数的多少进行分类。I/O 点数在 128 点以下为小型机；I/O 点数在 129~512 点为中型机；I/O 点数在 513 点以上为大型机。可编程控制器的 I/O 点数越多，其存储容量也越大。

PLC 按结构形式分类可分为整体式和模块式两种。整体式又称为单元式或箱体式。整体式 PLC 将电源、CPU、I/O 部件都集中装在一个机箱内，其结构紧凑，体积小，价格低。一般小型 PLC 采用这种结构。模块化结构是将 PLC 各部分分成若干个单独的模块，如 CPU 模块、I/O 模块、电源模块和各种功能模块。有的 PLC 将整体式和模块式结合起来，称为叠装式 PLC。它除基本单元和扩展单元外，还有扩展模块和特殊功能模块，配置更加灵活。

2. PLC 的编程语言

可编程控制器的编程语言常用的有梯形图、指令表和状态流程图。由于梯形图比较直观，容易掌握，因而很受普通技术人员的欢迎。

可编程控制器的常用编程工具有：

（1）手持式编程器，一般供现场调试及修改使用。

（2）个人电脑，利用专用的编程软件进行编程。

三、可编程控制器的应用领域

可编程控制器的应用非常广泛，例如，电梯控制、防盗系统的控制、交通分流信号灯控制、楼宇供水自动控制、消防系统自动控制、供电系统自动控制、喷水池自动控制及各种生产流水线的自动控制等。按可编程控制器编程功能来分为以下几个方面：

（1）开关量逻辑控制。这是可编程控制器最广泛的应用领域，也是 PLC 最基本的控制功能，可以取代传统的继电器控制。它既可用于单台设备的控制，也可用于多机群控制和自动化生产线的控制。

（2）模拟量控制。可编程控制器利用 PID（Proportional Integral Derivative）算法可实现闭环控制功能。如温度、速度、压力及流量等的过程量控制。

（3）运动控制。目前可编程控制器制造商已制造出能驱动步进电动机和伺服电动机的单轴或多轴的可编程控制器和运动控制特殊模块，可驱动单轴或多轴按一定的速度、作用力到达拟定目标位置。

随着可编程控制器用量的增加，其价格大幅度地降低，而其功能却不断地增强，现在用可编程控制器实现运动控制比用其他方法更有优越性：价格更低、速度更快、体积更小、操作更方便。

（4）数据处理。PLC提供了各种数学运算、数据传送、数据转换、数据排序以及位操作等功能，可以实现数据的采集、分析和处理。这些数据可通过通信系统传送到其他智能设备，也可利用它们与存储器中的参考值进行比较，或利用它们制作各种要求的报表。数据处理功能一般用于造纸、食品等行业中的一些大型控制系统。

（5）通信功能。为适应现代化工业自动化控制系统的需要——集中及远和管理，可编程控制器可实现与可编程控制器、单片机、打印机及上级计算机的互相交换信息的通信功能。

1）PLC之间的通信。PLC之间可进行一对一通信，也可在多达几十甚至几百台PLC之间进行通信；既可在同型号PLC之间进行通信，也可在不同型号的PLC之间进行通信。

2）PLC与各种智能控制设备之间的通信。PLC可与条形码读出器、打印机及其他远程I/O智能控制设备进行通信，形成一个功能强大的控制网络。

3）PLC与上位机之间的通信。可用计算机进行编程，或对PLC进行监控和管理。通常情况下，采用多台PLC实现分散控制，由一台上位计算机进行集中管理，这样的系统称为分布式控制系统。

4）PLC与PLC的数据存取单元进行通信。PLC提供了各种型号不一的数据存取单元，通过此数据存取单元可方便地对设定数据进行修改，对各监控点的数据或图形变化进行监控，还可以PLC出现的故障进行诊断等。

近年来，随着网络技术的发展，已兴起工厂自动化（FA）网络系统。PLC的联网、通信功能正适应了智能化工厂发展的需要，它可使工业控制从点到线再到面，使设备级的控制、生产线的控制和工厂管理层的控制连成一个整体，从而创造更高的效益。

四、PLC的发展趋势

自从1969年世界上第一台PLC在美国通用汽车公司生产线上首次应用成功以来，PLC的发展速度十分迅速，PLC的结构和功能不断改进，PLC的更新换代速度不断加快，PLC的应用范围也迅速扩大。现在，PLC发展的主要趋势是向着小型化、标准化、系列化、廉价化、智能化、大容量化、高速化、高性能化、分布式全自动网络化方向发展，以满足现代化企业生产自动化的不断需要。

（1）大力发展微型PLC。微型PLC的价格便宜，性能价格比不断提高，适合于单机自动化或组成分布式控制系统。

（2）向高性能，高速度，大容量发展。大型PLC大多采用多CPU结构，并不断地向高性能、高速度、大容量发展，除了专门用于模拟量闭环控制的PID指令和智能PID模块，某些PLC还具有模糊控制、自适应、参数自整定功能，使调试时间减少，控制精度提高。

（3）大力开发智能型I/O模块和分布式I/O子系统。智能型I/O模块本身就是一个小的微型计算机系统，有很强的信息处理能力和控制功能，有的模块甚至可以自成系统，单独工作。可以完成PLC的主CPU难以兼顾的功能，简化了某些控制领域的系统设计和编程，提高了PLC的适应性和可靠性。

（4）PLC的编程软件取代手持式编程器。编程软件可设置PLC控制系统的结构和参数，可直接在屏幕上生成和编辑梯形图、指令表，并可实现不同编程语言的相互转换，此外，编

程软件的调试和监控功能也远远超过手持编程器。

（5）PLC 编程语言的标准化。国际电工委员会（IEC）制定了 PLC 标准（IEC1131）标准中共有五种编程语言，其中的顺序功能图（SFC）是一种结构块控制程序流程图，梯形图和功能块图是两种图形语言，还有两种文字语言即指令表和结构文本。除了提供几种编程语言供用户选择外，IEC1131-3 标准还允许编程者在同一程序中使用多种编程语言。

（6）PLC 通信和易用化和“傻瓜化”。PLC 的通信联网功能使它能与 PC 和其他智能控制设备交换数字信息，使系统形成一个统一的整体，实现分散控制和集中管理。

（7）PLC 的软件化与 PC 化。可实现 PLC 的 CPU 模块的功能，可与以太网和 I/O 模块通信，可用于工业现场，这是今后高档 PLC 的发展方向。

（8）组态软件引发的上位计算机编程革命。大中型控制系统采用上位计算机加 PLC 的方案，通过串行通信接口或网络通信模块交换数据信息，以实现分散控制和集中管理。上位计算机主要完成数据通信、网络管理、人机界面和数据处理的功能，数据的采集和设备的控制一般由 PLC 等现场设备完成。组态软件的出现降低了系统集成的难度，节约了大量的设计时间，提高了系统的可靠性。

（9）PLC 与现场总线相结合。PLC 与现场总线相结合，可以组成价格便宜、功能强大的分布式控制系统。随着现场总线国际标准的制定和现场总线 I/O 的迅猛发展以及价格的下降，PLC 的功能可能在某些领域（如过程控制领域）被现场总线 I/O 部分取代。

目前，我国的 PLC 已进入快速发展的阶段，PLC 已广泛应用于机械、冶金、化工、轻纺等多个行业。我国的机床设备、生产自动线已越来越多地采用 PLC 控制来取代传统的继电器控制，PLC 控制技术已成为现代工业电气维修人员必须掌握的一门技术。

第二节　PLC 的基本组成

一、PLC 的硬件结构

PLC 型号品种繁多，但实质上都是一种工业控制计算机。与通用计算机相比，可编程控制器不仅具有与工业过程直接相连的接口，而且具有更适用于工业控制的编程语言。可编程控制器的编程大致上主要由中央处理单元（CPU）、存储器、输入/输出单元（I/O）、电源和编程器等几部分组成，其结构方框图如图 6-1 所示。

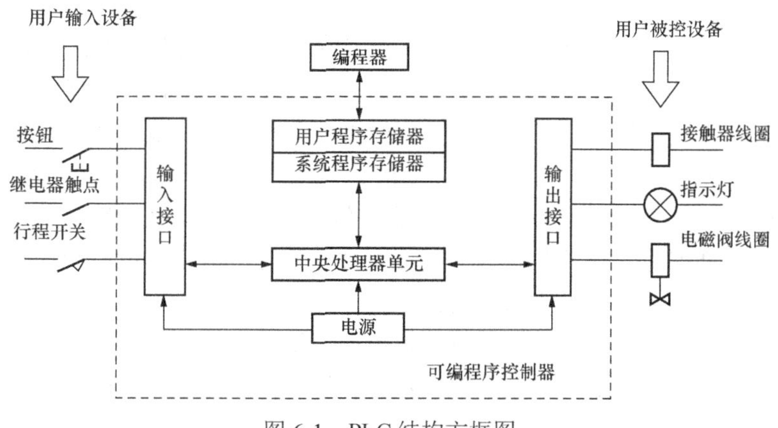

图 6-1　PLC 结构方框图

1. 中央处理器（CPU）

CPU是PLC的核心部件，起着控制和运算的作用。它能够执行程序规定的各种操作，处理输入信号，发送输出信号等。PLC的整个工作过程都是在CPU的统一指挥和协调下进行的。

2. 存储器

用于存放系统编程程序监控运行程序、用户程序、逻辑及数学运算的过程变量及其他所有信息。PLC的存储器可分为以下三类:

（1）系统程序存储器。系统程序存储器由ROM或EPROM组成，用以固化系统管理和监控程序，对用户程序作编译处理。系统程序由厂家编写，它决定了PLC的基本功能，用户不能更改。

（2）用户程序存储器。用户程序存储器通常采用低功耗的CMOS-RAM，由后备电池供电，在断开电源后仍能够保存。目前比较先进的PLC采用可随时读写的快闪存储器，可不需要后备电池，断电时存储的内容也不会丢失。在PLC的产品说明书中给出的“内存容量”或“程序容量”就是指用户程序存储器的存储容量。

（3）数据存储器。数据存储器按输入、输出和内部寄存器、定时器、计数器、数据寄存器等单元的定义序号存储数据或状态，不同厂家出品的PLC有不同的定义序号。在PLC断电时能够保持数据的数据存储器区称为数据保持区。

3. 电源

包括系统电源、备用电源及记忆电源。PLC大多使用220V交流电源，PLC内部的直流稳压单元用于为PLC的内部电路提供稳定直流电压，某些PLC还能够对外提供DC 24V的稳定电压，为外部传感器供电。PLC一般还带有后备电池，为防止因外部电源发生故障而造成PLC内部主要信息意外丢失。

4. 输入/输出单元

输入、输出单元又称为I/O接口电路，是PLC与外部被控对象联系的纽带与桥梁。根据输入/输出信号的不同，I/O接口电路有开关量和模拟量两种I/O接口电路。输入单元用来进行输入信号的隔离滤波及电平转换；输出单元用来对PLC的输出进行放大及电平转换，驱动控制对象。

输入单元接口是用于接收和采集现场设备及生产过程的各类输入数据输出信息（如从各类开关、操作按钮等送来的开关量，或由电位器、传感器提供的模拟量），并将其转换成CPU所能接受和处理的数据；输出接口则用于将CPU的控制信息转换成外设所需要的控制信号，并送到有关设备或现场（如接触器、指示灯等）。

输入接口电路由输入数据寄存器、选通脉冲电路及中断请求逻辑电路组成。当PLC扫描在允许输入阶段时，发出允许中断请求信号，选通电路选中对应输入数据寄存器，在允许输入后期通过数据总线把输入数据寄存器的数据成批输入至输入映像存储区，供CPU进行逻辑运算用。通常，输入接口电路有直流（12～24V）输入，交流输入，交、直流输入三种，如图6-2所示。I/O接口电路大多采用光电耦合器来传递I/O信号，并实现电平转换。这可以使生产现场的电路与PLC的内部电路隔离，既能有效地避免因外电路的故障而损坏PLC，同时又能抑制外部干扰信号侵入PLC，从而提高PLC的工作可靠性。

PLC通过输出接口电路向现场控制对象输出控制信号。输出接口电路由输出锁存器、电平转换电路及输出功率放大电路组成。PLC功率输出电路有3种形式：继电器输出、晶体管输出和晶闸管输出。如图6-3所示。

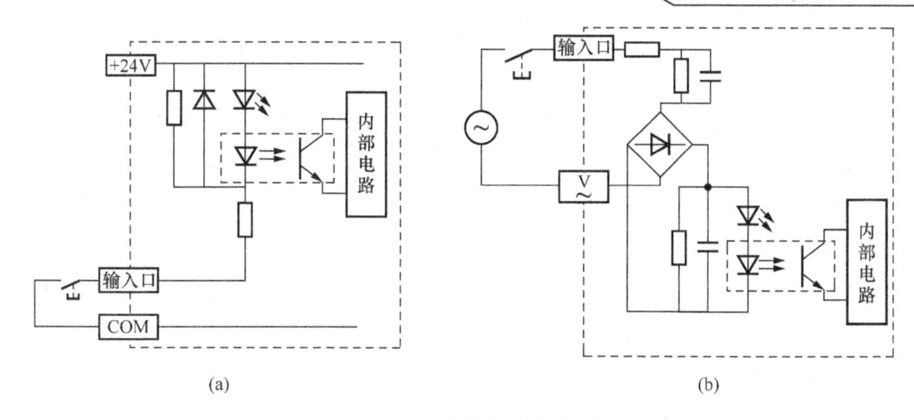

图 6-2　PLC 输入接口电路

（a）直流输入电路；（b）交流输入电路

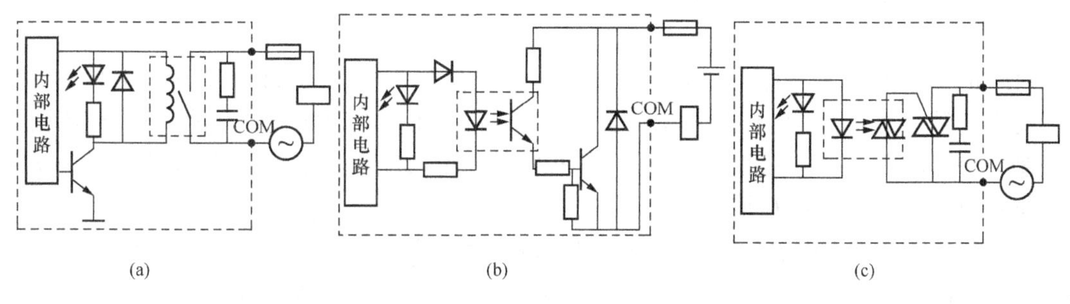

图 6-3　PLC 输出接口电路

（a）继电器输出电路；（b）晶体管输出电路；（c）晶闸管输出电路

（1）继电器型输出。负载电流大于 2A，响应时间为 8~10ms，机械寿命大于 10^6。根据负载需要可接交流或直流电源。

（2）晶体管型输出。负载电流约为 0.5A，响应时间小于 1ms，电流小于 100μA，最大浪涌电流约为 3A。负载只能选择 36V 以下的直流电源。

（3）晶闸管输出。一般采用三端双向晶闸管输出，其耐压较高，带负载能力强，响应时间小于 1ms，但晶闸管输出应用较少。

5. 编程器

编程器主要供用户进行输入、检查、调试和编辑用户程序。用户还可以通过其键盘和显示器去调用和显示 PLC 内部的一些状态和参数，实现监控功能。一般有以下三种：

（1）手编程器。手编程器具有编辑、检索和修改程序、进行系统设置、内存监控等功能，使用时与 PLC 主机相连，编程完毕就可以拔下，不但使用方便，而且一台手编程器可供多台主机使用。缺点是屏幕太小，只能采用助记符语言编程。手编程器分为简易型和智能型，简易型只能联机编程（即编程时必须与主机相连接），而智能型既可联机编程又可脱机编程（编程时不需要与主机相连接，待程序编制、调试好之后再输入给主机）。手编程器适用于小型机。

（2）专用编程器。PLC 的专用编程器实际上是一台专用的计算机，可在屏幕上用梯形图编程，而且可以脱机编程。它的功能比较完善，能够监控整个程序的运行，还可以对挂在 PLC

网络上的各个分站进行监控和管理。但其价格较昂贵，且要有专门的机房，一般适用于大、中型机。

（3）计算机辅助编程。许多 PLC 生产厂家都开发了专用的编程软件，将 PLC 与计算机通过 RS-232 通信口相连接（如果 PLC 用的是 RS-422 通信口，则需另加适配器），就可以在计算机上采用各种编程语言编程并实现各种功能。

二、PLC 的软件结构

PLC 的软件包括系统软件和应用软件。系统软件主要是系统的管理程序和用户指令的解释程序，已固化在系统程序存储器中，用户不能更改。应用软件即用户程序，是由用户根据控制要求，按照 PLC 编程语言自行编制的程序。

1994 年，国际电工委员会（IEC）在 PLC 的标准中推荐了五种编程语言，即梯形图、指令表、流程图、功能图块和结构文本。由于 PLC 的设计和生产至今尚无国际统一的标准，因此各厂家生产的 PLC 所用的编程语言也不同，即并不是所有的 PLC 都支持全部的编程语言，但梯形图和指令表语言却是几乎所有类型的 PLC 都使用的。

1．梯形图语言

PLC 的梯形图是从继电器控制电路图演变过来的，作为一种图形语言，它不仅形象直观，还简化了符号，通过丰富的指令系统可实现许多继电器电路难以实现的功能，充分体现了微机控制的特点，而且逻辑关系清晰直观，编程容易，可读性强，容易掌握，所以很受用户欢迎，是目前使用最多的 PLC 编程语言。

（1）梯形图与继电控制电路原理图区别。继电器控制电路图和 PLC 梯形图对照如图 6-4 可知，两种图的表达思想是相同的，但具体的表达方式及其内涵则有所区别：

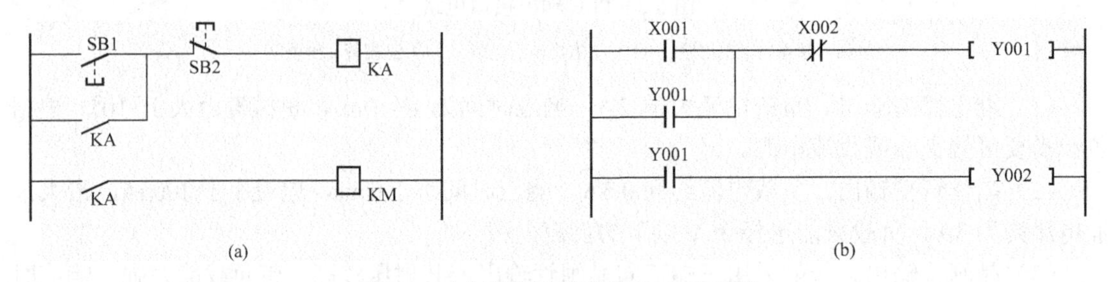

图 6-4　电气控制电路图与 PLC 梯形图

（a）电气控制电路图；（b）PLC 梯形图

1）在继电器控制电路图中，每个电气符号代表一个实际的电器或电器部件，电气符号之间的连线表示电器部件间的连接线，因此继电器控制电路图表示一个实际的电路；而梯形图表示的不是一个实际的电路而是一个程序，图中的继电器并不是物理实体，可称为“软继电器”，它实质上是 PLC 的内部寄存器，其间的连线表示的是它们之间的逻辑关系。

2）继电器控制电路图中的每一个电器的触点都是有限的，其使用寿命也是有限的；而 PLC 梯形图中的每个符号对应的是一个内部存储单元，其状态可在整个程序中多次反复地读取，因此可认为 PLC 内部的“软继电器”有无数个动合和动断触点供用户编程使用（且无使用寿命的限制），这就给设计控制程序提供了极大方便。

3）在继电器控制电路中，若要改变控制功能或增减电器及其触点，就必须改变电路，

即重新安装电器和接线；而对于 PLC 梯形图而言，改变控制功能只需要改变控制程序。

（2）梯形图构成的基本规则。

1）在梯形图中表示 PLC“软继电器”触点的基本符号有两种：一种是动合触点，另一种是动断触点，每一个触点都有一个标号（如 X001、X002），以示区别。同一标号的触点可以反复多次地使用。

2）梯形图中的输出“线圈”也用符号表示，其标号如 Y001、Y002 表示输出继电器，同一标号的输出继电器作为输出变量只能够使用一次。

3）梯形图按由左至右、由上至下的顺序画出，因为 CPU 是按此顺序执行程序的。最左边的是起始母线，每一逻辑行必须从起始母线开始画起，左侧先画开关并注意要把并联触点多的画在最左端，串联触点多的画在最上端；最右侧是输出变量，输出变量可以并联但不能串联，在输出变量的右侧也不能有输入开关，最右边为结束母线。

2. 指令表语言

这种编程语言是一种与计算机汇编语言相类似的助记符编程方式，是用一系列操作指令组成的语句表控制流程描述出来，并通过编程器送到 PLC 中去。需要指出的是不同厂家的 PLC 指令语句表使用的助记符并不相同，因此，一个相同功能的梯形图，书写的语句表并不相同。

例如，图 6-4 中所示电路如用三菱公司 FX 型 PLC 语句表为：

步序	操作码（助记符）	操作数（参数）	说明
0	LD	X001	逻辑行开始,输入 X1 常开接点
1	OR	Y001	并联 Y1 的自保接点
2	ANI	X002	串联 X2 的常闭接点
3	OUT	Y001	输出 Y1 逻辑行结束
4	LD	Y001	输入 Y1 常开接点，逻辑行开始
5	OUT	Y002	输出 Y2 逻辑行结束

图 6-4 中所示电路如采用松所下 FP1 型 PLC 语句表为：

步序	操作码（助记符）	操作数（参数）	说明
0	ST	X1	逻辑行开始,输入 X1 常开接点
1	OR	Y1	并联 Y1 的自保接点
2	AN/	X2	串联 X2 的常闭接点
3	OT	Y1	输出 Y1 逻辑行结束
4	ST	Y1	输入 Y1 常开接点，逻辑行开始
5	OT	Y2	输出 Y2 逻辑行结束

可见，指令语句表是由若干条语句组成的程序。语句是程序的最小独立单元。每个操作功能由一条或几条语句来执行。PLC 的语句表达形式与微机的语句表达式相类似，也是由操作码和操作数两部分组成。操作码用助记符 LD、ST 表示取，OR 表示或符，用来执行要执行的功能，告诉 CPU 该进行什么操作，例如，逻辑运算的与、或、非；算术运算的加、减、乘、除，时间或条件控制中的计数、计时、移位等功能。操作数一般由标识符号和参数组成，标识符表示操作数的类别，例如，表明是输入继电器、输出继电器、定时器、计数器、数据寄存器等。参数表明操作数的地址或一个预先设定值。同一厂家的 PLC 产品，其助记符语言

与梯形图是相互对应的，可以互相转换。如图 6-5 所示。

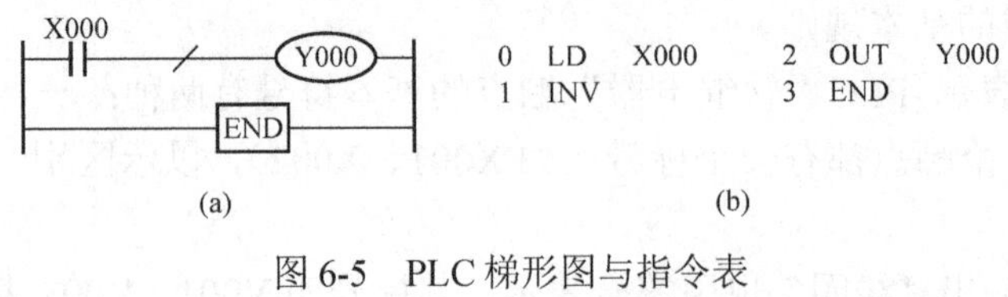

图 6-5 PLC 梯形图与指令表

（a）梯形图；（b）指令表

3. 功能图编程语言

这是一种较新的编程方法，采用了半导体逻辑电路的逻辑框来表达。控制逻辑常用“与”“或”、“非”三种逻辑功能来表示。

4. 高级语言

在大型 PLC 中为了完成比较复杂的控制有的也采用计算机高级语言，这样 PLC 的功能就更强。

第三节 PLC 的工作原理

一、可编程控制器的工作原理

传统的继电器控制系统是由输入、逻辑控制和输出三个基本部分组成的，其逻辑控制部分是由各种继电器（包括接触器、时间继电器等）及其触点，按一定的逻辑关系用导线连接而成的电路。若需要改变系统的逻辑控制功能，必须改变继电器电路。

PLC 控制系统也是由输入、逻辑控制和输出三个基本部分组成的，但其逻辑控制部分采用 PLC 来代替继电器电路。因此，可以将 PLC 等效为一个由许多个各种可编程继电器（如输入继电器、输出继电器、定时器等）组成的整体，PLC 内的这些可编程元件，由于在使用上与真实元件有很大的差异，因此称之为“软”继电器。

PLC 控制系统利用 CPU 和存储器及其存储的用户程序所实现的各种“软”继电器及其“软”触点和“软”接线，来实现逻辑控制。它可以通过改变用户程序，灵活地改变其逻辑控制功能。因此，PLC 控制的适应性很强。

PLC 采用循环扫描工作方式，在 PLC 中用户程序按先后顺序存放，CPU 从第一条指令开始执行程序，直到遇到结束符后又返回第一条，如此周而复始不断循环，这种方式是在系统软件控制下，顺次扫描各输入点的状态，按用户程序运算处理，然后顺序向输出点发出相应的控制信号。整个过程可分为五个阶段。自诊断、与编程器计算机等通信、输入采用（读入现场信号）、用户程序执行，输出刷新（输出结果）。PLC 的扫描工作过程如图 6-6 所示。

二、可编程控制器的工作过程

PLC 系统通电后，首先进行内部处理，包括：

（1）系统的初始化。设置堆栈指针，工作单元清零，初始化编程接口，设置工作标志及工作指针等。

（2）工作状态选择，如编程状态、运动状态等。至于 PLC 系统工作过程对用户编程来说影响不大。但是 PLC 在运行用户程序状态时的工作过程对于用户编程者来讲关系密切，务必引起用户编程人员注意。

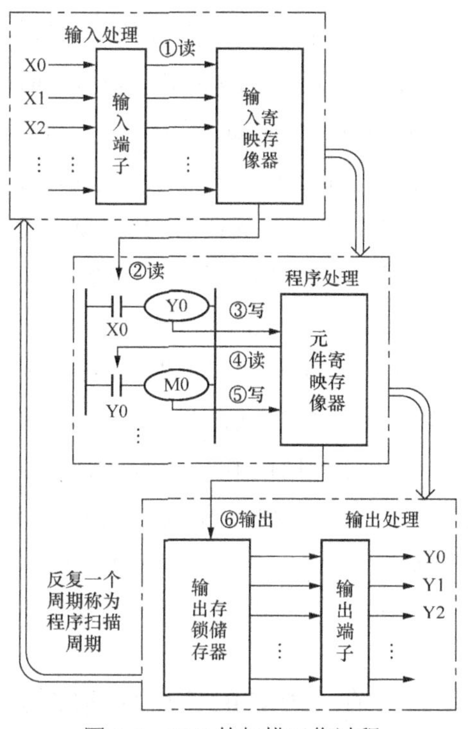

图 6-6 PLC 的扫描工作过程

严格来讲，一个扫描周期主要包括：为保障系统正常运行的公共操作占用时间、系统与外界交换信息占用时间及执行用户程序占用时间 3 部分。对于用户编程者来说，没有必要详细了解 PLC 系统的动作过程，但对 PLC 在运行状态执行用户指令的动作过程务必了解。PLC 在运行状态执行用户指令的动作过程可分 3 个时间段。第一个为输入信号采样阶段，第二段是用户指令执行阶段，第三个是结果输出阶段。

（1）输入信号采样阶段又叫输入刷新阶段。PLC 成批读入外面信号的输入状态（接通或断开状态），并将此状态输入到输入映像存储器中。PLC 工作在输入刷新阶段，只允许 PLC 接受输入口的状态信息，对 PLC 的第二、三阶段的动作是在屏蔽状态。

（2）执行用户程序阶段。PLC 执行用户程序总是根据梯形图的顺序先左而右、从上到下地对每条指令进行读取及解释，并从输入映像存储器和输出映像存储器中读取输入和输出的状态，结合原来的各软元件的数据及状态，进行逻辑运算，运算出每条指令的结果，并马上把结果存入相应的寄存器（如果输出的是 Y 状态就暂存在输出映像存储器）中，然后再执行下一条指令，直至 END。在进行用户程序执行阶段，PLC 的第一、第三阶段动作是在屏蔽状态的，即使在此时，PLC 的输入口信息即使变化，输入数据寄存器的内容也不会发生改变，输出锁存器的动作也不会改变。

（3）结果输出阶段，也叫输出刷新。当 PLC 指令执行阶段完成后，输出映像存储器的状态将成批输出到输出锁存寄存器中，输出锁存寄存器一一对应着物理点输出口，这时才是 PLC 的实际输出。在输出刷新时，PLC 对第一、第二阶段是处于屏蔽状态的。这个阶段 CPU 对用户程序的扫描已处理完毕，并将输出信号从输出暂存器中取出，送到输出锁存电路，驱动输出，控制被控设备进行各种相应的动作。然后，CPU 又返回执行下一个循环扫描周期。以上整个扫描过程如图 6-7 所示。

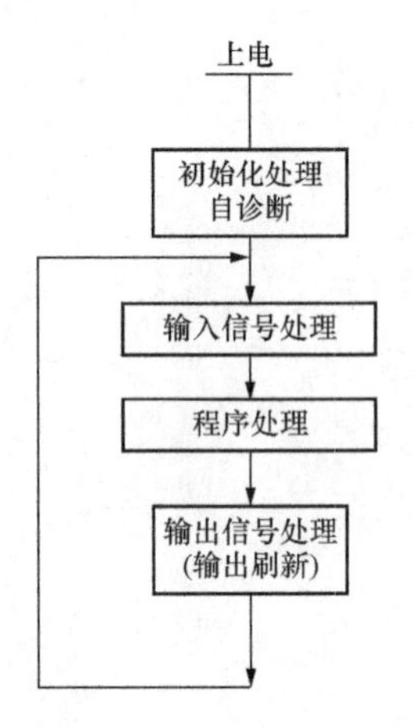

图6-7　PLC的扫描过程

输入刷新、程序执行及输出刷新构成PLC用户程序的一个扫描周期。在PLC内部设置了监视定时器，用来监视每个扫描周期是否超出规定的时间，一旦超过，PLC就停止运行，从而避免了由于PLC内部CPU出故障使程序运行进入死循环（死机现象）。实际上，在每个扫描周期内，PLC除了要执行用户程序外，还要进行系统自诊断和处理与编程器等的通信请求等工作，以提高PLC工作的可靠性，并及时接收外来的控制命令。

可见，PLC是通过周期性不断地循环扫描，并采用集中采样和集中输出的方式，实现了对生产过程和设备的连续控制。由于PLC在每一个工作周期中，只对输入采样一次，且只对输出刷新一次，因此PLC控制存在着输入/输出的滞后现象。这在一定程度上降低了系统的响应速度，但有利于提高系统的抗干扰能力及可靠性。由于PLC的工作周期仅为数十毫秒，所以这种很短的滞后时间对一般的工业控制系统实际影响不大。

第四节　PLC的特点及其优越性

一、PLC的特点

PLC的主要特点如下：

1. 学习PLC编程容易

PLC是面向用户的设备，考虑到现场普通工作人员的知识面及习惯，PLC可以采用梯形图来编程，这种编程方法形象直观，无需专业的计算机知识和语言，其电路图形符号和表达方式与继电器电路原理图相似，所以熟悉继电器电路图的电气技术人员可以在很短的时间里熟悉梯形图语言，并用来编制用户程序。

2. 功能强，性价比高

一台小型PLC内有成百上千个可供用户使用的编程组件，有很强的功能，可以实现非常复杂的控制功能。与相同功能的继电器系统相比，具有很高的性能价格比，PLC可以通过通信联网，实现分散控制，集中管理。

3. 控制系统简单，适应性强，施工周期短

PLC产品已经实现标准化、系列化、模块化，并配备品种齐全的各种硬件装置供用户选用，用户能灵活方便地进行系统配置，组成不同功能、不同规模的系统。PLC及外围模块品种多，可灵活组合完成各种要求的控制系统。只需在PLC的端子上接入相应的输入、输出信号线即可，绝不像传统继电器控制系统那样需使用大批继电器及电子元件和复杂繁多的硬件接线。对比继电器控制系统，PLC系统当控制要求改变时，只需用画图的方法把梯形图改画即可，因此PLC控制系统施工周期明显缩短，施工工作量也大大地减少。

4. 系统维护容易

PLC具有完善的监控及自诊断功能，内部各种软元件的工作状态可用编程软件进行监控，

配合程序针对性编程及内部特有的诊断功能，可以快速、准确地找到故障点并及时排除故障。还可配合触摸屏显示故障部位或故障属性，因而大大缩短了维修时间。

5. 可靠性高，抗干扰能力强

传统的继电器控制系统中使用大量的中间继电器、时间继电器。由于其触头接触不良，容易出现故障。PLC 用软件代替大量的中间继电器和时间继电器，仅剩下与 I/O 有关的少量硬件，接线可减少到继电器控制的 1/100~1/10，因触头接触不良造成的故障大为减少。

PLC 采取了一系列硬件和软件抗干扰措施，具有很强的抗干扰能力，平均无故障时间达到数万小时以上，可以直接用于有强烈干扰的工业生产现场，PLC 已被广大用户公认为最可靠的工业控制设备之一。

6. 体积小，能耗低

对于复杂的控制系统，使用 PLC 后，可以减少大量的中间继电器和时间继电器，小型 PLC 的体积仅相当于几个继电器的大小，因此可将开关柜的体积缩小到原来的 1/10~1/12。

PLC 的配线比继电器控制系统的配线少得多，故可省下大量的配线和附件，减少大量的安装接线工时，加上开关柜体积的缩小，可以节省大量的费用。

二、PLC 的性能

1. 硬件指标

硬件指标包括环境温度、环境温度、抗振、抗冲击、抗噪声干扰、耐压、接地要求和使用环境等。由于 PLC 是专门为适应恶劣的工业环境而设计的，因此 PLC 一般都能满足以上硬件指标的要求。

2. 软件指标

PLC 的软件指标通常用以下几项来描述：

（1）编程语言。不同机型的 PLC，具有不同的编程语言。常用的编程语言有梯形图、指令表、控制系统流程图 3 种。

（2）用户存储器容量和类型。用户存储器用来存储用户通过编程器输入的程序。其存储容量通常以字、步或 KB 为单位计算，常用的用户存储器类型有 RAM、EEPROM、EPROM3 种。

（3）I/O 总数。PLC 有开关量和模拟量两种 I/O。对开关量 I/O 总数，通常用最大 I/O 点数表示；对模拟量 I/O 总数，通常用最大 I/O 通道数表示。

（4）指令数。用来表示 PLC 的功能。一般指令数越多，其功能越强。

（5）软元件的种类和点数。指辅助继电器、定时器、计数器、状态、数据寄存器和各种特殊继电器等。

（6）扫描速度。以 μs/步表示。如 0.74μs/步表示扫描一步用户程序所需的时间为 0.74μs。PLC 的扫描速度越快，其输出对输入的响应越快。

（7）其他指标。如 PLC 的运行方式、I/O 方式、自诊断功能、通信联网功能、远程监控等。

三、PLC 控制的优越性

1. 与继电器控制系统的比较

传统的继电器控制只能进行开关量的控制，而 PLC 既可进行开关量控制，又可进行模拟量控制，还能与计算机联成网络，实现分级控制。

在 PLC 的编程语言中，梯形图是使用最广泛的语言。梯形图与继电器控制原理图十分相似，沿用了继电器控制电路的元件符号，仅个别地方有些不同。PLC 与继电器控制系统相比主要有以下几点区别：

（1）组成的器件不同。继电器控制线路是由许多硬件继电器组成的，而 PLC 则是由许多“软继电器”组成。传统的继电器控制系统本来有很强的抗干扰能力，但其用了大量的机械触点，因物理性能疲劳、尘埃的隔离性及电弧的影响，系统可靠性大大降低。PLC 采用无机械触点的逻辑运算微电子技术，复杂的控制由 PLC 内部运算器完成，故寿命长、可靠性高。

（2）触点的数量不同。继电器的触点数目少，一般只有 4~8 对；而“软继电器”可供编程的触点数有无限对。

（3）控制方法不同。继电器控制系统是通过元件之间的硬接线来实现的，控制功能就固定在线路中。PLC 控制功能是通过软件编程来实现的，只要改变程序，功能即可改变，控制非常灵活。

（4）工作方式不同。在继电器控制线路中，当电源接通时，线路中各继电器都处于受制约状态。在 PLC 中，各“软继电器”都处于周期性循环扫描接通中，每个“软继电器”受制约接通的时间是短暂的。

2. 与集散控制系统比较

PLC 由继电器逻辑控制系统发展起来，而集散控制系统由回路仪表控制系统发展而来。不论是 PLC 还是集散系统，在发展过程中，二者始终是相互渗透、互为补充的。因此，PLC 与集散控制系统的发展越来越接近，很多工业生产的控制过程既可以用 PLC 实现，也可以用集散系统实现。

3. 与工业微机控制系统的比较

工业微机在要求快速、实时性强、模型复杂的工业控制中占有优势。但是，使用工业微机的人员技术水平要求较高，一般应具有一定的计算机专业知识。另外，工业微机在整机结构上尚不能适应恶劣的工作环境，抗干扰能力及适应性差，这就是工业微机用在工业现场控制的致命弱点。工业生产现场的电磁辐射干扰、机械振动、温度及湿度的变化以及超标的粉尘，每一项足可以使工业微机不能正常工作。

PLC 针对工业顺序控制，在工业现场有很高的可靠性。PLC 在电路布局、机械结构及软件设计各方面决定了 PLC 的高抗干扰能力。电路布局方面的主要模块都采用大规模与超大规模的集成电路，在输入、输出系统中采用完善隔离等的通道保护功能；在电路结构上对耐热、防潮、防尘及防震等各方面都做了周密的考虑；在电路硬件方面采用了隔离、屏蔽滤波及接地等抗干扰技术；在软件上采用了数字滤波及循环扫描、成批输入、成批输出处理技术。这些技术都使 PLC 具有非常高的抗干扰能力，从而使 PLC 绝不会出现死机的现象。PLC 采用梯形图语言编程，使熟悉电气控制的技术人员易学易懂，便于推广。

随着 PLC 功能不断增强，越来越多地采用了微机技术，同时工业微机为了适应用户需要，向提高可靠性、耐用性与便于维修的方向发展，两者间相互渗透，差异越来越小。今后，PLC 与工业控制微机将继续共存，在一个控制系统中，使 PLC 集中在功能控制上，使微机集中在信息处理上，两者相辅相成。

习　　题

1．简述可编程控制器的定义。

2．可编程控制器的主要组成部分是什么？

3．可编程控制器的功能和特点是什么？

4．简述 PLC 循环扫描的工作原理。

5．PLC 的输出接口电路有哪三种输出方式，各自适应什么负载？

6．总结 PLC 输入/输出的接线方式。

7．PLC 的梯形图与继电控制电路图的什么区别？使用 PLC 梯形图编程应注意哪些基本规则？

8．与传统的继电器—接触器控制系统相比较，PLC 控制系统有什么主要的优点？

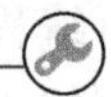

第七章 FX_{2N} 指令系统

第一节 FX系列PLC的硬件系统配置

一、三菱公司PLC产品简介

三菱公司的PLC产品有F、F1、F2、FX0、FX2、FX_{0S}、FX_{0N}、FX_{2C}、FX_{2N}、FX_{2NC}等系列小型机。其中F、F1、F2是20世纪80年代的产品，FX2系列是20世纪90年代作为升级换代产品，是该公司的典型产品，在我国应用比较广泛。此后该公司又推出了FX_{2N}系列，它的运算速度更快，指令功能和通信能力都比FX系列更强，它的基本单元、扩展单元和扩展模块规格尺寸相同，组合方便，体积小，适用于机电一体化产品使用。

二、FX系列PLC的一般技术指标

FX系列PLC的一般技术指标包括基本性能指标、输入技术指标及输出技术指标，其具体规定分别如表7-1~表7-3所示。

表7-1　　FX系列PLC的基本性能指标

项　目		FX_{1S}	FX_{1N}	FX_{2N}和FX_{2NC}
运算控制方式		存储程序，反复运算	运算控制方式	存储程序，反复运算
I/O控制方式		批处理方式（在执行END指令时），可以使用I/O刷新指令	I/O控制方式	批处理方式（在执行END指令时），可以使用I/O刷新指令
运算处理速度	基本指令	0.55～0.7μs/指令		0.08μs/指令
	应用指令	3.7～数百μs/指令		1.52～数百μs/指令
程序语言		逻辑梯形图和指令表，可以用步进梯形指令来生成顺序控制指令		
程序容量（EEPROM）		内置2KB步	内置8KB步	内置8KB步，用存储盒可达16KB步
指令数量	基本、步进	基本指令27条，步进指令2条		
	应用指令	85条	89条	128条
I/O设置		最多30点	最多128点	最多256点

表7-2　　FX系列PLC的输入技术指标

输入电压	DC 24V±10%	
元件号	X0～X7	其他输入点
输入信号电压	DC 24V±10%	
输入信号电流	DC 24V，7mA	DC 24V，5mA
输入开关电流 OFF→ON	>4.5mA	>3.5mA
输入开关电流 ON→OFF	<1.5mA	
输入响应时间	10ms	

续表

可调节输入响应时间	X0～X17 为 0～60mA（FX2N），其他系列 0～15m
输入信号形式	无电压触点，或 NPN 集电极开路输出晶体管
输入状态显示	输入 ON 时 LED 灯亮

表 7-3　　　　FX 系列 PLC 的输出技术指标

项　　目		继电器输出	晶闸管输出（仅 FX2N）	晶体管输出
外 部 电 源		最大 AC 240V 或 DC 30V	AC 85～242V	DC 5～30V
最大负载	电阻负载	2A/1 点，8A/COM	0.3A/1 点，0.8A/COM	0.5A/1 点，0.8A/COM
	感性负载	80VA，120/240V（AC）	36VA/AC 240V	12W/24V DC
	灯负载	100W	30W	0.9W/DC 24V(FX1S)，其他系列 1.5W/DC 24V
响应时间	OFF→ON	10ms	1ms	<0.2ms；<5ms（仅 Y0，Y1）
	ON→OFF	10ms	10ms	<0.2ms；<5ms（仅 Y0，Y1）
最小负载		电压<5V（DC）时 2mA，电压<24V(DC)时 5mA(FX2N)	2.3VA/240V（AC）	—
开路漏电流		—	2.4mA/240V（AC）	0.1mA/30V（DC）
电路隔离		继电器隔离	光电晶闸管隔离	光耦合器隔离
输出动作显示		线圈通电时 LED 亮		

三、FX_{2N} 系列 PLC 的硬件系统

1．FX_{2N} 系列机型型号名称组成

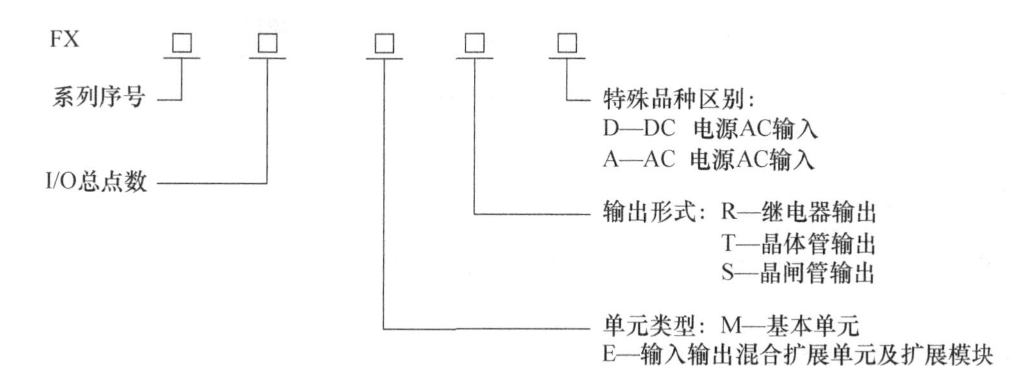

例如，FX_{2N}—32MR 型号的含义为：FX_{2N} 系列；I/O 总点数为 32 点（其中输入 16 点，输出 16 点）；基本单元；继电器输出型。

2．FX_{2N} 系列的基本单元（见表 7-4）

表 7-4　　　　FX_{2N} 系列的基本单元

AC 电源，24V 直流输入		DC 电源，24V 直流输入		输 入点 数	输 出 点 数
继电器输出	晶体管输出	继电器输出	晶体管输出		
FX_{2N}-16MR-001	FX_{2N}-16MT-001	—	—	8	8
FX_{2N}-32MR-001	FX_{2N}-32MT-001	FX_{2N}-32MR-D	FX_{2N}-32MT-D	16	16

续表

AC 电源，24V 直流输入		DC 电源，24V 直流输入		输入点数	输出点数
继电器输出	晶体管输出	继电器输出	晶体管输出		
FX_{2N}-48MR-001	FX_{2N}-48MT-001	FX_{2N}-48MR-D	FX_{2N}-48MT-D	24	24
FX_{2N}-64MR-001	FX_{2N}-64MT-001	FX_{2N}-64MR-D	FX_{2N}-64MT-D	32	32
FX_{2N}-80MR-001	FX_{2N}-80MT-001	FX_{2N}-80MR-D	FX_{2N}-80MT-D	40	40
FX_{2N}-128MR-001	FX_{2N}-128MT-001	—	—	64	64

3. FX_{2N} 面板

FX_{2N} 系列基本单元的 FX_{2N}—32MR 型 PLC 面板如图 7-1 所示。

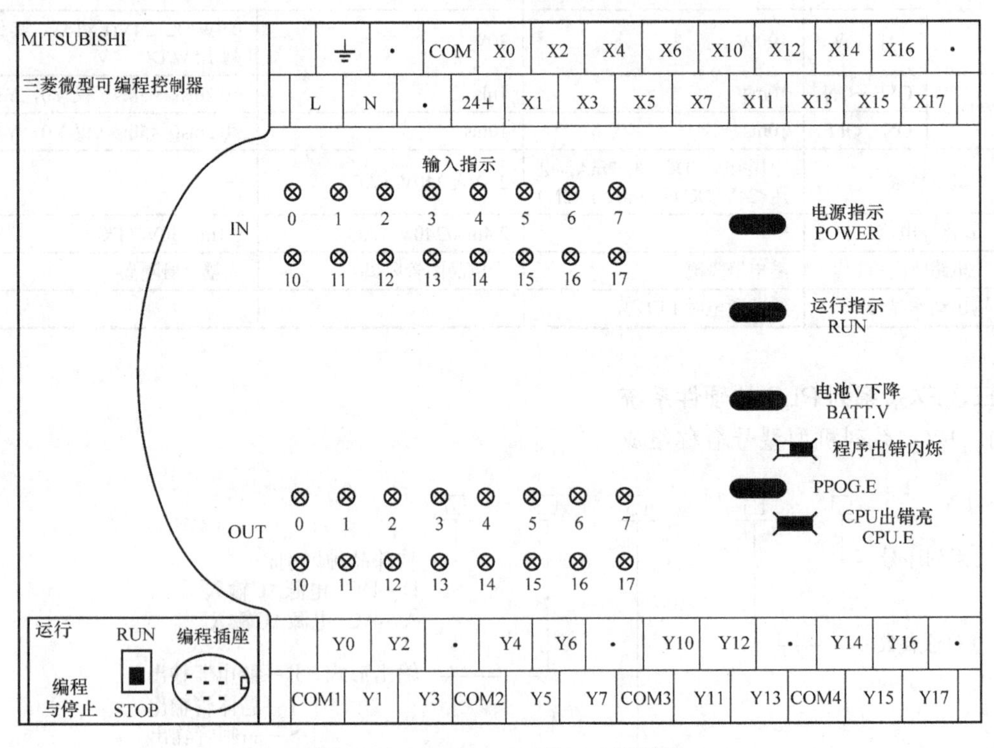

图 7-1 FX_{2N}—32MR 型 PLC 面板图

四、可编程控制器的内部编程元件

1. 一般元件

（1）输入继电器 X。X000～X017 共 16 点。

（2）输出继电器 Y。Y000～Y017 共 16 点。

（3）辅助继电器 M。

1）通用辅助继电器 M0～M499 共 500 点；

2）断电保持继电器 M500～M3071 共 2572 点；

3）特殊辅助继电器 M8000～M8255 共 256 点。

（4）状态继电器 S。S0～S999 共 500 点。

1）初始状态继电器 S0～S9 共 10 点；

2）回零状态继电器 S10～S19 共 10 点，供返回原点用；

3）通用状态继电器 S20～S499 共 480 点；

4）断电保持状态继电器 S500～S899 共 400 点；

5）报警用状态继电器 S900～S999 共 100 点。

（5）定时器 T：T0～T255 共 256 点。

1）常规定时器 T0～T245 共 246 点。T0～T199 为 100ms 定时器，共 200 点，其中 T192～T199 为子程序中断服务程序专用的定时器。T200～T245 为 10ms 定时器 共 46 点。

2）积算定时器 T246～T255 共 10 点。T246～T249 为 1ms 积算定时器 共 4 点，T250～T255 为 100ms 积算定时器 共 6 点。

（6）计数器 C：C0～C234 共 235 点。

1）16 位计数器 C0～C199 共 200 点。其中 C0～C99 为通用型 共 100 点，C100～C199 为断电保持型 共 100 点。

2）32 位加/减计数器 C200～C234 共 35 点。其中 C200～C219 为通用型共 20 点，C220～C234 为断电保持型共 15 点。

（7）指针 P/I：

1）分支用指针 P0～P127 共 128 点。

2）中断用指针 IXXX 共 15 点，其中，输入中断指针 100～150 共 6 点，定时中断指针 16～18 共 3 点，计数中断指针 I010～I060 共 6 点。

（8）数据寄存器 D、V、Z。

1）通用数据寄存器 D0～D199 共 200 点。

2）断电保持数据寄存器 D200～D7999。其中，断电保持用 D200～D511 共 312 点，不能用软件改变的断电保持 D512～D7999 共 7488 点，可用 RST 和 ZRST 指令清除它的内容。

3）特殊数据寄存器 D8000～D8255 共 256 点。

4）变址寄存器 V/Z V0～V7、Z0～Z7 共 16 点。

（9）常数 K/H。K 为十进制，H 为十六进制。

2. 特殊元件

（1）PC 状态，如表 7-5 所示。

表 7-5 PC 状态

编　号	名　称	功　能
M8000	RUN 监控（动合触点）	RUN 时为 ON
M8001	RUN 监控（动断触点）	RUN 时为 OFF
M8002	初始化脉冲（动合触点）	RUN 后操作为 ON
M8003	初始化脉冲（动断触点）	RUN 后操作为 OFF
M8004	出错	M8060～M8067 检测
M8005	电池电压下降	锂电池电压下降
M8006	电池电压降低锁存	保持降低信号
M8007	瞬停检测	
M8008	停电检测	
M8009	24V（DC）关断	检测 24V 电源异常

（2）时钟，如表7-6所示。

表7-6　　时　钟

编　号	名　称	功　能
M8011	10ms时钟	10ms周期振荡
M8012	100ms时钟	100ms周期振荡
M8013	1s时钟	1s周期振荡
M8014	1min时钟	1min周期振荡
M8015	计时停止或预置	
M8016	时间显示停止	
M8017	±30s修正	
M8018	内装RTC检测	常时ON
M8019	内装RTC出错	

（3）标记，如表7-7所示。

表7-7　　标　记

编　号	名　称	功　能
M8020	零标志	应用命令运算标记
M8021	错位标志	
M8022	进位标志	
M8024	BMOV方向指定	FNC53～FNC55、FNC67、FNC77
M8025	外部复位HSC方式	
M8026	RAMP保持方式	
M8027	PR16数据方式	
M8028	执行FROM/TO指令时允许中断	
M8029	指令执行结束标记	功能命令用

（4）PC方式，如表7-8所示。

表7-8　　PC　方　式

编　号	名　称	功　能
M8030	电池欠压LED灯灭	关闭面板灯 清除元件的ON/OFF和当前值
M8031	全清非保持存储器	
M8032	全清保持存储器	
M8033	存储器保持	图像存储保持 外部输出均为OFF
M8034	禁止所有输出	
M8035	强制RUN方式	
M8036	强制RUN信号	
M8037	强制STOP信号	
M8039	定时扫描方式	定周期运作

（5）步进梯形图，如表7-9所示。

表 7-9 步 进 梯 形 图

编 号	名 称	功 能
M8040	禁止状态转移	状态间禁止转移
M8041	状态转移开始	FNC60（IST）命令运用
M8042	启动脉冲	
M8043	回原点完成	
M8044	原点条件	
M8045	禁止输出复位	
M8046	STL 状态置 ON	S0～S899 工作检测
M8047	STL 状态监控有效	D8040～D8047 有效
M8048	报警器接通	S900～S999 工作检测
M8049	报警器有效	D8049 有效

（6）中断禁止，如表 7-10 所示。

表 7-10 中 断 禁 止

编 号	名 称	功 能
M8050	100 口禁止	输入中断禁止 “1”上升中断，“0”下降中断；M8050～M8055=“0”允许，M8050～M8055=“1”禁止
M8051	110 口禁止	
M8052	120 口禁止	
M8053	130 口禁止	
M8054	140 口禁止	
M8055	150 口禁止	
M8056	160 口禁止	定时中断口输入 10～99 整数 M8056～M8058=“0”允许，禁止中断周期（ns）1610 为每 10 ms 执行一次定时器中断 M8056～M8058=“1”禁止
M8057	170 口禁止	
M8058	180 口禁止	
M8059	1010～1060 全禁止	计数中断禁止 M8059=“0”允许，M8059=“1”禁止

（7）出错检测，如表 7-11 所示。

表 7-11 出 错 检 测

编 号	名 称	功 能
M8060	I/O 编号错	PLC、RUN 继续
M8061	PLC 硬件错	PLC 停止
M8062	PLC/PP 通信错	PLC、RUN 继续
M8063	并机通信错	PLC、RUN 继续
M8064	参数错	PLC 停止
M8065	语法错	PLC 停止
M8066	电路错	PLC 停止
M8067	操作错（运算）	PLC、RUN 继续
M8068	操作错锁存（运算）	M8067 保持
M8069	I/O 总线检查	总线检查开始

3. 功能元件（见表7-12）

表7-12 功 能 元 件

分 类	FNC编号	指令符号	功 能
程序流向	00	CJ	条件跳转
	01	CALL	调用子程序
	02	SRET	子程序返回
	03	IRET	中断返回
	04	EI	允许中断
	05	DI	禁止中断
	06	FEID	主程序结束
	07	WDT	监视定时器刷新
	08	FOR	循环范围起点
	09	NEXT	循环范围终点
传送比较	10	CMP	比较（S1）（S2）→（D）
	11	ZCP	区间比较（S1）～（S2）（S）→（D）
	12	MOV	传送（S）→（D）
	13	SMOV	移位传送
	14	CML	反向传送（S）→（D）
	15	BMOV	成批传送（n点→n点）
	16	FMOV	多点传送（1点→n点）
	17	XCH	数据交换（D1）←→（D2）
	18	BCD	BCD变换BIN（S）→BCD（D）
	19	BIN	BIN变换BCD（S）→BIN（D）
四则运算和逻辑运算	20	ADD	BIN加（S1）+（S2）→（D）
	21	SUB	BIN减（S1）－（S2）→（D）
	22	MUL	BIN乘（S1）×（S2）→（D）
	23	DIV	BIN除（S1）÷（S2）→（D）
	24	INC	BIN加1（D）+1→（D）
	25	DEC	BIN减1（D）－1→（D）
	26	WAND	逻辑字“与”（S1）∧（S2）→（D）
	27	WOR	逻辑字“或”（S1）∨（S2）→（D）
	28	WXOR	逻辑字异或（S1）∀（S2）→（D）
	29	NEG	2的补码（$\overline{D}$）+1→（D）
循环移位与移位	30	ROR	向右循环（n位）
	31	ROL	向左循环（n位）
	32	RCR	带进位右循环（n位）
	33	RCL	带进位左循环（n位）
	34	SFTR	位右移位
	35	SFTL	位左移位
	36	WSFR	字右移位
	37	WSFL	字左移位
	38	SFWR	“先进先出”（FIFO）写入

续表

分类	FNC编号	指令符号	功能
	39	SFRD	“先进先出”（FIFO）读出
数据处理	40	ZRST	成批复位
	41	DECO	解码
	42	ENCO	编码
	43	SUM	置1位数总和
	44	BOM	置1位数判别
	45	MEAN	平均值计算
	46	ANS	信号报警器置位
	47	ANR	信号报警器复位
	48	SQR	BIN开方运算
	49	FLT	浮点数与十进制数间转换
高速处理	50	REF	输入输出刷新
	51	REFF	刷新和滤波调整
	52	MTR	矩阵输入
	53	HSCS	比较置位（高速计数器）
	54	HSCR	比较复位（高速计数器）
	55	HSZ	区间比较（高速计数器）
	56	SPD	速度检测
	57	PLSY	脉冲输出
	58	PWN	脉冲宽度调制
	59	PLSR	加减速的脉冲输出
方便指令	60	IST	状态初始化
	61	SER	数据搜索
	62	ABSD	绝对值鼓轮顺控（绝对方式）
	63	INCD	增量型鼓轮顺控（相对方式）
	64	TTMR	示数定时器
	65	STMR	特殊定时器
	66	ALT	交替输出
	67	RAMP	斜坡信号
	68	ROTC	旋转台控制
	69	SORT	数据整理排列
外部I/O设备	70	TKY	0～9数字键输入
	71	HKY	16键输入
	72	DSW	数字开关
	73	SEGD	7段解码器
	74	SEGL	带锁存的7段显示
	75	ARWS	矢量开关
	76	ASC	ASCII转换
	77	PR	ASCII代码打印输出
	78	FROM	特殊功能模块读出
	79	TO	特殊功能模块写入

续表

分　类	FNC编号	指令符号	功　能
外部设备SER	80	RS	串行数据传送
	81	PRUN	并联运行（8进制位传送）
	82	ASCI	HEX→ASCII转换
	83	HEX	ASCII→HEX转换
	84	CCD	校正代码
	85	VRRD	FX—8AV变量读取（电位器读出）
	86	VRSC	FX—8AV变量整标（电位器刻度）
	87		
	88	PID	PID运算
浮点数	110	ECMP	二进制浮点比较
	111	EZCP	二进制浮点数区间比较
	118	EBCD	二进制浮点数→十进制浮点数变换
	119	EBIN	十进制浮点数→二进制浮点数变换
	120	EADD	二进制浮点数加法
	121	ESUB	二进制浮点数减法
	122	EMUL	二进制浮点数乘法
	123	EDIV	二进制浮点数除法
	127	ESOR	二进制浮点数开平方
	129	INT	二进制浮点数→BIN整数转换
	130	SIN	浮点数SIN运算
	131	COS	浮点数COS运算
	132	TAN	浮点数TAN运算
	147	SWAP	上下字节变换
时钟运算	160	TCMP	时钟数据比较
	161	TZCP	时钟数据区间比较
	162	TADD	时钟数据加法
	163	TSUB	时钟数据减法
	166	TRD	时钟数据读出
	167	TWR	时钟数据写入
外围设备	170	CTRY	格雷码变换
	171	CBIN	格雷码逆变换
触点比较	224	LD=	（S1）=（S2）
	225	LD>	（S1）>（S2）
	226	LD<	（S1）<（S2）
	228	LD<>	（S1）≠（S2）
	229	LD≤	（S1）≤（S2）
	230	LD≥	（S1）≥（S2）
	232	AND=	（S1）=（S2）
	233	AND>	（S1）>（S2）
	234	AND<	（S1）<（S2）
	236	AND<>	（S1）≠（S2）

续表

分类	FNC编号	指令符号	功能
触点比较	237	AND≤	（S1）≤（S2）
	238	AND≥	（S1）≥（S2）
	240	OR=	（S1）=（S2）
	241	OR>	（S1）>（S2）
	242	OR<	（S1）<（S2）
	244	OR<>	（S1）≠（S2）
	245	OR≤	（S1）≤（S2）
	246	OR≥	（S1）≥（S2）

第二节 FX_{2N} PLC的基本指令及其编程实例

FX_{2N}系列PLC有27条基本指令，分为触点连接指令、输出指令和其他指令三大类。

一、FX_{2N} PLC的基本指令

1．逻辑取及驱动线圈指令LD、LDI、OUT

逻辑取及驱动线圈指令如表7-13所示。

表7-13 逻辑取及驱动线圈指令表

符号名称	功能触点类型，用法	电路表示和目标文件	程序步长
LD取	常开，接左母线或分支回路起始处用	XYMSTC	1步
LDI取反	常闭，接左母线或分支回路起始处用	XYMSTC	1步
OUT输出	线圈驱动指令，驱动输出继电器、辅助继电器、定时器、计数器	YMSTC	Y、M为1步；S、特殊M为2步；T为3步；C为3-5步

注 其中XYMSTC表示这些触点为可用输入继电器X、输出继电器Y、中间继电器M、状态继电器S、定时器T、计数器C的触点来连接。

2．触点串、并联指令AND、ANI、OR、ORI

触点串、并联指令如表7-14所示。

表7-14 触点串、并联指令表

符号名称	功能触点类型；用法	电路表示和目标文件	程序步长
AND与	常开，触点串联	XYMSTC	1步
ANI与非	常闭，触点串联	XYMSTC	1步
OR或	常开，触点并联	XYMSTC	1步

续表

符号名称	功能触点类型；用法	电路表示和目标文件	程序步长
ORI 或非	常闭，触点并联	XYMSTC	1步

用法示例如图 7-2 所示。

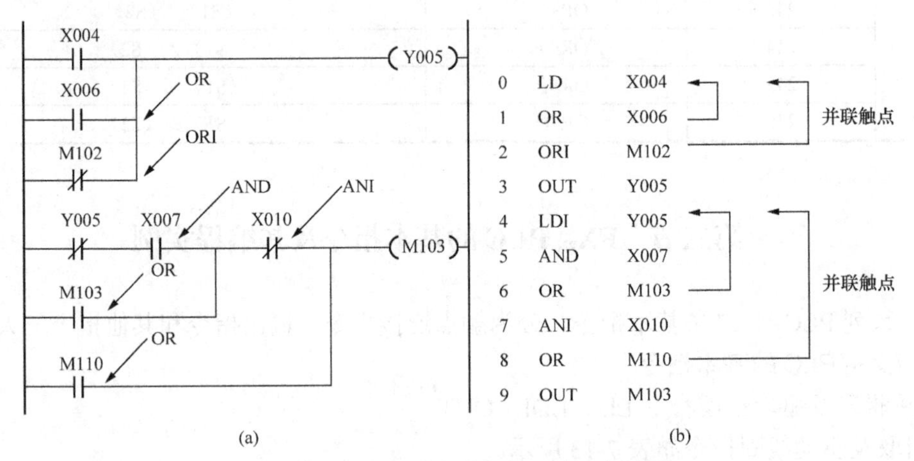

图 7-2 触点串、并联指令运用示命例图

（a）梯形图；（b）指令表

3. 电路块连接指令 ORB、ANB

电路块连接如表 7-15 所示。

表 7-15 电路块连接指令表

符号名称	功能触点类型，用法	电路表示和目标文件	程序步长
ORB 电路块或	串联电路块（组）的并联	XYMSTC	1步
ANB 电路块与	并联电路块（组）的串联	XYMSTC	1步

用法示例：

(1）串联电路块并联应用示例如图 7-3 所示。

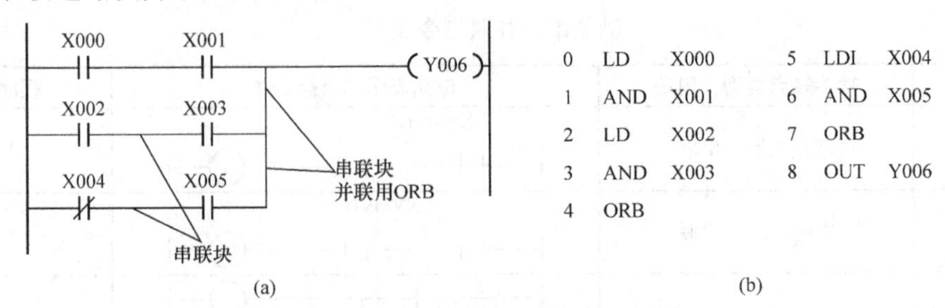

图 7-3 串联电路块并联应用示例图

（a）梯形图；（b）指令表

（2）并联电路块并联应用示例如图 7-4 所示。

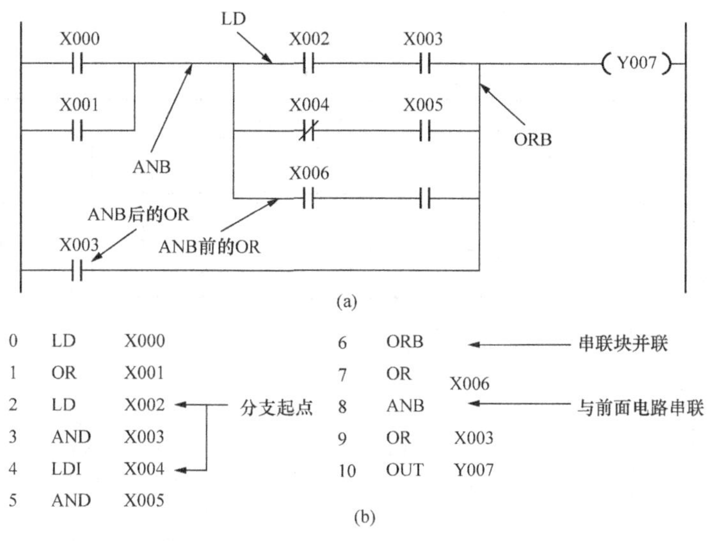

图 7-4 并联电路块并联应用示例图

（a）梯形图；（b）指令表

4. 多重输出电路指令 MPS、MPD、MPP

多重输出电路指令如表 7-16 所示。

表 7-16 多重输出电路指令表

符号名称	功　能	电路表示和目标文件	程序步长
MPS 进栈	无操作器件指令、运算存储入栈	MPS MRD MPP 无操作数元件	1 步
MRD 读栈	无操作器件指令、读出存储读栈		1 步
MPP 出栈	无操作器件指令、读出存储或复位出栈		1 步

多重输出电路指令用法示例如图 7-5 所示。

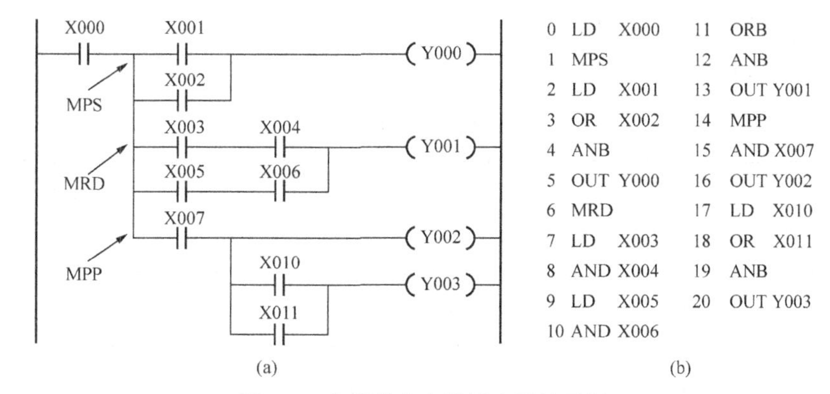

图 7-5 多重输出电路指令用法示例

（a）梯形图；（b）指令表

5. 置位与复位指令SET、RST

置位与复位指令如表7-17所示。

表7-17　置位与复位指令表

符号名称	功　能	电路表示和目标文件	程序步长
SET 置位	对目标文件Y.M.S置位，使动作保持	SET Y.M.S.	Y、M为1步；S、特殊M为2步
RST 复位	对定时器、计数器、数据寄存器、变址寄存器等继电器的内容清零	RST Y.M.S.T.C.D	Y、M为1步；S、特殊M为2步；T、C为2步；D、V、Z、特殊D为3步

置位与复位指令用法示例如图7-6所示。

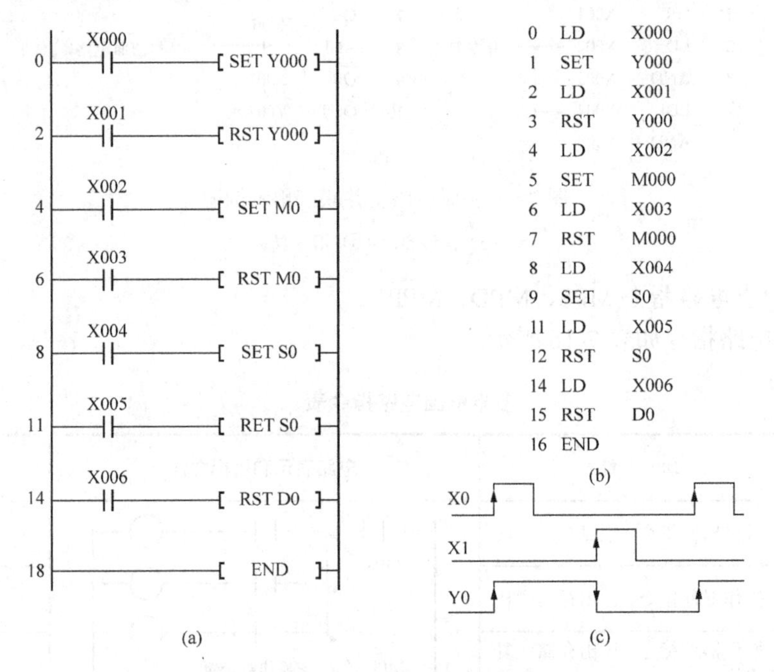

图7-6　置位与复位指令用法示例图

（a）梯形图；（b）指令表；（c）时序图

6. 脉冲输出指令PLS、PLF

脉冲输出指令如表7-18所示。

表7-18　脉冲输出指令表

符号名称	功　能	电路表示和目标文件	程序步长
PLS 脉冲输出	在输入信号上升沿产生脉冲输出	Y.M	2步 除特殊M以外
PLF 脉冲输出	在输入信号下降沿产生脉冲输出	Y.M	2步 除特殊M以外

7. 脉冲式触点指令LDP、LDF、ANP、ANF、ORP、ORF

脉冲式触点指令如表7-19所示。

表 7-19　　脉冲式触点指令表

符号名称	功能	电路表示和目标文件	程序步长
LDP 取脉冲	上升沿检测运算开始	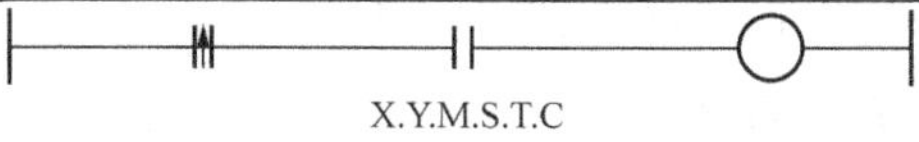 X.Y.M.S.T.C	2步
LDF 取脉冲（下）	下降沿检测运算开始	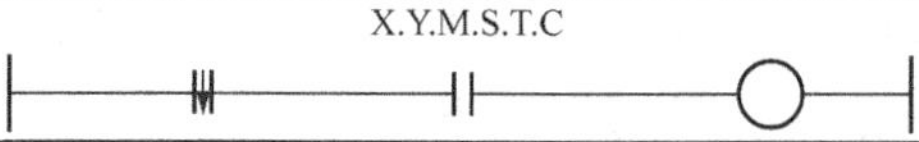 X.Y.M.S.T.C	2步
ANP 与脉冲	上升沿检测串行连接	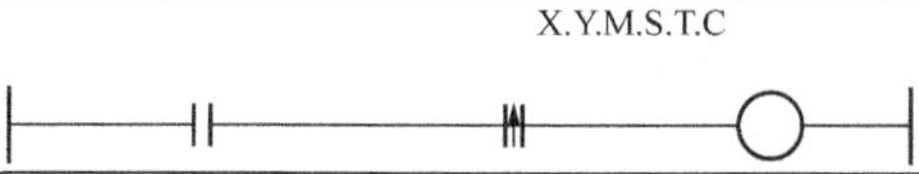 X.Y.M.S.T.C	2步
ANF 与脉冲（下）	下降沿检测串行连接	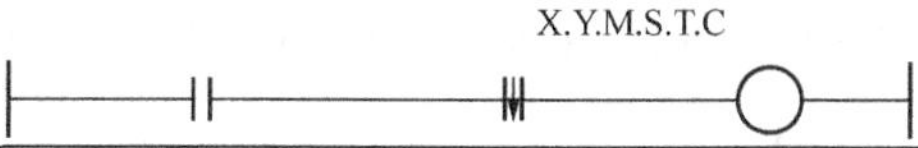 X.Y.M.S.T.C	2步
ORP 或脉冲	上升沿检测并行连接	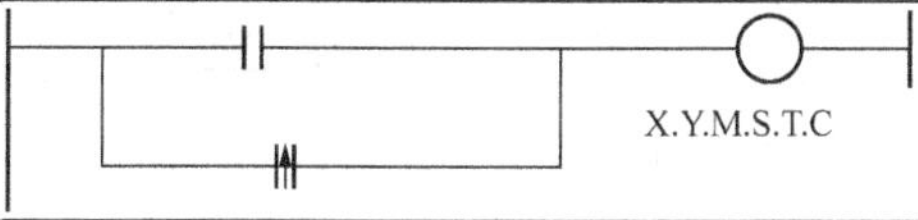 X.Y.M.S.T.C	2步
ORF 或脉冲（下）	下降沿检测并行连接	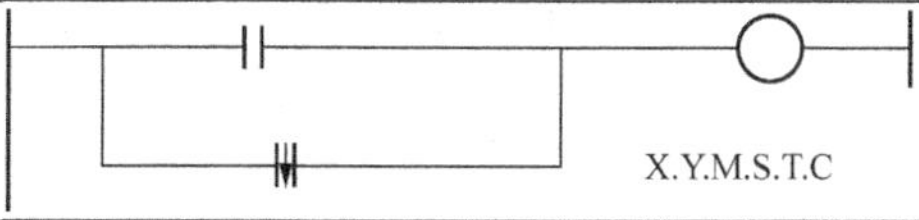 X.Y.M.S.T.C	2步

8. 主控触点指令 MC、MCR

主控触点指令如表 7-20 所示。

表 7-20　　主控触点指令表

符号名称	功能	电路表示和目标文件	程序步长
MC 主控	把多个并联支路与母线连接的常开接点连接，是控制一组电路的总开关	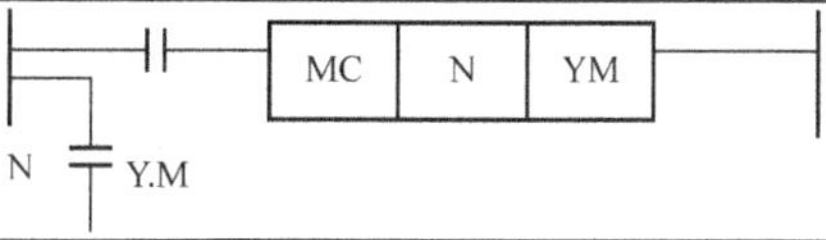 MC N YM N Y.M	3步
MCR 主控复位	使主控指令复位，主控结束时返回母线	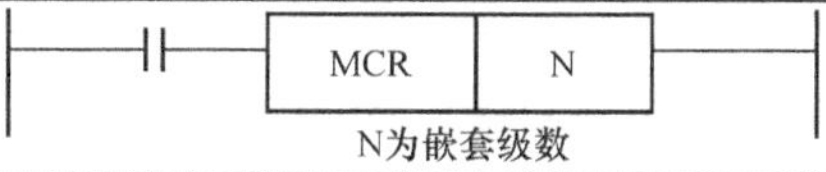 MCR N N为嵌套级数	2步

9. 逻辑运算结果取反指令 INV

逻辑运算结果取反指令如表 7-21 所示。

表 7-21　　逻辑运算结果取反指令表

符号名称	功能	电路表示和目标文件	程序步长
INV 反向	运算结果的反向	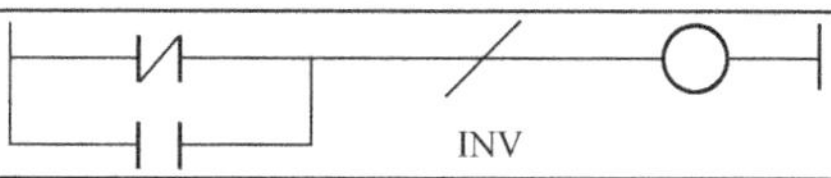 INV	1步

10. 空操作和程序结束指令 NOP、END

空操作和程序结束指令如表 7-22 所示。

表 7-22　　空操作和程序结束指令表

符号名称	功能	电路表示和目标文件	程序步长
NOP 空操作	无动作，无目标文件。留空、短接或删除部分触点或电路	消除流程程序	1步
END 结束	无目标文件的指令，用于程序结束，也可用于程序分段调试	顺控程序结束	1步

（1）空操作指令 NOP。

（2）程序结束指令 END。PLC 按照循环扫描的工作方式，首先进行输入处理，然后进行程序处理，当处理到 END 指令时，即进行输出处理。

二、基本指令编程

PLC 的控制功能是由程序实现的，它的编程方法：基本指令系统采用梯形图与指令表编程；步进指令系统采用状态图、梯形图及指令表进行编程；功能指令系统采用梯形图和指令助记符（功能代号）及指令表编程。

1. 基本指令编程

（1）LD、LDI、AND、OR、ORI、OUT、END 指令编程，如图 7-7 所示。

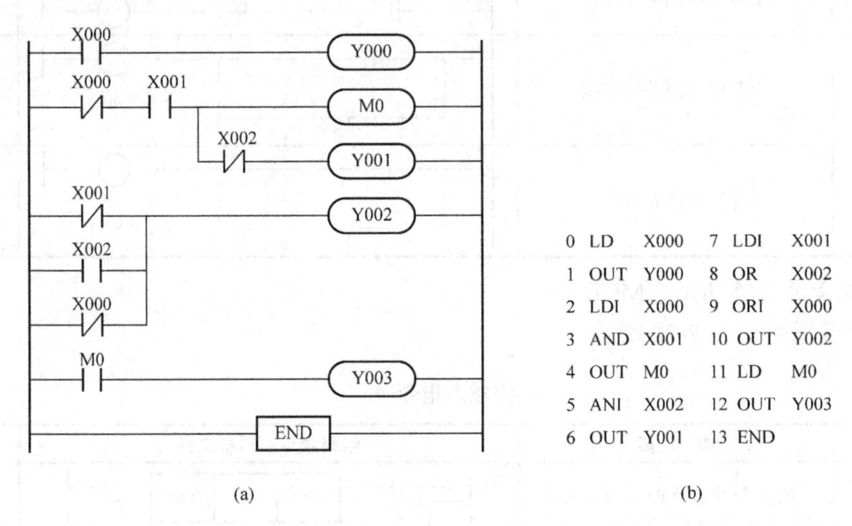

步	指令	元件	步	指令	元件
0	LD	X000	7	LDI	X001
1	OUT	Y000	8	OR	X002
2	LDI	X000	9	ORI	X000
3	AND	X001	10	OUT	Y002
4	OUT	M0	11	LD	M0
5	ANI	X002	12	OUT	Y003
6	OUT	Y001	13	END	

图 7-7　基本指令

（a）梯形图；（b）指令表

（2）ANB、ORB 指令编程，如图 7-8 所示。

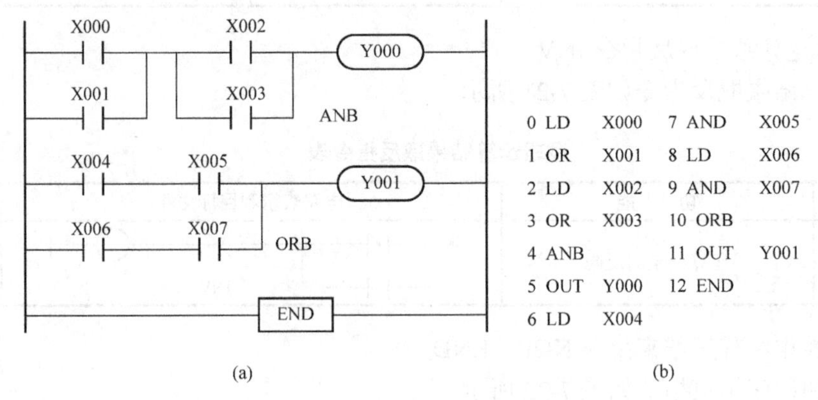

步	指令	元件	步	指令	元件
0	LD	X000	7	AND	X005
1	OR	X001	8	LD	X006
2	LD	X002	9	AND	X007
3	OR	X003	10	ORB	
4	ANB		11	OUT	Y001
5	OUT	Y000	12	END	
6	LD	X004			

图 7-8　ANB、ORB 指令

（a）梯形图；（b）指令表

（3）LDP、LDF、ANDP、ANDF、ORP、ORF 指令编程，如图 7-9 所示。

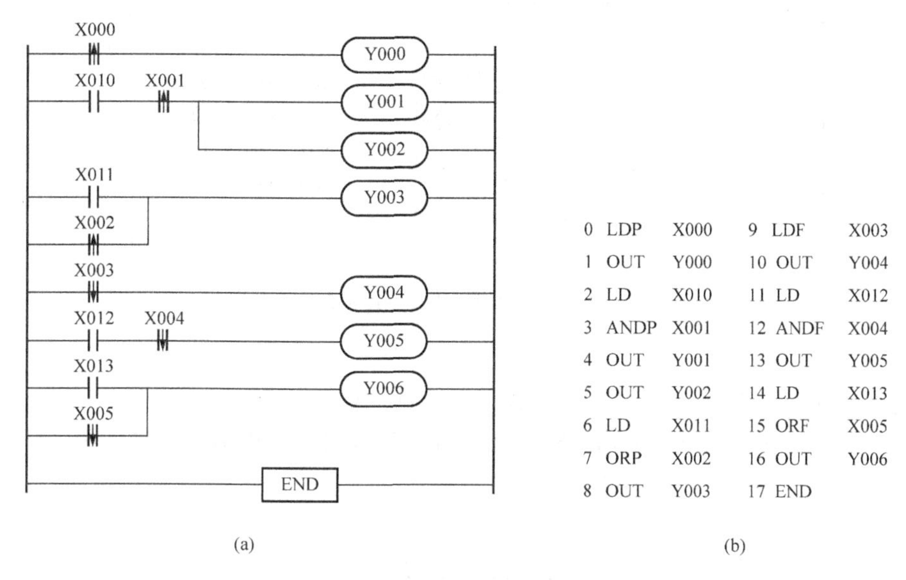

0	LDP	X000	9	LDF	X003
1	OUT	Y000	10	OUT	Y004
2	LD	X010	11	LD	X012
3	ANDP	X001	12	ANDF	X004
4	OUT	Y001	13	OUT	Y005
5	OUT	Y002	14	LD	X013
6	LD	X011	15	ORF	X005
7	ORP	X002	16	OUT	Y006
8	OUT	Y003	17	END	

(a) (b)

图 7-9 LDP、LDF、ANDP、ANDF、ORP、ORF 指令

（a）梯形图；（b）指令表

（4）SET、RST、PLS、PLF 指令编程，如图 7-10 所示。

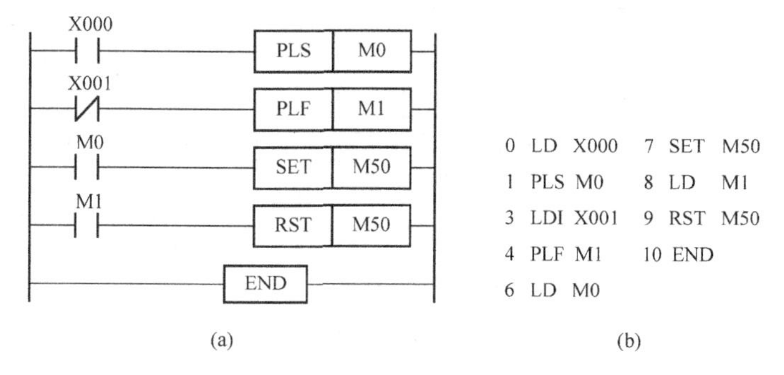

0	LD	X000	7	SET	M50
1	PLS	M0	8	LD	M1
3	LDI	X001	9	RST	M50
4	PLF	M1	10	END	
6	LD	M0			

(a) (b)

图 7-10 SET、RST、PLS、PLF 指令

（a）梯形图；（b）指令表

（5）INV 指令编程，如图 7-11 所示。

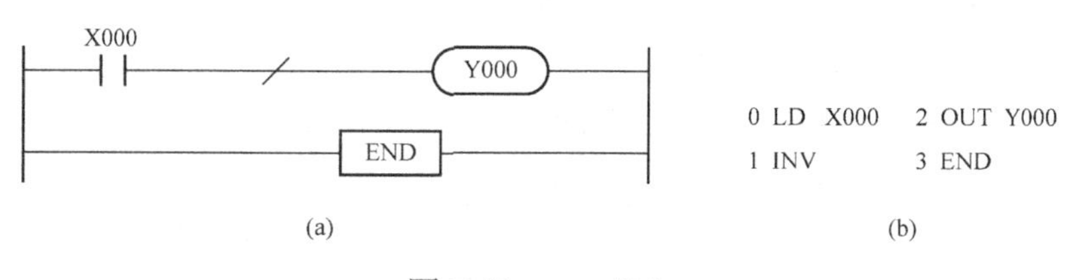

0	LD	X000	2	OUT	Y000
1	INV		3	END	

(a) (b)

图 7-11 INV 指令

（a）梯形图；（b）指令表

（6）MC、MCR 指令编程。

1）无嵌套 N=0，如图 7-12 所示。

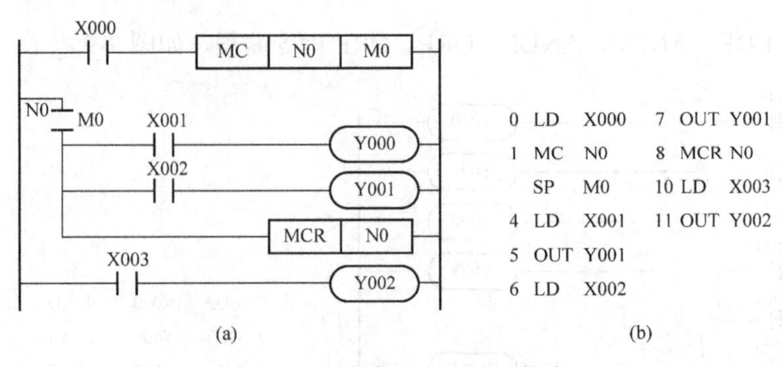

(a) (b)

图7-12 无嵌套MC、MCR指令

（a）梯形图；（b）指令表

2）有嵌套N=0～7有效，如图7-13所示。在用MC指令时，嵌套级编号N为下列顺序（N0→N1→N2→N3→N4→N5→N6→N7），使之返回时，用MCR指令从嵌套级中解除其顺序（N7→N6→N5→N4→N3→N2→N1→N0）。

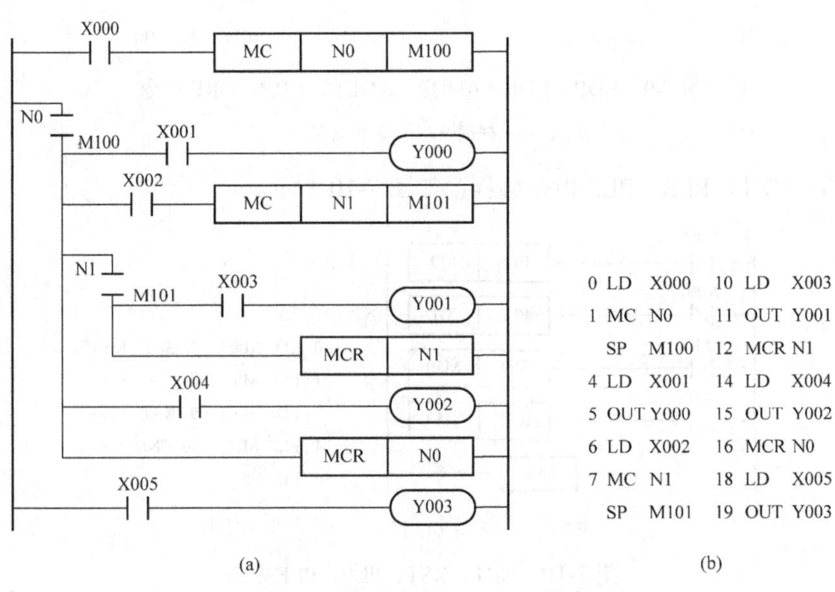

(a) (b)

图7-13 有嵌套MC、MCR指令

（a）梯形图；（b）指令表

（7）MPS、MRD、MPP指令编程，如图7-14所示。

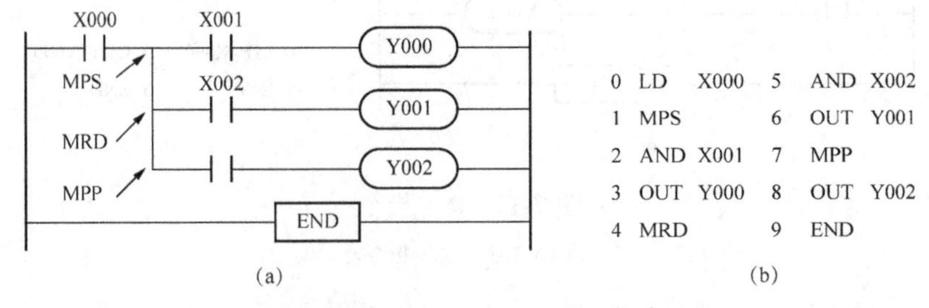

(a) (b)

图7-14 MPS、MRD、MPP指令

（a）梯形图；（b）指令表

（8）定时器 T 的编程。

1）定时器 T 的应用电路，如图 7-15 所示。

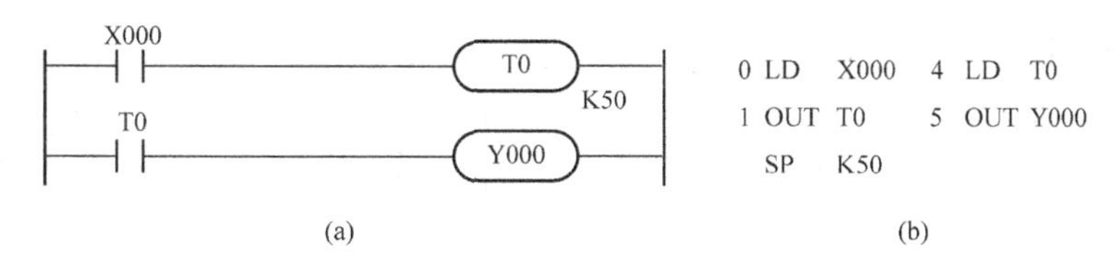

图 7-15 定时器 T 的应用电路

（a）梯形图；（b）指令表

2）定时器 T 得电延时合电路，如图 7-16 所示。

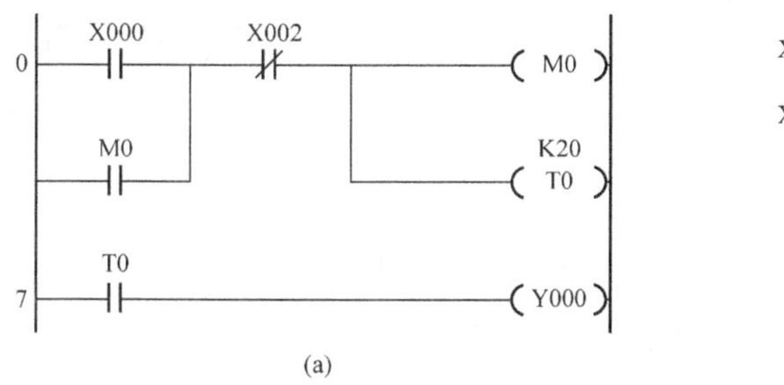

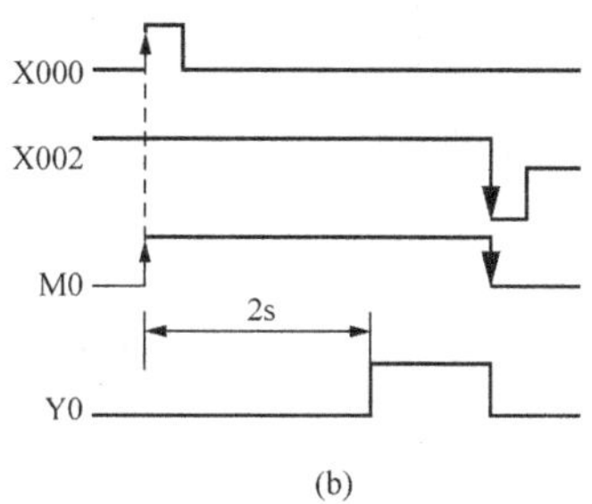

图 7-16 定时器 T 得电延时合电路

（a）梯形图；（b）时序图

3）失电延时断电路，如图 7-17 所示。

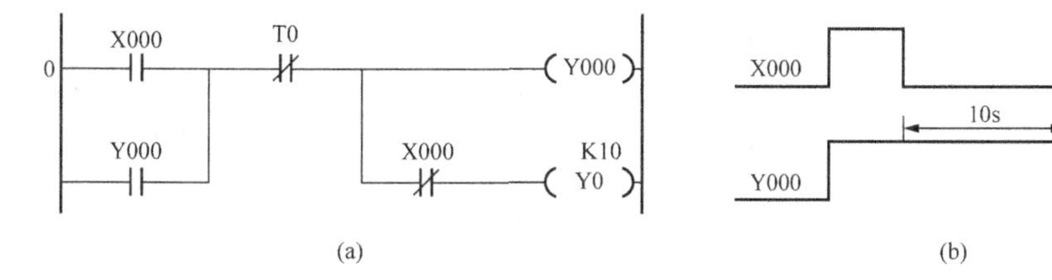

图 7-17 失电延时断电路

（a）梯形图；（b）时序图

4）3 台电动机顺序起动。

① 控制要求。电动机 M1 起动 5s 后电动机 M2 起动， 电动机 M2 起动 5s 后电动机 M3 起动；按下停止按钮时，电动机无条件全部停止运行。

② 输入/输出分配。X1：起动按钮，X0：停止按钮，Y1：电动机 M1，Y2：电动机 M2，Y3：电动机 M3。

③ 梯形图方案设计如图 7-18 所示。

5）振荡电路梯形图及波形图如图 7-19 所示。

（9）计数器 C 的编程。计数器 C 的应用电路，如图 7-20 所示。

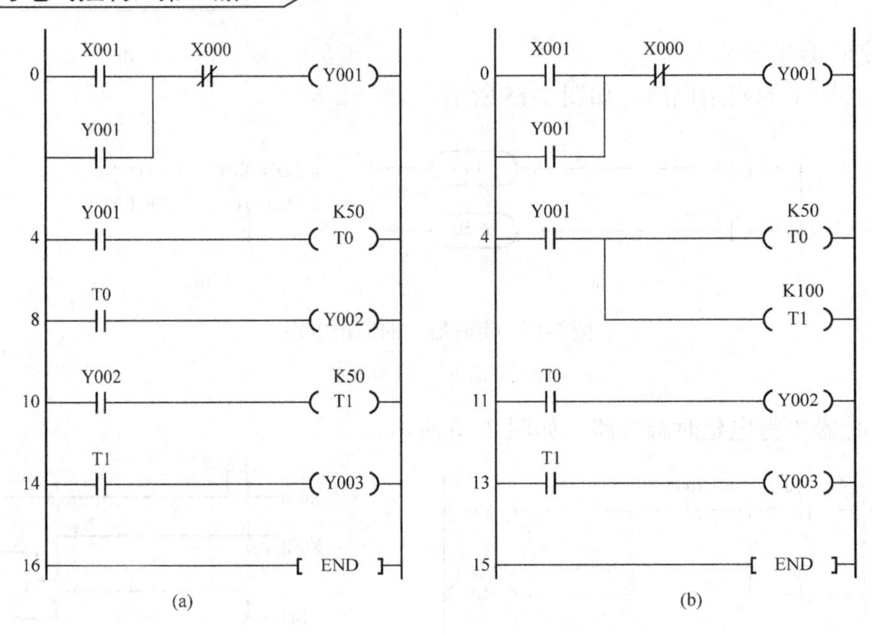

图 7-18　3 台电动机顺序起动控制梯形图

（a）方法 1 定时器分别计时；（b）方法 2 定时器累计计时

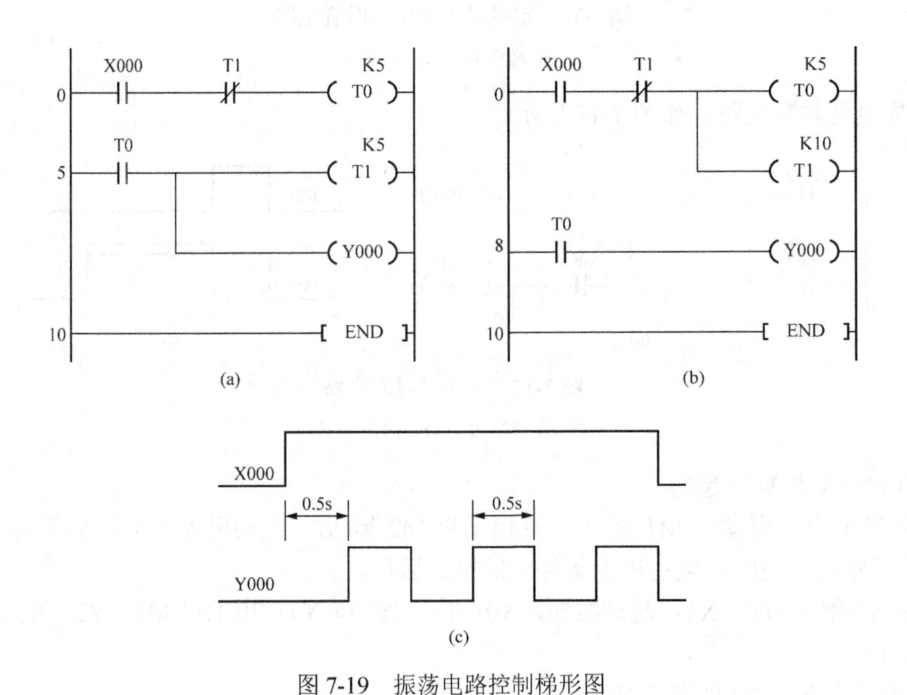

图 7-19　振荡电路控制梯形图

（a）方法 1 定时器分别计时；（b）方法 2 定时器累计计时；（c）波形图

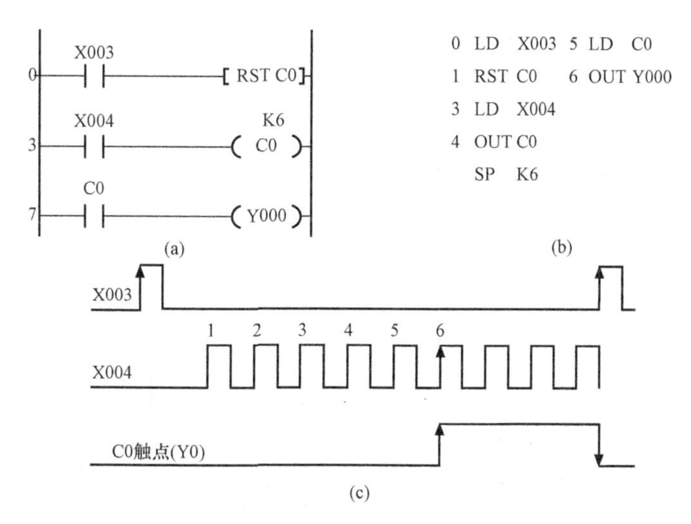

图 7-20 计数器 C 的应用电路

（a）梯形图；（b）指令表；（c）时序图

2. 基本指令编程实例

（1）自动往返控制线路。

1）PLC 输入/输出接线，如图 7-21 所示。

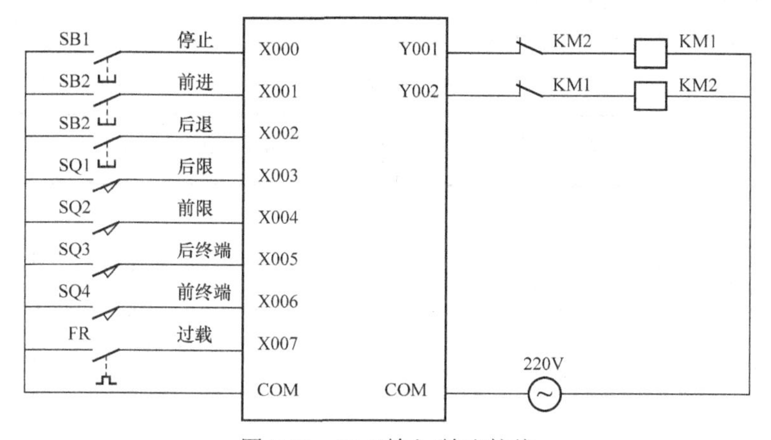

图 7-21 PLC 输入/输出接线

2）梯形图，如图 7-22 所示。

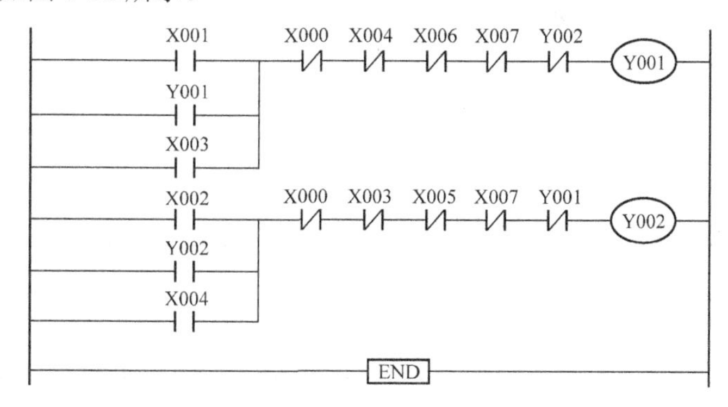

图 7-22 梯形图

3）指令程序如下：

```
0 LD  X001      7 ANI  Y002     13 ANI  X003
1 OR  Y001      8 OUT  Y001     14 ANI  X005
2 OR  X003      9 LD   X002     15 ANI  X007
3 ANI X000     10 OR   Y002     16 ANI  Y001
4 ANI X004     11 OR   X004     17 OUT  Y002
5 ANI X006     12 ANI  X000     18 END
6 ANI X007
```

（2）智力抢答器控制。

1）控制要求。图 7-23 所示为智力抢答装置控制系统示意图。主持人位置上有一个总停止按钮 S6 控制 3 个抢答桌。主持人说出题目并按动启动按钮 S7 后，谁先按按钮，谁的桌子上的灯即亮。当主持人再按总停止按钮 S6 后，灯才灭（否则一直亮着）。三个抢答桌的按钮安排：一是儿童组，抢答桌上有两只按钮 S1 和 S2，并联形式连接，无论按哪一只，桌上的灯 LD1 即亮；二是中学生组，抢答桌上只有一只按钮 S3，且只有一个人，一按灯 LD2 即亮；三是大人组，抢答桌上也有两只按钮 S4 和 S5，串联形式连接，只有两只按钮都按下，抢答桌上的灯 LD3 才亮。当主持人将启动按钮 S7 按下之后，10s 之内有人按抢答按钮，电铃 DL 即响。

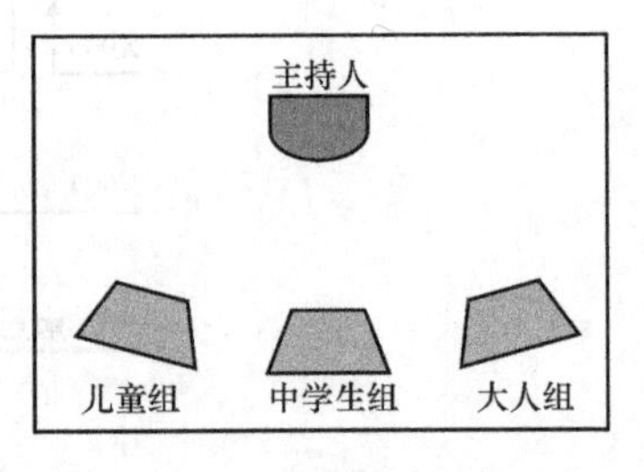

图 7-23　智力抢答装置控制系统示意图

2）输入/输出分配表如表 7-23 所示。

表 7-23　输入/输出分配表

输入信号	S1	S2	S3	S4	S5	S6	S7	输出信号	LD1	LD2	LD3	DL
	X1	X2	X3	X4	X5	X6	X7		Y1	Y2	Y3	Y4

3）梯形图参考程序如图 7-24 所示。

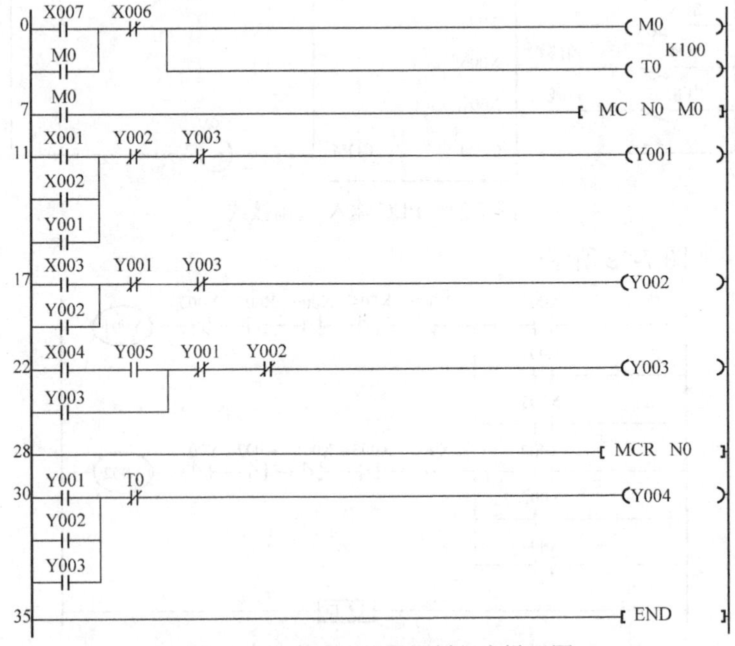

图 7-24　智力抢答装置控制程序梯形图

4）指令程序如下：

```
0    LD    X007
1    OR    M0
2    ANI   X006
3    OUT   M0
4    OUT   T0    K100
7    LD    M0
8    MC    N0    M0
11   LD    X001
12   OR    X002
13   OR    Y001
14   ANI   Y002
15   ANI   Y003
16   OUT   Y001
17   LD    X003
18   OR    Y002
19   ANI   Y001
20   ANI   Y003
21   OUT   Y002
22   LD    X004
23   AND   X005
24   OR    Y003
25   ANI   Y001
26   ANI   Y002
27   OUT   Y003
28   MCR   N0
30   LD    Y001
31   OR    Y002
32   OR    Y003
33   ANI   T0
34   OUT   Y004
35   END
```

（3）水塔水位控制。

1）控制要求。当水池水位低于水池低水位界（S4为ON表示），阀Y打开进水（Y为ON），定时器开始定时，4s后，如果S4还不为OFF，那么阀Y指示灯闪烁，表示阀Y没有进水，出现故障，S3为ON后，阀Y关闭（Y为OFF）。当S4为OFF时，且水塔水位低于水塔低水位界时S2为ON，电动机M运转抽水。当水塔水位高于水塔高水位界时电动机M停止。

2）水塔水位控制的实验面板图。图7-25面板中S1表示水塔的水位上限，S2表示水塔水位下限，S3表示水池水位上限，S4表示水池水位下限，M1为抽水电动机，Y为水阀。

3）输入/输出分配表如表7-24所示。

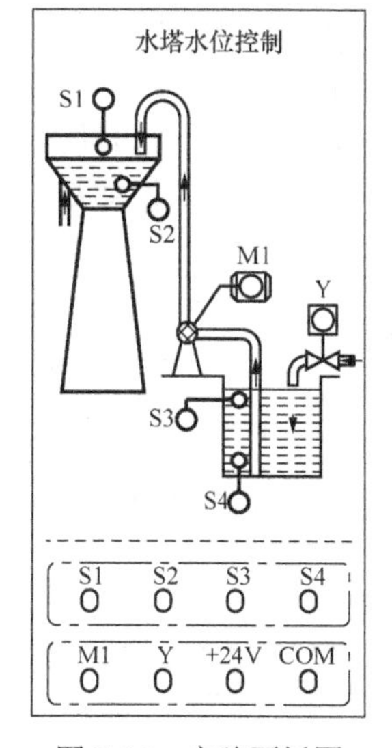

图7-25　实验面板图

表7-24　输入/输出分配表

输入信号	S1	S2	S3	S4	输出信号	M1	Y
	X0	X1	X2	X3		Y0	Y1

4）梯形图参考程序如图7-26所示。

5）指令程序如下：

```
0    LDI   T0
1    OUT   T1    K5
4    LD    T1
5    OUT   T0    K5
8    LD    X003
9    OR    M1
10   ANI   X002
11   OUT   T2    K40
14   OUT   M1
15   LD    T2
16   ANI   X003
17   OUT   T3    K1
20   LD    T2
21   AND   T1
22   LD    X003
23   ANI   T2
24   ORB
25   OR    T3
26   ANI   X002
27   OUT   Y001
28   LD    X001
29   OR    Y000
30   ANI   X000
31   ANI   X003
32   OUT   Y000
33   END
```

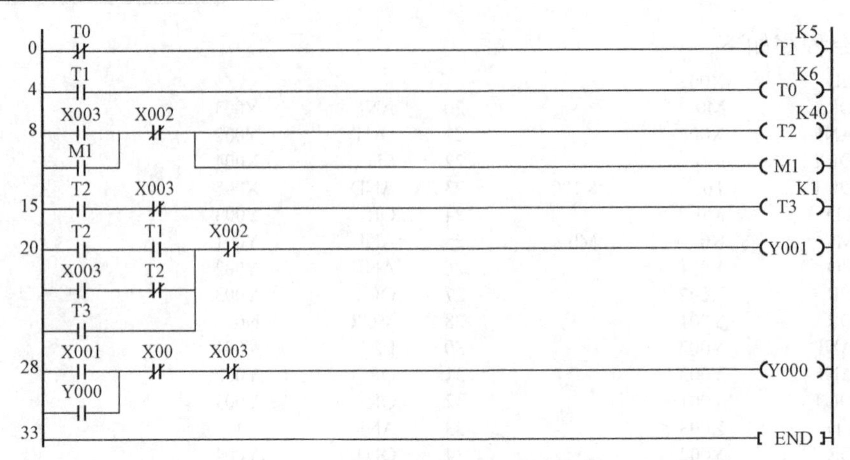

图 7-26　水塔水位控制程序梯形图

（4）彩灯闪烁控制。

1）控制要求。

① 彩灯电路受一启动开关 S7 控制，当 S7 接通时，彩灯系统 LD1～LD3 开始顺序工作。当 S7 断开时，彩灯全熄灭。

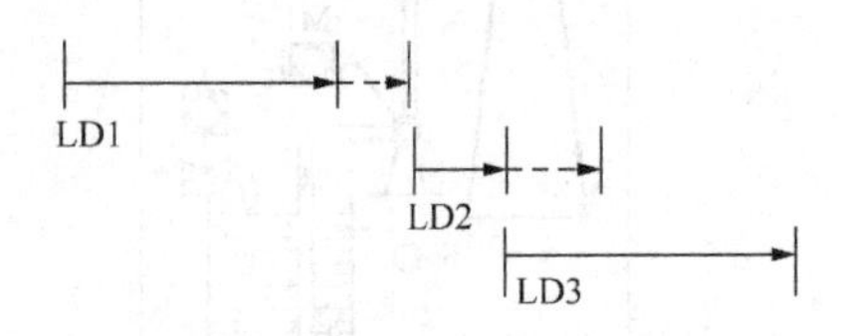

图 7-27　智力抢答装置控制系统示意图

② 彩灯工作循环。LD1 彩灯亮，延时 8s 后，闪烁三次（每一周期为亮 1s 熄 1s），LD2 彩灯亮，延时 2s 后，LD3 彩灯亮；LD2 彩灯继续亮，延时 2s 后熄灭；LD3 彩灯延时 10s 后，进入再循环。

彩灯闪烁电路系统示意图如图 7-27 所示。

2）输入/输出分配表如表 7-25 所示。

表 7-25　　输入/输出分配表

输入信号	S7	输出信号	LD1	LD2	LD3
	X0		Y0	Y1	Y2

3）梯形图参考程序如图 7-28 所示。

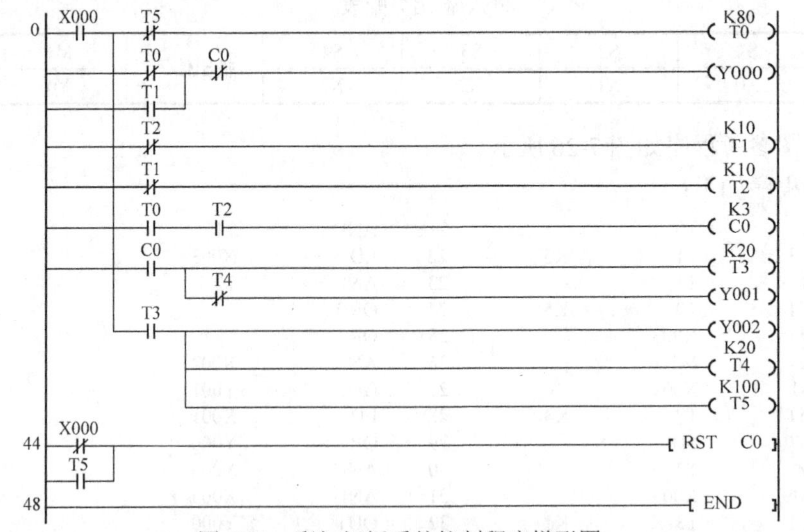

图 7-28　彩灯闪烁系统控制程序梯形图

4）指令程序如下：

```
0    LD    X000          23   AND   T0
1    MPS                 24   AND   T2
2    ANI   T5            25   OUT   C0    K3
3    OUT   T0    K80     28   MRD
6    MRD                 29   AND   C0
7    LDI   T0            30   OUT   T3    K20
8    OR    T1            33   ANI   T4
9    ANB                 34   OUT   Y001
10   ANI   C0            35   MPP
11   OUT   Y000          36   AND   T3
12   MRD                 37   OUT   Y002
13   ANI   T2            38   OUT   T4    K20
14   OUT   T1    K10     41   OUT   T5    K100
17   MRD                 44   LDI   X000
18   AND   T1            45   OR    T5
19   OUT   T2    K10     46   RST   C0
22   MRD                 48   END
```

（5）液体混合装置控制。

1）控制要求。

本装置为两种液体混合模拟装置，SL1、SL2、SL3 为液面传感器，液体 A、B 阀门与混合液阀门由电磁阀 YV1、YV2、YV3 控制，M 为搅匀电动机，控制要求如下：

① 初始状态。装置投入运行时，液体 A、B 阀门关闭，混合液阀门打开 20s 将容器放空后关闭。

② 启动操作。按下启动按钮 SB1，装置就开始按下列约定的规律操作：液体 A 阀门打开，液体 A 流入容器。当液面到达 SL2 时，SL2 接通，关闭液体 A 阀门，打开液体 B 阀门。液面到达 SL1 时，关闭液体 B 阀门，搅匀电动机开始搅匀。搅匀电动机工作 6s 后停止搅动，混合液体阀门打开，开始放出混合液体。当液面下降到 SL3 时，SL3 由接通变为断开，再过 2s 后，容器放空，混合液阀门关闭，开始下一周期。

③ 停止操作。按下停止按钮 SB2 后，在当前的混合液操作处理完毕后，才停止操作（停在初始状态上）。

2）液体混合装置控制的模拟实验面板图。图 7-29 面板中，液面传感器用钮子开关来模拟，启动、停止用动合按钮来实现，液体 A 阀门、液体 B 阀门、混合液阀门的打开与关闭以及搅匀电动机的运行与停转用发光二极管的点亮与熄灭来模拟。

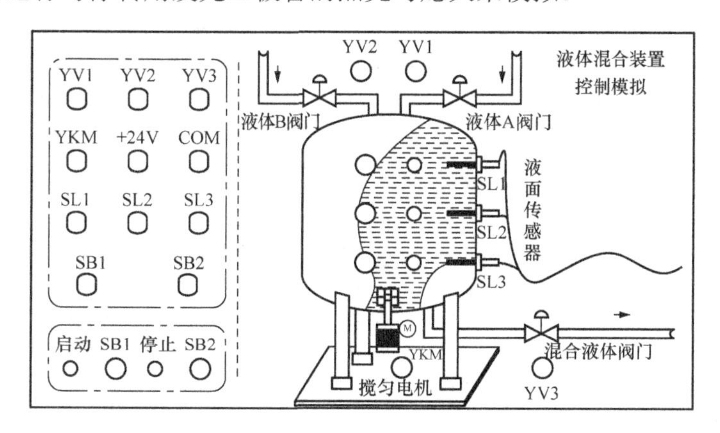

图 7-29 实验面板图

3）输入/输出分配表如表7-26所示。

表7-26　　输入/输出分配表

输入信号	SB1	SB2	SL1	SL2	SL3	输出信号	YV1	YV2	YV3	YKM
	X0	X1	X2	X3	X4		Y0	Y1	Y2	Y3

4）梯形图参考程序，如图7-30所示。

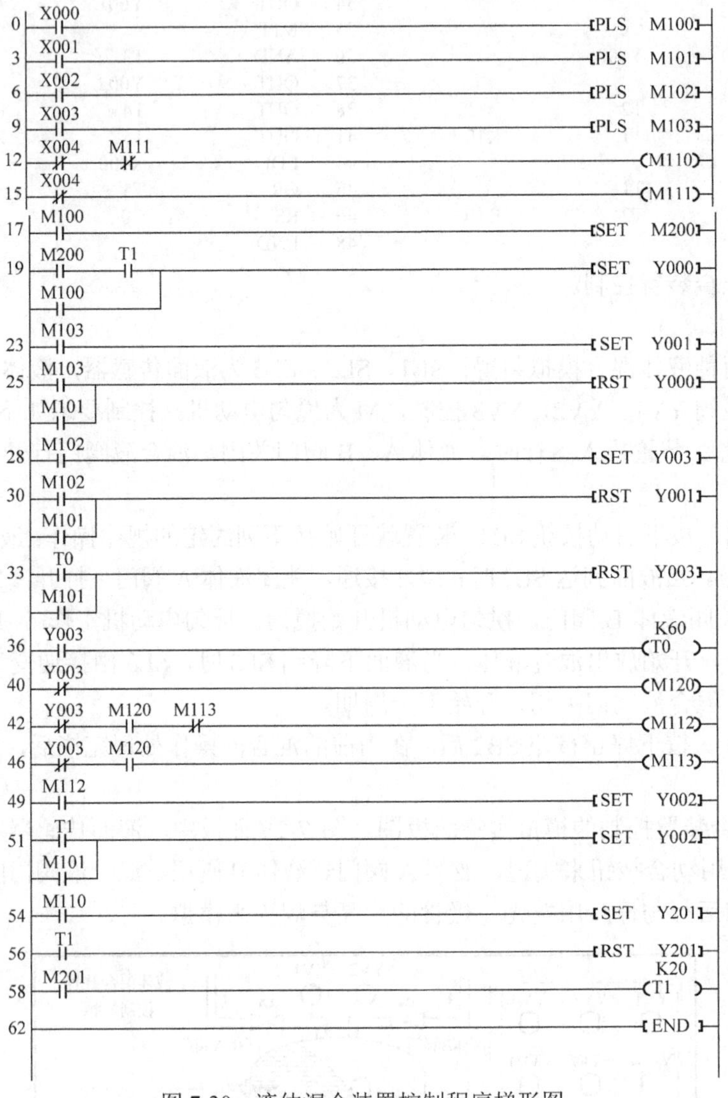

图7-30　液体混合装置控制程序梯形图

5）指令程序如下：

0	LD	X000	10	PLS	M103	18	SET	M200
1	PLS	M100	12	LDI	X004	19	LD	M200
3	LD	X001	13	ANI	M111	20	AND	T1
4	PLS	M101	14	OUT	M110	21	OR	M100
6	LD	X002	15	LDI	X004	22	SET	Y000
7	PLS	M102	16	OUT	M111	23	LD	M103
9	LD	X003	17	LD	M100	24	SET	Y001

25	LD	M103	37	OUT	T0	K60	51	LD	T1	
26	OR	M101	40	LDI	Y003		52	OR	M101	
27	RST	Y000	41	OUT	M120		53	RST	Y002	
28	LD	M102	42	LDI	Y003		54	LD	M110	
29	SET	Y003	43	AND	M120		55	SET	M201	
30	LD	M102	44	ANT	M113		56	LD	T1	
31	OR	M101	45	OUT	M112		57	RST	M201	
32	RST	Y001	46	LDI	Y003		58	LD	M201	
33	LD	T0	47	AND	M120		59	OUT	T1	K20
34	OR	M101	48	OUT	M113		62	END		
35	RST	Y003	49	LD	M112					
36	LD	Y003	50	SET	Y002					

第三节 FX_{2N} PLC 的步进指令及其编程实例

步进控制指令是专门用于步进控制的指令。所谓步进控制是指控制过程按“上一个动作完成后，紧接着做下一个动作”的顺序动作的控制。

一、步进指令

FX_{2N}系列 PLC 有 2 条步进指令，即步进指令（STL）和步进返回指令（RET）。它们专门用于步进控制程序的编写。如表 7-27 所示。

表 7-27　　步进指令表

符号名称	功　能	电路表示和目标文件	程序步长
STL 步进开始	STL 接点与母线连接，指令前加 STL，步进梯形图开始	STL　S0~S899	1 步
RET 步进结束	步进梯形图结束，使 LD 点返回母线	RET	1 步

二、步进指令编程

对于较复杂的顺序控制，其梯形图比较复杂，而且不太直观，应用步进指令使复杂的顺序控制程序能够方便地实现。步进指令其目标器件是状态图，状态图也称功能图，它将一个控制过程分为若干个阶段，这些阶段称为状态，状态与状态之间由转换分隔，当相邻的两状态之间的转移条件得到满足时，就能实现状态的转移，即上一个状态的动作结束，而下一个状态的动作开始，状态图用方框图来表示。

称为状态的软元件是构成状态转移图的基本元件，FX_{2N}有状态器 1000 点（S0～S999），其中 S0～S9 共 10 个是初始状态器，是状态转移图的初始状态，S10～S19 共 10 个是返回原点用，S20～S499 是通用型状态器，用在状态转移图（SFC）的中间状态，因此只有很好地理解和体会这些功能，才能运用状态编程思想设计出正确的状态转移图。

现以一个小车往复运动的状态转移图来说明其状态的功能，状态图用方框图表，框内是状态器的元件号，状态之间用有向线段连接，线段上垂直短线和它旁边表注的文字符号或逻辑表达式表示状态转移条件，旁边的线圈是输出信号。初始状态画双线，初始状态器 S0 用特殊元件 M8002（初始脉冲常开触点）触发，当 S0 有效时，按下起动按钮 X0 为 ON 时，状态就由 S0 转移到 S20 输出 Y0，小车右行。当转移条件 X1 为 ON 时，状态由 S20 转移到 S21，

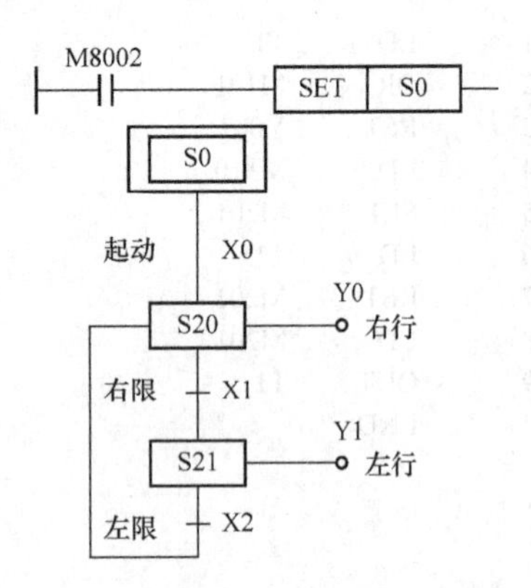

图 7-31　小车往复运动状态转移图

这时 Y0 断开，Y1 接通，小车左行。当转移条件 X2 为 ON 时，状态由 S21 转移到 S20，Y1 断开，并进行下一循环。如图 7-31 所示。

1．步进指令

（1）STL：步进开始指令。其梯形图符号为⊢◫⊣，用文字 STL 表示，操作元件为状态器，程序步为 1 步。

（2）RET：步进结束指令。其梯形图符号为├[RET]，表示状态（S）流程的结束，用于返回主程序（左母线）的指令，程序步为 1 步。

2．步进指令编程

状态器有三个功能，如图 7-32 所示，左边是状态转移图，右边是对应的梯形图，下面则是梯形图所对应的指令表。图 7-33 所示为旋转工作台的状态转移图和梯形图。

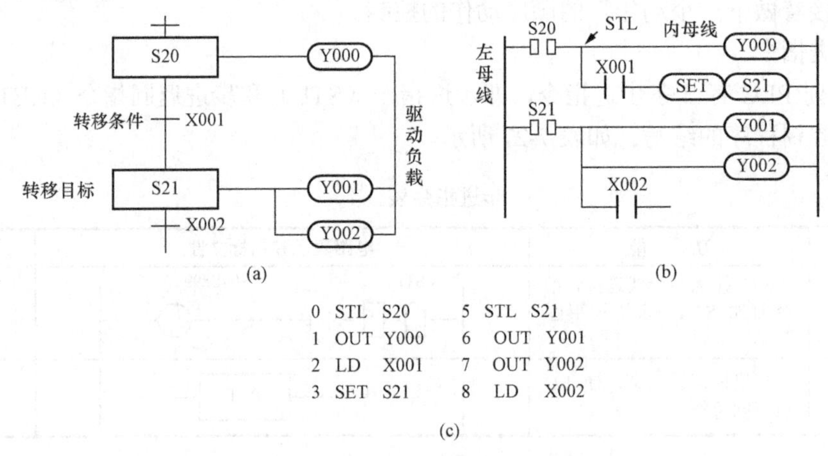

图 7-32　PLC 状态图与梯形图

（a）状态图；（b）梯形图；（c）指令表

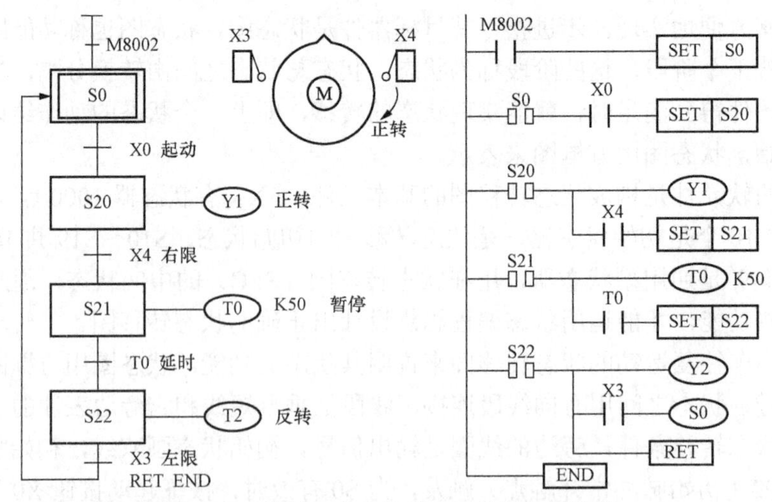

图 7-33　旋转工作台的状态转移图和梯形图

三、步进指令编程规则

（1）STL 触点与左母线相连，与 STL 相连的起始触点要用 LD、LDI 指令。

（2）STL 指令仅对状态器有效。状态器也具有一般辅助继电器功能，可以是 LD、LDI、AND 等指令的目标元件。

（3）STL 和 RET 是一对步进指令。在一系列 STL 指令后，加上 RET 指令，表明步进梯形图指令的结束，LD 触点返回原来的母线。

（4）定时器线圈可在不同状态间对同一软元件编程，在相邻状态中则不能编程。

（5）状态图中用堆栈指令（MPS、MRD、MPP）时，不能从 STL 指令的内母线中直接使用，只能放在 LD 或 LDI 后面用栈指令编程。STL 指令不能与 MC、MCR 指令一起使用。

（6）在状态转移图中，OUT 与 RET 指令对于 STL 指令后的状态（S）具有同样的功能，但 OUT 指令用于向分离状态或原点转换。

（7）在中断程序与子程序内，不能使用 STL 指令。但 STL 程序块中可允许使用最多 4 级嵌套的 FOR、NEXT 指令。 在 STL 指令内不禁止使用跳转指令，但动作复杂，一般不要使用。

（8）某些驱动负载需要保到下一程序时再复位，可使用置位、复位指令 SET、RST。

（9）状态转移过程中，在一个扫描周期中，两状态同时为 ON 的情况也能出现，因此不能同时为 ON 的一对输出之间必须加上联锁防止同时为 ON。

（10）STL 触点可以直接驱动或通过别的触点驱动 Y、M、S、T 等元件的线圈和应用指令。

（11）由于 CPU 只执行活动步对应的电路块，因此，使用 STL 指令时允许双线圈输出。

（12）在步的活动状态的转移过程中，相邻两步的状态继电器会同时 ON 一个扫描周期，可能会引发瞬时的双线圈问题。

（13）并行流程或选择流程中每一分支状态的支路数不能超过 8 条，总的支路数不能超过 16 条。

（14）若为顺序不连续转移（即跳转），不能使用 SET 指令进行状态转移，应改用 OUT 指令进行状态转移。

（15）需要在停电恢复后继续维持停电前的运行状态时，可使用 S500～S899 停电保持状态继电器。

四、状态转移图的流程形式

1. 单流程跳转与循环

跳转与循环指当转移条件满足时，程序可跳过几个状态继续执行以后的程序，实现跳转操作；也可再次执行已执行过的程序，实现循环操作，还可以由一个程序跳到另一个程序流，如状态转移图 7-34 所示。

（1）编程方法和步骤。

1）根据控制要求，列出 PLC 的 I/O 分配表，画出 I/O 分配图；

2）将整个工作过程按工作步序进行分解，每个工作步序对应一个状态，将其分为若干个状态；

3）理解每个状态的功能和作用，即设计驱动程序；

4）找出每个状态的转移条件和转移方向；

5）根据以上分析，画出控制系统的状态转移图；

6）根据状态转移图写出指令表。

（2）编程实例。用步进顺控指令设计某行车循环正反转自动控制的程序。

控制要求为：送电等待信号显示→按起动按钮→正转→正转限位→停 5s→反转→反转限位→停 7s→返回到送电显示状态。

1）I/O 分配。根据控制要求，其 I/O 分配如图 7-35 所示。

2）状态转移图如图 7-36 所示。

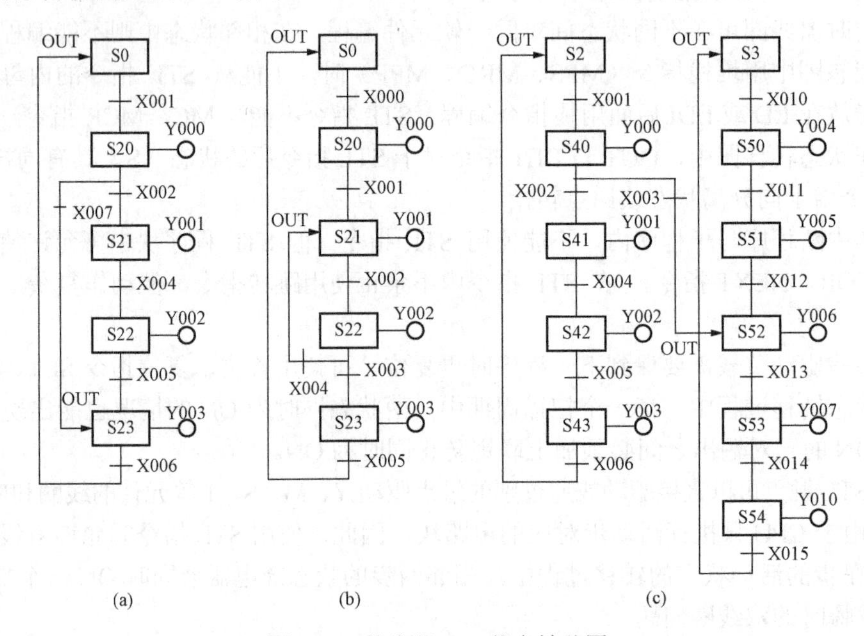

图 7-34　单流程 PLC 状态转移图

（a）跳转与循环状态转移图；（b）循环状态转移图；（c）向流程外跳转状态转移图

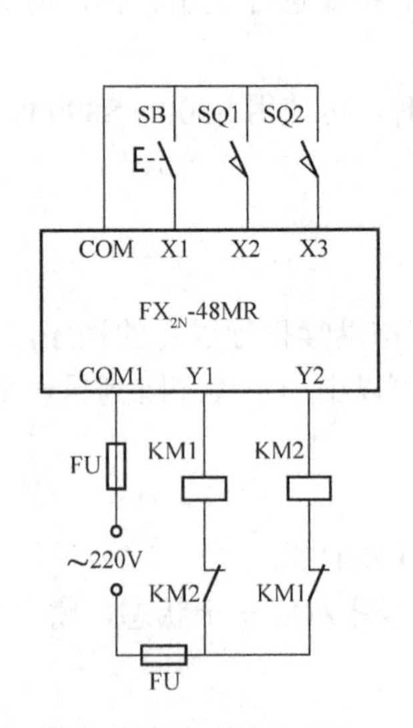

图 7-35　行车循环正反转控制的 I/O 分配图

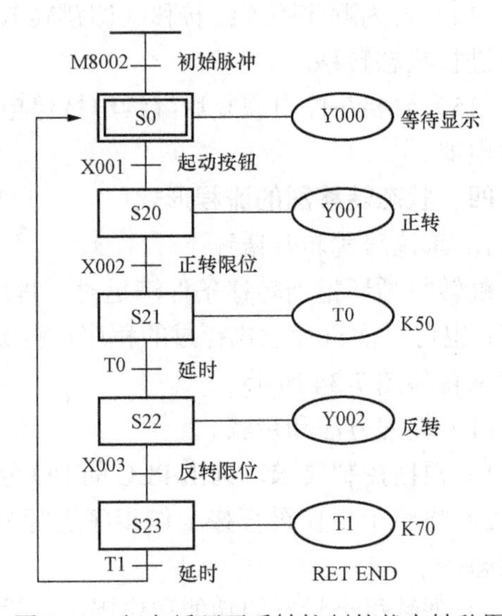

图 7-36　行车循环正反转控制的状态转移图

2. 选择性分支与汇合

（1）选择性分支的编程。选择性分支与汇合指从多个分支中选择执行一条分支流程，多条分支结束后汇于一点。其特点是：同一时刻只允许选择一条分支，即几条分支的状态不能同时转移。当任一条分支流程结束时，若转移条件满足，状态转移到汇合点的状态，如图 7-37 所示。分支与汇合的转移处理程序中，不能使用 MPS、MRD、MPP、ANB、ORB 指令。

X000、X005、X010 不能同时接通。若状态 S20 置“ON”，当 X000 为 ON 时，状态转移到 S21，状态转移后，S20 自动复位。继续执行该分支流程，当状态转移到 S22 时，若 X002 为 ON，状态转移到汇合点后的状态 S50。同样，若 X005 和 X010 为 ON 时，则分别选择不同的分支流程。

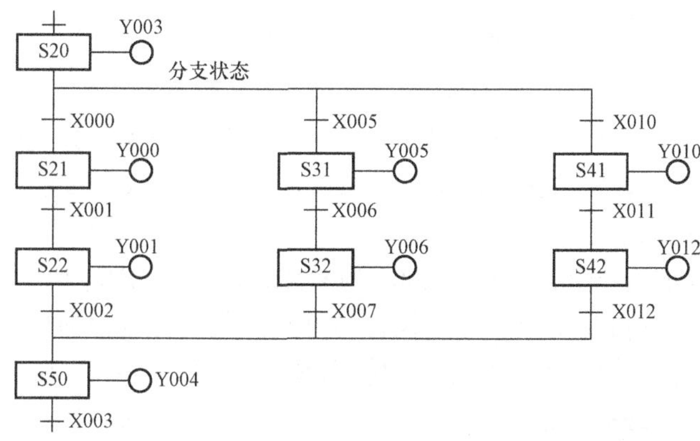

图 7-37 选择性分支与汇合 PLC 状态转移图

指令如下：

步	指令	操作数
0	STL	S20
1	OUT	Y003
2	LD	X000
3	SET	S21—转移到第一状态
5	LD	X005
6	SET	S31—转移到第二分支状态
8	LD	X010
9	SET	S41—转移到第三分支状态
11	STL	S21
12	OUT	Y000
13	LD	X001
14	SET	S22
16	STL	S22
17	OUT	Y001
18	LD	X002
19	SET	S50
21	STL	S31
22	OUT	Y005
23	LD	X006
24	SET	S32
26	STL	S32
27	OUT	Y006
28	LD	X007
29	SET	S50
31	STL	S41
32	OUT	Y010
33	LD	X011
34	SET	S42
36	STL	S42
37	OUT	Y012
38	LD	X012
39	SET	S50
41	STL	S50
42	OUT	Y004
43	LD	X003

（2）编程实例。用步进指令设计电动机正反转的控制程序。

控制要求：按正转起动按钮 SB1，电动机正转，按停止按钮 SB，电动机停止；按反转起动按钮 SB2，电动机反转，按停止按钮 SB，电动机停止；且热继电器具有保护功能。

1）I/O 分配。

X0：SB（常开），X1：SB1，X2：SB2，X3：热继电器 FR（常开）；

Y1：正转接触器 KM1，Y2：反转接触器 KM2 。

2）状态转移图和指令表如图 7-38 所示。

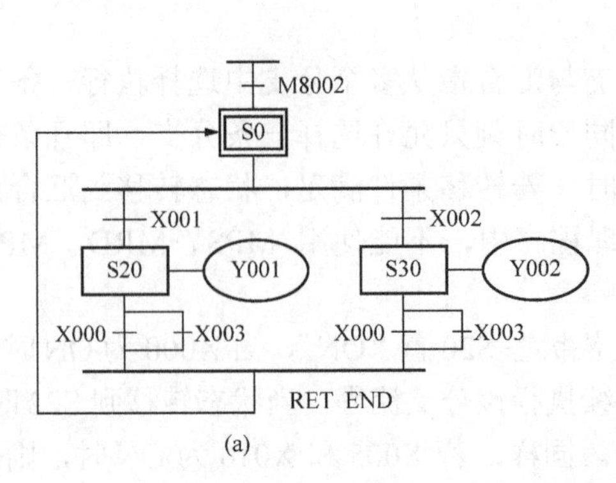

(a)

LD　M8002	STL　S20
SET　S0	LD　X000
STL　S0	OR　X003
LD　X001	OUT　S0
SET　S20	STL　S30
LD　X002	LD　X000
SET　S30	OR　X003
STL　S20	OUT　S0
OUT　Y001	RET
STL　S30	END
OUT　Y002	

(b)

图 7-38　电动机正反转控制的状态转移图和指令表

（a）状态转移图；（b）指令表

3. 并行分支与汇合

并行分支与汇合是指当转移条件满足时，同时执行几条分支，分支结束后，汇于一点。待所有分支执行结束后，若转移条件满足，状态向汇合点后的状态转移，如图 7-39 所示。但并行分支应限制在 8 路以下。

若状态 S20 置“ON”，当转移条件 X000 为 ON 时，状态 S20 向 S21、S23、S25 转移，该状态转移后，状态 S20 自动复位。继续执行各分支流程，各流程动作全部结束时，若转移条件 X004 为 ON，则状态转移到汇合点后的状态 S27，且状态 S22、S24、S26 复位。

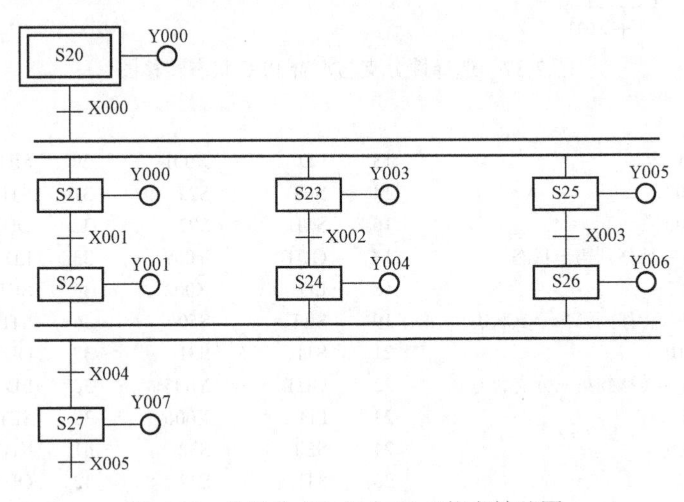

图 7-39　并行分支与汇合 PLC 状态转移图

指令如下：

0	STL	S20	10	OUT	Y001	19	SET	S24
1	OUT	Y000	11	LD	X001	21	STL	S24
2	LD	X000	12	SET	S22	22	OUT	Y004
3	SET	S21—转移到第一状态	14	STL	S22	23	STL	S25
5	SET	S23—转移到第二并行状态	15	OUT	Y002	24	OUT	Y005
7	SET	S25—转移到第三并行状态	16	STL	S23	25	LD	X003
9	STL	S21	17	OUT	Y003	26	SET	S26
			18	LD	X002			

```
28  STL   S26                              33  LD    X004
29  OUT   Y006                             34  SET   S27
30  STL   S22 ┐                            36  STL   S27
31  STL   S24 ├ 此三条语句汇合转移处理     37  OUT   Y007
32  STL   S26 ┘                            38  LD    X005
                                               ⋮
```

五、步进指令编程实例

1. 送料小车的 PLC 控制

有一生产自动线的送料小车，其运行要求为：小车原位出发驶向 1 号位，到达后停 8s 立即返回原位；停 6s 接着向 2 号位驶去。到达后停 8s 又返回原位；停 6s 后向 3 号位驶去。到达后返回原位，以此为一个周期，小车也能连续往返运行，直至按下停止按钮才停止。为了对设备进行调整和维修，要求能前进、后退、点动控制，同时原位和运行设指示灯指示。

（1）PLC 输入/输出接线如图 7-40 所示。

（2）梯形图（手动部分）如图 7-41 所示。

（3）状态图如图 7-42 所示。

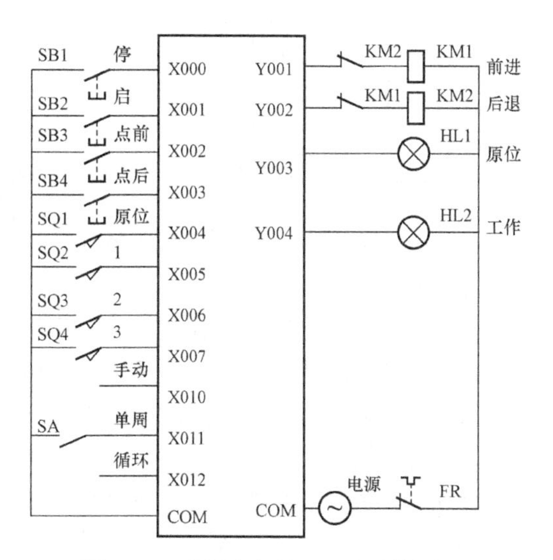

图 7-40 送料小车的 PLC 控制接线图

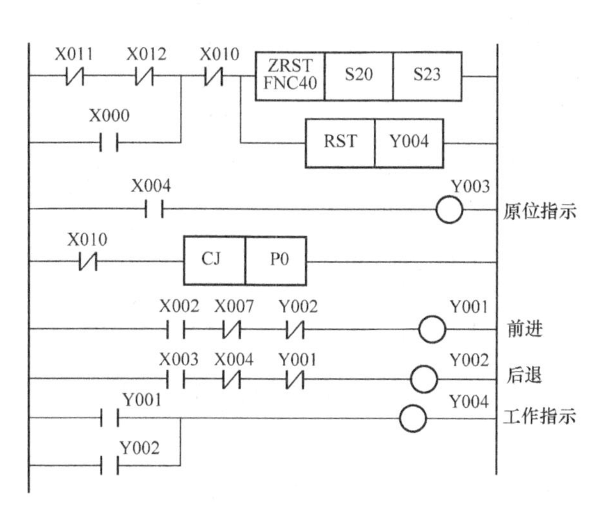

图 7-41 送料小车的 PLC 控制梯形图（手动部分）

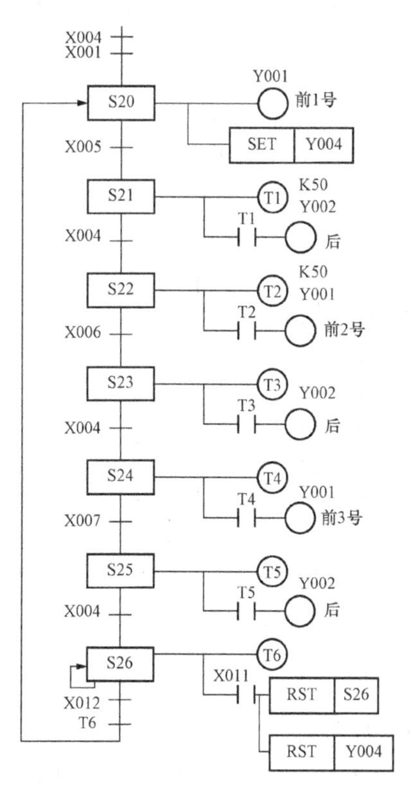

图 7-42 送料小车的 PLC 控制状态转移图

2. 机械手的 PLC 控制

用 PLC 控制的将工件从 A 点移到 B 点的机械手的控制系统。

（1）控制要求如下：

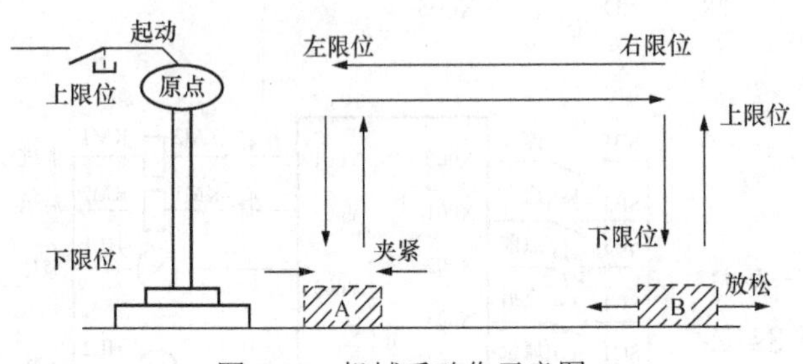

图 7-43 机械手动作示意图

1）手动操作，每个动作均能单独操作，用于将机械手复归至原点位置；

2）连续运行，原点位置按起动按钮时，机械手按连续工作一个周期，一个周期的工作过程如下：原点→下降→夹紧（T）→上升→右移→下降→放松（T）→上升→左移到原点，如图 7-43 所示。

说明：

① 机械手的工作是从 A 点将工件移到 B 点；

② 原点位机械夹钳处于夹紧位，机械手处于左上角位；

③ 机械夹钳为有电放松，无电夹紧。

（2）I/O 分配。

X0：自动/手动转换，X1：停止，X2：自动起动，X3：上限位，X4：下限位，X5：左限位，X6：右限位，X7：手动向上，X10：手动向下，X11：手动左移，X12：手动向右，X13：手动放松；Y0：夹紧/放松，Y1：上升，Y2：下降，Y3：左移，Y4：右移，Y5：原点指示。

（3）接线如图 7-44 所示。

（4）状态转移如图 7-45 所示。

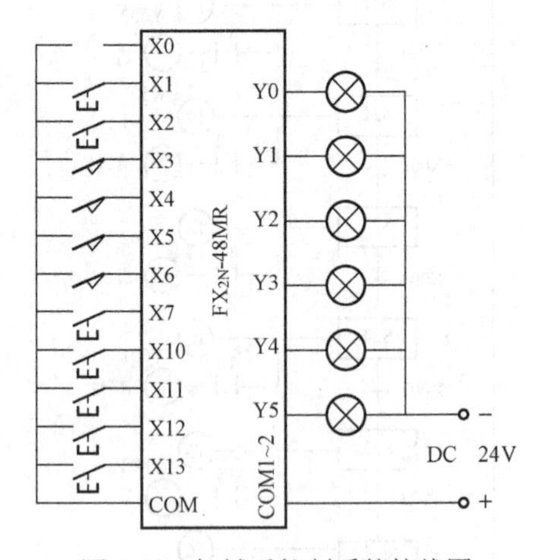

图 7-44 机械手控制系统接线图

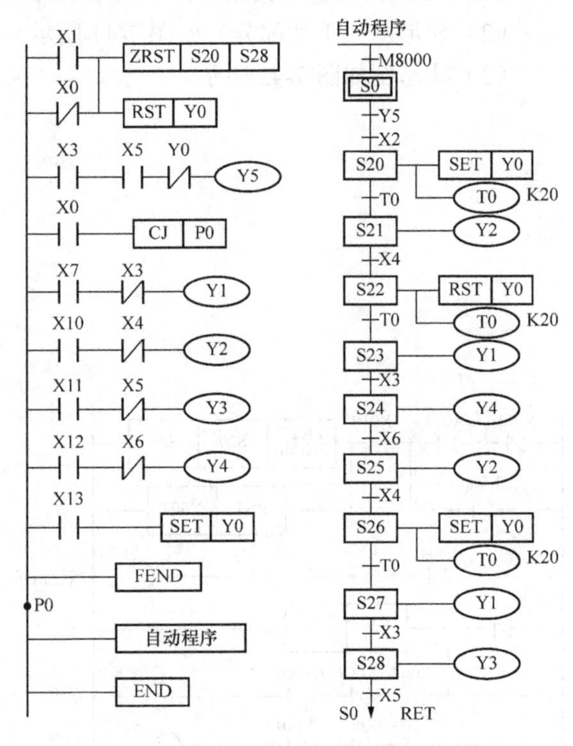

图 7-45 机械手的状态转移图

3. 自动交通灯的 PLC 控制

（1）控制要求。设计一个用 PLC 控制的十字路口交通的控制系统，如图 7-46 所示，其具体要求如下：

1）自动运行，自动运行时，按一下起动按钮，信号灯系统按图 7-46 所示要求开始工作（绿灯闪烁的周期为 1s），按一下停止按钮，所有信号灯都熄灭；

2）手动运行，手动运行时，两方向的黄灯同时闪动，周期是 1s。

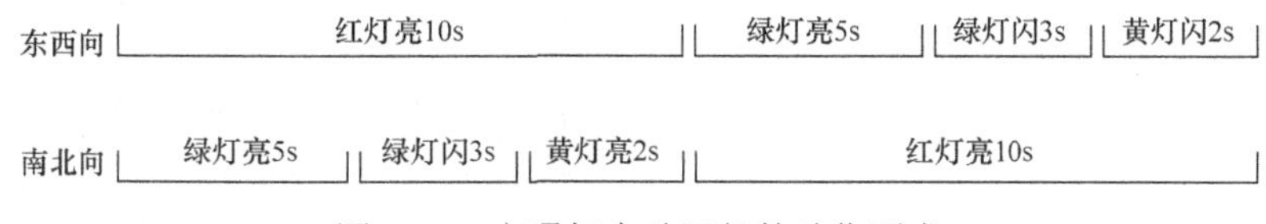

图 7-46 交通灯自动运行的动作要求

（2）I/O 分配。

X0：自动位起动按钮，X1：手动开关（带自锁型），X2：停止按钮；

Y0：东西向绿，Y1：东西向黄，Y2：东西向红，

Y4：南北向绿，Y5：南北向黄，Y6：南北向红。

（3）接线如图 7-47 所示。

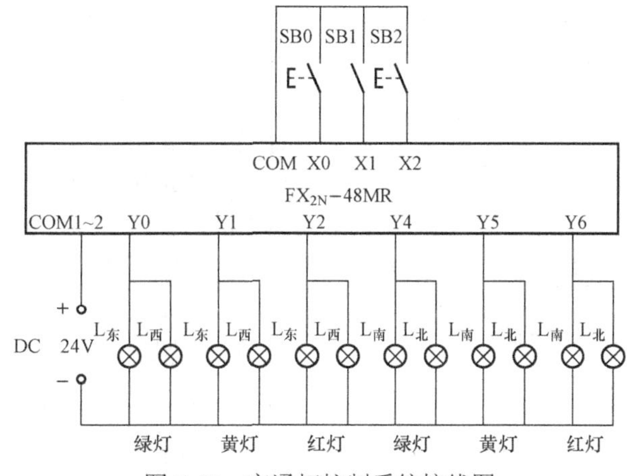

图 7-47 交通灯控制系统接线图

（4）控制时序如图 7-48 所示。

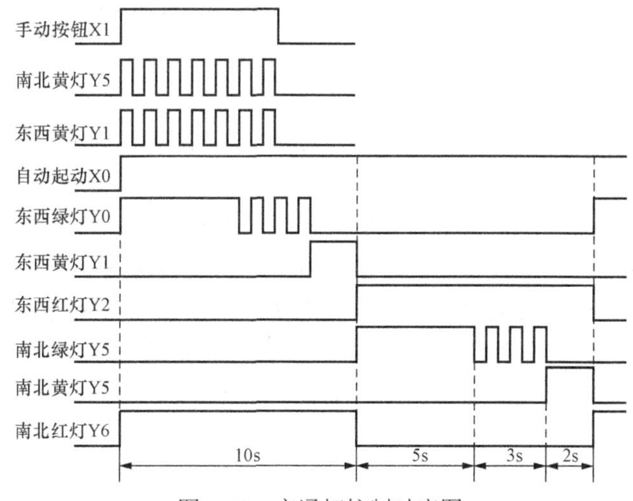

图 7-48 交通灯控制时序图

（5）状态转移如图 7-49 所示。

（6）梯形图如图 7-50 所示。

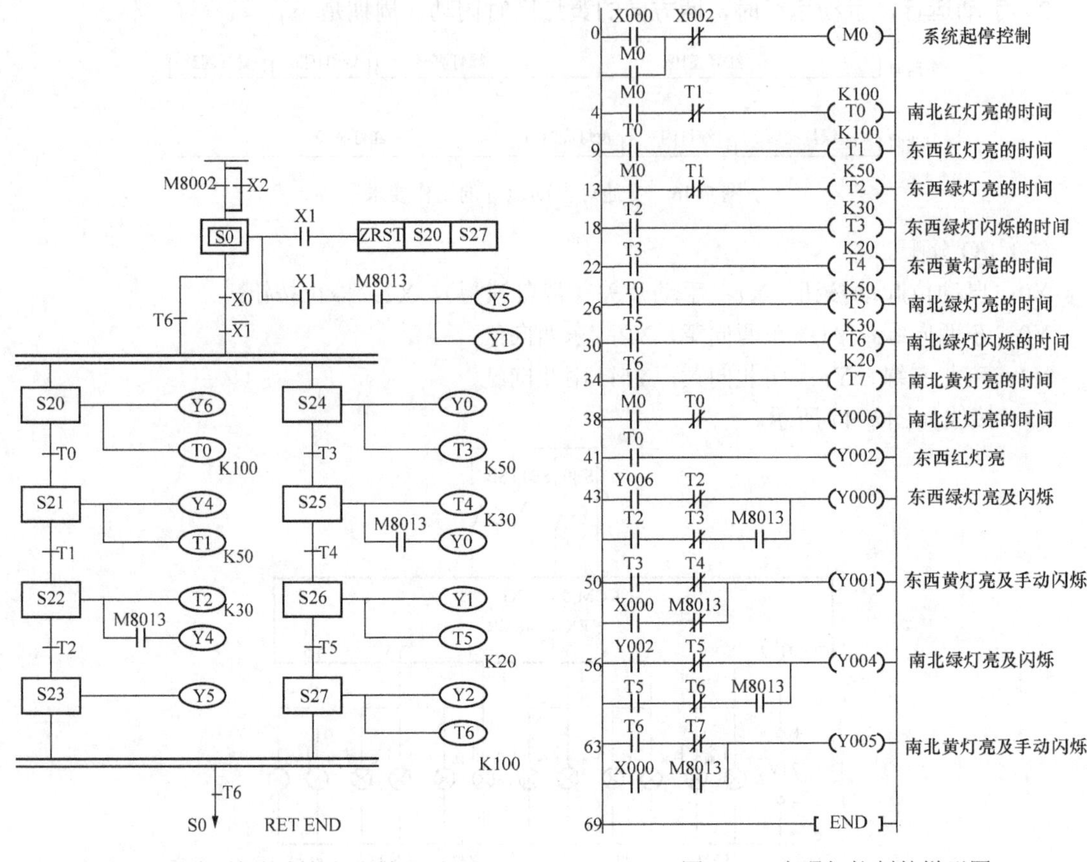

图 7-49　交通灯控制的状态转移图

图 7-50　交通灯控制的梯形图

4. 全自动洗衣机的 PLC 控制

（1）控制要求。按下起动按钮后，进水电磁阀打开，开始进水，达到高水位时停止进水，进入洗涤状态。洗涤时内桶正转洗涤 15s，暂停 3s，再反转洗涤 15s，暂停 3s，又正转洗涤 15s，暂停 3s，如此循环反复 30 次。洗涤结束后，排水电磁阀打开，进入排水状态。当水位下降到低水位时，进入脱水状态（同时排水），脱水时间为 10s。这样完成从进水到脱水的一个大循环。经过 3 次上述大循环后，洗衣机自动报警，报警 10s 后，自动停止结束全过程。

洗衣机的进水和排水由进水电磁阀和排水电磁阀控制。进水时，洗衣机将水注入外桶；排水时，将水从外桶排出机外。外桶（固定，由于盛水）和内桶（可旋转，用于脱水）是以同一中心安装的。洗涤和脱水由同一台电动机拖动，通过脱水电磁离合器来控制，将动力传递到洗涤波轮或内桶。脱水电磁离合器失电，电动机拖动洗涤波轮实现正反转，开始洗涤；脱水电磁离合器得电，电动机拖动内桶单向旋转，进行脱水（此时波轮不转）。

（2）I/O 分配。

X0：起动按钮，X1：停止按钮，X2：手动排水按钮，

X3：高水位开关，X4：低水位开关；

Y0：进水电磁阀指示灯，Y1：电机正转接触器指示灯，Y2：电机反转接触器指示灯，Y3：排水电磁阀指示灯，Y4：脱水电磁离合器指示灯，Y5：报警蜂鸣器指示灯。

（3）接线如图 7-51 所示。

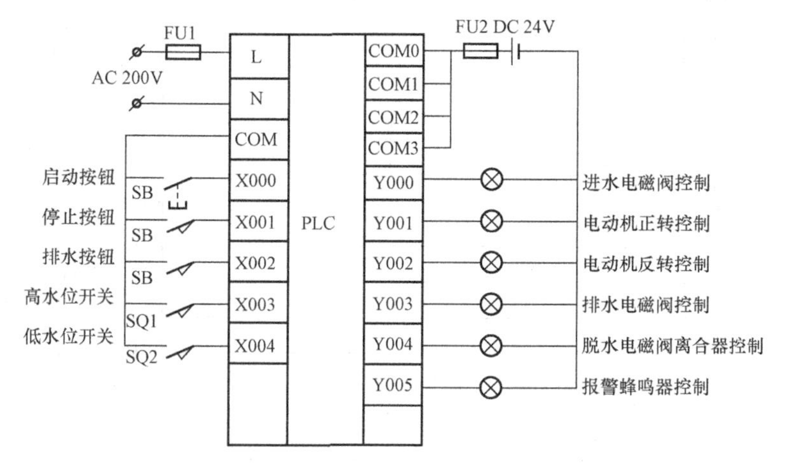

图 7-51　全自动洗衣机控制系统接线图

（4）控制流程图如图 7-52 所示。

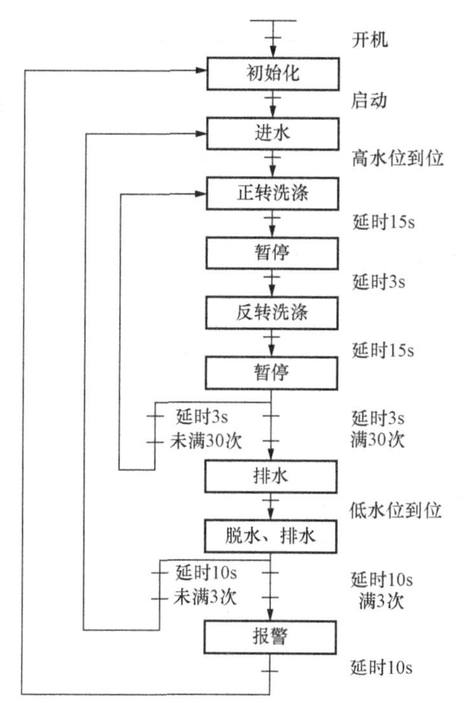

图 7-52　全自动洗衣机控制流程图

（5）梯形图如图 7-53 所示。

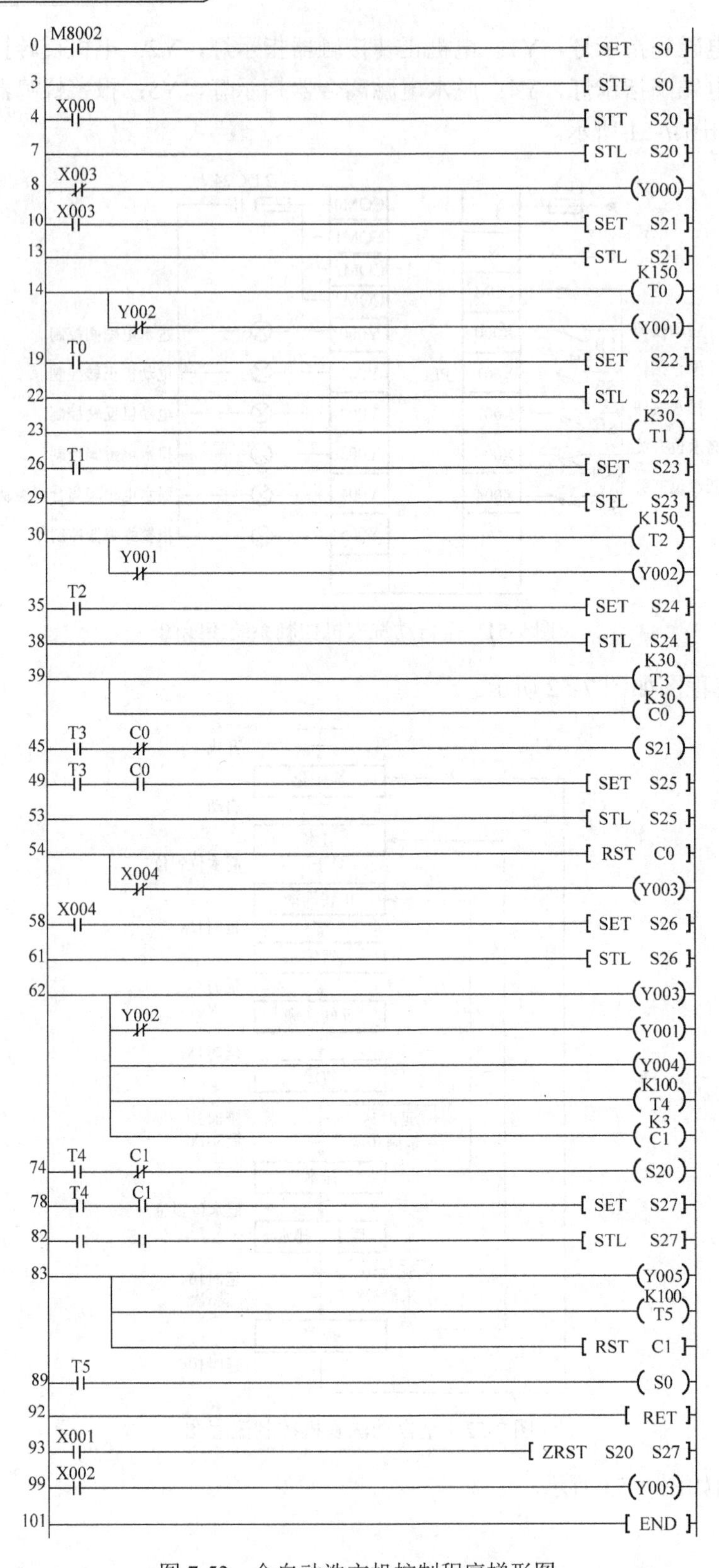

图7-53　全自动洗衣机控制程序梯形图

第四节　FX2N PLC 的编程方法与实用程序介绍

PLC 梯形图是由继电器控制电路图转变而来的，而且在编制一些较简单的程序时，也往往直接由继电器控制电路图转换成 PLC 梯形图。但应注意两者在表达方式特别是本质内涵上的区别，同时注意 PLC 梯形图的结构特点和构成规则。

一、编程方法及特点

（1）画梯形图时，要以左母线为起点，右母线为终点，从左至右、从上到下，按每行绘出。每一行的开始是起始条件，最右边的是线圈输出，一行写完，再依次写下一行。

（2）梯形图的接点应画在水平线上，不能画在垂直分支上，如图 7-54 所示。

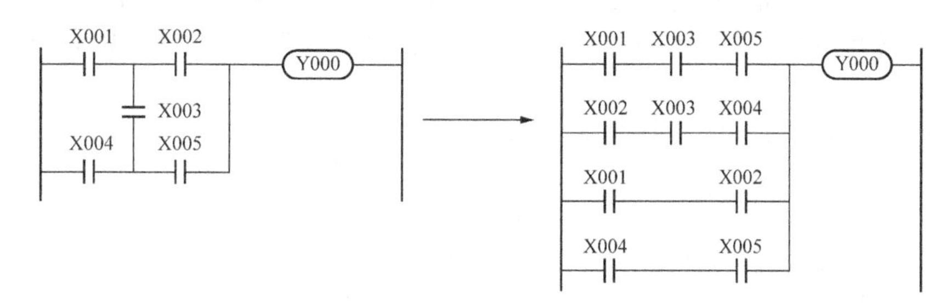

图 7-54　PLC 编程方法（一）

（3）不能将接点画在线圈右边，如图 7-55 所示。

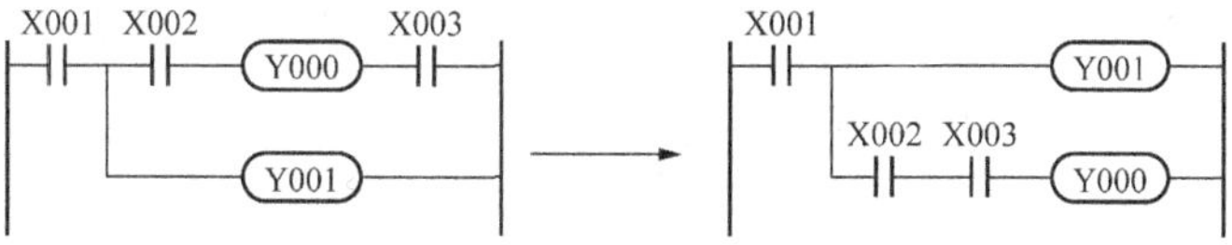

图 7-55　PLC 编程方法（二）

（4）串联电路相并联时，接点最多的串联回路应放在梯形图最上面；并联电路相串联时，接点最多的并联回路应放在梯形图的最左边。这样使程序简明了，指令语句也较少。如图 7-56 所示。

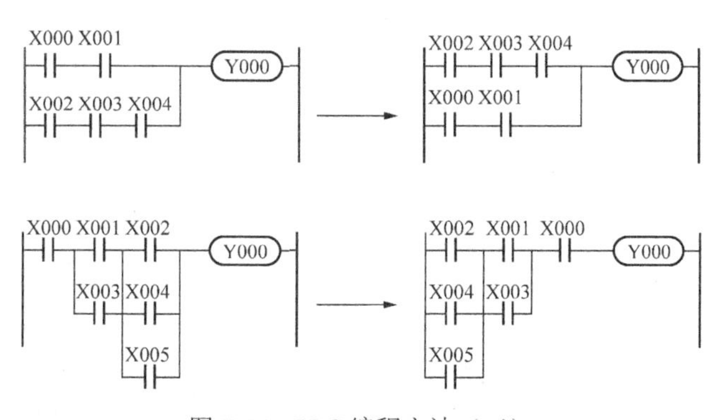

图 7-56　PLC 编程方法（三）

（5）同一编号线圈输出两次或多次不可取，称为双线输出，则前面的输出无效，而后面的输出是有效的，如图 7-57 所示。

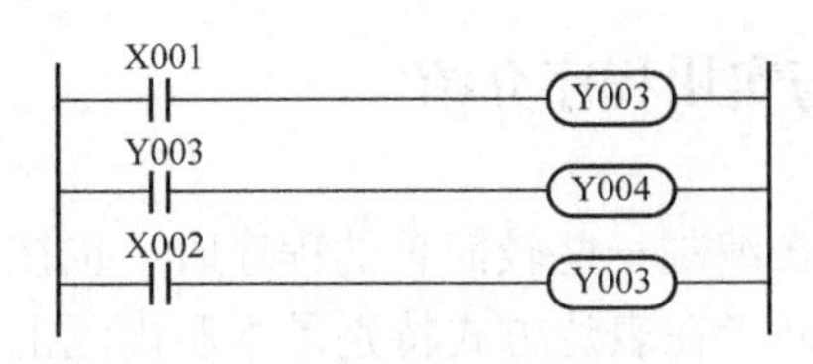

图 7-57　PLC 编程方法（四）

图 7-57 中输出 Y003 的结果仅取决于 X002，而和 X001 无关。当 X001=ON，X002=OFF 时，Y003 因 X001 接通而接通，因此其映像寄存器变为 ON，输出 Y004 接通，但是第二次的 Y003，因其输入 X002 为 OFF，则其映像寄存器也为 OFF。所以，实际的外部输出为 Y003=OFF，Y004=ON。

二、PLC 的实际应用实例

1. 单台电动机的两地控制电路

（1）控制要求。按下地点 1 的起动按钮 SB1 或地点 2 的起动按钮 SB2 均可起动电动机；按下地点 1 的停止按钮 SB3 或地点 2 的停止按钮 SB4 均可停止电动机运行。

（2）输入/输出分配。X0：SB1，X1：SB2，X2：SB3（常开），X3：SB4（常开），Y0：电动机（接触器）。

（3）梯形图方案设计如图 7-58 所示。

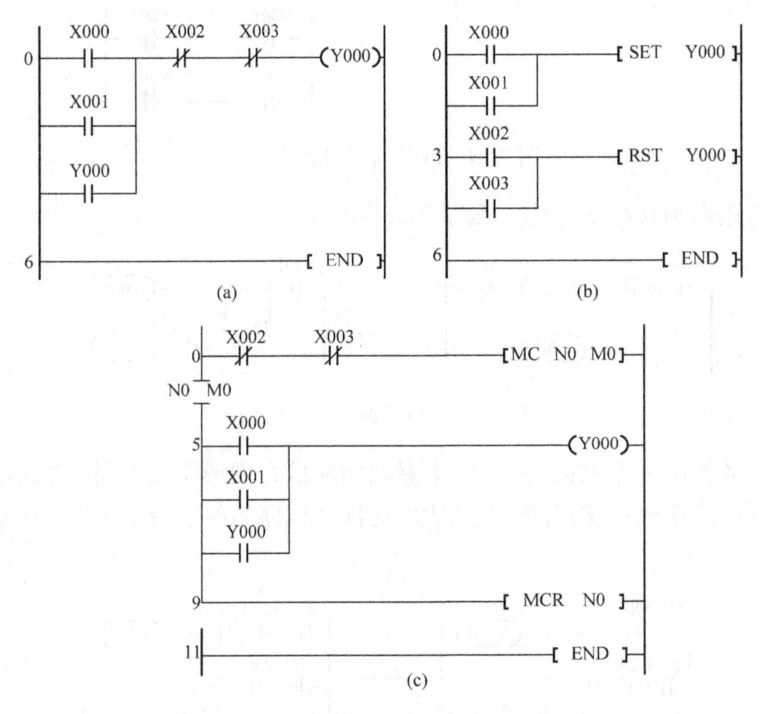

图 7-58　单台电动机的两地控制电路梯形图

（a）方法 1；（b）方法 2；（c）方法 3

2. 单按钮控制电动机的起动和停止

（1）基本顺序指令编程。

1）PLC 输入/输出接线如图 7-59 所示。

2）梯形图如图 7-60 所示。

（2）基本功能指令编程。

梯形图如图 7-61 所示。

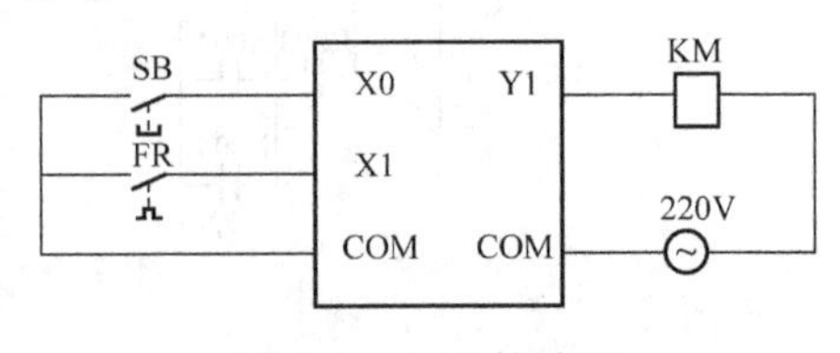

图 7-59　PLC 接线图

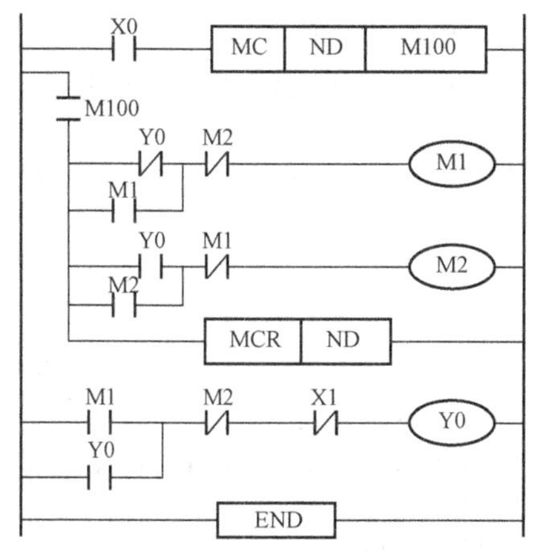

图 7-60 梯形图

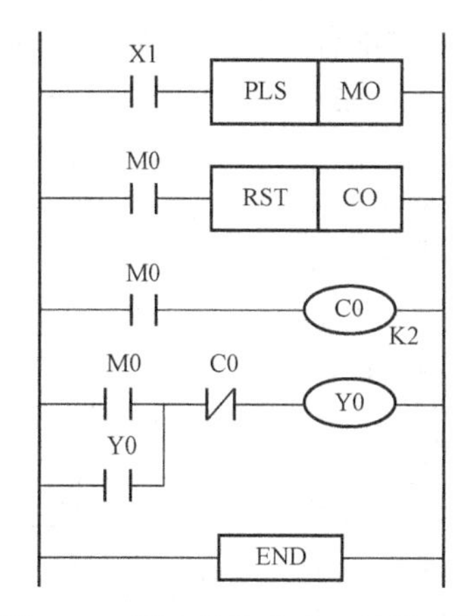

图 7-61 用功能指令实现的梯形图

3. 两台电动机的顺序联动控制

（1）控制要求：电动机 M1 先起动（SB1），电动机 M2 才能起动（SB2）。

（2）输入/输出分配。X0：电动机 M1 起动（SB1），X1：电动机 M2 起动（SB2），X2：电动机 M1 停止（SB3），X3：电动机 M2 停止（SB4）；Y0：电动机 M1（接触器 1），Y1：电动机 M2（接触器 2）。

（3）梯形图如图 7-62 所示。

（4）梯形图方案设计，如图 7-62 所示。

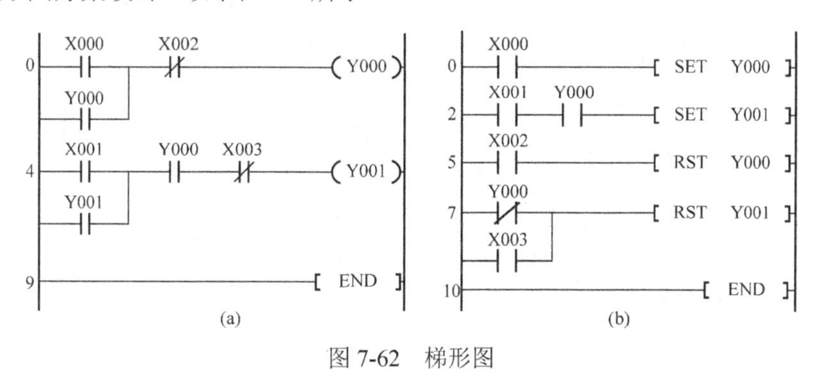

图 7-62 梯形图

（a）方法 1；（b）方法 2

4. 电动机循环正反转的控制系统

（1）控制要求。按下起动按钮，电动机正转 3s，停 2s，反转 3s，停 2s，如此循环 5 个周期，然后自动停止。运行中，可按停止按钮停止，热继电器动作也应停止。

（2）I/O 分配。X0：停止按钮，X1：起动按钮，X2：热继电器动合点；Y1：电动机正转接触器，Y2：电动机反转接触器。

（3）接线图如图 7-63 所示。

（4）梯形图如图 7-64 所示。

5. 邮件分拣系统

（1）控制要求。邮件分拣系统的 PLC 控制系统设计与调试，要求启动后红灯 Q1 亮，表示有邮件送来，拨码器模拟邮件的邮码，从拨码器到邮码的正常值为 1、2、3、4、5，若是此 5 个数字中的任意一个，则相应的灯亮并且 Q2 也亮，电动机 M5 运行，将邮件分拣到邮箱内，完成后 Q2 熄灭，L1 亮，表示可以继续分拣邮件。按下停止按钮，系统停止运行。

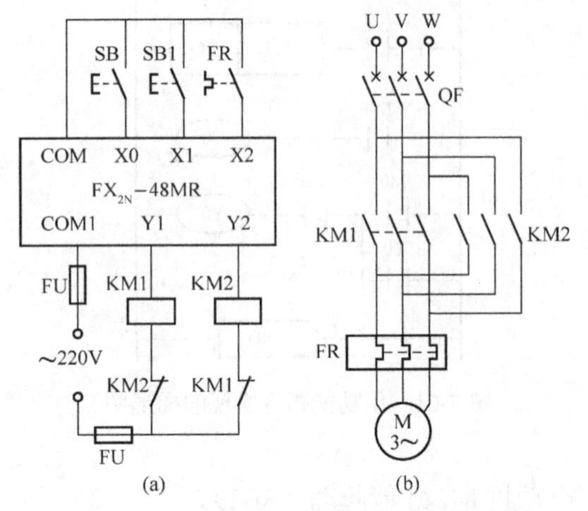

图 7-63　电动机循环正反转的系统接线图

（a）PLC 的 I/O 接线图；（b）主电路

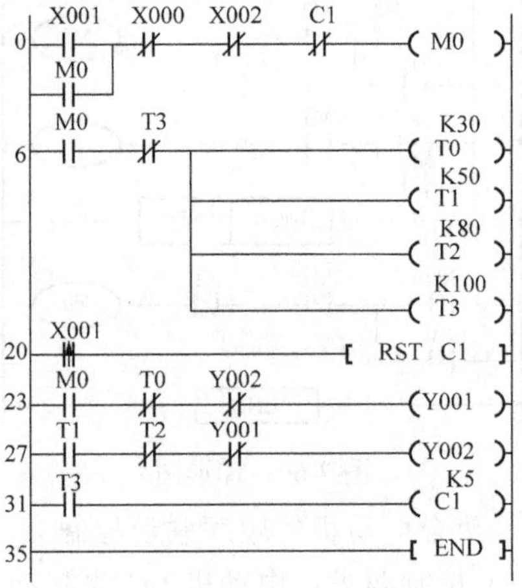

图 7-64　电动机循环正反转的梯形图

（2）邮件分拣模拟控制系统模板示意图如图 7-65 所示。

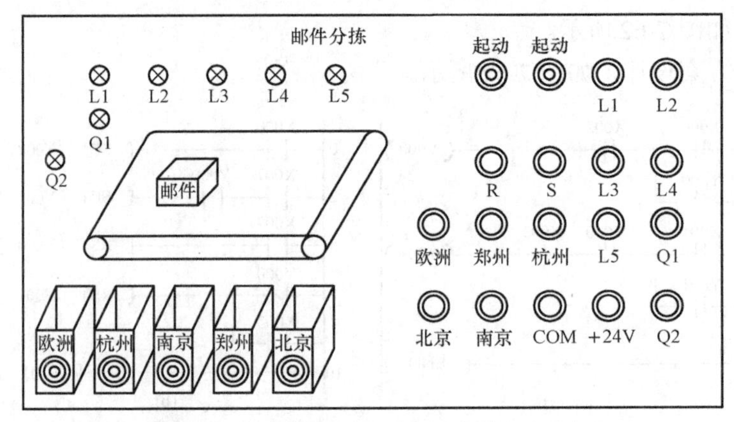

图 7-65　邮件分拣模拟控制系统模板示意图

（3）输入/输出分配表如表 7-28 所示。

表 7-28　　输入/输出分配表

输入信号		输出信号	
名　称	输入点编号	名　称	输入点编号
启动按钮	X000	指示灯 Q1	Y000
停止按钮	X001	指示灯 Q2	Y001
“欧洲”按钮	X002	指示灯 L1	Y002
“杭州”按钮	X003	指示灯 L2	Y003
“南京”按钮	X004	指示灯 L3	Y004
“郑州”按钮	X005	指示灯 L4	Y005
“北京”按钮	X006	指示灯 L5	Y006

（4）接线图如图 7-66 所示。

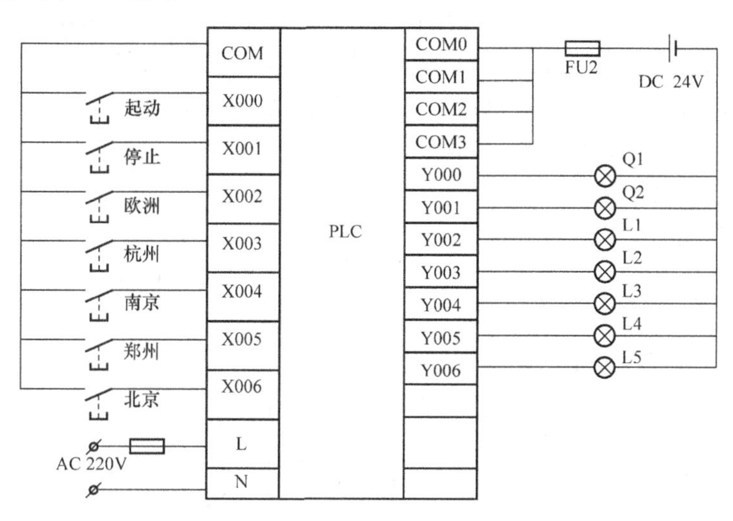

图 7-66　邮件分拣模拟控制系统接线图

（5）梯形图如图 7-67 所示。

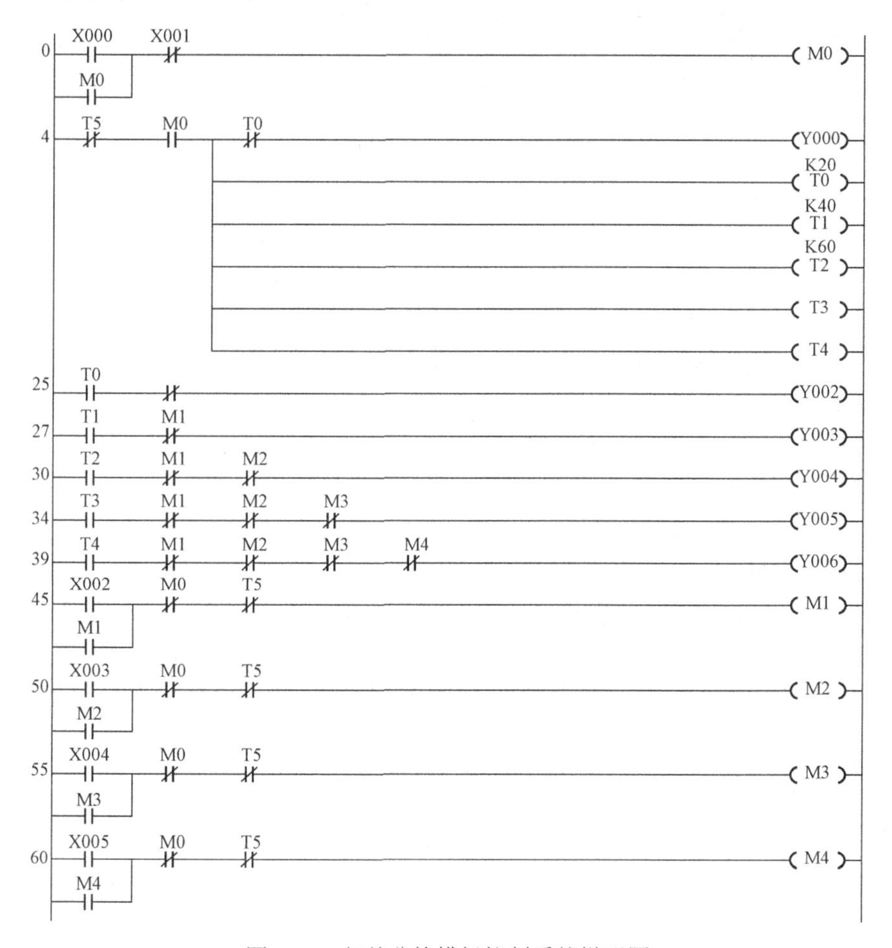

图 7-67　邮件分拣模拟控制系统梯形图

6. 电镀生产自动线

（1）工艺要求。电镀生产线采用专用行车，行车架上装有可升降的吊钩，由2台电动机拖动，行车的进退和吊钩的升降均由相应的限位开关SQ定位。设该生产线有在个槽位。工艺要求为：工件放入镀槽中，电镀8s后提起，停放4s，让镀液从工件上流回镀槽，然后放入回收液槽中浸50s，提起后停4s，接着放入清水槽中清洗5s，提起后停5s，行车返回原位，电镀一个工件的全部过程结束。

（2）电镀生产线的工艺流程如图7-68所示。

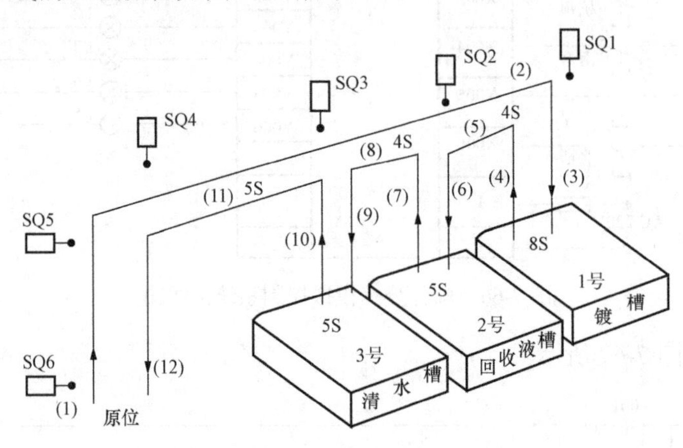

图7-68　电镀生产线工艺流程图

1）吊钩上升，提升工件，碰到上限位SQ5停，转下一步工序。

2）行车前进，至压下SQ1停止。

3）吊钩下降，碰到下限位（原位）SQ6停止，工件浸入镀槽8s。

4）电镀结束，吊钩提起工件至压下SQ5停止，并停留4s。

5）行车后退压下SQ2停在回收液上方。

6）吊钩下降，碰到SQ6停止，工件放进回收液中停5s。

7）吊钩上升至SQ5被压，停止4s。

8）行车后退，压下SQ3停在清水槽上方。

9）吊钩下降碰到SQ6停止，工件置清水槽中清洗5s。

10）吊钩上升至SQ5被压停5s。

11）行车后退到压下SQ4停在原位上方。

12）吊钩下降到压下SQ6停在原位，取下工件，整个电镀生产完成一个工作周期。

（3）控制要求。本生产线除装饰工件外，整个工艺过程能自动进行，同时行车和吊钩的正反运行均能进行点动控制，以便对设备进行调整和检修。原位设有信号指示和运行工作指示。

（4）电镀电路设计。

1）PLC输入/输出接线如图7-69所示。

2）梯形图如图7-70所示。

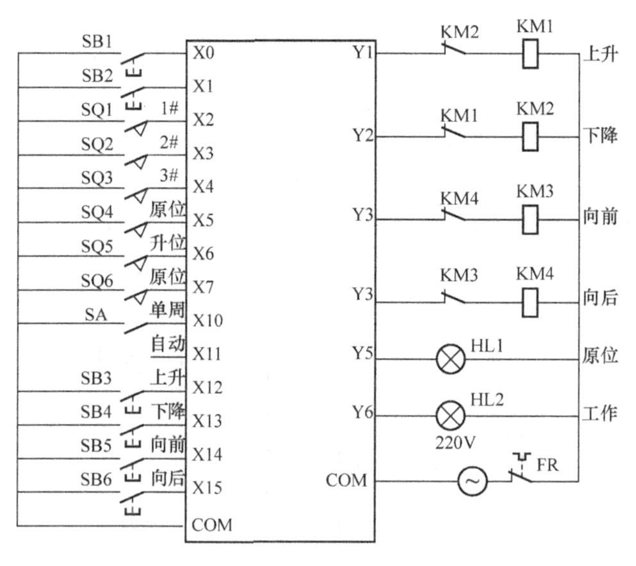

图 7-69　电镀生产自动线 PLC 接线图

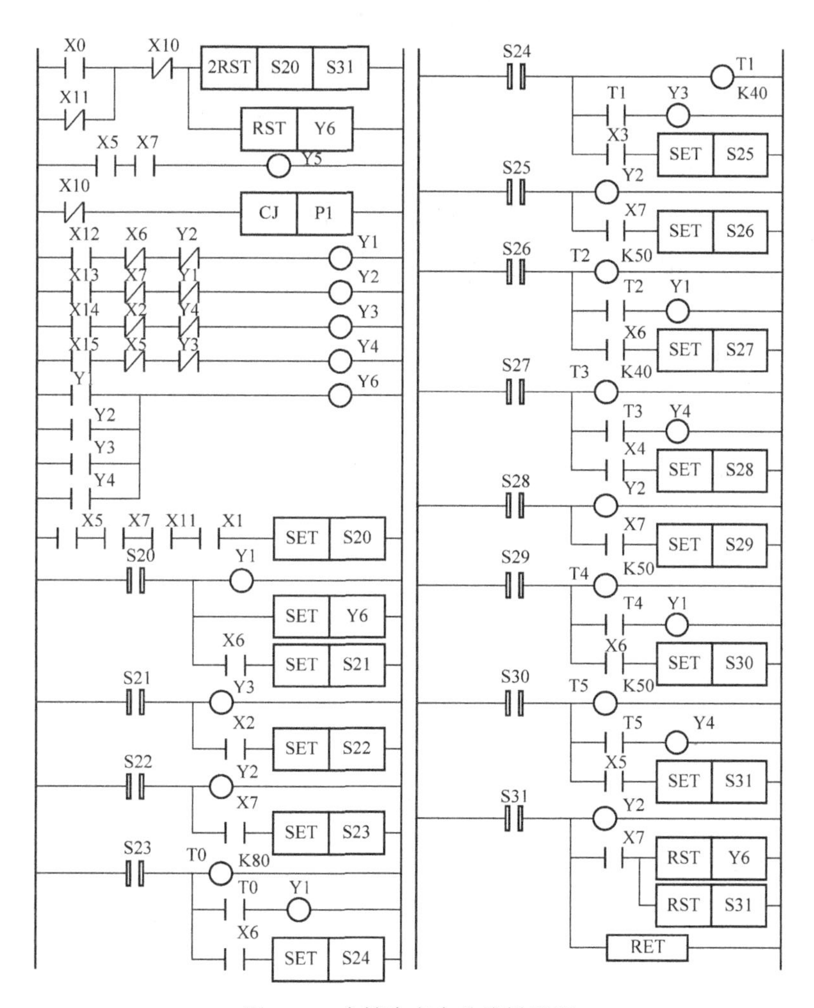

图 7-70　电镀生产自动线梯形图

习　　题

1．为什么 PLC 的触点可以使用无数次？

2．简述 FX_{2N} 系列 PLC 的主要元器件及其编号。

3．写出如图 7-71（a）和（b）所示的梯形图对应的指令程序。

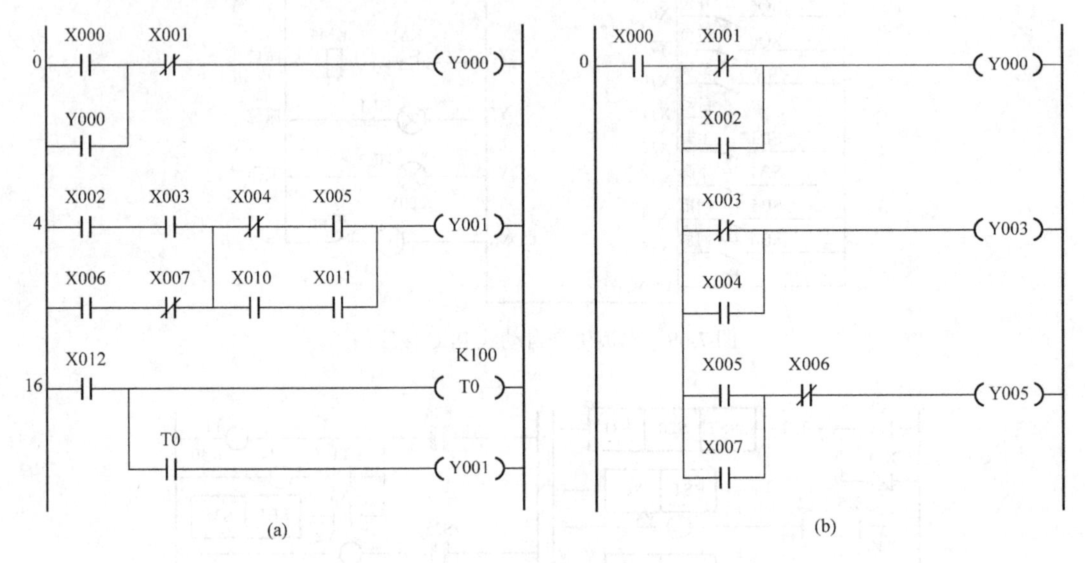

图 7-71　习题 3 的图

4．根据以下指令程序画出对应的梯形图。

（1）

```
0    LD     X000
1    OR     Y000
2    ANI    X001
3    OR     M10
4    LD     X002
5    AND    X003
6    LDI    X004
7    AND    X005
8    ORB
9    ANB
10   OUT    Y000
11   END
```

（2）

```
0    LD     X001
1    MC     N0     M100
4    LD     X002
5    OUT    Y001
6    LD     X003
7    OUT    Y002
8    MCR    N0
10   LD     X004
11   OUT    Y003
```

5．优化图 7-72 所示的梯形图。

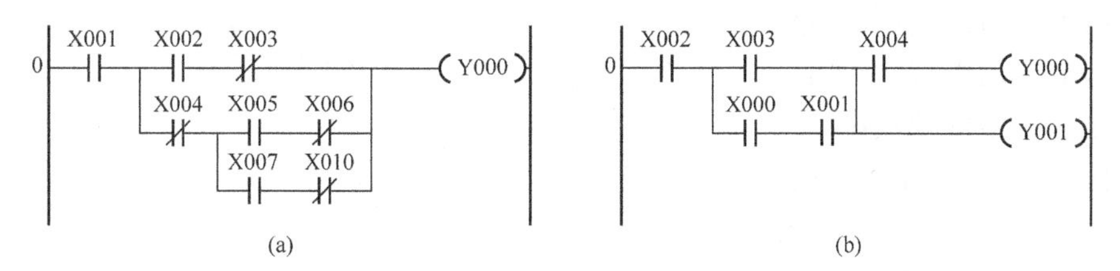

图 7-72 习题 5 的图

6．将图 7-73 状态流程图转换为梯形图，并写出对应的指令语句表。

7．用 PLC 基本指令编程实现彩灯 LD1～LD3 的控制，要求：按下起动按钮 SB 后，亮 3s，熄灭 3s，重复 5 次后停止工作。

PLC 输入/输出端口配置如表 7-29 所示，请编写梯形图和指令语句表。

表 7-29 PLC 输入/输出端口配置表

输入设备	输入端口编号	输出设备	输出端口编号
起动按钮 SB	X0	彩灯 LD1～LD3	Y0～Y2

8．如图 7-74 所示，有三条传送带按顺序启动（A→B→C），逆序停止（C→B→A），请编写梯形图和指令语句表。

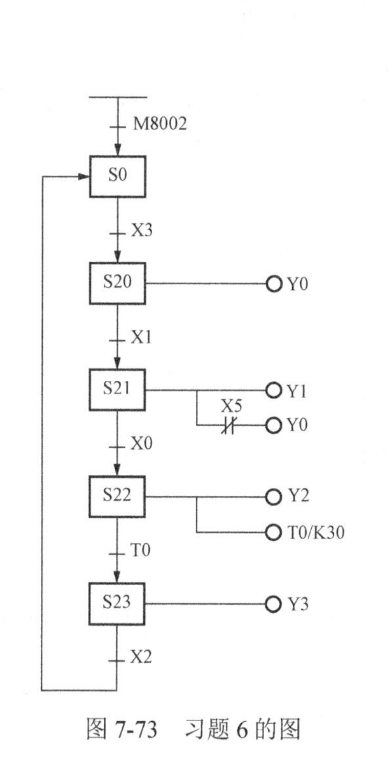

图 7-73 习题 6 的图

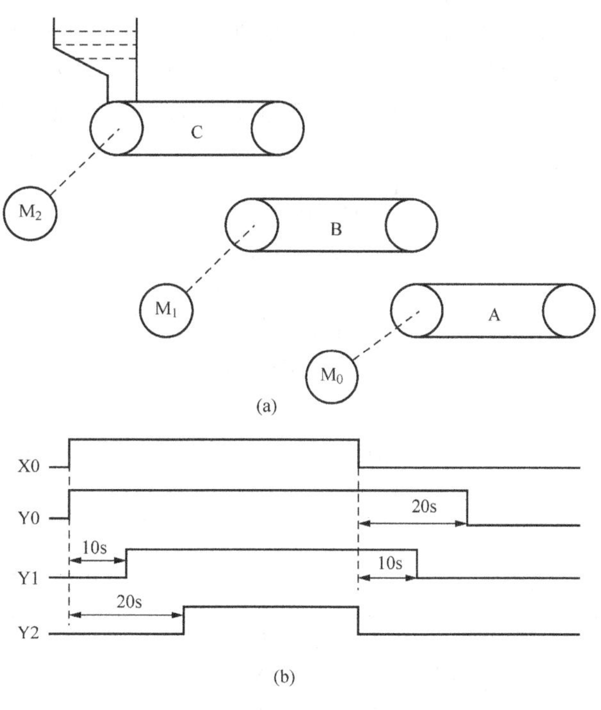

图 7-74 习题 8 的图

（a）运行图；（b）时序图

9．用步进指令编程实现彩灯 LD1～LD3 的控制，要求：

按启动按钮后：

（1）彩灯 LD1 亮；
（2）1s 后，LD1 熄灭，LD2 亮；
（3）1s 后，LD2 熄灭，LD3 亮；
（4）1s 后，LD3 熄灭；
（5）1s 后，LD1～LD3 一起亮；
（6）1s 后，LD1～LD3 熄灭；
（7）1s 后，LD1～LD3 一起亮；
（8）1s 后，LD1～LD3 熄灭；
（9）1s 后进入下一循环……

按停止按钮后，彩灯全部熄灭。

PLC 输入/输出端口配置如表 7-30 所示，请编写状态转移图。

表 7-30　　PLC 输入/输出端口配置表

输入设备	输入端口编号	输出设备	输出端口编号
起动按钮 SB1	X0	彩灯 LD1、3	Y1、Y3
停止按钮 SB2	X1	彩灯 LD2、4	Y2、Y4

10．某流水线有两辆小车送料，如图 7-75 所示，控制要求为：

（1）按下按钮 SB1，小车 1 由 SQ1 处前进至 SQ2 处停 5s，再后退至 SQ1 处停下；
（2）同时，小车 2 由 SQ3 处前进至 SQ4 处停 5s，再后退至 SQ3 处停下。

循环往复，直至按下停止按钮 SB2，两小车立即停止。

PLC 输入/输出端口配置如表 7-31 所示，试用 PLC 步进指令编程实现该系统，画出状态转移图。

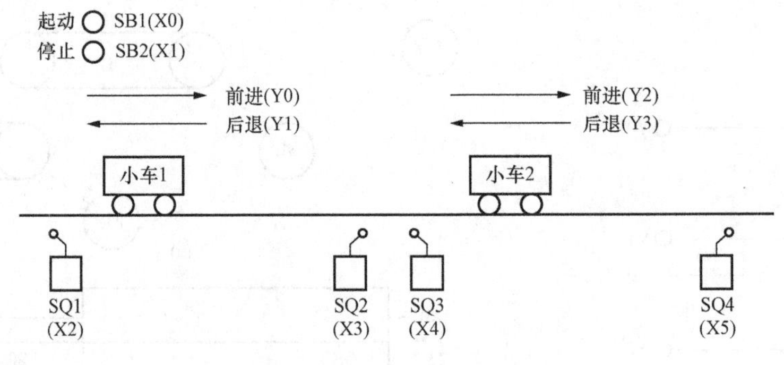

图 7-75　习题 10 的图

表 7-31　　PLC 输入输出端口配置表

输入设备	输入端口编号	输出设备	输出端口编号
起动按钮 SB1	X0	小车 1 前进接触器 KM1	Y0
停止按钮 SB2	X1	小车 1 后退接触器 KM2	Y1
位置开关 SQ1	X2	小车 2 前进接触器 KM3	Y2
位置开关 SQ2	X3	小车 2 后退接触器 KM4	Y3
位置开关 SQ3	X4		
位置开关 SQ4	X5		

第八章

三菱 FX 系列的功能模块

第一节　FX 系列 PLC 的功能指令简介

PLC 就是工业控制计算机，PLC 具有一切计算机控制系统的功能，大型的 PLC 系统是当代最先进的计算机控制系统。从 20 世纪 80 年代开始，PLC 制造商就逐步地在小型 PLC 中加入一些功能指令。这些功能指令实际上就是一个个功能不同的子程序。随着芯片技术的发展，小型 PLC 的运算速度、存储量不断增加，其功能指令的功能也越来越强。许多技术人员以前不敢想象的功能，通过功能指令就极容易实现，大大提高了 PLC 的实用价值。

熟练掌握基本逻辑指令、顺序步进指令后，再掌握功能指令，编写的程序就会得心应手。功能指令采用计算机通用的助记符+操作数（元件）方式，有计算机及 PLC 知识的人极易明白其功能，如图 8-1 所示。可有些功能指令本身比较复杂，涉及的操作数可能会较多，以这些功能指令就不能像图 8-1 一样那么一目了然。只有在运用中逐步理解，才能熟练掌握这些功能指令。

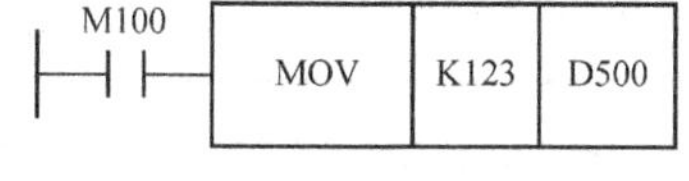

图 8-1　功能指令格式

图 8-1 程序的意义为：当执行条件 M100 为“ON”时，把源操作数的常数 K123 送到目标操作元件中的数据寄存器 D500。

一、功能指令

1. 程序流程指令

（1）条件跳转指令，如表 8-1 所示。

表 8-1　条件跳转指令表

指令名称	助记符/功能号	操作数[D.]	程序步长
条件跳转	FUC00 CJ（P）	P0～P127 P63 为 END 不作为跳转标记	16 位，3 步； 标号 P，1 步

（2）子程序调用指令，如表 8-2 所示。

表 8-2　子程序调用指令表

指令名称	助记符/功能号	操　作　数	程序步长
子程序调用	FNC01 CALL（P）	P0～P127 指针 P0～P62 允许变址， P63 为 END，不作为指针。嵌套为 5 级	CALL（P），3 步； P 指针，1 步
子程序返回	FNC02 SRET	无	1 步

（3）中断指令，如表 8-3 所示。

表 8-3　　中断指令表

指令名称	助记符/功能号	操　作　数	程序步长
中断返回	FNC03 IRET	无	1步
中断允许	FNC04 EI	无	1步
中断禁止	FNC05 DI	无	1步

（4）主程序结束指令，如表 8-4 所示。

表 8-4　　主程序结束指令表

指令名称	助记符/功能号	操　作　数	程序步长
主程序结束	FNC06 FEND	无	1步

（5）监视定时器刷新指令，如表 8-5 所示。

表 8-5　　监视定时器刷新指令表

指令名称	助记符/功能号	操　作　数	程序步长
监视定时器刷新	FNC07 WDT（P）	无	1步

（6）循环指令，如表 8-6 所示。

表 8-6　　循环指令表

指令名称	助记符/功能号	操　作　数	程序步长
循环开始	FNC08 FOR	K、H、KnH、Kn、Y、KnM KnS、T、C、D、V、Z	3步
循环结束	FNC09 NEXT	无	1步

2. 传递比较指令

（1）比较指令，如表 8-7 所示。

表 8-7　　比较指令表

指令名称	助记符/功能号	操　作　数		程序步长
		[S1.][S2.]	[D.]	
比较	FNC10 （D）CMP（P）	K、H KnX、KnY、KnM KnS、T、C、D、V、Z	Y、M、S	16位，7步； 32位，13步
区间比较	FNC11 （D）ZCP（P）	K、H KnX、KnY、KnM KnS、T、C、D、V、Z	Y、M、S	16位，7步； 32位，13步

（2）传送指令，如表 8-8 所示。

表 8-8　　传送指令表

指令名称	助记符/功能号	操作数		程序步长
		[S.]	[D.]	
传送	FNC12 (D) MOV (P)	K、H KnX、KnY、KnM KnS、T、C、D、V、Z	K、H KnY、KnM KnS、T、C、D、V、Z	16 位，5 步； 32 位，9 步

（3）位传送指令，如表 8-9 所示。

表 8-9　　位传送指令表

指令名称	助记符/功能号	操作数		程序步长
		[S.]	[D.]	
位传送	FNC13 SMOV (P)	K、H、KnX、KnY、KnM、KnS、T、C、D、V、Z、X、Y、M、S	KnY、KnM KnS、T、C、D、V、Z	16 位，11 步

（4）反向传送指令，如表 8-10 所示。

表 8-10　　反向传送指令

指令名称	助记符/功能号	操作数		程序步长
		[S.]	[D.]	
反向传送 （或取反传送）	FNC14 (D) CML (P)	K、H、KnX、KnY、KnM、KnS、T、C、D、V、Z、X、Y、M、S	KnY、KnM KnS、T、C、D、V、Z	16 位，5 步； 32 位，9 步

（5）块传送指令，如表 8-11 所示。

表 8-11　　块传送指令表

指令名称	助记符/功能号	操作数		程序步长
		[S.]	[D.]	
块传送 （或成批传送）	FNC15 BMOV (P)	K、H、KnX、KnY、KnM、 KnS、T、C、D	KnY、KnM KnS、T、C、D	16 位，7 步

（6）多点传送指令，如表 8-12 所示。

表 8-12　　多点传送指令表

指令名称	助记符/功能号	操作数		程序步长
		[S.]	[D.]	
多点传送	FNC16 (D) FMOV (P)	K、H、KnX、KnY、KnM、 KnS、T、C、D、V、Z	KnY、KnM KnS、T、C、D、V、Z	16 位，7 步； 32 位，13 步

（7）数据交换指令，如表 8-13 所示。

表 8-13　　数据交换指令表

指令名称	助记符/功能号	操作数		程序步长
		[D1.]	[D2.]	
数据交换	FNC17 (D) XCH (P)	KnY、KnM、KnS、T、C、 D、V、Z	KnY、KnM KnS、T、C、D、V、Z	16 位，5 步； 32 位，9 步

（8）BCD码交换指令，如表8-14所示。

表8-14　　BCD码交换指令表

指令名称	助记符/功能号	操作数		程序步长
		[S.]	[D.]	
BCD码交换	FNC18 （D）BCD（P）	K、H、KnX、KnY、KnM、KnS、T、C、D、V、Z	KnY、KnM KnS、T、C、D、V、Z	16位，5步； 32位，9步

（9）二进制变换指令，如表8-15所示。

表8-15　　二进制变换指令表

指令名称	助记符/功能号	操作数		程序步长
		[S.]	[D.]	
二进制变换	FNC19 （D）BIN（P）	KnX、KnY、KnM、KnS、T、C、D、V、Z	KnY、KnM KnS、T、C、D、V、Z	16位，5步； 32位，9步

3. 四则逻辑运算指令

（1）加法指令，如表8-16所示。

表8-16　　加法指令表

指令名称	助记符/功能号	操作数		程序步长
		[S1.]/[S2.]	[D.]	
加法	FNC20 （D）ADD（P）	K、H、KnX、KnY、KnM、KnS、T、C、D、V、Z	KnY、KnM KnS、T、C、D、V、Z	16位，7步； 32位，13步

（2）减法指令，如表8-17所示。

表8-17　　减法指令表

指令名称	助记符/功能号	操作数		程序步长
		[S1.]/[S2.]	[D.]	
减法	FNC21 （D）SUB（P）	KnX、KnY、KnM、KnS、T、C、D、V、Z	KnY、KnM KnS、T、C、D、V、Z	16位，7步； 32位，13步

（3）乘法指令，如表8-18所示。

表8-18　　乘法指令表

指令名称	助记符/功能号	操作数		程序步长
		[S1.]/[S2.]	[D.]	
乘法	FNC22 （D）MUL（P）	K、H、KnX、KnY、KnM、KnS、T、C、D、Z	KnY、KnM KnS、T、C、D	16位，7步； 32位，13步

（4）除法指令，如表8-19所示。

表8-19　　除法指令表

指令名称	助记符/功能号	操作数		程序步长
		[S1.]/[S2.]	[D.]	
除法	FNC23 （D）DIV（P）	K、H、KnX、KnY、KnM、KnS、T、C、D、Z	KnY、KnM KnS、T、C、D	16位，7步； 32位，13步

（5）加 1 指令，如表 8-20 所示。

表 8-20　　加 1 指令表

指令名称	助记符/功能号	操作数[D.]	程序步长
加 1	FUC24 （D）INC（P）	KnY、KnM、KnS、T、C、D、V、Z	16 位，3 步； 32 位，5 步

（6）减 1 指令，如表 8-21 所示。

表 8-21　　减 1 指令表

指令名称	助记符/功能号	操作数[D.]	程序步长
减 1	FUC25 （D）DEC（P）	KnY、KnM、KnS、T、C、D、V、Z	16 位，3 步； 32 位，5 步

（7）逻辑与、或、异或指令，如表 8-22 所示。

表 8-22　　逻辑与、或、异或指令表

指令名称	助记符/功能号	操作数		程序步长
		[S1.]/[S2.]	[D.]	
字逻辑与	FUC26 （D）WAND（P）	K、H、KnX、KnY、KnM、KnS、T、C、D、V、Z	KnY、KnM、KnS、T、C、D、V、Z	16 位，7 步； 32 位，13 步
字逻辑或	FUC27 （D）WOR（P）			
字逻辑异或	FUC28 （D）WXOR（P）			

（8）求补指令，如表 8-23 所示。

表 8-23　　求补指令表

指令名称	助记符/功能号	操作数[D.]	程序步长
求补	FUC29 （D）NEG（P）	KnY、KnM、KnS、T、C、D、V、Z	16 位，3 步； 32 位，5 步

4. 循环移位与移位指令

（1）循环右移指令，如表 8-24 所示。

表 8-24　　循环右移指令表

指令名称	助记符/功能号	操作数		程序步长
		[D.]	n	
循环右移	FNC30 （D）ROR（P）	KnY、KnM、KnS、T、C、D、V、Z	K、H、 n≤16（位） n≤32（位）	16 位，5 步； 32 位，9 步

（2）循环左移指令，如表 8-25 所示。

表 8-25　　循环左移指令表

指令名称	助记符/功能号	操作数]		程序步长
		[D.]	n	
循环左移	FNC31 （D）ROL（P）	KnY、KnM、KnS、T、C、D、V、Z	K、H、 n≤16（位） n≤32（位）	16位，5步； 32位，9步

（3）带进位的循环右移、左移指令，如表 8-26 所示。

表 8-26　　带进位的循环右移、左移指令表

指令名称	助记符/功能号	操　作　数		程序步长
		[D.]	n	
带进位的循环右移	FUC32 （D）RCR（P）	KnY、KnM、KnS、T、C、D、V、Z	K、H、 n≤16（位） n≥32（位）	16位，5步； 32位，9步
带进位的循环左移	FUC33 （D）RCL（P）			

（4）位移位指令，如表 8-27 所示。

表 8-27　　位移位指令表

指令名称	助记符/功能号	操　作　数			程序步长
		[S.]	[D.]	n1/n2	
位右移	FUC34 SFTR（P）	X、Y、M、S	Y、M、S	K、H、 n2≤n1 ≤ 1024	16位，7步
位左移	FUC35 SFTL（P）				

（5）字移位指令，如表 8-28 所示。

表 8-28　　字移位指令表

指令名称	助记符/功能号	操　作　数			程序步长
		[S.]	[D.]	n1/n2	
字右移	FUC36 WSFR（P）	KnX、KnY、KnM、KnS、T、C、D	KnY、KnM、KnS、T、C、D	K、H、 n2≤n1 ≤ 512	16位，9步
字左移	FUC37 WSFL（P）				

（6）先入先出写入指令，如表 8-29 所示。

表 8-29　　先入先出写入指令表

指令名称	助记符/功能号	操　作　数			程序步长
		[S.]	[D.]	n	
先入先出写入	FUC38 SFWR（P）	K、H、KnX、KnY、KnM、KnS、T、C、D、V、Z	KnY、KnM、KnS、T、C、D	K、H、 2≤n ≤512	16位，7步

（7）先入先出读出指令，如表 8-30 所示。

表 8-30　　先入先出读出指令表

指令名称	助记符/功能号	操作数			程序步长
		[S.]	[D.]	n	
先入先出读出	FUC39 SFRD（P）	KnY、KnM、KnS、T、C、D	KnY、KnM、KnS、T、C、D、V、Z	K、H、 2≤n≤512	16 位，7 步

5．数据处理指令说明

（1）全部复位指令，如表 8-31 所示。

表 8-31　　全部复位指令表

指令名称	助记符/功能号	操作数	程序步长
		[D1.]/ [D2.]	
全部复位 （区间复位）	FUC40 ZRST（P）	Y、M、S、T、C、D （D1≤D2）	16 位，5 步

（2）FNC41～FNC47 功能指令的格式省略。

6．方便指令

（1）状态初始化指令，如表 8-32 所示。

表 8-32　　状态初始化指令表

指令名称	助记符/功能号	操作数		程序步长
		[S.]	[D1.]/ [D2.]	
状态初始化	FNC60 IST	X、Y、M	S20~S899 D1<D2	16 位，7 步

（2）数据查找指令，如表 8-33 所示。

表 8-33　　数据查找指令表

指令名称	助记符/功能号	操作数			程序步长
		[S1.]	[S2.]	n	
数据查找	FUC61 （D）SER（P）	KnX、KnY、KnM、KnS、T、C、D	K、H、KnX、KnY、KnM、KnS、T、C、D、V、Z	K、H、D	16 位，9 步； 32 位，17 步

（3）交替输出指令，如表 8-34 所示。

表 8-34　　交替输出指令表

指令名称	助记符/功能号	操作数[D.]	程序步长
交替输出	FNC66 ALT（P）	Y、M、S	16 位，3 步

（4）旋转工作台控制指令，如表 8-35 所示。

表 8-35　　旋转工作台控制指令表

指令名称	助记符/功能号	操作数			程序步长
		[S.]	m1/m2	[D.]	
旋转工作台控制	FUC68 ROTC	D	K、H	Y、M、S	16 位，9 步

（5）FNC62～FNC69 功能指令格式省略。

7．外部设备 I/O 指令 10 条功能指令格式省略

外部设备（SER）指令 8 条功能指令格式、浮点数指令 14 条功能指令格式、时钟运算 6 条功能指令格式、外围设备 2 条功能指令格式、触点比较 18 条功能指令格式省略。

以上未标出的功能指令由于不是经常使用，在此，没有一一列写，读者可查阅其他相关 PLC 应用技术书籍。

第二节　FX 系列 PLC 功能指令的编程方法

一、功能指令编程

功能指令实际上就是许多功能不同的子程序，可以用来实现程序流向控制、传送比较、循环与移位、数据处理、算术运算、高速处理等。

1．功能指令的表达形式

（1）功能指令按功能号 FNC00～FNC246 排列，每条指令都有一个指令助记符，作为表达其特征的标志。也就是说表达式采用梯形图和指令助记符相结合的形式。

（2）应用指令时，只有指令本身有功能作用（FNC 号），大多数场合都是由指令和与之相连的操作数组合而成的。

例如，图 8-2 所示为功能指令的表达形式。

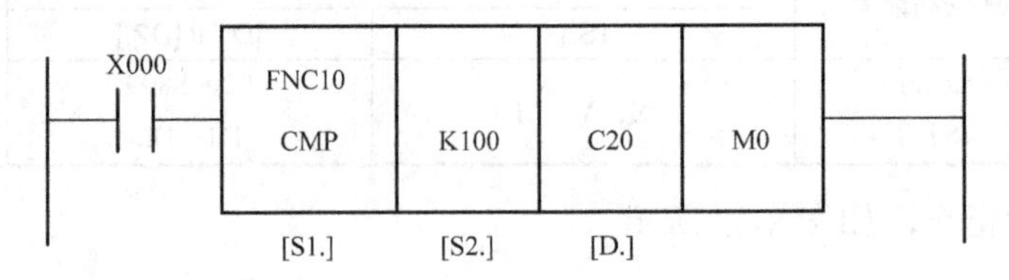

图 8-2　功能指令表达图

1）FNC10 表示为比较指令 CMP 的功能代号。

2）[S]表示源操作数，是指功能指令执行后，不改变其内容的操作数。若使用变址来做元件号修改时，则用[S.]表示；源是多个时用[S1.][S2.]表示。

3）[D]表示目标操作数，是指功能指令执行后，将其内容改变的操作数。同样可以做变址修改，表示为[D.]；目标操作数多个时用[D1.][D2.]表示。

4）用 m、n 表示其他操作数，是指既不是源操作数，又不是目标操作数，只能用常数 H 或 K 的操作数。K 表示十进制，H 表示十六进制。其他操作数多个时用[m1]、[m2]…，[n1]、[n2]…表示，若具有变址功能，则用加“ . ”的符号[n .]表示。有一部分指令也可用数据寄存器（D）指定。

5）功能指令的程序步长，功能号和助记符占一个程序步。操作数为 16 位，指令程序步为 2 步；操作数为 32 位，指令程序步为 4 步。

6）操作数的目标文件。

①可以是用 X、Y、M、S 等器件。

②将这些位元件组合，表达为 KnX.KnY.KnM.KnS，用来作为数值数据使用。

③可以是用数据寄存器（D）、定时器（T）、计数器（C）的当前值寄存器。数据寄存器

（D）为 16 位，使用 32 位时，可以用一对数据寄存器的组合。T、C 的当前值寄存器也可以做一般的数据寄存器。

2. 数据位长指令执行形式

（1）数据位长指令用（D）表示 32 位指令，无（D）表示为 16 位指令，如图 8-3 所示。

（2）指定元件可以使用偶数或奇数，与之相连的编号的元件 T、C、D 等字元件组合起来使用，用 32 位指令的操作数指定低位元件应使用偶数编号。

（3）32 位计数（C200～C255），因用一个元件就是 32 位，因此一定要用 32 位指令的操作数。

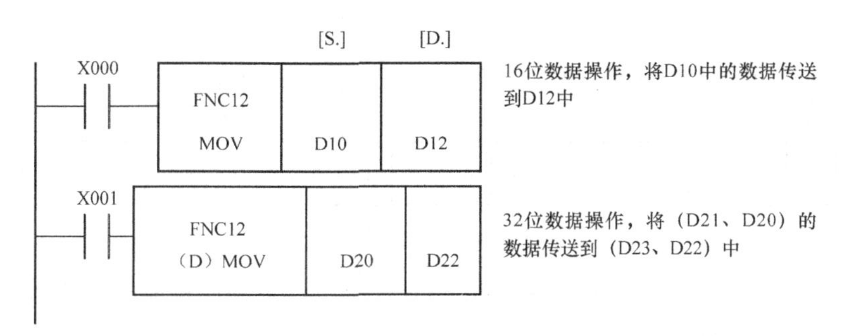

图 8-3　数据位长指令

3. 脉冲执行/连续执行指令

（1）脉冲执行指令，如图 8-4 所示。

当 X000 由 OFF→ON 时，任何时候都只能执行一次指令。由于非执行时的处理时间很快，因此要尽量使用脉冲指令。

（2）连续执行指令，如图 8-5 所示。

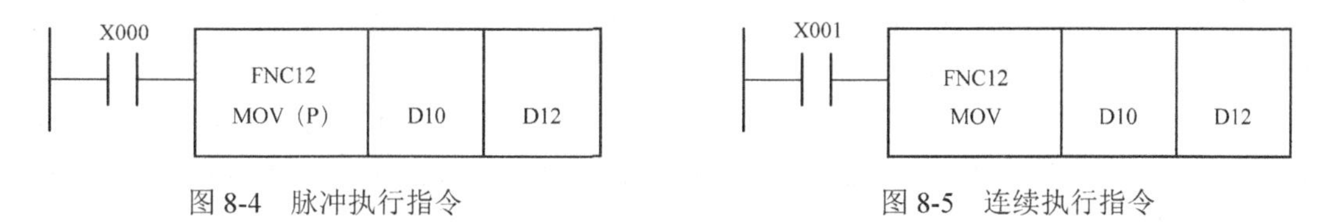

图 8-4　脉冲执行指令　　图 8-5　连续执行指令

当 X001 为 ON 时各运算周期都执行一次该指令，INC、DEC 等指令的内容不同，使用这种形式指令时，必须注意对指令的标题用的符号为特殊指令，连续执行符号。

（3）任何时候，驱动输入 X000 或 X001 为 OFF 时，都不执行指令，除特别指令之外的指令目标操作数都不变。

4. 位元件的使用

（1）只处理如 X、Y、M、S、为 ON/OFF 状态的元件称作位元件，而处理 T、C、D 等数值的元件称作字元件，虽然是位元件，但把它们组合起来使用，就能够处理数值，这时用位数 Kn 和首位元件编号组合来表达。

（2）4 个位元件为一组合成单元，KnM0 中的 n 是组数，16 位操作时为 K1～K4，32 位操作时为 K1～K8，例如，K2M0 表示由 M0～M7 组成的 8 位数据；K4M10 表示由 M25 到 M10 组成的 16 位数据，M10 是低位，如图 8-6 所示。

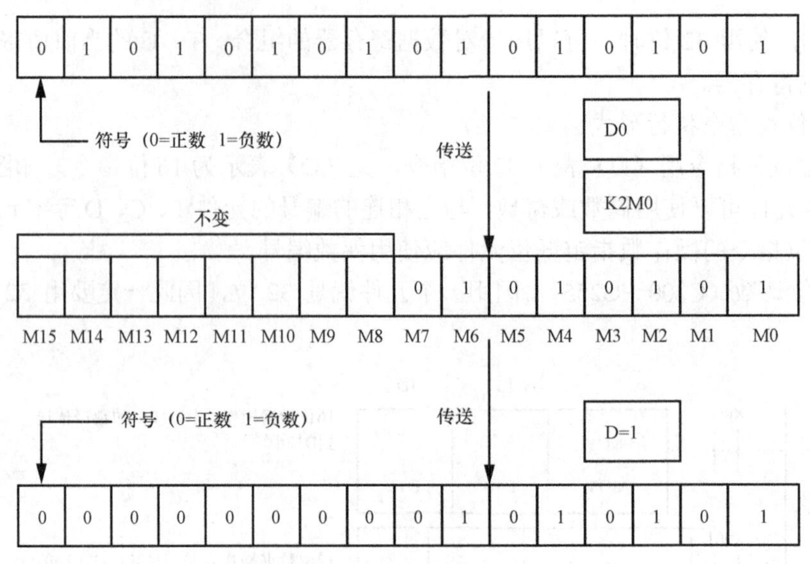

图8-6　位元件的使用

（3）将16位数据传送到K1M0、K2M0或K3M0时，只传递相应的低位数据，高位数据不能进行传送，32位数据也是如此。

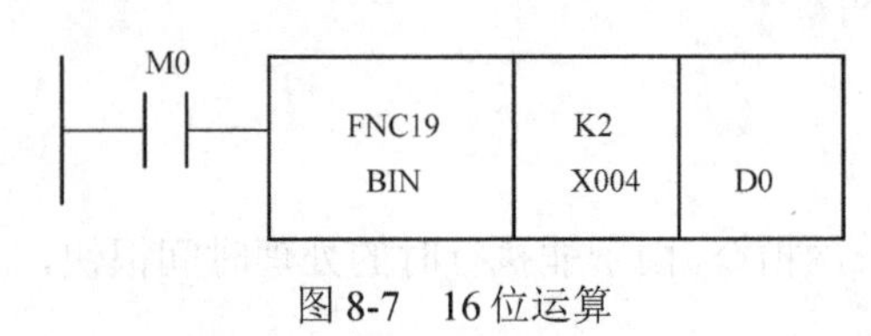

图8-7　16位运算

（4）在16位（或32位）运算中，对位元件的位指定是K1～K3或K1～K7时，不足的高位位数常常被当做0，且常常是处理正数，如图8-7所示。将X004～X013的BCD两位数据转换为BIN，传送给D0。

（5）指定的位器件的编号是一个自由数，但还是尽量使用最低位设为0为好。（例X000、X010、X020、…、Y000、Y010、Y020等）关于M、S为8的倍数较为理想，为避免混乱，应用如下数字：M0、M10、M20等。

（6）连续字的指定。以D1为首位的一串数据寄存器，应为D1、D2、D3、D4…。用位指定的字，当把它作为一串字使用时，应为K1X000、K1X004、K1X010、K1X014、…、K2Y010、K2Y020、K2Y030、…、K3M0、K3M12、M3M24、M3M36、…、K4S16、K4S32、K4S48、…，但是，在32位运算，用K4Y000时，要把最高位16位作为0，需要32位数据时，必须用K8Y000。

5. 寻址寄存器

（1）寻址寄存器（V0～V7，Z0～Z7共16点）与一般的数据寄存器一样，作为传送、比较等目标对象使用之外还可以作元件编号的修改。

目标元件的表达如图8-8所示。

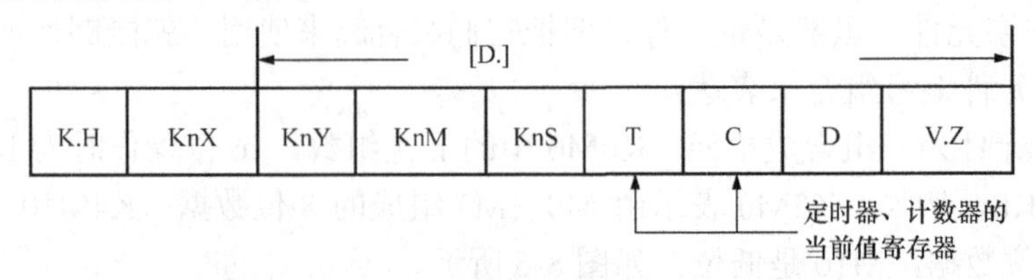

图8-8　目标元件的表达

（2）在图 8-8 中，作为某功能指令的目标操作数，可用于 KnY–V、Z，而且用[D.]符号的表示可以加入变址寄存器。但是 32 位指令时，V 为高位 16 位，Z 为低位 16 位，只能指定 Z。（作为寻址，在 32 位指令，V、Z 两个为 32 位）

例如，寻址修改，如图 8-9 所示。

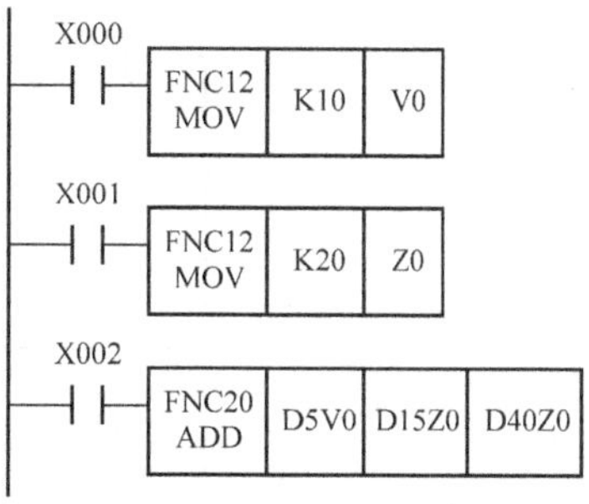

X000 FNC12 MOV K10 V0
X001 FNC12 MOV K20 Z0
X002 FNC20 ADD D5V0 D15Z0 D40Z0

图 8-9 寻址修改

说明：

1）根据（K10）→（V0）、（K20）→（Z0）、V0、Z0 数据为 10、20；

2）当（D5V0）+（D15Z0）→（D40Z0）就是（D15）+（D35）→（D60）的意思。V、Z 的使用将编程简化。

6. 指令使用次数限制

在应用指令中，有些指令禁止重复使用，有些指令只允许使用一次。

FNC52（MTR）、FNC60（IST）、FNC70（TKY）、FNC57（RLSV）、FNC62（ABSD）、FNC71（HKY）、FNC58（PWM）、FNC63（INCD）、FNC59（RLSR）、FNC68（ROTC）、FNC74（SEGL）指令可以使用两次。

上述指令只能使用一次或二次，但对操作数可进行寻址修改指令，可以用上述寻址寄存器，变更指令内的元件号和数值，因此，当不需要多次同时驱动时，实际上可得到用多次控制一样的效果。

7. 指令同时驱动的限制

应用指令中，作为指令可多次使用，但同时驱动点数的限制的指令有如下几个：

6 个指令以下：FNC53[（D）HSCS]、FNC54[（D）HSCR]、FNC55[（D）HSZ]；

1 个指令以下：FNC80（RS）。

8. 程序的编辑

上面介绍了功能指令编程的形式及有关操作说明，FX2 系列 PLC 有 85 条功能指令，FX2 分为程序流向控制、传送与比较、四则运算、移位与循环、数据处理、高速处理、方便指令、外部 I/O 处理和外部功能块控制等。本节只介绍其中几种常用功能指令的格式、编程方法及应用。

（1）条件跳转指令编程（CJ）。CJ 和 CJ（P）指令用于跳过顺序程序某一部分的场合，以减少扫描时间，如表 8-36 和图 8-10 所示。

表 8-36 条件跳转指令

<table>
<tr><td rowspan="3">FNC00 CJ（P）（16）</td><td colspan="2">适合软元件</td><td>占用步数</td></tr>
<tr><td>字元件</td><td>无</td><td rowspan="2">3 步</td></tr>
<tr><td>位元件</td><td>无</td></tr>
</table>

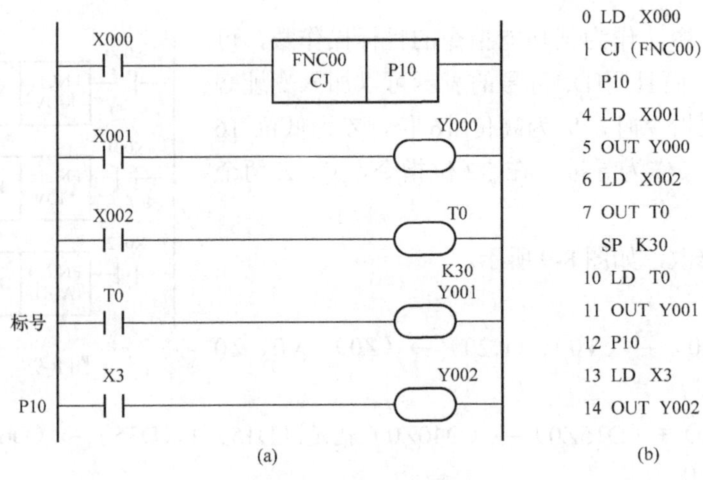

图 8-10 条件跳转指令

（a）梯形图；（b）指令表

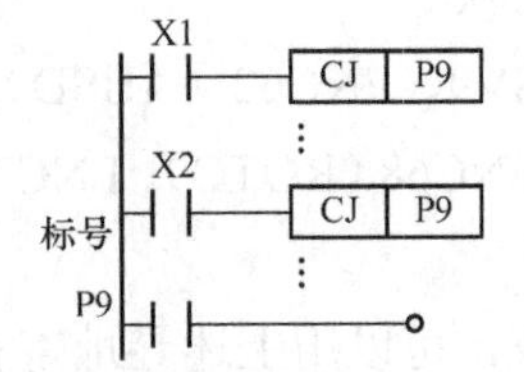

图 8-11 使用同一标号

说明：

1）X000=ON 时，程序跳到标号 P10 处。

2）X000=OFF 时跳转不执行，程序按原顺序执行。

3）一个标号只能出现一次，两条跳转指令可以使用同一标号，如图 8-11 所示。

在跳转指令前的执行若用 M8000 时，称为无条件跳转，因 PLC 运行时 M800 总为 ON。

编程时标号占一行，对有意向 END 步跳转的指针 P63 编程时程序不要对标号 P63 编程。

（2）子程序调用与返回指令编程（CALL、SRET），如表 8-37 所示。

表 8-37 子程序调用与返回指令编程

FNC01 CALL（P）（16） FNC02 SRET	适合软元件		占用步数
	字元件	无	CALL：3 步
	位元件	无	SRET：1 步

1）连续执行型（子程序基本应用），如图 8-12 所示。

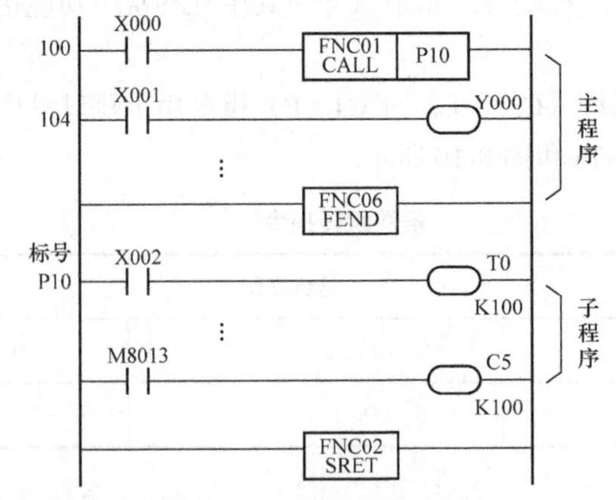

图 8-12 连续执行型梯形图

说明：

① 当 X000=ON 时，子程序调用指令 CALL 使程序跳到标号 P10 处，子程序被执行，在子程序返回指令 SRET 执行后，程序回到 104 步处。

② 标号应写到主程序结束指令 FEND 之后。

③ 标号范围为 P0～P162，当 P63 为 END 标号，不作指针，同一标号在程序中仅能使用一次。但 CJ 指令中用过的标号不能重复再用，不同的 CALL 指令可调用同一标号的子程序。

2）脉冲执行型（子程序嵌套）CALL（P），如图 8-13 所示。

说明：

① 子程序调用指令 CALL（P）P11 仅在 X1 由 OFF→ON 变化时执行一次。在执行 P11 子程序时，如果 CALL P12 指令被执行，则程序调到子程序 P12。

② 在 SRET（2）指令执行后，程序返回到子程序 P11 中 CALL P12 指令的下一步。在 SRET（1）指令执行后再返回主程序。

③ 子程序中可以用 CALL 子程序，形成子程序嵌套，总数可有 5 级嵌套。

（3）中断指令编程（IRET-中断返回指令、EI-允许中断指令、DI-禁止中断指令），如图 8-14 所示。

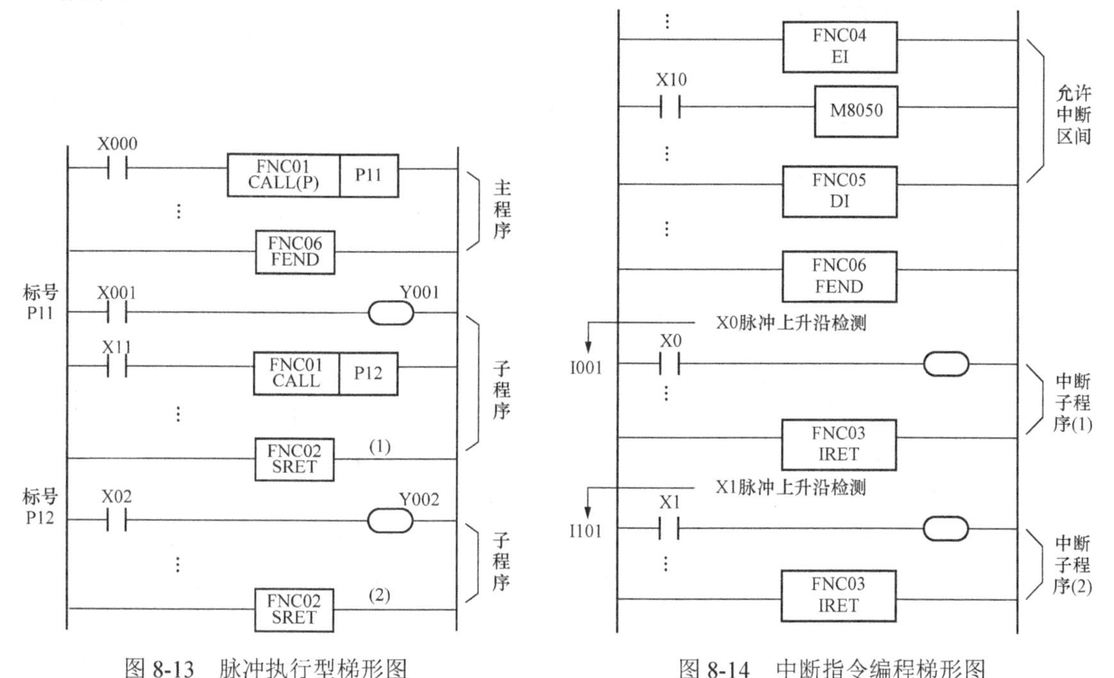

图 8-13 脉冲执行型梯形图　　图 8-14 中断指令编程梯形图

说明：

1）中断标号共有 15 个，其中外部输入中断标号 6 个，内部定时器中断标号 3 个，计数器中断标号 6 个。对应外部中断信号输入端子的 X0～X5（6 个），每个输入只能用 1 次。

2）当程序处理到允许中断区间时，X0 或 X1 为 ON，则处理相应的中断子程序（1）或（2）。

（4）主程序结束指令编程，执行此指令功能同 END 指令。（FEND），如表 8-38 所示。

表 8-38　FEND 指令

	适合软元件		占用步数
FNC06　FEND	字元件	无	1步
	位元件	无	

1）指令在 CJ 跳转中的应用，如图 8-15 所示。

说明：

① X010=OFF，执行主程序

X010=ON，跳转到 P20 执行子程序，结束回到主程序。

② 跳转（CJ）指令的程序中，用 FEND 作为主程序及跳转程序的结束。

2）指令在 CALL 子程序调用指针的应用，如图 8-16 所示。

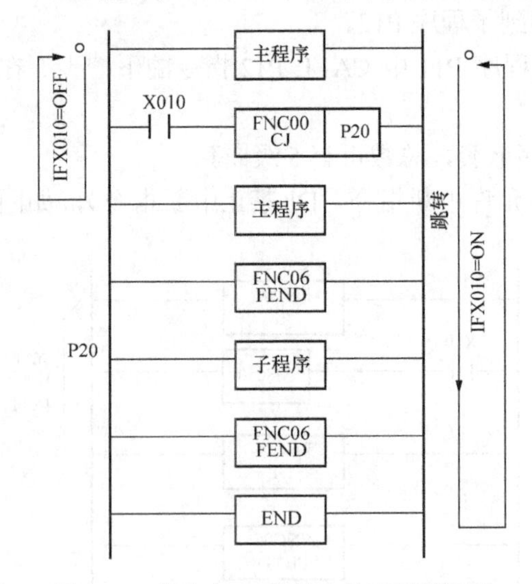

图 8-15　指令在 CJ 跳转中的应用梯形图

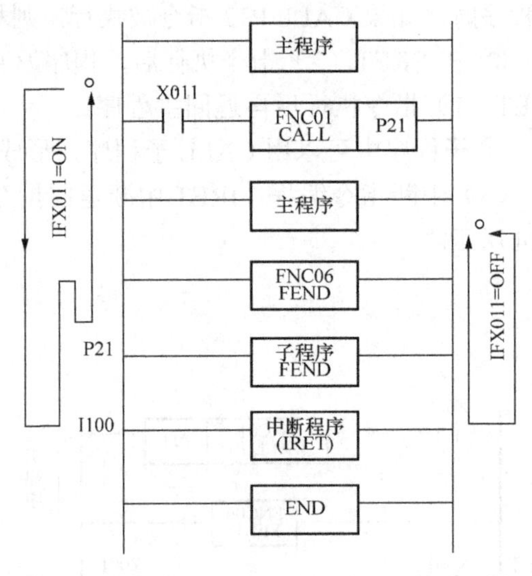

图 8-16　指令在 CALL 子程序调用指针的应用梯形图

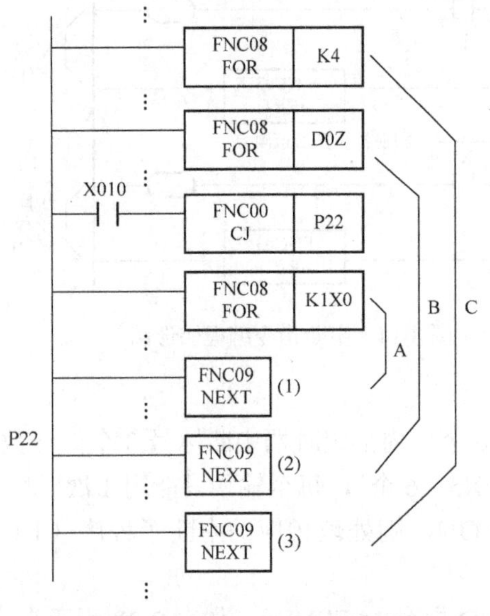

图 8-17　循环指令编程梯形图

说明：

① 调用子程序（CALL）中，子程序、中断子程序应写在 FEND 指令之后，且其结束端用 IRET 作为结束指令。

② 若 FEND 指令在 CALL 或 CALL（P）指令执行之后，SRET 指令执行之前出现，则程序认为是错误的。

③ CALL、CALL（P）指令调用的子程序必须以子程序返回指令 SRET 结束。

④ 子程序及中断子程序必须写在 FEND 与 END 之间，若使用多个 FEND 指令的话，则在最后的 FEND 与 END 之间编写子程序或中断子程序。

（5）循环指令编程（FOR-循环开始指令、NEXT-循环结束指令），如图 8-17 所示。

说明：

1）此两条指令是成对出现的，FOR 指令在前，NEXT 指令在后。图 8-17 是 FOR-NEXT 三次循环（A、B、C）。

2）循环次数 n 在 1～32 767 时有效。

3）C 循环四次，D0Z 中的数是 6，则程序 C 每执行一次，B 循环 6 次，共计 24 次，当 X010=OFF，K1X0 的值为 7，则 B 每执行一次，A 执行 7 次，因为 A 是 3 次嵌套，所以 A 总共执行 4×6×7=168 次。

4）当 X010=ON 时可以跳出循环 A。

（6）比较指令编程（CMP），如图 8-18 所示。

说明：

1）源操作数的数据作代数比较（如–2<1），且所有源操作数的数据和目标操作数的数据均作二进制数据处理：

① C20<100，M0=1，Y0=1；

② C20=100，M1=1，Y1=1；

③ C20>100，M2=1，Y2=1。

2）CMP 是将源操作数（S1）和源操作数（S2）的数据进行比较，结果送到目标操作数（D）中。

3）当 X0 为 ON 时，[S1][S2]进行比较，即 C20 计数器值与 K100 比较，若 C20 当前值小于 100，则 M0=1，若 C20 当前值等于 100，则 M1=1，若 C20 当前值大于 100，则 M2=1。

4）当执行条件 X0 为 OFF 时，CMP 不执行，M0、M1、M2 保持不变。

（7）传送指令编程（MOV），如图 8-19 所示。

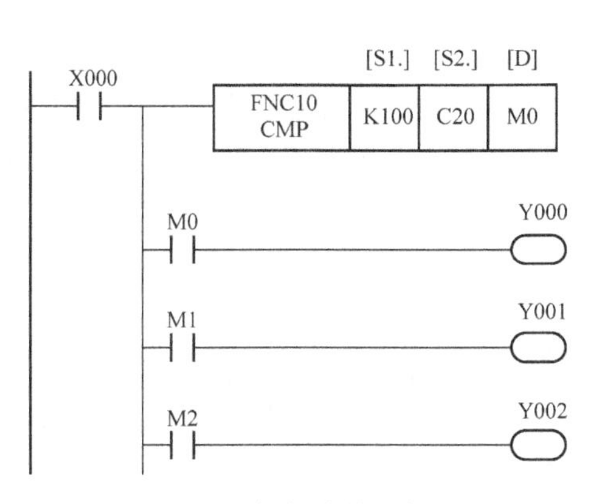

图 8-18　比较指令编程梯形图

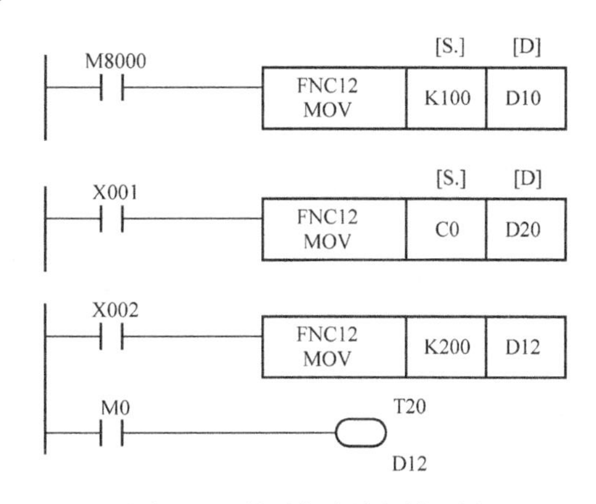

图 8-19　传送指令编程梯形图

说明：

1）传送指令 MOV 是将源数据传送到指定的目标数中，即 M8000 为 ON 时，[S]→[D]。

2）读出计数器当前值。

3）定时器数值的间接传送。

（8）二进制变换指令编程（BIN），如图 8-20 所示。

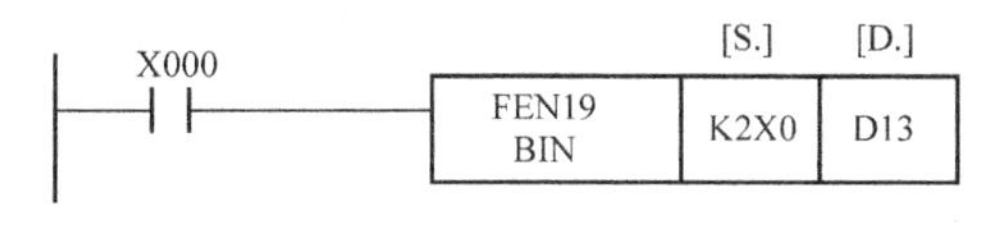

图 8-20　二进制变换指令编程

当X000=ON时，源操作数K2X0中BCD数据转换成二进制数送到目标操作数单元D13中去。

（9）BIN加法运算指令ADD，如图8-21所示。

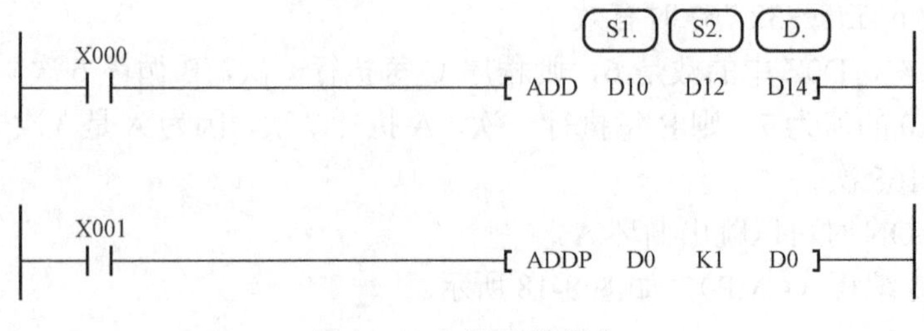

图8-21 加法运算指令

（10）BIN减法运算指令SUB，如图8-22所示。

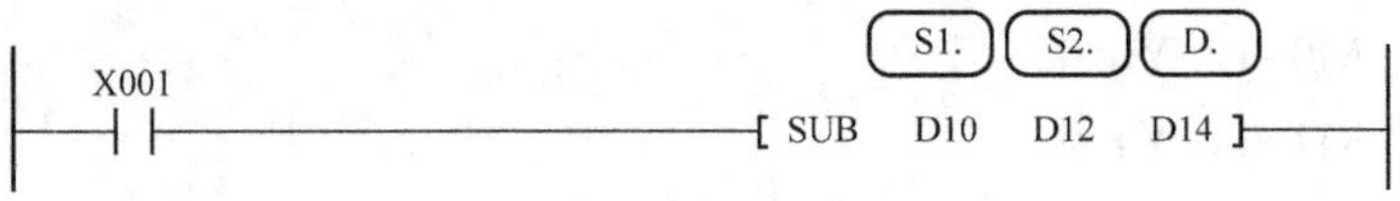

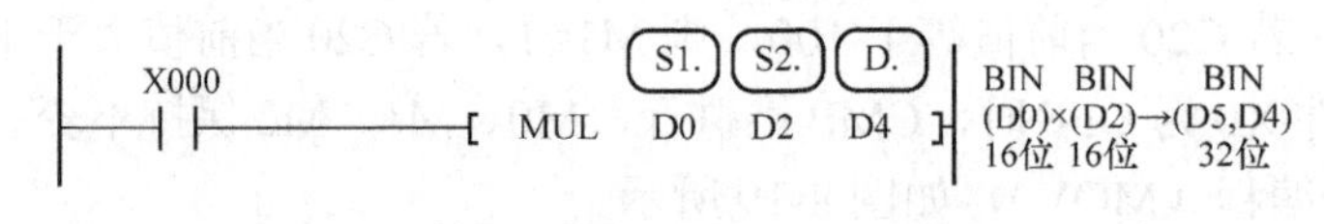

图8-22 减法运算指令

（11）BIN乘法运算指令MUL。

1）MUL指令16位运算的使用说明如图8-23所示。

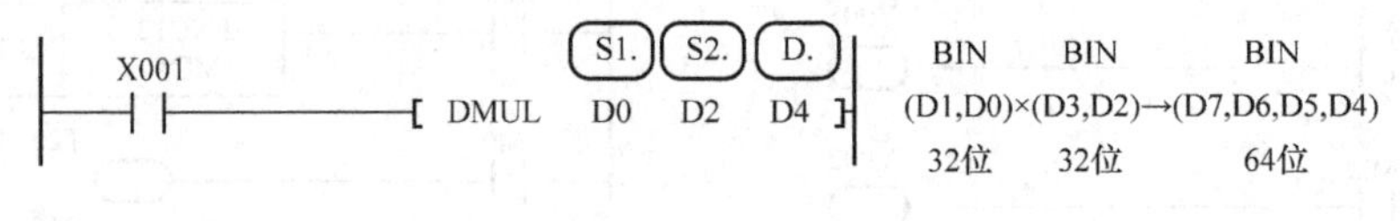

图8-23 MUL指令16位运算

说明：

参与运算的两个源指定的内容的乘积，以32位数据的形式存入指定的目标，其中低16位存放在指定的目标元件中，高16位存放在指定目标的下一个元件中，结果的最高位为符号位。

2）32位运算的使用说明如图8-24所示。

图8-24 32位运算

（12）BIN除法运算指令DIV。

1）16位运算的使用说明如图8-25所示。

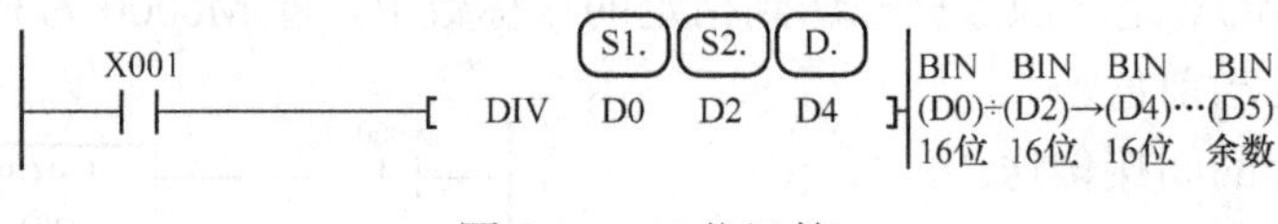

图8-25 16位运算

说明：

[S1.]指定元件的内容是被除数，[S2.]指定元件的内容是除数，[D.]所指定的元件存入运算结果的商，[D.]的后一元件存入余数。

2）32 位运算的使用说明如图 8-26 所示。

X001
S1.
S2.
D.
DDIV D0 D2 D4
BIN BIN BIN BIN
(D1,D0)÷(D3,D2)→(D5,D4)···(D7,D6)
32位 32位 32位 32位

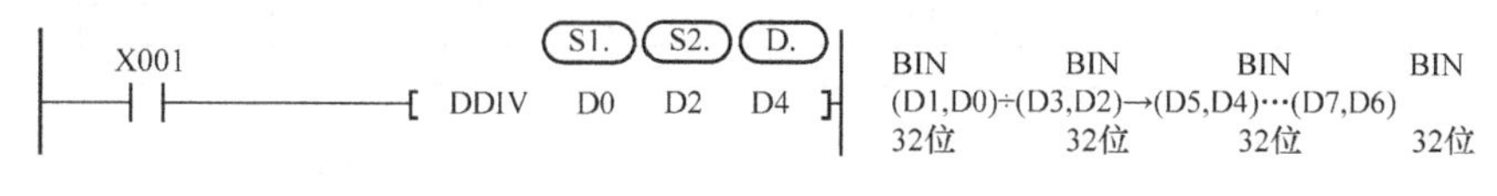

图 8-26　32 位运算

（13）BIN 加 1 运算指令 INC 和 BIN 减 1 运算指令 DEC。

1）INC 指令使用说明如图 8-27 所示。

说明：

X0 每 ON 一次，[D.]所指定元件的内容就加 1，如果是连续执行的指令，则每个扫描周期都将执行加 1 运算。

2）DEC 指令的使用说明如图 8-28 所示。

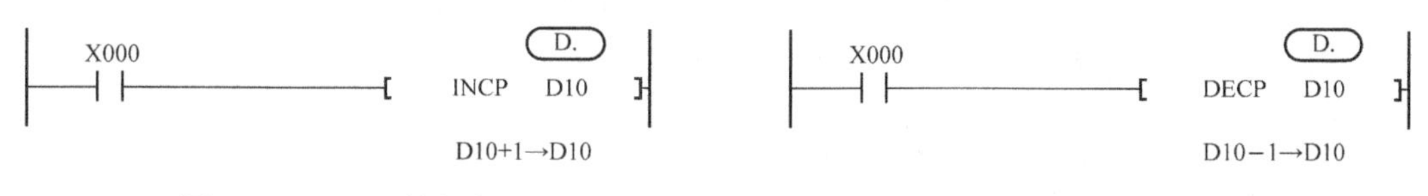

X000
D.
INCP D10
D10+1→D10

图 8-27　INC 运算指令

X000
D.
DECP D10
D10−1→D10

图 8-28　DEC 运算指令

说明：

X0 每 ON 一次，[D.]所指定元件的内容就减 1，如果是连续执行的指令，则每个扫描周期都将执行减 1 运算。

（14）逻辑字与指令 WAND、逻辑字或指令 WOR、逻辑字异或指令 WXOR。

1）逻辑与指令的使用说明如图 8-29 所示。

2）逻辑或指令的使用说明如图 8-30 所示。

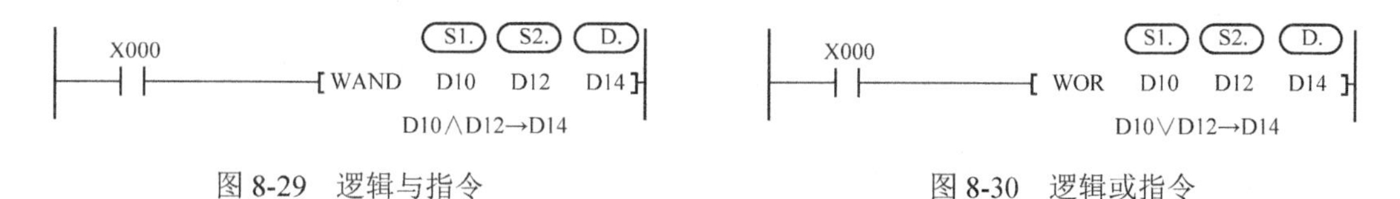

X000
S1.
S2.
D.
WAND D10 D12 D14
D10∧D12→D14

图 8-29　逻辑与指令

X000
S1.
S2.
D.
WOR D10 D12 D14
D10∨D12→D14

图 8-30　逻辑或指令

3）逻辑异或指令的使用说明如图 8-31 所示。

（15）位左移指令编程（SFTL）如图 8-32 所示。

说明：

当 X000=ON 时，数据向左移位，每次移四位。

X3～X0→M3～M0

M3～M0→M7～M4

M7～M4→M11～M8

M11～M8→M15～M12

M15～M12→移出。

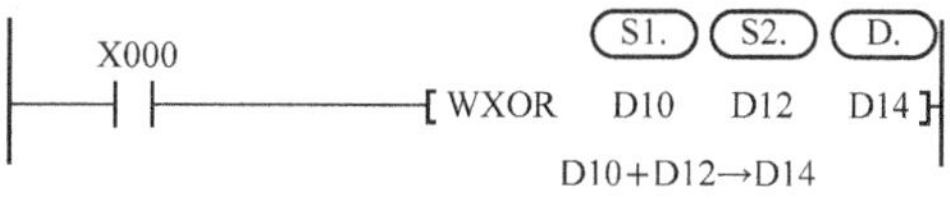

X000
S1.
S2.
D.
WXOR D10 D12 D14
D10+D12→D14

图 8-31　逻辑异或指令

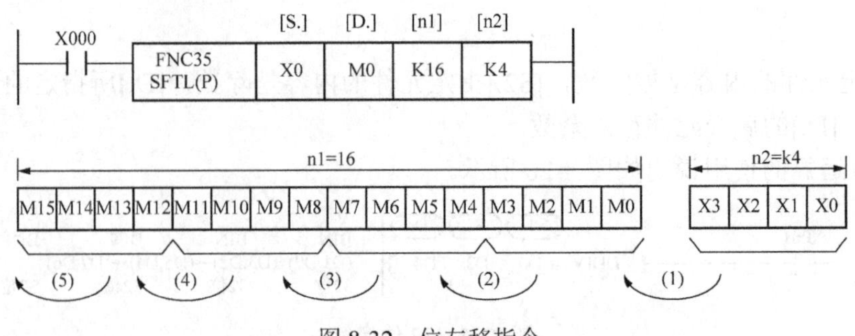

图 8-32　位左移指令

（16）成批复位指令编程（ZRST）如图 8-33 所示。

说明：

1）当 M8002 由 OFF→ON 时，成批复位指令 ZRST 执行。

2）位元件 M500～M599 成批复位。

3）字元件 C235～C255 成批复位。

4）状态元件 S0～S100 成批复位。

（17）比较置位指令（高速计数器）HSCS。HSCS 指令是对高速计数器当前值进行比较，并通过中断方式进行处理的指令，指令形式如图 8-34 所示。

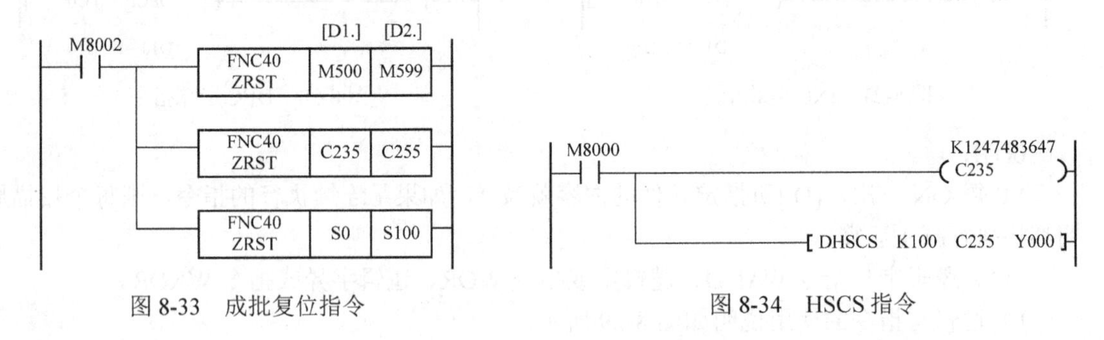

图 8-33　成批复位指令　　图 8-34　HSCS 指令

说明：

当前值与设定值相等时 Y000 立即输出。

（18）比较复位指令（高速计数器）HSCR。HSCR 指令的形式如图 8-35 所示。

说明：

当前值与设定值相等时立即复位。

（19）七段译码指令 SEGD。SEGD 指令的使用说明如图 8-36 所示，其源操作数与目标输出如表 8-39 所示。

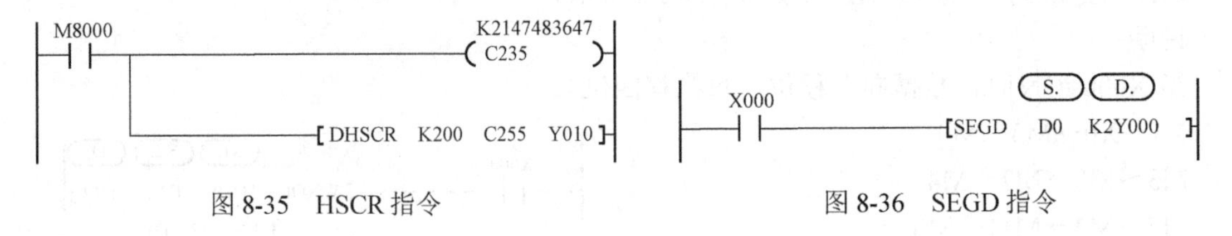

图 8-35　HSCR 指令　　图 8-36　SEGD 指令

表 8-39　　源操作数与目标输出

源		目　标　输　出							
16 进制数	位组合格式	B7	B6	B5	B4	B3	B2	B1	B0
0	0000	0	1	1	1	1	1	1	1
1	0001	0	0	0	0	0	1	1	0
2	0010	0	1	0	1	1	0	1	1
3	0011	0	1	0	0	1	1	1	1
4	0100	0	1	1	0	0	1	1	0
5	0101	0	1	1	0	1	1	0	1
6	0110	0	1	1	1	1	1	0	1
7	0111	0	0	1	0	0	1	1	1
8	1000	0	1	1	1	1	1	1	1
9	1001	0	1	1	0	1	1	1	1
A	1010	0	1	1	1	0	1	1	1
B	1011	0	1	1	1	1	1	0	0
C	1100	0	0	1	1	1	0	0	1
D	1101	0	1	0	1	1	1	1	0
E	1110	0	1	1	1	1	0	0	1
F	1111	0	1	1	1	0	0	0	1

（20）BFM 读出指令 FROM。FROM 指令是将特殊模块中缓冲寄存器（BFM）的内容读到可编程控制器的指令，其使用说明如图 8-37 所示。

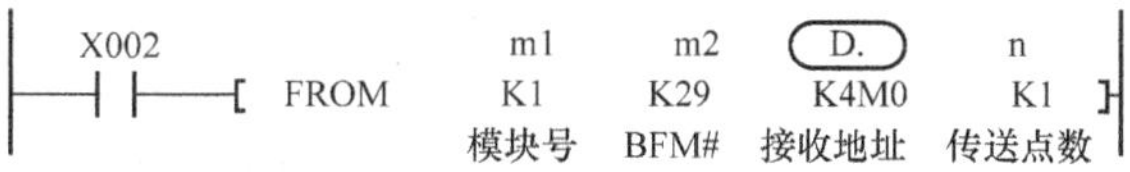

X002
FROM
m1
K1
模块号
m2
K29
BFM#
D.
K4M0
接收地址
n
K1
传送点数

图 8-37　读出指令 FROM

（21）BFM 写入指令 TO。TO 指令是将可编程控制器的数据写入特殊模块的缓冲寄存器（BFM）的指令，其使用说明如图 8-38 所示。

X000
T0
m1
K1
模块号
m2
K12
BFM#
D.
D0
传送地址
n
K2
传送点数

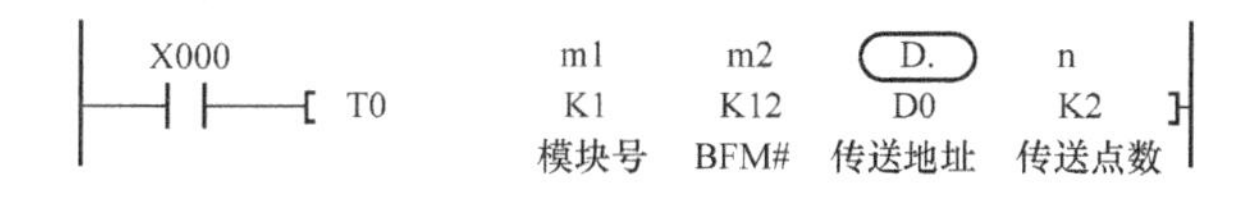

图 8-38　写入指令 T0

说明：

1）m1 为特殊模块编号。

2）m2 为缓冲寄存器（BFM）号。

3）n 为传送数据个数。

（22）触点比较指令 LD 如图 8-39 所示。LD 是连接到母线的触点比较指令，它又可以分为 LD=、LD>、LD<、LD<>、LD≥、LD≤这 6 个指令。

（23）触点比较指令 AND，如图 8-40 所示。AND 是比较触点作串联连接的指令，它又可以分为 AND=、AND>、AND<、AND<>、AND≥、AND≤这 6 个指令。

（24）触点比较指令 OR，如图 8-41 所示。OR 是比较触点作并联连接的指令，它又可以分为 OR=、OR>、OR<、OR<>、OR>=、OR<=这 6 个指令。

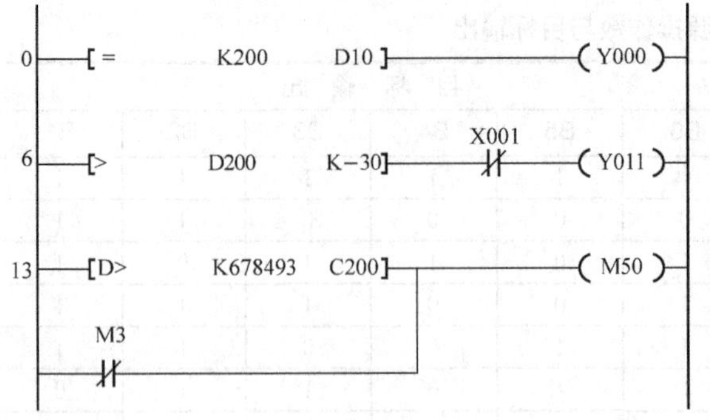

图 8-39　触点比较指令 LD

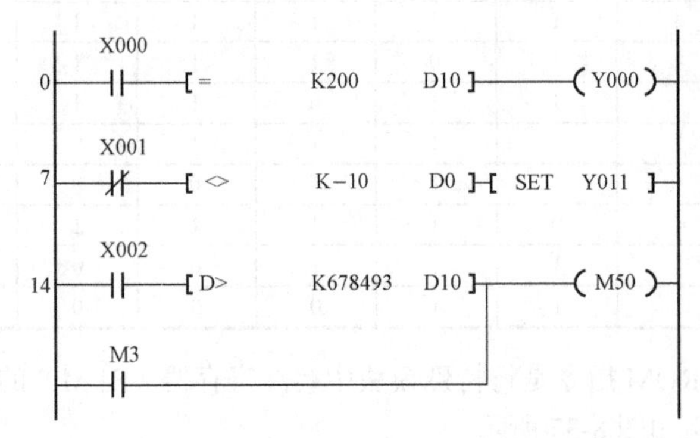

图 8-40　触点比较指令 AND

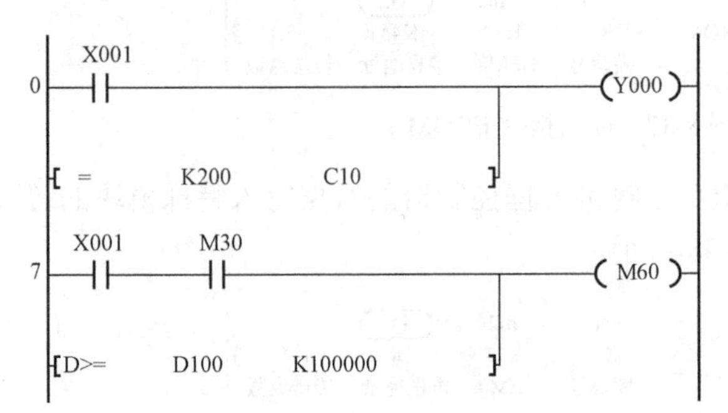

图 8-41　触点比较指令 OR

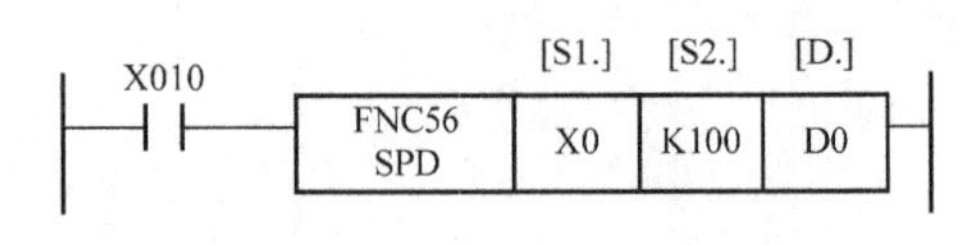

图 8-42　速度检测指令 SPD

（25）速度检测指令编程（SPD），如图 8-42 所示。

说明：

1）当 X010 为 ON 时，执行速度检测指令，[S1]指定计数脉冲输入点，即 X0～X5，[S2]指定计数时间，单位为 ms，[D]指定计数结果存放处，[D]占三个目标元件，D0 存放计数结果，D1 存放计数当前值，D2 存放剩余时间值。

2）上面的过程是反复计数的，脉冲的个数正比于转速值，即 r/min，通过上述测定，转速 N 即可求出：$N=\frac{60D0}{nt}\times 10^3(\mathrm{r/min})$，$n$ 为脉冲/r。

3）当输入 X0…使用后，不能再将 X0…作为其他高速计数的输入端。

（26）初始状态指令编程（IST），如图 8-43 所示。

说明：

1）[S]指定操作方式输入的首元件，一共是 8 个连号元件，这些元件可以是 X、Y、M、S。

2）[D1.]指定在自动操作中实际用到的最小状态号，[D2.]指定在自动操作中实际用到的最大状态号。

3）本指令在程序中只能使用一次，防在步进顺控指令 STL 之前编程。

（27）数据查找指令编程，如图 8-44 所示。

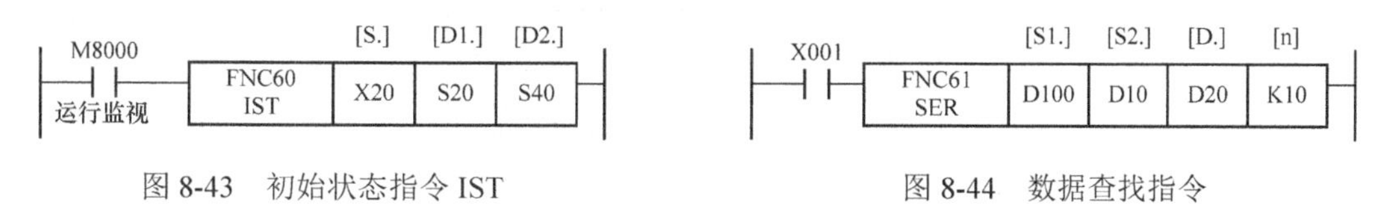

图 8-43　初始状态指令 IST　　　图 8-44　数据查找指令

说明：

1）[S1.]指定表首地址，数据存储的第一个元件。

2）[S2.]指定检索值。

3）[D.]结果存放处。

4）[n]表长，指检索项目数。

5）当 X001=ON 时，将 D100～D109 中的每一个值与 D10 的内容符合的值比较，结果存放在 D20～D24 5 个连号的数据寄存器中，这 5 个“结果”指的是①检索表中检索到值的个数（未找到为 0），本例中为 3；②找到的检索值中第一个在表中的数据（未找到为 0），本例中为 0（已找到 0）；③找到检索值中最后一个在表中的数据（未找到为 0），本例中为 6；④找到检索值中最小的一个在表中的数据；⑤找到检索值中最大的一个在表中的数据。

检索列表，如表 8-40 所示。

表 8-40　检索列表

被检索元件	检索表	比较数据	数据位置	最大值	检索值	最小值
D100	（D100）=K100	D10=K100	0	最大	相同	最小
D101	（D101）=K111		1			
D102	（D102）=K100		2			
D103	（D103）=K98		3			
D104	（D104）=K123		4			
D105	（D105）=K66		5			
D106	（D106）=K100		6			
D107	（D107）=K97		7			
D108	（D108）=K210		8			
D109	（D109）=K88		9			

检索结果如表 8-41 所示。

表 8-41　　检索结果表

元　件　号	内　　容	主要数据
D20	3	相同数据个数
D21	0	第一个符合值
D22	6	最后一个符合值
D23	5	表中最小值
D24	8	表中最大值

（28）交替输出指令编程（ALT），如图 8-45 所示。

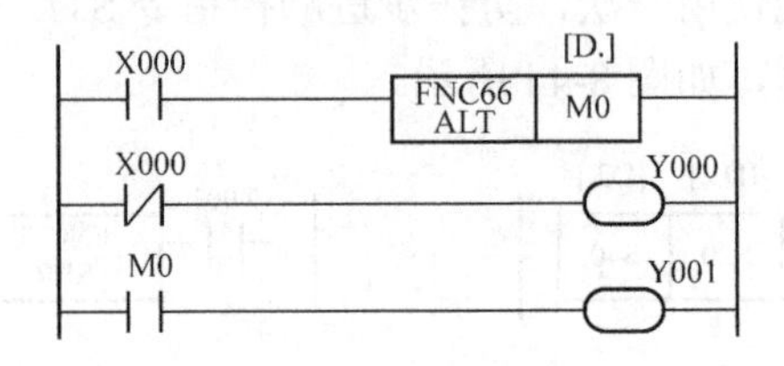

图 8-45　交替输出指令

说明：

1）当执行条件从 OFF—ON 时，M0 的状态改变一次。若用连续指令 ALT 时，M0 状态每个扫描周期改变一次。

2）用 M0 作为 ALT 指令的驱动输入可产生分频效果，如图 8-46 所示。

3）图中第一次按 X0 时，Y001=1，再按下 X0 时，Y001=0。

（29）原点回归指令编程（IRN），如图 8-47 所示。

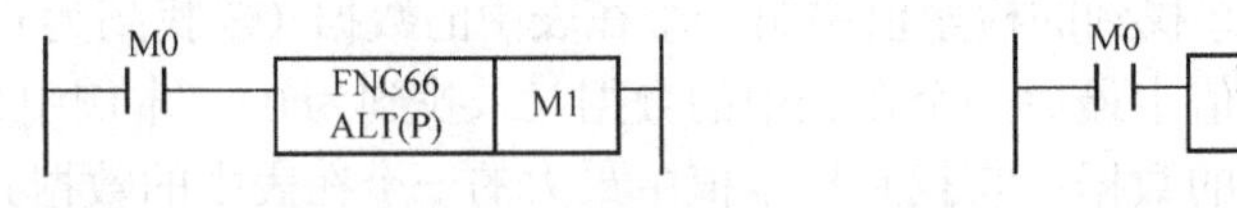

图 8-46　用 M0 作为驱动输入可产生分频效果

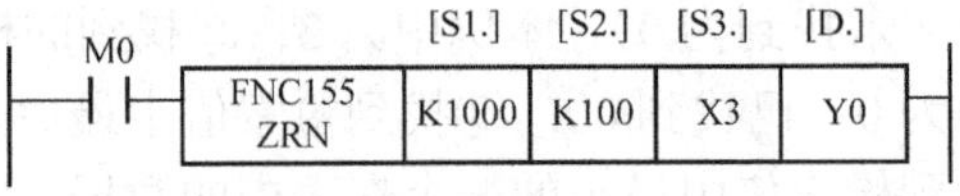

图 8-47　原点回归指令

说明：

1）[S1]为原点回归速度，16 位时从 10～32 768Hz，32 位时从 10～100 000Hz。

2）[S2]为爬行速度，是指定到达降速位置时的低速部分的速度，其值为 10～32 768Hz。

3）[D]为脉冲输出口，仅为 Y0 或 Y1。

4）[S3]为降速位置值。

本指令仅适用于晶体管方式输出的 PLC。

二、功能指令编程实例：8 站小车的呼叫控制

1. 控制要求（8 站小车的呼叫示意图见图 8-48）

（1）车所停位置号小于呼叫号时，小车右行至呼叫号处停车；

（2）车所停位置号大于呼叫号时，小车左行至呼叫号处停车；

（3）小车所停位置号等于呼叫号时，小车原地不动；

（4）小车运行时呼叫无效；

（5）具有左行、右行定向指示、原点不动指示；

（6）具有小车行走位置的七段数码管显示。

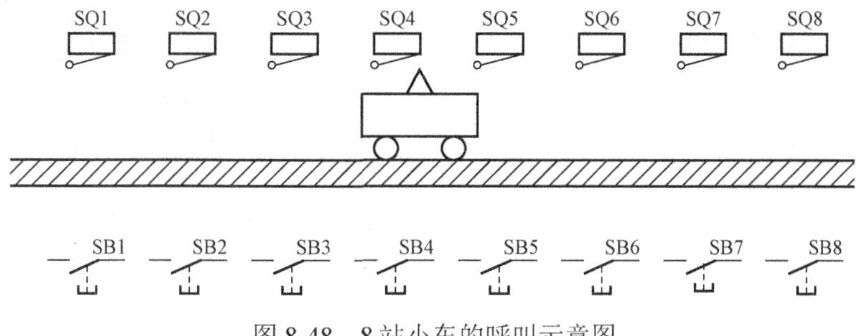

图 8-48　8 站小车的呼叫示意图

2. I/O 分配

X0：1 号位呼叫 SB1；X1：2 号位呼叫 SB2；X2：3 号位呼叫 SB3；X3：4 号位呼叫 SB4；X4：5 号位呼叫 SB5；X5：6 号位呼叫 SB6；X6：7 号位呼叫 SB7；X7：8 号位呼叫 SB8；X10：SQ1；X11：SQ2；X12：SQ3；X13：SQ4。

X14：SQ5；X15：SQ6；X16：SQ7；X17：SQ8。

Y0：正转 KM1；Y1：反转 KM2；Y4 左行指示；Y5：右行指示；Y10～Y16：数码管 abcdefg。

3. 接线图（见图 8-49）

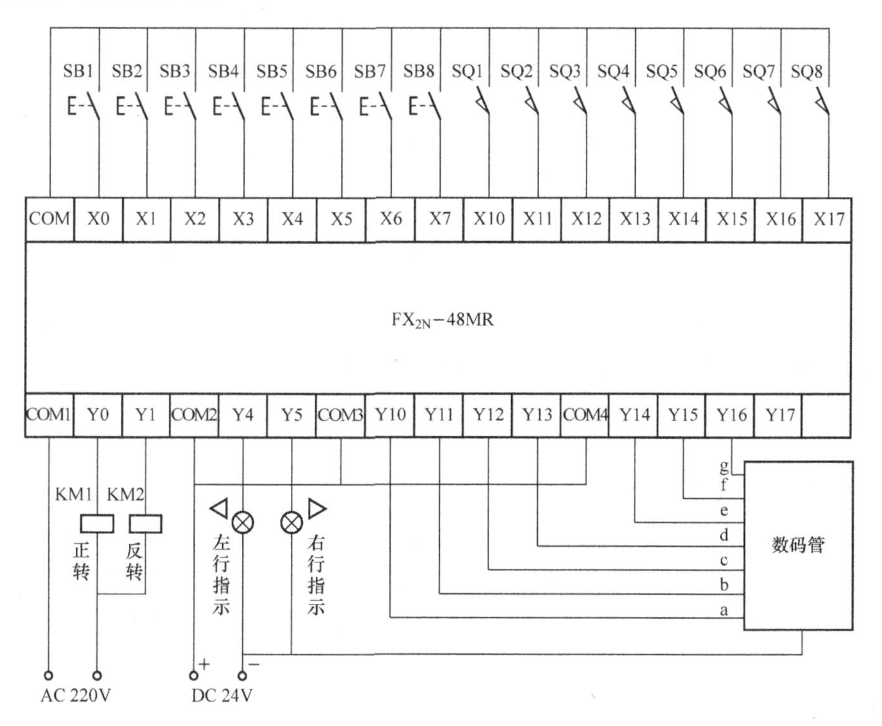

图 8-49　I/O 分配及接线图

4. 梯形图（见图8-50）

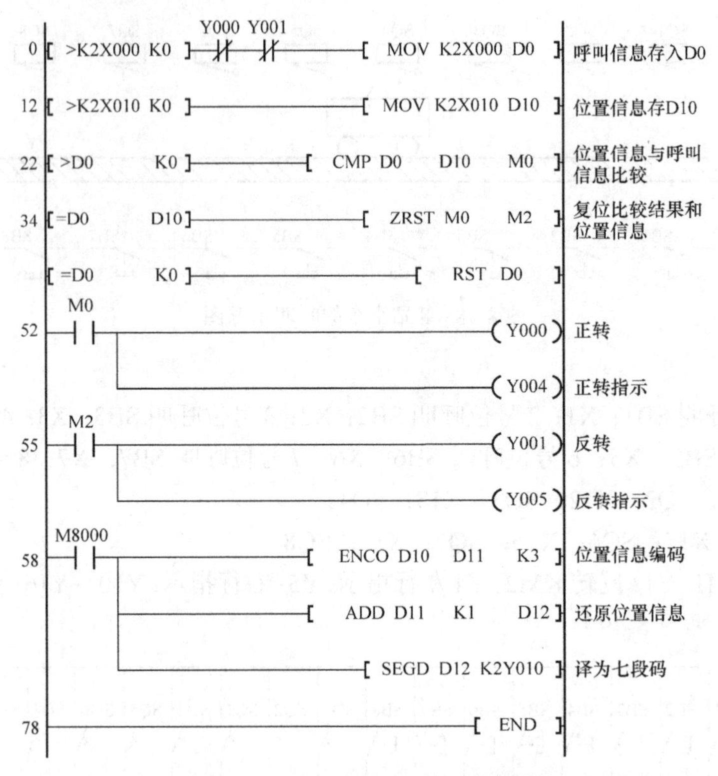

图8-50 8站小车的呼叫控制梯形图

第三节 FX系列PLC的特殊功能模块

PLC本来是为了代替继电器控制系统而出现的，但是在实际应用中，人们需要的功能远远不止这些，还需要复杂的计算功能、运动控制功能甚至通信功能。FX系列PLC的特殊功能模块大致可分为五大类：模拟量输入/输出模块、高速计数器模块、定位控制模块、通信接口模块、人机界面模块。

一、模拟量输入/输出模块

FX系列PLC常用的模拟量控制设备有模拟量扩展板（FX_{1N}-2AD-BD、FX_{1N}-1DA-BD）、普通模拟量输入模块（FX_{2N}-2AD、FX_{2N}-4AD、FX_{2N}C-4AD、FX_{2N}-8AD）、模拟量输出模块（FX_{2N}-2DA、FX_{2N}-4DA、FX_{2N}C-4DA）、模拟量输入/输出混合模块（FX_{0N}-3A）、温度传感器用输入模块（FX_{2N}-4AD-PT、FX_{2N}-4AD-TC、FX_{2N}-8AD）、温度调节模块（FX_{2N}-2LC）等。

（1）FX_{2N}-4AD模块：为4通道12位A/D转换模块，其技术指标如表8-42所示。

表8-42 FX_{2N}-4AD的技术指标

项　目	输入电压	输入电流
模拟量输入范围	−10～+10V（输入电阻200Ω）	−20～20mA（输入电阻250Ω）
数字输出	12位，最大值+2047，最小值−2048	

续表

项　　目	输入电压	输入电流
分辨率	5mV	20μA
总体精度	±1%	±1%
转换速度	15ms（6ms 高速）	
隔离	模数电路之间采用光电隔离	
电源规格	主单元提供 5V/30mA 直流，外部提供 24V/55mA 直流	
占用 I/O 点数	占用 8 个 I/O 点，可分配为输入或输出	
适用 PLC	FX_{1N}、FX_{2N}、$FX_{2N}C$	

1）接线图。FX_{2N}–4AD 的接线如图 8-51 所示。

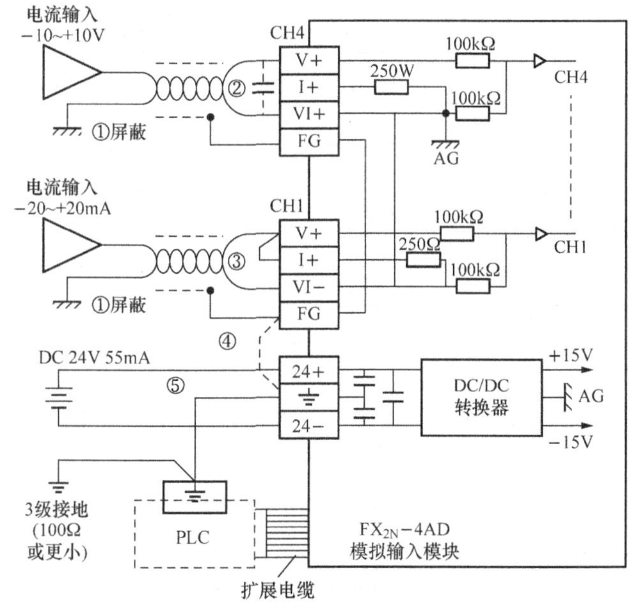

图 8-51　FX_{2N}–4AD 接线图

2）缓冲存储器（BFM）分配：FX_{2N}–4AD 共有 32 个缓冲存储器（BFM），每个 BFM 均为 16 位，BFM 的分配如表 8-43 所示。

表 8-43　　BFM 分配表

BFM	内　　容		说　　明
*#0	通道初始化，默认值=H0000		①带*号的缓冲存储器（BFM）可以使用 TO 指令由 PLC 写入； ②不带*号的缓冲存储器的数据可以使用 FROM 指令读入 PLC； ③在从模拟特殊功能模块读出数据之前，确保这些设置已经送入模拟特殊功能模块
*#1	通道 1	平均值采样次数（1～4096），用于得到平均结果，默认值为 8（正常速度，高速操作可选择 1）	
*#2	通道 2		
*#3	通道 3		
*#4	通道 4		
#5	通道 1	这些缓冲区为输入的平均值	
#6	通道 2		
#7	通道 3		
#8	通道 4		

续表

<table>
<tr><th>BFM</th><th colspan="9">内　容</th><th>说　明</th></tr>
<tr><td>#9</td><td>通道 1</td><td colspan="8" rowspan="4">这些缓冲区为输入的当前值</td><td rowspan="18">中，否则，将使用模块里面以前保存的数值；
④ BFM 提供了利用软件调整偏移和增益的手段；
⑤ 偏移（截距）：当数字输出为 0 时的模拟输入值；
⑥ 增益（斜率）：当数字输出为+1000 时的模拟输入值</td></tr>
<tr><td>#10</td><td>通道 2</td></tr>
<tr><td>#11</td><td>通道 3</td></tr>
<tr><td>#12</td><td>通道 4</td></tr>
<tr><td>#13～#14</td><td colspan="9">保留</td></tr>
<tr><td rowspan="2">#15</td><td rowspan="2">选择 A/D 转换速度</td><td colspan="8">如设为 0，则选择正常速度，15ms/通道（默认）</td></tr>
<tr><td colspan="8">如设为 1，则选择高速，6ms/通道</td></tr>
<tr><td>BFM</td><td></td><td>b7</td><td>b6</td><td>b5</td><td>b4</td><td>b3</td><td>b2</td><td>b1</td><td>b0</td></tr>
<tr><td>#16～#19</td><td colspan="9">保留</td></tr>
<tr><td>*#20</td><td colspan="9">复位到默认值和预设。默认值=0</td></tr>
<tr><td>*#21</td><td colspan="9">调整增益、偏移选择。（b1，b0）为（0、1）允许，（1、0）禁止</td></tr>
<tr><td>*#22</td><td>增益、偏移调整</td><td>G4</td><td>O4</td><td>G3</td><td>O3</td><td>G2</td><td>O2</td><td>G1</td><td>O1</td></tr>
<tr><td>*#23</td><td colspan="9">偏移值，默认值=0</td></tr>
<tr><td>*#24</td><td colspan="9">增益值，默认值=5000（mV）</td></tr>
<tr><td>#25～#19</td><td colspan="9">保留</td></tr>
<tr><td>#29</td><td colspan="9">错误状态</td></tr>
<tr><td>#30</td><td colspan="9">识别码 K2010</td></tr>
<tr><td>#31</td><td colspan="9">禁用</td></tr>
</table>

3）使用注意事项如下：

① FX_{2N}-4AD 通过双绞屏蔽电缆来连接。电缆应远离电源线或其他可能产生电气干扰的电线。

② 如果输入有电压波动或在外部接线中有电气干扰，则可以接一个平滑电容器（0.1～0.47μF/25V）。

③ 如果使用电流输入，则须连接 V+和 I+端子。

④ 如果存在过多的电气干扰，则需将电缆屏蔽层与 FG 端连接，并连接到 FX_{2N}−4AD 的接地端。

⑤ 连接 FX_{2N}-4AD 的接地端与主单元的接地端。可行的话，在主单元使用 3 级接地。

4）实例程序。FX_{2N}-4AD 模块连接在特殊功能模块 0 号位置，通道 CH1 和 CH2 用于电压输入。平均采样次数为 4，且用 PLC 的数据寄存器 D0 和 D1 接收输入的数字值。其基本程序如图 8-52 所示。

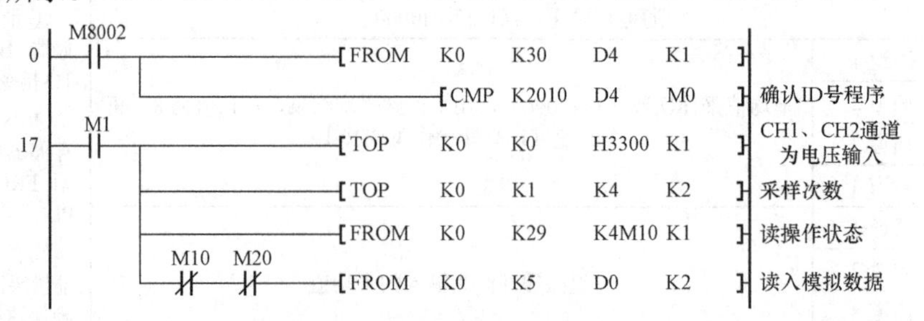

图 8-52　FX_{2N}−4AD 基本程序

（2）温度 A/D 输入模块 FX_{2N}-4AD-PT，其技术指标如表 8-44 所示。

表 8-44　　FX_{2N}-4AD-PT 的技术指标

项　目	摄 氏 度	华 氏 度
模拟量输入信号	箔温度 PT100 传感器（100W），3 线，4 通道	
传感器电流	PT100 传感器 100 W 时 1mA	
补偿范围	−100～+600℃	−148～+1112℉
数字输出	−1000～+6000℃	−1480～+11120℉
	12 转换（11 个数据位+1 个符号位）	
最小分辨率	0.2～0.3℃	0.36～0.54℉
整体精度	满量程的±1%	
转换速度	15ms	
电源	主单元提供 5V/30mA 直流，外部提供 24V/50mA 直流	
占用 I/O 点数	占用 8 个点，可分配为输入或输出	
适用 PLC	FX_{1N}、FX_{2N}、$FX_{2N}C$	

1）接线图如图 8-53 所示。

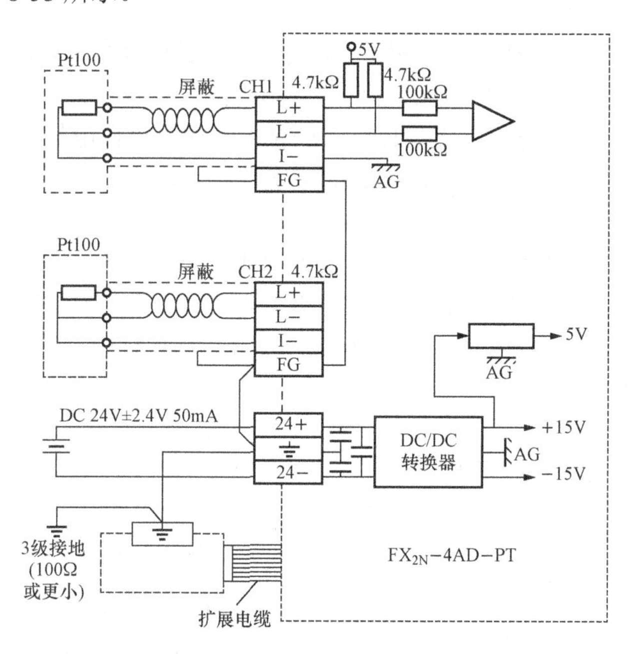

图 8-53　FX_{2N}-4AD-PT 接线图

2）缓冲存储器（BFM）的分配：FX_{2N}-4AD-PT 的 BFM 分配如表 8-45 所示。

表 8-45　　BFM 分配表

BFM	内　容	说　明
*#1～#4	CH1～CH4 的平均温度值的采样次数（1～4096），默认值=8	① 平均温度的采样次数被分配给 BFM#1～#4。只有 1～4096 的范围是有效的，溢出的值将被忽略，默认值为 8；
*#5～#8	CH1～CH4 在 0.1℃单位下的平均温度	
*#9～#12	CH1～CH4 在 0.1℃单位下的当前温度	

续表

BFM	内　容	说　明
*#13～#16	CH1～CH4在0.1℉单位下的平均温度	②最近转换的一些可读值被平均后，给出一个平均后的可读值。平均数据保存在BFM的#5～#8和#13～#16中； ③BFM#9～#12和#17～#20保存输入数据的当前值。这个数值以0.1℃或0.1℉为单位，不过可用的分辨率为0.2～0.3℃或者0.36～0.54℉
*#17～#20	CH1～CH4在0.1℉单位下的当前温度	
*#21～#27	保留	
*#28	数字范围错误锁存	
#29	错误状态	
#30	识别号K2040	
#31	保留	

注 1．缓冲存储器BFM#28是数字范围错误锁存，它锁存每个通道的错误状态，据此可用于检查热电偶是否断开。如果出现错误，则在错误出现之前的温度数据被锁存。如果测量值返回到有效范围内，则温度数据返回正常运行，但错误状态仍然被锁存在BFM#28中。当错误消除后，可用TO指令向BFM#28写入K0或者关闭电源，以清除错误锁存。

2．缓冲存储器BFM#29：其中各位的状态是FX_{2N}-4AD-PT运行正常与否的信息。

3．缓冲存储器BFM#30：FX_{2N}-4AD-PT的识别码为K2040，它就存放在缓冲存储器BFM#30中。在传输/接收数据之前，可以使用FROM指令读出特殊功能模块的识别码（或ID），以确认正在对此特殊功能模块进行操作。

3）使用注意事项如下。

①FX_{2N}-4AD-PT应使用PT100传感器的电缆或双绞屏蔽电缆作为模拟输入电缆，并且和电源线或其他可能产生电气干扰的电线隔开。

②可以采用压降补偿的方式来提高传感器的精度。如果存在电气干扰，将电缆屏蔽层与外壳地线端子（FG）连接到FX_{2N}-4AD-PT的接地端和主单元的接地端。如果可行则可在主单元使用3级接地。

③FX_{2N}-4AD-PT可以使用可编程控制器的外部或内部的24V电源。

4）实例程序。在图8-54所示的程序中，FX_{2N}-4AD-PT模块占用特殊模块0的位置（即紧靠可编程控制器），平均采样次数是4，输入通道CH1～CH4以℃表示的平均温度值分别保存在数据寄存器D0～D3中。

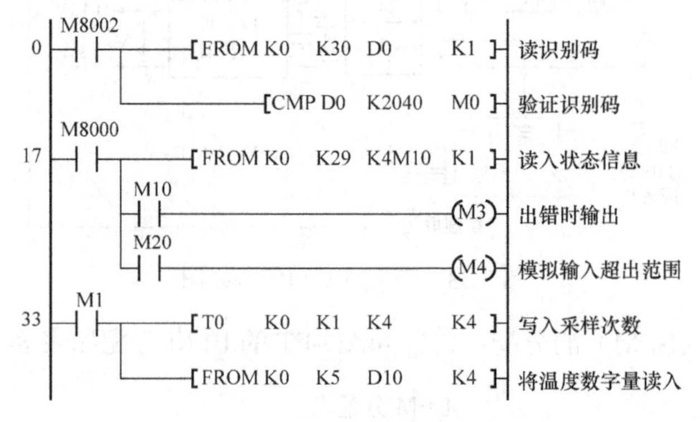

图8-54　FX_{2N}-4AD-PT基本程序

二、通信接口模块

在当今的信息时代，从集中管理或互相配合的角度看，PLC的通信功能是必需的。PLC通信分为PLC系统内部通信和PLC与外设通信，或近距离通信和远距离通信，或低速通信和高速通信。

由 PLC 变频器及触摸屏组合起来的控制系统，期间信息交换的方式为字符串方式，运用 RS-232 通道、RS-422 通道或 RS-485 通道进行通信而且往往利用计算机进行管理、显示、编程及修改参数。又由于 RS-232、RS-422 及 RS-485 各有特点，而设备又不可能配置所有的通信接口，计算机一般配置为 RS-232 接口，PLC 配置的是 RS-422 接口，而变频器配置的是 RS-485 接口。计算机与 PLC 之间通信还需要配有 RS-232 与 RS-422 转换器，PLC 与变频器之间通信，还需要在 PLC 主机上装有 RS-485BD 特殊通信接口模块。只有配备这些硬件后，通信才能正常工作。

三菱常用的通信扩展单元有用于 RS-232C 通信的 FX_{1N}-232-BD、FX_{2N}-232-BD、FX_{0N}-232ADP、FX_{2NC}-232ADP、FX_{2N}-232IF。有用于 RS-485 通信的 FX_{1N}-485-BD、FX_{2N}-485-BD、FX_{0N}-485ADP、FX_{2NC}-485ADP，有用于 RS-422 通信的 FX_{1N}-422-BD、FX_{2N}-422-BD。

1. FX_{2N}-232-BD 通信接口模块

（1）功能。用于 RS-232C 的通信板 FX_{2N}-232-BD（以下简称 232BD）可连接到 FX_{2N} 系列 PLC 的主单元，并可作为下述应用的接口。

1）在 RS-232C 设备之间进行数据传输，如 PC，条形码阅读机。

2）在 RS-232C 设备之间使用专用协议进行数据传输，关于专用协议的细节，参考 FX-485PC-IF 用户手册。

3）连接编程工具。当 RS-232BD 用于上述两项应用时，通信格式包括波特率，奇偶性和数据长度，由参数或 FX_{2N} 系列 PLC 的特殊数据寄存器 D8120 进行说明：一个基本单元只可连接一个 232BD。相应地，232BD 不能和 FX_{2N}-485-BD 或 FX_{2N}-422-BD 一起使用。应用中，当需要两个或多个 RS-232C 单元连接在一起使用时，使用用于 RS-232C 通信的特殊模块。

（2）通信格式 D8120。为了用 232BD 在 RS-232C 之间发送和接收数据，在 232BD 和 RS-232C 单元之间，其通信格式，包括波特率和奇偶性，必须一致。通信格式可通过参数或 FX_{2N} 系列 PLC 的特殊数据寄存器 D8120 来设定。根据所使用的 RS-232C 单元，要确保设置适当的通信格式。关于用 FX_{2N} 系列 PLC 参数进行设定的方法，参考所用外围单元的手册。修改设置后，一定要关闭 PLC 的电源并再打开。位的意义如表 8-46 所示。

表 8-46　　通信格式位的意义

位　号	意　　义	内　　容	
		0（OFF）	1（ON）
b0	数据长度	7 位	8 位
b1 b2	奇偶性	b2，b1　b2，b1 （0，0）：无（1，1）：偶（0，1）：奇	
b3	停止位	1 位	2 位
b4 b5 b6 b7	波特率（bit/s）	b7，b6，b5，b4 （0，0，1，1）：300 （0，1，0，0）：600 （0，1，0，1）：1200 （0，1，1，0）：2400	b7，b6，b5，b4 （0，1，1，1）：4800 （1，0，0，0）：9600 （1，0，0，1）：19200
b8	头字符①	无	D8124②

续表

位号	意义	内容	
		0（OFF）	1（ON）
b9	结束字符②	无	D8124②
b10	保留		
b11	DTR检测（控制线）③	发送和接收	接收
b12	控制线④	无	H/W
b13	和校验⑤	不加和校验码	和校验码自动加上
b14	协议	无协议	专用协议
b15	传输控制协议	协议格式1	协议格式4

① 当使用专用协议时，设置为“0”。
② 只有当选择无协议（RS指令）时，它才有效，并具有初始值STX（02H：由用户修改）。
③ 只有当选择无协议（RS指令）时，它才有效，并具有初始值ETX（03H：由用户修改）。
④ 当使用专用协议时，设置（b11，b12）=（1，0）。
⑤ 当使用无协议时，设置为“0”。

（3）诊断。

1）一般项目。

①确保PLC已经如果接上，而且PLC上的POWER LED亮。

②确保程序中VRRD或VRSC指令未被使用，如果使用了这些指令，要删去，关闭PLC的电源，然后再打开。

③当特殊辅助继电器M8070或M8071打开时，使用外围单元关闭继电器，关闭PLC的电源，然后再打开。

④确保正确布线。

⑤根据应用的情况，通过外围单元，确保通信参数正确设置，如果设置不正确，使用外围单元正确设置参数。

2）使用并行连接功能注意事项如下：

①确保通信格式处于初始状态（D81200=K0），使用外围单元，检查通信参数是如何设置的，如果选择了无协议（RS指令）或专用协议，使用外围单元正确设置参数。

②在程序中，如果使用了RS指令，将其删除，关闭PLC的电源，然后再打开。

3）使用无协议在计算机之间进行通信注意事项如下：

①在外部单元（RS-232C）和PLC（D8120）之间，确保其通信格式是一致的，如果不一致，校正通信参数设置或校正D8120的内容，当D8120修改后，再打开RS指令，通信参数修改后，关闭PLC的电源，然后再打开。

②检查发送和接收数据的定时，如在发送数据前，确保对应单元处于接收就绪状态。

③如果没有用到停止位，确保发送数据量和接收数据量是一致的，如果两个数据量不一致，使其一致（如果发送数据量是变化的，使用停止位）。

④确保外部单元正确操作。

⑤确保传送的数据格式是一样的否则，要对其进行校正。当在一个程序中期使用两次或多次RS指令时，确保在一个计算周期内，只有一个RS指令打开，当数据正在接收或发送时，不要将RS指令设置到OFF状态。

4）计算机之间使用专用协议进行通信注意事项如下：

①确保在计算机（RS-232C 单元）和 PLC（D8120）之间，其通信格式是一致的，如果不一致，对计算机或 PLC 的设置进行校正，当 PLC 修改后，关闭 PLC 的电源，然后再打开。

②确保 PLC 的站号，即数据传送的目的地，等于通信过程中设置的站号，如果它们不相等，校正错误的一方。

③确保通信过程是正确的，如果不正确，修改 RS-232 单元的设置，以实现正确的通信。

④检查是否有故障出现在 RS-232 单元和 PLC，对于检查方法和措施，参看 FX-485PC-IF 的用户手册。

⑤如果程序中使用 RS 指令，将其删除，关闭 PLC 的电源，然后再打开。

（4）编程实例。

1）连接 232BD 和打印机。打印机通过 232BD 与 PLC 连接，可以打印出由 PLC 发送来的数据。其通信格式如表 8-47 所示，通信程序如图 8-55 所示。

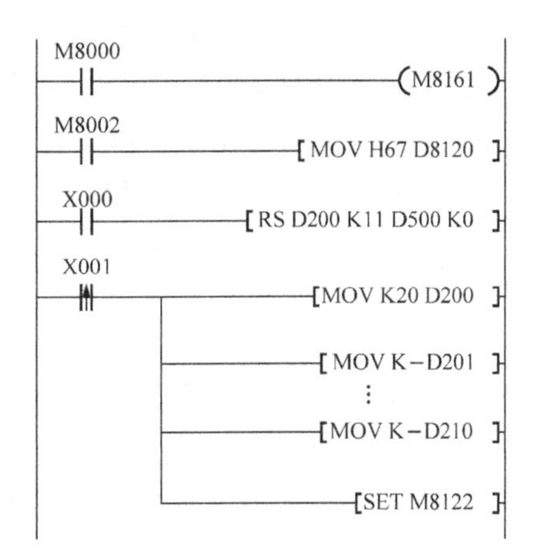

图 8-55 打印机通信程序

表 8-47 串行打印机的通信格式

数据长度	8 位
奇偶性	偶
停止位	1 位
波特率	2400B/s

2）连接 232BD 和个人计算机：个人计算机通过 232BD 与 PLC 连接，使个人计算机与 PLC 交换数据，其通信格式如表 8-48 所示，通信程序如图 8-56 所示。

表 8-48 与计算机的通信格式

数据长度	8 位
奇偶性	偶
停止位	1 位
波特率	2400B/s

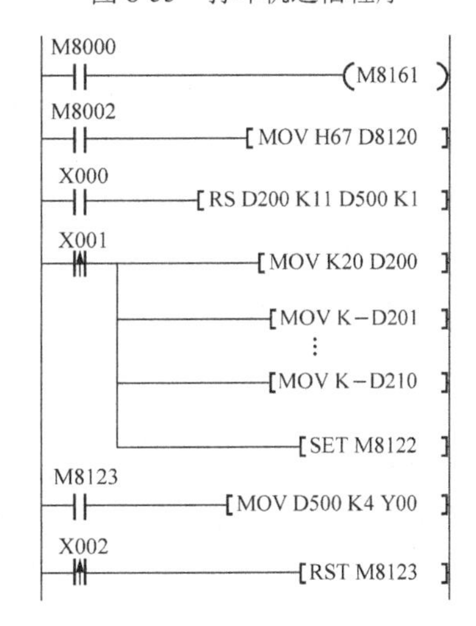

图 8-56 通信程序

2. FX_{2N}-422BD 通信接口模块

用于 RS-422 通信板 FX_{2N}-422BD（以下简称 422BD）的 FX_{2N}-422-BD 可连接到 FX_{2N} 系列的 PLC，并作为编程或监控工具的一个接口。当使用 422BD 时，两个 DU 系列单元可连接到 FX_{2N} 或一个 DU 系列单元和一个编程工具。但是，一次只能连接一个编程工具。

只能有一个 422BD 接到基本单元上，而且 422BD 不能与 FX_{2N}-422-BD 或 FX_{2N}-232-BD 一起使用。

3．FX_{2N}-232IF 通信接口模块

RS-232C 接口模块 FX_{2N}-232IF（以下简称 232IF）连接到 FX_{2N} 系列 PLC，以实现与其他 RS-232C 接口的全双工串行通信，如 PC、条形码阅读机等。

（1）通过 RS-232C 特殊功能模块，两个或多个 RS-232C 接口可连接到 FX_{2N} 系列 PLC。最多可有 8 个 RS-232C 特殊功能模块加到 FX_{2N} 系列的 PLC 上。

（2）无协议通信。RS-232C 设备的全双工异步通信可通过 BFM 进行指定。FROM/TO 指令可用于 BFM。

（3）发送/接收缓冲区可容纳 512 字节/256 字。当使用 RS-232C 互连接模式时，也可以接收到超过 512 字节/256 字的数据。

（4）ACSII/HEX 转换功能，它提供了如下功能：转换并发送存储在发送缓冲区内的十六进制数据（0~F）的功能以及将接收到的 ASCII 码转换成十六进制数据（0～F）功能。

4．FX_{2N}-485-BD 通信接口模块

FX_{2N}-485-BD 是用于 RS-485 通信的特殊功能板，可连接 FX_{2N} 系列 PLC，可用于下述应用中：

（1）无协议的数据传送。

（2）专用协议的数据传送并行连接如图 8-57 所示。

（3）并行连接的数据传送。

（4）使用 N∶N 网络的数据传送如图 8-58 所示。

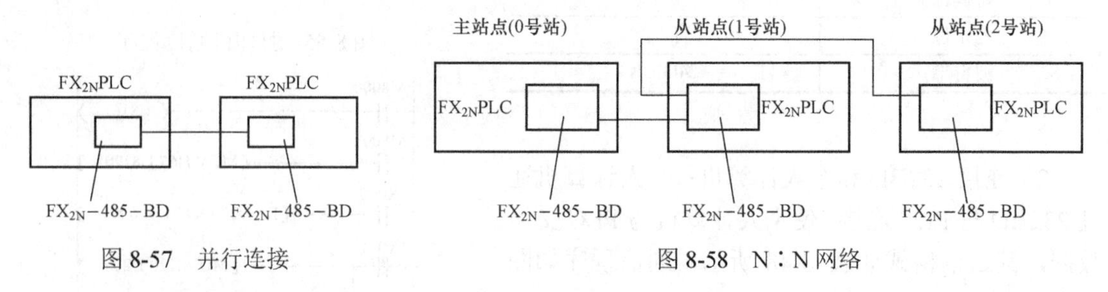

图 8-57　并行连接　　图 8-58　N∶N 网络

三、人机界面模块

在工业控制中，三菱常用的人机界面有触摸屏、显示模块（FX1N-5DM、FX-10DM-E）和小型显示器（FX-10DU-E）。

触摸屏是图式操作终端（Graph Operation Terminal，GOT）在工业控制中的通俗叫法，是目前最新的一种人机交互设备。

三菱触摸屏有 A900 系列和 F900 系列，种类达数十种，F940GOT-SWD 触摸屏就是目前应用最广泛的一种。

四、编程实例

1．FX_{2N}-4AD 的应用

（1）控制要求。

1）将 4A/D 的 CH1、CH2 通道分别通过两个 12V 可调开关电源装置输入两个模拟电压（0～10V），改变通道的输入电压值；

2）当 CH1 通道的电压小于 CH2 通道的电压时，输出指示灯 L1 亮；

3）当 CH1 通道的电压大于 CH2 通道的电压 1V 时，输出指示灯 L2 亮；

4）当 CH1 通道的电压大于 CH2 通道的电压 2V 时，输出指示灯 L3 亮；

5）当 CH1 通道的电压大于 CH2 通道的电压 3V 时，输出指示灯 L4 亮；

6）当 CH1 通道和 CH2 通道的电压都大于 5V 时，输出指示灯 L5 亮。

（2）I/O 分配。X0：起动，X1：停止；Y0：L1 指示灯，Y1：L2 指示灯，Y2：L3 指示灯，Y3：L4 指示灯；Y4：L5 指示灯。

（3）接线图如图 8-59 所示。

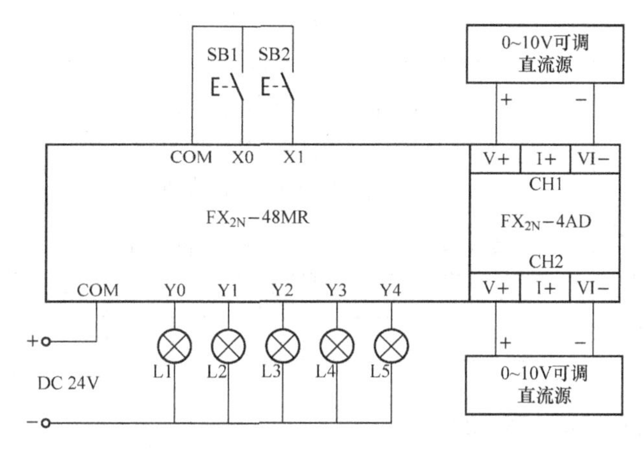

图 8-59　系统接线图

（4）梯形图如图 8-60 所示。

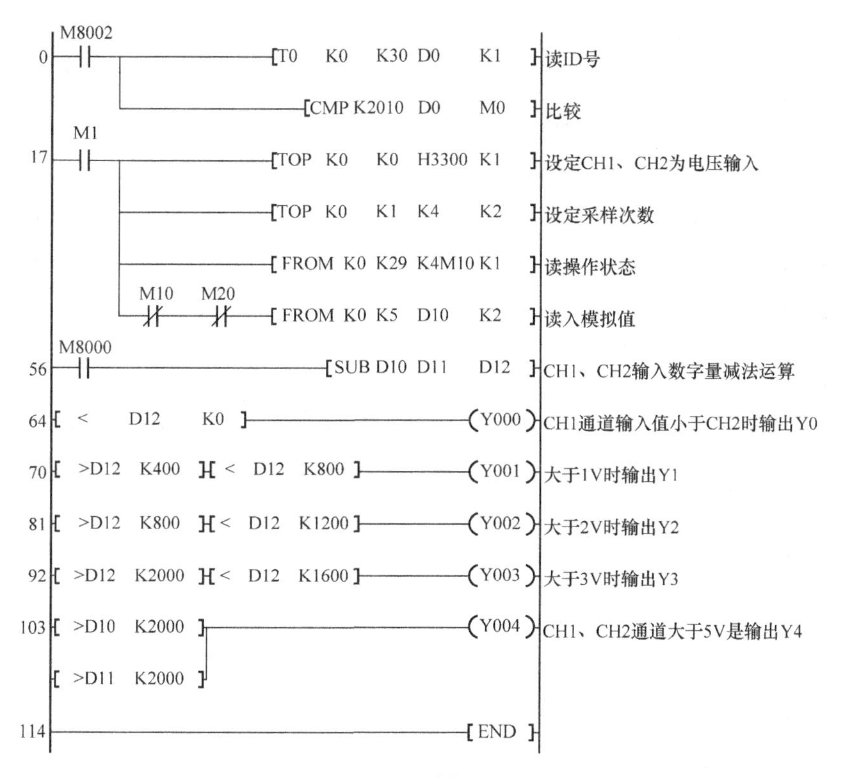

图 8-60　系统程序

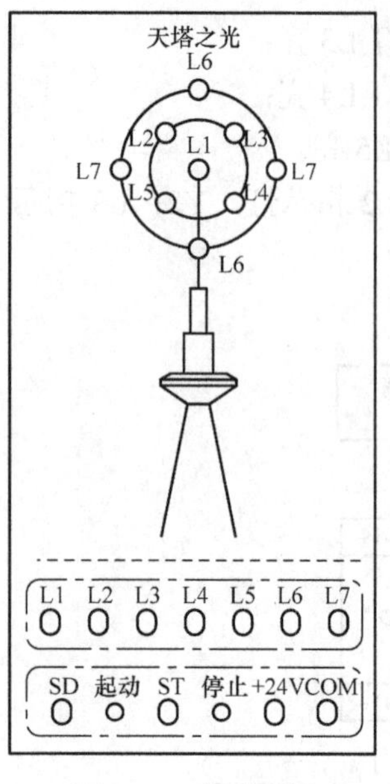

图 8-61 实验面板

2. PLC 控制天塔之光

（1）控制要求。合上起动按钮后，按以下规律显示：L1→L1、L2→L1、L3→L1、L4→L1、L5→L1、L2、L4、→L1、L3、L5→L1→L2、L3、L4、L5→L6、L7→L1、L6→L1、L7→L1→L1、L2、L3、L4、L5→L1、L2、L3、L4、L5、L6、L7→L1、L2、L3、L4、L5、L6、L7→L1……如此循环，周而复始。

（2）天塔之光的实验面板如图 8-61 所示。

（3）输入/输出分配表如表 8-49 所示。

表 8-49 输入/输出分配表

输入信号	SD	ST	输出信号	L1	L2	L3	L4	L5	L6	L7
	X0	X1		Y1	Y2	Y3	Y4	Y5	Y6	Y7

（4）梯形图参考程序如图 8-62 所示。

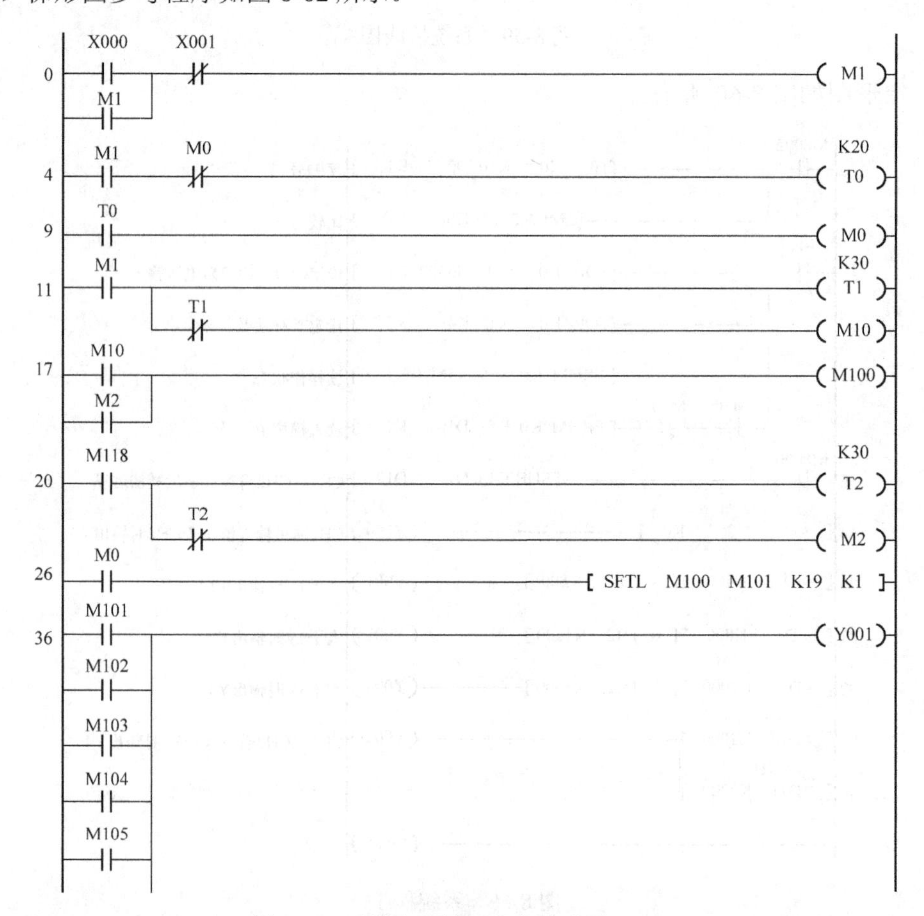

图 8-62 天塔之光控制程序梯形图（一）

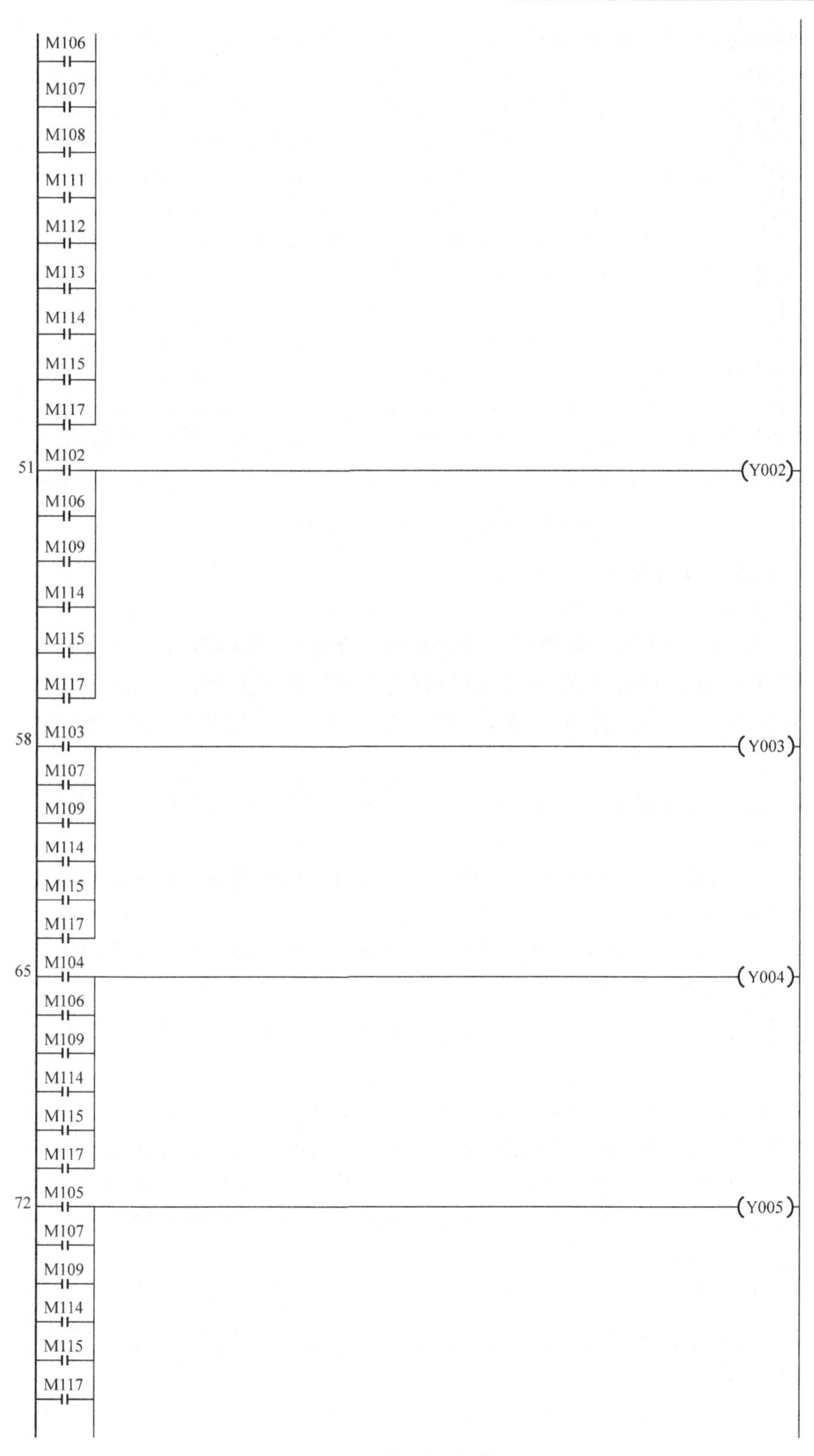

图 8-62　天塔之光控制程序梯形图（二）

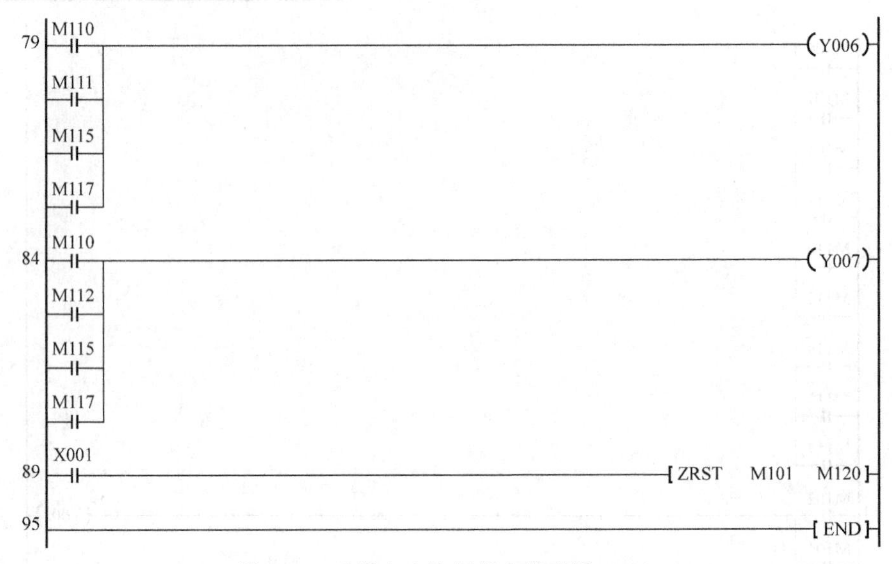

图 8-62 天塔之光控制程序梯形图（三）

3. PLC 控制自动售货机

（1）控制要求。

有一自动售货机用于出售餐巾纸、罐装可乐、罐装雪碧和罐装牛奶，它有一个 1 元硬币投币口，用七段码显示投币总值和购物后的剩余价值，要求实现如下功能：

1）自动售货机中 4 种物品的价格分别为：餐巾纸 1 元，罐装可乐和罐装雪碧均为 3 元，罐装牛奶为 5 元。

2）当投入的硬币总值满 1 元时，餐巾纸指示灯亮，按餐巾纸按钮，餐巾纸阀门打开 0.5s，1 包餐巾纸落下。

3）当投入的硬币总值满 3 元时，餐巾纸、罐装可乐和罐装雪碧指示灯同时亮，按相应按钮，对应物品阀门打开 0.5s，单位对应物品落下。

4）当投入的硬币总值满 5 元时，所有的物品指示灯同时亮，按相应按钮，对应物品阀门打开 0.5s，单位对应物品落下。

按下退币按钮，退币电动机运转，退币感应器开始计数，退出多余的钱币后，退币电动机停止。

根据控制任务和要求，可先以投币感应器作为触发信号，用加法指令将投币值累加，存放于指定的数据存储器中；然后通过区间比较指令，使投币累计值达到相应值时对应指示灯亮，此时才能选购对应的物品；选购后，利用减法指令将投币累计值寄存器中的数据减去选购物品的价格，并且在整个售后过程中由数码管显示投入的币值和购物后剩余的币值，以方便顾客选择继续购物或者退币。

退币时，用除法指令计算应退币数，并且以退币感应器为触发信号，对已退币进行计数，当已退币数和应退币数相等时，结束退币动作，系统复位。为方便使用区间比较指令，退币中的币值均已“角”为计算单位。

由控制任务可知，投入的钱币经过电子感应器，感应器记忆钱币的个数，并将钱币数存入数据寄存器 D0。

用户每投入一个硬币 D0 内的数据加 1，每购买一个物品则减去该物品对应的币值，可以

用二进制、减运算指令实现，并用七段译码管指令进行解码，控制显示器正确显示投币总值和剩余币值。投入硬币总值满一定数值时，相应物品的指示灯亮，则可用区间比较指令实现。退币动作由退币电动机控制，并由退币感应器记录退币的数量，准确地退出多余的钱币。

（2）输入/输出分配表如表 8-50 所示。

表 8-50　　输入/输出分配表

输入信号		输出信号	
名　称	输入点编号	名　称	输入点编号
投币口按钮 SB1	X000	餐巾纸出口	Y000
餐巾纸选择按钮 SB2	X001	可乐出口	Y001
可乐选择按钮 SB3	X002	雪碧出口	Y002
雪碧选择按钮 SB4	X003	牛奶出口	Y003
牛奶选择按钮 SB5	X004	退币电磁铁	Y004
退币按钮 SB6	X005	退币电机	Y005
退币感应器 SB7	X006	七段数码管	Y010～Y017
投币口按钮 SB1	X000	餐巾纸指示灯	Y020
		可乐指示灯	Y021
		雪碧指示灯	Y022
		牛奶指示灯	Y023

（3）接线图如图 8-63 所示。

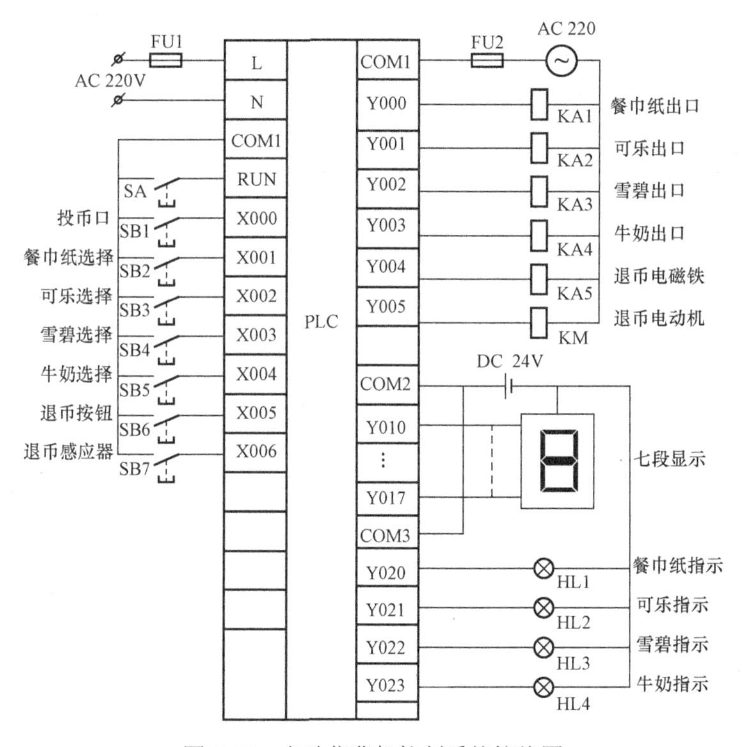

图 8-63　自动售货机控制系统接线图

（4）梯形图如图 8-64 所示。

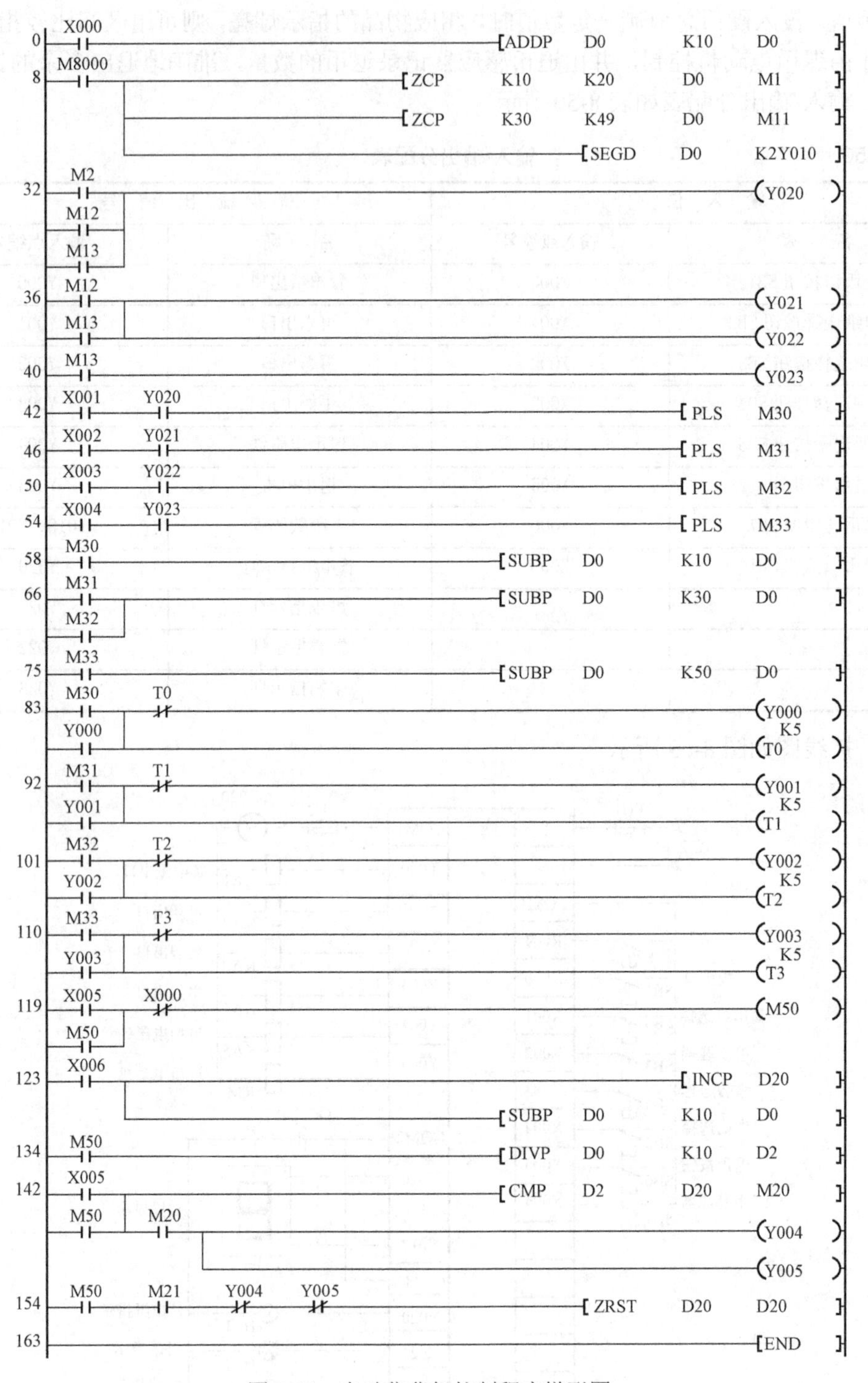

图 8-64　自动售货机控制程序梯形图

4. PLC 控制步进电动机

（1）控制要求。

1）步进电动机可按快、中、慢三挡转速运转，输入脉冲频率分别为 5Hz、2Hz 和 1Hz，由三个转换开关选定。

2）步进电动机能够正、反转，由两个转换开关选择转向。正、反转通电顺序如下所示。

①正转。

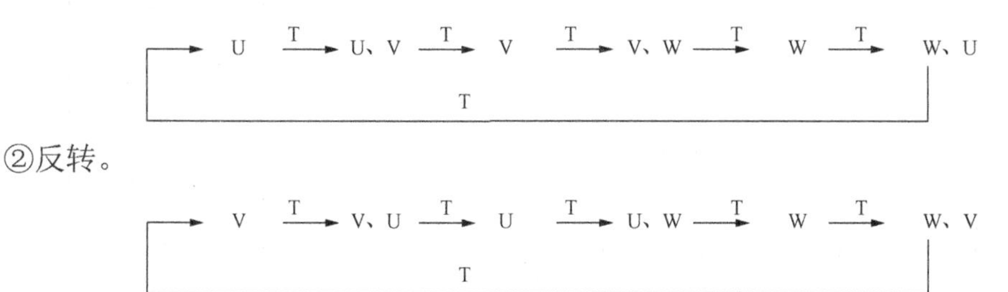

②反转。

3）按下起动按钮 SB1，步进电动机按选定的转向和转速运转；按下停止按钮 SB2，电动机停止运转。

（2）输入/输出分配表如表 8-51 所示。

表 8-51　　输入/输出分配表

输入信号		输出信号	
名　称	输入点编号	名　称	输入点编号
起动按钮	X000	步进电动机 U 相	Y000
停止按钮	X001	步进电动机 V 相	Y001
慢速	X002	步进电动机 W 相	Y002
中速	X003		
快速	X004		
正转	X005		
反转	X006		

（3）接线图如图 8-65 所示。

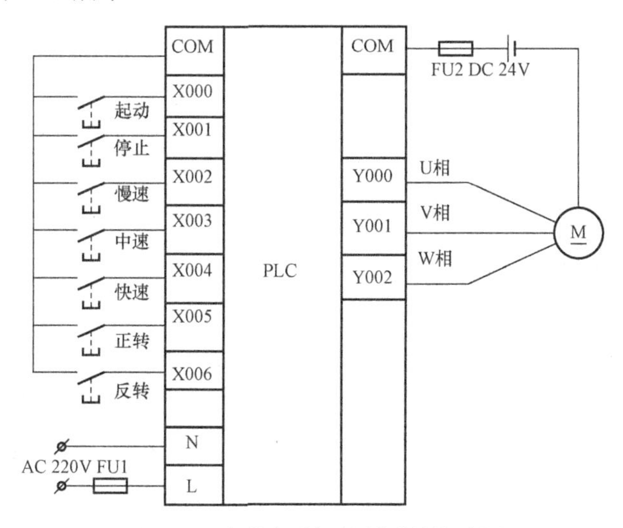

图 8-65　步进电动机控制系统接线图

（4）梯形图如图 8-66 所示。

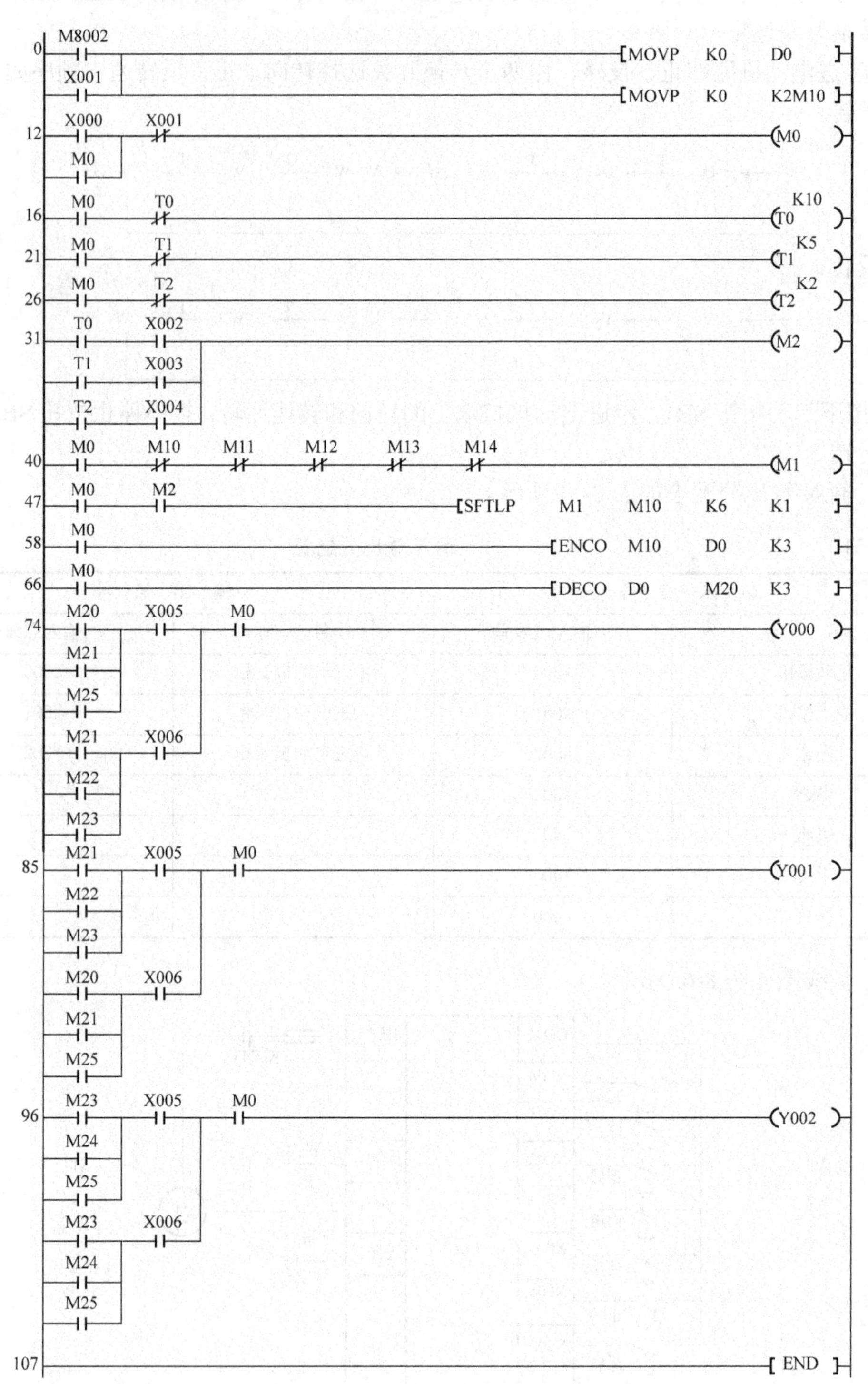

图 8-66　步进电动机控制程序梯形图

习　　题

1．功能指令有几大类？每一类有几条？

2．试设计一段程序，当输入条件满足时，依次将计数器 C0～C9 的当前值转换成 BCD 码后送到输出元件 K4Y0 中去，试画出梯形图，写出指令表。

3．两数相减之后得到绝对值，试编写一段程序。

4．设计用一个按钮控制起动和停止交替输出的程序。

5．用功能指令设计一个自动控制小车运行方向的系统，如图 8-67 所示，请根据要求设计梯形图和指令表。工作要求如下：

（1）当小车所停位置 SQ 的编号大于呼叫位置编号 SB 时，小车向左运行至等于呼叫位置时停止。

（2）当小车所停位置 SQ 的编号小于呼叫位置编号 SB 时，小车向右运行至等于呼叫位置时停止。

（3）当小车位置 SQ 的编号与呼叫位置编号相同时，小车不动作。

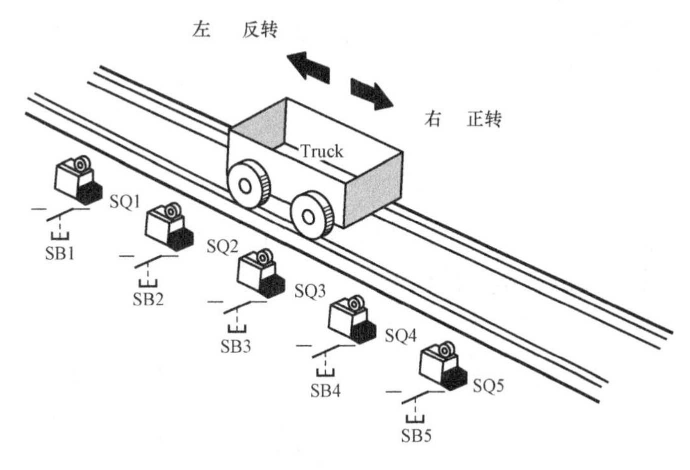

图 8-67　习题 5 的图

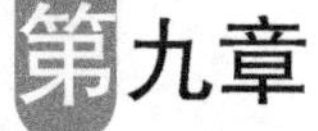

第九章 手持编程器及编程软件的使用

第一节　FX-20P-E 型手持式编程器的使用

编程器是 PLC 的最主要的外围设备，它不仅能对 PLC 进行编程调试，还可以对 PLC 的工作状态进行监控、诊断和参数设定等。目前编程器有许多系列和型号，下面介绍与 FX2 型 PLC 相配套的 FX-20P-E 型手持编程器（简称 HPP）的使用方法。FX-20P-E 具有在线编程和离线编程两种工作方式。

一、FX-20P-E 型手持式编程器的组成

FX-20P-E 型手持式编程器主要包括以下几个部件：

（1）FX-20P-E 型编程器；

（2）FX-20P-CAB 型电缆；

（3）FX-20P-RWM 型 ROM 写入器；

（4）FX-20P-ADP 型电源适配器；

（5）FX-20P-E-FKIT 型接口，用于对三菱的 Fl、F2 系列 PLC 编程。

二、FX-20P-E 编程器的面板和操作键

1. FX-20P-E 编程器面板结构（见图 9-1）

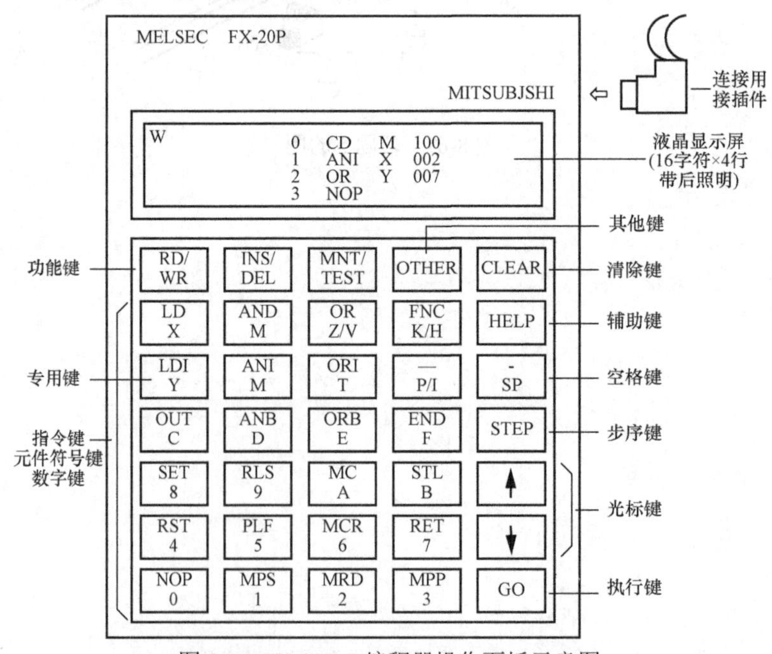

图 9-1　FX-20P-E 编程器操作面板示意图

FX–20P–E 编程器由液晶显示屏（16 字符×4 行，带后照明）及 5×7 行键盘组成。HPP 配有专用于 FX2 型 PLC 连接的电缆，还有系统存储卡盒，用于存放系统软件。

2. FX–20P–E 编程器的操作面板

（1）功能键三个。RD/WR 读出/写入键；INS/DEL 插入/删除键；MNT/TEST 监视/测试键。三个功能键都是复用键，交替起作用，按第一次时显示左上方表示的功能，按第二次则显示右下方表示的功能。

（2）执行键一个。GO：用于指令的确认、执行、显示画面和检索。

（3）清除键一个。CLEAR：未按执行键前按下此键，可清除键入的数据。该键也可用于清除显示屏上的错误信息或恢复原来的画面。

（4）其他键一个。OTHER：在任何状态下按下此键，将显示方式项目菜单。安装 ROM 写入模块时，在脱机方式项目单上进行项目选择。

（5）辅助键一个。HELP：显示应用指令一览表，在监视时，进行十进制数和十六进制数的转换。

（6）空格键一个。SP：在输入时，用此键指定元件号和常数。

（7）步序键一个。STEP：设定步序号时按此键。

（8）光标键二个。↑、↓：用该键移动光标和提示符，指定已指定元件前一个或后一个地址号的元件，执行滚动。

（9）指令键，元件符号键，数字键 24 个。它们都是复用键，每个键的上面为指令符号，下面为元件符号或者数字。上、下部的功能是根据当前所执行的操作自动进行切换。其中，下部的元件符号 Z/V、K/H、P/I 又是交替起作用。

3. 编程器工作方式选择

（1）编程器的工作方式。FX-20P-E 型编程器具有在线（ONLINE 或称连机）编程和离线（OFFLINE 或称脱机）编程两种工作方式。

图 9-2 所示为编程器上电后显示的内容。

PROGRAM	MODE
■ ONLINE	(PC)
OFFLINE	(HPP)

图 9-2　编程器上电后显示的内容

（2）编程器的工作方式选择。FX-20P-E 型编程器上电后，其 LED 屏幕上显示的内容如图 9-2 所示。其中闪烁的符号“■”指明编程器目前所处的工作方式。可供选择的工作方式共有 7 种，它们依次是：

1）OFFLINE MODE，进入脱机编程方式。

2）PROGRAM CHCEK，程序检查。

3）DATA TRANSFER，数据传送。

4）PARAMETER，对 PLC 的用户程序存储器容量进行设置，还可以对各种具有断电保持功能的软元件的范围以及文件寄存器的数量进行设置。

5）XYM.. NO. CONV.，修改 X、Y、M 的元件号。

6）BUZZER LEVEL，蜂鸣器的音量调节。

7）LATCH CLEAR，复位有断电保持功能的软元件。

三、编程器的联机操作

1. 编程器的操作

操作准备：打开 PLC 主机上部的插座盖板，用电缆把主机和编程器连接起来，因为简易编程器本身不带电源，它通过PLC的内部供电。接通PLC主机的电源后，HPP也就通电了，为编程做准备。

方式选择：连接好以后，接入220V交流电源送入PLC，在编程器显示屏上出现第一框画面，显示2s后转入下一个画面，根据光标的指示选择联机方式或脱机方式，然后再进行功能选择。

编程：将PLC内部用户存储器的程序全部清除，（指定范围内成批写入NOP指令），然后用键盘编程。

监控：监视元件动作和控制状态，对指定元件强制ON/OFF及常数修改。

2. 编辑程序操作

在编程器与PLC连接并使PLC送入交流220V电源后，然后启动系统，操作键盘按（RST+GO）使编程器复位，再按GO键，选择为联机方式，即可利用写入、读出、插入、删除功能编制程序。

清零：在写入程序之前，应操作下列键将PLC内部存储器的程序全部清除（简称清零）。清零操作完成后，可进行指令的写入，清零步骤的流程如图9-3所示。

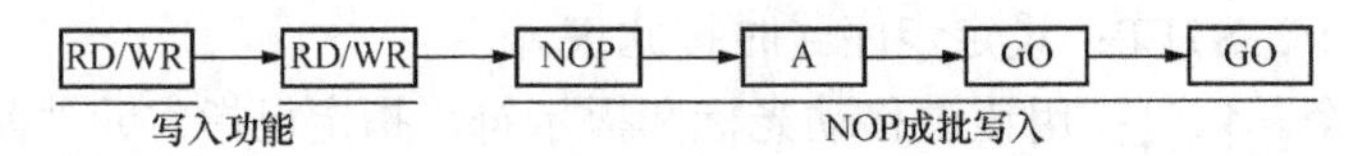

图9-3 清零步骤流程图

1）基本指令的写入。基本指令有3种情况：仅有指令助记符，不带元件；有指令助记符和一个元件；指令助记符带两个元件，写入上述3种情况基本指令的操作框图如下：

①只需输入指令方法：WR → 指令 → GO；

②需要指令和一个元件号的输入方法：WR → 指令 → 元件符号 → 元件号 → GO；

③需要指令第一元件、第二元件的输入方法：WR → 指令 → 元件符号 → 元件号 → SP → 元件符号 → 元件号 → GO。

【例9-1】 将下面梯形图程序写入到PLC中的操作。

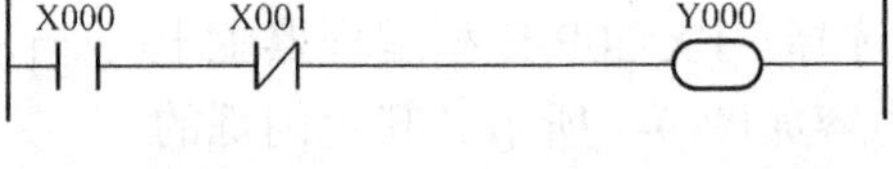

X000 X001 Y000

WR → LD → X → 0 → GO → ANI → X → 1 → GO → OUT → Y → 0 → GO。

2）功能指令的写入。写入功能指令时，按FNC键后再输入功能指令号，输入功能指令号有两种办法：一是直接输入指令号；二是借助于HELP键的功能，在所显示的指令表上检索指令编号后再输入，功能指令写入的方法如下：

①直接输入功能指令代号。

【例9-2】 写入功能指令[FHC12 (D)HOV(P) | D0 | D2]的操作。

WR → FNC → D → 1 → 2 → P → SP → D → 0 → SP → D → 2 → GO。

②借助HELP键的功能，在显示屏上检索指令代号后再输入例如：查找位左移指令SFTL代号，并输入[SFTL(P) | X0 | H0 | K16 | K4]的操作。

WR → FNC → HELP → ↑或↓ → 查到SFTL为35 → P → SP → X → 0 → SP → M → 0 → SP → K → 16 → SP → K → 4 → GO。

【例 9-3】　将下面梯形图程序写入到 PLC 中的操作。

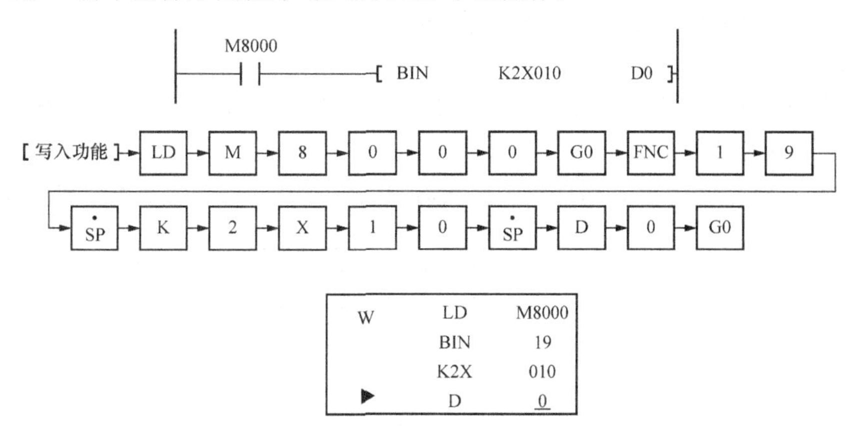

3）修改程序。在指令输入过程中，若要修改，可按图 9-4 所示的操作进行。

①未操作执行键 GO 的修改：WR → 指令 → 元件符号 → 元件号 → CLEAR → 元件符号 → 元件号 → GO。

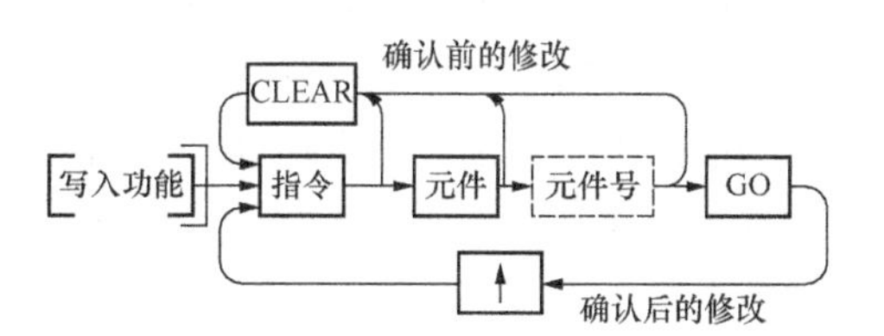

图 9-4　修改程序操作步骤图

【例 9-4】　输入指令 OUT T0 K10。未操作执行键 GO，欲将 K10 改为 D9 的操作。

WR → OUT → T → 0 → SP → K → 1 → 0 → CLEAR → D → 9 → GO。

②操作了执行键 GO 的修改：WR → 指令 → 元件符号 → 元件号 → GO。 →↑→ 指令 → 元件符号 →元件移到修改位置号 → GO。

【例 9-5】　例 9-4 的修改。

WR → OUT → T → 0 → SP → K → 1 → 0 → GO → ↑→ D → 9 → GO。移到 K10 位置。

③在指定的步序上改写指令：

↑或↓ → 要改写的步序号 → WR → 指令 → 元件符号 → 元件号 → GO。

例如：在 100 步上写入指令 OUT　T50　K123 的操作。

↑或↓ → 读出 100 步 → WR → OUT → T → 5 → 0 → SP → K → 1 → 2 →3 → GO。

如需改定在读出步数附近的指令，将光标直接移到指定处。如第 100 步的 MOV（P）指令元件 K2X1 改写为 K1X0 的操作如下：

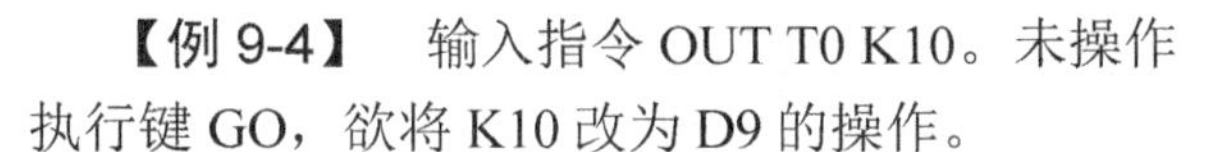

↑或↓ → 读出 100 步 → WR → ↓ → K→ 1 → X → 0→ GO。

4）NOP 成批写入。指定 NOP 范围的写入基本操作方法如图 9-5 所示。

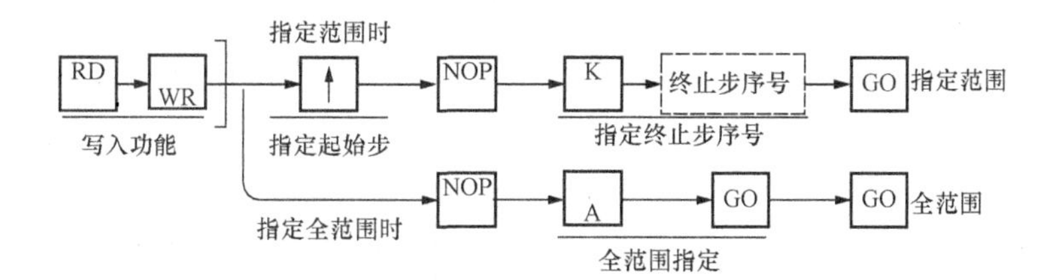

图 9-5　NOP 范围的写入

【例 9-6】　在 114～124 步范围内成批写入 NOP 的操作

WR → ↑或↓ → NOP → K → 1 → 2 → 4 → GO。

指定起始步

5）读出程序。把已写入到 PLC 中的程序读出这是常有的事情。读出方式有根据步序号、指令、元件及指针等几种方式。

①根据步序号读出。从 PLC 用户程序存储器中读出并显示程序的基本程序如图 9-6 所示。

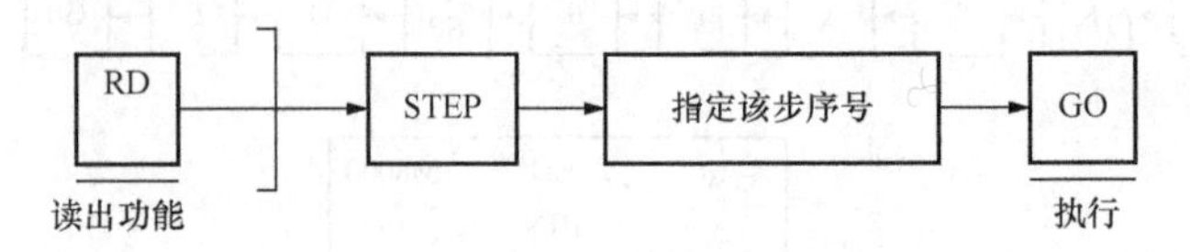

图 9-6　读出程序流程图

【例 9-7】　读出 66 步的程序操作。

RD → STEP →6→ 6→ GO。

②根据指令读出。指定指令，从 PLC 用户程序存储器中读出并显示程序的基本程序如图 9-7 所示。

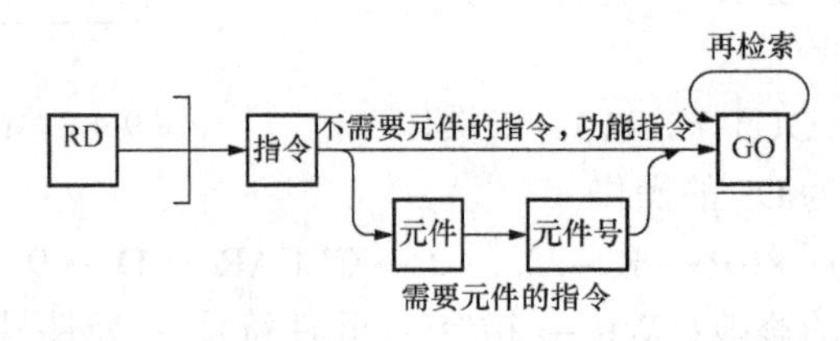

图 9-7　根据指令读出程序流程图

【例 9-8】　读出 PLS M105 的操作。

RD → PLS → M → 1 → 0 → 5 → GO。

③根据指针读出。指定指令，从 PLC 用户程序存储器中读出并显示程序的基本程序如图 9-8 所示。

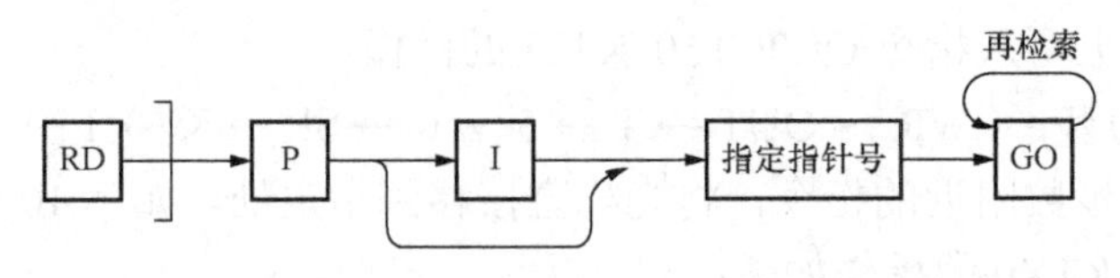

图 9-8　根据指针读出程序流程图

【例 9-9】　读出指针为 4 的标号操作。

RD → P → 4→ GO。

④根据元件读出。指定元件符号和元件号，从 PLC 用户程序存储器中读出并显示程序的基本操作如图 9-9 所示。

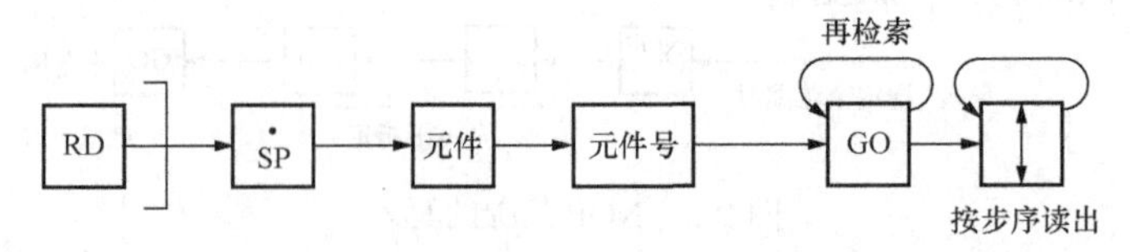

图 9-9　根据元件读出程序流程图

【例 9-10】　读出 Y124 的操作。

RD → SP → Y → 1 → 2 → 4→ GO。

6）插入程序。插入程序操作是根据步序号读出程序，在指定的位置上插入指令或指针，其操作如图 9-10 所示。

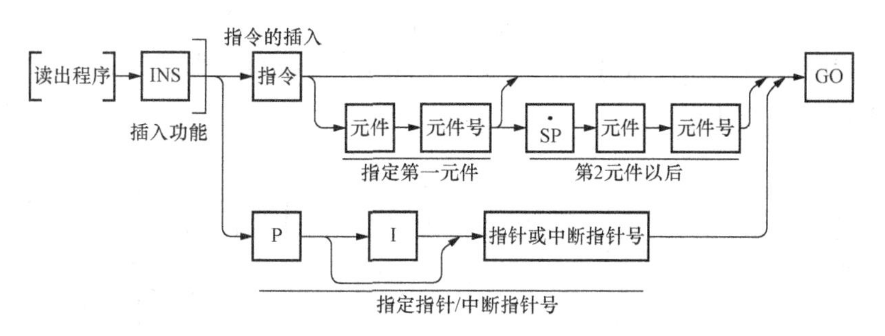

图 9-10　插入程序操作流程图

【例 9-11】　在 22 步前插入指令 AND M5 的操作。

↑或↓ → 读出第 22 步程序 → INS →AND→ M → 5 → GO。

7）删除程序。删除程序分为逐条删除、指定范围删除和全部 NOP 指令的删除几种方式。

①逐条删除。读出程序，逐条删除光标指定的指令或指针，基本操作如图 9-11 所示。

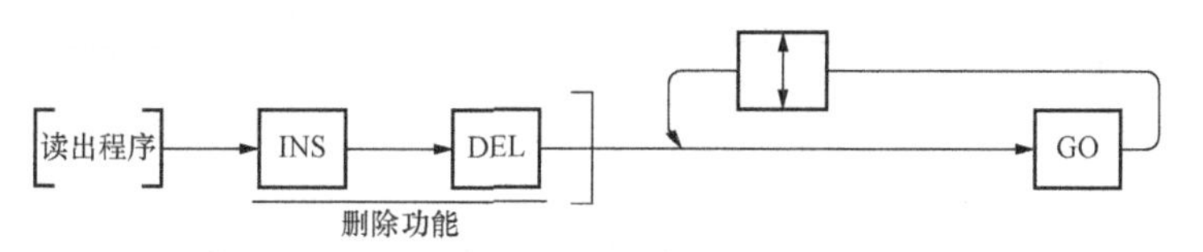

图 9-11　删除程序操作流程图

【例 9-12】　删除 100 步的 ANI 指令的操作。

↑或↓→ 读出第 100 步程序 → INS → DEL → GO。

②指定范围的删除。从指定的起始步序号到终止步序号之间的程序成批删除的操作如图 9-12 所示。

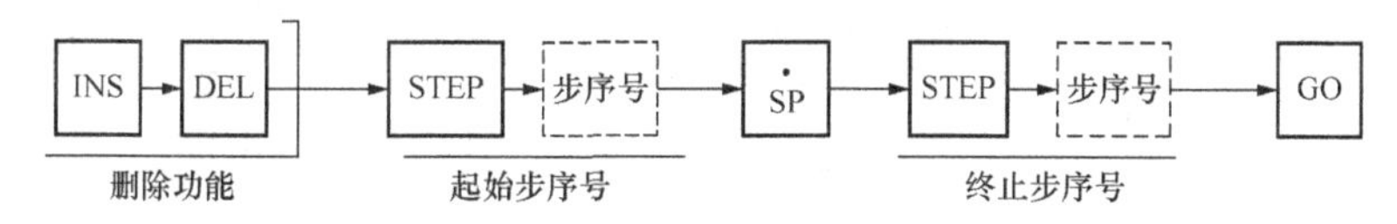

图 9-12　指定范围的删除程序操作流程图

【例 9-13】　删除 100～124 步的指令。

DEL → STEP → 1 → 0 → 0 → SP → STEP → 1 → 2 → 4 → GO。

③以 NOP 方式的成批删除。是指写入程序中间或改写时出现的所有 NOP 的删除方法，其基本操作步骤如图 9-13 所示。

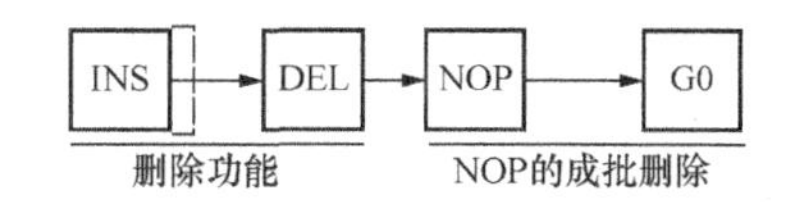

图 9-13　以 NOP 方式的成批删除程序操作流程图

3. 监控操作

监控功能分为监视与测控。监视是通过编程器的显示屏监视和确认在联机方式下PLC的动作和控制状态。它包括导通检查与元件动作状态的监视等内容。测控主要是指编程器对PLC的位元件的触点和线圈进行强制置位和复位，以及对常数的修改。包括强制置位、复位和修改T、C、Z、V的当前值和T、C的设定值，文件寄存器的写入等内容。

（1）元件监视。所谓元件监视是指监视指定元件的ON/OFF状态、设定值及当前值。元件监视的基本操作如图9-14所示。

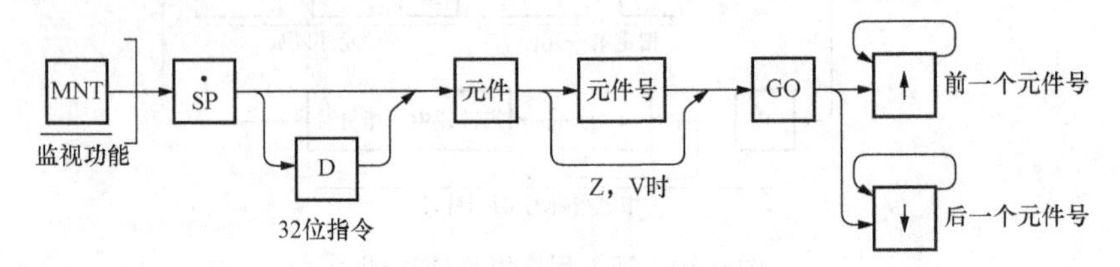

图9-14 元件监视操作流程图

【例9-14】 依次监视X0及其以后的元件的操作如图9-15所示。

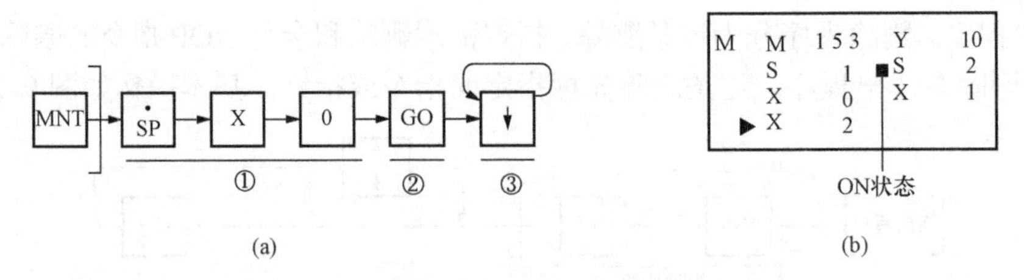

图9-15 依次监视X0及其以后的元件的操作图

（a）操作；（b）显式

（2）导通检查。根据步序号或指令读出程序，监视元件触点的导通及线圈动作，基本操作如图9-16所示。

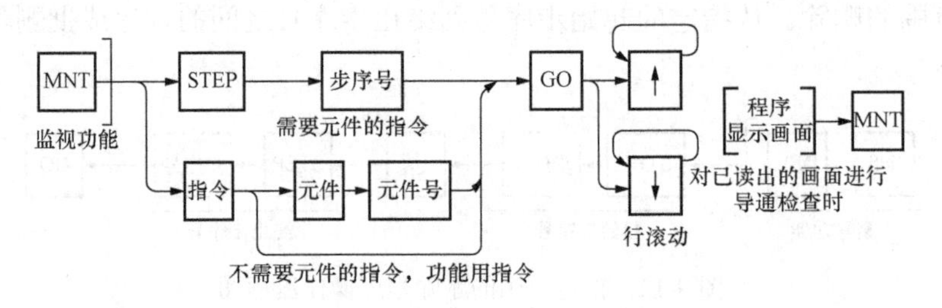

图9-16 导通检查操作流程图

【例9-15】 读出126步作导通检查的操作。

MNT → STEP → 1 → 2 → 6 → GO。

（3）动作状态的监视。利用步进指令，监视S的动作状态（状态号从小到大，最多为8点）的操作如下：

MNT → STL → GO。

（4）强制ON/OFF。进行元件的强制ON、OFF的测试，先进行元件监视，然后进行测试功能。基本操作如图9-17所示。

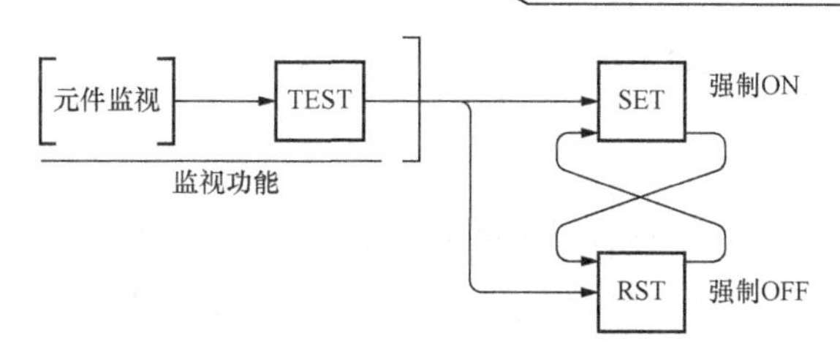

图 9-17　强制 ON/OFF 操作流程图

【例 9-16】　对 Y10 进行强制 ON/OFF 的操作如图 9-18 所示。

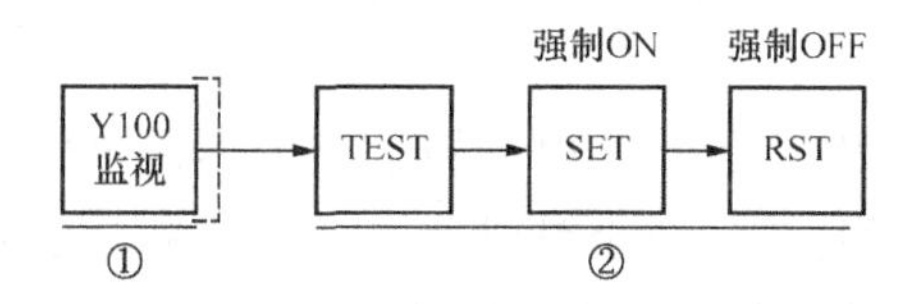

图 9-18　对 Y10 进行强制 ON/OFF 的操作图

（5）修改 T、C、D、V、Z 的当前值。先进行元件监视后，再进入测试功能，修改 T、C、D、Z、V 的当前值的基本操作如图 9-19 所示。

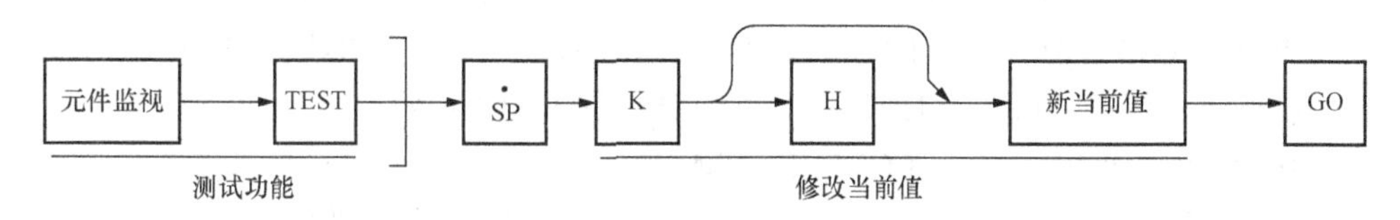

图 9-19　修改 T、C、D、V、Z 的当前值操作流程图

【例 9-17】　将 32 位计数器的设定值寄存器（D1、D0）的当前值 K1234 修改为 K10 的操作。

D0 监视 → TEST → SP → K → 1 → 0 → GO。

（6）修改 T、C 设定值。元件监视或导通检查后，转到测试功能，可修改 T、C 的设定值。基本操作如图 9-20 所示。

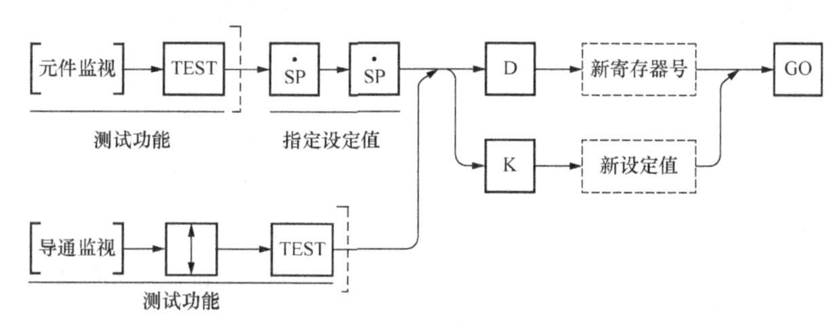

图 9-20　修改 T、C 设定值操作流程图

【例 9-18】　将 T5 的设定值 K300 修改为 K500 的操作如下：

T5 监视 → TEST → SP → SP → K → 5 → 0 → 0 → GO。

【例 9-19】　将 T10 的设定值 D123 变更为 D234，其操作如下：

T10 监视 → TEST → SP → SP → D→2→3→4→ GO。

【例 9-20】　将第 251 步的 OUT　T50 的设定值 K1234 变更为 K123，其操作如下：

251步导通检查→↓→TEST→K→1→2→3→GO。

四、离线方式

1. 离线时的功能

FX-20P-E编程器（HPP）本身有内置的RAM存储器，所以，它具有下述功能：

（1）在OFF LINE状态下，HPP的键盘所键入的程序，只被写入HPP本身的RAM内，而非写入PLC主机的RAM。

（2）PLC主机的RAM若已输入了程序，就可以独立执行已有的程序，而不需HPP。此时不管主机在RUN或STOP状态下，均可通过HPP来写入、修改、删除、插入程序，只是它无法自行执行程序的动作。

（3）HPP本身RAM中的程序是由HPP内置的大电容器来供电的，但它离开主机后程序只可保存3天（须与主机连接超过一个小时以上），3天后程序会自然消失。

（4）HPP内置的RAM可与PLC主机的RAM存储盒的8KB RAM/EPROM/EEPROM相互传输程序，也可传输至HPP附加的ROM写入器内（需要时另外购买FX-20P–RWM）。

2. 离线时的工作方式选择

在离线方式下，按OTHER键，即进入工作方式选择的操作，可供选择的工作方式共有7种，其中PROGRAM CHECK、PARAMETER、XYM．．NO．CONV．、BUZEER LEVEL与ON LINE相同，但在OFF LINE时它只对HPP内的RAM有效。

3. HPP<->FX主机间的传输（OFFLINE MODE）

HPP会自动判别存储器的型号，而出现下列4种存储体模式的画面。

（1）主机未装存储卡盒。

HPP→FX-RAM：将HPP内的RAM传输至FX主机的RAM；

HPP←FX-RAM：将FX主机的RAM传输至HPP的RAM；

HPP：FX-RAM：执行两者的程序比较。

（2）主机加装8KB RAM（CS RAM）存储卡盒时。

HPP→FX CSRAM：将HPP内的RAM传输至FX主机的CSRAM；

HPP←FX CSRAM：将FX主机的CSRAM传输至HPP的RAM；

HPP-FX　CSRAM：执行两者的程序比较。

（3）主机安装EEPROM存储卡盒时。

HPP→FX EEPROM：将HPP内的RAM传输至FX主机的EEPROM；

HPP←FX EEPROM：将FX主机的EEPROM传输至HPP的RAM；

HPP-FX　EEPROM：执行两者的程序比较。

（4）主机安装EPROM时（同上）。将光标移至欲执行的项目，按GO即可传输，并出现传输中EXECUTING，传输终了再出现（complete）。

五、密码的设定与解除

1. 密码保护等级

FX系列PLC具有密码保护程序的功能，它共有A、B、C这三级保密程序的方式。

2. 密码的解除

若不知密码时，则需要把内部已有的程序清除，其操作为：HPP上电显示“INPUT ENTRYCODE”时，输入SP键8次，按GO键，此时出现“ONLINE MODE FX PARAMETER

AND PROGRAM CLEAR?■ YES NO”，再按 GO 键，出现“ALL CLEAR?”，再按 GO 键就把所有程序清除掉，全部变为 NOP。

3. 如何设定密码

必须在 ONLINE 下按 OTHER 键，将光标移至 4.PARAMTER，按 GO 键，此时出现“DEFAULT SETTING YES■ NO”，再按 GO 键，出现“2K-STEP ...”，再按 GO 键，又出现“ENTRY CODE■ ENTER DELETE”，此时输入密码保护等级（A、B、C）和自己认为方便记忆的 7 位数字码（如 A6731272），再按 GO 就出现短暂的“EXECUTING”后，跳至下一幕“LATCH RANGE”，再按 GO 键（若要修改，改后才按 GO），并续按 GO.GO ...直至出现“PARAMETER VALUES COMPLETE? ■ YES NO”后，再按 GO 就完成设定。

4. 已设定密码如何开机

经设定密码后，重新开机时，在 ONLINE 方式下按 GO 键，出现“INPUT ENTRY CODE”，此时输入已设定的密码（A6731272）才能使用。

以上只是简单介绍了 FX-20P-E 编程器的操作使用方法，读者在使用时，要根据自己现在使用的编程器规格、型号，认真阅读使用说明书，以免造成误操作。

第二节　GX Developer 编程软件的使用

一、编程软件概述

三菱 PLC 编程软件有好几个版本，早期的 FXGP/DOS 和 FXGP/WIN-C 及现在常用的 GPP For Windows 和最新的 GX Developer(简称 GX)，实际上 GX Developer 是 GPP For Windows 升级版本，相互兼容，但 GX Developer 界面更友好，功能更强大、使用更方便。

GX Developer 能够制作 Q 系列、QnA 系列、A 系列、FX 系列的数据，能够转换成 GPPQ、GPPA 格式的文档。GX 编程软件可以编写梯形图程序和状态转移图程序（全系列），它支持在线和离线编程功能，并具有软元件注释、声明、注解及程序监视、测试、故障诊断、程序检查等功能。GX 编程软件可在 Windows97、Windows98、Windows 2000、Windows XP 及 Windows 7 操作系统中运行。该编程软件简单易学，具有丰富的工具箱和直观形象的视窗界面。

在安装有 GX Developer 的计算机内追加安装 GX Simulator，就能够实现不在线时的调试。不在线调试功能包括软元件的监视测试、外部机器的 I/O 模拟操作等。如果使用 GX Simulator，就能够在一台计算机上进行顺控程序的开发和调试，所以能够更有效地进行顺控程序修正后的确认。此外，为了能够执行本功能，必须事先安装 GX Developer，并且版本要互相兼容，比如可以安装 GX Developer Version 7 和 GX Simulator 6-C。

二、编程软件的使用

在计算机上安装好编程软件 GX Developer Version 7 和仿真软件 GX Simulator 6-C 后，在桌面或者开始菜单中并没有仿真软件的图标。因为仿真软件被集成到编程软件 GX Developer 中了，其实这个仿真软件相当于编程软件的一个插件，如图 9-21 所示。

图 9-21　开始菜单图标

运行 GX Developer 编程软件，其界面如图 9-22 所示。

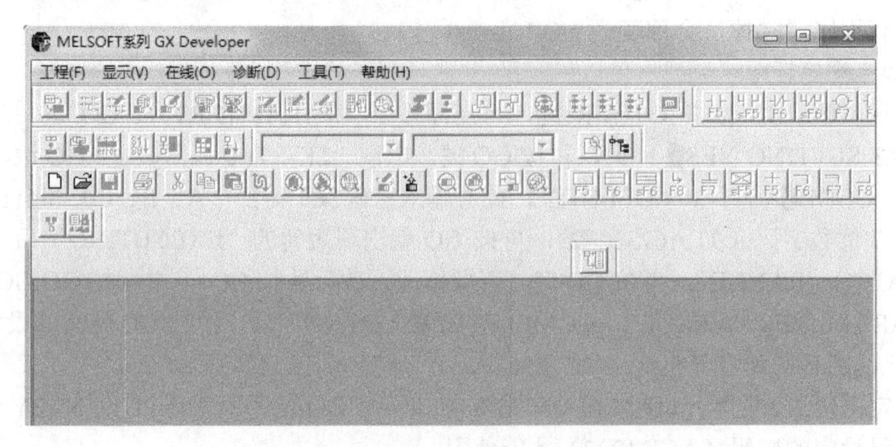

图 9-22　运行 GX Developer 后的界面

可以看到该窗口编辑区域是不可用的，工具栏中除了新建、打开等几个按钮可见以外，其余按钮均不可见，单击图 9-22 中的新建按钮，或执行“工程”菜单中的“创建新工程”命令，可创建一个新工程，出现如图 9-23 所示画面。

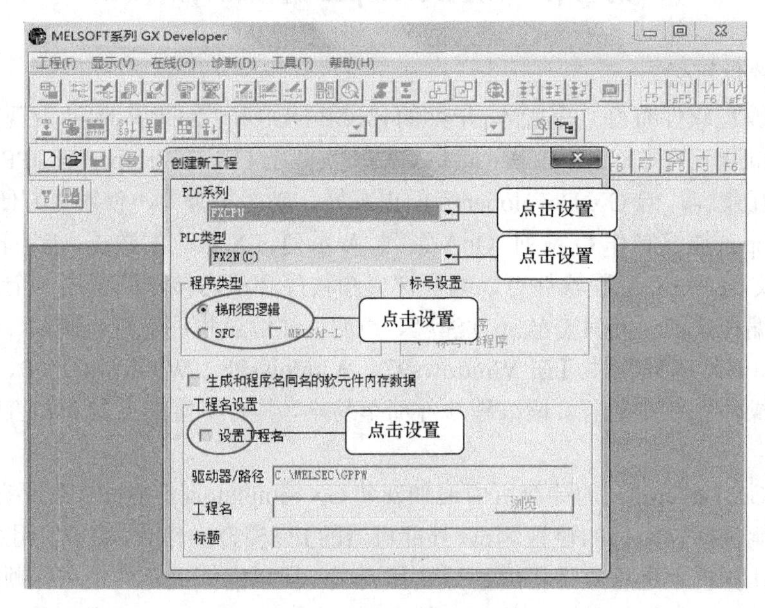

图 9-23　创建新工程画面

在如图 9-23 所示界面中选择 PLC 所属系列及 PLC 类型。此外，设置项还包括程序的类型，即梯形图或 SFC（顺控程序），设置文件的保存路径和工程名等。注意 PLC 系列和 PLC 型号两项是必须设置项，且须与所连接的 PLC 一致，否则程序将可能无法写入 PLC。设置好上述各项后出现图 9-24 所示窗口，在编辑区即可实现对程序的编辑，工程数据列表区是以树状结构显示工程的各项内容，如程序、软元件注释、参数等，状态栏则显示当前的状态如鼠标所指按钮功能提示、读写状态、PLC 的型号等内容。

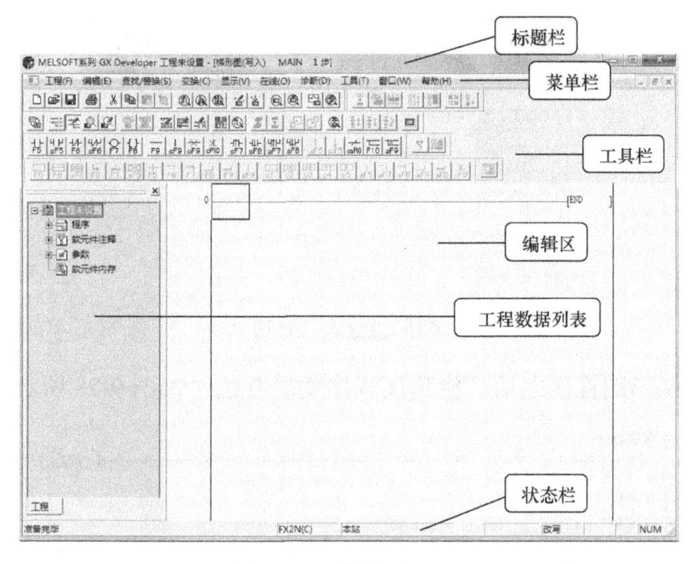

图 9-24 程序编辑窗口

三、梯形图程序的编制与测试

下面通过一个具体实例，来介绍 GX Developer 编程软件在计算机上编制图 9-25 所示的梯形图程序的操作步骤。

图 9-25 梯形图程序

打开 GX Developer 编程软件后，进入如图 9-24 所示的程序编辑窗口，即可进行梯形图的编制。如在光标处输入图 9-25 所示的 X0 常开触点，可以单击图 9-24 工具栏中常开触点图标，出现如图 9-26 所示的“梯形图输入”对话框，在图 9-26 B 处输入“X0”，单击“确认”按钮或按 Enter 键，要输入的 X0 常开触点就出现在图 9-24 蓝色光标处。另一种方法是在蓝色光标处左键双击鼠标，出现如图 9-27 所示的“梯形图输入”对话框，在下拉菜单中选择常开触点符号，并在指令输入处输入“X0”，或者直接在指令输入处输入“LD X0”指令，单击“确认”按钮或按 Enter 键也可完成常开触点 X0 的输入。

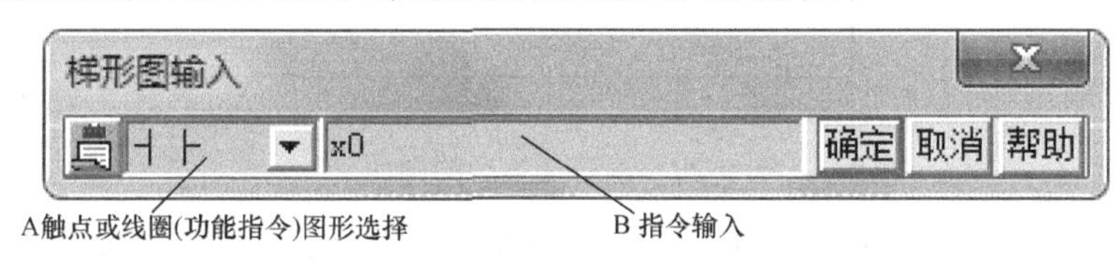

图 9-26 “梯形图输入”对话框（一）

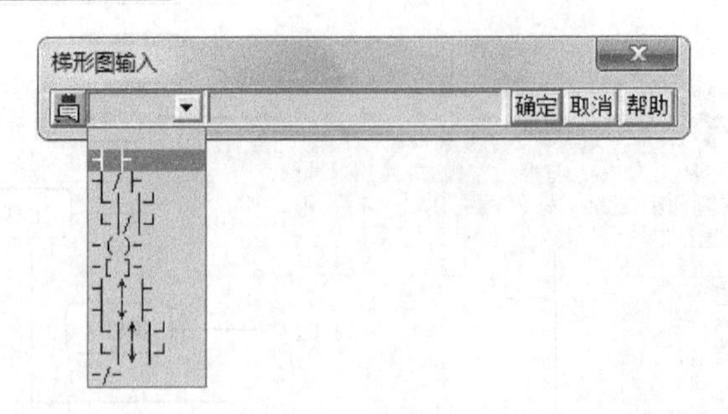

图 9-27 “梯形图输入”对话框（二）

当编制了一段梯形图程序之后，梯形图程序变成灰色，如图 9-28 所示。

图 9-28 程序变换前的画面

梯形图程序编制完成后，在写入 PLC 之前，必须将其进行变换，单击图 9-24 中“变换”菜单下的“变换”命令，或直接点击程序变换按钮完成变换，此时编写区不再是灰色状态，可以存盘或传送，如图 9-29 所示。

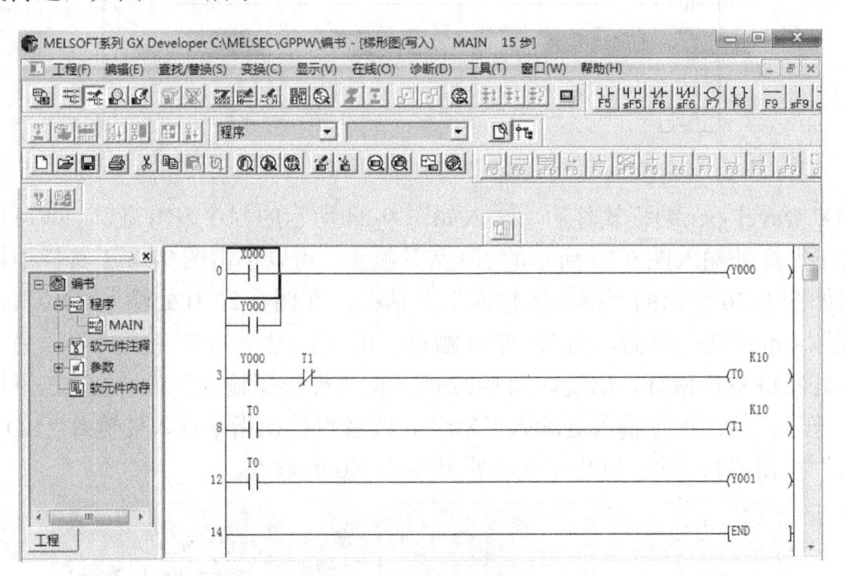

图 9-29 程序变换后的画面

单击工具栏上的转换图标，可实现梯形图和指令语句表的界面切换，如图 9-30 所示。

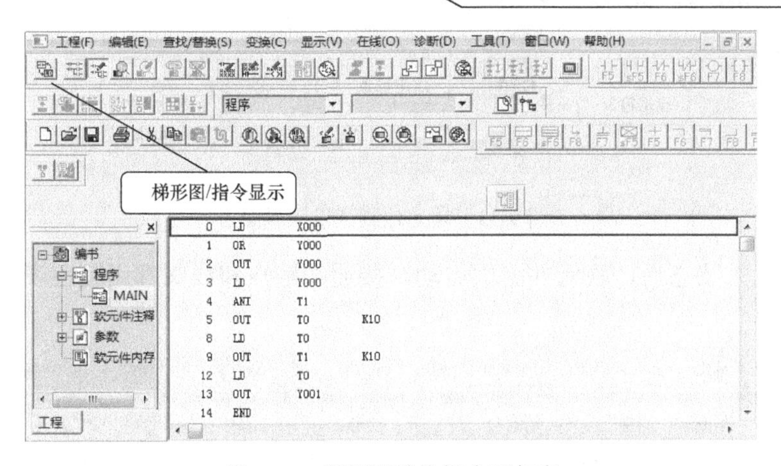

图 9-30　梯形图转换指令语句表

程序编辑完毕后，可进行文件的保存等操作。如果计算机内追加安装了 GX Simulator 软件，就可以通过工具菜单下的“梯形图逻辑测试启动”命令启动仿真，也可通过工具栏中的“梯形图逻辑测试启动/结束”按钮启动仿真，如图 9-31 所示。

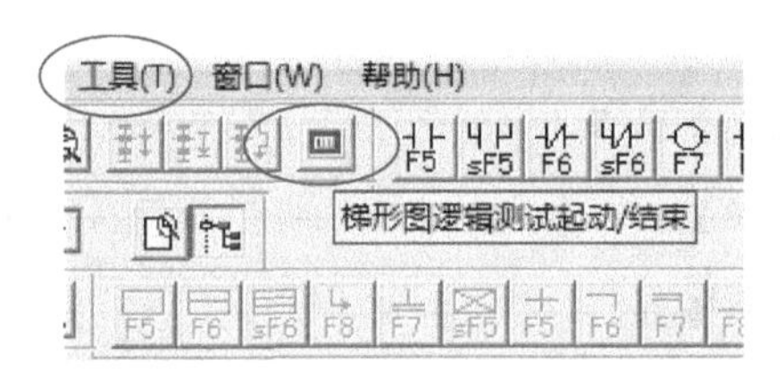

图 9-31 “梯形图逻辑测试启动”按钮

此时，程序开始在电脑上模拟 PLC 的写入过程，如图 9-32 左上角这个小窗口所示。图 9-32 右侧则显示运行状态，如果仿真出错会有中文说明，如没有出错则表示程序已经开始运行，如图 9-32 左下角所示。

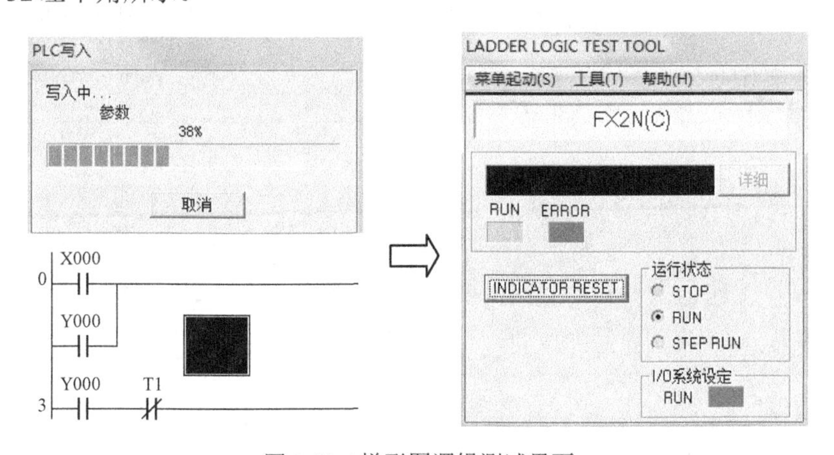

图 9-32　梯形图逻辑测试界面

梯形图逻辑测试启动后，可以通过软元件测试来强制一些输入条件 ON，从而改变某些软元件的状态。点击菜单栏“在线”，选择调试下的“软元件测试”命令，弹出软元件测试设置界面，如图 9-33 所示。

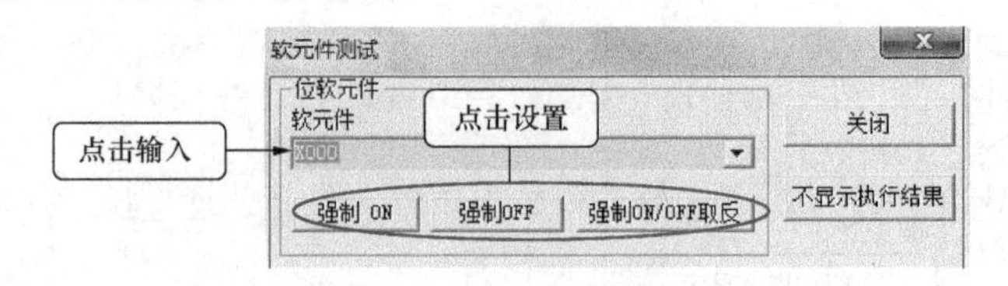

图 9-33　软元件测试设置界面

强制改变输入状态后，软元件测试启动，接通的触点和线圈都用蓝色表示，如图 9-34 所示。

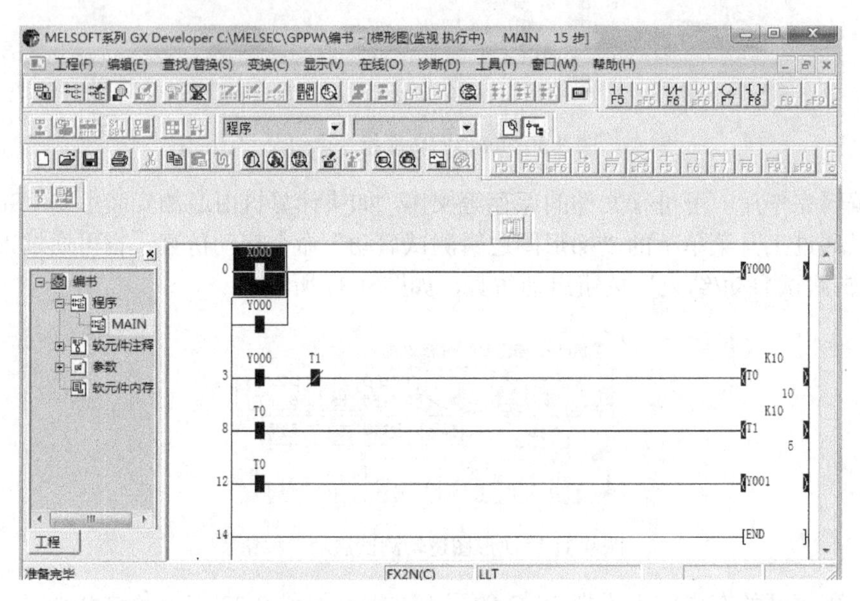

图 9-34　软元件测试界面

另外，编程软件还可以模拟监视 PLC 内部元件的状态，在图 9-32 出现的梯形图逻辑测试界面中点击“菜单起动”，选择“继电器内存监视”命令，出现如图 9-35 所示窗口。

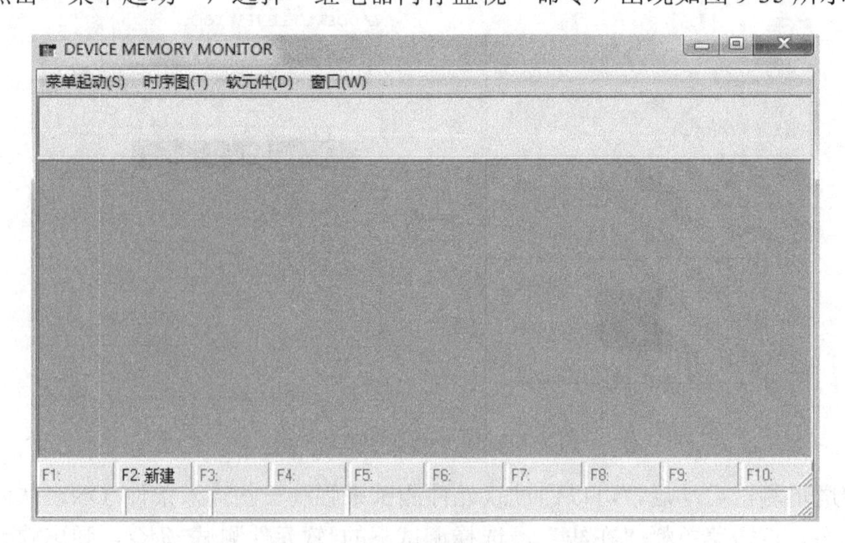

图 9-35　继电器内存监视界面

点击图 9-35 中软元件菜单下的“位元件窗口”，选择“Y”，则可监视到所有输出“Y”的状态，黄色表示状态为 ON，不变色的表示状态为 OFF，如图 9-36 所示。

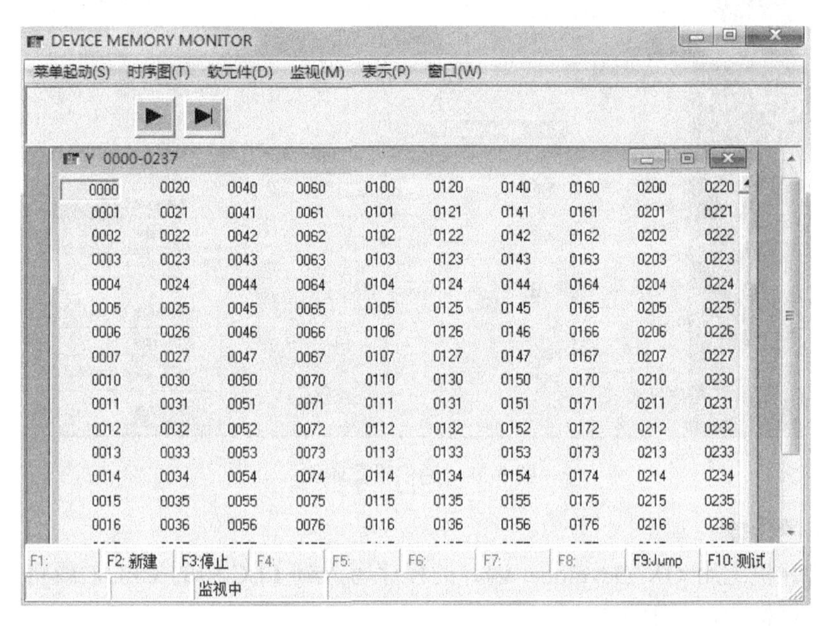

图 9-36　位元件“Y”监控界面

用同样的方法，可以监视到 PLC 内所有元件的状态，对于位元件，用鼠标双击，可以强置 ON，再双击，可以强置 OFF，对于其他的软元件，也可以改变其状态或参数。因此，对于调试程序非常方便。

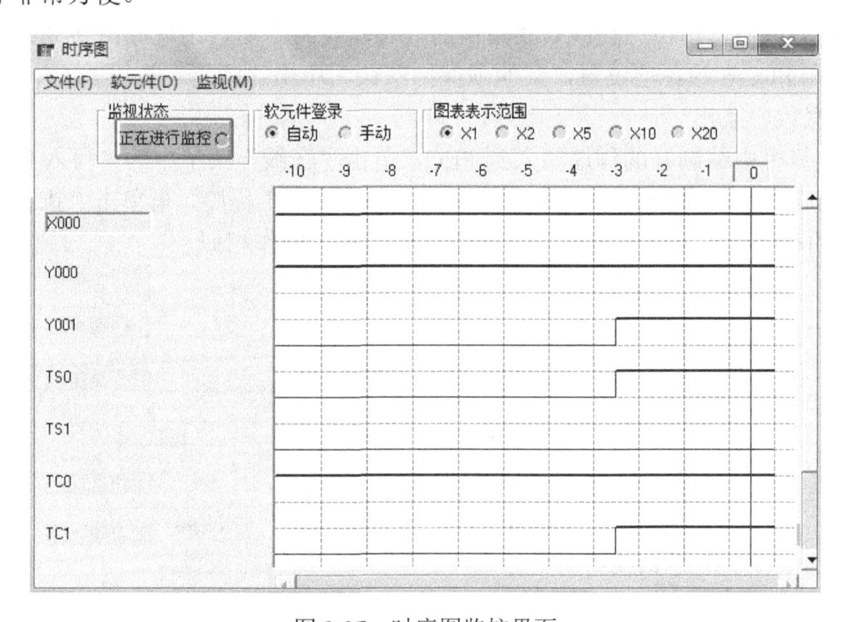

图 9-37　时序图监控界面

此外，在图 9-36 界面中选择“时序图”菜单下的“起动”命令，即可出现时序图监控界面，通过此界面可以观察到程序中各元件变化的时序图，如图 9-37 所示。

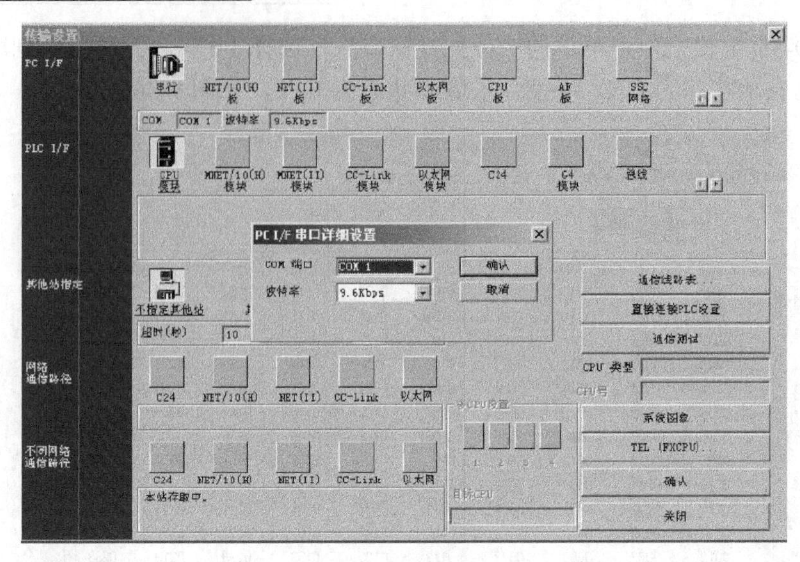

图 9-38 通信设置画面

四、程序的传输

要将在计算机上用 GX Developer 编好的程序写入到 PLC 中的 CPU，或将 PLC 中 CPU 的程序读到计算机中，一般需要以下几步：

1. PLC 与计算机的连接

正确连接计算机（已安装好了 GX Developer 编程软件）和 PLC 的编程电缆（专用电缆），特别是 PLC 接口方向不要弄错，否则容易造成损坏。

2. 进行通信设置

程序编制完成后，单击“在线”菜单中的“传输设置”后，出现如图 9-38 所示的窗口，设置好 PC/F 和 PLC/F 的各项设置，其他项保持默认，单击“确定”按钮。

3. 程序写入、读出

若要将计算机中编制好的程序写入到 PLC，单击“在线”菜单中的“写入 PLC”，则出现如图 9-39 所示窗口，根据出现的对话窗进行操作。选中主程序，再单击“执行”即可。若要将 PLC 中的程序读出到计算机中，其操作与程序写入操作相似。

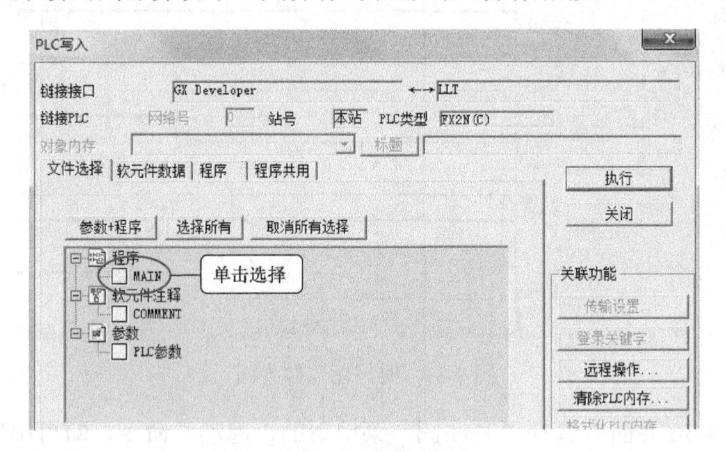

图 9-39 下载程序到 PLC

五、编辑操作

1. 删除、插入

删除、插入操作可以是一个图形符号，也可以是一行，还可以是一列（END 指令不能被删除），其操作有如下几种方法：

（1）将当前编辑区定位到要删除、插入的图形处，右键单击鼠标，再在快捷菜单中选择需要的操作；

（2）将当前编辑区定位到要删除、插入的图形处，在“编辑”菜单中执行相应的命令；

（3）将当前编辑区定位到要删除的图形处，然后按键盘上的 Del 键即可；

（4）若要删除某一段程序时，可拖动鼠标中该段程序，然后按键盘上的 Del 键，或执行“编辑”菜单中的“删除行”，或“删除列”命令；

（5）按键盘上的 Ins 键，使屏幕右下角显示“插入”，然后将光标移到要插入的图形处，输入要插入的图形处，输入要插入的指令即可。

2. 修改

若发现梯形图有错误，可进行修改操作，如常闭触点改为常开触点。首先按键盘的 Ins 键，使屏幕右下角显示“改写”，然后将当前编辑区定位到要修改的图形处，输入正确的指令即可。若在 X1 常开后再改成 X2 的常闭，则可输入 LDI X2 或 ANI X2，即将原来错误的程序覆盖。

3. 删除、绘制连线

若将图 9-40 中的 X0 右边的竖线去掉，在 X1 右边加一竖线，其操作如下：

（1）将当前编辑区置于要删除的竖线右上侧，即选择删除连线。然后单击按钮，再按 Enter 键即删除竖线；

（2）将当前编辑区定位到图 9-40 中 X1 触点右侧，然后单击按钮，再按 Enter 键即可在 X1 右侧添加一条竖线；

（3）将当前编辑区定位到图 9-40 中 Y0 触点的右侧，然后单击按钮，再按 Enter 键即添加一条横线。

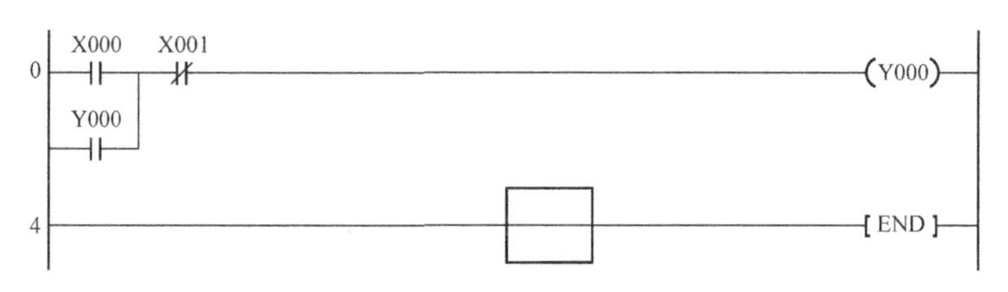

图 9-40　梯形图程序

4. 复制、粘贴

首先拖动鼠标选中需要复制的区域，右键单击鼠标执行复制命令（或单击“编辑”菜单中的“复制”命令），再将当前编辑区定位到要粘贴的区域，执行粘贴命令即可，注意 END 命令行不能被复制。

5. 打印

如果要将编制好的程序打印出来，可按以下几步进行：

（1）单击“工程”菜单中的“打印设置”，根据对话框设置打印机；

（2）执行“工程”菜单中的“打印”命令；

（3）在选项卡中选择“梯形图”或“指令列表”；

（4）设置要打印的内容，如主程序、注释、声明；

（5）设置好后，可以进行打印预览，如符合打印要求，则执行“打印”。

6. 保存、打开工程

当程序编制完毕后，必须先进行变换（即单击“变换”菜单中的“变换”命令），然后单击按钮或执行“工程”菜单中的“保存”或“另存为”命令，系统会提示（如果新建时未设置）保存的路径和工程名称，设置好路径和键入工程名称再单击“保存”即可。但需要打开保存在计算机中的程序时，单击按钮，在弹出的窗口中选择保存的驱动器和工程名称再单击“打开”即可。

7. 其他功能

如要执行单步执行功能，即单击“在线”｜“调试”｜“步执行”，即可使PLC一步一步依程序向前执行，从而判断程序是否正确。又如在线修改功能，即单击“工具”｜“选项”｜“运行时写入”，然后根据对话框进行操作，可在线修改程序的任何部分。还可以改变PLC的型号、梯形图逻辑测试等功能。

习　　题

1. 编程器有哪些类型？各自有哪些特点？
2. 简述FX-20P-E型编程器的功能。
3. 简述GX Developer编程软件和GX Simulator仿真软件的功能。
4. 简述编程器改写、插入、删除指令的操作步骤。
5. 简述GX Developer编程软件改写、插入、删除指令的操作步骤。
6. 简述GX Simulator仿真软件的操作步骤。

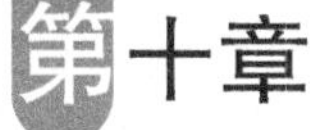

第十章 可编程控制系统设计与应用

第一节 PLC 控制系统设计概要

学习掌握 PLC 的基本知识和指令系统与编程方法、编程器的功能用途与操作使用以后，就可以结合实际问题进行 PLC 控制系统的设计了。PLC 的应用就是以 PLC 为程序控制中心，组成电气控制系统，实现对生产过程的控制。PLC 的程序设计是用户以 PLC 指令的功能为基础，根据实际系统的控制要求，编制 PLC 的应用程序。

一、PLC 控制系统的设计

PLC 的工作方式和通用微机不完全一样，因此用 PLC 设计自动控制系统与微机控制系统开发过程也不完全相同，需要根据 PLC 的特点进行系统设计。PLC 与继电器控制系统也有本质区别，硬件和软件可分开进行设计是 PLC 的一大特点。

1. 确定控制对象及确定控制范围

首先要全面详细了解被控对象的特点和生产工艺过程，画出状态流程图，与继电控制系统和工业控制计算机进行全面比较后加以选择。若控制对象的工业环境差，安全性、可靠性要求又高，系统工艺复杂，用常规方法难以实现时，用 PLC 进行控制是最合适的。

在控制对象确认后，还要明确控制任务和设计要求。要了解工艺过程和机械运动与电气执行元件之间的关系和对电控系统的控制要求。

2. 制定控制方案，进行 PLC 选型

根据工艺过程和机械运动的控制要求，确定电气控制系统的工作方式，是手动、半自动还是全自动；是单周、循环还是单步等。此外，还要确定电气控制系统的其他功能，如故障显示与报警、通信联网功能等。通过研究工艺过程和机械运动的各步骤和状态，来确定各控制信号和检测反馈信号的相互转换和联系，从而确定哪些信号要输入 PLC，哪些信号由 PLC 输出，选择合适的 PLC 型号并确定各硬件配置。

3. 硬件、软件设计

PLC 选型和 I/O 配置是硬件设计的重要内容。设计出合理的 PLC 接线图、对 PLC 的 I/O 进行合理的地址编号会给 PLC 系统的硬件和软件设计以及系统调试带来很多方便。I/O 地址编号确定后，硬件设计和软件设计可以同时进行。

4. 在线模拟测试

将设计好的程序输入 PLC 后进行验证，改正程序设计的错误和合理的地方，之后在计算机上进行用户程序的模拟运行和程序调试，观察各输入量、输出量之间的变化关系及逻辑状态是否满足设计要求，发现问题及时修改。

在程序设计和模拟调试是可同时进行电控系统的其他部分设计。如 PLC 外部电路的设计、电气屏柜的安装接线工作等。

5. 现场运行调试

模拟调试好的程序传送到现场使用的PLC存储器中，接入PLC的实际输入接线和负载。但要保证外部接线完全正确。如果系统调试达不到指标要求，则可对硬件和软件作调试，现场调试后，一般将程序固化在有长久记忆功能的EPROM卡盒中长期保持。

二、PLC控制系统设计的基本原则

（1）最大限度地满足被控对象的控制要求。

（2）尽量使控制系统简单、经济、实用、维修方便。

（3）保证系统的安全可靠。

（4）选择PLC容量时,应适当留有一定余量,便于工艺的改造。

三、PLC的选型

PLC是一种通用工业控制装置，功能的设置总是面向大多数用户的。众多PLC产品给用户提供了广阔的选择空间，也给用户规定了一些使用环境和要求。

PLC的选型与继电器系统的元件选择不同，继电控制系统元件的选用要在设计结束之后才能确定各元件的型号、规格和数量及屏柜大小等，而PLC选用则要在设计开始即可根据工艺和控制要求预先选择。PLC的选择一般考虑以下几个方面：

1. 功能满足要求

PLC的选型基本原则是满足控制系统的功能需要，兼顾维修、备件的通用性。对于小型单机仅需开关量控制的设备，小型PLC都能实现，而到了现在，大中小型PLC已普遍和PLC、上位计算机进行通信和联网，具有数据处理、模拟量控制等功能，还要特别注意的是特殊功能的需要，这就要选择能满足控制系统要求的具有所需功能的主机和相应的功能模块。

2. I/O点数

准确地统计出被控对象所需I/O点数是PLC选型的基础，把各输入设备和被控设备详细列出，然后在实际统计出的I/O点数基础上加15%～20%的备用量以便今后调整和扩充。

多数小型PLC为整体式，除了按点数分成许多挡次外，还有扩展单元，模块式的PLC采用主机模块与I/O模块、功能模块组合使用的方法，用户可以根据需要，选择和灵活组合使用主机与I/O模块。

此外，I/O点数确定好后，还要注意I/O信号的性质、参数等。如输入信号电压的类型、等级，输出信号的负载性质是交流的，还是直流的等。

3. 估算系统对PLC响应时间的要求

对于大多数应用场合来说，PLC的响应时间不是主要的问题。响应时间包括输入滤波时间、输出滤波时间和扫描周期。PLC的顺序扫描工作方式使它不能可靠地接收持续时间小于扫描周期的输入信号，为此，需要选取高扫描速度的PLC。

4. 程序存储器容量

PLC的程序存储器容量通常以字或步为单位。PLC的程序步是由一个字构成的，即每个程序步占一个存储器单元。

用户程序所需存储器容量可以预先估算。对于开关量控制系统，用户程序所需存储器字数等于I/O信号总数乘以8。对于有模拟量I/O的系统，每一路模拟量信号大约需100字的存储器容量。

5. 编程器与外围设备的选择

小型 PLC 控制系统通常都选用价格便宜的简易编程器。若系统在，用 PLC 多，选一台功能强、编程方便的图形编程器效果也非常好。若有现成的 PC，只要配一条通信电缆在计算机上装上相应的编程软件，效果更好。

四、设计的基本内容与步骤

1. 系统设计

分析被控对象的工艺过程和系统的控制要求，明确动作的顺序和条件，画出控制系统流程图（或状态转移图）。如果控制系统简单，可省略这一步。

(1）输入/输出以开关量为主。

(2）输入/输出点数较多，一般有 20 条左右就可选用 PLC 控制。

(3）控制系统使用的环境条件较差，对控制系统可靠性要求高。

(4）系统工艺流程复杂，用常规的继电器–接触器控制难以实现。

(5）系统工艺有可能改进或系统的控制要求有可能扩充。

2. 硬件设计

根据工艺要求制定控制方案，主要从以下几方面进行综合考虑：

（1）可编程序控制器的选择：PLC 的规格、型号、输入输出点数等。

（2）外围设备的选择：输入口、输出口、器件的型号和规格。

（3）其他硬件设计或选择：控制柜、仪表、熔断器、导线等元件和材料，选定电源模块等。

3. 软件设计

将所有的现场输入信号和输出控制对象分别列出，并按 PLC 内部可编程元件号的范围，给每个输入和输出分配一个确定的 I/O 端编号，编制出 PLC 的 I/O 端的分配表，或绘制出 PLC 的 I/O 接线图。设计梯形图程序，编写指令语句表。

这是设计 PLC 控制系统中工作量最大的一项工作，其主要内容包括：编制 I/O 分配方案、绘制工艺流程图或控制功能图、编制梯形图、指令表。

4. 施工设计

（1）画出完整电路图，必要时还要画出控制环节（单元）电气原理图。

（2）画出 PLC 的电源进线接线图和输出执行电气元件的供电接线图。

（3）画出 PLC 的输入/输出端子接线图。

（4）画出电气屏柜内元器件布置图，相互间连接图。

（5）画出控制柜（台）面板元器件布置图。

（6）对于多个电气柜应画出各电气柜间连接图。

（7）其他必须的施工图。

5. 系统调试

用编程器或计算机将程序输入到 PLC 的用户存储器中，并对程序调试或修改，直到达到系统的控制要求为止。

PLC 控制系统安装定工后，就可进行系统总调试。调试前应检查接线等无差错后，先对各单元环节进行调试。然后再按系统动作顺序模拟输入控制信号逐步进行调试，并通过各种指示灯、显示器，观察程序执行和系统运行是否满足控制要求，接着进行模拟负载或轻载调试，确认无误后进行额定负载调试，并投入运行。

6. 将程序固化

在程序调试好并投入运行考验成功后，一般都将程序固化在有永久性记忆功能的只读存储器 EPROM 中。

7. 编写技术文件

整理技术资料，编制技术文件及使用、维护说明书，这是对整个程序设计工作的总结。编写程序说明书是为了便于程序的使用者或现场调试人员使用，它是程序文件的组成部分，即使编程人员本人去现场调试，程序说明书也是不能少的。技术文件一般包括程序设计的依据、基本结构、各功能单元分析、其中使用的公式原理、参数来源和运算过程、程序测试情况。

五、PLC 控制系统的设计方法

1. 经验设计法

经验设计法是根据生产机械的工艺要求和加工过程，利用各种典型的基本控制环节加以修改、补充、完善，最后得出最佳方案。它包括分析控制要求，选择控制原则，设计主令元件和检测元件，确定输入/输出信号，设计执行元件的控制程序、检查修改和完善程序。

经验设计法对于一些简单的控制系统是比较有效的，可收到快速、简便的效果。但这种方法是依靠设计人员的实践经验，要求对工业控制系统和工业上常用的各种典型环节比较熟悉，对于复杂的系统，经验设计法一般设计周期长，不易掌握，适合于比较简单或某些典型系统相类似的控制系统的设计。

经验设计法对于较复杂的控制，要正确分析控制要求，确定各输出信号的关键控制点。在以空间位置为主的控制中，关键点为引起输出信号状态改变的位置点；在以时间为主的控制中，关键点为引起输出信号状态改变的时间点。确定了关键点后，用起保停电路的编程方法或基本电路的梯形图，画出各输出信号的梯形图。在完成关键点梯形图的基础上，针对系统的控制要求，画出其他输出信号的梯形图。

【例 10-1】 T68 卧式镗床反接制动控制，如图 10-1 所示。

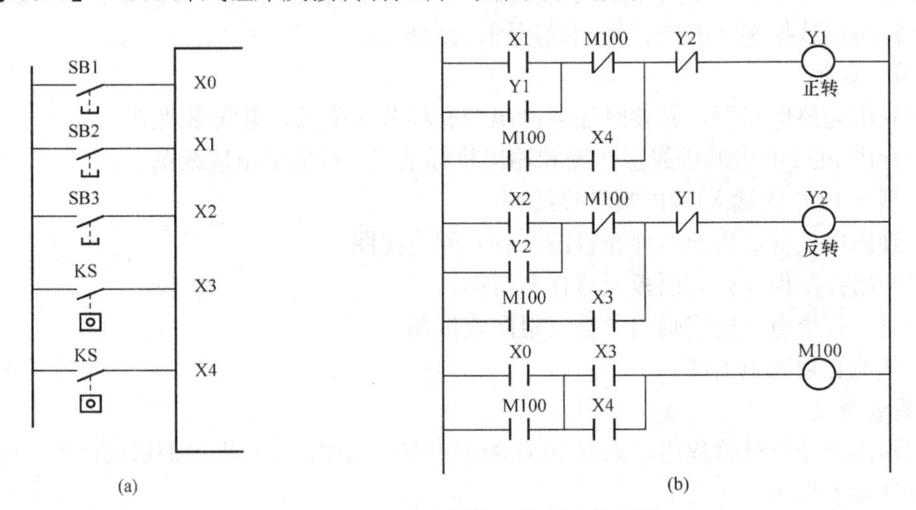

图 10-1　T68 卧式镗床反接制动控制图

（a）电气图；（b）梯形图

2. 逻辑设计法

逻辑设计法是以逻辑组合的方法和形式设计电气控制系统，这种设计方法既有严密可循的规律性、明确可行的设计步骤，又具有简便、直观和十分规范的特点。

逻辑法设计梯形图，必须在逻辑函数表达式与梯形图之间建立一种一一对应关系，即梯形图中常开触点用原变量（元件）表示，常闭触点用反变量（元件上加一小横线）表示。逻辑设计法利用逻辑代数“与”、“或”、“非”运算这一数学工具来实现三种基本运算，而PLC的梯形图的基本形式也是“与”，“或”，“非”的逻辑组合，它们的工作方式及规律也完全符合逻辑运算的基本规律。只要逻辑函数是用逻辑变量的基本运算式表达出来的，实现这个逻辑函数的线路也相应确定了，如图10-2所示。当设计人员熟练掌握这种设计法后，可直接写出与逻辑函数和表达式对应的指令语句程序，梯形图都可以省略。逻辑设计法在最初时用的较多，适合改造继电控制系统，但大型PLC控制系统的设计就不能胜任了。

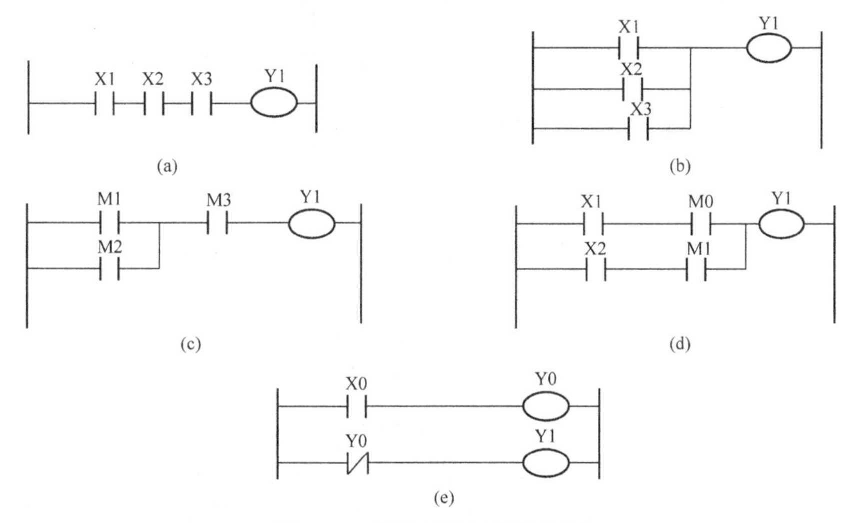

图10-2 逻辑函数运算线路图

（a）“与”运算：fY1=X1×X2×X3；（b）“或”运算：fY1=X1+X2+X3

（c）“或”“与”运算：fY1=（M1+M2）×M3；（d）“与”“或”运算：fY1=X1×M0+ X2×M1；（e）X0=Y0，$\bar{Y}0$ =Y1

【例10-2】 用逻辑法设计三相异步电动机Y/Δ降压起动控制的梯形图。

解：（1）明确控制任务和控制内容。

（2）确定PLC的软元件，画出PLC的外部接线图。

（3）列出电动机Y/Δ降压起动真值表。

触 点							线 圈			
X0	X1	X2	Y0	Y1	Y2	T0	Y1	Y0	Y2	T0
	1			1			1			
0		0			0	0	0			
			1	1				1		
0		0						0		
					1	1			1	
0		0		0					0	
	1				0	1				1
0		0								0

（4）列出逻辑函数表达式。

（5）画出梯形图。

（6）优化梯形图如图10-3所示。

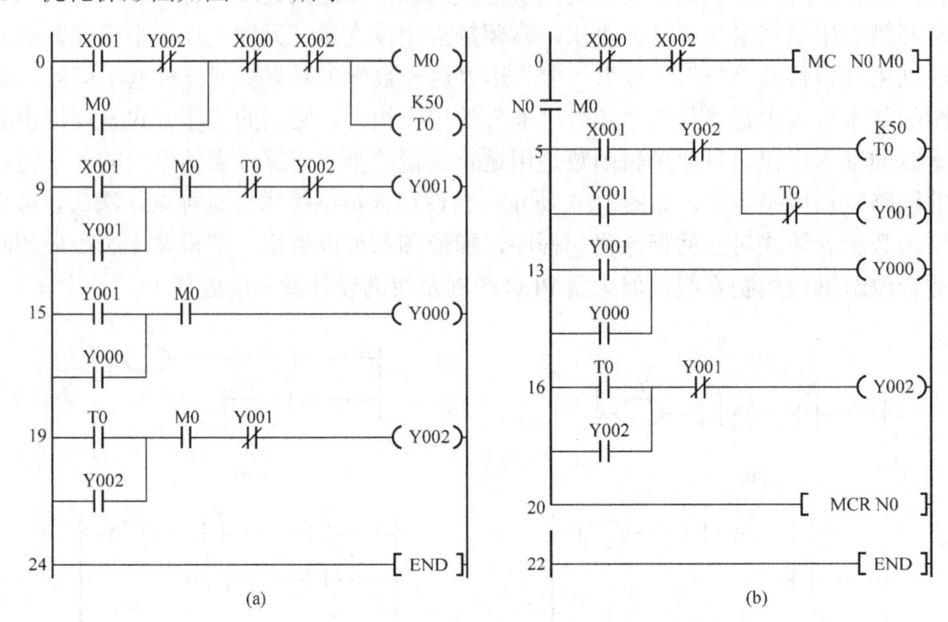

图10-3　Y/△降压起动控制电路优化梯形图

（a）用辅助继电器优化；（b）用主控指令优化

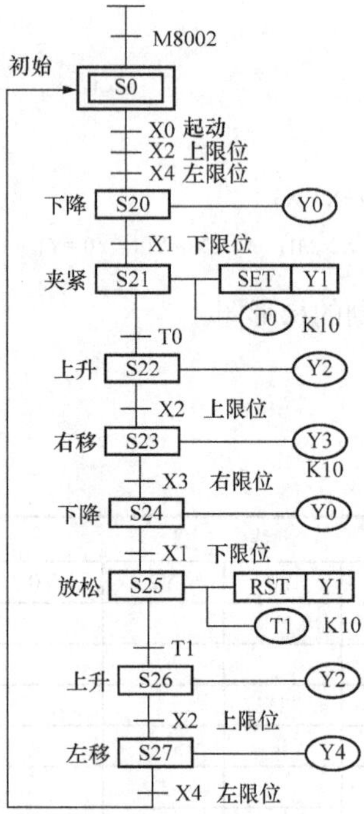

3. 状态流程图的程序设计法

状态流程图是完整地描述控制系统的工作过程、功能和特性的一种图形，是分析和设计电控系统控制程序的重要工具。所谓“状态”是指特定的功能，因此状态的转移实际上也就是控制系统的功能的转移。图10-4所示即为一机械手控制系统的状态流程图

图10-4　状态流程图

4. 状态分析法

状态分析法程序编写过程是先将要编写的控制功能分成若干个程序单位，再从各程序单位中所要求的控制信号的状态关系分析出发，将输出信号置位/复位的条件分类，然后结合其他控制条件确定输出信号控制逻辑。

在控制过程中，任何一个控制信号的产生都可以归纳为一个置位/复位的逻辑关系，称这个具有普遍意义的置位/复位逻辑为基本控制逻辑。

在程序中，任何一个能用单个基本控制逻辑为主体来完成的功能单元，都称为一个程序单位。一段具有较完整的功能程序段都可能由若干个程序单位组成。各程序单位之间由其I/O信号相互联系在一起，这里的I/O信号都是相对于基本控制逻辑本身而言的。在程序设计时，可先设计出各程序单位的程序，再将它们连接在一起，就构成了一个完整的控制程序。

5. 综合设计法

以上介绍的经验设计法、逻辑设计法、状态分析法、利用状态转移图设计法各有特点，具体采用什么方法是根据设计内容的不同与设计人员本人的情况来确定的。不过任何一种设计方法都很难满足要求，一般都采用综合设计法。即以状态转移图设计法为主再配以经验设计法或逻辑设计法或状态分析法完成整个 PLC 编程设计任务。

6. 转换法

转换法就是将继电器电路图转换成与原有功能相同的 PLC 内部的梯形图。

（1）基本方法。根据继电器电路图来设计 PLC 的梯形图时，关键是要抓住它们的一一对应关系，即控制功能的对应、逻辑功能的对应及继电器硬件元件和 PLC 软件元件的对应。

（2）转换设计的步骤。

1）了解和熟悉被控设备的工艺过程和机械的动作情况，根据继电器电路图分析和掌握控制系统的工作原理，这样才能在设计和调试系统时心中有数。

2）确定 PLC 的输入信号和输出信号，画出 PLC 的外部接线图。

3）确定 PLC 梯形图中的辅助继电器（M）和定时器（T）的元件号。

4）根据上述对应关系画出 PLC 的梯形图。

5）根据被控设备的工艺过程和机械的动作情况以及梯形图编程的基本规则，优化梯形图，使梯形图既符合控制要求，又具有合理性、条理性和可靠性。

6）根据梯形图写出其对应的指令表程序。

（3）转换法的应用。图 10-5 所示是三相异步电动机正反转控制的继电器电路图，试将该继电器电路图转换为功能相同的 PLC 的外部接线图和梯形图。

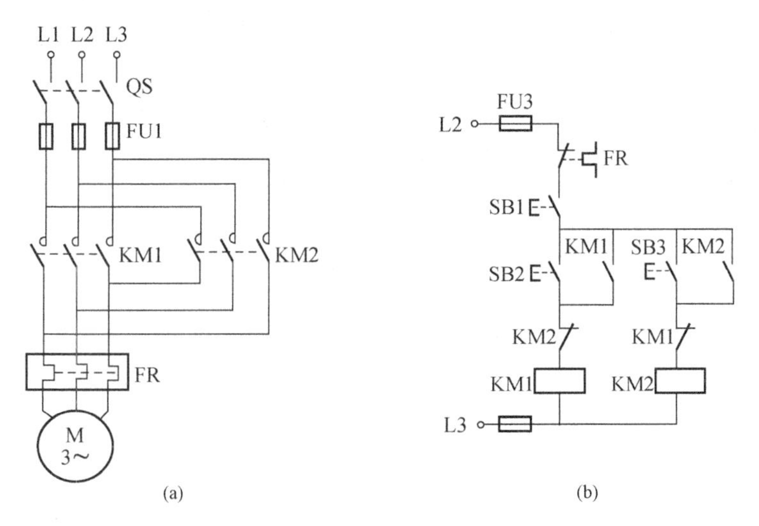

图 10-5　三相异步电动机正反转控制电路图

（a）主电路；（b）控制电路

步骤如下：

1）分析动作原理。

2）确定输入/输出信号。

3）画出 PLC 的外部接线图，如图 10-6 所示。

4）画对应的梯形图，如图 10-7 所示。

5）画优化梯形图，如图 10-8 所示。

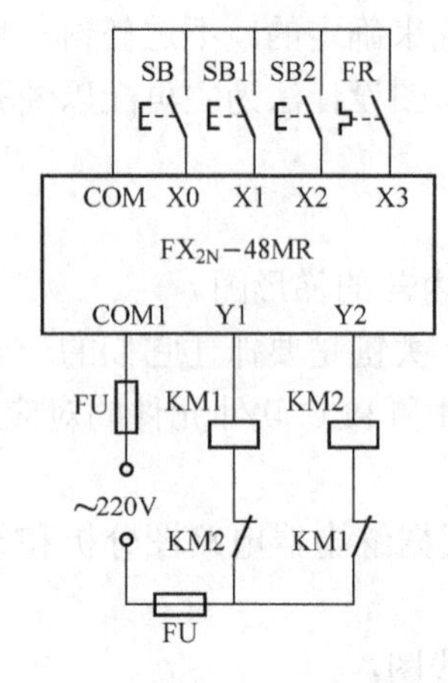

图 10-6　电动机正反转外部接线图

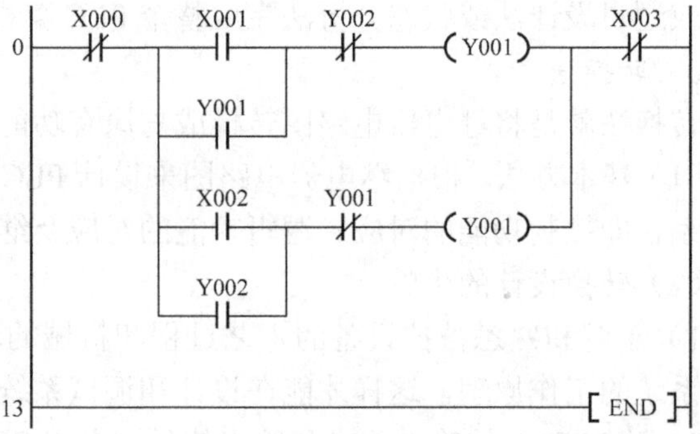

图 10-7　电动机正反转的继电器电路图所对应的梯形图

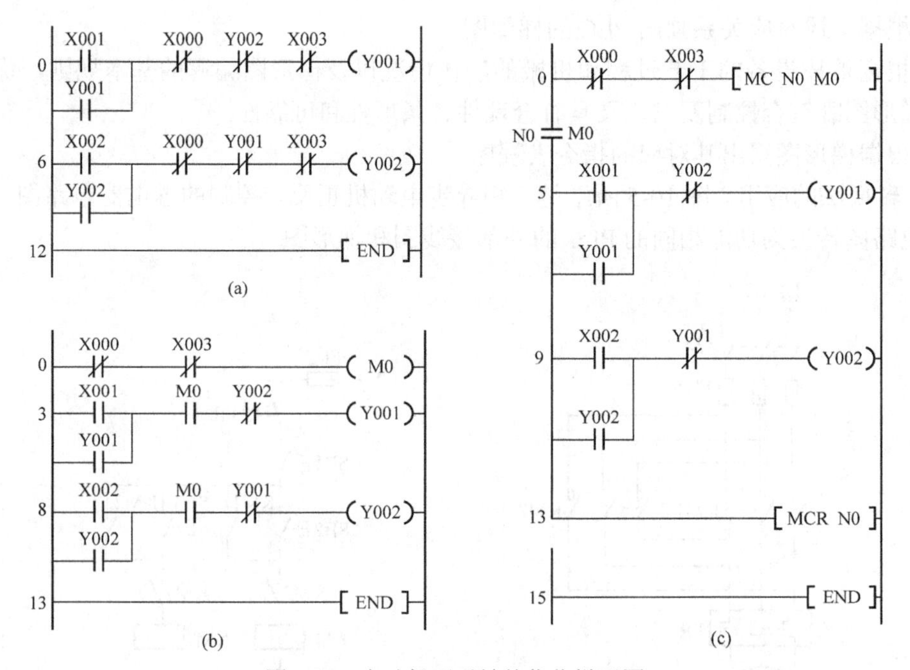

图 10-8　电动机正反转的优化梯形图

（a）简单优化；（b）用辅助继电器优化；（c）用主控指令优化

第二节　PLC 控制系统应用实例

一、液压动力滑台控制

液压动力滑台控制动作顺序如图 10-9 所示和表 10-1 所示，并有点动调整控制（点动前进时为一工进速度，点动后退时为快退速度），有自动、单周循环控制方式。

表 10-1　　　　液压动力滑台控制动作顺序表

工序＼电磁铁	YA1	YA2	YA3	YA4	指令转换
快进	+	–	–	–	SB1
一工进	+	–	+	–	SQ2
二工进	+	–	–	+	SQ3
停留	+	–	–	+	SQ4
快退	–	+	–	–	T0
停止	–	–	–	–	SQ1

1. I/O 分配

输入：液压泵停：X0；液压泵起动：X1；热继电器：X4；单周/自动转换 SA1：X5、液压滑台停 SB2：X2；液压滑台起动 SB3：X3；点动/自动转换 SA2：X6；行程开关 SQ1：X11；SQ2：X12；SQ3：X13，SQ4：X14。

输出：液压泵 KM：Y0；电磁阀 YA1：Y4；YA2：Y5；YA3：Y6；YA4：Y7。

2. 状态转移图（见图 10-10）

3. 梯形图（见图 10-11）

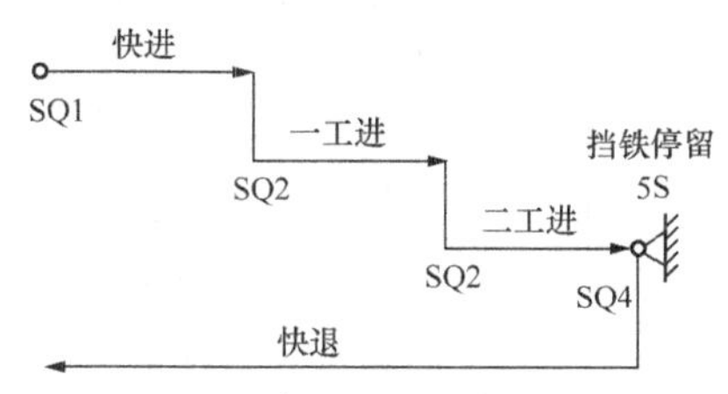

图 10-9　液压动力滑台控制动作顺序图

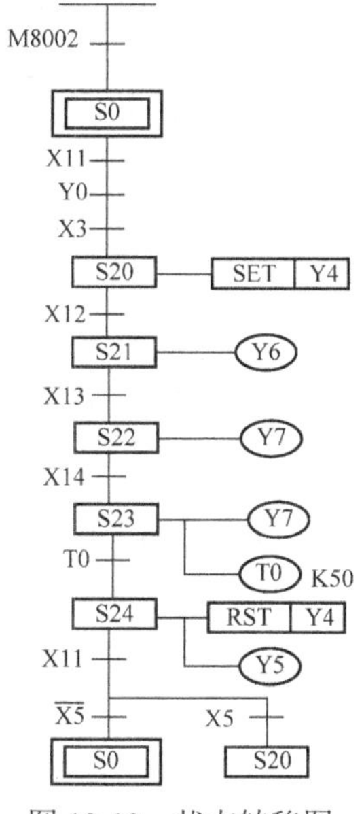

图 10-10　状态转移图

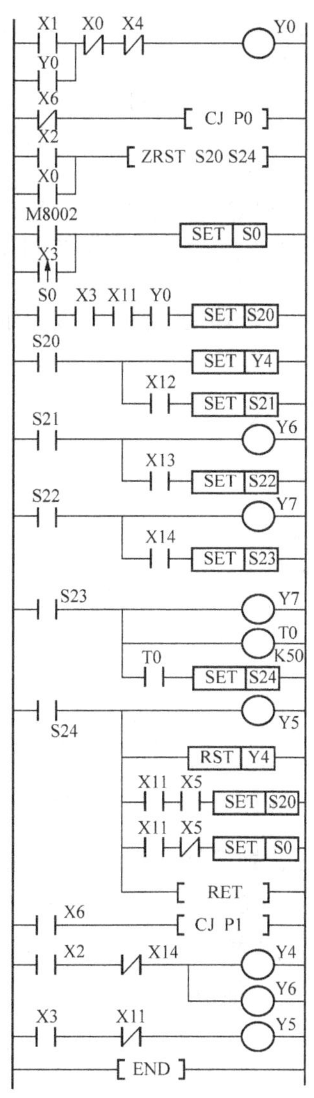

图 10-11　梯形图

二、工业洗衣机程序控制系统

1. 控制要求

（1）PLC 送电，系统进入初始状态，准备好起动。起动时开始进水。水位到达高水位时停止进水，并开始洗涤正转。洗涤正转时 15s，暂停 3s；洗涤反转 15s 后，暂停 3s 为一次小循环，若小循环不足 3 次，则返回洗涤正转；若小循环达 3 次，则开始排水。水位下降到低水位时开始脱水并继续排水。脱水 10s 即完成一次大循环。大循环不足 3 次，则返回进水，进行下一次大循环。若完成 3 次大循环，则进行洗完报警。报警后 10s 结束全部过程，自动停机。

（2）洗衣机从洗涤正转 15s、暂停 3s、洗涤反转 15s、暂停 3s 要求使用 FR-A540 变频器的程序运行功能实现。

（3）用变频器驱动电动机，洗涤时变频器输出频率 50Hz，其加减速时间根据实际情况定。

2. I/O 分配

输入：起动：X0；高水位：X3；低水位：X4。

输出：进水：Y0；排水：Y1；脱水：Y2；报警：Y3；正转 STF：Y4。

程序运行第一组：Y5 程序运行第二组用于脱水排水。

3. PLC 变频器综合接线

PLC、变频器综合接线如图 10-12 所示。

4. 状态转移图

状态转移图如图 10-13 所示。

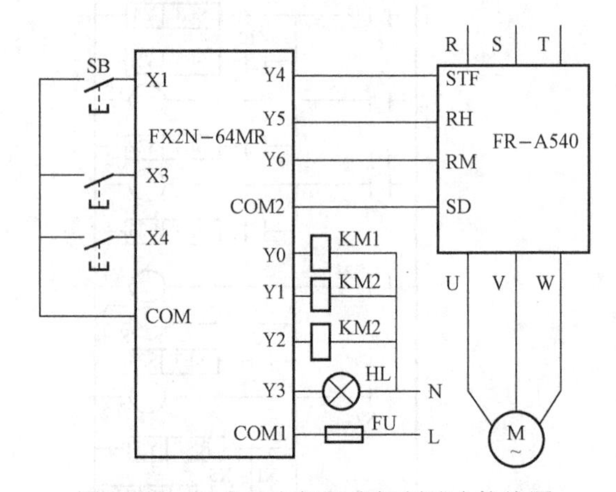

图 10-12 工业洗衣机程序控制综合接线图

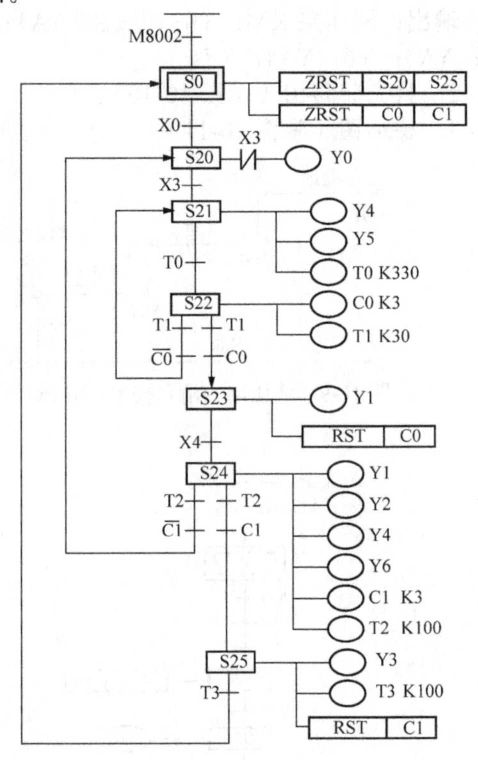

图 10-13 工业洗衣机程序控制系统状态转移图

三、数码管循环点亮的 PLC 控制

用 PLC 基本逻辑指令来控制数码管循环显示数字 0～9 的控制系统。

1. 控制要求

（1）程序开始后显示 0，延时 Ts，显示 1，延时 Ts，显示 2，……，显示 9，延时 Ts，再显示 0，如此循环不止；

（2）按停止按钮时，程序无条件停止运行；

（3）需要连接数码管（数码管选用共阴极）。

2. I/O 分配

输入：X0：停止按钮；X1：起动按钮。

输出：Y1～Y7：数码管的 a～g。

3. 接线及输出

接线图如图 10-14 所示，数字与输出点的对应关系如图 10-15 所示。

4. 梯形图

梯形图如图 10-16 所示。

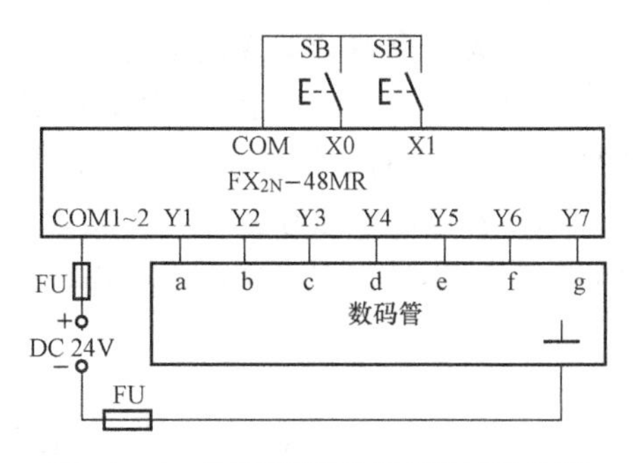

图 10-14 数码管循环点亮系统接线图

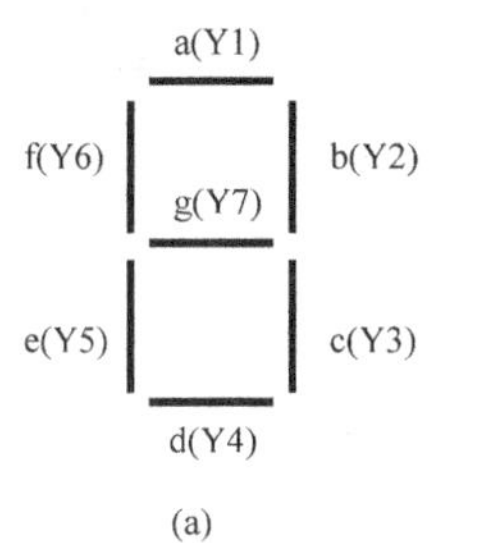

(a)

	0	1	2	3	4	5	6	7	8	9
a	1	0	1	1	0	1	0	1	1	1
b	1	1	1	1	1	0	0	1	1	1
c	1	1	0	1	1	1	1	1	1	1
d	1	0	1	1	0	1	1	0	1	0
e	1	0	1	0	0	0	1	0	1	0
f	1	0	0	0	1	1	1	0	1	1
g	0	0	1	1	1	1	1	0	1	1

(b)

图 10-15 数字与输出点的对应关系

（a）数码管；（b）数字与输出点的对应关系

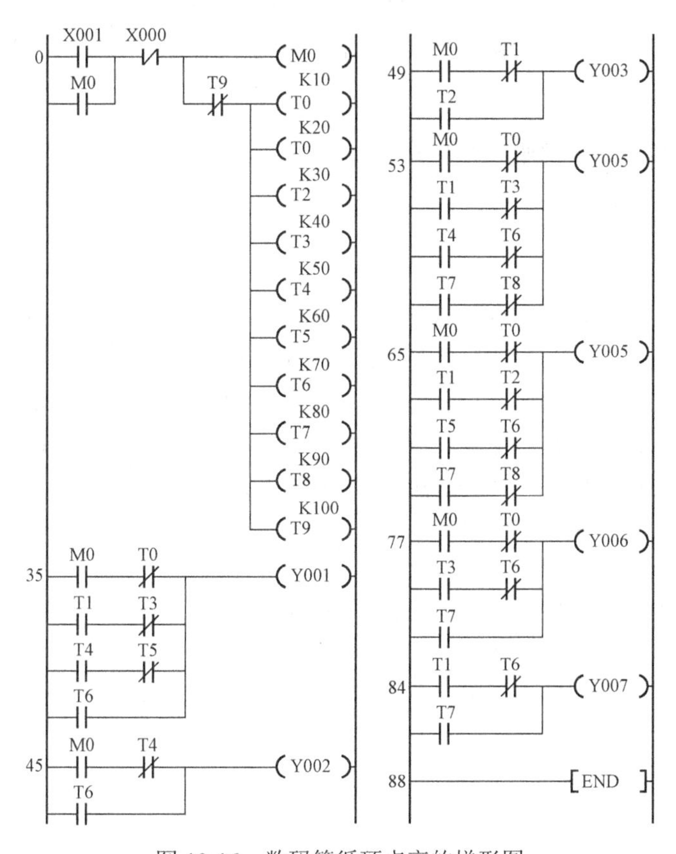

图 10-16 数码管循环点亮的梯形图

四、大、小球分类传送系统

机械手在原点（上限、左限、磁铁松开）其动作顺序为下降、吸球、上升、右行、下降、松球、上升、左行，即完成一个动作程序。机械手下降时，电磁铁若吸住大球未达到低限 SQ2 不动作，若吸住小球 SQ2 动作，接近开关检测是否有球，若有球，按下起动按钮则机械手下降吸物，无球时，则机械手不动作，如图 10-17 所示。

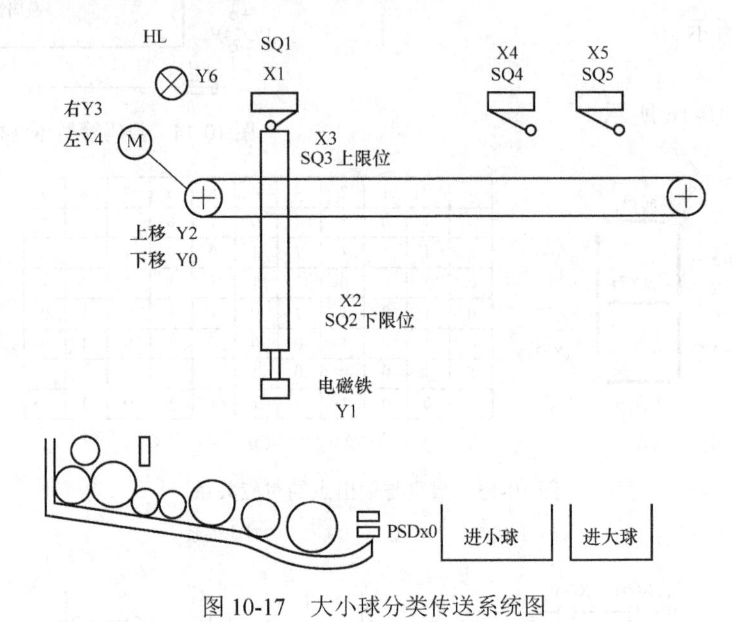

图 10-17　大小球分类传送系统图

1. 控制要求

（1）有吸住大球指示灯及吸住小球指示灯。

（2）可手动操作。

（3）可循环工作。

2. I/O 分配

输入：	接近开关：	PS0	X0	右限：	SQ4	X4	上移：	SB3	X10
	左限：	SQ1	X1	右限：	SQ5	X5	下移：	SB4	X11
	下限：	SQ2	X2	起动：	SB1	X6	右移：	SB5	X12
	上限：	SQ3	X3	停止：	SB2	X7	左移：	SB6	X13
	吸球：	SB7	X14	释放：	SB8	X15			
	手动：	SA	X16	自动：	SA	X17			
输出：	下：	KA1	Y0	吸球：	KA2	Y1			
	上：	KA3	Y2	原点：	KA6	Y6			
	左：	KA5	Y5	大球：	KA7	Y10			
	右：	KA4	Y3	小球：	KA8	Y12			

3. 状态图

状态图如图 10-18 所示。

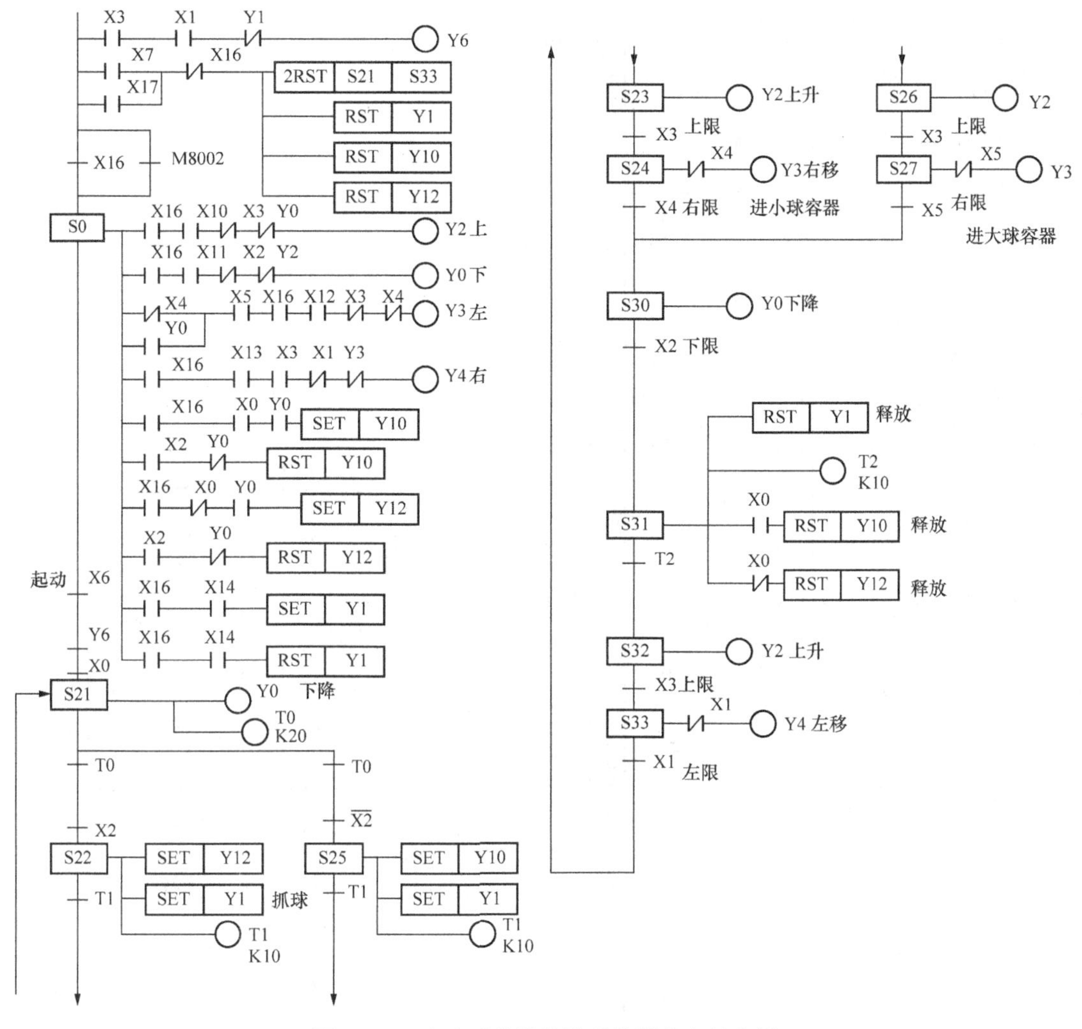

图 10-18　大小球分类传送系统图状态转移图

五、X2012A 龙门铣床 PLC 改造

1. 控制要求

（1）可编程控制器完成系统逻辑控制部分，控制垂直铣头、左水平铣头、右水平铣头，实现正反转，横梁实现上升、下降和液压泵的起动，控制工作台主轴箱的电动机正反转、快速移动、调速等控制信号向变频器发出起停、调速等信号，使电动机工作。

（2）变频器为电动机提供可变频率的电源，使工作台或主轴箱实现无级调速。为使系统能自动调节，采用旋转编码器 PG 与电动机同轴连接，完成速度检测及反馈信号形成闭环系统，通过变频器进行运算调节。

（3）制动电阻。原龙门铣床直流电动机采用能耗制动，因此变频器配上能耗电阻，在加速、减速时将机械能转换为电能消耗在电阻上，电动机将自动刹车减速。在零速附近变频器供给电动机直流电，成为能耗制动状态实现制动，使工作台可靠停止。

2. I/O 分配图

I/O 分配如图 10-19 所示。

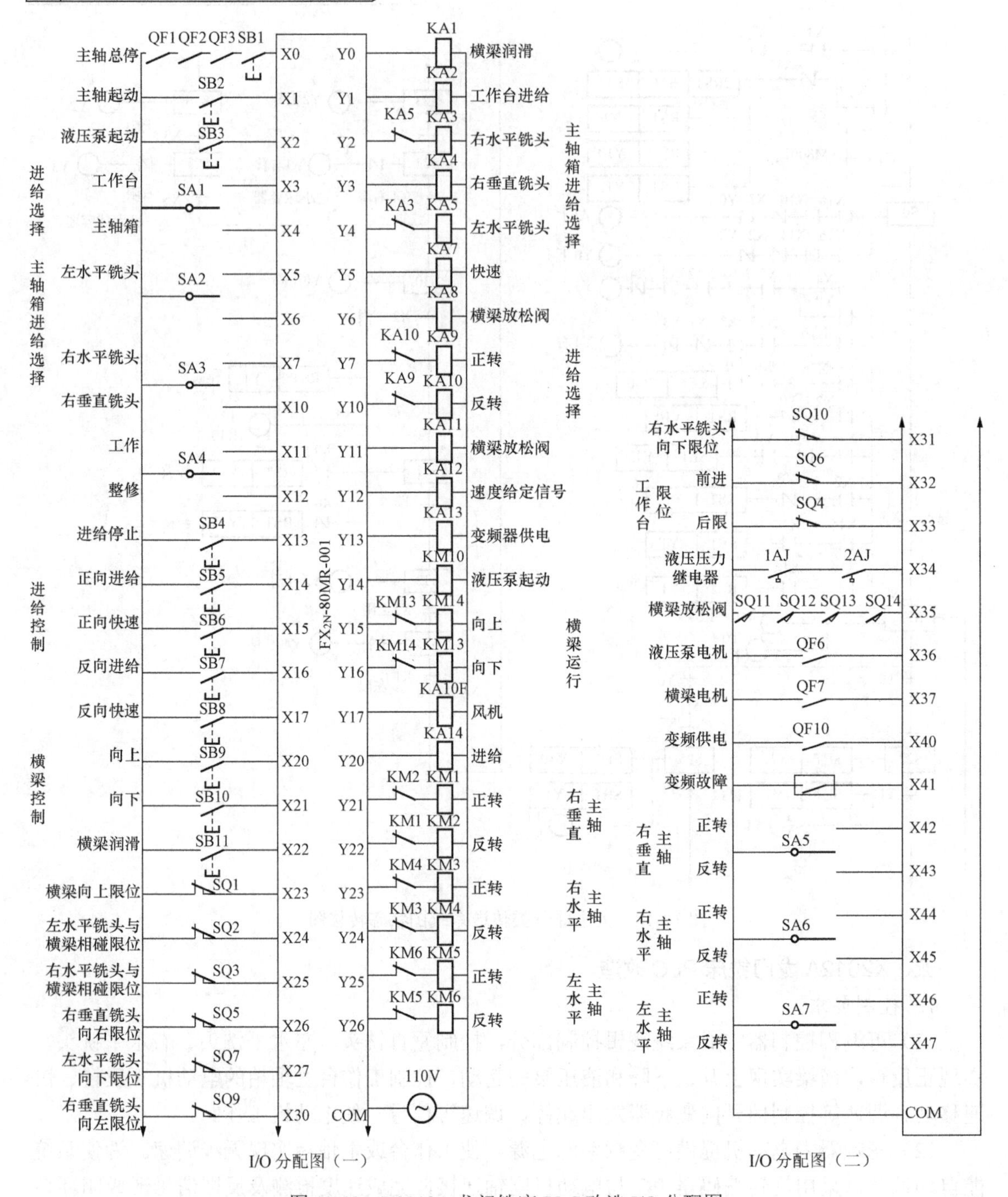

图 10-19　X2012A 龙门铣床 PLC 改造 I/O 分配图

3. 变频器接线图

变频器接线图如图 10-20 所示。

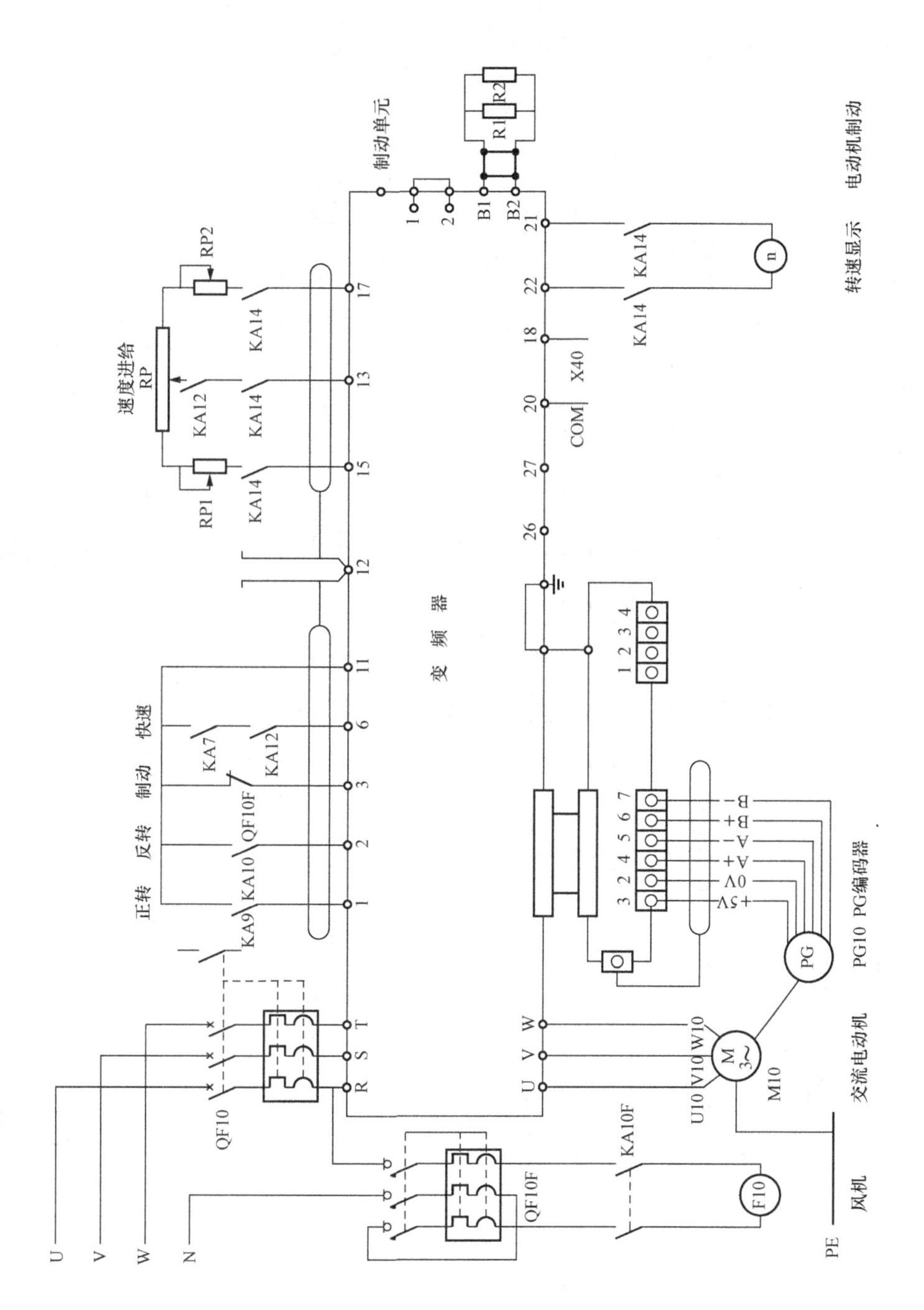

图10-20 X2012A龙门铣床PLC改造变频器接线图

4. PLC梯形图

PLC梯形图如图10-21所示。

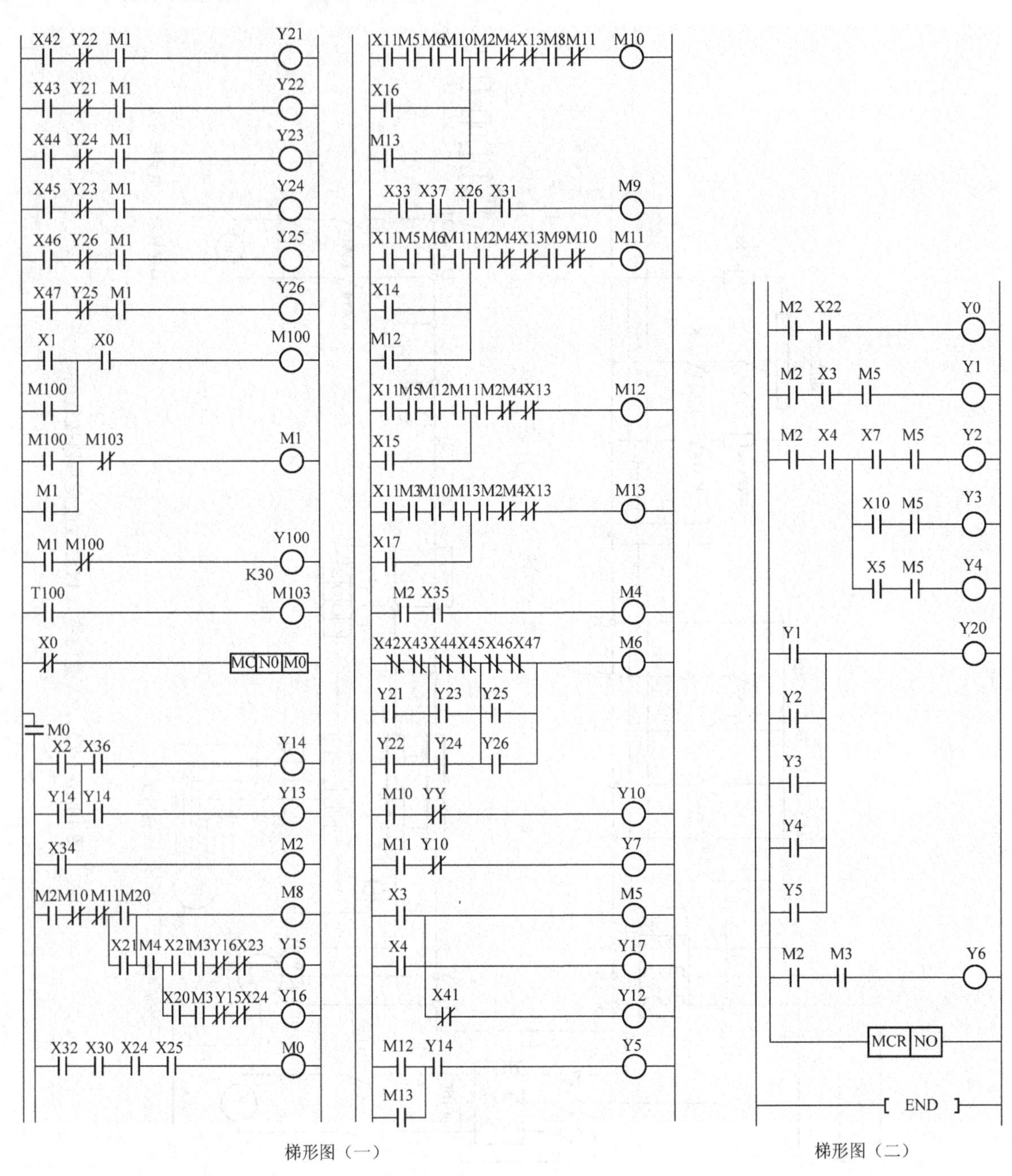

图10-21　X2012A龙门铣床改造PLC梯形图

六、C5112B立式车床电气系统改造

1. 动作要求

C5112B立式车床主拖动电动机有7台，分别是：

（1）液压泵电动机。工作台变速与起动，横梁升降机构放松等，给润滑系统提供润滑油。

（2）工作台（主轴）电动机。采用 Y—Δ 降压方式起动及能耗制动。

（3）垂直刀架快移电动机。

（4）垂直刀架进给电动机。刀架进给运动采用双速电动机。

（5）侧刀架快移电动机。

（6）侧刀架进给电动机。刀架进给运动采用双速电动机。

（7）横梁升降电动机。

C5112B 立式车床其动作流程如图 10-22 所示。

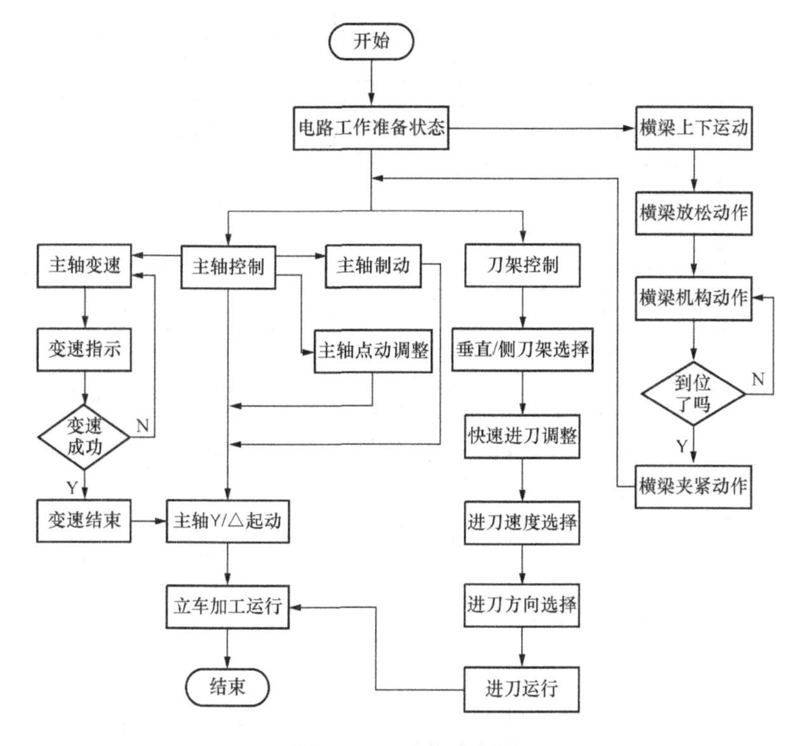

图 10-22　动作流程图

2. I/O 分配以及接线

其 I/O 分配如表 10-2 所示，PLC 外围接线如图 10-23 所示。

表 10-2　　输入、输出信号及其地址编号表

输入信号			输出信号		
名　称	功　　能	编　号	名　称	功　　能	编　号
SB1	总停与油泵停止按钮	X0	KM1	油泵起动接触器	Y0
SB2	油泵起动按钮	X1	KM2	主轴工作接触器	Y1
SB3	主轴（工作台）停止按钮	X2	KM3	主轴Δ运行接触器	Y2
SB4	主轴（工作台）起动按钮	X3	KM4	主轴 Y 运行接触器	Y3
SB5	主轴（工作台）点动按钮	X4	KM5	主轴制动接触器	Y4

续表

输入信号			输出信号		
名　称	功　能	编　号	名　称	功　能	编　号
SB6	主轴（工作台）变速按钮	X5	KM6	垂直刀架快移接触器	Y5
SB7	垂直刀架快移按钮	X6	KM7	垂直刀架进给一速接触器	Y6
SB8	垂直刀架进给停止按钮	X7	KM8	垂直刀架进给二速接触器	Y7
SB9	垂直刀架进给起动按钮	X10	KM9	垂直刀架进给二速接触器	Y10
SB10	侧刀架快移按钮	X11	KM10	垂直刀架向上运动接触器	Y11
SB11	侧刀架进给停止按钮	X12	KM11	垂直刀架向下运动接触器	Y12
SB12	侧刀架进给起动按钮	X13	KM12	侧刀架快移接触器	Y13
SB13	横梁上升按钮	X14	KM13	侧刀架进给一速接触器	Y14
SB14	横梁下降按钮	X15	KM14	侧刀架进给二速接触器	Y15
SQ1	主轴变速行程开关	X16	KM15	侧刀架进给二速接触器	Y16
SQ2	垂直刀架左限位行程开关	X17	KM16	侧刀架向上运动接触器	Y17
SQ3	侧刀架上限位行程开关	X20	KM17	侧刀架向下运动接触器	Y20
SQ4	横梁放松行程开关	X21	KM18	横梁向上运动接触器	Y21
SQ5	横梁上限位行程开关	X22	KM19	横梁向下运动接触器	Y22
SQ6	横梁下限位行程开关	X23	KA1	垂直刀架进给离合器	Y23
SA1-1	垂直刀架一速转换开关	X24	KA2	垂直刀架垂直运动离合器	Y24
SA1-2	垂直刀架二速转换开关	X25	KA3	垂直刀架水平制动离合器	Y25
SA2-1	垂直刀架向上运动十字开关	X26	KA4	垂直刀架垂直制动离合器	Y26
SA2-2	垂直刀架向下运动十字开关	X27	KA5	垂直刀架水平运动离合器	Y27
SA2-3	垂直刀架向左运动十字开关	X30	KA6	侧刀架进给离合器	Y30
SA2-4	垂直刀架向右运动十字开关	X31	KA7	侧刀架垂直运动离合器	Y31
SA3-1	侧刀架一速转换开关	X32	KA8	侧刀架水平制动离合器	Y32
SA3-2	侧刀架二速转换开关	X33	KA9	侧刀架垂直制动离合器	Y33
SA4-1	侧刀架向上运动十字开关	X34	KA10	侧刀架水平运动离合器	Y34
SA4-2	侧刀架向下运动十字开关	X35	KA11	主轴变速锁杆电磁阀	Y35
SA4-3	侧刀架向左运动十字开关	X36	KA12	横梁放松电磁阀	Y36
SA4-4	侧刀架向右运动十字开关	X37	HL1	油泵指示	Y40
SA5	垂直刀架制动转换开关	X40	HL2	变速指示	Y41
SA6	侧刀架制动转换开关	X41			

3. 梯形图

C5112B立式车床PLC控制的梯形图程序如图10-24所示。

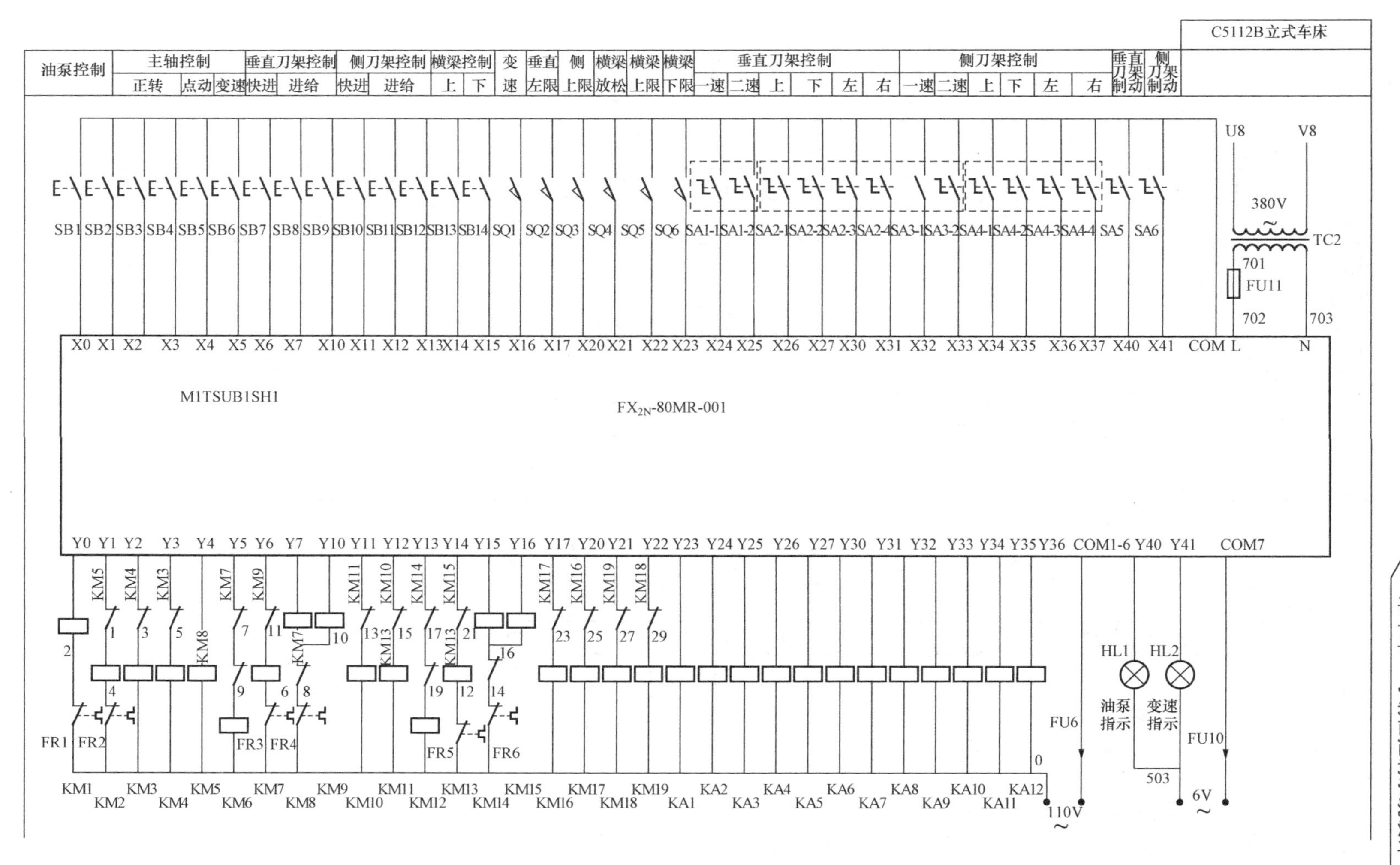

图 10-23　PLC 接线图

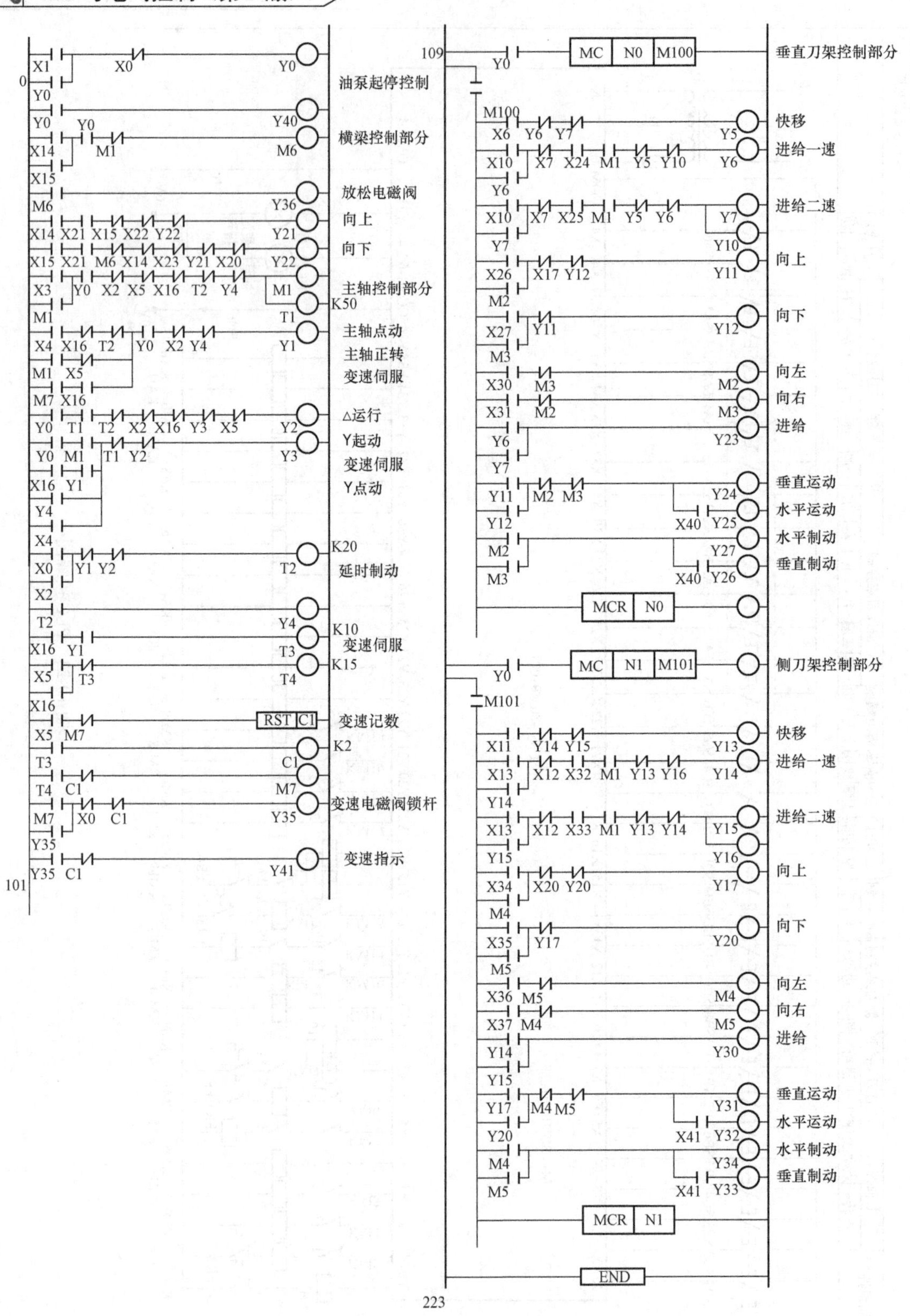

图 10-24　PLC 梯形图程序

七、金属阳极电解槽控制系统的PLC改造

1. 动作要求

金属阳极电解槽是化工行业关键性设备之一。它是由提供直流电流和电压的硅整流器、三台15kW的电泵机组及三台电泵机组的电源—独立变压器组成。其中三台电泵机组能否稳定可靠地工作是设备安全运行的重中之重，一旦停止工作，将会发生事故、甚至特大事故，后果不堪设想。所以要求这三台电泵机组的控制保护系统可靠性高，稳定性强。

这三台电泵机组的运行方式及技术要求如下：

（1）正常工作状态下，一台电泵机组运行，一台电泵机组热备用，一台电泵机组冷备用。

（2）运行的电泵机组在电源发生波动时跳闸，电压恢复正常后该机组在3s内应自动继续供水，如果3s后不能自动恢复运行，则热备用电泵机组自行起动运行，继续供水。

（3）运行的电泵机组发生过载、短路或电动机烧坏等故障时，应跳闸，在跳闸的同时，热备用的电泵机组应自动起动运行，保证提供的循环水在系统内流动散热的连续性。

（4）冷备用电泵机组能够在现场随时试泵，不能影响正在运行的电泵机组和正在作热备用电泵机组的功能。

根据三台纯水循环电泵机组的运行技术要求，作运行方框图如图10-25所示。

2. I/O分配

其PLC的I/O分配如图10-26所示。

3. 梯形图

PLC控制的梯形图程序如图10-27所示。

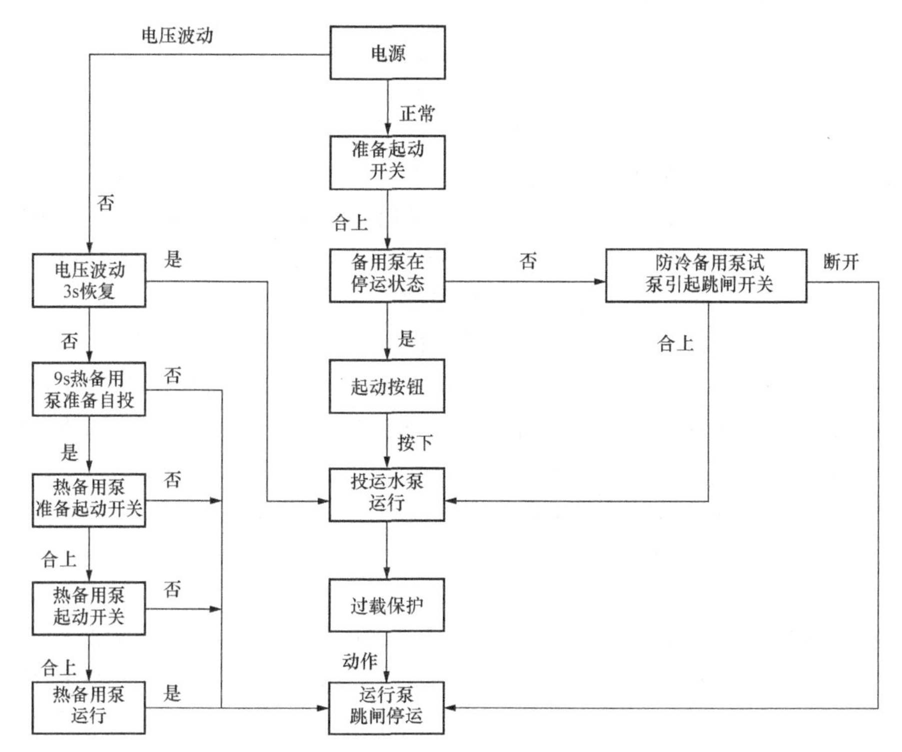

图10-25 动作流程图

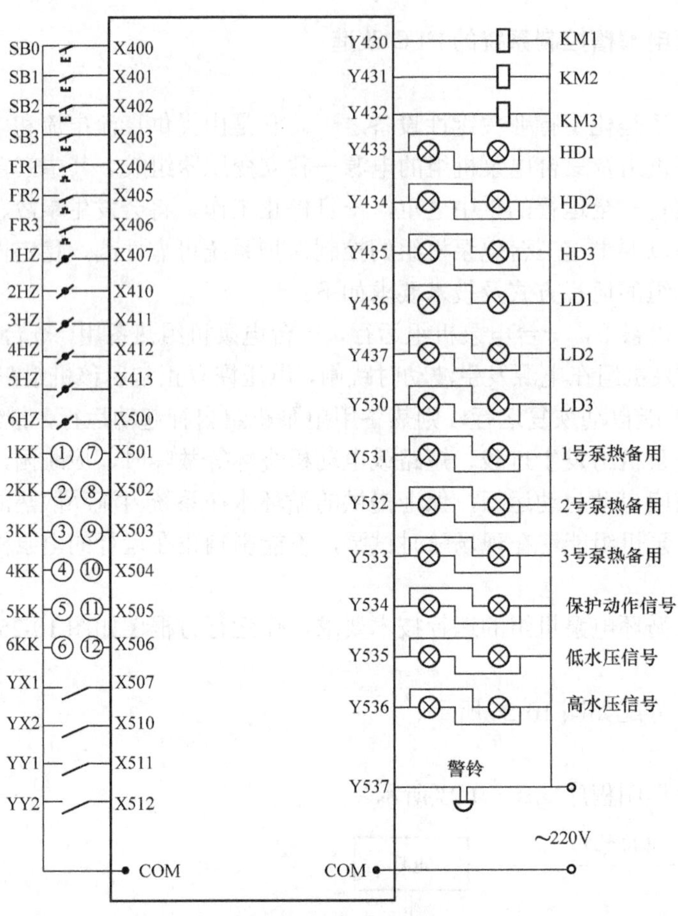

图 10-26　PLC 接线图

采用了三菱公司的 F1-60MR 型 PLC 控制器取代了原有的控制系统，其输入设备编号如下：

1 号泵起动按钮 SB1　X40；1 号泵过载保护 FR1　X404；2 号泵起动按钮 SB2　X402；2 号泵过载保护 FR2　X405；3 号泵起动按钮 SB3　X403；3 号泵过载保护 FR3　X406；1 号泵试机开关 1HZ　X407；1 号泵预备开关 4HZ　X412；2 号泵试机开关 2HZ　X410；2 号泵试机开关 5HZ　X413；3 号泵试机开关 3HZ　X411；3 号泵试机开关 6HZ　X500。1 号泵自投开关 1KK　X501；1 号泵恢复开关 4KK　X504；2 号泵自投开关 2KK　X502；2 号泵恢复开关 5KK X505；3 号泵自投开关 3KK X503；3 号泵恢复开关 6KK X506。

纯水循环系统低水压开关两个：YX1　X507；　　YX2　X510。

纯水循环系统高水压开关两个：YY1　X511；　　YY2　X512。

警铃、灯光信号试验按钮：SB0　X400。

其输出设备编号如下：

1 号泵接触器 KM1　Y430；1 号泵运行指示灯 HD1　Y433；2 号泵接触器 KM2　Y431；2 号泵运行指示灯 HD2　Y434；2 号泵接触器 KM3　Y432；3 号泵运行指示灯 HD3　Y435。

1 号泵跳闸指示灯 LD1　Y436；1 号热备用指示灯 Y531；2 号泵跳闸指示灯 LD2　Y437；2 号热备用指示灯 Y532；3 号泵跳闸指示灯 LD3　Y530；3 号热备用指示灯 Y533；保护动作灯光信号 Y534；低水压灯光信号 Y535；高水压灯光信号 Y536；异常情况警铃 Y537。

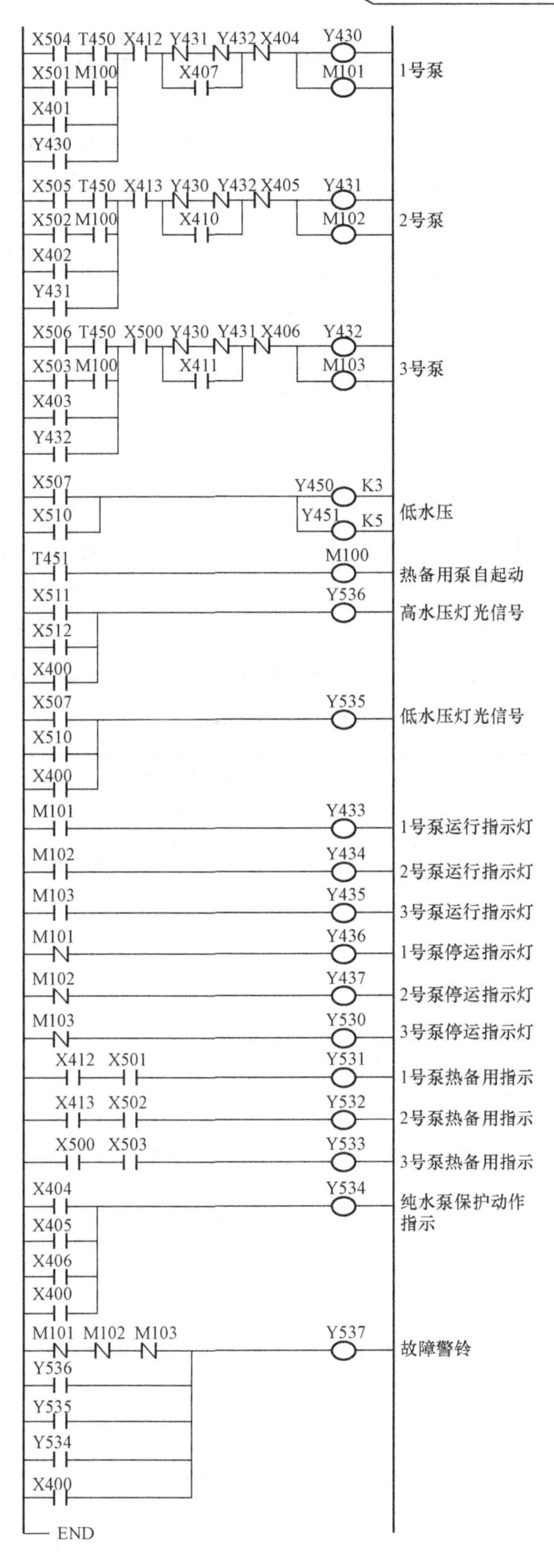

图 10-27　PLC 梯形图程序

第三节　PLC的维护与检修

PLC的可靠性很高，维护工作量极少，出现故障时间可通过PLC的发光二极管和编程器迅速查明故障原因，通过更换单元或模块，一般可以迅速排除故障。

一、检查与维护

虽然PLC的设计与制造工艺已保证使其运行故障减少到最低限度，但为了保证PLC控制系统能长期稳定可靠工作，应定期对其进行检查。

1．定期检查

PLC是由众多半导体集成电路组成的精密电子设备，在可靠性方面作了很多考虑，但环境对PLC的影响很大，通常每半年应对PLC作一次周期性地全面检查。

2．日常维护

PLC除了锂电池和继电器输出型触点外，没有经常性的损耗元器件。

PLC断电时，RAM中的用户程序由锂电池保持，它的使用寿命为2~5年。当它的电压降至规定值时，PLC上的电池电压跌落指示灯亮，提醒操作人员更换锂电池。更换时RAM中的内容是用PLC中的电容充电加以保持的，应在说明书中规定的时间内更换好电池。

如果工作环境恶劣，还应缩短检查周期。检修内容如表10-3所示。

表10-3　PLC的检修项目内容及要求

检修项目	检修内容及要求
供电电源	1. 交流型PLC各单元的工作电压为85~265V； 2. 直流型PLC各单元的工作电压为20.4~26.4V
环境条件	1. 环境温度为0~55℃； 2. 相对湿度为35%~85%以下且不结雾； 3. 无积灰尘、无异物
安装条件	1. 所有单元的安装螺钉必须坚固； 2. 连接线及其接线端子必须牢固，无短路或被氧化等现象
I/O端电压	均应在工作要求的电压范围内
寿命元件更换	1. 备用电池每3~5年更换一次 2. 继电器输出型的触点寿命约为300万次

二、PLC的故障诊断

PLC是一种工业控制计算机，它有很强的自诊断功能。在说明书上一般都给出了PLC故障的诊断方法、诊断流程图和错误代码表，根据它们很容易检查出PLC的故障。然后相应地采取措施，排除故障。

PLC基本单元上常有以下一些LED发光二极管。

（1）电源指示灯：当PLC电源接通时，该LED亮，说明电源正常。

（2）运行指示灯：当PLC处于监控状态时，该指示灯亮。

（3）锂电池电压指示灯：当PLC编程或运行正常时，该指示灯不亮。当锂电池电压跌落时，该LED亮。

（4）程序出错指示灯：当PLC运行正常时，该指示灯不亮，如果程序出错该指示灯常亮不灭。

（5）输入指示灯：输入正常时，输入端子对应指示灯亮；如果加正常输入而输入指示灯不亮，或未加输入而指示灯亮，则属于故障。

（6）输出指示灯：输出指示灯亮，则对应输出通道的输出继电器正常，否则就属于故障。

习　　题

1．PLC 应用控制系统设计的主要内容有哪些？

2．PLC 选型的主要依据是什么？

3．减少 PLC 输入/输出点数有哪些方法？

4．设计一个彩灯控制电路，要求控制 3 个彩灯，工作过程如下：

（1）首先 A 灯亮；（2）1s 后 A 灯灭，B 灯亮；（3）再隔 1s 后，B 灯灭，C 灯亮；（4）再隔 1s 后，C 灯灭；（5）再隔 1s，三灯全亮；（6）再隔 1s，三灯全灭；（7）再隔 1s，三灯全亮；（8）再隔 1s，三灯全灭；然后按（1）~（8）继续循环。

系统由一个输入开关控制，当它闭合时彩灯工作，断开时停止工作。要求：画出 PLC 接线图、I/O 分配表并设计程序。

5．编写机械手的 PLC 控制程序：图 10-28 中传送带 A 上的物品搬到传送带 B 上，或把某元件（电阻、电容等）取来送到印刷线路板上，按规定的动作和规律在运动。

A、B 传送带由电动机 M1、M2 驱动，机械手的回转运动由气动阀 Y1、Y2 控制，上、下由 Y3、Y4 控制。夹紧与放松由 Y5 控制。右旋行程开关 SQ1、左旋行程开关 SQ2，上升限位开关 SQ3、下降限位开关 SQ6。

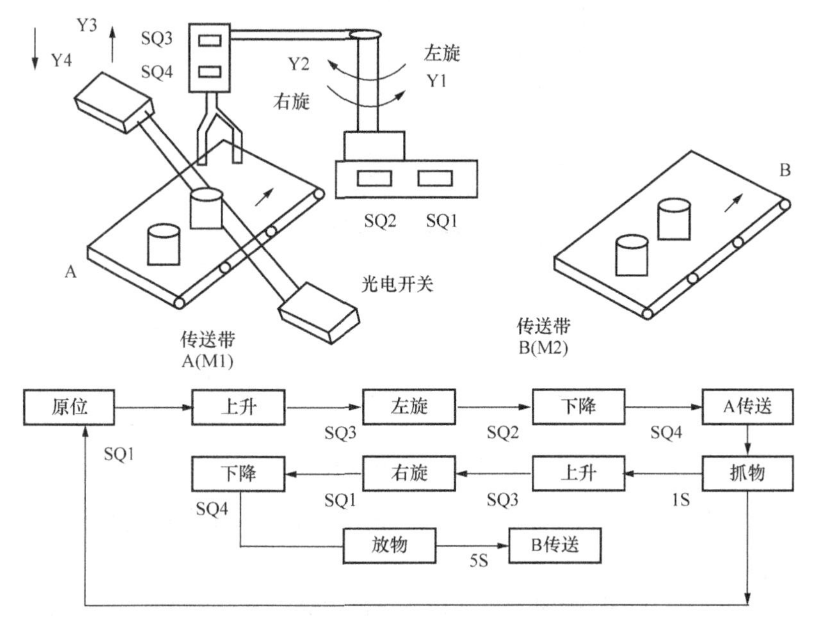

图 10-28　习题 5 的图

工作方式：单步/循环。

6．编写水泵电动机控制程序：有一水泵站有 4 台电动机抽水，按下起动按钮，1 号泵起动 2s 后起动 2 号泵，2 号泵起动 3s 后起动 3 号泵，3 号泵起动 4s 后起动 4 号泵。停止时按下停止按钮 4 号泵停止，4s 后 3 号泵停止，3s 后 2 号泵停，2s 后 1 号泵停。中途出现故障按下停止时也能按反方向顺序停机。

7．编写液体搅拌机的自动控制程序如图 10-29 所示。

控制要求：初始状态容器是空的，按下起动按钮，电磁阀 YA1 打开，液体 A 流入容器，当液面升至为 M 位置时，传感器 SL2 动作，YA1 关闭，YA2 打开，液体 B 流入容器，当液面升至 F 位置时，传感器 SL1 动作，YA2 关闭，电动机 M 开始运行搅拌液体，6s 后停止搅动，YA4 打开放出混合液，当液面降至 L 位置时，传感器 SL3 动作，延时 3s 容器放空，YA4 关闭 YA1 打开又开始下一周期的循环，按下停止按钮需在完成本次循环后才停止在初始状态。

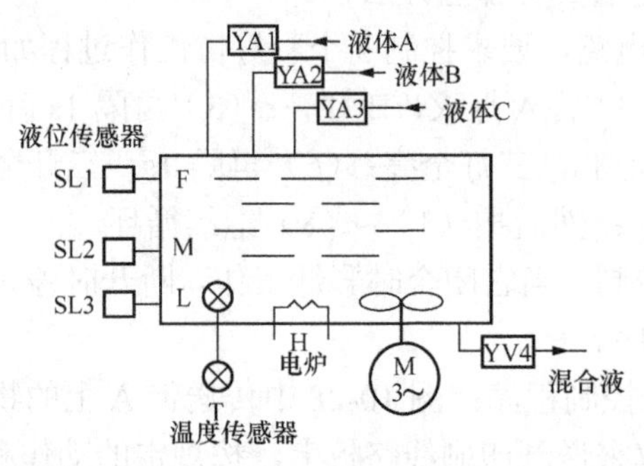

图 10-29　习题 7 的图

8．编写自动送料装车系统控制程序如图 10-30 所示。

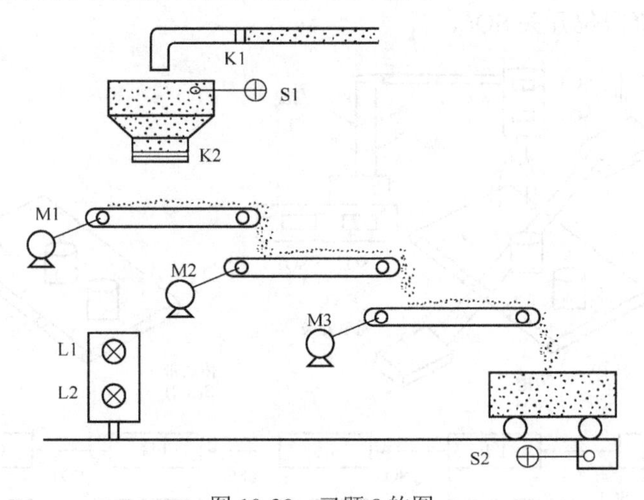

图 10-30　习题 8 的图

（1）初始状态：红灯 L1 灭、绿灯 L2 亮，表示允许汽车开进来进行装料，料斗 K2、电动机 M1、M2、M3 皆为 OFF。

（2）当汽车到来时（用 S2 接通表示）L1 灯亮、L2 灯灭，电动机 M3 运行， M2 在 M3 运行 2s 后运行，M3 在 M2 停运 2s 后停止运行，料斗 K2 在 M1 运行 2s 后打开出料口。

（3）当料满后（用 S2 断开表示），料斗 K2 关闭，电动机 M1 延时 2s 手关断，M2 在 M1 停 2s 后停止，M3 在 M2 停 2s 后停止，L2 亮 L1 灭，表示汽车可以开走。

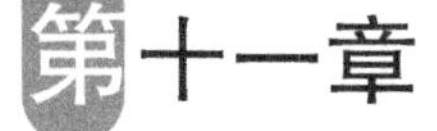

第十一章　变频器

第一节　调速系统概述

对于可调速的电力拖动系统，工程上往往根据电动机电流形式分为直流调速系统和交流调速系统两类。直流调速系统具有较优良的静、动态性能指标，因此，过去很长一段时间内，调速传动领域大多为直流电动机调速系统。直流电动机虽有调速性能好的优越性，但也有一些固有的缺点，主要是机械式换向器带来的弊端，且直流电动机也受容量、电压、电流和转速等限制。

20世纪70年代后，由于全控型电力电子器件（如BJT、IGBT）的发展、SWPM专用集成芯片的开发、交流电动机矢量变换控制技术以及单片微型计算机的应用，使得交流调速的性能获得极大的提高，交流电力拖动系统逐步具备了宽的调速范围、高的稳速精度、快的动态响应以及在四象限可逆运行等良好的技术性能，在许多方面已经可以取代直流调速系统，特别是各类通用变频器的出现，使交流调速已逐渐成为电气传动中的主流，在调速性能方面可以与直流电力拖动媲美。

交流调速技术可以分为变转差率调速、变极调速及变频调速，在这种调速方式中，变频调速具有绝对优势，并且它的调速性能与可靠性不断完善，价格不断降低，特别是变频调速节能效果明显，而且易于实现过程自动化，深受工业行业的青睐。

第二节　三相异步电动机的调速方式

三相异步电动机的转速公式为

$$n=\frac{60f}{p}(1-s) \tag{11-1}$$

式中　p —— 极对数；

s ——转差率；

f —— 三相交流电的频率。

由式（11-1）可知，改变频率f、极对数p，以及转差率s都可实现对三相异步电动机的调速。

一、变极对数调速方法

这种调速方法是用改变定子绕组的接线方式来改变笼型电动机定子极对数达到调速目的，这种调速方式特点如下：具有较硬的机械特性，稳定性良好；无转差损耗，效率高；接线简单、控制方便、价格低；变极调速只能实现有级调速，级差较大，不能获得平滑调速。

本方法适用于不需要无级调速的生产机械，如金属切削机床、升降机、起重设备、风机、水泵等。

二、串级调速方法

串级调速是指绕线式电动机转子回路中串入可调节的附加电势来改变电动机的转差，达到调速的目的。大部分转差功率被串入的附加电势所吸收，再利用产生附加的装置，把吸收的转差功率返回电网或转换能量加以利用。根据转差功率吸收利用方式，串级调速可分为电机串级调速、机械串级调速及晶闸管串级调速形式，多采用晶闸管串级调速，其特点为：串级调速可将调速过程中的转差损耗回馈到电网或生产机械上，效率较高；装置容量与调速范围成正比，投资省，适用于调速范围在额定转速70%～90%的生产机械上；调速装置故障时可以切换至全速运行，避免停产；晶闸管串级调速功率因数偏低，谐波影响较大。本方法适合于风机、水泵及轧钢机、矿井提升机、挤压机上使用。

三、绕线式电动机转子串电阻调速方法

绕线式异步电动机转子串入附加电阻，使电动机的转差率加大，电动机在较低的转速下运行。串入的电阻越大，电动机的转速越低。此方法设备简单，控制方便。但这种方法属有级调速，机械特性较软，且转差功率以发热的形式消耗在转子串的电阻上。

四、定子调压调速方法

当改变电动机的定子电压时，可以得到一组不同的机械特性曲线，从而获得不同转速。由于电动机的转矩与电压平方成正比，因此最大转矩下降很多，其调速范围较小，使一般笼型电动机难以应用。为了扩大调速范围，调压调速应采用转子电阻值大的笼型电动机，如专供调压调速用的力矩电动机，或者在绕线式电动机上串联频敏电阻。为了扩大稳定运行范围，当调速在2∶1以上的场合应采用反馈控制以达到自动调节转速的目的。

调压调速的主要装置是一个能提供电压变化的电源，目前常用的调压方式有串联饱和电抗器、自耦变压器以及晶闸管调压等几种，晶闸管调压方式为最佳。调压调速的特点：调压调速线路简单，易实现自动控制；调压过程中转差功率以发热形式消耗在转子电阻中，效率较低。调压调速一般适用于100kW以下的生产机械。

五、变频调速方法

变频调速就是改变输入到定子三相绕组的交流电的频率来实现对电动机的调速。变频调速具有调速精度高、调速性能优良、节能、转矩脉动小以及功率因数较高等优点，目前已成为调速领域的主流，具体来说优点如下：

（1）调速时平滑性好，易于实现无级调速，效率高。低速时，特性静差率较高，相对稳定性好。

（2）调速范围较大，精度高。变频调速系统通过连续改变变频器输出频率来实现转速的连续变化，使电动机工作在转差较小的范围，电动机的调速范围较宽，运行效率也明显提高。一般来说，通用变频器的调速范围可达1∶10以上，而高性能矢量控制变频器调速范围可达1∶10 000。

（3）起动电流低，对系统及电网无冲击，可用于频繁起动和制动场合。采用变频器对异步电动机进行驱动时，可以将变频器的输出频率降至很低时起动，电动机的起动电流很小，因而变频器输入端要求电源配置的配电容量也可以相应减小。

（4）对风机、水泵类二次方律负载进行调速时，节电效果明显。变频调速能否实现节电，

是由其负载的调速特性决定的。对于离心风机、离心水泵这类负载，转矩与转速的平方成正比，功率与转速的立方成正比。只要原来采用阀门控制流量，且不是满负荷工作，改为变频调速运行，均能实现节电。当转速下降为原来的80%时，功率只有原来的51.2%。可见，变频调速器在这类负载中的应用，节电效果最为明显。

（5）变频器具有标准的计算机通信接口，可以与其他设备一起构成自动控制系统，易于实现控制过程的自动化。

第三节　变频器的结构与分类

变频器是把工频电源变换成各种频率的交流电源，以实现电动机的变速运行的设备。变频器的分类方法有多种，按照主电路工作方式分类，可以分为电压型变频器和电流型变频器；按照开关方式分类，分为PAM控制变频器、PWM控制变频器和高载频PWM控制变频器；按照工作原理分类，可以分为V/f控制变频器、转差频率控制变频器和矢量控制变频器等；按照用途分类，可以分为通用变频器、高性能专用变频器、高频变频器、单相变频器和三相变频器等。

变压变频装置可以采用交—交与交—直—直两种结构，目前常用的变压变频装置普遍采用交—直—交结构，基本结构如图11-1所示。整流电路对外部的工频交流电源进行整流，给逆变电路和控制电路提供所需的直流电源。滤波电路对整流电路的输出进行平滑滤波，以保证逆变电路和控制电路能够获得质量较高的直流电源。逆变电路将中间环节输出的直流电源转换为频率与电压均可调节的交流电。

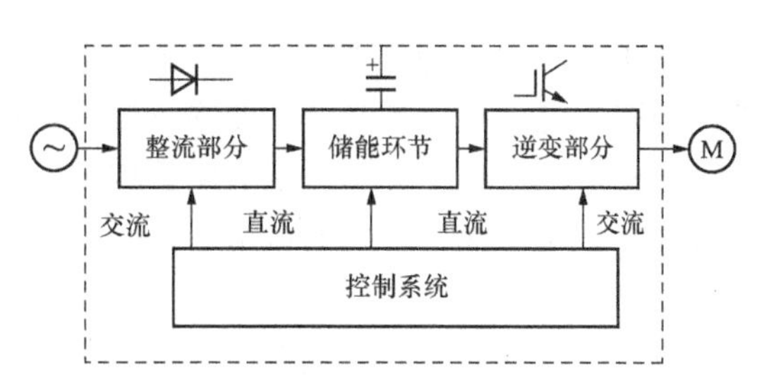

图11-1　变频器的基本结构组成

在交—直—交变频电路中，按中间环节采用电容滤波还是电感滤波，可分为电压型变频器与电流型变频器，以下是几种常用的变频器主电路。

图11-2所示的变频器采用二极管构成三相桥式不控整流器，把三相交流通过整流变换为脉动的直流，其输出直流电压 U_d 是不可控的；中间直流环节用大电容 C 滤波，为后面的逆变部分提供能量支撑；电力晶体管VT1～VT6构成PWM逆变器，把直流通过逆变变换为交流，并能实现输出频率和电压的同时调节，VD1～VD6是电压型逆变器所需的反馈二极管。

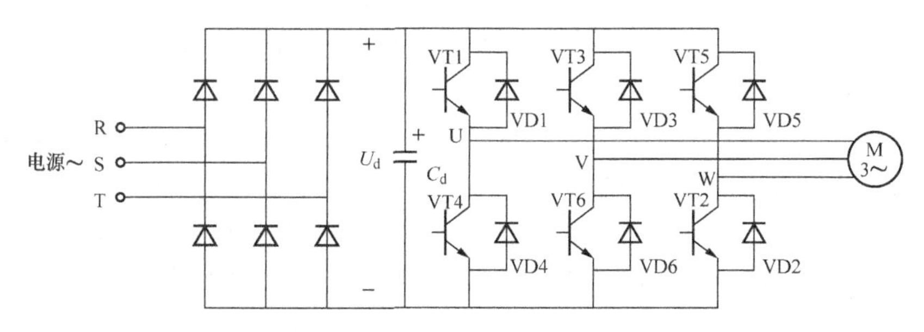

图11-2　交—直—交电压型PWM变频器主电路

从图 11-2 中可以看出，由于整流电路输出的电压和电流极性都不能改变，因此该电路只能从交流电源向中间直流电路传输功率，进而再向交流电动机传输功率，而不能从直流中间环节向交流电源反馈能量。当负载电动机由电动状态转入制动运行时，电动机变为发电状态，其能量通过逆变电路中的反馈二极管流入直流中间电路，使直流电压升高而产生过电压，这种过电压称为泵升电压。为了限制泵升电压，如图 11-3 所示，可给直流侧电容并联一个由电力晶体管 VT0 和能耗电阻 R 组成的制动单元电路来限制泵升电压，当泵升电压超过一定数值时，使 VT0 导通，能量消耗在 R 上。

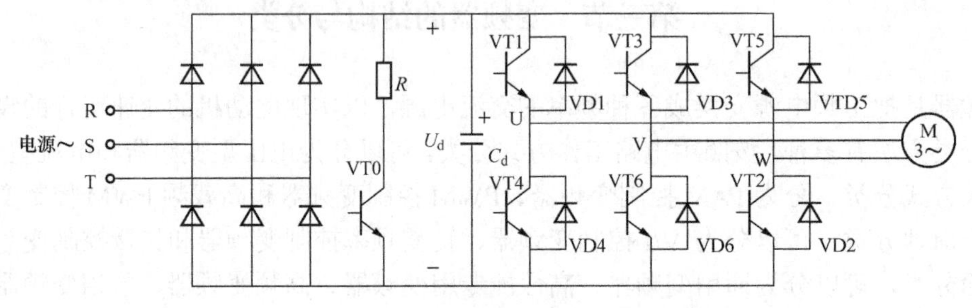

图 11-3　带有制动单元的电压型变频器主电路

图 11-4 所示是常用的交－直－交电流型变频电路。其中，整流器采用晶闸管构成的可控整流电路，完成交流到直流的变换，输出可控的直流电压 U，实现调压功能；中间直流环节用大电感 L 滤波；逆变器采用晶闸管构成的串联二极管式电流型逆变电路，完成直流到交流的变换，并实现输出频率的调节。

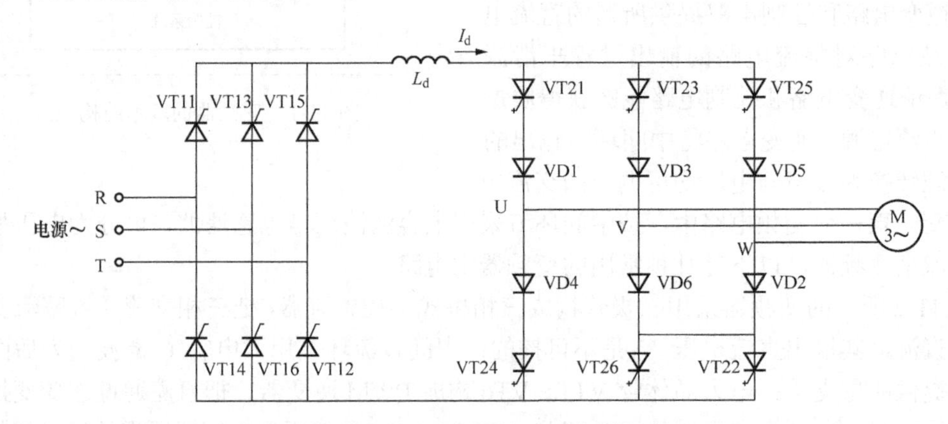

图 11-4　交—直—交电流型变频电路

由图 11-4 可以看出，由于电力电子器件的单向导向性，电流 I_d 只能单向流动，中间直流环节采用的大电感滤波，使电流 I_d 变得平稳。但可控整流器的输出电压 U_d 受触发角 α 的控制，其极性可以迅速改变。因此，电流型变频电路很容易实现能量回馈。当 $\alpha<90°$ 时，可控整流器工作在整流状态，当逆变器工作在逆变状态时，电机在电动状态下运行，这时，直流环节 U_d 的极性为上正下负，电能由交流电网经变频器传送给电机，$n<n_0$，即电机的同步转速 n_0 大于转子的实际转速 n，电机处于电动状态，将电能转换为机械能带动负载运行。此时如果降低变频器的输出频率，或从机械上抬高电机转速 n，使 $n>n_0$，即电机的同步转速 n_0 小于转子的实际转速 n，同时调节可控整流器的控制角，使 $\alpha>90°$，则异步电机进入发

电运行状态，且直流回路电压 U_d 立即反向，而电流 I_d 方向不变。于是逆变器变成整流器，而可控整流器转入有源逆变状态，变频器将电能由电机回馈给交流电网。

图 11-5 所示是交—直—交电流型 PWM 变频器的主电路。逆变器采用全控器件 GTO 作为功率开关器件，GTO 用的是反向导电型器件，因此，给每个 GTO 串联了二极管以承受反向电压。逆变电路输出端的电容 C 可以限制 GTO 关断时所产生的过电压，起过压保护作用，同时对输出的 PWM 电流波形而起滤波作用。整流电路采用晶闸管，当电动机进入制动发电运行时，可以使整流部分工作在有源逆变状态，把电动机的机械能反馈给交流电网，从而实现快速制动。

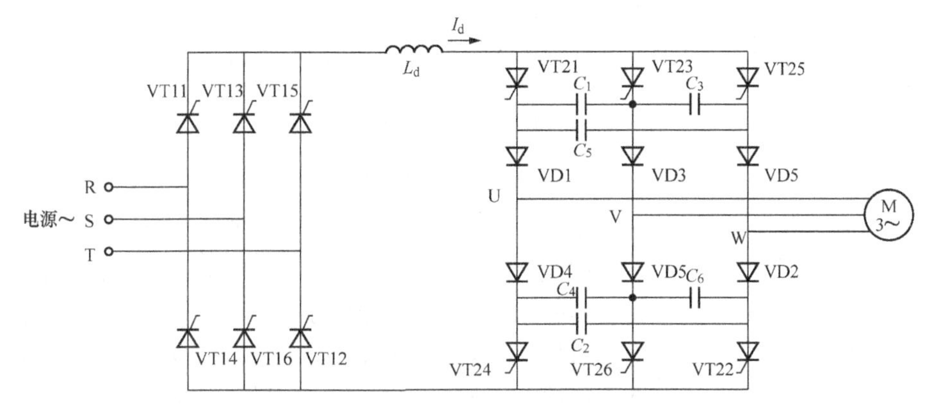

图 11-5 交—直—交电流型 PWM 变频电路

第四节 变频器的工作原理

通用变频器的结构如图 11-6 所示。VD1～VD6 构成三相不控整流。整流后变成脉动的直流。波形如图 11-7 所示。图 11-7（a）所示为对称三相电压波形，图 11-7（b）所示为整流后的直流脉动波形。

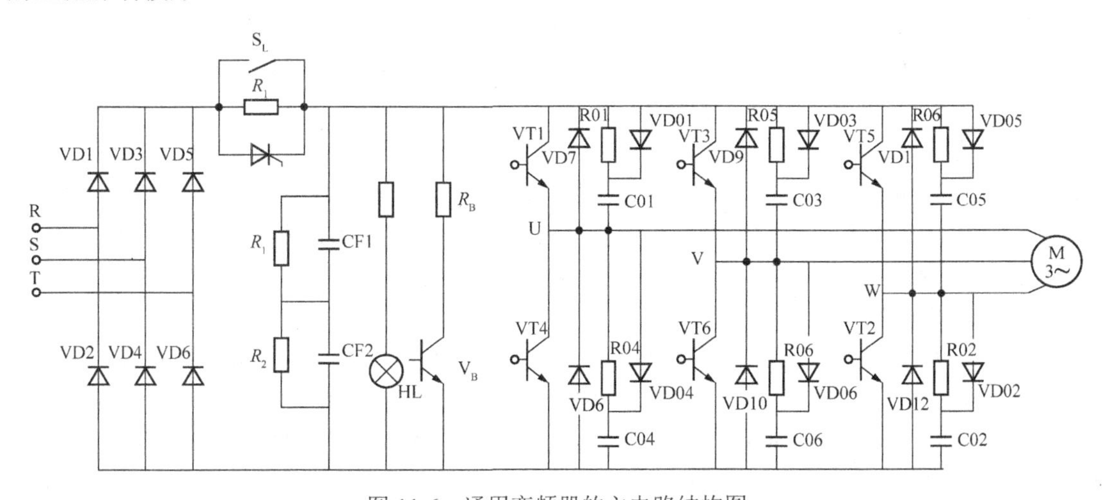

图 11-6 通用变频器的主电路结构图

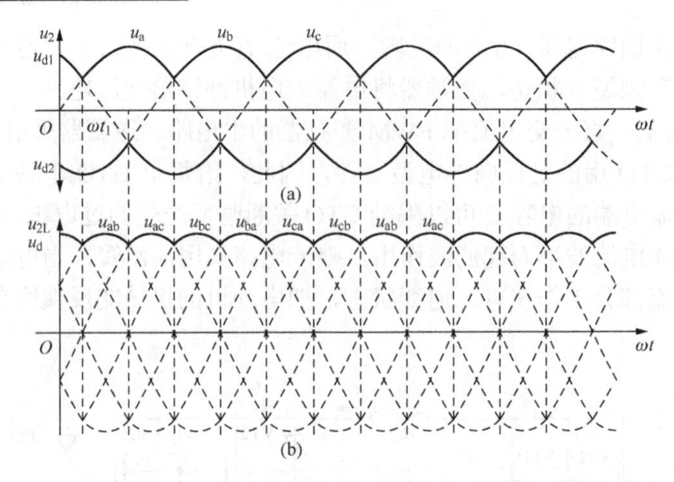

图 11-7　三相不控整流后的电压波形

（a）对称三相电压波形；（b）整流后的直流脉动波形

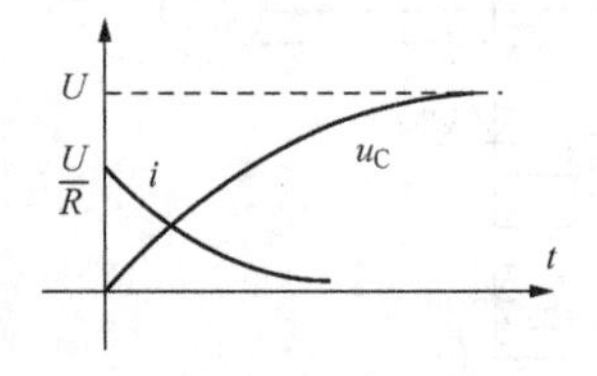

图 11-8　滤波电容的充电过程

R_L是电容预充电缓冲电阻，刚接通电源的时候，滤波电容 CF1 电容两端的电压为零，根据电容的零状态响应（见图 11-8）可知，如果充电电阻为 0，将会形成非常大的冲击电流。而图 11-6 中起始时刻晶闸管或继电器的常用触点 S_L 是断开的，电流从缓冲电阻 R_L 流过，起到限流作用，避免电流瞬时增加形成冲击电流损坏整流桥，电路接通一段时间后，S_L 或者晶闸管就导通，切除缓冲电阻，避免缓冲电阻的降低电压及消耗能量。

CF1 和 CF2 是滤波电容。三相电源经过 VD1～VD6 后产生脉动的直流，通过 CF1 和 CF2 可以把脉动的直流转变成平缓的直流电源。因为上下直流母线的电压比较高，所以串联了两个滤波电容 CF，提高了电容的耐压，降低了单个电容的耐压值。因为 CF1 和 CF2 电容值不可能做到完全相同，导致电容分压不均烧坏储能电容，所以使用了均压电阻，因为 $R_1=R_2$，使得 CF1 和 CF2 两端的电压值相同。

HL 是变频器的电源指示灯。因为滤波电容 CF 在电源关断后放电会持续一段时间，从安全上考虑，必须等指示灯灭掉之后，方能去触碰导线端子，防止触电。

V_B 为大功率的晶体管，R_B 为制动电阻，一起构成制动环节。当三相异步电动机减速或者刹车时，会产生感应再生电流，通过续流二极管在直流母线上产生电压，使直流环节电压升高，如果直流环节电压过高，则容易烧毁整流管 VD1～VD6 或逆变管 VT1～VT6，为了克服这种泵升电压，加入了 V_B 和 R_B，在电动机减速制动时，给 V_B 加触发信号，使 V_B 导通，让电流消耗在 R_B 中。若电机的容量很大，则要增加外带制动电阻，此时 R_B 和 R_{B1} 并联，电阻减小，加速电能的消耗。

逆变器 VT1～VT6 把直流电转变成频率可调的三相交流电，供三相异步电机使用。

控制 VT1、VT2、VT3、VT4、VT5、VT6 的逻辑导通顺序，使它们以某个频率导通，则会输出一个三相交流电源，使电动机工作。为了对 VT1～VT6 进行保护，给每个逆变器件分别并联了一个续流二极管，当电动机进入制动运行状态后，产生的电流可以经过续流二极管将电能消耗在能耗电阻 R_B 上。每个逆变器件两端还并联了 R-C-VD 缓冲保护回路，可以对器

件开通与关断过种中产生的过电压进行缓冲与吸收。

如图 11-9 所示，每桥臂导电 180°，同一相上下两臂交替导电，各相开始导电的角度差 120°，任一瞬间有三个桥臂同时导通。每次换流都是在同一相上下两臂之间进行，也称为纵向换流。逆变后的三相线电压波形如图 11-10 所示。因为电动机为电感性负载，所以流经电动机的电流将呈现如图 11-11 所示的类似于正弦波的波形。

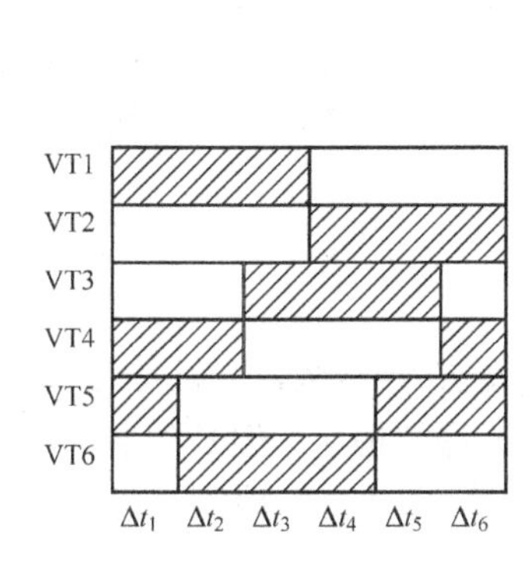

图 11-9 逆变器件导通逻辑顺序

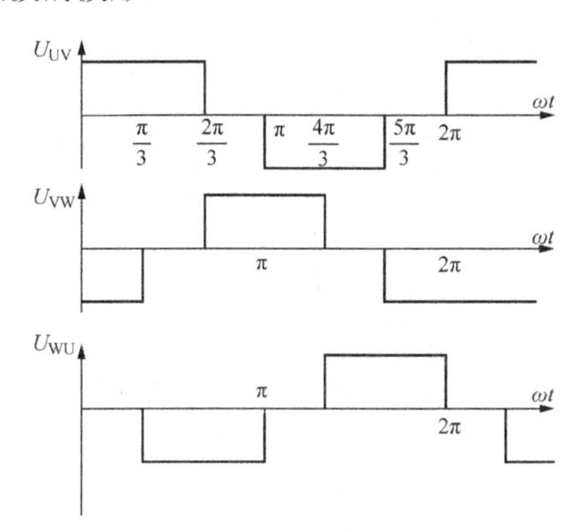

图 11-10 逆变后的三相电压波形

图 11-11 逆变后感性负载电流

第五节 变频器调速控制方式

在对电动机实现调速时，要考虑的一个重要因素是：电动机中的主磁通 $\varPhi_m$ 为额定值，调速过程中使 $\varPhi_m$ 恒定不变。如果 $\varPhi_m$ 太小，定子铁心的利用率不足，电动机得不到充分利用，如果 $\varPhi_m$ 过分增大，会使励磁电流过大，严重时使电动机的铁心与绕组过热而损坏电机。在交流异步电动机中，由于磁通是由定子和转子磁动势合成产生的，需要采取一定的控制方式才能保持磁通恒定。

三相异步电动机定子每相感应电动势为

$$E_1 = 4.44 k_1 N_1 f_1 \varPhi_m \tag{11-2}$$

式中 E_1 ——定子绕组的感应电动势有效值；

k_1 ——定子绕组的绕组系数；

N_1 ——定子每相绕组的匝数；

f_1 ——定子绕组感应电动势的频率，即电源的频率；

$\varPhi_m$ ——主磁通。

三相异步电动机的电磁转矩为

$$T_e = C_T \varPhi_m I_2' \cos\varphi_2 \tag{11-3}$$

式中　I_2'——转子电流折算到定子侧的折算值；

$\cos\varphi_2$——转子侧的功率因素。

由式（11-2）与式（11-3）可知，当改变定子侧的频率 f_1 进行调速时，异步电动机的其他物理量也都会发生相应的变化，影响电动机的电磁转矩特性、机械转矩特性及转差率。因此当改变电动机的定子侧电流频率进行调速时，还必须考虑如何处理和控制其他物理量，以保证调速系统满足拖动负载的要求。

变频器的主电路结构基本一样，只是所用的开关器件有所不同。而控制方式却不一样，需要根据电动机的特性对供电电压、电流、频率进行适当的控制。但采用不同的控制方式所得到的调速性能、特性以及用途是不同的。常用的控制方式有 *U*/*f* 控制方式、转差频率控制、矢量控制、直接转矩控制等。

一、*U*/*f* 控制方式

1. 基频以下调速

在基频以下调速过程中，要使主磁通保持不变，必须使 E_1/f=常数，这就是 *E*/*f* 控制方式。在这种控制方式下，主磁通严格保持恒定，从而使电磁转矩保持恒定。但是随着频率的下降，E_1 也需要成比例下调，但是定子绕组产生的感应电动势 E_1 很难被直接检测与控制。

三相异步电动机定子电压为

$$\dot{U}_1 = \dot{E}_1 + \Delta\dot{U}_X \tag{11-4}$$

$$\Delta\dot{U}_x = I_1 r_1 + jI_1 k_f x_1 = \Delta\dot{U}_r + j\Delta U_{lx} \tag{11-5}$$

式中　ΔU_x——电动机定子绕组的阻抗压降；

ΔU_r——定子绕组的电阻压降；

ΔU_{lx}——定子绕组的漏抗压降。

$\Delta\dot{U}_x$ 的数值与定子绕组上施加的外加电压相比较，占的比例较小，因此有

$$U_1 \approx E_1$$

而施加在定子绕组上的电压 U_1 很容易被控制，在下调频率的同时，成比例调节输出电压 U_1，使 U_1/f_1≈常数，这就是恒压比控制方式，简称 *U*/*f* 控制方式。

由式（11-3）可知，基频以下调速时，速度降低，保持 U_1/f_1=常数，使主磁通 Φ_m 近似恒定，根据三相异步电动机电磁转矩的公式 $T = C_T\Phi_m I_2' \cos\varphi_2$ 可见，基频以下调速采用 *U*/*f* 控制方式时具有近似恒转矩的特性，为近似恒转矩调速。

变频器在工作时，有时频率调得很低，同时 U_1 也很低。此时定子绕组上的电压降 ΔU_x 在电压 U_1 中所占的比例不能忽略。由于 ΔU_x 所占比例增加，将使定子电流减小，从而使 Φ_m 减小，这将引起低速时的输出转矩减小。此时，可提高 U_1 来补偿 ΔU 的影响，使得 E_1/f_1 近似恒定，即 Φ_m 不变，这种控制方法称为电压补偿，也称为转矩补偿。

图 11-12（a）所示是基频以下调速没有采取电压补偿时电动机的机械特性，图 11-12（b）所示是变频后采取电压补偿后的机械特性。

U/*f* 控制是一种比较简单的控制方式。它的基本特点是对变频器的输出电压和频率同时进行控制，通过提高 *U*/*f* 比来补偿频率下调时引起的最大转矩下降而得到所需的转矩特性。

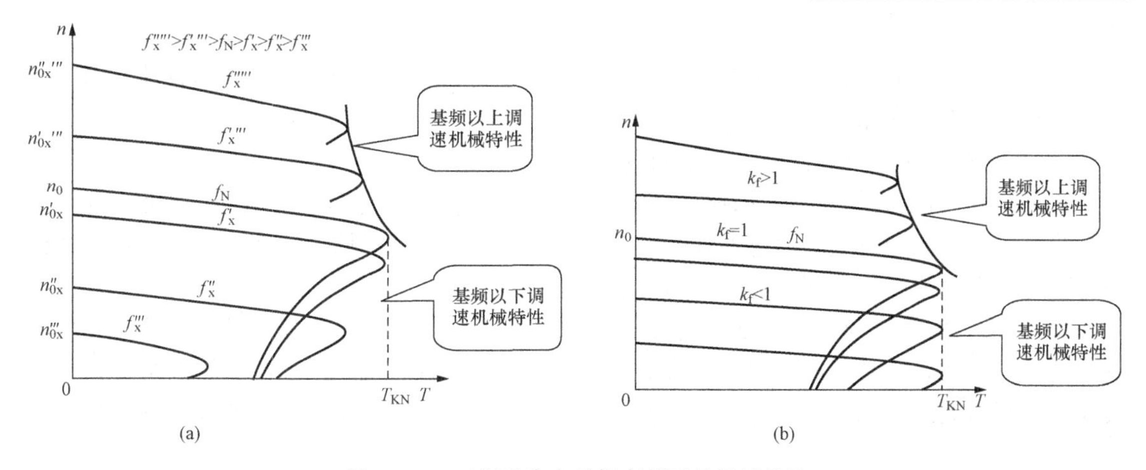

图 11-12 三相异步电动机变频后的机械特性

（a）三相异步电动后变频后的机械特性；（b）三相异步电动机变频后采取电压补偿后的机械特性

（1）U/f 控制的转矩补偿。为了方便用户选择 U/f 比，变频器通常提供几条 U/f 控制曲线给用户，让用户根据负载的情况进行选择，如图 11-13 所示。

1）基本 U/f 控制曲线。基本 U/f 控制曲线表明没有补偿时定子电压和频率的关系，在基本 U/f 控制曲线上，与额定输出电压对应的频率称为基本频率，用 f_b 表示。基本 U/f 线如图 11-14 所示。

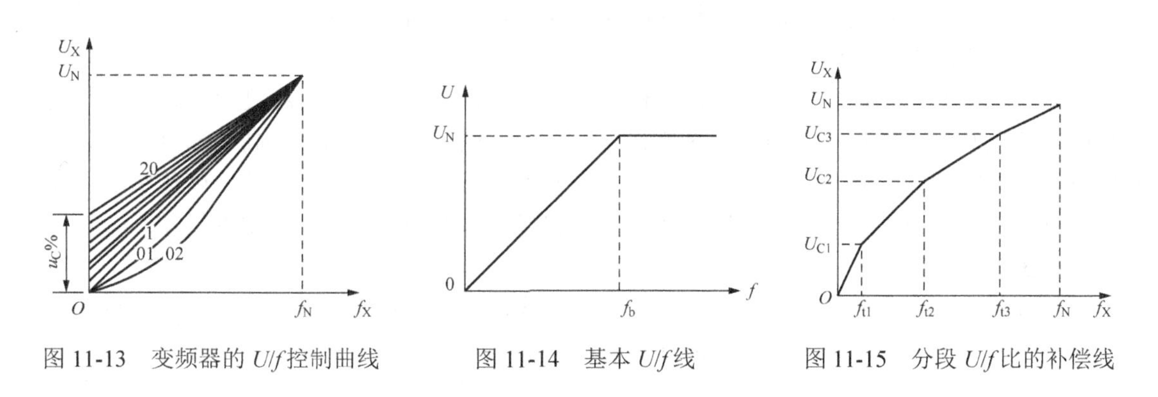

图 11-13 变频器的 U/f 控制曲线　　图 11-14 基本 U/f 线　　图 11-15 分段 U/f 比的补偿线

2）转矩补偿的 U/f 曲线。在 f=0 时，不同的 U/f 曲线电压补偿值不同，如图 11-13 所示。

适用负载：经过补偿的 U/f 曲线适用于低速时需要较大转矩的负载，且根据低速时负载的大小来确定补偿程度，选择不同的 U/f 曲线。

3）负补偿的 U/f 曲线。低速时，U/f 线在基本 U/f 曲线的下方，如图 11-13 中的 01、02 线。

适用负载：主要适用于风机、泵类的平方率。由于这种负载的阻转矩和转速的平方成正比，即低速时负载转矩很小，即使不补偿，电动机输出的电磁转矩都足以带动负载。

4）U/f 比分段补偿线。U/f 曲线由几段组成，每段的 U/f 值均由用户自行给定，如图 11-15 所示。

适用负载：负载转矩与转速大致成比例的负载。在低速时补偿少，在高速时补偿程度需要加大。

（2）选择 U/f 控制曲线时常用的操作方法。在实际操作中，常用实验的方法来选择 U/f 曲线。具体操作步骤如下：

1）将拖动系统连接好，带以最重的负载。

2）根据所带负载的性质，选择一个较小的 U/f 曲线，在低速时观察电动机的运行情况，如果此时电动机的带负载能力达不到要求，需将 U/f 曲线提高一挡。依次类推，直到电动机在低速时的带负载能力达到拖动系统的要求。

3）如果负载经常变化，在(2)中选择的 U/f 曲线，还需要在轻载和空载状态下进行检验。方法是：将拖动系统带以最轻的负载或空载，在低速下运行，观察定子电流的大小，如果过大或者变频器调闸，说明原来选择的 U/f 曲线过大，补偿过分，需要适当调低 U/f 曲线。

2. 基频以上调速

电动机工作在基频以上频率时，当频率增加时，定子电压不能按比例随频率的增加而上调，须保持额定电压不变。因为上调定子电压超过额定电压时，会危及电动机绕组的绝缘耐压限度。所以基频以上调速时，只能向上调频率，不能向上调节电压。因此将导致主磁通 Φ_m 降低，根据恒功率负载的特性：$P=T\omega$，基频以上调速具有恒功率的特性，适合带恒功率负载。基频以上调速变频后的机械特性如图 11-12 所示。

二、转差频率控制

转差频率控制方式是一种对 U/f 控制的一种改进。在采用这种控制方式的变频器中，电动机的实际速度由安装在电动机上的速度传感器和变频器控制电路得到，而变频器的输出频率则由电动机的实际转速与所需转差频率的和自动设定，从而达到在进行调速控制的同时，控制电动机输出转矩的目的。

转差频率控制是利用了速度传感器的速度闭环控制，并可以在一定程度上对输出转矩进行控制，所以和 U/f 控制方式相比，在负载发生较大变化时，仍能达到较高的速度精度和具有较好的转矩特性。但是，由于采用这种控制方式时，需要在电动机上安装速度传感器，并需要根据电动机的特性调节转差，通常多用于厂家指定的专用电动机，通用性较差。

三、矢量控制

矢量控制是一种高性能的异步电动机的控制方式，它是从直流电动机的调速方法得到启发，利用现代计算机技术解决了大量的计算问题，是异步电动机一种理想的调速方法。

矢量控制的基本思想是将异步电动机的定子电流在理论上分成两部分：产生磁场的电流分量（磁场电流）和与磁场相垂直、产生转矩的电流分量（转矩电流），并分别加以控制。

由于在进行矢量控制时，需要准确地掌握异步电动机的有关参数，这种控制方式过去主要用于厂家指定的变频器专用电动机的控制。随着变频调速理论和技术的发展，以及现代控制理论在变频器中的成功应用，目前在新型矢量控制变频器中，已经增加了自整定功能。带有这种功能的变频器，在驱动异步电动机进行正常运转之前，可以自动地对电动机的参数进行识别，并根据辨识结果调整控制算法中的有关参数，从而使得对普通异步电动机进行矢量控制也成为可能。

使用矢量控制的要求如下：

1. 矢量控制的设定

现在在大部分的新型通用变频器都有了矢量控制功能，只需在矢量控制功能中选择“用”

或“不用”就可以了。在选择矢量控制后，还需要输入电动机的容量、极数、额定电压、额定频率等。

由于矢量控制是以电动机的基本运行数据为依据，因此电动机的运行数据就显得很重要，如果使用的电动机符合变频器的要求，且变频器容量和电动机容量相吻合，变频器就会自动搜寻电动机的参数，否则就需要重新测定。

2. 矢量控制的要求

若选择矢量控制方式，要求：一台变频器只能带一台电动机；电动机的极数要按说明书的要求，一般以 4 极电动机为最佳；电动机容量与变频器容量相当，最多差一个等级；变频器与电动机间的连接不能过长，一般应在 30m 以内，如果超过 30m，需要在连接好电缆后，进行离线自动调整，以重新测定电动机的相关参数。

第六节　三菱 D700 变频器的基本应用与操作

一、三菱 D700 变频器的基本介绍

下面以三菱 D700 型变频器为例对变频器的功能与操作进行说明。

1. 操作面板基本功能

图 11-16 所示为变频器的外观与操作面板示意，表 11-1 所示为操作面板按键的功能表。

图 11-16　D700 外观与操作面板

表 11-1　　操作面板按键的功能

按　键	按　键　说　明
RUN	运行指令键，可以通过 Pr40 的设定改变运行方向
MODE	用于选择操作模式或者设定模式，长按此键 2s 可以锁定操作
SET	用于确定频率与参数的设定，运行中按此键可以显示输出频率、输出电压与输出电流等
	用于改变频率或参数的设定值
PU EXT	用于运行模式的切换
STOP RESET	用于停止运行；用于保护功能动作输出停止时复位变频器
RUN MON PRM PU EXT NET	面板运行时 PU 灯亮；外端子运行时 EXT 灯亮；网络运行模式时 NET 灯亮；面板与外端子组合运行时 PU 与 EXT 灯亮

2. 变频器的操作模式

图 11-17 所示是三菱 D700 的基本操作步骤。

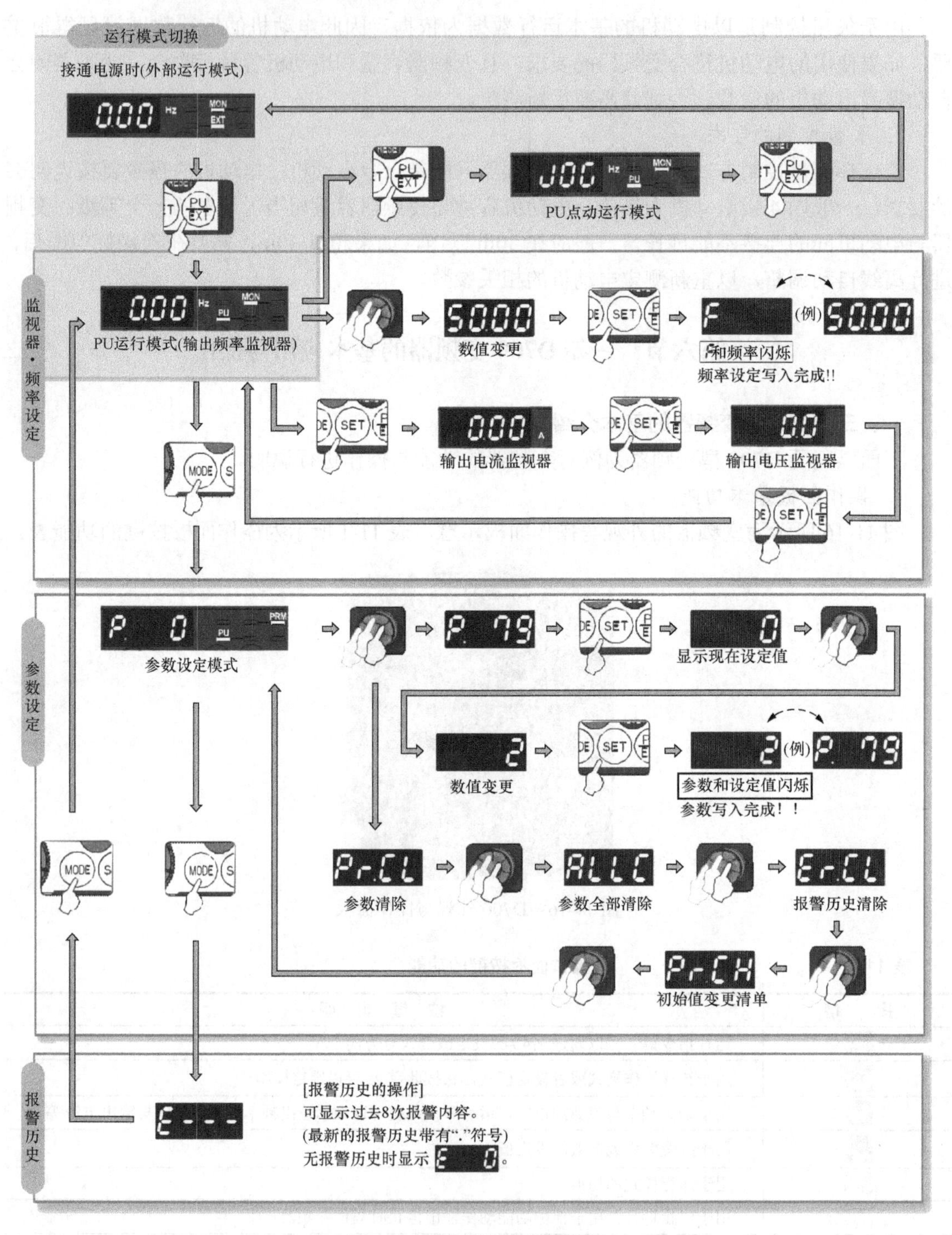

图 11-17 变频器的基本操作

三菱变频器共有四种运行方法与操作模式，如表 11-2 所示。

表 11-2　　变频器四种运行模式的设定

操作面板显示	运行方法	
	起动指令（起动）	运行指令（频率）
79-1 PU 与 PRM 指示灯闪烁		
79-2 EXT 与 PRM 指示灯闪烁	外部端子控制（STF、STR）	模拟电压输入
79-3 EXT 与 PRM 指示灯闪烁	外部端子控制（STF、STR）	
79-4 PU 与 PRM 指示灯闪烁		模拟电压输入

3．变频器的端子功能说明

图 11-18 所示为变频器主回路端子与控制回路端子示意图，表 11-3 所示 D700 为变频器部分端子功能说明表。

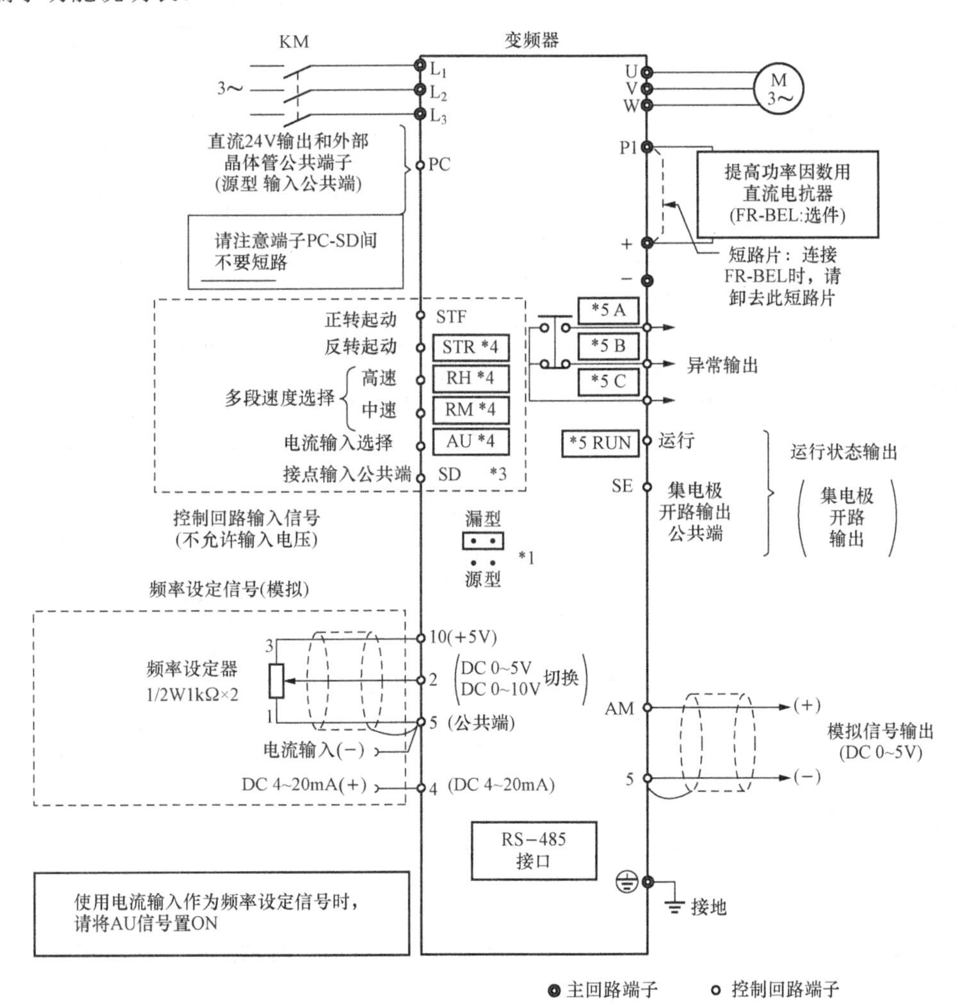

图 11-18　变频器主回路端子与控制回路端子示意图

表 11-3　　D700 变频器部分端子功能说明

端子记号	端子名称	说　明
R，S，T	交流电源输入	连接工频电源，当使用高功率因素转换时，确保这些端子不连接（FR—HC）
U，V，W	变频器输出	接三相笼型电动机
R1，S1	控制回路电源	与电源端子 R，S 连接。在保持异常显示和异常输出时或当使用高功率因素转换器时（FR-HC）时，请拆下 R-R1 和 S-S1 之间的短路片，并提供外部电源到此端子
STF	正转起动	STF 信号处于 ON 便正转，处于 OFF 便停止
STR	反转起动	STR 信号 ON 为逆转，OFF 为停止
STOP	起动自保持选择	使 STOP 信号处于 ON，选择起动信号自保持
RH，RM，RL	多段速度选择	用 RH，RM 和 RL 信号的组合可以选择多段速度
JOG	点动模式选择	ON 时选择点动运行，用（STF，STR）点动运行
MRS	输出停止	MRS 信号为 ON（20ms 以上）变频器输出停止，用电磁制动停止电机时，用于断开变频器的输出
RES	复位	用于解除保护回路动作的保持状态，使端子 RES 信号处于 ON 在 0.1s 以上，然后断开
AU	电流输入选择	只在端子 AU 信号处于 ON 时，变频器才可以用直流 4～20mA 作为频率设定信号
CS	瞬停电再起动选择	处于 ON，瞬间停电再恢复时变频器便可自动起动。出厂设置中为不能再起动。
SD	公共输入端子（漏型）	接点输入端子和 FM 端子的公共端。直流 24V，0.1A 作为频率设定信号
PC	直流 24V 电源和外部晶体管公共端，接点输入公共端（源型）	连接可编程时，将晶体管输出用的外部电源公共端接到这个端子时，可以防止因漏电引起的误动作，此端子可用于直流 24V，0.1A 电源输出。当选择源型时，这端子作为接点输入的公共端
2	频率设定（电压）	输入 0～5V（DC）[或 0～10V（DC）]时 5V[10V（DC）]对应于为最大输出频率。输入输出成正比
4	频率设定（电流）	DC 4～20mA，20mA 为最大输出频率，输入输出成正比例，在 AU 处于 ON 时该信号才有效
5	频率设定公共端	频率设定信号和模拟输入端子 AM 的公共端子。不能接地
A，B，C	异常输出	指示变频器因保护功能动作而输出停止的转换接点，异常时：B-C 不导通（A-C 导通）；正常时：B-C 导通（A-C 不导通）
RUN	变频器正在运行	输出频率为启动频率以上时为低电平，正在停止或正在直流制动时为高电平，容许负荷为 DC24V 0.1A
OL	过负荷报警	当失速保护功能动作时为低电平，失速保护解除时为高电平。容许负荷为 DC 24V，0.1A
SE	集电极开路输出公共端	端子 RUN，SU，OL，IPF，FU 的公共端子

4. 变频器主要参数的设置

变频器需设置的主要参数有：上、下限频率，电动机加、减速时间，运行模式的选择，多挡速设定等，表 11-4 所示是三菱 D700 主要参数设置情况。

表 11-4　　三菱 D700 变频器主要参数设置

序　号	参数代号	初始值	设置值	参数功能
1	P1	120	50	上限频率
2	P2	0	0	下限频率
3	P4	50	50	多段速设定（高速）
4	P5	30	30	多段速设定（中速）
5	P6	10	10	多段速设定（低速）
6	P7	5	2	加速时间
7	P8	5	0	减速时间
8	P79	0	3	运行模式的选择

利用变频器实现调速主要是通过改变变频器的输出频率来实现的，频率参数是变频器最重要的基本参数。在变频器中，通过输入端子来调节频率大小的指令信号，通常称为给定信号，所谓外接给定，就是指变频器通过信号输入端从外部得到频率的给定信号。频率给定信号有两种：数字量给定方式与模拟量给定方式。

在数字量给定方式中，频率给定信号为数字量，这种给定方式的频率精度很高，可以通过变频器操作面板上相关的功率键来给定，也可以由上位机或 PLC 通过接口来给定。

模拟量给定方式中，给定信号为模拟量，主要有电压、电流信号，模拟量的频率给定精度稍低。模拟量给定最常用的有以下的给定方法：

（1）电位器给定。由变频器面板上的电位器来给定，给定信号为电压信号，信号电源通常由变频器内部的直流电源提供，频率给定信号由电位器上的滑动触点得到。如图 11-19 所示，端子 5 是输入信号的公共端，通常为负端，端子 10 为变频器提供的标准+5V 电源，端子 10E 为变频器提供的+10V 电源，端子 2 为电压信号的输入端。

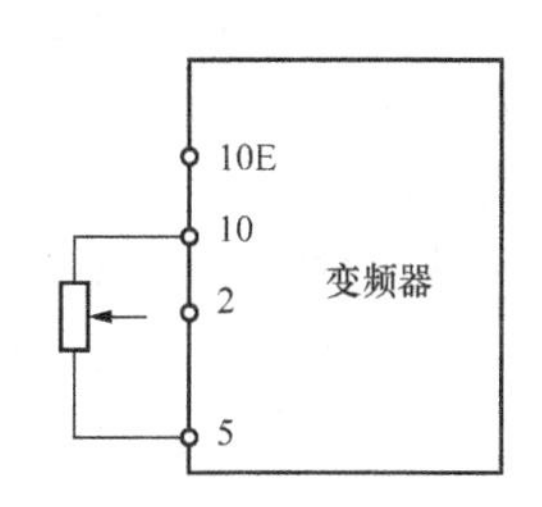

图 11-19　由电位器给定频率

（2）直接电压给定。由外部设备直接向变频器的端子 5 与端子 2 输入电压或者电流模拟信号。

变频器常用的参数如下：

（1）最大频率 f_{max}，与基本频率 f_b。f_{max} 指变频器能够输出的最大频率，f_b 指供电的基本频率，我们国家的工频频率为 50Hz。二者的关系如图 11-20 所示。

（2）上限频率 f_H 和下限频率 f_L。电动机在某些场合应用时，其转速需要限制在一定的范围内，超出此范围可能造成安全事故，为了避免由于错误操作造成电动机的转速超出应用范围，变频器具有设置上限频率 f_H 和下限频率 f_L 的功能。二者的关系如图 11-21 所示。

（3）加速时间和减速时间。变频器驱动的电动机采用低频起动，为了保证电动机正常起动而又不过流，变频器需设定加速时间。在变频器使电动机停止运行时，变频器同样要设定减速时间，电动机减速时间与其拖动的负载有关，有些负载对减速时间有严格要求。

变频器输出频率从 0 上升到基本频率 f_b 所需要的时间，称为加速时间；变频器输出频率从基本频率 f_b 下降至 0 所需要的时间，称为减速时间。加减速时间的设定时间与实际的动作时间不一定相等，如图 11-22 所示。

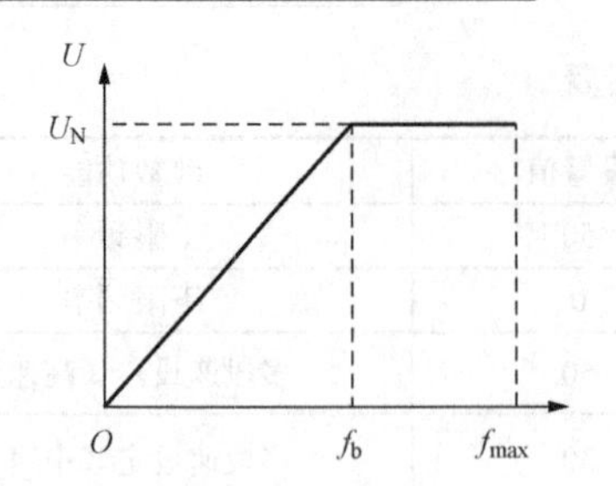

图 11-20　最大频率与基本频率的关系

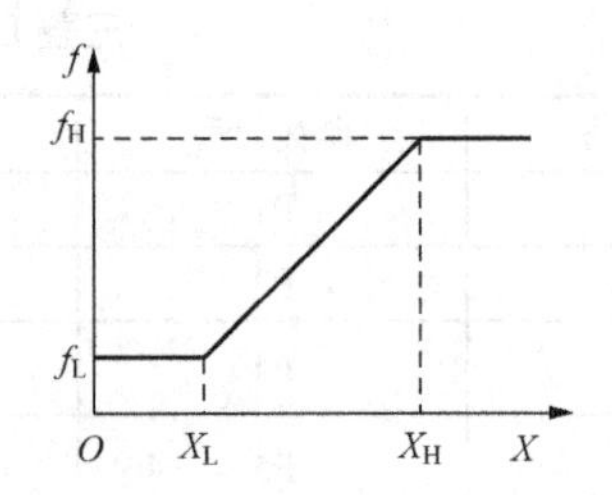

图 11-21　上限频率与下限频率的关系

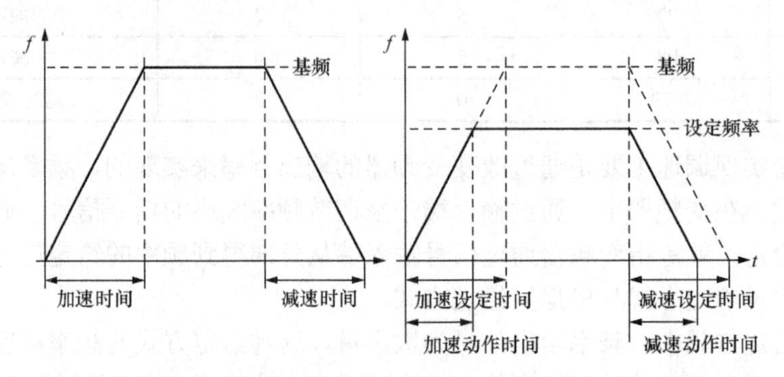

图 11-22　变频器的加速时间与减速时间

加速时间设定原则：兼顾起动电流和起动时间，一般情况下负载重时加速时间长，负载轻时加速时间短。加速时间可以用试验的方法设置，使加速时间由长而短，一般使起动过程中的电流不超过额定电流的 1.1 倍为宜。有些变频器还有根据负载情况自动选择最佳加速时间的功能。

减速时间设置原则：重负载制动时，制动电流大可能损坏电路，设置合适的减速时间，可减小制动电流；水泵制动时，快速停车会造成管道“空化”现象，损坏管道。

水泵这类平方律负载减速时间设定时，要兼顾制动电流和制动时间。

（4）加速曲线和减速曲线。为满足变频器带不同负载的需要，变频器设置了三种加速方式，如图 11-23 所示。

1）线性上升方式，适用于一般要求的场合。

2）S 形上升方式，适用于传送带、电梯等对起动有特殊要求的场合。

3）半 S 形上升方式，正半 S 形上升方式适用于大转动惯性负载；反半 S 形上升方式适用于泵类和风机类等平方律负载。

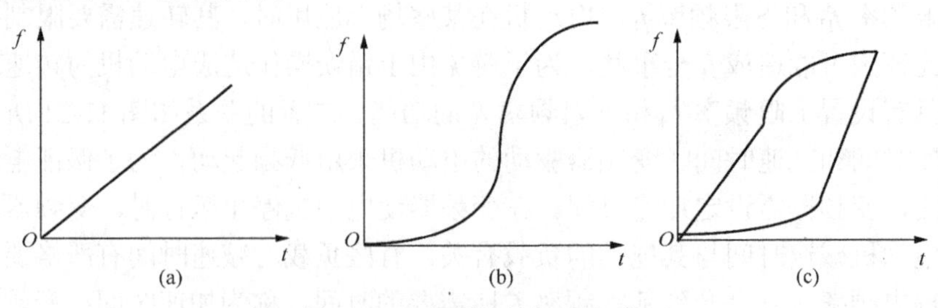

图 11-23　变频器的加速方式

（a）线性加速；（b）S 形加速；（c）半 S 形加速

（5）回避频率。回避频率也称跳跃频率。电动机在变频运行中，由于某个频率发生机械共振，需把这些共振频率回避。

变频器设置回避频率的方法有以下几种，如图 11-24 所示。

1）设定回避频率的上端和下端频率。

2）设定回避频率值和回避频率的范围。

3）只设定回避频率，而回避频率的范围由变频器内定。

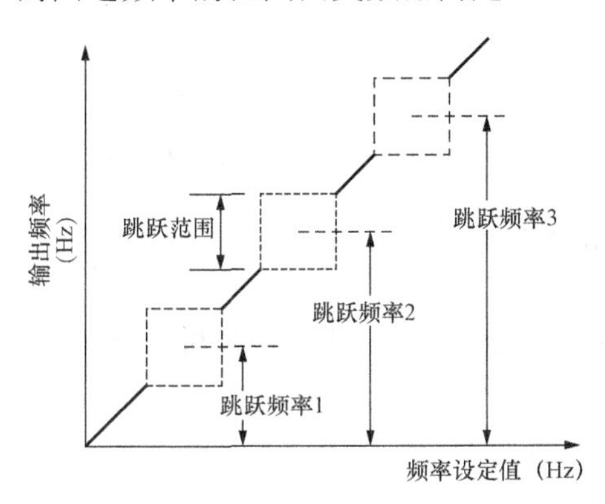

图 11-24　回避频率的设定方法

（6）段速频率设置功能。多段速控制功能是通用变频器的基本功能。由于生产工艺上的要求，许多生产机械在不同的阶段需要不同的运行速度，为了用变频器控制这类负载，一般的变频器都设置了这种多挡速功能。它通过几个开关的通、断组合来选择不同的运行频率，最常见的就是用三个开关的通、断来选择各挡频率。

段速运行控制必须的参数有：段速频率、段速时间、段速开始指令、段速运行模式。变频器的多段速功能一般有 4～16 段，一般分为下面两种情况控制：由程序设置段速运行；由外端子控制段速运行。

（7）频率增益和频率偏置功能。变频器的输出频率可以由模拟控制端子进行控制。多台电动机需要比例运行时，可以用一个模拟量控制多台变频器，通过调整变频器的频率增益。可以达到比例运行的目的。

输出频率与外部模拟信号的比率称为频率增益。频率偏置指配合频率增益调整多台变频器联动的比例精度，也可以作为防止噪声的措施，频率偏置可分为正向偏置和反向偏置，如图 11-25（a）所示。

偏置频率 f_{BI} 指与给定信号 x=0 时所对应的频率值，通常是直接设定的。最大给定频率 f_{XM} 指与给定信号 $x=x_{max}$ 所对应的频率值，通常是通过预置的“频率增益” $G\%$ 来设定的，如图 11-25（b）所示。

$$G\% = (f_{XM} / f_{max}) \times 100\%$$

（8）起动频率。起动频率指电动机开始起动时的频率，这个频率可以设置为 0，也可以设置为大于 0 的数值。对于惯性较大或者是摩擦转矩较大的负载，起动时需要较大的起动转矩，这时需要设置一个较大的起动频率。通用变频器都可以预置起动频率。给定起动频率的设置原则是：在起动电流不超过允许值的前提下，拖动系统能够顺利地起动。

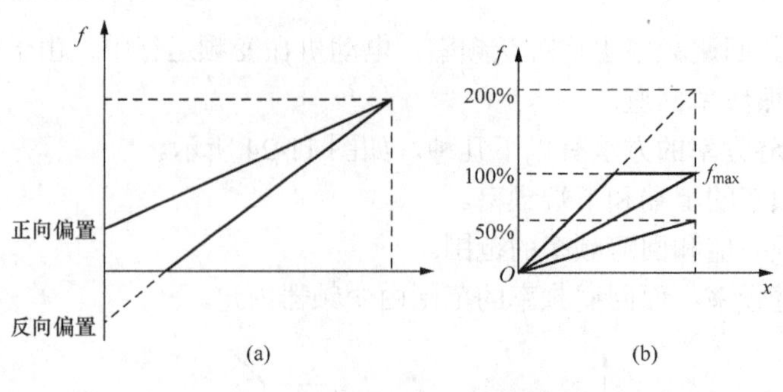

图11-25　频率增益与频率偏置

（a）偏置频率 f_{BI}；（b）频率增益 $G\%$

二、三菱D700变频器的基本操作

1. 熟悉变频器

仔细阅读变频器的使用说明书，熟悉操作面板各按键功能及指示灯。掌握在监视模式下显示频率、输出电流与输出电压的方法，以及利用变频器面板按键在PU运行与外部EXT运行的切换方法。具体操作可参考表11-2。

2. 参数的全部清除

该功能将各参数值全部初始化到出厂设定值，其方法是在帮助模式下，进入全部清除状态。步骤如下：按 $\frac{\text{PU}}{\text{EXT}}$ 键至运行模式，选择PU运行模式（PU灯亮）；按MODE键，进入参数设定模式（显示P0）；旋转旋钮，将参数设定为ALLC；按SET键，读取当前参数的设定值，旋转旋钮，将参数设定为1；按SET键1.5s确定。

3. 参数预置

变频器在运行前，通过需要根据负载及控制的要求，对变频器的一些主要参数进行设置，主要参数设置代码如表11-4所示。具体方法为：按MODE键至参数设定模式，旋转旋钮改变功能代码，按SET键读出当前参数值，旋转旋钮更改参数，最后按住SET键1.5s写入更改后的参数值。

三、三菱D700变频器的面板运行模式

面板运行模式：给定频率及起动、停止信号，都是通过变频器的操作面板来完成。按图11-26所示接线，按以下步骤利用变频器控制电动机的正反转。

（1）按 $\frac{\text{PU}}{\text{EXT}}$ 键切换到面板显示模式（或将Pr79预置为1），此时PU指示灯亮。

（2）按MODE键返回频率设定，旋转旋钮至需要设定的频率，按SET键写入给定频率。

（3）按下RUN键，电动机起动，如需改变电动机的旋转方向，可以通过Pr40参数的设定改变旋转方向。

（4）旋转旋钮按表中的值改变频率。测出各相应转速及电压值并将结果填入表11-5。

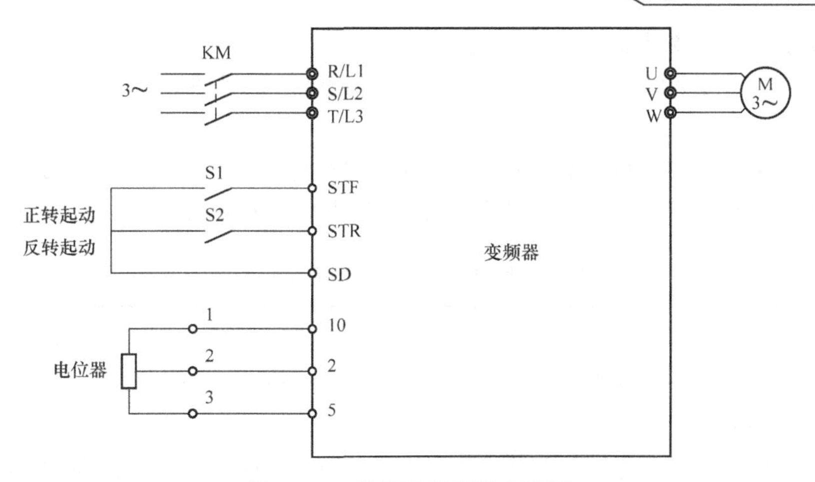

图 11-26 变频器正反转电路图

表 11-5 面板控制模式频率、转速与输出电压的关系

f（Hz）	50	40	30	20	10	5
N（$r\cdot min^{-1}$）						
输出电压 U（V）						

四、三菱 D700 外端子运行模式

外端子运行：就是给定频率及起动信号，都是通过变频器控制端子的外接线（外部）来完成，而不是用变频器的操作面板输入的。

首先要接好面板上的频率给定电位器，用电位器来控制变频器的输出频率。

（1）将 Pr.79 参数设定为 2，选择外部运行模式，EXT 灯亮。

（2）将 STF（或 STR）对应的端子对应的开关 S1、S2 闭合，电动机运转。（如果 STF 和 STR 同时都闭合，电动机将不起动）

（3）加速→恒速。将频率给定电位器慢慢旋大，显示频率数值从 0 慢慢增加至 50Hz。

（4）减速。将频率给定电位器慢慢旋小，显示频率数值回至 0Hz，电动机停止运行。

（5）反复重复（3）、（4）步，观察调节电位器的速度与加、减速时间的关系。

（6）要使变频器停止输出，只需将 STF（STR）端子对应的开关 S1、S2 断开。

五、三菱 D700 变频器的组合运行模式

组合运行：是指给定频率和起动信号分别由操作面板和外接线给出。其特征就是 PU 灯和 EXT 灯同时发亮，通过预置 Pr. 79 的值，可以选择组合运行模式。

预置 { Pr. 79=3 选择组合运行模式 1
　　　 Pr. 79=4 选择组合运行模式 2

1. 组合运行模式 I

当组合运行 Pr. 79=3 时，选择组合运行模式 1，其含义为：起动信号由外接线给定，给定频率由操作面板给出。

（1）预置 Pr. 79 参数为 3，PU、EXT 灯亮。

（2）将 STF（或 STR）对应的端子对应的开关 S1、S2 闭合，电动机运转。

（3）给定频率由变频器面板上的旋钮预置。

（4）按下表给定的频率值来改变给定频率并且记录 U 的值填入表 11-6 中。

（5）做出 U/f 曲线。

（6）比较此次的 U/f 与面板运行模式下 U/f 曲线的差别。

（7）将 STF（STR）端子对应的开关 S1、S2 断开，电动机停止运转。

表 11-6　　面板控制模式频率、转速与输出电压的关系

f（Hz）	50	40	30	20	10	5
输出电压 U（V）						

2. 组合运行模式Ⅱ

当 Pr．79=4 时，选择组合运行模式 2，其含义为：起动信号由操作面的 RUN 键给出，而给定频率由外接电位器给出。

（1）预置 Pr．79=4 时选择组合运行模式 2。

（2）预置 Pr．38=50（电位器旋至最大时，对应的给定频率为 50Hz）。

（3）按动面板上的 RUN 电动机运转。

（4）加、减速：调节电位器从小到大，观察变频器转速的变化。

（5）将频率顺序调至 45Hz、35Hz、25Hz、15Hz、5Hz，记录相对应的电压值。

（6）按下 STOP 键，电动机停止运转。

六、三菱 D700 变频器的多段速运行

多段速功能可以通过变频器的多段速端子来实现，RH 为高速端子，RM 为中速端子，RL 为低速端子，通过信号的组合可以选择多段速度，如图 11-27 所示。

用参数预置多段运行速度（Pr．4～Pr．6，Pr．24～Pr．27，Pr．232～Pr.239）用变频器控制端子进行切换。多段速度控制只在外部运行模式或组合运行模式（Pr．79=3,4）时有效。其中 REX 在三菱变频器的控制端子中并不存在，根据三菱多功能端子的选择方法，可用 Pr．180～Pr．183 来定义任一控制端子为 REX。如果将 MRS 端子定义为 REX 端子，可设 Pr．183=8。

如果不使用 REX，通过 RH、RM、RL 的通断最多可选择 7 段速度。

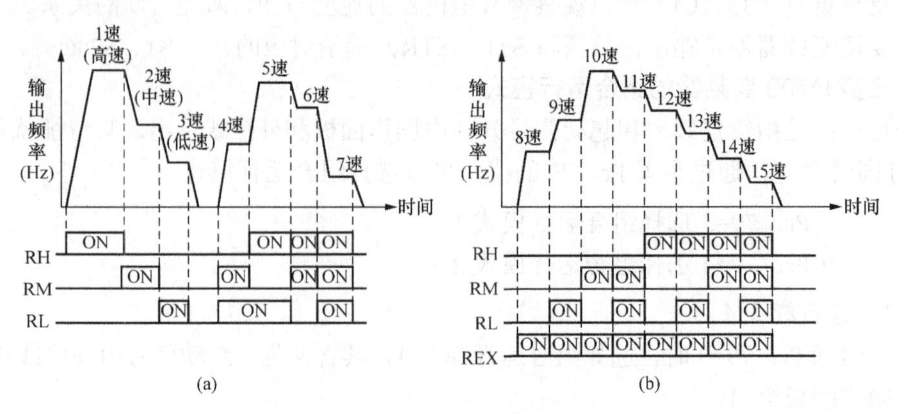

图 11-27　变频器 7 段速选择

（a）1 速～7 速；（b）8 速～15 速

速度 1 由 Pr. 4 参数设定频率，速度 2 由 Pr. 5 参数设定，速度 3 由 Pr. 6 参数设定，速度 4 由 Pr. 24 参数设定，速度 5 由 Pr. 25 参数设定，速度 6 由 Pr. 26 参数设定，速度 7 由 Pr. 27 参数设定。

在外部运行模式或组合运行模式下，合上 RH 端子开关 X1，电动机按速度 1 运行。按图 11-27 的曲线，同时合上 RH、RL 控制开关，电动机按速度 5 运行等。

当选用 REX，配合 RH、RM、RL 通断，可选择 15 段速度。

（1）预置速度 8～15 的各段速度参数由 Pr. 232～Pr. 239 设定。

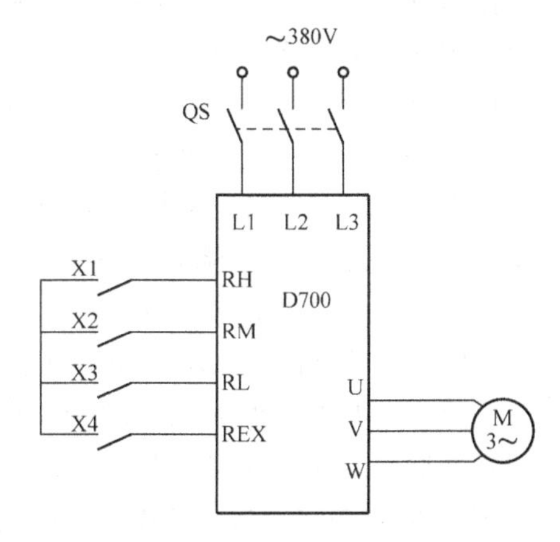

图 11-28　变频器多段速接线图

（2）根据图 11-28 所示合上相应的开关，则电机即可按相应的速度运行。

七、变频器的基本控制电路

1. 由继电器控制正反转电路

图 11-29 所示是常用的由继电器控制的正反转电路，其中各元器件的作用如下：

QF—空气断路器；KM—接触器；KA1、KA2—继电器；SB1—通电按钮；SB2—断电按钮；SB3—正转按钮；SB4—反转按钮；SB5—反转按钮；总报警输出接点 C、B（正常情况下，CA 为常开点，CB 为常闭点，C 为公共点，在报警输出时，常开与常闭点发生转换，此时 CA 常开点闭合，CB 常闭点打开）。

主电路中，KM 接触器仍只作为变频器的通、断电控制，而不作为变频器的运行与停止控制，因此断电按钮 SB2 仍由运行继电器封锁；当变频器的保护功能动作时可以通过接触器迅速切断电源，也可以方便地通过交流接触器实现互锁控制。

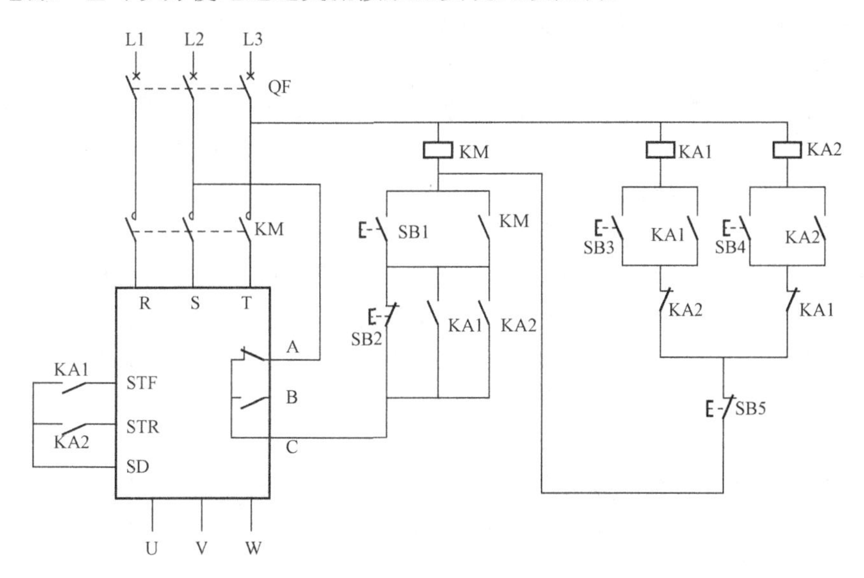

图 11-29　由继电器构成的正反转控制电路

按钮开关 SB1、SB2 用于控制接触器 KM 的吸合或释放，从而控制变频器的通电或断电；按钮开关 SB3 用于控制正转继电器 KA1 的吸合，从而控制电动机的正转运行；按钮开关 SB4 用于控制继电器 KA2 的吸合，从而控制电动机的反转运行；按钮开关 SB5 用于控制停止。

电路的工作过程为：当按下 SB1，KM 线圈得电吸合，其主触点接通，变频器通电处于待机状态。与此同时 KM 的辅助动合触点使 SB1 自锁。这时如按下 SB3，KA1 线圈得电吸合，其动合触点 KA1 接通变频器的 STF 端子，电动机正转。与此同时其另一动合触点闭合使 SB3 自锁，动断触点断开，使 KA2 线圈不能通电。如果要使电动机反转，先按下 SB5 使电动机停止，然后按下 SB4，KA2 线圈得电吸合，其动合触点 KA2 闭合，接通变频器 STR 端子，电动机反转。与此同时其另一动合触点 KA2 闭合使 SB4 自保，动断触点 KA2 断开使 KA1 线圈不能通电。不管电动机是正转运行还是反转运行，其两继电器的另一组动合触点 KA1、KA2 都将总电源停止按钮 SB2 短路，使其不起作用，防止变频器在运行中误按下 SB2 而切断总电源。

变频器的通电与断电是在停止输出状态下进行的，在运行状态下一般不允许切断电源。变频器的逆变电路工作在开关状态，每个 IGBT 大功率开关管都是工作在饱和或截止状态。尽管饱和时通过每只管子的电流很大，但因饱和压降很低，相当于开关闭合，所以管子的功耗不大。如果电路突然断电，电路中所有的电压都同时下降，当管子导通所需要的驱动电压下降到使管子不能处于饱和状态时，就进入了放大状态。由于放大状态的管压降大大增大，管子的耗散功率也成倍增加，可在瞬间将开关管件烧坏。虽然变频器在设计时考虑到了这种情况并采取了保护措施，但在使用中还是应避免突然断电。

另外，如负载的电源突然断电，变频器立即停止输出，运转中的电动机失去了降速时间，处于自由停止状态，这对于某些运行场合也会造成影响及不安全的因素，因此不允许运行中的变频器突然断电。

2. 变频与工频自动切换控制电路

（1）工频运行。图 11-30 所示是变频器工频与变频自动切换控制电路。KM3 为工频运行接触器，当 KM3 主触点闭合时，电动机由工频供电。

SB1 和 SB2 为总电源控制按钮，SA 为变频、工频切换旋转开关。当将旋转开关 SA 转到 KM3 支路，按下总电源控制按钮 SB2，KA1 中间继电器线圈得电吸合，其两组动合触点闭合，一组自锁 SB2，另一组将 KM3 线圈接通。KM3 得电吸合，电动机由工频供电。当按下停止按钮 SB1，KA1 失电，KA3 也失电，电动机停止。

（2）变频运行。当将旋转开关 SA 转到变频控制支路，按下 SB2，KM2 得电，其两动合触点闭合，使 KM1 得电吸合，KM2 吸合后 KM1 吸合，两接触器主触点将变频器与电源和电动机接通使其处于变频运行的待机状态。此时串联在 KA2 支路中的 KM1 的一组动合触点闭合，为变频器起动做准备。当按下变频器工作按钮 SB4，中间继电器 KA2 线圈得电吸合，一组动合触点将 SB4 短路自锁，另一组动合触点接通变频器 STF 与 CM 端子，电动机正向转动。此时 KA2 还有一组动合触点将总电源停止按钮 SB1 短路，使它失效，以防止用总电源开关停止变频器。当变频器需要停止输出时，按下 SB3 按钮，KA2 线圈失电，KA2 所有的动合触点断开，变频器 STF 与 CM 端子开路，变频器停止输出。如按下电源停止按钮 SB1，KA1 失电释放，KM2、KM3 均释放，变频器断电。

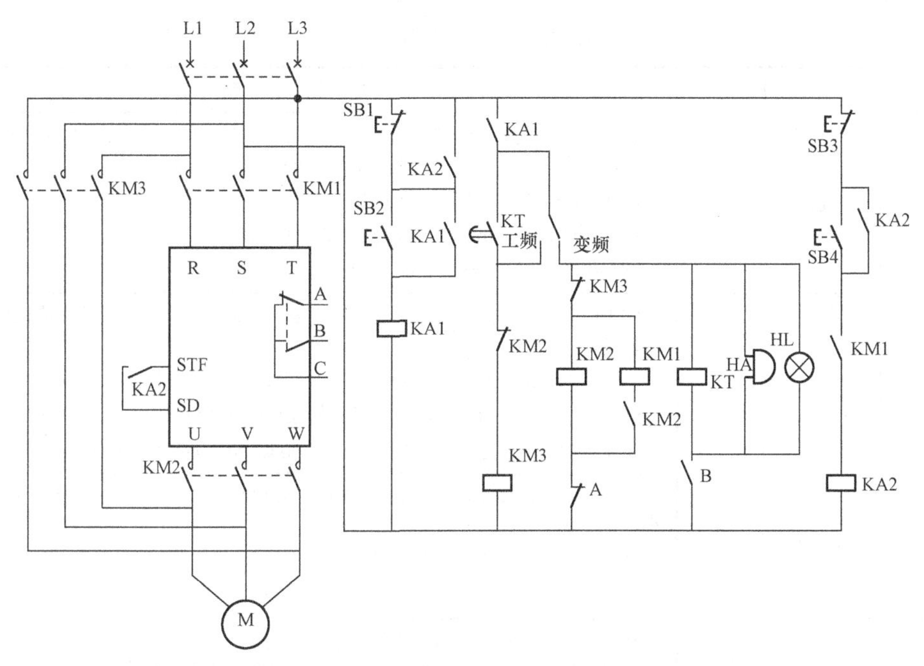

图 11-30　变频器工频与变频自动切换控制电路

（3）故障保护及切换。当变频器工作时由于电源电压不稳、过载等异常情况发生时，变频器的集中故障报警输出接点 A、C 动作。C 动断触点由闭合转为断开，KM1、KM2 线圈失电释放，其主触点断开，将变频器与电源及电动机切除；与此同时，A 动合触点闭合，将通电延时继电器 KT、报警蜂鸣器、报警灯与电源接通，发出声光报警。延时继电器通过一定延时，其延时动合触点将 KM3 线圈接通，KM3 主触点闭合，电动机切换到由工频供电运行。当操作人员发现报警后将 SA 开关旋转到工频运行位置，声光报警停止，时间继电器断电。

第七节　西门子 MM440 变频器的基本应用与操作

变频器 MM440 系列（MicroMaster440）是德国西门子公司广泛应用与工业场合的多功能标准变频器。它采用高性能的矢量控制技术，提供低速高转矩输出和良好的动态特性，同时具备超强的过载能力，能满足三相异步电动机变频调速广泛的应用场合。

一、西门子 MM440 变频器的面板介绍

图 11-31 所示为 MM440 变频器面板，表 11-7 所示为变频器面板按键功能表。

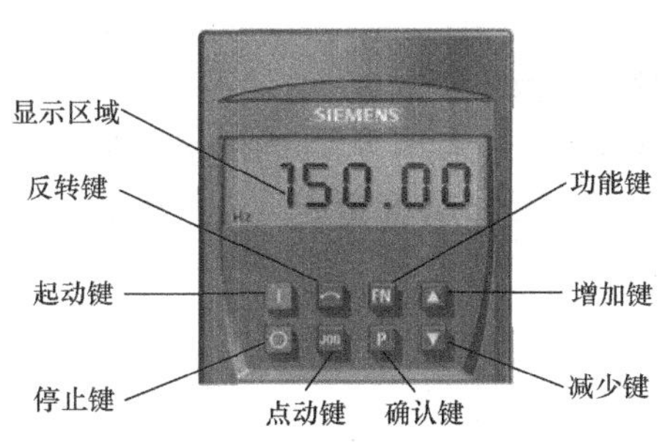

图 11-31　MM440 变频器面板

表 11-7　　　　变频器面板按键功能

显示按键	功　能	功　能　说　明
	起动变频器	按此键起动变频器。缺省值运行时此键是被封锁的。为了使此键的操作有效，应按照下面的数值修改 P0700 或 P0719 的设定值： BOP：P0700=1 或 P0719=10...16； AOP：P0700=4 或 P0719=40...46 按 BOP 链接； P0700=5 或 P0719=50...56 按 COM 链接
	停止变频器	OFF1 按此键，变频器将按选定的斜坡下降速率减速停车。缺省值运行时此键被封锁； 为了使此键的操作有效，请参看“起动变频器”按钮的说明。 OFF2 按此键两次(或一次，但时间较长)电动机将在惯性作用下自由停车。 BOP：此功能总是“使能”的(与 P0700 或 P0719 的设置无关)
	改变电动机转向	按此键可以改变电动机的转动方向。电动机的反向用负号(−)表示或用闪烁的小数点表示。 缺省值运行时此键是被封锁的。 为了使此键的操作有效，请参看“起动电动机”按钮的说明
jog	电动机点动	在变频器“运行准备就绪”的状态下，按下此键，将使电动机起动，并按预设定的点动频率运行。释放此键时，变频器停车。如果变频器/电动机正在运行，按此键将不起作用
Fn	功能键	此键用于浏览辅助信息。变频器运行过程中，在显示任何一个参数时按下此键并保持不动 2s，将显示以下参数的数值： （1）直流回路电压(用 d 表示 - 单位：V)。 （2）输出电流(A)。 （3）输出频率(Hz)。 （4）输出电压(用 o 表示 - 单位：V)。 （5）由 P0005 选定的数值(如果 P0005 选择显示上述参数中的任何一个(1～4)，这里将不再显示)。连续多次按下此键，将轮流显示以上参数。 跳转功能：在显示任何一个参数（rXXXX 或 PXXXX）时短时间按下此键，将立即跳转到 r0000，如果需要的话，您可以接着修改其他的参数。跳转到 r0000 后，按此键将返回原来的显示点
P	访问参数	按此键即可访问参数
	增加数值	按此键即可增加面板上显示的参数数值
	减少数值	按此键即可减少面板上显示的参数数值
r0000	状态显示	LCD 显示变频器当前所用的设定值

二、西门子 MM440 变频器的外端子功能

图 11-32 所示是西门子 MM440 变频器外端子的功能图。Ain 表示模拟量输入端子，Din 表示数字量输入端子。数字量输入端子可以通过改变参数定义为不同的功能。

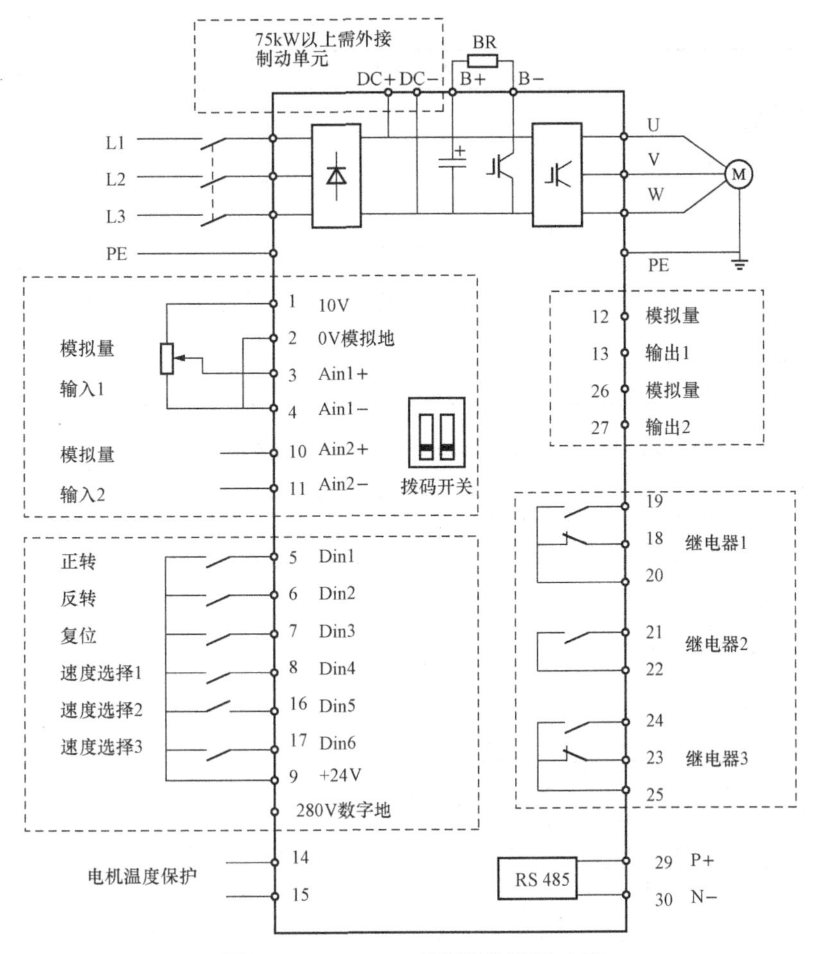

图 11-32 MM440 变频器外端子功能

三、MM440 的主要参数设置与快速调试

MM440 有几百个参数，其中绝大多数参数是不需要用户来设定与改变的，对一般的调速来说，只需要按表 11-8 的步骤来进行快速调试，然后便可以使用。

表 11-8 变频器快速调试步骤

参数号	参数描述	推荐设置
P0003	设置用户访问等级 1 标准级：可以访问使用最基本的参数。 2 扩展级：可以进行扩展级的参数访问，例如变频器的 I/O 功能。 3 专家级(仅供专家使用)	1
P0010	=1 快速调试，只有在参数 P0010 设定为 1 的情况下，电动机的主要参数才能被修改； =0 结束快速调试后，将 P001 设置为 0，电动机才能运行	1
P0100	选择电动机的功率单位和电网频率： =0 单位 kW，频率 50Hz； =1 单位 HP，频率 60Hz； =2 单位 kW，频率 60Hz	0
P0205	变频器应用对象： =0 恒转矩（压缩机，传送带等）； =1 变转矩（风机，泵类等）	0

续表

参数号	参数描述	推荐设置
P0300	选择电机类型： =1 异步电动机； =2 同步电动机	1
P0304[0]	电机额定电压： 注意电动机实际接线（Y/Δ）	根据电动机铭牌
P0305	电机额定电流： 注意：电动机实际接线（Y/Δ），如果驱动多台电机，P0305的值要大于电流总和	根据电动机铭牌
P0307	电动机额定功率： 如果P0100=0或2，单位是kW； 如果P0100=1，单位是hp	根据电动机铭牌
P0309	电动机的额定效率； 注意：如果P0309设置为0，则变频器自动计算电动机效率； 如果P0100设置为0，看不到此参数	根据电动机铭牌
P0310	电动机额定频率，通常为50/60Hz； 非标准电机，可以根据电动机铭牌修改	根据电动机铭牌
P0311	电动机的额定速度； 矢量控制方式下，必须准确设置此参数	根据电机铭牌
P0640	电动机过载因子，以电动机额定电流的百分比来限制电机的过载电流 150	150
P0700	选择命令给定源（起动/停止）： =1 BOP（操作面板）； =2 I/O 端子控制； =4 经过BOP链路（RS232）的USS控制； =5 通过COM链路（端子29，30）； =6 Profibus（CB通信板）。 注意：改变P0700设置，将复位所有的数字输入输出至出厂设定	2
P1000	设置频率给定源： =1 BOP电动电位计给定（面板）； =2 模拟输入1通道（端子3，4）； =3 固定频率； =4 BOP链路的USS控制； =5 COM链路的USS（端子29，30）； =6 Profibus（CB通信板）； =7 模拟输入2通道（端子10，11）	2
P1080[0]	限制电动机运行的最小频率	0
P1082[0]	限制电动机运行的最大频率	50
P1120[0]	电动机从静止状态加速到最大频率所需时间	10
P1121[0]	电动机从最大频率降速到静止状态所需时间	10
P1300[0]	控制方式选择： =0 线性 *U/f*，要求电动机的压频比准确； =2 平方曲线的 *U/f* 控制； =20 无传感器矢量控制； =21 带传感器的矢量控制	0
P3900	结束快速调试： =1 电动机数据计算，并将除快速调试以外的参数恢复到工厂设定； =2 电动机数据计算，并将I/O设定恢复到工厂设定； =3 电动机数据计算，其他参数不进行工厂复位	3
P1910=1	使能电动机识别，出现A0541报警，马上起动变频器	1

四、MM440的四种控制模式

表11-9所示变频器的四种控制模式是变频器4种运行模式，用户可以根据控制要求设置参数来改变运行模式。

表11-9　　　　变频器的四种控制模式

模　式	参数设置	控制方式
面板控制	P0700=1，P1000=1	命令给定与频率给定来自于外端子
外端子控制	P0700=2，P1000=2;3;7	命令给定与频率给定来自于外端子
组合模式1	P0700=2，P1000=1	命令给定来自于外端子，频率给定来自于面板
组合模式2	P0700=1，P1000=2;3;7	命令给定来自于面板，频率给定来自于外端子

第八节　西门子MM440变频器技能训练

一、MM440变频器的面板操作与运行

1. 技能训练目标

（1）熟悉MM440变频器的面板操作方法；

（2）熟练变频器的功能参数设置；

（3）熟练掌握变频器通过面板操作实现正反转、点动及频率调节方法。

2. 相关知识

利用变频器的操作面板和相关参数设置，即可实现对变频器的某些基本操作如正反转、点动等运行。变频器面板的介绍及按键功能说明详见表11-7。

MM440在缺省设置时，用BOP控制电动机的功能是被禁止的。如果要用BOP进行控制，参数P0700应设置为1，参数P1000也应设置为1。用基本操作面板(BOP)可以修改任何一个参数。修改参数的数值时，BOP有时会显示“busy”，表明变频器正忙于处理优先级更高的任务。下面就以设置P1000=1的过程为例，来介绍通过基本操作面板(BOP)修改设置参数的流程，如表11-10所示。

表11-10　　　　基本操作面板(BOP)设置参数流程

序　号	操　作　步　骤	BOP显示结果
1	按P键，访问参数	r0000
2	按▲键，直到显示P1000	P1000
3	按P键，直到显示in000，即P1000的第0组值	in000
4	按P键，显示当前值2	2
5	按▼键，达到所要求的值1	1
6	按P键，存储当前设置	P1000
7	按Fn键，显示r0000	r0000
8	按P键，显示频率	50.00

3. 器材与设备

西门子MM440变频器、小型三相异步电动机、电气控制柜、电工工具（1套）、手持式

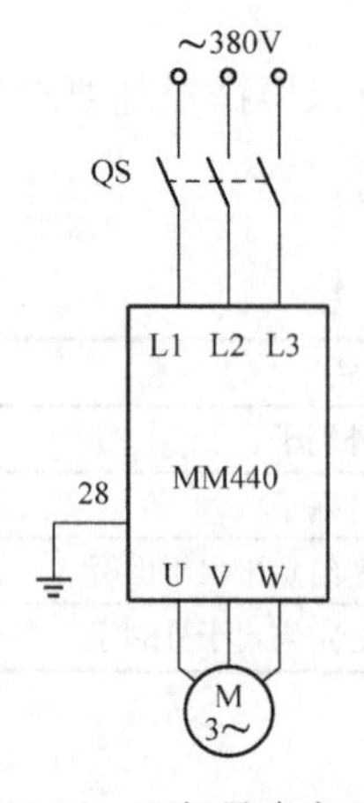

图 11-33　三相异步电动机变频调速主电路

数字转速表、多功能实验板（包括低压断路器、交流接触器、按钮开关等常用电器元件）、连接导线若干等。

4. 训练内容和步骤

通过变频器操作面板按键起动电动机，实现正反转、点动，并通过面板实现调速控制。

（1）按要求接线。系统接线如图 11-33 所示，检查电路正确无误后，合上主电源开关 QS。

（2）参数设置。

1）设定 P0010＝30 和 P0970＝1，按下 P 键，开始复位，将变频器的参数回复到工厂默认值。

2）设置电动机参数，为了使电动机与变频器相匹配，需要设置电动机参数。电动机参数设置见表 11-11。电动机参数设定完成后，设 P0010=0，变频器当前处于准备状态，可正常运行。

表 11-11　　电动机参数设置

参数号	设置值	说　明
P0003	1	设定用户访问级为标准级
P0010	1	快速调试
P0100	0	功率以 kW 表示，频率为 50Hz
P0304	380	电动机额定电压（V）
P0305	1	电动机额定电流（A）
P0307	0.37	电动机额定功率（kW）
P0310	50	电动机额定频率（Hz）
P0311	1400	电动机额定转速（r/min）

3）设置面板操作控制参数，见表 11-12。

表 11-12　　面板基本操作控制参数

参数号	出厂值	设置值	说　明
P0003	1	1	设用户访问级为标准级
P0010	0	0	正确地进行运行命令的初始化
P0700	2	1	由键盘输入设定值（选择命令源）
P1000	2	1	由键盘（电动电位计）输入设定值
P1040	5	20	设定键盘控制的频率值(Hz)
P1058	5	10	正向点动频率(Hz)
P1059	5	10	反向点动频率(Hz)
P1060	10	5	点动斜坡上升时间（s）
P1061	10	5	点动斜坡下降时间（s）
P1080	0	0	电动机运行的最低频率(Hz)
P1082	50	50	电动机运行的最高频率(Hz)

（3）变频器运行操作。

1）变频器起动。在变频器的前操作面板上按运行键，变频器的输出频率将由起始频率上升至设定频率值，驱动电动机升速，并运行在由 P1040 所设定的 20Hz 频率对应的 560r / min 的转速上。

2）正反转及加减速运行。电动机的旋转方向可通过来改变。转速（运行频率）可转过操作面板上的键 / 减少键（▲/▼）来改变。

3）点动运行。按变频器操作面板上的点动键，则变频器驱动电动机升速，并运行在由 P1058 所设置的正向点动 10Hz 频率值上。当松开变频器面板上的点动键，则变频器的输出频率将降至零。

4）电动机停车。按操作面板按停止键，则变频器将驱动电动机降速至零。

二、MM440 变频器的外部运行与操作

1. 技能训练目标

（1）掌握 MM440 变频器基本参数的输入方法；

（2）掌握 MM440 变频器输入端子的操作控制方式；

（3）熟练掌握 MM440 变频器外端子控制的运行操作。

2. 相关知识

变频器在实际使用中，电动机经常要根据各类机械的某种状态而进行正转、反转、点动等运行，变频器的给定频率信号、电动机的起动信号等都是通过变频器控制端子给出，即变频器的外部运行操作，大大提高了生产过程的自动化程度。

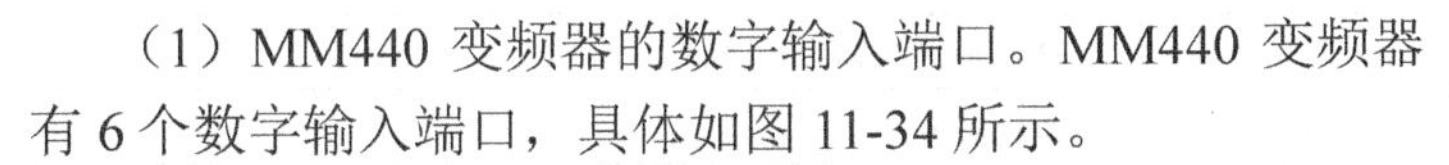

（1）MM440 变频器的数字输入端口。MM440 变频器有 6 个数字输入端口，具体如图 11-34 所示。

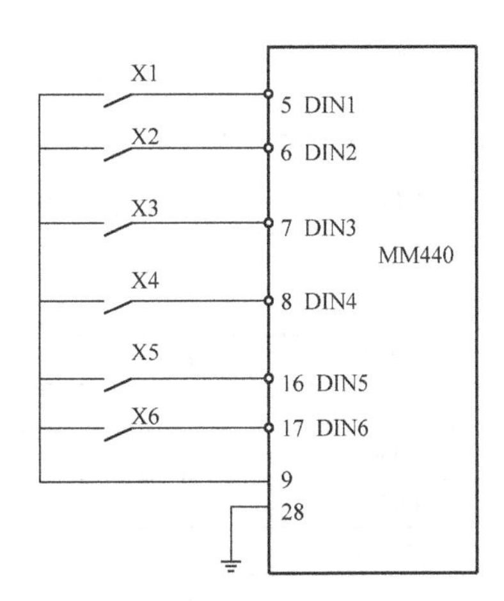

图 11-34 MM440 变频器的数字输入端口

（2）数字输入端口功能。MM440 变频器的 6 个数字输入端口（DIN1～DIN6），即端口“5”、“6”、“7”、“8”、“16”和“17”，每一个数字输入端口功能很多，用户可根据需要进行设置。参数号 P0701～P0706 为设定端口“5”、“6”、“7”、“8”、“16”和“17”，功能，每一个数字输入功能设置参数值范围均为 0～99，出厂默认值与各数值的具体含义见表 11-13。

表 11-13 MM440 数字输入端口功能设置表

<table>
<tr><th>数字输入</th><th>端子编号</th><th>参数编号</th><th>出厂设置</th><th>功 能 说 明</th></tr>
<tr><td>DIN1</td><td>5</td><td>P0701</td><td>1</td><td rowspan="7">0：禁止数字输入；
1：ON/OFF1（接通正转、停车命令 1）；
2：ON/OFF1(接通反转、停车命令 1);
3：OFF2（停车命令 2），按惯性自由停车；
4：OFF3（停车命令 3），按斜坡函数曲线快速降速；
9：故障确认；
10：正向点动；
11：反向点动；
12：反转；
13：MOP（电动电位计）升速（增加频率）；
14：MOP 降速（减少频率）；
15：固定频率设定值（直接选择）；
16：固定频率设定值（直接选择+ON 命令）；
17：固定频率设定值（二进制编码选择+ON 命令）；
25：直流注入制动</td></tr>
<tr><td>DIN2</td><td>6</td><td>P0702</td><td>12</td></tr>
<tr><td>DIN3</td><td>7</td><td>P0703</td><td>9</td></tr>
<tr><td>DIN4</td><td>8</td><td>P0704</td><td>15</td></tr>
<tr><td>DIN5</td><td>16</td><td>P0705</td><td>15</td></tr>
<tr><td>DIN6</td><td>17</td><td>P0706</td><td>15</td></tr>
<tr><td></td><td>9</td><td>公共端</td><td></td></tr>
</table>

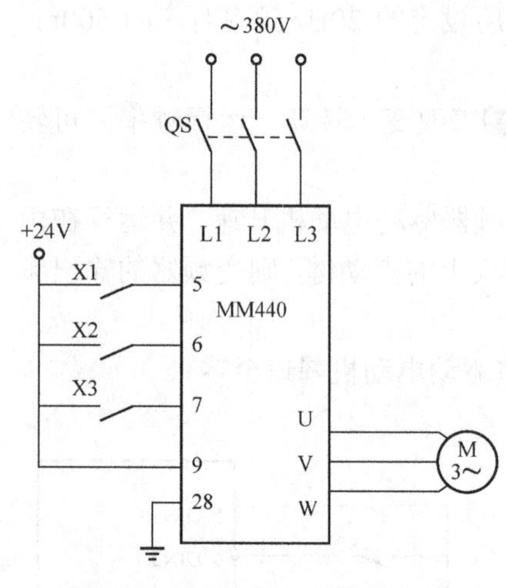

图 11-35　外部运行操作接线图

3．器材与设备

西门子 MM440 变频器、小型三相异步电动机、电气控制柜、电工工具（1 套）、手持式数字转速表、多功能实验板（包括低压断路器、交流接触器、按钮开关等常用电器元件）、连接导线若干等。

4．训练内容和步骤

利用开关的通断线路控制 MM440 变频器的运行，实现电动机正转和反转控制。其中端口 5 设为正转控制，端口 6 设为反转控制。对应的功能分别由 P0701 和 P0702 的参数值设置。

（1）接线。变频器外部运行接线图如图 11-35 所示。

（2）参数设置。接通断路器 QS，在变频器在通电的情况下，完成相关参数设置，具体设置见表 11-14。

表 11-14　　　　　　　　变频器参数设置

参数号	出厂值	设置值	说　明
P0003	1	2	设用户访问级为扩展级
P0004	0	7	命令和数字 I/O
P0700	2	2	命令源选择“由外端子输入”
P0701	1	1	ON 接通正转，OFF 停止
P0702	1	2	ON 接通反转，OFF 停止
P0703	9	10	正向点动
P0704	15	11	反转点动
P0004	0	10	设定值通道和斜坡函数发生器
P1000	2	1	由键盘（电动电位计）输入设定值
P1080	0	0	电动机运行的最低频率（Hz）
P1082	50	50	电动机运行的最高频率（Hz）
P1120	10	5	斜坡上升时间（s）
P1121	10	5	斜坡下降时间（s）
P1040	5	20	设定键盘控制的频率值
P1058	5	10	正向点动频率(Hz)
P1059	5	10	反向点动频率(Hz)
P1060	10	5	点动斜坡上升时间（s）
P1061	10	5	点动斜坡下降时间（s）

（3）变频器运行操作。

1）正向运行。当闭合开关 X1 时，变频器数字端口“5”为 ON，电动机按 P1120 所设置的 5s 斜坡上升时间正向启动运行，经 5s 后稳定运行在与 P1040 所设置的 20Hz 频率对应的转速上。放开按钮 SB1，变频器数字端口“5”为 OFF，电动机按 P1121 所设置的 5s 斜坡下降时间停止运行。

2）反向运行。当闭合开关 X2 时，变频器数字端口“6”为 ON，电动机按 P1120 所设置的5s斜坡上升时间正向启动运行，经5s后稳定运行在与P1040所设置的20Hz频率对应的转速上。断开X2，变频器数字端口“6”为OFF，电动机按P1121所设置的5s斜坡下降时间停止运行。

3）电动机的点动运行

①正向点动运行。当按下带锁按钮X3时，变频器数字端口“7”为ON，电动机按P1060所设置的5s点动斜坡上升时间正向启动运行，经5s后稳定运行在280r/min的转速上，此转速与P1058所设置的10Hz对应。断开X3，变频器数字端口“7”为OFF，电动机按P1061所设置的5s点动斜坡下降时间停止运行。

②反向点动运行。当闭合开关X4时，变频器数字端口“8”为ON，电动机按P1060所设置的5s点动斜坡上升时间正向启动运行，经5s后稳定运行在280r/min的转速上，此转速与P1059所设置的10Hz对应。断开开关X4，变频器数字端口“8”为OFF，电动机按P1061所设置的5s点动斜坡下降时间停止运行。

（4）电动机的速度调节。分别更改P1040和P1058、P1059的值，按上步操作过程，就可以改变电动机正常运行速度和正、反向点动运行速度。

（5）电动机实际转速测定。电动机运行过程中，利用转速测试表，可以直接测量电动机实际运行速度，当电动机处在空载、轻载或者重载时，实际运行速度会根据负载的轻重略有变化。

5. 思考题

（1）电动机正转运行控制，要求稳定运行频率为40Hz，DIN3端口设为在正转控制。画出变频器外部接线图，并进行参数设置、操作调试。

（2）利用变频器外部端子实现电动机正转、反转和点动的功能，电动机加减速时间为4s，点动频率为10Hz。DIN5端口设为正转控制，DIN6端口设为反转控制，进行参数设置、操作调试。

三、西门子MM440变频器模拟信号操作控制

1. 技能训练目标

（1）掌握MM440变频器的模拟信号改变输出频率的方法；

（2）掌握MM440变频器基本参数的输入方法；

（3）熟练掌握MM440变频器的运行操作过程。

2. 相关知识

MM440变频器可以通过6个数字输入端口对电动机进行正反转运行、正反转点动运行方向控制。可通过基本操作板，按频率调节按键可增加和减少输出频率，从而设置正反向转速的大小。也可以由模拟输入端控制电动机转速的大小。本任务的目的就是通过模拟输入端的模拟量控制电动机转速的大小。

MM440变频器的“1”、“2”输出端为用户的给定单元提供了一个高精度的+10V直流稳压电源。可利用转速调节电位器串联在电路中，调节电位器，改变输入端口AIN1+给定的模拟输入电压，变频器的输入量将紧紧跟踪给定量的变化，从而平滑无极地调节电动机转速的大小。

MM440变频器为用户提供了两对模拟输入端口，即端口“3”、“4”和端口“10”、“11”，通过设置P0701的参数值，使数字输入“5”端口据有正转控制功能；通过设置P0702的参

数值，使数字输入“6”端口具有反转控制功能；模拟输入“3”、“4”端口外接电位器，通过“3”端口输入大小可调的模拟电压信号，控制电动机转速的大小。即由数字输入端控制电动机转速的方向，由模拟输入端控制转速的大小。

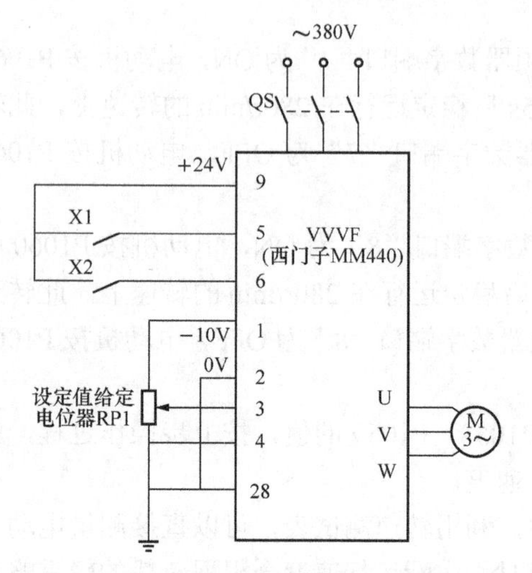

图 11-36　MM440 变频器模拟信号控制接线图

3. 器材与设备

西门子 MM440 变频器、小型三相异步电动机、电气控制柜、电工工具（1 套）、手持式数字转速表、多功能实验板（包括低压断路器、交流接触器、按钮开关等常用电器元件）、连接导线若干等。

4. 训练内容和步骤

由外部端子控制实现电动机起动与停止功能，由模拟输入端输入可调模拟电压信号实现电动机转速的控制。

（1）接线。变频器模拟信号控制接线如图 11-36 所示。检查电路正确无误后，合上主电源开关 QS。

（2）参数设置。

1）恢复变频器工厂默认值，设定 P0010=30 和 P0970=1，按下 P 键，开始复位。

2）根据电动机铭牌设置电动机参数，电动机参数设置完成后，设 P0010=0，变频器当前处于准备状态，可正常运行。

3）预置模拟信号控制模式参数，见表 11-15。

表 11-15　　模拟信号控制参数设置

参数号	出厂值	设置值	说　明
P0003	1	1	设用户访问级为扩展级
P0004	0	7	命令和数字 I/O
P0700	2	2	命令源选择由外端子输入
P0701	1	1	ON 接通正转，OFF 停止
P0702	1	2	ON 接通反转，OFF 停止
P0004	0	10	设定值通道和斜坡函数发生器
P1000	2	2	频率设定值选择为模拟输入
P1080	0	0	电动机运行的最低频率（Hz）
P1082	50	50	电动机运行的最高频率（Hz）

（3）变频器运行操作。

1）电动机正转与调速。闭合开关 X1，数字输入端口 DINI 为“ON”，电动机正转运行，转速由外接电位器 RP1 来控制，模拟电压信号在 0～10V 之间变化，对应变频器的频率在 0～50Hz 之间变化，对应电动机的转速在 0～1500 r / min 之间变化。当断开 X1 时，电动机停止运转。

2）电动机反转与调速。闭合开关 X2 时，数字输入端口 DIN2 为“ON”，电动机反转运行，反转转速的大小由外接电位器来调节。当断开 X2 时，电动机停止运转。

5. 思考题

通过模拟输入端口“10”、“11”，利用外部可调的模拟电压信号，控制电动机转速的大小。

四、MM440 变频器的多段速运行

1. 技能训练目标

（1）掌握变频器多段速频率控制方式；

（2）掌握变频器数字多功能端子的参数设置方法；

（3）熟练掌握变频器的多段速运行操作过程。

2. 相关知识

由于现场工艺上的要求，很多生产机械在不同的转速下运行。为反方便这种负载，大多数变频器提供了多挡频率控制功能。用户可以通过几个开关的通、断组合来选择不同的运行频率，实现不同转速下运行的目的。

多段速功能指用开关量端子选择固定频率的组合，实现电动机多段速度运行。可通过如下 3 种方法实现：

（1）直接选择（P0701 - P0706 = 15）。在这种操作方式下，一个数字输入选择一个固定频率，端子与参数设置对应见表 11-16。这时数字量端子的输入不具备起动功能。

表 11-16　端子与参数设置对应表

端子编号	对应参数	对应频率设置值	说　明
5	P0701	P1001	（1）频率给定源 P1000 必须设置为 3； （2）当多个选择同时激活时，选定的频率是它们的总和
6	P0702	P1002	
7	P0703	P1003	
8	P0704	P1004	
16	P0705	P1005	
17	P0706	P1006	

（2）直接选择 + ON 命令（P0701 - P0706 = 16）。在这种操作方式下，数字量输入既选择固定频率，又具备起动功能。

（3）二进制编码选择 + ON 命令（P0701 - P0704 = 17）。MM440 变频器的六个数字输入端口（DIN1～DIN6），通过 P0701～P0706 设置实现多频段控制。这时数字量输入既选择二进制编码固定频率，又具备起动功能，当有任何一个数字输入端口为高电平 1 时，电动机起动，当所有数字量端口全都为 0 时，电动机停止运行。每一频段的频率分别由 P1001～P1015 参数设置，最多可实现 15 频段控制，各个固定频率的数值选择见表 11-17。在多频段控制中，电动机的转速方向是由 P1001～P1015 参数所设置的频率正负决定的。六个数字输入端口，哪一个作为电动机运行、停止控制，哪些作为多段频率控制，是可以由用户任意确定的，一旦确定了某一数字输入端口的控制功能，其内部的参数设置值必须与端口的控制功能相对应。

表 11-17　　　　固定频率选择对应表

频率设定	DIN4（端子 8）	DIN3（端子 7）	DIN2（端子 6）	DIN1（端子 5）
P1001	0	0	0	1
P1002	0	0	1	0
P1003	0	0	1	1
P1004	0	1	0	0
P1005	0	1	0	1
P1006	0	1	1	0
P1007	0	1	1	1
P10018	1	0	0	0
P1009	1	0	0	1
P1010	1	0	1	0
P1011	1	0	1	1
P1012	1	1	0	0
P1013	1	1	0	1
P1014	1	1	1	0
P1015	1	1	1	1

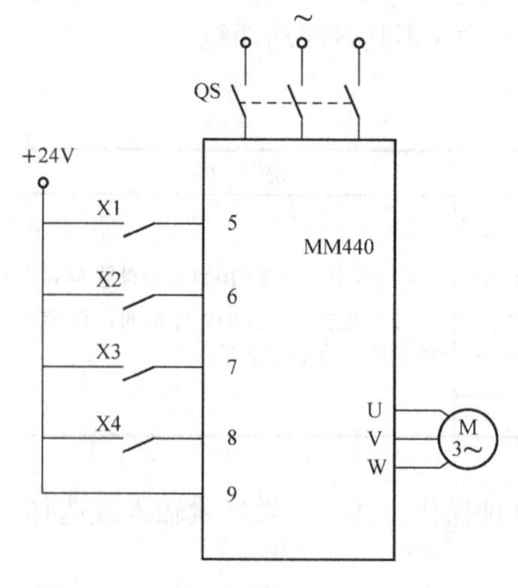

图 11-37　15 段固定频率控制接线图

3. 器材与设备

西门子 MM440 变频器、小型三相异步电动机、电气控制柜、电工工具（1 套）、手持式数字转速表、多功能实验板（包括低压断路器、交流接触器、按钮开关等常用电器元件）、连接导线若干等。

4. 训练内容和步骤

实现 15 段固定频率控制，连接线路，设置功能参数，操作三段固定速度运行。

（1）接线。按图 11-37 连接电路，检查线路正确后，合上变频器电源空气断路器 QS。

（2）参数设置。

1）恢复变频器工厂缺省值，设定 P0010=30，P0970=1。按下“P”键，变频器开始复位到工厂缺省值。

2）根据电动机铭牌设置电动机参数。电动机参数设置完成后，设 P0010=0，变频器当前处于准备状态，可正常运行。

3）设置变频器 15 段固定频率控制参数，见表 11-18。

表 11-18　　　　变频器 15 段固定频率控制参数设置

参数号	出厂值	设置值	说　明
P0003	1	1	设用户访问级为扩展级
P0004	0	7	命令和数字 I/O
P0700	2	2	命令源选择由端子排输入
P0701	1	17	编码选择固定频率

续表

参数号	出厂值	设置值	说　明
P0702	1	17	编码选择固定频率
P0703	1	17	编码选择固定频率
P0704	1	17	编码选择固定频率
P0004	2	10	设定值通道和斜坡函数发生器
P1000	2	3	选择固定频率设定值
P1001	0	5	选择固定频率 1（Hz）
P1002	5	10	选择固定频率 2（Hz）
P1003	10	15	选择固定频率 3（Hz）
P1004	0	20	选择固定频率 4（Hz）
P1005	0	25	选择固定频率 5（Hz）
P1006	0	30	选择固定频率 6（Hz）
P1007	0	35	选择固定频率 7（Hz）
P1008	0	40	选择固定频率 8（Hz）
P1009	0	45	选择固定频率 9（Hz）
P1010	0	50	选择固定频率 10（Hz）
P1011	0	55	选择固定频率 11（Hz）
P1012	0	60	选择固定频率 12（Hz）
P1013	0	65	选择固定频率 13（Hz）
P1014	0	68	选择固定频率 14（Hz）
P1015	0	70	选择固定频率 15（Hz）

（3）变频器运行操作。

1）第 1 频段控制。当 X1 接通、X2～X4 断开时，变频器数字输入端口“5”为“ON”，“6”、“7”、“8”端口为“OFF”，变频器工作在由 P1001 参数所设定的频率为 5Hz 的第 1 频段上，电动机运行在由 5Hz 频率决定的速度上。

2）第 2 频段控制。当 X1、X3、X4 按钮开关断开，X2 按钮开关接通时，变频器数字输入端口“6”为“ON”，“5”、“7”、“8”端口为“OFF”，变频器工作在由 P1002 参数所设定的频率为 10Hz 的第 2 频段上，电动机运行在由 10Hz 频率决定的速度上。

3）第 3 频段控制。当 X1、X2 按钮完全，X3、X4 按钮开关断开，变频器数字输入端口“5”“6”为“ON”，“7”、“8”端口为“OFF”，变频器工作在由 P1003 参数所设定的频率为 15Hz 的第 3 频段上，电动机运行在由 15Hz 频率决定的速度上。

按表 11-17 对 X1～X4 进行操作（1 代表按钮闭合，0 代表按钮断开），可以得到 15 段运行速度。

4）电动机停车。当 X1、X2、X3 按钮开关都断开时，变频器数字输入端口“5”、“6”、“7”均为“OFF”，电动机停止运行。

15 个频段的频率值可根据用户要求 P1001、P1002～P1015 参数来修改。当电动机需要反向运行时，只要将向对应频段的频率值设定为负就可以实现。

5. 思考题

用外接端子控制变频器实现电动机 12 段速频率运转。10 段速设置分别为：第 1 段输出频率为 5Hz；第 2 段输出频率为 10Hz；第 3 段输出频率为 15Hz；第 4 段输出频率为–15Hz；第 5 段输出频率为–5Hz；第 6 段输出频率为–20Hz；第 7 段输出频率为 25Hz；第 8 段输出频率为 40Hz；第 9 段输出频率为 50Hz；第 10 段输出频率为 30Hz；第 11 段输出频率为–30Hz；第 12 段输出频率为 60Hz。

习　　题

一、填空题

1．频率控制功能是变频器的基本控制功能。控制变频器输出频率有以下几种方法：____、_____、_____、_______。

2．变频器具有多种不同的类型：按变换环节可分为交—交型和________型；按改变变频器输出电压的方法可分为脉冲幅度调制（PAM）型和_____型；按用途可分为专用型变频器和________________型变频器。

3．为了适应多台电动机的比例运行控制要求，变频器具有__________功能。

4．电动机在不同的转速下、不同的工作场合需要的转矩不同，为了适应这个控制要求，变频器具有____________功能。

5．有些设备需要转速分段运行，而且每段转速的上升、下降时间也不同，为了适应这些控制要求，变频器具有____功能和多种加、减速时间设置功能。

6．变频器是通过电力电子器件的通断作用将____________变换成_________的一种电能控制装置。

7．变频器接点控制端子可由以下信号控制其通断：（1）接点开关控制；（2）_______；（3）光电耦合器开关控制。

8．变频调速过程中，为了保持磁通恒定，必须保持__________为常数。

9．变频器输入控制端子分为__________端子和__________端子。

10．变频器主电路由整流及滤波电路、__________和制动单元组成。

11．变频调速时，基频以下的调速属于__________调速，基频以上的属于_______调速。

12．为了避免机械系统发生谐振，采用设置____________的方法。

13．变频器的加速时间是指从 0Hz 上升到_____所需的时间；减速时间___________是指从__________下降到 0Hz 所需的时间。

14．直流电抗器的主要作用是_________________________________。

15．输出电磁滤波器安装在变频器和电机之间。抑制变频器输出侧的______________。

16．常见的电力电子器件有_________、__________和_______________。

17．变频器的加速曲线有三种：线形上升方式、___________和___________，电梯的曳引电动机应用的是____________方式。

二、选择题

1．变频器的节能运行方式只能用于（　　）控制方式。

A．*U*/*f* 开环　　B．矢量　　C．直接转矩　　D．CVCF

2．型号为 2UC13-7AA1 的 MM440 变频器适配的电动机容量为（　　）kW。

A．0.1　　B．1　　C．10　　D．100

3．高压变频器指工作电压在（　　）kV 以上的变频器。

A．3　　B．5　　C．6　　D．10

4．正弦波脉冲宽度调制英文缩写是（　　）。

A．PWM　　B．PAM　　C．SPWM　　D．SPAM

5．对电动机从基本频率向上的变频调速属于（　　）调速。

A．恒功率　　B．恒转矩　　C．恒磁通　　D．恒转差率

6．下列哪种制动方式不适用于变频调速系统（　　）。

A．直流制动　　B．回馈制动　　C．反接制动　　D．能耗制动

7．为了适应多台电动机的比例运行控制要求，变频器设置了（　　）功能。

A．频率增益　　B．转矩补偿　　C．矢量控制　　D．回避频率

8．对于风机类的负载宜采用（　　）的转速上升方式。

A．直线形　　B．S 形　　C．正半 S 形　　D．反半 S 形

9．MM440 变频器频率控制方式由功能码（　　）设定。

A．P0003　　B．P0010　　C．P0700　　D．P1000

10．型号为 2UC13-7AA1 的 MM440 变频器电源电压是（　　）V。

A．1AC～220　　B．1/3AC～220　　C．3AC～400　　D．3AC～440

11．MM440 变频器要使操作面板有效，应设参数（　　）。

A．P0010=1　　B．P0010=0　　C．P0700=1　　D．P0700=2

12．在 U/f 控制方式下，当输出频率比较低时，会出现输出转矩不足的情况，要求变频器具有（　　）功能。

A．频率偏置　　B．转差补偿　　C．转矩补偿　　D．段速控制

13．三相异步电动机的转速除了与电源频率、转差率有关，还与（　　）有关系。

A．磁极数　　B．磁极对数　　C．磁感应强度　　D．磁场强度

14．目前，在中小型变频器中普遍采用的电力电子器件是（　　）。

A．SCR　　B．GTO　　C．MOSFET　　D．IGBT

15．变频器的调压调频过程是通过控制（　　）进行的。

A．载波　　B．调制波　　C．输入电压　　D．输入电流

16．平方率转矩补偿法多应用在（　　）的负载。

A．高转矩运行　　B．泵类和风机类

C．低转矩运行　　D．转速高

17．变频器的节能运行方式只能用于（　　）控制方式。

A．U/f 开环　　B．矢量　　C．直接转矩　　D．CVCF

18．风机、泵类负载运行时，叶轮受的阻力大致与（　　）的平方成比例。

A．叶轮转矩　　B．叶轮转速　　C．频率　　D．电压

三、简答题

1．变频调速时，改变电源频率 f_1 的同时须控制电源电压 U_1，试说明其原因。

2．根据三相异步电动机基频以下变频调速的机械特性曲线，说明其特点。

3．变频调速时，由于 f_1 降低使电动机处于回馈制动状态，试说明其制动的原理，并描绘制动前后的机械特性曲线。

4．说明什么是脉冲宽度调制技术。

5．以三相桥式SPWM逆变电路为例，说明脉宽调制逆变电路调压调频的原理。

6．变频器由几部分组成？各部分都具有什么功能？

7．变频器为什么要设置上限频率和下限频率？

8. 变频器为什么具有加速时间和减速时间设置功能？如果变频器的加、减速时间设为0，起动时会出现什么问题？加、减速时间根据什么来设置？

9．变频器的回避频率功能有什么作用？在什么情况下要选用这些功能？

10. 什么是基本*U/f*控制方式？为什么在基本*U/f*控制基础上还要进行转矩补偿？转矩补偿分为几种类型？各在什么情况下应用？

11．变频器为什么要有瞬时停电再起动功能？若变频器瞬时停电时间很短，采取什么样的再起动方法？

12．变频器的外控制端子中除了独立功能端子之外，还有多功能控制端子。多功能控制端子有什么优点？

13．制动电阻如果因为发热严重而损坏，将会对运行中的变频器产生什么影响？为了使制动电阻免遭烧坏，采用了什么保护方法？